"101 计划"核心教材

物理学领域

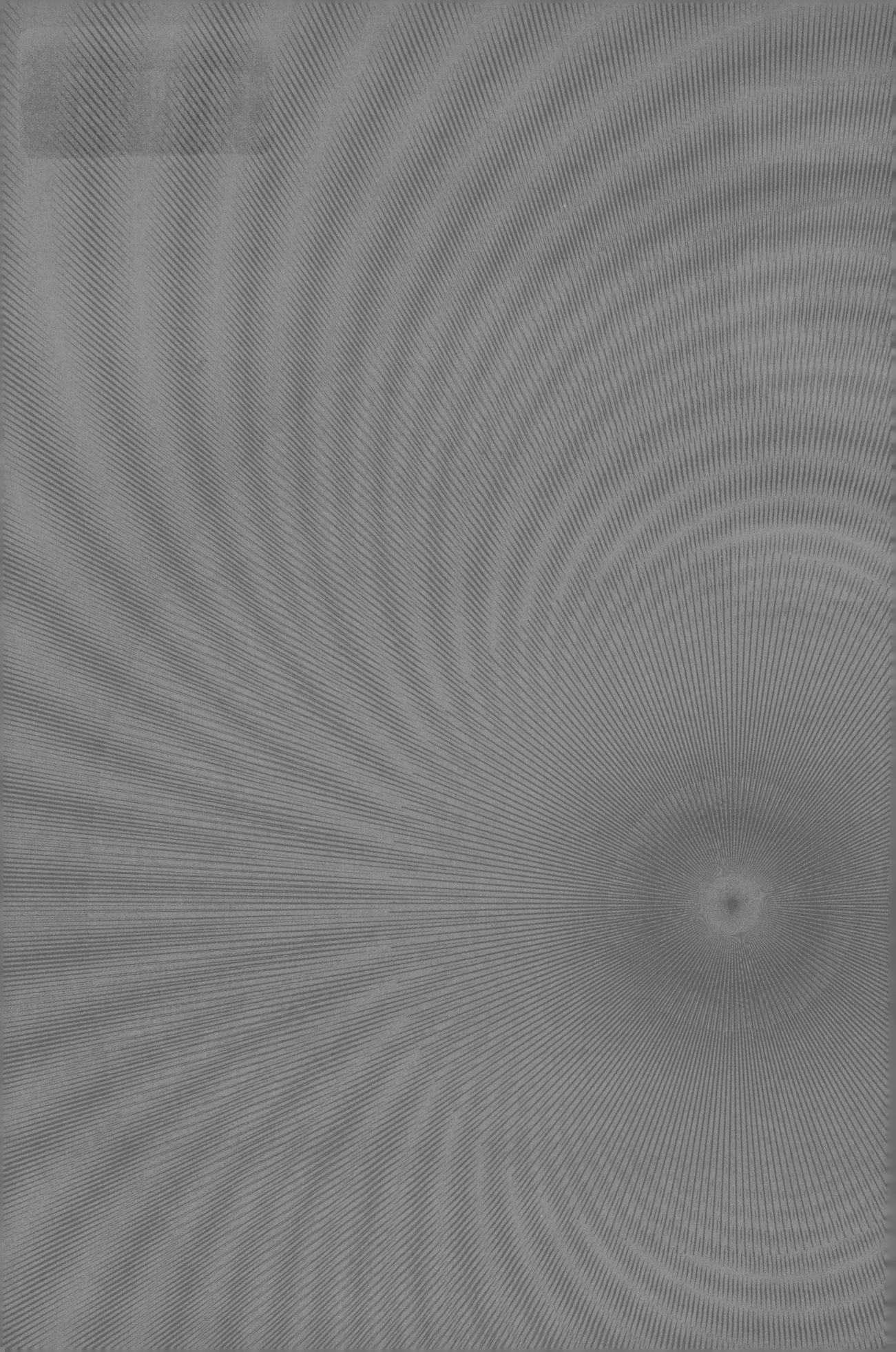

数学物理方法

主　编　杨孔庆　黄　亮

中国教育出版传媒集团

高等教育出版社·北京

内容简介

本书为物理学领域"101 计划"核心教材。

本书是作者根据在兰州大学、西安交通大学等学校多年讲授"数学物理方法"课程的教学实践经验,在杨孔庆编写的《数学物理方法》的基础上改写而成的。本书紧密结合物理教学实际,阐述简明、条理清晰,主要涉及线性空间、复变函数及数学物理方程等内容。本书在兼顾基本知识点的基础上,力图更加详尽地阐述基本概念,对与物理学应用相关的数学方法均尽力给予介绍,并给出这些数学工具必备的数学基础。

本书可作为高等学校物理学类专业数学物理方法课程的教材,也可供相关专业的研究生、教师和科技人员参考。

图书在版编目(CIP)数据

数学物理方法 / 杨孔庆,黄亮主编. -- 北京:高等教育出版社,2024. 9. -- ISBN 978-7-04-062658-2

Ⅰ. O411.1

中国国家版本馆 CIP 数据核字第 20241DM329 号

SHUXUE WULI FANGFA

| 策划编辑 | 汤雪杰 | 责任编辑 | 马天魁 | 封面设计 | 王凌波 | 王 洋 | 版式设计 | 徐艳妮 |
| 责任绘图 | 马天驰 | 责任校对 | 王 雨 | 责任印制 | 张益豪 | | | |

出版发行	高等教育出版社	网　　址	http://www.hep.edu.cn
社　　址	北京市西城区德外大街 4 号		http://www.hep.com.cn
邮政编码	100120	网上订购	http://www.hepmall.com.cn
印　　刷	北京利丰雅高长城印刷有限公司		http://www.hepmall.com
开　　本	787mm×1092mm　1/16		http://www.hepmall.cn
印　　张	25.75		
字　　数	540 千字	版　　次	2024 年 9 月第 1 版
购书热线	010-58581118	印　　次	2024 年 9 月第 1 次印刷
咨询电话	400-810-0598	定　　价	65.00 元

本书如有缺页、倒页、脱页等质量问题,请到所购图书销售部门联系调换

出版说明

为深入实施科教兴国战略、人才强国战略、创新驱动发展战略，统筹推进教育科技人才体制机制一体化改革，教育部于 2023 年 4 月 19 日正式启动基础学科系列本科教育教学改革试点工作（下称"101 计划"）。物理学领域"101 计划"工作组邀请国内物理学界教学经验丰富、学术造诣深厚的优秀教师和顶尖专家，及 31 所基础学科拔尖学生培养计划 2.0 基地建设高校，从物理学专业教育教学的基本规律和基础要素出发，共同探索建设一流核心课程、一流核心教材、一流核心教师团队和一流核心实践项目。这一系列举措有效地提高了我国物理学专业本科教学质量和水平，引领带动相关专业本科教育教学改革和人才培养质量提升。

通过基础要素建设的"小切口"，牵引教育教学模式的"大改革"，让人才培养模式从"知识为主"转向"能力为先"，是基础学科系列"101 计划"的主要目标。物理学领域"101 计划"工作组遴选了力学、热学、电磁学、光学、原子物理学、理论力学、电动力学、量子力学、统计力学、固体物理、数学物理方法、计算物理、实验物理、物理学前沿与科学思想选讲等 14 门基础和前沿兼备、深度和广度兼顾的一流核心课程，由课程负责人牵头，组织调研并借鉴国际一流大学的先进经验，主动适应学科发展趋势和新一轮科技革命对拔尖人才培养的要求，力求将"世界一流""中国特色""101 风格"统一在配套的教材编写中。本教材系列在吸纳新知识、新理论、新技术、新方法、新进展的同时，注重推动弘扬科学家精神，推进教学理念更新和教学方法创新。

在教育部高等教育司的周密部署下，物理学领域"101 计划"工作组下设的课程建设组、教材建设组，联合参与的教师、专家和高校，以及北京大学出版社、高等教育出版社、科学出版社等，经过反复研讨、协商，确定了系列教材详尽的出版规划和方案。为保障系列教材质量，工作组还专门邀请多位院士和资深专家对每种教材的编写方案进行评审，并对内容进行把关。

在此，物理学领域"101计划"工作组谨向教育部高等教育司的悉心指导、31所参与高校的大力支持、各参与出版社的专业保障表示衷心的感谢；向北京大学郝平书记、龚旗煌校长，以及北京大学教师教学发展中心、教务部等相关部门在物理学领域"101计划"酝酿、启动、建设过程中给予的亲切关怀、具体指导和帮助表示由衷的感谢；特别要向14位一流核心课程建设负责人及参与物理学领域"101计划"一流核心教材编写的各位教师的辛勤付出，致以诚挚的谢意和崇高的敬意。

基础学科系列"101计划"是我国本科教育教学改革的一项筑基性工程。改革，改到深处是课程，改到实处是教材。物理学领域"101计划"立足世界科技前沿和国家重大战略需求，以兼具传承经典和探索新知的课程、教材建设为引擎，着力推进卓越人才自主培养，激发学生的科学志趣和创新潜力，推动教师为学生成长成才提供学术引领、精神感召和人生指导。本教材系列的出版，是物理学领域"101计划"实施的标志性成果和重要里程碑，与其他基础要素建设相得益彰，将为我国物理学及相关专业全面深化本科教育教学改革、构建高质量人才培养体系提供有力支撑。

物理学领域"101计划"工作组

前　言

　　本书是笔者在兰州大学、西安交通大学等学校多年讲授"数学物理方法"课程教学实践中,广泛征求老师和学生的意见,在杨孔庆编写的《数学物理方法》教材的基础上重新改写而成的。

　　"数学物理方法"课程的内容,是学生在学习完高等数学和大学物理的基础上为进一步学习物理学专业的其他课程提供必要的数学知识,是物理学类专业的一门重要的基础课。本书有幸入选基础学科系列"101 计划"这一拔尖创新人才培养的筑基性工程,是根据"101 计划"的要求编写而成的。由于课程内容涉及数学上多个分支,在内容组织上做了适当调整,让学生能够以"短程线"的学习方法较快地掌握这些数学内容,打好必要的数学基础,以用到物理专业的学习以及前沿研究中去。本书较少涉及这些数学分支的数学理论,避免学生陷入复杂的数学定理的证明而花费大量的时间,而更多地给出相应内容的图像和运算规则。我们力图在讲述数学的基本知识点的内容时,尽可能给出"直观的数学图像"及其与物理知识的联系,由于笔者的水平有限,可能不尽如人意。同时,在编写中尽量采用现代数学和物理学的数学符号:如多自变量采用浓缩的记法;多重积分的符号也采用只写一个积分号而积分的维数看积分元的维数;求和的符号采用爱因斯坦的求和规则,免去了以往的求和符号。用这些符号只是一种约定,并没改变数学的内容。

　　本书共分五篇、二十二章内容。第一篇为物理学中的线性空间和线性算子基础;第二篇为复变函数;第三篇为积分变换与 δ 函数;第四篇为数学物理方程;第五篇为变分法初步。

　　在第一篇中,首先阐明了几何学的分析原理与物理学的规律都具有不依赖于坐标选择的共同本性,因此用几何学分析的方法来描述物理规律,是数学物理中必然的途径之一。这一篇从几何学的角度讲述了三维欧氏空间的向量代数与向量分析及其与物理学的联系,着重介绍物理学中常用到的标量场的梯度、向量场的散度与旋度的几何意义与物理涵义,并从几何学中"度量"的角度出发,导出了这些几何量在一般曲线坐标系下的表达式。在这一篇中还给出了线性空间概念和线性算子的一些基本性质及基本运算。

本篇还着重介绍了希尔伯特空间的概念,完备的平方可积空间的概念贯穿本教材的始终。斯特姆-刘维尔本征值问题的本征函数系张成的完备平方可积的空间是希尔伯特空间,此空间中的元素皆可在此本征函数系上做广义傅里叶级数展开。

本篇的内容是后续课程内容,如积分变换、δ函数、数学物理方程、格林函数方法以及变分法等的数学基础,同时也是电动力学、量子力学、固体物理等后续物理课程所需的数学基础,给出了一个较有系统的简洁实用的基础知识体系,免去了后续课程讲授时对不足的数学知识作较为零碎的补充。

在第二篇中,首先从映射的角度来定义复变函数,即从黎曼面到复平面的映射。随后,主要介绍解析函数的基本性质,在此基础上介绍了柯西积分定理、柯西积分公式、解析函数的泰勒展开、洛朗展开及留数定理,给出与物理学相关的解析函数的运算规则,着重讨论了留数定理在实积分计算中的应用,这是物理学中不可或缺的计算方法。

在第三篇中,首先介绍了两种主要的积分变换:傅里叶变换和拉普拉斯变换。积分变换也可以看作联系两个线性空间的线性变换。本篇采用对比的方法,介绍了这两种变换的性质与具体的运算规则以及它们在解方程中的运用,同时给出了这两种变换的联系。

必须强调的是,我们把 Γ 函数和解析延拓的概念,作为"附录"放在拉普拉斯变换这一节当中,是由于在讲述一些常用函数的拉普拉斯变换式时,就遇到了 Γ 函数,如果放到后面作为特殊函数来讲 Γ 函数,在内容的编排上不好处理。同时,用 Γ 函数为例来讲解析延拓,在图像上更为直观。鉴于 Γ 函数在物理上应用的重要性,建议最好将这一附录纳入正常的课堂教学中。

这一篇中的另一部分内容是介绍 δ 函数,我们并没有从广义函数的角度出发来介绍 δ 函数,而是从物理的直观直接引入狄拉克的 δ 函数。我们对 δ 函数的性质,给出了物理上应用所需的相对完整的介绍,并给出了物理上常遇到的 δ 函数的形式,尤其是 δ 函数的各种广义傅里叶级数展开以及傅里叶变换的形式。

本篇在第十二章中,简单介绍了近半个世纪以来发展很快的并与现代频谱分析密切相关的小波变换的基本概念。这一章作为阅读材料,有兴趣的读者可自行学习。

在第四篇中,由物理学中的例子导出波动方程、输运方程和泊松方程这三类主要方程和这三类方程的定解条件,使学生对具体的实际问题如何进行数学建模有初步的认识。在此基础上,详细地介绍了这三类方程定解问题最主要的解法——分离变量法,并按坐标系的分类,分别给出直角坐标系下的分离变量解法及柱坐标和球坐标系下的分离变量解法。

在直角坐标系下的分离变量解法中,介绍了施图姆-刘维尔本征值问题。这是数学物理方程中最重要的数学基础,其本征函数为各类方程的定解问题的解空间(构成了希尔伯特空间)提供了一组自然的基矢。

在曲线坐标系的分离变量解法中,引入二阶线性常微分方程的级数解法,介绍柱坐标系下和球坐标系下的分离变量解法,给出这两种坐标系下三类方程的分离变量解法所得到的球函数和柱函数等特殊函数的解,并讨论了这些特殊函数的性质。

在格林函数方法中介绍了格林函数法解数学物理方程,分析几种常用的二阶线性微分算子的基本解和格林函数的物理意义,指出了用格林函数法求解三类方程的特点所在,给出了物理上常用的几种算子的基本解和某些数学物理方程在一定的边界条件下的格林函数解法,并结合 δ 函数的广义傅里叶级数展开,讨论了格林函数在定态量子系统谱密度计算中的应用。

本篇还介绍了数学物理方程的积分变换解法和行波法等几种常用的方法。其中积分变换法在理论物理和频谱分析中常被用到,而行波法在现代非线性方程求试探行波解中被广泛应用。为了处理实际问题中广泛存在的变系数方程,还结合斯特姆-刘维尔本征值问题与广义傅里叶级数展开,介绍了求解这类系统的谱方法。

本篇最后一章是给学生提供阅读的内容。本章用历史发展的事例给出了非线性问题的概念,并介绍了非线性数学物理方程的基本知识,着重介绍了一类非线性发展方程的齐次平衡解法,是对这一类非线性发展方程进行求解的较为普适的一种方法,对扩展学生在数学物理方法学习中的视野是有益的,也可为学生做科研训练提供参考。

第五篇是变分法初步。在函数空间以及泛函概念的基础上,对比函数微分的定义,由函数“接近度”的概念引出了泛函变分的定义,并给出了泛函变分运算与函数微商运算的关系。在此基础上介绍了物理学中常用到的变分原理和欧拉-拉格朗日方程,同时介绍了哈密顿力学中哈密顿原理和哈密顿正则方程,最后还介绍了与变分运算相关的诺德定理,使学生了解为什么一个物理体系的对称性与这一物理体系的守恒量是密切相关的。

本书是作为物理学专业的教材而编写的,也可作为近物理学类专业的本科或研究生相应课程的教材,同时亦可作为教师的参考书。

本书作为 72~90 学时的数学物理方法课程的教材而编写。教师可根据教学的需求选取本教材的内容,把带“＊”号的篇、章、节的内容略去,并不影响本教材结构,如何选取基本的知识点要根据专业方向的要求来决定取舍。

格林函数对物理学的重要性是不言而喻的,但本书中把格林函数一章打上“＊”号,是因为考虑教学学时的安排,但教师认为需要时仍可讲授格林函数最基本的概念和内容,使学生对格林函数的图像和意义有初步的认识。

我们没给出本教材各部分内容相应的建议学时,因为我们认为,各位教师对各个知识点的理解和讲授的看法是不一样的,并且也要根据学生的理解能力的差异而定。

教师的授课是一种创造的劳动,教师对这些内容的理解各有千秋,课堂讲授主要是教师把自己对知识点的理解展示给学生,为学生做个示范,让学生读懂这些知识,使学生学会思考问题的方法,培养学生的自学能力和创新能力。

感谢马伯强、姜颖、王海军等老师审阅本书并提出的宝贵意见!

感谢高等教育出版社的汤雪杰编辑在本书出版过程中付出的细致与辛勤的编辑工作,感谢本书的责任编辑马天魁在出版过程中所给予的帮助!

在本书的写作过程中,兰岳恒、张永昌、赵佩、苗兵、朱振刚、傅致豪、黄子罡、段文山、唐荣安、徐洪亚、孙志峰、俞连春、王永强、钟寅等老师提出了宝贵的意见,我们表示衷心的感谢!

感谢梁倩霞女士不辞辛劳地录入书稿!

作者
2024 年 3 月

目 录 ＿

第三篇
积分变换与 δ 函数

第四篇
数学物理方程

第一篇

物理学中的线性空间及线性算子基础

物理学的规律是一种客观存在,它不随所采用的不同数学描述手段或所采用的不同坐标系而改变. 选取恰当的数学方法来描述物理体系,对深入了解和掌握物理学的规律是十分重要的.

在经典物理学中,对一个物理体系的运动学及动力学的研究就是把物理系统进行理想化、线性化. 在一般情况下,对线性化的物理体系的研究,已能满足人们分析该系统行为规律的要求. 因此线性空间及其上的分析是用来描述这一大类物理体系的强有力的手段,它是经典物理学中数学方法的基础. 只有掌握了线性空间的分析方法,才能进一步去学习研究更为复杂的非线性物理系统的数学描述,进而去探索更为复杂的物理世界.

在本篇中,仅介绍与物理学及其相关专业的学习内容所涉及的线性空间和线性算子的基本知识. 这是本书后续内容,如积分变换、δ 函数、数学物理方程、格林函数方法以及变分法等的数学基础,同时也是电动力学、量子力学、固体物理等其他物理课程所需的数学基础.

第一章　$\mathbf{R}^3$ 空间中的向量分析

§1.1　线性空间的直观概念

线性空间是一维直线,即一维平直空间概念的扩展.我们对一维直线的认识可以通过在平面上笛卡儿(Descartes)坐标系中的直线方程 $y=kx$ 来理解.给定的任意两个点 x_1、x_2 对应直线上的两个点 y_1、y_2,当考虑点 $x_3=x_1+x_2$,对应的点 $y_3=y_1+y_2$ 仍然在直线上,具有这种线性叠加性质的点的集合是直线的重要特征,并构成了一维平直空间.对于抛物线方程 $y=ax^2$,当给定任意两个点 x_1、x_2 时,对应抛物线上的两个点 $y_1=ax_1^2$、$y_2=ax_2^2$,考虑点 $x_3=x_1+x_2$,对应的点是 $y_3=a(x_1+x_2)^2 \neq y_1+y_2$,因此可以看出抛物线不满足线性叠加性质,它不是一维的平直空间.

从上面的例子可以看出,直线方程 $y=kx$ 的解空间是个线性空间,因此将直线方程推广到一般的线性方程,其解空间也是个线性空间,**线性方程的解满足线性叠加原理**.

一维的平直空间我们记为 $\mathbf{R}^1$,很容易把这个概念推广到二维的平直空间 $\mathbf{R}^2$ 和三维的平直空间 $\mathbf{R}^3$,直至 n 维的平直空间 $\mathbf{R}^n$,n 可以是无穷.

附注:线性空间的确切定义见第三章第一节(§3.1).

如果是光滑的弯曲空间,比如说球面,在此空间中每一点的小邻域都用对应的平直空间来研究,这将引入"流形"的概念,即"manifold",由多个小邻域即"fold"拼接而成,但这不属于本课程的范围,故不加以具体介绍.

在物理学中用于描述位形的 $\mathbf{R}^1$、$\mathbf{R}^2$、$\mathbf{R}^3$、$\mathbf{R}^n$ 空间与描述时间的 $\mathbf{R}^1$ 具有不同的量纲,因此通常把时间轴单独列出,如 $\mathbf{R}^{3+1}$ 表示三维空间加一维时间.

迄今的经典物理学中,例如分析力学、电动力学、狭义相对论和量子力学都是在线性空间的框架下进行讨论和研究的.在这些领域里,对物理机制的讨论可能会出现非线性问题,用非线性方程描述这些非线性的物理系统,就不再具有解的线性叠加原理,关于这方面的知识将在数学物理方程篇中的第二十章中做简单的介绍.本书中除明确注明非线性方程外,其余都是线性空间的内容.

§1.2　$\mathbf{R}^3$ 空间中物理量的描述

物理学中的物理量是定义在 $\mathbf{R}^3$ 空间中的标量、向量和张量,它们都是客观存在的物理量,因此在数学描述中它们都是不依赖于坐标选取的几何量.通常用定义在位形空间即 $\mathbf{R}^3$ 空间中(或 $\mathbf{R}^3$ 中的某一区域 Ω)中的标量场(标量函数)$\varphi(\boldsymbol{r})$、向量场(向量函数)$\boldsymbol{A}(\boldsymbol{r})$ 和张量场 $A_{\mu\nu}(\boldsymbol{r})$ 来描述,其中 $\boldsymbol{r} \in \Omega \subset \mathbf{R}^3$.它们也可以统一称为张量场,即标量场 $\varphi(\boldsymbol{r})$ 称为 0-阶张量场;向量场 $\boldsymbol{A}(\boldsymbol{r})$ 称为 1-阶张量场;张量场 $A_{\mu\nu}(\boldsymbol{r})$ 称

为 2-阶张量场,还有高阶张量场用来描述其他物理量.

例如常见的温度场、电势场等为标量场,电场(电场强度)为向量场、电磁场 $F_{\mu\nu}$ 为 2-阶张量场.

我们所研究的标量场、向量场和张量场都是单值的标量函数、向量函数和张量函数,即这些场都具有单值性.

(1)对标量场 $\varphi(r)$ 的理解:在坐标空间 $\mathbf{R}^3$ 中的每一点 r 处都有一根实轴 $\mathbf{R}$ 用来标记场 φ,其上的某一点对应标量场 φ 在 r 点的数值,引进"线丛"的概念,则标量场就是 $\mathbf{R}^3$ 中线丛的截面.

例如我们所熟悉的函数 $y=f(x)$ 可以理解为在 x 轴上的每一点都有一个 y 轴,每一点上的函数值对应 y 轴上的一点,所有 y 轴上的点连起来就是函数 $f(x)$. x 轴上的每一点对应的 y 轴就是 x 轴上的纤维,那么 $y=f(x)$ 就是这个纤维丛的截面(图 1.2.1).

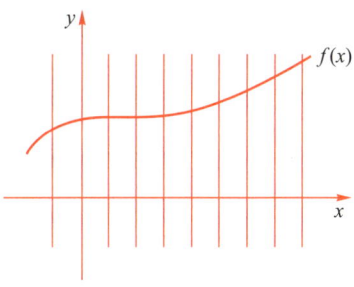

图 1.2.1

(2)对向量场 $A(r)$ 的理解:在坐标空间 $\mathbf{R}^3$ 中的每一点都有一个 $\mathbf{R}^3$ 空间来描述向量 A,表示在坐标 $r(x,y,z)$ 点处的向量,这个描述向量的 $\mathbf{R}^3$ 空间就是坐标空间中 r 处的一根纤维,所有纤维就构成了坐标空间 $\mathbf{R}^3$ 上的纤维丛,称为向量丛.向量丛中每根纤维上取一点,即一个向量,全部连起来就构成了 $\mathbf{R}^3$ 空间的向量场 $A(r)$,向量场 $A(r)$ 是这个向量丛的一个截面,见(图 1.2.2).物理上研究的向量场是光滑的向量场.

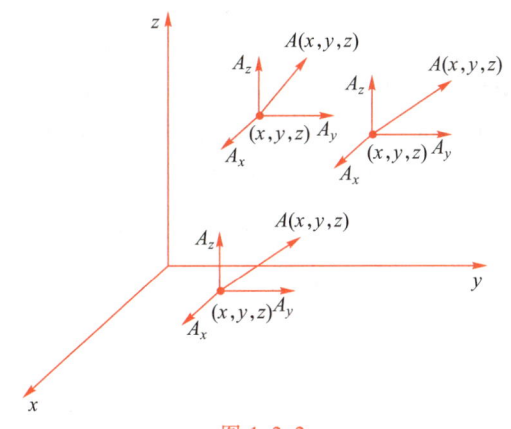

图 1.2.2

(3)对二阶张量场 $A_{\mu\nu}(r)$ 的理解:在坐标空间 $\mathbf{R}^3$ 中的每一点都有一个 3×3 的矩阵空间,在 $\mathbf{R}^3$ 空间中的每一点 r 都取矩阵空间中一个确定的非退化的 3×3 矩阵,这就构成了 $\mathbf{R}^3$ 空间中的二阶张量场.那么在坐标空间 $\mathbf{R}^3$ 中的每一点都有一根纤维、即一个 3×3 的矩阵空间,这就构成 $\mathbf{R}^3$ 空间的二阶张量丛,张量场 $A_{\mu\nu}(r)$ 是这个二阶张量丛的截面.

注意:二阶张量丛的纤维是一个矩阵空间.

§ 1.3 $\mathbf{R}^3$ 空间中的向量代数

代数是指代数系统,所谓代数系统是指在元素间定义了合成法则的元素的集合.

在 $\mathbf{R}^3$ 空间中向量的集合上定义了向量的合成法则,就构成了 $\mathbf{R}^3$ 空间的向量代数,向量代数是不需要引入坐标系的. 我们所研究的向量代数,是在 $\mathbf{R}^3$ 空间中的向量集合上定义的向量的加法、向量的标量积和向量的向量积这三种结合运算所构成的向量代数.

回顾经典力学中所熟悉的向量的概念,即在二维平面上或三维欧氏空间中,定义了方向和大小(即长度,长度的概念需要在空间中引入度量)的一种量,称为向量,记为 $\boldsymbol{A}, \boldsymbol{B}, \boldsymbol{C}, \cdots$,其长度记为 $|\boldsymbol{A}|, |\boldsymbol{B}|, |\boldsymbol{C}|, \cdots$,称为向量的模. 同时引入向量的加法运算规则,即三角形法则,或称为平行四边形法则,如图 1.3.1 和图 1.3.2 所示.

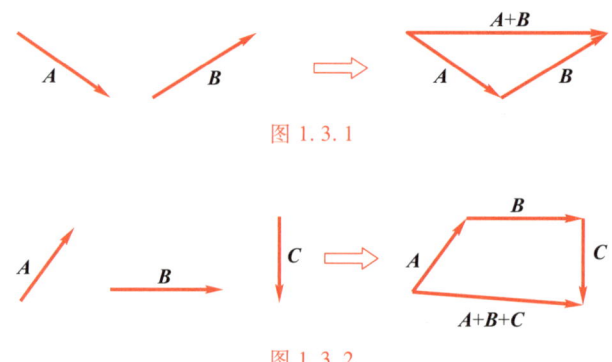

图 1.3.1

图 1.3.2

由几何作图易验证:$\boldsymbol{A}+\boldsymbol{B}+\boldsymbol{C} = (\boldsymbol{A}+\boldsymbol{B})+\boldsymbol{C} = \boldsymbol{A}+(\boldsymbol{B}+\boldsymbol{C})$. 同时可以定义向量 $\boldsymbol{A}$ 的逆向量 $-\boldsymbol{A}$,它与向量 $\boldsymbol{A}$ 的长度相等,即 $|-\boldsymbol{A}| = |\boldsymbol{A}|$,但方向相反. 因此有 $\boldsymbol{A}-\boldsymbol{B} = \boldsymbol{A}+(-\boldsymbol{B})$.

我们还可以进一步定义任意两个向量 $\boldsymbol{A}$、$\boldsymbol{B}$ 的标量积 "·" 乘和向量积 "×" 乘:

$$\boldsymbol{A} \cdot \boldsymbol{B} = |\boldsymbol{A}| \cdot |\boldsymbol{B}| \cos \theta \tag{1.3.1}$$

$$\boldsymbol{A} \times \boldsymbol{B} = \boldsymbol{e} |\boldsymbol{A}| |\boldsymbol{B}| \sin \theta \tag{1.3.2}$$

其中 θ 为 $\boldsymbol{A}$ 和 $\boldsymbol{B}$ 的夹角,$\boldsymbol{e}$ 为单位向量,它垂直于 $\boldsymbol{A}$ 和 $\boldsymbol{B}$ 所在的平面,方向由 $\boldsymbol{A}$ 到 $\boldsymbol{B}$ 以右手螺旋法则而定.

从上面向量的定义及运算不难看出:不需要引入任何坐标系,就可以对向量进行前面所定义的运算. 例如,并不需要引入坐标系,即可证明柯西-施瓦茨(Schwarz)不等式

$$(\boldsymbol{A} \cdot \boldsymbol{B})^2 \leqslant |\boldsymbol{A}|^2 \cdot |\boldsymbol{B}|^2 \tag{1.3.3}$$

证:
$$
\begin{aligned}
(\boldsymbol{A} \cdot \boldsymbol{B})^2 &= (\boldsymbol{A} \cdot \boldsymbol{B})(\boldsymbol{A} \cdot \boldsymbol{B}) \\
&= |\boldsymbol{A}| |\boldsymbol{B}| \cos \theta |\boldsymbol{A}| |\boldsymbol{B}| \cos \theta \\
&= |\boldsymbol{A}|^2 |\boldsymbol{B}|^2 \cos^2 \theta \\
&\leqslant |\boldsymbol{A}|^2 |\boldsymbol{B}|^2
\end{aligned}
$$

因此向量是几何空间中客观存在的量,它是不依赖于坐标系而客观存在的,其代数系统也是不依赖坐标系的,正如物理世界中的物理量和物理规律也是不依赖于坐标系选取的. 正是这种"不依赖坐标系选择"的共同特征,使得我们用向量空间(它包含了此空间中的代数系统)及其上的分析来描述物理学的规律成为可能,这也是学习向量分析的重要性所在.

当用向量分析的方法来定量地研究物理系统的变化规律时,例如向量的大小和方向随时间和空间是如何变化时,必须在空间中引入坐标系. 由于引入的坐标系不同,对向量的描述也不一样,但对于同一个向量,由于它是空间中客观存在的量,在不同的坐标系下的描述是等价的.

下面将在三维的欧几里得(Euclidean)空间即 $\mathbf{R}^3$ 空间中来讨论向量代数.

$\mathbf{R}^3$ 空间是研究物理客体的位形空间. 当我们用分析的手段来研究时,首先在 $\mathbf{R}^3$ 空间中给定一个单位长度的度量,其次要选定一个原点和通过该原点按右手螺旋定则给出的三个正交的固定的单位向量 e_x, e_y, e_z,并以单位向量为坐标轴的方向建立起三个正交的无穷长的刚性坐标轴,这就在 $\mathbf{R}^3$ 空间中引入了笛卡儿(Descartes)坐标系. 因此 $\mathbf{R}^3$ 空间中的每一点都是位置向量,用 $r = xe_x + ye_y + ze_z$ 来表征,其中 $x, y, z \in \mathbf{R}$,为 r 在三个轴上的投影,如图 1.3.3 所示.

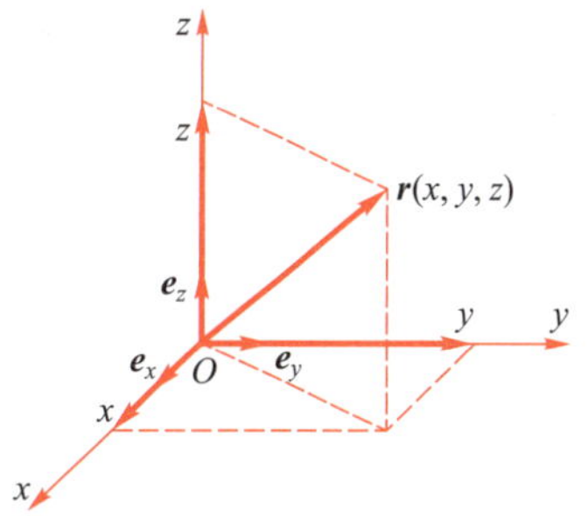

$\mathbf{R}^3$ 空间也是所有 r 向量的集合,其中包含了特殊的原点向量 $\mathbf{0} = 0e_x + 0e_y + 0e_z$,它是个无方向性无长度的特殊向量,是个奇异向量.

下面将给出 $\mathbf{R}^3$ 空间的向量代数——即 $\mathbf{R}^3$ 中向量间的合成法则,并在笛卡儿坐标系下给出向量代数的具体运算①.

图 1.3.3

对 $\mathbf{R}^3$ 中的向量可定义如下的合成法则:

1. 加法

对于 $\mathbf{R}^3$ 中的任意的两个向量 $\boldsymbol{A} = A_1e_1 + A_2e_2 + A_3e_3$, $\boldsymbol{B} = B_1e_1 + B_2e_2 + B_3e_3$ 其中 $e_1 = e_x$, $e_2 = e_y, e_3 = e_z$ 是 x、y、z 三个坐标轴上的单位向量(也称为坐标基向量,以下皆同),则其加法定义为

$$\boldsymbol{A} + \boldsymbol{B} = (A_1 + B_1)e_1 + (A_2 + B_2)e_2 + (A_3 + B_3)e_3 \tag{1.3.4}$$

由定义可以看出

$$\boldsymbol{A} + \boldsymbol{B} = \boldsymbol{B} + \boldsymbol{A} \tag{1.3.5}$$

作为特殊向量 $\mathbf{0}$,它与任何向量相加都等于该向量本身,即

$$\mathbf{0} + \boldsymbol{A} = \boldsymbol{A} \tag{1.3.6}$$

同时有 $\boldsymbol{A} - \boldsymbol{A} = \boldsymbol{A} + (-\boldsymbol{A}) = \mathbf{0}$,一般 $\mathbf{0}$ 记为 0 即可,并可得

$$\boldsymbol{A} - \boldsymbol{B} = (A_1 - B_1)e_1 + (A_2 - B_2)e_2 + (A_3 - B_3)e_3 \tag{1.3.7}$$

---

① 向量代数的结合运算,正如上节所定义的向量的"+""·""×"运算,是不需要引入坐标系的. 但要得到具体的数值结果,就需要引入坐标系.

2. 数乘

对于任何一个实数 $\alpha \in \mathbf{R}$,有

$$\alpha A = \alpha A_1 e_1 + \alpha A_2 e_2 + \alpha A_3 e_3 \tag{1.3.8}$$

即 α 把 A 的模 $|A|$ 扩大了 $|\alpha|$ 倍,即 $|\alpha \cdot A| = |\alpha||A|$,这一结论很容易从笛卡儿坐标系中向量 A 的模 $|A| = \sqrt{A_1^2 + A_2^2 + A_3^2}$ 的运算得证.

由上面加法和数乘的定义,很容易证明 $\mathbf{R}^3$ 中的元素即向量满足以下的分配律:

$$\alpha(A + B) = \alpha A + \alpha B \tag{1.3.9}$$

$$(\alpha + \beta)A = \alpha A + \beta A \tag{1.3.10}$$

$$(\alpha\beta)A = \alpha(\beta A) \tag{1.3.11}$$

其中 $\alpha, \beta \in \mathbf{R}$. 一般来讲,定义了加法和数乘运算且满足以上分配律的元素的集合称为向量空间,或称为线性空间,后面我们将对一般线性空间(作为 $\mathbf{R}^3$ 空间的推广)给出严格的定义.

3. 标量积

由 (1.3.1) 式所定义的向量的标量积可知,当 A 和 B 两向量垂直时,其标量积 $A \cdot B = 0$,因此对笛卡儿坐标系中的三个正交坐标轴的单位向量即坐标基向量 e_1, e_2, e_3 间的标量积均为零,而 $e_1 \cdot e_1 = e_2 \cdot e_2 = e_3 \cdot e_3 = 1$,则 A 和 B 的标量积为标量,其数值为

$$
\begin{aligned}
A \cdot B &= (A_1 e_1 + A_2 e_2 + A_3 e_3) \cdot (B_1 e_1 + B_2 e_2 + B_3 e_3) \\
&= A_1 B_1 e_1 \cdot e_1 + A_1 B_2 e_1 \cdot e_2 + A_1 B_3 e_1 \cdot e_3 + \\
&\quad A_2 B_1 e_2 \cdot e_1 + A_2 B_2 e_2 \cdot e_2 + A_2 B_3 e_2 \cdot e_3 + \\
&\quad A_3 B_1 e_3 \cdot e_1 + A_3 B_2 e_3 \cdot e_2 + A_3 B_3 e_3 \cdot e_3 \\
&= A_1 B_1 + A_2 B_2 + A_3 B_3 \\
&= \sum_{i=1}^{3} A_i B_i \tag{1.3.12}
\end{aligned}
$$

为了方便复杂的运算,先介绍两种运算规则符号:

(1) 爱因斯坦 (Einstein) 求和约定:

对于一个向量 A 记为

$$
\begin{aligned}
A &= A_i e_i \quad (i = 1, 2, 3) \\
&= \sum_{i=1}^{3} A_i e_i = A_1 e_1 + A_2 e_2 + A_3 e_3 \tag{1.3.13}
\end{aligned}
$$

此约定为:在同一代数项中见到两个重复指标 i 就自动进行求和(除非特别指出该重复指标不求和),称求和指标 "i" 为 "哑标",因为对一个 A,它可表示为 $A = A_i e_i$,也可表示为 $A = A_j e_j$,即 $A_i e_i = A_j e_j$ 与求和指标的具体字母 i, j 无关,故称 "哑标".

对求和指标有严格的规定:即任一代数项中同一求和指标不能超过 2 个,例如

$$A_i B_j C_i D_j = \sum_{i=1}^{3} A_i C_i \sum_{j=1}^{3} B_j D_j$$

而 $A_iB_iC_iD_j$ 则是一种错误的求和表示,这一项中出现三个相同的 i 指标,它无法在爱因斯坦求和约定规则中进行运算.

(2)克罗内克 δ(Kronecher δ)符号 δ_{ij},定义:

$$\delta_{ij}=\begin{cases}0, & i\neq j\\1, & i=j\end{cases} \quad\quad (1.3.14)$$

这一符号可以很方便地表示向量内积的正交性,并在很复杂的爱因斯坦求和规则中起着"挑选"指标简化运算的作用.

例1.3.1 对于坐标系基向量 e_1,e_2,e_3,有
$$e_i\cdot e_j=\delta_{ij}, \quad i,j=1,2,3$$

例1.3.2
$$A_i\delta_{ij}=A_1\delta_{1j}+A_2\delta_{2j}+A_3\delta_{3j}=A_j$$
只有 A_i 的指标为 j 时才不为零.

注:这种由 δ_{ij} 在代数项中对重复指标"i"进行求和并缩并掉的运算,称为指标缩并.

例1.3.3 两向量 A,B 的标量积可简化为
$$\begin{aligned}A\cdot B&=(A_ie_i)\cdot(B_je_j)\\&=A_iB_je_i\cdot e_j\\&=A_iB_j\delta_{ij}\\&=A_iB_i\end{aligned}$$

可看出,两个向量的标量积是可对易的,即
$$A\cdot B=B\cdot A$$
同时可以证明
$$A\cdot(B+C)=A\cdot B+A\cdot C \quad\quad (1.3.15)$$

4. 向量积

由向量的向量积的定义式(1.3.2)可知
$$A\times B=-B\times A \quad\quad (1.3.16)$$
及
$$A\times A=0 \qu\quad\quad (1.3.17)$$
且在笛卡儿坐标系中,三个坐标基向量(图1.3.4)的向量积为

$$e_1\times e_1=e_2\times e_2=e_3\times e_3=0$$
$$e_1\times e_2=e_3, \quad e_2\times e_3=e_1, \quad e_3\times e_1=e_2$$

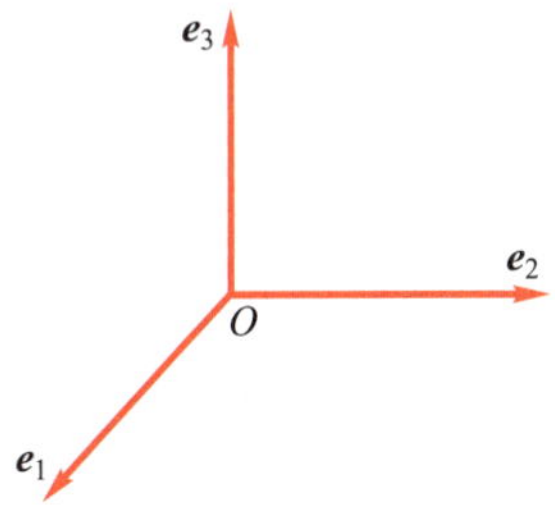

图 1.3.4

即向量积的方向遵从右手螺旋定则.

在笛卡儿坐标系中，$A \times B$ 的具体计算为

$$
\begin{aligned}
A \times B &= (A_1 e_1 + A_2 e_2 + A_3 e_3) \times (B_1 e_1 + B_2 e_2 + B_3 e_3) \\
&= (A_2 B_3 - A_3 B_2) e_1 + (A_3 B_1 - A_1 B_3) e_2 + (A_1 B_2 - A_2 B_1) e_3 \\
&= \begin{vmatrix} e_1 & e_2 & e_3 \\ A_1 & A_2 & A_3 \\ B_1 & B_2 & B_3 \end{vmatrix}
\end{aligned}
\tag{1.3.18}
$$

为了计算方便，引入三阶单位全反对称张量或称为三阶勒维-契维塔(Levi-Civita)符号 $\varepsilon_{ijk}, i, j, k = 1, 2, 3$

$$
\varepsilon_{ijk} = \begin{cases} 1 & (i, j, k = 1, 2, 3; 2, 3, 1; 3, 1, 2; \text{即相邻两指标经过偶次对换}) \\ -1 & (i, j, k = 2, 1, 3; 1, 3, 2; 3, 2, 1; \text{即相邻两指标经过奇次对换}) \\ 0 & (i, j, k \text{ 中有两个指标相同}) \end{cases}
\tag{1.3.19}
$$

引入此符号，任何一个三阶行列式都可以用它简单地表示出来：

$$
\Delta = \begin{vmatrix} a_1 & a_2 & a_3 \\ b_1 & b_2 & b_3 \\ c_1 & c_2 & c_3 \end{vmatrix} = \varepsilon_{ijk} a_i b_j c_k
\tag{1.3.20}
$$

这一表示 $\Delta = \varepsilon_{ijk} a_i b_j c_k$ 给复杂的运算带来方便，且只需指标的运算，不必展开中间求和的过程，要提醒初学者注意的是，对 ε_{ijk} 指标及后面各个元素的重复指标的求和顺序不能改变，而与 i, j, k 具体的顺序无关(因为求和指标是哑标)，即 $\Delta = \varepsilon_{ijk} a_i b_j c_k = \varepsilon_{jik} a_j b_i c_k = \varepsilon_{kji} a_k b_j c_i = \varepsilon_{ikj} a_i b_k c_j$ 等.

为了让读者了解求和运算过程，我们把求和过程详细展开，以验证式(1.3.20)的正确性，

$$
\begin{aligned}
\Delta &= \varepsilon_{ijk} a_i b_j c_k \\
&= \sum_{j,k=1}^{3} \left\{ \varepsilon_{1jk} a_1 b_j c_k + \varepsilon_{2jk} a_2 b_j c_k + \varepsilon_{3jk} a_3 b_j c_k \right\} \\
&= \sum_{k=1}^{3} \left\{ \begin{aligned} &\varepsilon_{11k} a_1 b_1 c_k + \varepsilon_{12k} a_1 b_2 c_k + \varepsilon_{13k} a_1 b_3 c_k + \\ &\varepsilon_{21k} a_2 b_1 c_k + \varepsilon_{22k} a_2 b_2 c_k + \varepsilon_{23k} a_2 b_3 c_k + \\ &\varepsilon_{31k} a_3 b_1 c_k + \varepsilon_{32k} a_3 b_2 c_k + \varepsilon_{33k} a_3 b_3 c_k \end{aligned} \right\} \\
&= \varepsilon_{123} a_1 b_2 c_3 + \varepsilon_{132} a_1 b_3 c_2 + \varepsilon_{213} a_2 b_1 c_3 + \\
&\quad \varepsilon_{231} a_2 b_3 c_1 + \varepsilon_{312} a_3 b_1 c_2 + \varepsilon_{321} a_3 b_2 c_1 \\
&= a_1 b_2 c_3 - a_1 b_3 c_2 - a_2 b_1 c_3 + a_2 b_3 c_1 + a_3 b_1 c_2 - a_3 b_2 c_1
\end{aligned}
$$

即得验证，其中 $\varepsilon_{11k} = 0, \varepsilon_{22k} = 0, \varepsilon_{33k} = 0$ 和后面的 $\varepsilon_{121} = \varepsilon_{122} = 0$ 等项没再表出.

注：单位全反对称张量符号可推广到 n 维线性空间中，记为 n 阶单位全反对称张量 $\varepsilon_{i,j,\cdots,k}$，$i,j,\cdots,k=1,2,\cdots,n$.

用符号 ε_{ijk}，$\mathbf{R}^3$ 中的向量积可写成

$$\boldsymbol{A}\times\boldsymbol{B}=\boldsymbol{e}_i\varepsilon_{ijk}A_jB_k \tag{1.3.21}$$

或写成分量的表示形式

$$(\boldsymbol{A}\times\boldsymbol{B})_i=\varepsilon_{ijk}A_jB_k \tag{1.3.22}$$

容易看出各分量为

$$(\boldsymbol{A}\times\boldsymbol{B})_1=A_2B_3-A_3B_2,$$
$$(\boldsymbol{A}\times\boldsymbol{B})_2=A_3B_1-A_1B_3,$$
$$(\boldsymbol{A}\times\boldsymbol{B})_3=A_1B_2-A_2B_1,$$

本节所介绍的 $\mathbf{R}^3$ 中元素的四种结合运算连同 $\mathbf{R}^3$ 空间的所有元素构成了物理学中常用的 $\mathbf{R}^3$ 中的一种向量代数.

§1.4 $\mathbf{R}^3$ 空间中标量场的梯度

一、$\mathbf{R}^3$ 空间中的向量微分算子

在物理学中，对于要研究的物理系统的物理量，例如温度、电势等，通常用定义在 $\mathbf{R}^3$ 空间中（或 $\mathbf{R}^3$ 的某一区域 Ω 中）的标量场（标量函数）$\varphi(\boldsymbol{x})$ 来描述，其中 $\boldsymbol{x}$ 即为 $\boldsymbol{r}$. 为研究标量场的空间分布如何随空间点的变化而改变的规律，必须引入空间的分析运算，即引入空间的向量微分算子. 在物理学中一个最基本、最重要的微分算子是 "∇"——del 算子，或称哈密顿（Hamilton）算子.

在笛卡儿坐标系中，∇ 算子可表示为

$$\nabla=\boldsymbol{e}_i\partial_i \tag{1.4.1}$$

其中 $\partial_i=\dfrac{\partial}{\partial x_i}$.

可以看出此算子像向量，但不是向量，其分量不是数（即算子本身没有模长），而是微商算符，它只有对标量函数或向量函数进行运算才显出自身的意义.

二、标量场的方向导数

1. 标量场的定义

定义 1.4.1：$\mathbf{R}^3$ 空间中的标量场

在 $\Omega\subset\mathbf{R}^3$ 空间中的标量场 $u(\boldsymbol{r})$，$\boldsymbol{r}\in\Omega$ 是一种映射，$u(\boldsymbol{r}):\Omega\to\mathbf{R}$ 或写为 $u(\boldsymbol{r}):\boldsymbol{r}\in\Omega\to\mathbf{R}$，标量场 $u(\boldsymbol{r})$ 是 Ω 上线丛的截面，一般指光滑截面.

这里我们只考虑标量场的空间分布，不考虑标量场随时间的变化关系. 要对标量场进行分析计算，就要先研究标量场的性质.

以下在直角坐标系下讨论标量场 $u(x,y,z)$ 在空间 $\Omega \in \mathbf{R}^3$ 中分布的一些基本性质.

2. 标量场具有等值面

标量场 $u(x,y,z)$ 在 Ω 中取得相同数值的点,即满足方程 $u(x,y,z)=c$(c 是常数)的点 $(x,y,z) \in \Omega$ 的集合,构成 Ω 中的一个曲面,此曲面称为标量场 $u(x,y,z)$ 的等值面,所有的等值面均不相交.

考察等值面方程 $u(x,y,z)=c$,当 c 不同时,等值面也不同且等值面不相交. 如果 $u(x,y,z)=c_1$ 和 $u(x,y,z)=c_2$,$c_1 \neq c_2$ 的两个等值面相交,设交于 (x_0,y_0,z_0) 点,分别有 $u(x_0,y_0,z_0)=c_1$ 且 $u(x_0,y_0,z_0)=c_2$,即 $u(x,y,z)$ 在 (x_0,y_0,z_0) 点不是单值函数,不符合 $u(x,y,z)$ 为单值函数的定义.

随着 c 的连续变化,等值面在 Ω 中形成一个等值面族,而且把 Ω 填满,即填满整个定义域空间. 如果没有填满的话,则在空缺处无法进行分析计算.

> **例 1.4.1** 在 $\mathbf{R}^3$ 空间原点的点电荷的电势场 $u(r)=\dfrac{q}{r}=c$ 的等势面是以原点为球心,以 r 为半径的球面. 其等势面填满了整个 $\mathbf{R}^3$ 空间.

3. 标量场的方向导数

研究标量场 $u(x,y,z)$ 在空间某点邻域内的变化率,沿不同方向的变化率一般是不一样的.

定义 1.4.2:标量场的方向导数

设点 $r_0=(x_0,y_0,z_0)$,当 $u(x,y,z)$ 从 r_0 出发,$u(x_0,y_0,z_0)$ 沿某一 s 的方向上移动 $\Delta s = |\Delta s|$,到达 $r(x,y,z)$ 点时,定义标量场 u 沿 s 方向的方向导数为下式的极限值

$$\lim_{\Delta s \to 0} \frac{u(r)-u(r_0)}{\Delta s} = \frac{\partial u}{\partial s}\bigg|_{r_0} \tag{1.4.2}$$

对于不同的 s,则 $\dfrac{\partial u}{\partial s}\bigg|_{r_0}$ 是不同的.

> **例 1.4.2** 放置在坐标原点上的点电荷的电势场,取两个相近的等势面,可算出 $\dfrac{u-u_0}{\Delta s}$,在不同方向上其极限值是不一样的,下面具体计算 $\dfrac{\partial u}{\partial s}\bigg|_{r_0}$.

解: 设在 r_0 点的位移 s 与 x,y,z 轴的夹角为 α,β,γ,即 (α,β,γ) 为 s 的方向角,则 s 上的单位向量 $e_s = \dfrac{s}{s}$,$s=|\Delta s|$.

则 $e_s = \dfrac{s}{s} = \cos\alpha\, e_x + \cos\beta\, e_y + \cos\gamma\, e_z = (\cos\alpha, \cos\beta, \cos\gamma)$

由 $s = s_x e_x + s_y e_y + s_z e_z$,则有

$$\frac{\partial x}{\partial s} = \cos\alpha, \quad \frac{\partial y}{\partial s} = \cos\beta, \quad \frac{\partial z}{\partial s} = \cos\gamma$$

即
$$\frac{\partial u}{\partial s} = \frac{\partial u}{\partial x} \cdot \frac{\partial x}{\partial s} + \frac{\partial u}{\partial y} \cdot \frac{\partial y}{\partial s} + \frac{\partial u}{\partial z} \cdot \frac{\partial z}{\partial s}$$

$$= \frac{\partial u}{\partial x} \cos \alpha + \frac{\partial u}{\partial y} \cos \beta + \frac{\partial u}{\partial z} \cos \gamma$$

$$= \left(\frac{\partial u}{\partial x} \boldsymbol{e}_x + \frac{\partial u}{\partial y} \boldsymbol{e}_y + \frac{\partial u}{\partial z} \boldsymbol{e}_z \right) \cdot \boldsymbol{e}_s$$

或者可以用另一表达式，由 "∇" 算子在直角坐标系下的表达式，定义

$$\nabla u = \left(\frac{\partial}{\partial x} \boldsymbol{e}_x + \frac{\partial}{\partial y} \boldsymbol{e}_y + \frac{\partial}{\partial z} \boldsymbol{e}_z \right) u = \frac{\partial u}{\partial x} \boldsymbol{e}_x + \frac{\partial u}{\partial y} \boldsymbol{e}_y + \frac{\partial u}{\partial z} \boldsymbol{e}_z$$

则可把 $\dfrac{\partial u}{\partial s}$ 表示成

$$\frac{\partial u}{\partial s} = (\nabla u) \cdot \boldsymbol{e}_s = \left(\frac{\partial u}{\partial x} \boldsymbol{e}_x + \frac{\partial u}{\partial y} \boldsymbol{e}_y + \frac{\partial u}{\partial z} \boldsymbol{e}_z \right) \cdot \boldsymbol{e}_s = \left(\frac{\partial u}{\partial x} \boldsymbol{e}_x + \frac{\partial u}{\partial y} \boldsymbol{e}_y + \frac{\partial u}{\partial z} \boldsymbol{e}_z \right) \cdot (\cos \alpha \boldsymbol{e}_x + \cos \beta \boldsymbol{e}_y + \cos \gamma \boldsymbol{e}_z)$$

$$= \frac{\partial u}{\partial x} \cos \alpha + \frac{\partial u}{\partial y} \cos \beta + \frac{\partial u}{\partial z} \cos \gamma$$

故有
$$\frac{\partial u}{\partial s} \bigg|_{r_0} = \frac{\partial u}{\partial s} \bigg|_{(x_0, y_0, z_0)}$$

$$= \cos \alpha \frac{\partial u}{\partial x} \bigg|_{(x_0, y_0, z_0)} + \cos \beta \frac{\partial u}{\partial y} \bigg|_{(x_0, y_0, z_0)} + \cos \gamma \frac{\partial u}{\partial z} \bigg|_{(x_0, y_0, z_0)}$$

例1.4.3 求放置在坐标原点上的点电荷 q 在 $(1,1,1)$ 点沿 s 方向的 $\dfrac{\partial u}{\partial s}$，其中 s 为如下几个方向：

(1) $s = (1,0,0)$；(2) $s = (1,1,0)$；(3) $s = (1,1,1)$

解：由 $u(x,y,z) = \dfrac{q}{r} = \dfrac{q}{\sqrt{x^2+y^2+z^2}}$，有

$$\nabla u \bigg|_{(1,1,1)} = -\frac{q}{\sqrt{(x^2+y^2+z^2)^3}} \cdot (x\boldsymbol{e}_x + y\boldsymbol{e}_y + z\boldsymbol{e}_z)$$

$$= -\frac{q}{\sqrt{27}} (\boldsymbol{e}_x + \boldsymbol{e}_y + \boldsymbol{e}_z) = -\frac{q}{3\sqrt{3}} (\boldsymbol{e}_x + \boldsymbol{e}_y + \boldsymbol{e}_z)$$

(1) $s = (1,0,0)$

$$\boldsymbol{e}_s = \frac{1}{\sqrt{1^2}} (1 \cdot \boldsymbol{e}_x + 0 \cdot \boldsymbol{e}_y + 0 \cdot \boldsymbol{e}_z) = \boldsymbol{e}_x$$

由 $\nabla u \cdot \boldsymbol{e}_s = \dfrac{\partial u}{\partial s}$ 可得

$$\frac{\partial u}{\partial s} = -\frac{q}{\sqrt{27}} (\boldsymbol{e}_x + \boldsymbol{e}_y + \boldsymbol{e}_z) \cdot \boldsymbol{e}_x = -\frac{q}{\sqrt{27}}$$

(2) $s = (1,1,0)$

$$\boldsymbol{e}_s = \frac{1}{\sqrt{2}} (1 \cdot \boldsymbol{e}_x + 1 \cdot \boldsymbol{e}_y + 0 \cdot \boldsymbol{e}_z) = \frac{1}{\sqrt{2}} \boldsymbol{e}_x + \frac{1}{\sqrt{2}} \boldsymbol{e}_y$$

$$\frac{\partial u}{\partial s} = -\frac{q}{\sqrt{27}}(e_x + e_y + e_z) \cdot \left(\frac{1}{\sqrt{2}}e_x + \frac{1}{\sqrt{2}}e_y\right)$$

$$= -\frac{q}{\sqrt{54}} \cdot (1+1) = -\frac{2q}{\sqrt{54}} = -\frac{\sqrt{2}\,q}{\sqrt{27}}$$

（3）$s = (1,1,1)$

$$e_s = \frac{1}{\sqrt{3}}(e_x + e_y + e_z)$$

$$\frac{\partial u}{\partial s} = -\frac{q}{\sqrt{27}}(e_x + e_y + e_z) \cdot \frac{1}{\sqrt{3}}(e_x + e_y + e_z) = -\frac{\sqrt{3}\,q}{\sqrt{27}} = -\frac{q}{3}$$

故（3）中的 $\dfrac{\partial u}{\partial s}$ 最大.

三、标量场的梯度

标量场的梯度是描述一个标量场沿空间方向的变化率问题,标量场在空间某点的梯度的方向是在该点方向导数最大的方向,其数值为该方向导数的模. 标量场 $\varphi(x)$ 的梯度 $\nabla\varphi$ 是一个向量场.

标量场的梯度场与坐标系的选择无关,它是一个几何量.

1. 标量场的梯度

定义 1.4.3:**标量场的梯度**

考察 $\mathbf{R}^3$ 空间中点 r 的邻域中的标量场 $\varphi(r)$ 沿某一方向 $\mathrm{d}s$ 的位移量 $đ\varphi(r)$,标量场 $\varphi(x)$ 在该点的梯度 $\nabla\varphi$ 满足下式:

$$\nabla\varphi \cdot \mathrm{d}s = đ\varphi \tag{1.4.3}$$

其中 $đ\varphi(x)$ 为标量场 φ 在空间沿 $\mathrm{d}s$ 的微小增量. $đ$ 称为 Pfaff 符号. 因此

$$đ\varphi = |\nabla\varphi|\,|\mathrm{d}s|\cos\theta \tag{1.4.4}$$

θ 为 $\nabla\varphi$ 与 $\mathrm{d}s$ 的夹角. 可以看出当 $\theta = 0$,即所取的 $\mathrm{d}s$ 的方向与 $\nabla\varphi$ 的方向一致时,此时的 $đ\varphi$ 达到最大. 该定义给出了 $\nabla\varphi$ 明确的意义:标量场 $\varphi(x)$ 在某一空间点邻域内的梯度为该点的一个向量,其方向为 $\varphi(x)$ 场的改变率最大的方向,即 $\dfrac{đ\varphi}{\mathrm{d}s}$ 为最大的方向,其数值就是这一方向上的改变率 $\dfrac{đ\varphi}{\mathrm{d}s}$. 由 $\nabla\varphi$ 的定义我们有

$$(\nabla\varphi) \cdot \mathrm{d}s = \mathrm{d}\varphi \tag{1.4.5}$$

注:Pfaff 符号 $đ$ 表示函数的微小增量,这个微小增量与方向或路径的选择有关. 例如在热力学中的热力学第一定律中,热量的变化是与路径相关的,因此热力学第一定律的微分形式中热量的增量用 $đQ$ 表示.

2. 直角坐标系下标量场梯度的表达式

在笛卡儿坐标系中,位移 $\mathrm{d}s$ 可以表示为

$$\mathrm{d}s = e_1\mathrm{d}s_1 + e_2\mathrm{d}s_2 + e_3\mathrm{d}s_3 \tag{1.4.6}$$

ds_1, ds_2, ds_3 为 ds 在三个轴上的投影,当考虑 ds 只沿 e_1 方向变化而其他轴上无变化时:$ds = ds_1 e_1 = dx_1 e_1$,有 $(\nabla\varphi) \cdot ds = (\nabla\varphi)_1 \cdot ds_1 = d\varphi$,即 $(\nabla\varphi)_1 = \dfrac{\partial\varphi}{\partial x_1} = \partial_1\varphi$,同样有 $(\nabla\varphi)_2 = \partial_2\varphi$,$(\nabla\varphi)_3 = \partial_3\varphi$,即可得

$$\nabla\varphi = e_i \frac{\partial\varphi}{\partial x_i} = e_i \partial_i\varphi \tag{1.4.7}$$

在第 i 轴上的分量为 $\partial_i\varphi$.

由微分算子在笛卡儿坐标系中的表达式 $\nabla = e_i\partial_i$ 可知,(1.4.7)式为标量场 $\varphi(x)$ 的梯度场在笛卡儿坐标系下的表达式.

对于所考察的整个空间,φ 的梯度 $\nabla\varphi$ 构成一个梯度场,它在某一空间点的值就是那一点的梯度,通常讲 φ 的梯度是指 φ 的梯度场.

标量场的梯度场 $\nabla\varphi$ 是一个 $\mathbf{R}^3$ 空间中的向量场,是不依赖于坐标系的几何量.

对于标量场的梯度场,物理上有许多实例,如一个静电场,某点 P 的电势梯度为该点的电场强度 E_P 的负值,而对于考察的区域中,电势场 $\varphi(x)$ 的梯度为该区域中的电场强度 $E(x)$ 的负值,有 $E(x) = -\nabla\varphi(x)$,其中 "-" 号是因为电场强度的方向是电势由大到小,而电势的梯度是由小到大,因此两者的方向相反.

§ 1.5 __ 向量场的散度

一、向量场散度的定义

在经典物理学中,研究静电场的性质时,要用到向量场散度的概念.

向量场的散度是研究在所考察的区域 Ω 内,是否存在产生(或汇集)此向量场的源(或阱)这一类奇点的问题. 在静电学中引入电场线的概念来研究静电场的性质. 为了便于数学上的描述,引入通量 Φ 的概念:在向量场 $A(x)$ 所定义的区域 Ω 内,任取一截面 S,则向量场 $A(x)$ 通过此截面 S 的通量 Φ 定义为

$$\Phi = \int_S A \cdot d\boldsymbol{\sigma} \tag{1.5.1}$$

其中 $d\boldsymbol{\sigma}$ 为 S 上的面元,其方向为截面 S 的法向 n,因为 S 的法向有两个,因此 n 的方向在 S 取定时就做了规定. 当沿截面 S 的边界行走一圈,使得所包围的区域 S 在左手边,则头顶的方向即截面 S 的法向 n 的方向,即满足右手螺旋定则所规定的正方向就是截面 S 的法向 n 的方向.

定义 1.5.1:向量场的散度

取向量场 A 所定义的空间 Ω 中的一点 P,P 点的小邻域的体积为 V,V 包含在 Ω 内,V 的边界 ∂V 为闭合曲面. 取 ∂V 的外法向为正向,则可定义向量场 A 在此点的散度 $\nabla \cdot A$ 或 $\mathrm{div}\, A$ 为

$$\mathrm{div}\, A = \lim_{V \to 0} \frac{1}{V} \int_{\partial V} A \cdot d\boldsymbol{\sigma} \tag{1.5.2}$$

其中 $d\boldsymbol{\sigma}$ 为 ∂V 的有向面元，符号"∂"是边界算符 ∂V 即 V 的边界，$\boldsymbol{A} \cdot d\boldsymbol{\sigma}$ 表示向量场 $\boldsymbol{A}$ 与向量 $d\boldsymbol{\sigma}$ 的标量积，是向量 $\boldsymbol{A}$ 通过 $d\boldsymbol{\sigma}$ 的通量，$d\boldsymbol{\sigma}$ 的方向为闭合曲面 ∂V 的外法向.

向量场 $\boldsymbol{A}$ 在 Ω 中每一点的散度的集合构成 Ω 上向量场 $\boldsymbol{A}$ 的散度场.

此定义的物理意义很明确，即流经包围考察点 P 的单位体积的闭合边界的通量定义为该点的向量场的散度. 显然，当 P 点的邻域 V 趋于 0 时，如果流进该边界 ∂V 的通量与流出该边界的通量相等，表明流经该闭合边界的通量为零，即该点 P 的向量场的散度为零，也就是说在 P 的邻域 V 内没有源（或阱）这类奇点. 若流经 ∂V 的净通量不为零则说明 V 中有源（或阱），当 $V \to 0$ 时即 P 点由 $\boldsymbol{A}$ 的散度的定义式（1.5.2）可看出，右边的积分是个标量，它是 P 点的源（或阱）数量的大小，因此 $\nabla \cdot \boldsymbol{A}$ 是标量.

由向量场 $\boldsymbol{A}$ 的散度 $\nabla \cdot \boldsymbol{A}$ 的定义可知：$\nabla \cdot \boldsymbol{A}$ 是一个不依赖于坐标系选择的几何量.

由散度 $\nabla \cdot \boldsymbol{A}$ 的定义式可得笛卡儿坐标系中向量场散度的表达式

$$\nabla \cdot \boldsymbol{A} = \partial_i A_i \tag{1.5.3}$$

在笛卡儿坐标系中，$\nabla = \boldsymbol{e}_i \partial_i$，$\boldsymbol{A} = A_i \boldsymbol{e}_i$，故容易计算 $\nabla \cdot \boldsymbol{A}$：

$$
\begin{aligned}
\nabla \cdot \boldsymbol{A} &= (\boldsymbol{e}_i \partial_i) \cdot (A_j \boldsymbol{e}_j) \\
&= \boldsymbol{e}_i \cdot \boldsymbol{e}_j \partial_i A_j \\
&= \delta_{ij} \partial_i A_j \\
&= \partial_i A_i
\end{aligned} \tag{1.5.4}
$$

二、数学上的高斯（Gauss）公式

由向量场的散度的定义，很容易导出数学上的高斯公式[①]，在 $\mathbf{R}^3$ 中的一个有限的区域 V 及其边界 ∂V，把 V 分成无穷多个相互连接任意小的区域 ΔV，每个 ΔV 的边界为 $\partial(\Delta V)$，则由向量场的散度定义，在每个小体积元 ΔV 中，有向量场 $\boldsymbol{A}$ 的散度为

$$\nabla \cdot \boldsymbol{A} = \lim_{\Delta V \to 0} \frac{1}{\Delta V} \int_{\partial(\Delta V)} \boldsymbol{A} \cdot d\boldsymbol{\sigma} \tag{1.5.5}$$

其中 $d\boldsymbol{\sigma}$ 为 $\partial(\Delta V)$ 的面元，取 $\partial(\Delta V)$ 的外法向为正向，则可得

$$\lim_{\Delta V \to 0} (\nabla \cdot \boldsymbol{A}) \Delta V = \int_{\partial(\Delta V)} \boldsymbol{A} \cdot d\boldsymbol{\sigma} \tag{1.5.6}$$

当 V 中每一点的 $\boldsymbol{A}$ 的散度对 V 求积分时，并考虑到每相邻的两个小体积元的公共边界上面元的法向相反，$\boldsymbol{A}$ 穿过此公共边界的通量之和为零，则可得到数学上的高斯公式

$$\int_V \nabla \cdot \boldsymbol{A} \, dV = \int_{\partial V} \boldsymbol{A} \cdot d\boldsymbol{\sigma} \tag{1.5.7}$$

---

① 数学中的高斯公式是对空间中任何向量场都成立的，而在物理学中静电学的高斯公式仅对静电场和电荷成立，且电荷产生的电场满足距离平方反比定律.

此公式给出了 V 中向量场的散度与其边界上的通量的关系,即可用 V 的边界上的通量来研究 V 中的源(或阱)的整体性质. 这也是数学中局部性质与整体性质的联系.

注:静电学中的高斯公式 $\int_{\partial V} \boldsymbol{E} \cdot \mathrm{d}\boldsymbol{\sigma} = \dfrac{1}{\varepsilon_0} \Sigma q_i$ 是数学上高斯公式在静电学中的应用, q_i 为体积 V 中的点电荷.

例1.5.1 高斯公式的应用:电荷守恒方程的微分形式.

在空间某一体积 V 中有电荷以速度 $\boldsymbol{v}(\boldsymbol{x})$ 运动,电荷密度为 $\rho(\boldsymbol{x},t)$,则电流密度 $\boldsymbol{j}(\boldsymbol{x},t) = \rho(\boldsymbol{x},t)\boldsymbol{v}(\boldsymbol{x})$,体积 V 中的电荷量为 $\int_V \rho(\boldsymbol{x},t)\mathrm{d}\boldsymbol{x}$,它对时间的改变率为 $\dfrac{\partial}{\partial t}\int_V \rho(\boldsymbol{x},t)\mathrm{d}V$(即单位时间流入 V 内的电荷量),而单位时间内从 V 的边界 ∂V 中流出的电荷为 $\int_{\partial V} \rho(\boldsymbol{x},t)\boldsymbol{v}(\boldsymbol{x}) \cdot \mathrm{d}\boldsymbol{\sigma}$,其中 $\mathrm{d}\boldsymbol{\sigma}$ 为 ∂V 的面积元,以 ∂V 的外法线为正向,则由电荷守恒有

$$\frac{\partial}{\partial t}\int_V \rho(\boldsymbol{x},t)\mathrm{d}V + \int_{\partial V}\rho(\boldsymbol{x},t)\boldsymbol{v}(\boldsymbol{x}) \cdot \mathrm{d}\boldsymbol{\sigma} = 0 \tag{1.5.8}$$

由高斯公式

$$\int_{\partial V}\rho\boldsymbol{v} \cdot \mathrm{d}\boldsymbol{\sigma} = \int_V \nabla \cdot (\rho\boldsymbol{v})\mathrm{d}V = \int_V \nabla \cdot \boldsymbol{J}\mathrm{d}V$$

即可得出

$$\frac{\partial}{\partial t}\int_V \rho\mathrm{d}V + \int_V \nabla \cdot \boldsymbol{J}\mathrm{d}V = 0$$

即对空间某点的邻域有电荷守恒方程的微分形式——电荷连续性方程

$$\frac{\partial \rho}{\partial t} + \nabla \cdot \boldsymbol{J} = 0 \tag{1.5.9}$$

例1.5.2 由高斯公式导出格林公式.

对于定义在体积 V 及其边界 ∂V 上的两个标量场 $\psi(\boldsymbol{x})$, $\varphi(\boldsymbol{x})$,有格林公式,它是高斯公式的直接结果,即

$$\int_{\partial V}\psi\nabla\varphi \cdot \mathrm{d}\boldsymbol{\sigma} = \int_V \nabla \cdot (\psi\nabla\varphi)\mathrm{d}V$$

$$= \int_V (\psi\nabla^2\varphi + \nabla\psi \cdot \nabla\varphi)\mathrm{d}V \tag{1.5.10}$$

若 $\boldsymbol{n}$ 为 $\mathrm{d}\boldsymbol{\sigma}$ 上的单位法向量,则

$$\nabla\varphi \cdot \mathrm{d}\boldsymbol{\sigma} = \nabla\varphi \cdot \boldsymbol{n}\mathrm{d}\sigma \equiv \frac{\partial\varphi}{\partial n}\mathrm{d}\sigma$$

格林公式可表为

$$\int_{\partial V}\psi\frac{\partial\varphi}{\partial n}\mathrm{d}\sigma = \int_V (\psi\nabla^2\varphi + \nabla\psi \cdot \nabla\varphi)\mathrm{d}V \tag{1.5.11}$$

格林公式的另一种表述为

$$\int_{\partial V}(\psi\nabla\varphi - \varphi\nabla\psi) \cdot \mathrm{d}\boldsymbol{\sigma} = \int_V (\psi\nabla^2\varphi - \varphi\nabla^2\psi)\mathrm{d}V \tag{1.5.12}$$

上式亦很容易由高斯公式得到.

由向量场的散度运算得到的高斯公式和格林公式在物理学中都有着广泛的应用.

§1.6 向量场的旋度

我们知道一根长直的恒定电流能产生环绕这根电流的静磁场,静电场是由静止的点电荷产生的,因此静磁场和静电场的产生机制是完全不同的,静电场和静磁场都是向量场,静电场是由正电荷产生的辐射状的场,而静磁场是个闭合向量场.迄今没有发现磁单极,因此没有发现辐射状的静磁场.在物理学中,具有这类环流结构的向量场还有很多,例如流体力学中的涡流等.

要研究闭合的静磁场,就要引入向量场旋度的概念.

与向量场的散度所研究的向量场空间是否存在奇异点不同,向量场的旋度是研究考察的空间中是否存在产生向量场的线源(或线汇)的这一类奇异线的问题.恒定电流会产生静磁场,这一磁场就是有旋场,恒定电流就是此有旋场的线源.

要研究向量场的旋度,首先要给出向量场环流的描述.

一、向量场的环流量

向量场 A 沿其 $\mathbf{R}^3$ 空间的定义域 Ω 中的一条闭合曲线 c 所进行的曲线积分

$$\Gamma = \oint_c A \cdot \mathrm{d}l \qquad (1.6.1)$$

称为向量场 A 沿闭合曲线 c 的环流,$\mathrm{d}l$ 为曲线 c 的有向线元(注意:是向量场 A 在 c 上的每一点处沿 c 的切向上的投影与 $|\mathrm{d}l|$ 的乘积在 c 上的求和).

因为 $A \cdot \mathrm{d}l$ 为标量,故环流量 Γ 是一个标量,而且 Γ 与闭合曲线 c 的选取是有关的.

对于 $\mathbf{R}^3$ 上给定的向量场 A,不同闭合曲线 c 的环流量 Γ 是不一样的.因此如果 A 在某点邻域是有旋的场,则单由环流量 Γ 的描述是不够的,它与闭合曲线 c 所包围的面积及此面积的法向是相关的.

在向量场 A 所定义的 $\mathbf{R}^3$ 空间中的任一点 P 的邻域中取一小面元 $\Delta\sigma$(当 $\Delta\sigma$ 很小时,$\Delta\sigma$ 可视为一小平面元),$\Delta\sigma$ 的边界为 l,取定 l 的走向后以右手螺旋定则确定 $\Delta\sigma$ 的法向 n.

引入向量场 A 在 $\Delta\sigma$ 的边界 l 的环流密度(单位面积边界的环流量)γ,

$$\gamma = \frac{\Gamma}{\Delta\sigma} = \frac{1}{\Delta\sigma} \oint_l A \cdot \mathrm{d}l \qquad (1.6.2)$$

这样扣除 $\Delta\sigma$ 面积的影响,但 γ 仍不确定,它随 $\Delta\sigma$ 的法向 n 的不同而不同,即随 $\Delta\sigma$ 的取向而变化,但对于向量场 A 在 P 点邻域的性质是确定的,总有一个 n 的取向使得 γ 的值达到最大,即此时 A 在 $\mathrm{d}l$ 上的投影对边界 l 的积分求和比其他 n 所确定的求和值要大,这是反映了向量场 A 在 P 点具有涡旋性的性质.

二、向量场 A 的旋度

1. 定义 1.6.1:向量场 A 的旋度(或称旋量)

在向量场 A 所定义的空间中的一点 P 的小邻域内,A 在过 P 点的小面元 $\Delta\sigma$ 的单位面积的最大环流量称为 A 过点 P 的旋度,记为 $\nabla\times A$,或 curl A 或 rot A,其数学表达式为

$$(\nabla\times A)_P \cdot n = \lim_{\Delta\sigma\to 0}\frac{1}{\Delta\sigma}\oint_l A_P \cdot \mathrm{d}l \qquad (1.6.3)$$

其中 n 为 $\Delta\sigma$ 的单位法向量,n 由 l 走向的右手螺旋定则所确定,l 为 $\Delta\sigma$ 的边界.

由定义可看出,向量场在 P 点的旋量是一个向量,是向量场 A 的空间的性质,即向量场在 P 点是否有涡旋,这一向量的方向由边界环流密度的右手螺旋定则确定.

向量场 A 所定义的空间中每一点的旋度的集合,就构成向量场 A 在此空间中的旋度场.

从上式可看出,当 n 的方向与 $\nabla\times A$ 的方向相同时,此时等式右边所表示的环流密度为最大,即表示向量场 A 在 P 点的旋度的数值.

2. 向量场 A 的旋度在直角坐标系下的表示式

下面推导旋度的计算公式,为了书写方便,不再在 A 下角标处标明是 P 点的向量.

由向量场 A 在 P 点旋度的表达式

$$(\nabla\times A) \cdot n = \lim_{\Delta\sigma\to 0}\frac{1}{\Delta\sigma}\oint_l A \cdot \mathrm{d}l$$

在直角坐标系中,旋度 $\nabla\times A$ 可表示为

$$\nabla\times A = (\nabla\times A)_x e_x + (\nabla\times A)_y e_y + (\nabla\times A)_z e_z$$

这里的 $A = A_x e_x + A_y e_y + A_z e_z$.

由 $\nabla\times A$ 的定义可在笛卡儿坐标系下直接计算得到:

$$\nabla\times A = \varepsilon_{ijk} e_i \partial_j A_k \qquad (1.6.4)$$

注:关于向量场 A 旋度表达式的计算将在曲线坐标系中给出,在此不再重复.

$\nabla\times A$ 是一个不依赖于坐标的算符表达式,在任何坐标系中皆成立. 因此一般向量场 A 的旋度就直接写成 $\nabla\times A$. 若向量场 A 在 P 点的无穷小邻域内有 $\nabla\times A$ 不为零,说明在 P 点存在产生有旋度的向量场 A 的线源(或线汇)穿过.

3. 斯托克斯(Stokes)积分公式

由 $\nabla\times A$ 的定义式可得

$$\lim_{\sigma\to 0}(\nabla\times A) \cdot n\sigma = \oint_{\partial\sigma} A \cdot \mathrm{d}l$$

把这一关系应用到有限面积的曲面 Σ 的积分中,只要把积分区域 Σ 分割成无穷多的无穷小积分区域 $\mathrm{d}\sigma$,而 $\mathrm{d}\boldsymbol{\sigma} = n\mathrm{d}\sigma$.

考虑到相邻两个无穷小积分区域 $\mathrm{d}\boldsymbol{\sigma}$ 的边界上的回路积分在重复的边界上积分相抵消,最后只剩下 Σ 的边界 $\partial\Sigma$ 的回路积分,即可得有限面积曲面 Σ 中的斯托克斯积分公式

$$\int_{\Sigma} (\nabla \times A) \cdot d\boldsymbol{\sigma} = \oint_{\partial \Sigma} A \cdot dl \qquad (1.6.5)$$

其中 dl 为 $\partial \Sigma$ 上的线元,其方向为与 Σ 上的法向 n 自洽的右手螺旋定则确定(图 1.6.1).

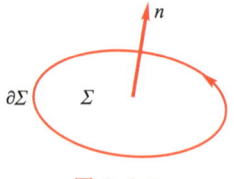

图 1.6.1

§1.7__ $\mathbf{R}^3$ 空间中向量分析的一些重要公式

$\mathbf{R}^3$ 空间的向量分析中关于梯度、散度和旋度的运算,在物理学中有着非常广泛的应用.

例如我们所熟悉的麦克斯韦(Maxwell)方程:

$$\nabla \times E = -\frac{\partial B}{\partial t}, \quad \nabla \times H = J_0 + \frac{\partial D}{\partial t}$$

$$\nabla \cdot D = \rho_0, \quad \nabla \cdot B = 0$$

是一组与坐标无关的方程,它描述了电磁学中各物理量之间的关系.

下面我们介绍在物理学中经常用到的 $\mathbf{R}^3$ 空间中的一些分析的公式:

(1) $\nabla \cdot r = 3$ \hfill (1.7.1)

(2) $\nabla \times r = 0$ \hfill (1.7.2)

(3) $\nabla(\varphi + \psi) = \nabla \varphi + \nabla \psi$ \hfill (1.7.3)

(4) $\nabla(\varphi \psi) = \varphi \nabla \psi + \psi \nabla \varphi$ \hfill (1.7.4)

(5) $\nabla \cdot (A + B) = \nabla \cdot A + \nabla \cdot B$ \hfill (1.7.5)

(6) $\nabla \times (A + B) = \nabla \times A + \nabla \times B$ \hfill (1.7.6)

(7) $\nabla \cdot (\varphi A) = A \cdot (\nabla \varphi) + \varphi \nabla \cdot A$ \hfill (1.7.7)

(8) $\nabla \times (\varphi A) = \nabla \varphi \times A + \varphi \nabla \times A$ \hfill (1.7.8)

(9) $\nabla \cdot (A \times B) = B \cdot (\nabla \times A) - A \cdot (\nabla \times B)$ \hfill (1.7.9)

(10) $\nabla \times (A \times B) = (B \cdot \nabla)A - B(\nabla \cdot A) - (A \cdot \nabla)B + A(\nabla \cdot B)$ \hfill (1.7.10)

(11) $\nabla(A \cdot B) = (B \cdot \nabla)A + (A \cdot \nabla)B + B \times \nabla \times A + A \times \nabla \times B$ \hfill (1.7.11)

(12) $\nabla \times \nabla \varphi = 0$ \hfill (1.7.12)

(13) $\nabla \cdot (\nabla \times A) = 0$ \hfill (1.7.13)

(14) $\nabla \times \nabla \times A = \nabla(\nabla \cdot A) - \nabla^2 A$ \hfill (1.7.14)

作为例子,我们在笛卡儿坐标系中证明上面的(1.7.9)式与(1.7.14)式,其他公式的证明留作自证.

例1.7.1 (1.7.9)式的证明:

$$\nabla \cdot (A \times B) = \partial_i (A \times B)_i$$

$$= \partial_i (\varepsilon_{ijk} A_j B_k)$$

$$= \varepsilon_{ijk} \left[(\partial_i A_j) B_k + A_j (\partial_i B_k) \right]$$

$$= B_k \varepsilon_{kij} \partial_i A_j - A_j \varepsilon_{jik} \partial_i B_k$$

$$= B_k (\nabla \times A)_k - A_j (\nabla \times B)_j$$

$$= B \cdot (\nabla \times A) - A \cdot (\nabla \times B)$$

例 1.7.2

(1.7.14)式的证明:

$$\nabla \times (\nabla \times A) = \varepsilon_{ijk} e_i \partial_j (\nabla \times A)_k$$

$$= e_i \varepsilon_{ijk} \partial_j \varepsilon_{klm} \partial_l A_m$$

$$= e_i \varepsilon_{kij} \varepsilon_{klm} \partial_j \partial_l A_m$$

$$= e_i (\delta_{il} \delta_{jm} - \delta_{im} \delta_{jl}) \partial_j \partial_l A_m$$

$$= e_i \partial_j \partial_i A_j - e_i \partial_j \partial_j A_i$$

$$= \nabla (\nabla \cdot A) - \nabla^2 A$$

∇^2 为拉普拉斯算子 $\nabla^2 = \nabla \cdot \nabla = \partial_i \partial_i$.

在证明过程中用到的一个常用公式:

$$\varepsilon_{ijk} \varepsilon_{ilm} = \delta_{jl} \delta_{km} - \delta_{jm} \delta_{kl} \tag{1.7.15}$$

此公式为 $\mathbf{R}^3$ 空间中单位全反对称张量的一个乘积公式,读者可以自行从下面的普通的公式中得证

$$\varepsilon_{ijk} \varepsilon_{lmn} = \begin{vmatrix} \delta_{il} & \delta_{im} & \delta_{in} \\ \delta_{jl} & \delta_{jm} & \delta_{jn} \\ \delta_{kl} & \delta_{km} & \delta_{kn} \end{vmatrix} \tag{1.7.16}$$

(1.7.15)式和(1.7.16)式皆只是在 $\mathbf{R}^3$ 中的笛卡儿坐标系下的公式.

注:在数学中,与坐标系选择无关的表达式,只要证明此表达式在一种坐标系(例如直角坐标系)成立,则此表达式得证.

第一章习题

1.1 C 为 $\mathbf{R}^3$ 空间的已知向量,若有向量 A 和 B,且 $A+B=C$ 和 $A-B=C$,求 A, B 向量.

1.2 C 和 D 为 $\mathbf{R}^3$ 空间的已知向量,若有向量 A 和 B,且 $A+B=C$ 和 $A-B=D$,求 A, B 向量. 如果在笛卡儿坐标系中 $C = c_i e_i$, $D = d_i e_i$ ($i=1,2,3$),请写出 A, B 向量的具体表达式.

1.3 有向量 r_1, r_2 和 r_3 如习题 1.3 图所示,请证明余弦定理

$$r_3^2 = r_1^2 + r_2^2 - 2 r_1 r_2 \cos \theta$$

其中 $|r_1| = r_1$, $|r_2| = r_2$, $|r_3| = r_3$.

1.4 请用向量运算(不用坐标系)直接证明

$$(A+B) \cdot (A-B) = A^2 - B^2$$

请用笛卡儿坐标系再证明一遍上述结论.

1.5 在 $\mathbf{R}^3$ 空间中,在空间转动 A 的变换下(即直角坐标系的转动变换),向量 X 变为 X',

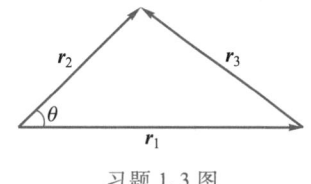

习题 1.3 图

$$X' = AX$$

且满足 $A \cdot A^T = I$, A^T 为 A 的转置, I 为单位矩阵, 请证明: 向量 X 和 Y 的标量积 $X \cdot Y$ 在此转动变换下为不变量.

1.6 请证明, 在 $\mathbf{R}^3$ 空间中向量 A 和 B 满足

$$(A \times B) \cdot (A \times B) = A^2 B^2 - (A \cdot B)^2$$

1.7 在 $\mathbf{R}^3$ 空间中证明

(1) $\nabla \cdot r = 3$;

(2) $\nabla \times r = 0$;

(3) $\nabla \cdot (A + B) = \nabla \cdot A + \nabla \cdot B$;

(4) $\nabla \times (A + B) = \nabla \times A + \nabla \times B$.

1.8 请证明: 静电场是一个无旋场, 静磁场是一个无源 (点源) 场.

1.9 若 $\varphi(r)$ 为 $\mathbf{R}^3$ 空间中的标量函数, $A(r)$ 和 $B(r)$ 为此空间中的向量函数, 请证明:

(1) $\nabla \cdot (\varphi A) = A \cdot (\nabla \varphi) + \varphi \nabla \cdot A$;

(2) $\nabla \times (\varphi A) = \varphi \nabla \times A - A \times (\nabla \varphi)$;

(3) $\nabla \times (A \times B) = (B \cdot \nabla) A - B(\nabla \cdot A) - (A \cdot \nabla) B + A(\nabla \cdot B)$;

(4) $\nabla (A \cdot B) = (B \cdot \nabla) A + (A \cdot \nabla) B + B \times \nabla \times A + A \times \nabla \times B$.

1.10 请计算:

$$\nabla^2 \frac{1}{r}$$

其中 $r = |r|$.

1.11 在 $\mathbf{R}^3$ 空间中, 对于定义在单连通区域 Ω 上的向量场 $A(r)$, 若 A 在 Ω 的边界 $\partial \Omega$ 上的法向值完全确定, 且 A 在 Ω 上的散度和旋度存在

$$\nabla \cdot A = q$$

$$\nabla \times A = H$$

请证明, 在 Ω 上这样的向量场 A 是唯一的. 这一结论被称为亥姆霍兹 (Helmholtz) 定理 (提示: 设另一个与 A 完全满足相同条件的向量场 B, 证明 $B = A$).

1.12 若刚体以恒定角速度 ω 转动, 有一粒子固定于刚体以速度 v 运动, 求证

$$\nabla \times v = 2\omega$$

(提示: 由 $v = v_c + \omega \times r$, 取质心 C 为参考点, 建立坐标系, 在此坐标系中 $v_c = 0$, 进行运算.)

1.13 由安培 (Ampere) 定律

$$\int_S J \cdot d\sigma = \int_{\partial S} H \cdot dl$$

其中 J 为穿过空间曲面 S 的电流密度向量, $d\sigma$ 为 S 的有向面元, 其法向正向由右手螺旋定则确定, H 为磁场强度, dl 为 S 的边界 ∂S 的线元, 其方向由右手螺旋定则确定, 它与 $d\sigma$ 的定向自洽. 请证明:

$$\nabla \times H = J$$

(提示: 应用斯托克斯公式证明.)

1.14 有一物理体系, 它由三个向量场 E, H, A 和一个实标量场 V 来描述, 并且 E, H, A 和 V 满足如下关系:

$$\nabla \cdot E = -\mu^2 V$$

$$E = \frac{\partial A}{\partial t} - \nabla V$$

$$H = \nabla \times A$$

$$\nabla \times H = \frac{\partial E}{\partial t} - \mu^2 A$$

其中 μ 为正的常数. 求证:

（1）$\nabla \cdot A + \dfrac{\partial V}{\partial t} = 0$;

（2）$\nabla^2 \cdot V - \mu^2 V + \dfrac{\partial^2 V}{\partial t^2} = 0$;

（3）当我们考虑在区域 Ω 中, V 与时间无关, 且在 Ω 的边界 $\partial \Omega$ 上有 $V \big|_{\partial \Omega} = 0$ 时, 请证明: 在 Ω 中 $V = 0$.

1.15 若定义算符 $\hat{\boldsymbol{p}} = -\mathrm{i}\hbar \nabla, \hat{\boldsymbol{B}} = \nabla \times A$, 其中 i 为虚数单位, $\hbar$ 为常数, A 为向量场. 请证明:

$$(\hat{\boldsymbol{p}} - eA) \times (\hat{\boldsymbol{p}} - eA) = \mathrm{i} e\hbar \hat{\boldsymbol{B}}$$

其中 e 为常数.

第二章 $\mathbf{R}^3$ 空间曲线坐标系中的向量分析

上一章引入的 $\mathbf{R}^3$ 空间中的向量分析是不依赖于坐标系的选择的,即与坐标的选择无关. 但是如果要解决具体问题,却要根据物理问题所具有的对称性,如点源、源的分布的对称性,以及边界形状的对称性,如物理系统的边界为球面或柱面等,要选取适当的坐标系进行运算,以求得具体的结果. 例如点电荷的电势是球对称的,如果选取笛卡儿坐标系,解起来会非常繁琐,此时应该选取球坐标系. 通常物理学中用的坐标系,除笛卡儿坐标系外,还有柱坐标系和球坐标系. 在本章中我们除给出一般曲线坐标系的表达式外,也具体地给出柱坐标系和球坐标系的表达式.

在平直空间中选定坐标原点,建立刚性的直角坐标系 (x,y,z),空间中的所有点都可以用 (x,y,z) 来描述;同时也可用其他坐标系如球坐标系 (r,θ,φ) 和柱坐标系 (ρ,φ,z) 来描述,这些坐标系都是正交坐标系,但它们不是刚性的坐标系而是流动的坐标系,即它们的坐标基是随空间点移动的,是用标架来描述的,其坐标曲线是弯曲的.各种坐标系间存在坐标变换,但坐标变换不改变平直空间的属性.

虽然物理规律是不依赖于坐标系选择的,但对物理体系的研究是要选取参考系的,要对物理量的具体数值进行分析研究时,就必须按上面所述的规则来建立坐标系.

§ *2.1*__ $\mathbf{R}^3$ 空间中的曲线坐标系

在 $\mathbf{R}^3$ 空间中,当选定坐标原点并建立笛卡儿坐标系 $(\boldsymbol{e}_1,\boldsymbol{e}_2,\boldsymbol{e}_3)$ 时,空间中的任意一点的位置可用 $\boldsymbol{r}=x_1\boldsymbol{e}_1+x_2\boldsymbol{e}_2+x_3\boldsymbol{e}_3\equiv\boldsymbol{r}(x_1,x_2,x_3)$ 来描述,(x_1,x_2,x_3) 为三个独立的坐标参数. 对选定坐标原点后的任意点 $\boldsymbol{r}$,亦可用其他三个独立的坐标参数 (u_1,u_2,u_3) 来描述,即 $\boldsymbol{r}(u_1,u_2,u_3)$,所选取的独立的坐标参数 (u_1,u_2,u_3) 与笛卡儿坐标系中的参数 (x_1,x_2,x_3) 要求存在单值的连续的变换函数,即变换函数

$$u_1 = u^1(x_1,x_2,x_3)$$
$$u_2 = u^2(x_1,x_2,x_3) \qquad (2.1.1)$$
$$u_3 = u^3(x_1,x_2,x_3)$$

及其逆变换

$$x_1 = x^1(u_1,u_2,u_3)$$
$$x_2 = x^2(u_1,u_2,u_3) \qquad (2.1.2)$$
$$x_3 = x^3(u_1,u_2,u_3)$$

都为单值函数①. 不同的函数关系 u^1,u^2,u^3,所对应的坐标参数 (u_1,u_2,u_3) 就形成不

---

① $u_i,x_i,i=(1,2,3)$ 代表坐标参数,而 u^i,x^i 表示函数关系,此处的 u_i,u^i 和 x_i,x^i 不表示几何学中的不同空间的协变和逆变坐标,在本章所讨论的坐标参数及其微分皆用下标表示.

同的坐标系.

在 $(2.1.1)$ 式中当等式左边的 u_1,u_2,u_3 分别为常数时,就得到用 (x_1,x_2,x_3) 表示的 $\mathbf{R}^3$ 中的三个二维的超曲面,称为**坐标曲面**,这三个坐标曲面由方程

$$u^1(x_1,x_2,x_3)=c_1$$
$$u^2(x_1,x_2,x_3)=c_2 \qquad (2.1.3)$$
$$u^3(x_1,x_2,x_3)=c_3$$

描述,其中 c_1,c_2,c_3 为常数.

这种函数变换要满足:当每个坐标参数取常数且常数连续变换时,这种超曲面要把整个 $\mathbf{R}^3$ 空间填满.这种超曲面把 $\mathbf{R}^3$ 空间填满的结构称为叶结构(foliation),例如 $u_1=c$ 时 c 的连续变换就构成了一个叶结构,当 c 取某一定值时就构成了这个叶结构中的一个叶(leave).

注:对于平直的 $\mathbf{R}^n$ 空间,当用 n 个独立的连续的坐标参数 $\{u_i,i=1,\cdots,n\}$ 来描述时,如果取 $u_k=c$ (c 为常数)是 $\mathbf{R}^n$ 空间中的 $n-1$ 维几何体,则称为 $\mathbf{R}^n$ 中的 $n-1$ 维超曲面.

当在 $\mathbf{R}^3$ 中取曲线坐标 (u_1,u_2,u_3) 时,每两个坐标曲面相交成的曲线称为坐标曲线,见图 2.1.1.

过 $\mathbf{R}^3$ 空间中的每一点都有三条坐标曲线,因此空间中的点可用这三个独立参数 (u_1,u_2,u_3) 来描述,这样的坐标系称为曲线坐标系,而参数 u_1,u_2,u_3 称为曲线坐标.如果我们选取的参数 (u_1,u_2,u_3) 使得空间中的每一点的三条坐标曲线相互正交,即三条坐标曲线的切线相互正交,则称此曲线坐标系为**正交曲线坐标系**.在本书中讨论的曲线坐标系皆为**正交曲线坐标系**.

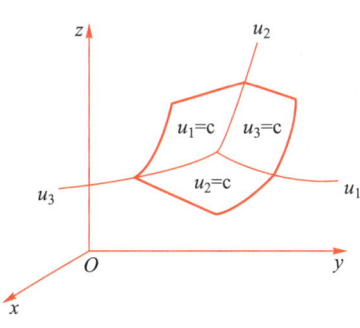

图 2.1.1

例如球坐标系 (r,θ,φ),三种坐标曲面为:$r=c_1$,表示以笛卡儿坐标系 (x,y,z) 的原点为圆心,半径为 c_1 的球面;$\theta=c_2$,表示顶点在原点,矢量 $\boldsymbol{r}$ 与 z 轴的夹角 θ 的值为 c_2 的锥面;$\varphi=c_3$,表示以 z 轴为边,垂直于 x-y 平面且 φ 角的值为 c_3 的半平面.

坐标曲线如图 2.1.2 所示,过空间点 P 的三条坐标曲线为由 $\begin{cases}\theta=c_2\\\varphi=c_3\end{cases}$ 决定的坐标曲线是描述 r 变化的,它是以 O 点出发过 P 点的一条射线.由 $\begin{cases}r=c_1\\\varphi=c_3\end{cases}$ 决定的坐标曲线是描述 θ 变化的,它是过 P 点终止于球面南北极的半大圆周.由 $\begin{cases}r=c_1\\\theta=c_2\end{cases}$ 决定的

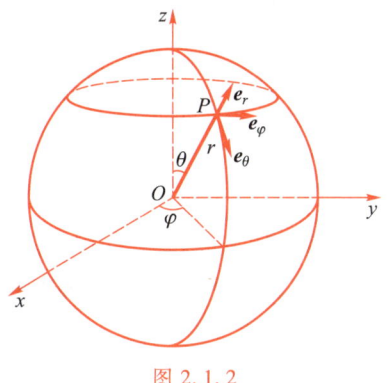

图 2.1.2

坐标曲线是描述 φ 变化的,它是过 P 点的一个小圆的圆周,圆所在的平面与 z 轴垂直.过 P 点的这三条曲线的单位长度切向量 $\boldsymbol{e}_r,\boldsymbol{e}_\theta,\boldsymbol{e}_\varphi$ 构成了球坐标系在 P 点的正交坐标基矢 $(\boldsymbol{e}_r,\boldsymbol{e}_\theta,\boldsymbol{e}_\varphi)$,如图 2.1.2 所示,这种坐标系不同于笛卡儿坐标系对空间的描述,它在空间各点的坐标基矢 $(\boldsymbol{e}_r,\boldsymbol{e}_\theta,\boldsymbol{e}_\varphi)$ 的方向是变化的,它形成了一个流动的标架,这种数学的结构在物理学的数学分析描述中是常见的.

§2.2　曲线坐标系中的度量

一、在 $\mathbf{R}^3$ 空间中度量的概念

在 $\mathbf{R}^3$ 空间中的线元,即邻近两点的线段长度的平方,在笛卡儿坐标系下表示为

$$\mathrm{d}r^2 = \mathrm{d}\boldsymbol{r}\cdot\mathrm{d}\boldsymbol{r} = \mathrm{d}x_i\mathrm{d}x_i = \mathrm{d}x_1^2 + \mathrm{d}x_2^2 + \mathrm{d}x_3^2 \tag{2.2.1}$$

其中 $(x_1,x_2,x_3)=(x,y,z)$.

用另一种等价的表述方式可写成

$$\mathrm{d}r^2 = \boldsymbol{\delta}_{ij}\mathrm{d}x_i\mathrm{d}x_j \tag{2.2.2}$$

其中 $\boldsymbol{\delta}_{ij}$ 称为 $\mathbf{R}^3$ 中笛卡儿坐标系的**度量分量**,其矩阵表示形式为 $(\boldsymbol{\delta}_{ij})=\begin{pmatrix} 1 & 0 & 0 \\ 0 & 1 & 0 \\ 0 & 0 & 1 \end{pmatrix}$,具体可用矩阵运算表示:

$$\mathrm{d}r^2 = (\mathrm{d}x_1,\mathrm{d}x_2,\mathrm{d}x_3)\begin{pmatrix} 1 & 0 & 0 \\ 0 & 1 & 0 \\ 0 & 0 & 1 \end{pmatrix}\begin{pmatrix} \mathrm{d}x_1 \\ \mathrm{d}x_2 \\ \mathrm{d}x_3 \end{pmatrix} = \mathrm{d}x_1^2 + \mathrm{d}x_2^2 + \mathrm{d}x_3^2 \tag{2.2.3}$$

通常把**线元** $\mathrm{d}r^2$ 记为 $\mathrm{d}S^2$,即位移的平方,以后这两个符号是通用的.

二、曲线坐标系中的度量

由笛卡儿坐标系表示的空间线元的表述式,如果用曲线坐标系来描述同一线元该如何表述呢? 由 (2.1.2) 式 $x_i = x^i(u_1,u_2,u_3)$ 可知

$$\mathrm{d}x_i = \frac{\partial x^i}{\partial u_j}\mathrm{d}u_j \tag{2.2.4}$$

则有

$$\begin{aligned} \mathrm{d}r^2 &= \mathrm{d}x_i\mathrm{d}x_i \\ &= \frac{\partial x^i}{\partial u_j}\mathrm{d}u_j\frac{\partial x^i}{\partial u_k}\mathrm{d}u_k \\ &= \frac{\partial x^i}{\partial u_j}\frac{\partial x^i}{\partial u_k}\mathrm{d}u_j\mathrm{d}u_k \end{aligned} \tag{2.2.5}$$

定义 2.2.1:曲线坐标系中的度量系数 g_{ij}

$$g_{ij} = \frac{\partial x^k}{\partial u_i}\frac{\partial x^k}{\partial u_j} \tag{2.2.6}$$

则 $\mathbf{R}^3$ 空间中的线元用曲线坐标系描述的表达式为

$$\mathrm{d}r^2 = g_{ij}\mathrm{d}u_i\mathrm{d}u_j \tag{2.2.7}$$

对正交曲线坐标系有

$$g_{ij} = \begin{cases} g_{ii}, & i=j \\ 0, & i \neq j \end{cases} \tag{2.2.8}$$

则线元可表示为

$$\mathrm{d}r^2 = g_{11}(\mathrm{d}u_1)^2 + g_{22}(\mathrm{d}u_2)^2 + g_{33}(\mathrm{d}u_3)^2 \tag{2.2.9}$$

三、度量系数的几何意义

下面讨论度量系数的几何意义:在曲线坐标系中,对空间点位置矢量的描述为 $\boldsymbol{r}(u_1,u_2,u_3)$,有

$$\mathrm{d}\boldsymbol{r} = \frac{\partial \boldsymbol{r}}{\partial u_i}\mathrm{d}u_i \tag{2.2.10}$$

则有

$$\begin{aligned} \mathrm{d}r^2 &= \mathrm{d}\boldsymbol{r} \cdot \mathrm{d}\boldsymbol{r} \\ &= \frac{\partial \boldsymbol{r}}{\partial u_i} \cdot \frac{\partial \boldsymbol{r}}{\partial u_j}\mathrm{d}u_i\mathrm{d}u_j \end{aligned} \tag{2.2.11}$$

此时,记 $\boldsymbol{a}_i = \dfrac{\partial \boldsymbol{r}}{\partial u_i}$,则 $\boldsymbol{a}_i$ 表示 $\boldsymbol{r}(u_1,u_2,u_3)$ 对第 i 个坐标参数的变化率,其方向正是沿 u_i 坐标曲线的切线方向,一般情况下

$$\begin{aligned} \mathrm{d}r^2 &= \mathrm{d}\boldsymbol{r} \cdot \mathrm{d}\boldsymbol{r} \\ &= \boldsymbol{a}_i \cdot \boldsymbol{a}_j\mathrm{d}u_i\mathrm{d}u_j \end{aligned} \tag{2.2.12}$$

可定义

$$g_{ij} = \boldsymbol{a}_i \cdot \boldsymbol{a}_j = \frac{\partial \boldsymbol{r}}{\partial u_i} \cdot \frac{\partial \boldsymbol{r}}{\partial u_j} \tag{2.2.13}$$

此定义与(2.2.6)式的定义是等价的,这一表达式是直接由 $\boldsymbol{r}$ 用曲线坐标系坐标曲线的切向量的描述得到的,而(2.2.6)式是由笛卡儿坐标系与曲线坐标系的坐标变换关系来定义的.

对于正交曲线坐标系,三个 $\boldsymbol{a}_i(i=1,2,3)$ 是相互正交的,即

$$\boldsymbol{a}_i \cdot \boldsymbol{a}_j = \begin{cases} |\boldsymbol{a}_i|^2, & i=j \\ 0, & i \neq j \end{cases} \tag{2.2.14}$$

因此对 g_{ij} 而言,交叉项为 0,即 $g_{ij}=0, i \neq j$.

附注:对于 $\mathbf{R}^3$ 空间中的非正交曲线坐标系,例如仿射坐标系,其度量矩阵就会出现交叉项.

例如图 2.2.1 中,对于 $\mathbf{R}^2$ 中的非正交坐标系,$\boldsymbol{e}_1,\boldsymbol{e}_2$ 为独立的坐标基(仿射坐标基),则

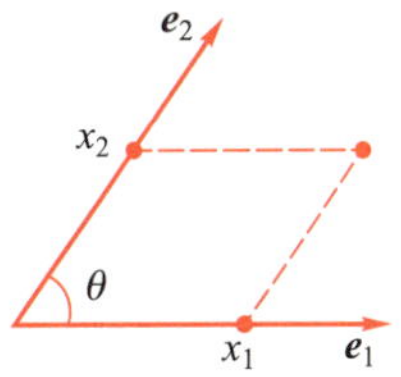

图 2.2.1

$$\boldsymbol{r} = x_1\boldsymbol{e}_1 + x_2\boldsymbol{e}_2, \quad \text{且} \ \boldsymbol{e}_1 \cdot \boldsymbol{e}_2 = \cos\theta$$

$$\mathrm{d}\boldsymbol{r} = \mathrm{d}x_1\boldsymbol{e}_1 + \mathrm{d}x_2\boldsymbol{e}_2$$

$$\mathrm{d}r^2 = \mathrm{d}x_1^2 + \mathrm{d}x_2^2 + 2\mathrm{d}x_1\mathrm{d}x_2\cos\theta$$

$$\mathrm{d}r^2 = (\mathrm{d}x_1, \mathrm{d}x_2)\begin{pmatrix} 1 & \cos\theta \\ \cos\theta & 1 \end{pmatrix}\begin{pmatrix} \mathrm{d}x_1 \\ \mathrm{d}x_2 \end{pmatrix}$$

$$(\boldsymbol{g}_{ij}) = \begin{pmatrix} 1 & \cos\theta \\ \cos\theta & 1 \end{pmatrix}$$

四、坐标曲线的度量分量以及线元、面元、体积元

在正交曲线坐标系(u_1, u_2, u_3)的线元表达式(2.2.5)中,当线元只沿u_1参数变化时(即$\mathrm{d}u_2 = \mathrm{d}u_3 = 0$),即沿$u_1$曲线的微小弧长,记为$\mathrm{d}s_1$,即

$$\mathrm{d}s_1 = \sqrt{g_{11}}\,\mathrm{d}u_1 \equiv h_1\mathrm{d}u_1$$

同样有

$$\mathrm{d}s_2 = \sqrt{g_{22}}\,\mathrm{d}u_2 \equiv h_2\mathrm{d}u_2$$

$$\mathrm{d}s_3 = \sqrt{g_{33}}\,\mathrm{d}u_3 \equiv h_3\mathrm{d}u_3$$

其中 $h_i \equiv \sqrt{g_{ii}}$(i 不求和),也称为**坐标曲线**的**度量分量**,一般简称为度量分量,

$$\mathrm{d}s_i \equiv h_i\mathrm{d}u_i \quad (i \ \text{不求和}) \tag{2.2.15}$$

在笛卡儿坐标系中$h_i = 1$,而在曲线坐标系中,h_i在通常情况下是坐标参数的函数,即用曲线坐标系对空间点进行度量时,"尺子"的单位随空间点的变化而变化.

因此由$\mathrm{d}s_i$和$\mathrm{d}s_j$($i \neq j$)构成曲线坐标系下的面元$\mathrm{d}\sigma_{ij}$,

$$\mathrm{d}\sigma_{ij} = \mathrm{d}s_i\mathrm{d}s_j = h_ih_j\mathrm{d}u_i\mathrm{d}u_j \quad (i, j \ \text{不求和}) \tag{2.2.16}$$

曲线坐标系下的体积元

$$\mathrm{d}V = \mathrm{d}s_1\mathrm{d}s_2\mathrm{d}s_3 = h_1h_2h_3\mathrm{d}u_1\mathrm{d}u_2\mathrm{d}u_3 \tag{2.2.17}$$

综上所述,很容易求得在物理学中常用的柱坐标系和球坐标系中的度量系数,从而给出这两种坐标系中的面积元和体积元.

五、柱坐标系中的线元、面元、体积元

对于柱坐标系$\boldsymbol{r}(\rho, \varphi, z)$,如图 2.2.2 所示:

$$x_1 = x, \quad x_2 = y, \quad x_3 = z, \quad u_1 = \rho, \quad u_2 = \varphi, \quad u_3 = z$$

从图 2.2.3 中的几何直观有

$$\mathrm{d}s_\rho = \mathrm{d}\rho, \quad h_\rho = 1 \tag{2.2.18}$$

$$\mathrm{d}s_\varphi = \rho\mathrm{d}\varphi, \quad h_\varphi = \rho \tag{2.2.19}$$

$$\mathrm{d}s_z = \mathrm{d}z, \quad h_z = 1 \tag{2.2.20}$$

柱坐标系中的线元,

$$\mathrm{d}s^2 = \mathrm{d}\rho^2 + \rho^2\mathrm{d}\varphi^2 + \mathrm{d}z^2 \tag{2.2.21}$$

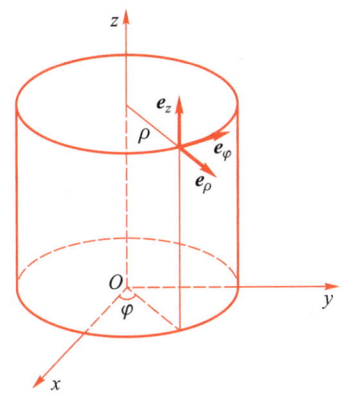

图 2.2.2

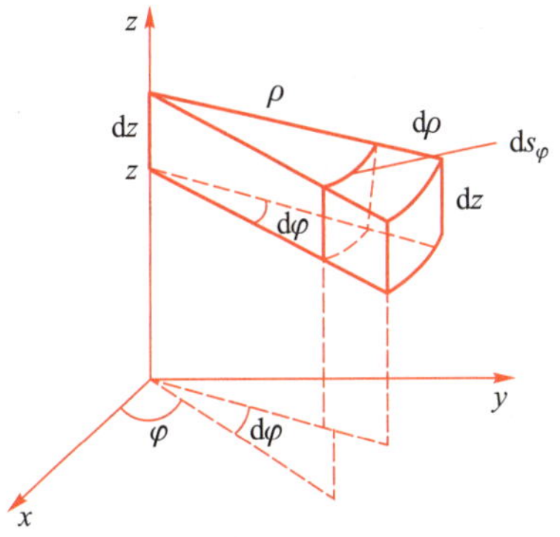

图 2.2.3

柱坐标系中的面元, 由 $\mathrm{d}\sigma_{ij}=\mathrm{d}s_i \cdot \mathrm{d}s_j$ 可得

$$\mathrm{d}\sigma_{\rho\varphi}=\rho\mathrm{d}\rho\mathrm{d}\varphi, \quad \mathrm{d}\sigma_{\rho z}=\mathrm{d}\rho\mathrm{d}z, \quad \mathrm{d}\sigma_{\varphi z}=\rho\mathrm{d}\varphi\mathrm{d}z \quad (2.2.22)$$

柱坐标系中的体积元, 由 $\mathrm{d}V=\mathrm{d}s_\rho\mathrm{d}s_\varphi\mathrm{d}s_z$ 可得

$$\mathrm{d}V=\rho\mathrm{d}\rho\mathrm{d}\varphi\mathrm{d}z \quad (2.2.23)$$

附注: 关于柱坐标系下线元的解析推导如下:

$$\begin{cases} x=\rho\cos\varphi \\ y=\rho\sin\varphi \\ z=z \end{cases} \qquad \begin{cases} \rho=\sqrt{x^2+y^2} \\ \tan\varphi=\dfrac{y}{x} \\ z=z \end{cases} \quad (2.2.24)$$

其中 $0 \leqslant \rho < +\infty$, $0 \leqslant \varphi \leqslant 2\pi$, $-\infty < z < +\infty$, 由于 $\dfrac{\mathrm{d}x}{\mathrm{d}z}=\dfrac{\mathrm{d}y}{\mathrm{d}z}=0$ 可得柱坐标系下的线元

$$\begin{aligned} \mathrm{d}s^2 &= \frac{\partial x^i}{\partial u^j}\mathrm{d}u^j \cdot \frac{\partial x^i}{\partial u^k}\mathrm{d}u^k \\[2mm] &= \left(\frac{\partial x}{\partial\rho}\mathrm{d}\rho+\frac{\partial x}{\partial\varphi}\mathrm{d}\varphi\right)\left(\frac{\partial x}{\partial\rho}\mathrm{d}\rho+\frac{\partial x}{\partial\varphi}\mathrm{d}\varphi\right)+ \\[2mm] &\quad \left(\frac{\partial y}{\partial\rho}\mathrm{d}\rho+\frac{\partial y}{\partial\varphi}\mathrm{d}\varphi\right)\left(\frac{\partial y}{\partial\rho}\mathrm{d}\rho+\frac{\partial y}{\partial\varphi}\mathrm{d}\varphi\right)+\frac{\partial z}{\partial z}\mathrm{d}z \cdot \frac{\partial z}{\partial z}\mathrm{d}z \\[2mm] &= \mathrm{d}\rho^2+\rho^2\mathrm{d}\varphi^2+\mathrm{d}z^2 \end{aligned} \quad (2.2.25)$$

柱坐标系的度量系数:

$$g_{\rho\rho}=1, \quad g_{\varphi\varphi}=\rho^2, \quad g_{zz}=1 \quad (2.2.26)$$

其他分量为零. 同时可得

$$\mathrm{d}s_\rho=\mathrm{d}\rho, \quad \mathrm{d}s_\varphi=\rho\mathrm{d}\varphi, \quad \mathrm{d}s_z=\mathrm{d}z \quad (2.2.27)$$

则坐标曲线的度量分量为

$$h_\rho=1, \quad h_\varphi=\rho, \quad h_z=1 \quad (2.2.28)$$

六、球坐标系中的线元、面元、体积元

为了求出球坐标系中的线元、面元和体积元,从球坐标的原点出发做以球面为底的小锥体,如图 2.2.4 所示,从图中的几何直观有

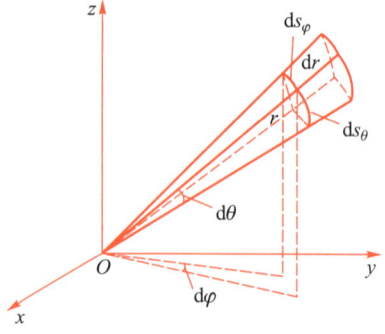

$$ds_r = dr, \quad h_r = 1 \tag{2.2.29}$$

$$ds_\theta = rd\theta, \quad h_\theta = r \tag{2.2.30}$$

$$ds_\varphi = r\sin\theta d\varphi, \quad h_\varphi = r\sin\theta \tag{2.2.31}$$

球坐标系下的线元

$$ds^2 = dr^2 + r^2 d\theta^2 + r^2\sin^2\theta d\varphi^2 \tag{2.2.32}$$

球坐标系中的面元

图 2.2.4

$$d\sigma_{r\theta} = rdrd\theta, \quad d\sigma_{r\varphi} = r\sin\theta drd\varphi, \quad d\sigma_{\theta\varphi} = r^2\sin\theta d\theta d\varphi \tag{2.2.33}$$

球坐标系中的体积元:$dV = ds_r ds_\theta ds_\varphi$

可得

$$dV = r^2\sin\theta drd\theta d\varphi \tag{2.2.34}$$

附注:关于球坐标系下线元的解析推导如下:

对于球坐标系 $r(r,\theta,\varphi)$,如图 2.2.5 所示,$x_1 = x, x_2 = y, x_3 = z, u_1 = r, u_2 = \theta, u_3 = \varphi$,有

$$\begin{cases} x = r\sin\theta\cos\varphi \\ y = r\sin\theta\sin\varphi \\ z = r\cos\theta \end{cases} \quad \begin{cases} r = \sqrt{x^2+y^2+z^2} \\ \cos\theta = \dfrac{z}{\sqrt{x^2+y^2+z^2}} \\ \tan\varphi = \dfrac{y}{x} \end{cases} \tag{2.2.35}$$

其中 $0 \leqslant r < +\infty, 0 \leqslant \theta \leqslant \pi, 0 \leqslant \varphi \leqslant 2\pi$.

类似柱坐标系的运算,可得球坐标系下的线元

$$ds^2 = dr^2 + r^2 d\theta^2 + r^2\sin^2\theta d\varphi^2 \tag{2.2.36}$$

球坐标系下的度量系数

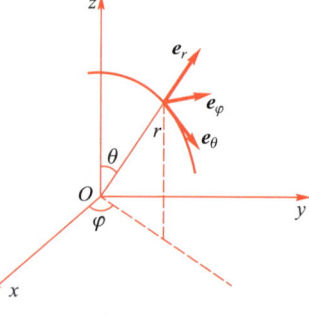

$$g_{rr} = 1, \quad g_{\theta\theta} = r^2, \quad g_{\varphi\varphi} = r^2\sin^2\theta \tag{2.2.37}$$

其他分量为零. 同时可得

$$ds_r = dr, \quad ds_\theta = rd\theta, \quad ds_\varphi = r\sin\theta d\varphi \tag{2.2.38}$$

则坐标曲线的度量分量为

$$h_r = 1, \quad h_\theta = r, \quad h_\varphi = r\sin\theta \tag{2.2.39}$$

图 2.2.5

§2.3 曲线坐标系中标量场梯度的表达式

一、曲线坐标系中标量场梯度的一般表达式

定义在 $\mathbf{R}^3$ 空间中的标量场函数 ψ,其梯度为不依赖于坐标的算符表达式 $\nabla\psi$,由梯度的定义可知,当 $d\mathbf{s}$ 的方向与标量场的梯度 $\nabla\psi$ 的方向一致时,有

$$(\nabla\psi)\cdot\mathrm{d}\boldsymbol{s}=\mathrm{d}\psi,\quad \text{即}\ (\nabla\psi)_i\mathrm{d}s_i=\mathrm{d}\psi \tag{2.3.1}$$

其中 $\mathrm{d}\boldsymbol{s}$ 为位移向量,当弧长 $\mathrm{d}s$ 很小并考虑其变化的方向,即位移向量,$\mathrm{d}\psi$ 是标量场的全微分.

在曲线坐标系中,$\mathrm{d}s_i=h_i\mathrm{d}u_i(i\ \text{不求和})$, $\psi=\psi(u_1,u_2,u_3)$, $\mathrm{d}\psi=\dfrac{\partial\psi}{\partial u_i}\mathrm{d}u_i$, 即可得 $\nabla\psi$ 的第 i 个分量表达式为

$$(\nabla\psi)_i=\frac{1}{h_i}\frac{\partial\psi}{\partial u_i}\quad(i\ \text{不求和}) \tag{2.3.2}$$

因此在曲线坐标系中,标量场 ψ 的梯度表达式为

$$\nabla\psi=\frac{1}{h_1}\left(\frac{\partial}{\partial u_1}\psi\right)\boldsymbol{e}_1+\frac{1}{h_2}\left(\frac{\partial}{\partial u_2}\psi\right)\boldsymbol{e}_2+\frac{1}{h_3}\left(\frac{\partial}{\partial u_3}\psi\right)\boldsymbol{e}_3 \tag{2.3.3}$$

梯度算符的表达式为

$$\nabla=\boldsymbol{e}_1\frac{1}{h_1}\frac{\partial}{\partial u_1}+\boldsymbol{e}_2\frac{1}{h_2}\frac{\partial}{\partial u_2}+\boldsymbol{e}_3\frac{1}{h_3}\frac{\partial}{\partial u_3}=\sum_{i=1}^{3}\boldsymbol{e}_i\frac{1}{h_i}\frac{\partial}{\partial u_i} \tag{2.3.4}$$

其中 $\boldsymbol{e}_i$ 为曲线坐标 u_i 的坐标基向量. 当我们选取 ψ 为某个坐标函数 u_j 时,由 $\dfrac{\partial u_j}{\partial u_i}=\delta_{ij}$ 可得

$$\nabla u_j=\sum_{i=1}^{3}\frac{1}{h_i}\frac{\partial u_j}{\partial u_i}\boldsymbol{e}_i=\frac{1}{h_j}\boldsymbol{e}_j\quad(j\ \text{不求和})$$

即得坐标基的具体表达式

$$\boldsymbol{e}_j=h_j\nabla u_j\quad(j\ \text{不求和}) \tag{2.3.5}$$

当曲线坐标系 (u_1,u_2,u_3) 退化为直角坐标系 (x_1,x_2,x_3) 时,$h_1=h_2=h_3=1$,标量场梯度的表达式就退化为直角坐标系下的表达式.

由曲线坐标系中的梯度算符的表达式,我们可得到柱坐标系和球坐标系中的标量场梯度的表达式.

当取遍 $\mathbf{R}^3$ 中各点标量场的梯度时,就得到了标量场 ψ 在 $\mathbf{R}^3$ 中的梯度场在曲线坐标系下的表达式.

二、柱坐标系中标量场梯度的表达式

在柱坐标系中,$h_\rho=1$, $h_\varphi=\rho$, $h_z=1$, 有

$$\nabla\psi=\frac{\partial\psi}{\partial\rho}\boldsymbol{e}_\rho+\frac{1}{\rho}\frac{\partial\psi}{\partial\varphi}\boldsymbol{e}_\varphi+\frac{\partial\psi}{\partial z}\boldsymbol{e}_z \tag{2.3.6}$$

梯度算符的表达式为

$$\nabla=\boldsymbol{e}_\rho\frac{\partial}{\partial\rho}+\boldsymbol{e}_\varphi\frac{1}{\rho}\frac{\partial}{\partial\varphi}+\boldsymbol{e}_z\frac{\partial}{\partial z} \tag{2.3.7}$$

三、球坐标系中标量场梯度的表达式

在球坐标系中，$h_r = 1, h_\theta = r, h_\varphi = r\sin\theta$，有

$$\nabla\psi = \frac{\partial\psi}{\partial r}\boldsymbol{e}_r + \frac{1}{r}\frac{\partial\psi}{\partial\theta}\boldsymbol{e}_\theta + \frac{1}{r\sin\theta}\frac{\partial\psi}{\partial\varphi}\boldsymbol{e}_\varphi \tag{2.3.8}$$

梯度算符的表达式为

$$\nabla = \boldsymbol{e}_r\frac{\partial}{\partial r} + \boldsymbol{e}_\theta\frac{1}{r}\frac{\partial}{\partial\theta} + \boldsymbol{e}_\varphi\frac{1}{r\sin\theta}\frac{\partial}{\partial\varphi} \tag{2.3.9}$$

§ 2.4 曲线坐标系中向量场散度的表达式

一、曲线坐标系中向量场散度的一般表达式

下面由散度的定义直接求出向量场 $\boldsymbol{A}$ 的散度 $\nabla\cdot\boldsymbol{A}$ 在曲线坐标系 (u_1, u_2, u_3) 中的表达式.

在 $\mathbf{R}^3$ 空间中取一小体积元 $\mathrm{d}V$，$\mathrm{d}V$ 的边是坐标曲线，构成一个曲边六面体，$\mathrm{d}V$ 的八个顶点以 $ABCDA'B'C'D'$ 表征，如图 2.4.1 所示，其坐标如图所示，$\widehat{AA'}$ 沿 u_1 坐标曲线，其长度为 $\widehat{AA'} = \mathrm{d}s_1 = h_1\mathrm{d}u_1$，$\widehat{AB}$ 沿 u_2 坐标曲线，其长度 $\mathrm{d}s_2 = h_2\mathrm{d}u_2$，$\widehat{AD}$ 沿 u_3 坐标曲线，其长度 $\mathrm{d}s_3 = h_3\mathrm{d}u_3$.

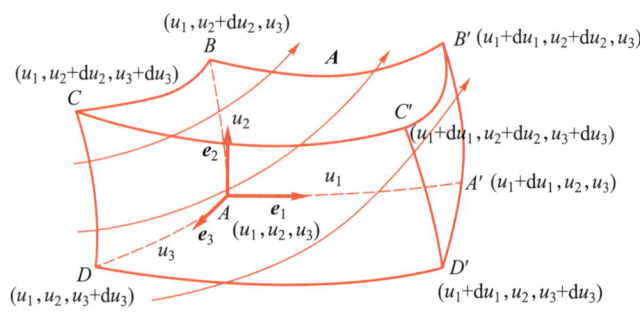

图 2.4.1

这一曲边六面体的六个曲面都是某一坐标的等值曲面，曲面 $\varSigma_{ABCD}$ 是 u_1 的等值面，记 $\varSigma_{ABCD} = \mathrm{d}\boldsymbol{\sigma}_1$，$\varSigma_{AA'D'D}$ 是 u_2 的等值面，记 $\varSigma_{AA'D'D} = \mathrm{d}\boldsymbol{\sigma}_2$，$\varSigma_{AA'B'B}$ 是 u_3 的等值面，记 $\varSigma_{AA'B'B} = \mathrm{d}\boldsymbol{\sigma}_3$，同理记 $\varSigma_{A'B'C'D'} = \mathrm{d}\boldsymbol{\sigma}_1'$，是 $u_1 + \mathrm{d}u_1$ 的等值面，$\varSigma_{BB'C'C} = \mathrm{d}\boldsymbol{\sigma}_2'$，是 $u_2 + \mathrm{d}u_2$ 的等值面，$\varSigma_{DD'C'C} = \mathrm{d}\boldsymbol{\sigma}_3'$ 是 $u_3 + \mathrm{d}u_3$ 的等值面，则这些面元的表达式为

$$\mathrm{d}\sigma_1 = \mathrm{d}s_2\mathrm{d}s_3 = h_2(u_1, u_2, u_3)h_3(u_1, u_2, u_3)\mathrm{d}u_2\mathrm{d}u_3$$
$$\mathrm{d}\sigma_1' = h_2(u_1 + \mathrm{d}u_1, u_2, u_3)h_3(u_1 + \mathrm{d}u_1, u_2, u_3)\mathrm{d}u_2\mathrm{d}u_3$$

同理可以写出其他面元的表达式.

体积元的表达式为 $\mathrm{d}V = h_1 h_2 h_3 \mathrm{d}u_1\mathrm{d}u_2\mathrm{d}u_3$ [无特殊标明时，$h_i = h_i(u_1, u_2, u_3)$，$i = 1, 2, 3$，不再说明].

由向量场 A 的散度 $\nabla \cdot A$ 的定义

$$\nabla \cdot A = \lim_{\Delta V \to 0} \frac{1}{\Delta V} \int_{\Sigma} A \cdot \mathrm{d}\boldsymbol{\sigma} \tag{2.4.1}$$

其中 Σ 为小体积 ΔV 的边界, 而 Σ 上的面元 $\mathrm{d}\boldsymbol{\sigma}$ 的正向为外法向. 我们所取的 ΔV 为图 2.4.1 所示的体积元 $\mathrm{d}V$, A 在 e_1, e_2, e_3 上的分量分别为 A_1, A_2, A_3, 由于我们取的是曲线坐标系中无穷小的体积元, 可以把等式右边的积分化为向量 A 穿过曲边六面体的通量直接计算.

计算 A_i 分量在 $\mathrm{d}\sigma_i$ 和 $\mathrm{d}\sigma_i'$ 上的通量. 考虑到取外法向为正向, 设 A 沿 u_1 的分量 A_1 流入 $\mathrm{d}\sigma_1$ 而流出 $\mathrm{d}\sigma_1'$, 则在 $\mathrm{d}\sigma_1$ 上的通量为

$$-A_1(u_1, u_2, u_3) h_2(u_1, u_2, u_3) h_3(u_1, u_2, u_3) \mathrm{d}u_2 \mathrm{d}u_3$$

在 $\mathrm{d}\sigma_1'$ 上的通量为

$$A_1(u_1 + \mathrm{d}u_1, u_2, u_3) h_2(u_1 + \mathrm{d}u_1, u_2, u_3) h_3(u_1 + \mathrm{d}u_1, u_2, u_3) \mathrm{d}u_2 \mathrm{d}u_3$$

A_2, A_3 对此通量则无贡献, 故 A 流经 $\mathrm{d}\sigma_1$ 和 $\mathrm{d}\sigma_1'$ 的通量差为

$$A_1(u_1 + \mathrm{d}u_1, u_2, u_3) h_2(u_1 + \mathrm{d}u_1, u_2, u_3) h_3(u_1 + \mathrm{d}u_1, u_2, u_3) \mathrm{d}u_2 \mathrm{d}u_3 -$$

$$A_1(u_1, u_2, u_3) h_2(u_1, u_2, u_3) h_3(u_1, u_2, u_3) \mathrm{d}u_2 \mathrm{d}u_3$$

$$= \frac{\partial}{\partial u_1} (A_1 h_2 h_3) \mathrm{d}u_1 \mathrm{d}u_2 \mathrm{d}u_3$$

同理 A 流经 e_2 和 e_3 两个方向上的界面的通量差分别为

$$\frac{\partial}{\partial u_2} (A_2 h_3 h_1) \mathrm{d}u_1 \mathrm{d}u_2 \mathrm{d}u_3$$

$$\frac{\partial}{\partial u_3} (A_3 h_1 h_2) \mathrm{d}u_1 \mathrm{d}u_2 \mathrm{d}u_3$$

故可得向量场 A 的散度在曲线坐标系中的表达式

$$\nabla \cdot A = \frac{1}{h_1 h_2 h_3} \left[\frac{\partial}{\partial u_1} (A_1 h_2 h_3) + \frac{\partial}{\partial u_2} (A_2 h_3 h_1) + \frac{\partial}{\partial u_3} (A_3 h_1 h_2) \right] \tag{2.4.2}$$

当取遍 $\mathbf{R}^3$ 中各点向量场的散度时, 就得到了向量场 A 在 $\mathbf{R}^3$ 中的散度场在曲线坐标系下的表达式.

当 $h_1 = h_2 = h_3 = 1$ 时, 曲线坐标系退化成笛卡儿坐标系, 上式就变成了笛卡儿坐标系中的表达式.

二、柱坐标系中向量场散度的表达式

对柱坐标系, $A = A_\rho e_\rho + A_\varphi e_\varphi + A_z e_z$, 且 $h_\rho = 1, h_\varphi = \rho, h_z = 1$. 向量场 A 的散度在柱坐标系中的表达式为

$$\nabla \cdot A = \frac{1}{\rho} \left[\frac{\partial}{\partial \rho} (A_\rho \rho) + \frac{\partial}{\partial \varphi} A_\varphi + \frac{\partial}{\partial z} (A_z \rho) \right]$$

$$= \frac{1}{\rho} A_\rho + \frac{\partial}{\partial \rho} A_\rho + \frac{1}{\rho} \frac{\partial}{\partial \varphi} A_\varphi + \frac{\partial}{\partial z} A_z \tag{2.4.3}$$

三、球坐标系中向量场散度的表达式

在球坐标系中，$A = A_r e_r + A_\theta e_\theta + A_\varphi e_\varphi$，且 $h_r = 1, h_\theta = r, h_\varphi = r\sin\theta$. 向量场 A 的散度在球坐标系中的表达式为

$$\nabla \cdot A = \frac{1}{r^2\sin\theta}\left[\frac{\partial}{\partial r}(A_r r^2\sin\theta) + \frac{\partial}{\partial\theta}(A_\theta r\sin\theta) + \frac{\partial}{\partial\varphi}(A_\varphi r)\right] \tag{2.4.4}$$

例如：在原点的点电荷的电场，取球坐标系，$E = \frac{q}{r^2}e_r$，在 $r \neq 0$ 处，$E_r = \frac{q}{r^2}$，$E_\theta = 0$，$E_\varphi = 0$，

$$\nabla \cdot E = \frac{1}{r^2\sin\theta}\frac{\partial}{\partial r}\left(\frac{q}{r^2}r^2\sin\theta\right) = 0$$

这说明在原点外点电荷电场的散度为 0，说明除原点外再没有其他电荷.

在 $r = 0$ 处，E 是发散的，没有定义，我们将在第三篇的内容中给出对这种奇异性的描述.

§ 2.5 　曲线坐标系中向量场旋度的表达式

一、曲线坐标系中向量场旋度的一般表达式

由于向量场的旋度是描述有旋场 A 的空间性质，A 的旋度 $\nabla\times A$ 的定义式是

$$(\nabla\times A)\cdot n = \lim_{\Delta\sigma\to 0}\frac{1}{\Delta\sigma}\oint_l A\cdot dl \tag{2.5.1}$$

其中 n 是小面元 $\Delta\sigma$ 的单位法向量，其方向由（1.6.3）式的说明所规定，l 为 $\Delta\sigma$ 的边界，是一闭合曲线，即沿 l 的正向走时，使 $\Delta\sigma$ 的区域保持在自己的左边，此 l 的方向和由右手螺旋定则定出 n 的正向自洽.

向量场 A 的旋度 $\nabla\times A$ 是一个向量，我们要写出其在曲线坐标系 (u_1, u_2, u_3) 中的表达式，就要先算出其在 e_1, e_2, e_3 方向上的投影分量. 仍取图 2.4.1，对于空间点 $A(u_1, u_2, u_3)$ 的坐标基向量 e_1, e_2, e_3，我们只取 u_1 的等值面上的面元 $d\sigma_1$ 来计算向量 A 沿其边界的环流量，如图 2.5.1 所示.

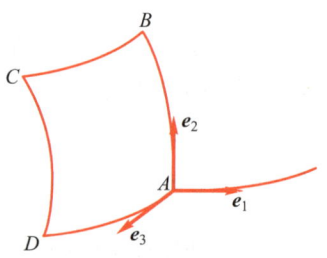

图 2.5.1

对于 $\nabla\times A$ 的定义式（2.5.1）的左边，当取 n 为 e_1 时，则 $(\nabla\times A)\cdot e_1 = (\nabla\times A)_1$ 为 A 的旋度在 e_1 上的投影即为向量场 A 的旋度在坐标 u_1 上的分量，此时对等式右边的 $\Delta\sigma$ 取为 $\Sigma_{ABCD} = d\sigma_1$，而（2.5.1）式右边的积分式变为 A 在 $d\sigma_1$ 的边界 $\widehat{AB} + \widehat{BC} + \widehat{CD} + \widehat{DA}$ 上的投影环流值之和. 注意当取 n 为 e_1 时，边界的方向按右手螺旋定则确定，即其正向为 $A\to B\to C\to D\to A$，由此 A, B, C, D 坐标为：$A(u_1, u_2, u_3), B(u_1, u_2+du_2, u_3), C(u_1, u_2+du_2, u_3+du_3), D(u_1, u_2, u_3+du_3)$，同时向量

A 也取其在三个坐标方向上的投影值,由于 $\mathrm{d}\sigma_1$ 是 u_1 的等值面,为书写方便,我们把各点的 u_1 的坐标省略掉,$\mathrm{d}\sigma_1 = h_2(u_2,u_3)h_3(u_2,u_3)\mathrm{d}u_2\mathrm{d}u_3$. 由于

$$\widehat{AB} \equiv \mathrm{d}s_2 = h_2(u_2,u_3)\mathrm{d}u_2$$

其中弧线 $\widehat{AB}$ 的度量取 $\mathrm{d}s_2$ 的正向起点 A 点的度量值. 同理 $\widehat{BC} \equiv \mathrm{d}s_3' = h_3(u_2+\mathrm{d}u_2,u_3)\mathrm{d}u_3$,取 B 点的 h_3 的值;$\widehat{CD} \equiv -\mathrm{d}s_2' = -h_2(u_2,u_3+\mathrm{d}u_3)\mathrm{d}u_2$,取 D 点的 h_2 的值;$\widehat{DA} \equiv -\mathrm{d}s_3 = -h_3(u_2,u_3)\mathrm{d}u_3$,取 A 点的 h_3 的值. 式中的 "$+$" "$-$" 号是依环路的方向与 $\mathrm{d}s_i$ 的正方向是相同或相反而定.

向量 A 在各段边界曲线上的取值原则与各段曲线上度量 h 的取值原则相同,因此可得到

$$
\begin{aligned}
(\nabla\times A)_1 &= \frac{1}{h_2(u_2,u_3)h_3(u_2,u_3)\mathrm{d}u_2\mathrm{d}u_3}\big[A_2(u_2,u_3)h_2(u_2,u_3)\mathrm{d}u_2 + \\
&\quad A_3(u_2+\mathrm{d}u_2,u_3)h_3(u_2+\mathrm{d}u_2,u_3)\mathrm{d}u_3 - \\
&\quad A_2(u_2,u_3+\mathrm{d}u_3)h_2(u_2,u_3+\mathrm{d}u_3)\mathrm{d}u_2 - \\
&\quad A_3(u_2,u_3)h_3(u_2,u_3)\mathrm{d}u_3\big] \\
&= \frac{1}{h_2 h_3 \mathrm{d}u_2\mathrm{d}u_3}\Big[\frac{\partial}{\partial u_2}(A_3 h_3) - \frac{\partial}{\partial u_3}(A_2 h_2)\Big]\mathrm{d}u_2\mathrm{d}u_3
\end{aligned}
$$

因此,可得到 $\nabla\times A$ 在 e_1 上的投影分量为

$$(\nabla\times A)_1 = \frac{1}{h_2 h_3}\Big[\frac{\partial}{\partial u_2}(A_3 h_3) - \frac{\partial}{\partial u_3}(A_2 h_2)\Big]$$

同理

$$(\nabla\times A)_2 = \frac{1}{h_3 h_1}\Big[\frac{\partial}{\partial u_3}(A_1 h_1) - \frac{\partial}{\partial u_1}(A_3 h_3)\Big]$$

$$(\nabla\times A)_3 = \frac{1}{h_1 h_2}\Big[\frac{\partial}{\partial u_1}(A_2 h_2) - \frac{\partial}{\partial u_2}(A_1 h_1)\Big]$$

因此,向量场 A 的旋度在曲线坐标系中的表达式为

$$
\begin{aligned}
\nabla\times A &= \frac{1}{h_2 h_3}\Big[\frac{\partial}{\partial u_2}(A_3 h_3) - \frac{\partial}{\partial u_3}(A_2 h_2)\Big]e_1 + \\
&\quad \frac{1}{h_3 h_1}\Big[\frac{\partial}{\partial u_3}(A_1 h_1) - \frac{\partial}{\partial u_1}(A_3 h_3)\Big]e_2 + \\
&\quad \frac{1}{h_1 h_2}\Big[\frac{\partial}{\partial u_1}(A_2 h_2) - \frac{\partial}{\partial u_2}(A_1 h_1)\Big]e_3
\end{aligned}
\tag{2.5.2}
$$

当 $h_1 = h_2 = h_3 = 1$ 时,即曲线坐标系 (u_1,u_2,u_3) 退化成笛卡儿坐标系 (x_1,x_2,x_3),则 $\nabla\times A$ 的表达式就退化成 $\nabla\times A = e_i \varepsilon_{ijk}\partial_j A_k$.

当取遍 $\mathbf{R}^3$ 中各点向量场的旋度时,就得到了向量场 A 在 $\mathbf{R}^3$ 中的旋量场在曲线坐标系下的表达式.

二、柱坐标系中向量场旋度的表达式

对柱坐标系(ρ,φ,z):

$$\nabla\times\boldsymbol{A}=\frac{1}{\rho}\left[\frac{\partial}{\partial\varphi}A_z-\frac{\partial}{\partial z}(\rho A_\varphi)\right]\boldsymbol{e}_\rho+\left[\frac{\partial}{\partial z}A_\rho-\frac{\partial}{\partial\rho}A_z\right]\boldsymbol{e}_\varphi+$$

$$\frac{1}{\rho}\left[\frac{\partial}{\partial\rho}(\rho A_\varphi)-\frac{\partial}{\partial\varphi}A_\rho\right]\boldsymbol{e}_z \qquad (2.5.3)$$

可用行列式记为:

$$\nabla\times\boldsymbol{A}=\frac{1}{\rho}\begin{vmatrix} \boldsymbol{e}_\rho & \rho\boldsymbol{e}_\varphi & \boldsymbol{e}_z \\ \dfrac{\partial}{\partial\rho} & \dfrac{\partial}{\partial\varphi} & \dfrac{\partial}{\partial z} \\ A_\rho & \rho A_\varphi & A_z \end{vmatrix} \qquad (2.5.4)$$

三、球坐标系中向量场旋度的表达式

对球坐标系(r,θ,φ):

$$\nabla\times\boldsymbol{A}=\frac{1}{r^2\sin\theta}\left[\frac{\partial}{\partial\theta}(r\sin\theta A_\varphi)-\frac{\partial}{\partial\varphi}(rA_\theta)\right]\boldsymbol{e}_r+$$

$$\frac{1}{r\sin\theta}\left[\frac{\partial}{\partial\varphi}A_r-\frac{\partial}{\partial r}(r\sin\theta A_\varphi)\right]\boldsymbol{e}_\theta+$$

$$\frac{1}{r}\left[\frac{\partial}{\partial r}(rA_\theta)-\frac{\partial}{\partial\theta}A_r\right]\boldsymbol{e}_\varphi \qquad (2.5.5)$$

可用行列式记为

$$\nabla\times\boldsymbol{A}=\frac{1}{r^2\sin\theta}\begin{vmatrix} \boldsymbol{e}_r & r\boldsymbol{e}_\theta & r\sin\theta\boldsymbol{e}_\varphi \\ \dfrac{\partial}{\partial r} & \dfrac{\partial}{\partial\theta} & \dfrac{\partial}{\partial\varphi} \\ A_r & rA_\theta & r\sin\theta A_\varphi \end{vmatrix} \qquad (2.5.6)$$

§2.6 柱坐标系、球坐标系下坐标基随坐标变化的变化率

由于曲线坐标系的坐标基是活动标架,在$\mathbf{R}^3$空间中各点的坐标基是不同的,因此在研究坐标基随曲线坐标的变化而变化时,不能直接在曲线坐标系中来运算. 利用直角坐标系所具有的整体性质,直角坐标系的坐标基$\boldsymbol{e}_x,\boldsymbol{e}_y,\boldsymbol{e}_z$不随空间点变化,$\boldsymbol{e}_x$, $\boldsymbol{e}_y,\boldsymbol{e}_z$对曲线坐标的微分是零,不参与微分操作,因此最基本的方法是根据曲线坐标系与直角坐标系的变化关系找出曲线坐标基在直角坐标系中的表达式.

在本节中,只介绍柱坐标系和球坐标系的坐标基随柱坐标和球坐标的变化关系.

一、柱坐标系的坐标基随坐标的变化关系

1. 柱坐标系的坐标基在笛卡儿坐标系中的表示

柱坐标系的坐标基为：e_ρ, e_φ, e_z

$$\begin{cases} e_\rho = \cos\varphi\, e_x + \sin\varphi\, e_y \\ e_\varphi = \cos\left(\varphi + \dfrac{\pi}{2}\right) e_x + \sin\left(\varphi + \dfrac{\pi}{2}\right) e_y = -\sin\varphi\, e_x + \cos\varphi\, e_y \\ e_z = e_z \end{cases} \tag{2.6.1}$$

2. 柱坐标系的坐标基随柱坐标的变化关系

$$\begin{cases} \dfrac{\partial e_\rho}{\partial \varphi} = -\sin\varphi\, e_x + \cos\varphi\, e_y = e_\varphi \\ \dfrac{\partial e_\rho}{\partial z} = 0, \qquad \dfrac{\partial e_\rho}{\partial \rho} = 0 \end{cases} \tag{2.6.2}$$

$$\begin{cases} \dfrac{\partial e_\varphi}{\partial \varphi} = -\cos\varphi\, e_x - \sin\varphi\, e_y = -e_\rho \\ \dfrac{\partial e_\varphi}{\partial \rho} = 0, \qquad \dfrac{\partial e_\varphi}{\partial z} = 0 \end{cases} \tag{2.6.3}$$

$$\frac{\partial e_z}{\partial \rho} = \frac{\partial e_z}{\partial \varphi} = \frac{\partial e_z}{\partial z} = 0 \tag{2.6.4}$$

二、球坐标系的坐标基随坐标的变化关系

1. 球坐标系的坐标基在笛卡儿坐标系中的表示

球坐标系的坐标基为：e_r, e_θ, e_φ

$$\begin{cases} e_r = \sin\theta\cos\varphi\, e_x + \sin\theta\sin\varphi\, e_y + \cos\theta\, e_z \\ e_\theta = \cos\theta\cos\varphi\, e_x + \cos\theta\sin\varphi\, e_y - \sin\theta\, e_z \\ e_\varphi = -\sin\varphi\, e_x + \cos\varphi\, e_y \end{cases} \tag{2.6.5}$$

2. 球坐标系的坐标基随球坐标的变化关系

由于球坐标基 e_r, e_θ, e_φ 都不依赖于 r，故对 r 的微商均为零，故

$$\begin{cases} \dfrac{\partial e_r}{\partial \theta} = e_\theta, \qquad \dfrac{\partial e_r}{\partial \varphi} = \sin\theta\, e_\varphi \\ \dfrac{\partial e_\theta}{\partial \theta} = -e_r, \qquad \dfrac{\partial e_\theta}{\partial \varphi} = \cos\theta\, e_\varphi \\ \dfrac{\partial e_\varphi}{\partial \theta} = 0, \qquad \dfrac{\partial e_\varphi}{\partial \varphi} = -\sin\theta\, e_r - \cos\theta\, e_\theta \end{cases} \tag{2.6.6}$$

附注：利用坐标基随坐标的变换关系容易得到柱坐标系和球坐标系的度量.

在柱坐标系下对空间任意一个 $r, r = \rho e_\rho + z e_z$，由于 r 与 e_φ 正交，故没有 e_φ 的分量，并利用 $(2.6.2)$ 式，有

$$dr = e_\rho d\rho + \rho(d\rho) + z e_z = e_\rho d\rho + e_\varphi \rho d\varphi + e_z dz$$

$$ds^2 = dr \cdot dr = d\rho^2 + \rho^2 d\varphi^2 + dz^2$$

可得到柱坐标系下的度量:$h_\rho = 1, h_\varphi = \rho, h_z = 1$.

在球坐标系下,对空间任意一个 $r, r = re_r$,由于 r 与 e_θ, e_φ 都正交,故只有 e_r 的分量,$r = re_r$,并利用(2.6.6)式有

$$dr = d(re_r) = e_r dr + r(de_r) = e_r dr + r \frac{\partial e_r}{\partial \theta} d\theta + r \frac{\partial e_r}{\partial \varphi} d\varphi$$

$$= e_r dr + re_\theta d\theta + r\sin\theta e_\varphi d\varphi$$

$$ds^2 = dr \cdot dr = dr^2 + r^2 d\theta^2 + r^2 \sin^2\theta d\varphi^2$$

可得到球坐标系下的度量:$h_r = 1, h_\theta = r, h_\varphi = r\sin\theta$.

§2.7 曲线坐标系中拉普拉斯算符 ∇^2 的表达式

一、拉普拉斯算符对标量场的作用

由拉普拉斯算符的定义 $\nabla^2 = \nabla \cdot \nabla$,算符作用在标量函数 ψ 上有

$$\nabla^2 \psi = \nabla \cdot \nabla \psi \tag{2.7.1}$$

由于在曲线坐标系中标量场的梯度和向量场的散度都有具体的表达式,有

$$\nabla^2 \psi = \nabla \cdot \nabla \psi = \frac{1}{h_1 h_2 h_3} \left[\frac{\partial}{\partial u_1}(h_2 h_3 (\nabla \psi)_1) + \frac{\partial}{\partial u_2}(h_3 h_1 (\nabla \psi)_2) + \frac{\partial}{\partial u_3}(h_1 h_2 (\nabla \psi)_3) \right]$$

$$= \frac{1}{h_1 h_2 h_3} \left[\frac{\partial}{\partial u_1}\left(\frac{h_2 h_3}{h_1} \frac{\partial \psi}{\partial u_1}\right) + \frac{\partial}{\partial u_2}\left(\frac{h_3 h_1}{h_2} \frac{\partial \psi}{\partial u_2}\right) + \frac{\partial}{\partial u_3}\left(\frac{h_1 h_2}{h_3} \frac{\partial \psi}{\partial u_3}\right) \right] \tag{2.7.2}$$

作用的结果仍然是个标量,是标量场 ψ 的梯度这一向量场的散度场.

1. 柱坐标系中

$$\nabla^2 \psi = \frac{1}{\rho} \left[\frac{\partial}{\partial \rho}\left(\rho \frac{\partial \psi}{\partial \rho}\right) + \frac{\partial}{\partial \varphi}\left(\frac{1}{\rho} \frac{\partial \psi}{\partial \varphi}\right) + \frac{\partial}{\partial z}\left(\rho \frac{\partial \psi}{\partial z}\right) \right] \tag{2.7.3}$$

2. 球坐标系中

$$\nabla^2 \psi = \frac{1}{r^2 \sin\theta} \left[\frac{\partial}{\partial r}\left(r^2 \sin\theta \frac{\partial \psi}{\partial r}\right) + \frac{\partial}{\partial \theta}\left(\sin\theta \frac{\partial \psi}{\partial \theta}\right) + \frac{\partial}{\partial \varphi}\left(\frac{1}{\sin\theta} \frac{\partial \psi}{\partial \varphi}\right) \right] \tag{2.7.4}$$

或写成

$$\nabla^2 \psi = \frac{1}{r^2} \frac{\partial}{\partial r}\left(r^2 \frac{\partial \psi}{\partial r}\right) + \frac{1}{r^2 \sin\theta} \left[\frac{\partial}{\partial \theta}\left(\sin\theta \frac{\partial \psi}{\partial \theta}\right) + \frac{1}{\sin\theta} \frac{\partial^2 \psi}{\partial \varphi^2} \right] \tag{2.7.5}$$

二、拉普拉斯算符对向量场 A 的作用

拉普拉斯算子 ∇^2 作用在向量函数 A 上为 $\nabla \cdot \nabla A$,由于在曲线坐标系下 ∇A 中的微分算子 ∇ 会作用在向量场 A 的坐标基上,这与直角坐标系中的运算有本质的区别,要利用曲线坐标基随曲线坐标的变化关系来运算,这种运算是比较复杂的.

由于在第一章中得到的公式 $\nabla^2 A = \nabla(\nabla \cdot A) - \nabla \times (\nabla \times A)$,是不依赖于坐标系的几

何运算公式的,在曲线坐标系下,向量 $\boldsymbol{A}$ 的旋度 $\nabla\times\boldsymbol{A}$、散度 $\nabla\cdot\boldsymbol{A}$ 都可以进行具体运算,而 $\nabla\cdot\boldsymbol{A}$ 是个标量,对其求梯度 $\nabla(\nabla\cdot\boldsymbol{A})$ 也容易运算;同时 $\nabla\times\boldsymbol{A}$ 是个向量,对其求旋度 $\nabla\times(\nabla\times\boldsymbol{A})$ 也可直接运算. 在物理学中,特别是在电磁学中通常是在柱坐标系和球坐标系下求向量场的 $\nabla^2\boldsymbol{A}$,因此在柱坐标系和球坐标系下直接用运算公式

$$\nabla^2\boldsymbol{A} = \nabla(\nabla\cdot\boldsymbol{A}) - \nabla\times(\nabla\times\boldsymbol{A}) \tag{2.7.6}$$

计算,其结果是一个向量场.

当曲线坐标系退化成直角坐标系时,$\boldsymbol{A}(\boldsymbol{x}) = A_i(\boldsymbol{x})\boldsymbol{e}_i$,有

$$\nabla^2\boldsymbol{A}(\boldsymbol{x}) = \boldsymbol{e}_i\,\nabla^2 A_i(\boldsymbol{x}) \tag{2.7.7}$$

拉普拉斯算符在物理学中具有十分重要的地位,物理学中很多物理量(场)的运动变化都是由包含有 ∇^2 的微分方程来描述的,如

拉普拉斯方程:

$$\nabla^2\psi = 0 \tag{2.7.8}$$

泊松方程:

$$\nabla^2\psi = \rho \tag{2.7.9}$$

输运方程:

$$\frac{\partial\psi}{\partial t} - a^2\,\nabla^2\psi = f \tag{2.7.10}$$

波动方程:

$$\frac{\partial^2\psi}{\partial t^2} - a^2\,\nabla^2\psi = f \tag{2.7.11}$$

亥姆赫兹方程:

$$\nabla^2\psi + k^2\psi = 0 \tag{2.7.12}$$

在量子物理学中,有薛定谔(Schrödinger)方程:

$$\mathrm{i}\hbar\,\frac{\partial\psi}{\partial t} = -\frac{\hbar^2}{2m}\nabla^2\psi + V\psi \tag{2.7.13}$$

这是把 ∇^2 算符与微观物理体系的动能联系在一起.

以上所列举的物理学中常遇到的方程,在各种坐标系中,加上其边界条件和初始条件,形成了对缤纷物理世界的数学描述,是本书的重要内容.

第二章习题

2.1 在柱坐标 (ρ,φ,z) 下,试计算其坐标基 $\boldsymbol{e}_\rho,\boldsymbol{e}_\varphi,\boldsymbol{e}_z$(可称为空间中的标架场)的散度和旋度,即

$$\nabla\cdot\boldsymbol{e}_\rho,\quad \nabla\cdot\boldsymbol{e}_\varphi,\quad \nabla\cdot\boldsymbol{e}_z \text{ 和} \nabla\times\boldsymbol{e}_\rho,\quad \nabla\times\boldsymbol{e}_\varphi,\quad \nabla\times\boldsymbol{e}_z$$

所得的计算结果能否说明它们的物理意义?

2.2 在球坐标 (r,θ,φ) 下,试计算其坐标基矢 $\boldsymbol{e}_r,\boldsymbol{e}_\theta,\boldsymbol{e}_\varphi$ 所构成的标架场的散度和旋度,即

$$\nabla\cdot\boldsymbol{e}_r,\quad \nabla\cdot\boldsymbol{e}_\theta,\quad \nabla\cdot\boldsymbol{e}_\varphi \text{ 和} \nabla\times\boldsymbol{e}_r,\quad \nabla\times\boldsymbol{e}_\theta,\quad \nabla\times\boldsymbol{e}_\varphi$$

所得的计算结果能否用物理学中的某些场量给予恰当的解释?

2.3 若有一个力场在直角坐标系下的表达式为

$$F = -\frac{y}{x^2+y^2}e_x + \frac{x}{x^2+y^2}e_y$$

（1）请用柱坐标系把此力场表示出来；

（2）在柱坐标系下计算此力场的散度和旋度；

（3）若有一物体在此力场中沿 e_ρ 方向运动一单位长度时，求此力场 F 所做的功；

（4）若有一物体在此力场的作用下，沿 $x-y$ 平面的一单位圆顺时针运动一圈，求此力场 F 所做的功，并分析此功与力场 F 的旋度的关系.

2.4 请证明

（1）$\nabla r^n = nr^{n-2}r$；

（2）$\nabla^2 r^n = n(n+1)r^{n-2}$，

其中 $r = |r|$.

2.5 假设点电荷 q 的势为

$$\psi(r) = \frac{q}{r^{1+\varepsilon}}, \quad 0 < \varepsilon < 1$$

在球坐标系下，计算此势（在 $r \neq 0$ 处）的场强 $E(E = -\nabla\psi)$ 并计算：

（1）$\nabla \cdot E$；

（2）$\nabla \times E$；

（3）对半径为 R 的球形区域，推导类似高斯定律的结果，对于此结果，检验当 $\varepsilon \to 0$ 时的极限情况，并同点电荷的库仑（Coulomb）势 $\psi(r) = \frac{q}{r}$ 作比较，说明这一电势的改变所引起的物理结果的变化.

2.6 在球坐标系下，已知向量场 $A(r)$ 的旋度为

$$\nabla \times A = \frac{1}{r^2}e_r$$

求此向量场 A. 所得的场 A 是唯一的吗？如果不唯一，请说明理由.

第三章 线性空间

前面介绍的 $\mathbf{R}^3$ 空间中的向量分析,是经典物理学中的基本数学工具. 当我们研究更复杂的物理现象时,仅有 $\mathbf{R}^3$ 空间上的分析是不够的,要把 $\mathbf{R}^3$ 空间推广到更一般的线性空间.

在傅里叶(Fourier)分析中已经给出了傅里叶级数展开,设 $f(x)$ 为定义在 x 为 $[0,2\pi]$ 的周期函数,有 $f(x)=\sum_{k=0}^{\infty}a_k\cos kx+b_k\sin kx$. 为什么可以作这样的级数展开呢? 这里涉及以 2π 为周期的函数在基函数为 $\{\cos kx,\sin kx\mid k=0,1,\cdots,\infty\}$ 上的展开问题,即在以函数 $\cos kx$ 和 $\sin kx$ 为基构成的线性空间的问题.

在这一章中,主要介绍在物理学中常用的一种特殊的线性空间——希尔伯特(Hilbert)空间及作用在其上的线性算符,它们是描述物理系统的重要数学工具.

§ 3.1 线性空间的定义

一、线性空间的定义

线性空间是 $\mathbf{R}^3$ 空间的推广,线性空间亦称为向量空间或线性流形(linear manifold).

定义 3.1.1:线性空间

对于元素的集合 $L=\{\psi_i\}$, $\forall\psi_i,\psi_j\in L$,则有唯一的 $\psi_i+\psi_j\in L$,即在 L 中定义了"加法",对于数域 K(在物理学中常用的是实数域 $\mathbf{R}$ 和复数域 $\mathbf{C}$),$\forall a\in K$,有唯一的 $a\psi_i\in L$,即定义了 a 与 ψ_i 的"数乘",对于 L 及定义在其上的"加法"与"数乘"这两种运算,如果满足以下的条件,则称 L 为域 K 上的线性空间:

(1) $\forall\psi_i,\psi_j,\psi_k\in L$,有 $(\psi_i+\psi_j)+\psi_k=\psi_i+(\psi_j+\psi_k)$ \hfill (3.1.1)

(2) 存在零元 $0\in L$, $\forall\psi_i\in L_i$,有 $\psi_i+0=0+\psi_i=\psi_i$ \hfill (3.1.2)

(3) $\forall\psi_i\in L$, $\exists-\psi_i\in L$,使 $\psi_i+(-\psi_i)=0$ \hfill (3.1.3)

(4) $\forall\psi_i,\psi_j\in L$, $\exists\psi_i+\psi_j=\psi_j+\psi_i$ \hfill (3.1.4)

(5) $\forall a\in K$, $\psi_i,\psi_j\in L$, $\exists a(\psi_i+\psi_j)=a\psi_j+a\psi_i$ \hfill (3.1.5)

(6) $\forall a,b\in K$, $\psi_i\in L$, $\exists(ab)\psi_i=a(b\psi_i)$ \hfill (3.1.6)

(7) $\forall a,b\in K$, $\psi_i\in L$, $\exists(a+b)\psi_i=a\psi_i+b\psi_i$ \hfill (3.1.7)

(8) $\exists 1\in K$,使得 $1\psi_i=\psi_i$ \hfill (3.1.8)

对于线性空间 L,L 中的元素称为向量. K 称为线性空间的系数域,K 的元素称为标量. 当 K 为实数域 $\mathbf{R}$ 时,L 称为实线性空间或实向量空间;当 K 为复数域 $\mathbf{C}$ 时,L 称为复线性空间或复向量空间.

注:通常 K 称为向量空间的模,L 称为 K-模的向量空间.

二、线性空间的维数

研究线性空间时就要给出线性空间的维数,即要讨论线性空间的元素(向量)的"相关性".

定义 3.1.2:向量的相关性

在线性空间 L 中,存在 k 个向量 $\psi_i, i=1,2,\cdots,k$,当且仅当

$$a_i\psi_i = 0 \Rightarrow a_i = 0 \quad a_i \in K \tag{3.1.9}$$

对所有的 a_i 都成立时,称这 k 个 ψ_i 是线性无关的,即满足 $a_i\psi_i$ 求和为零的 k 个系数 a_i 皆要为零才能成立. 反之,若存在一组 k 个不全为零的系数 a_i,使得 $a_i\psi_i=0$,则称此 k 个向量 ψ_i 为线性相关的.

例3.1.1 向量的线性相关性,在 $\mathbf{R}^3$ 中,有三个向量 ψ_1,ψ_2,ψ_3,

$$\psi_1 = e_1 + 2e_2 + 3e_3 = (1,2,3)$$
$$\psi_2 = 3e_1 + 2e_2 + e_3 = (3,2,1)$$
$$\psi_3 = e_1 + e_2 + e_3 = (1,1,1)$$

若存在一组常数 a_1, a_2, a_3,使得 $a_1\psi_1 + a_2\psi_2 + a_3\psi_3 = 0$,有

$$\begin{cases} a_1 + 3a_2 + a_3 = 0 & ① \\ 2a_1 + 2a_2 + a_3 = 0 & ② \\ 3a_1 + a_2 + a_3 = 0 & ③ \end{cases}$$

可得:

$$①-② \Rightarrow -a_1 + a_2 = 0$$
$$②-③ \Rightarrow -a_1 + a_2 = 0$$

得到 $a_1 = a_2$,因此由式③有 $a_3 = -4a_1$,可取 $a_1 = 1, a_2 = 1, a_3 = -4$ 这组常数使得

$$\psi_1 + \psi_2 - 4\psi_3 = 0$$

因此 ψ_1, ψ_2, ψ_3 线性相关.

例3.1.2 向量的线性无关性,在 $\mathbf{R}^3$ 中,有三个向量 ψ_1,ψ_2,ψ_3,

$$\psi_1 = e_1 = (1,0,0), \quad \psi_2 = e_1 + e_2 = (1,1,0), \quad \psi_3 = e_1 + e_2 + e_3 = (1,1,1)$$

若取三个任意常数 a_1, a_2, a_3,使得 $a_1\psi_1 + a_2\psi_2 + a_3\psi_3 = 0$,必有

$$(a_1 + a_2 + a_3)e_1 + (a_2 + a_3)e_2 + a_3 e_3 = 0$$

由于一个向量为零,则要求所有的分量为零,则由 e_3 分量为零,可得到

$$a_3 = 0$$

由 e_2 的分量为零,有 $a_2 + a_3 = 0, \quad \Rightarrow a_2 = 0$

由 e_1 的分量为零,有 $a_1 + a_2 + a_3 = 0, \quad \Rightarrow a_1 = 0$

故要使得 $a_1\psi_1 + a_2\psi_2 + a_3\psi_3 = 0$,要求

$$a_1 = a_2 = a_3 = 0$$

因此 ψ_1, ψ_2, ψ_3 是线性无关的三个向量,即 $\mathbf{R}^3$ 中三个独立的向量.

这三个独立的向量并非相互正交,但它们归一化后可以构成 $\mathbf{R}^3$ 空间中的坐标基矢来描述 $\mathbf{R}^3$ 空间中所有点的坐标,这种坐标基矢就称为仿射坐标基,在本书中不研究这种非正交的仿射坐标系.

定义 3.1.3:线性空间的维数

线性空间 L 中最大的线性无关向量的个数 n,称为 L 的维数,即称 L 为 n 维的线性空间或向量空间,n 可以是无穷.

§3.2 线性空间的内积

上面已经定义了线性空间中的加法和数乘,但是在线性空间中我们要引入更多的运算,最重要的运算就是线性空间中向量的内积.

一、线性空间中两个向量的内积

线性空间中两个向量的内积即标量积是 $\mathbf{R}^3$ 空间中的两个向量点积的直接推广. 记 $\mathbf{R}^3$ 空间中两个向量 $\boldsymbol{A}$ 和 $\boldsymbol{B}$ 的点积为

$$\langle \boldsymbol{A},\boldsymbol{B}\rangle = \boldsymbol{A}\cdot\boldsymbol{B} = A_i B_i \quad (i=1,2,3) \tag{3.2.1}$$

把 $\mathbf{R}^3$ 空间中的点积运算推广到一般的 n 维线性空间 L 中,并称其为线性空间中两个向量的内积. 为此,先给出一套内积的形式化的定义. 由于在物理学中,所用的不仅是实线性空间,特别在量子物理中,更多的是用复线性空间描述. 因此在下面的定义中,我们将一般考虑复线性空间.

注:如果是实线性空间,只要考虑复形式中去掉虚部退化成实线性空间即可.

定义 3.2.1:线性空间的内积

线性空间 L 中两个向量(元素)的**内积**为一个映射,

$$\langle\ \cdot\ ,\ \cdot\ \rangle : L\times L\to K,$$

其中 K 为数域(实数域 $\mathbf{R}$ 或复数域 $\mathbf{C}$),下面通常指的是复数域.

内积要满足

(1)共轭对称:对于任意 $\psi,\chi\in L$,有

$$\langle\psi,\chi\rangle = \langle\chi,\psi\rangle^* \tag{3.2.2}$$

其中 $*$ 表示复共轭.

(2)对第二个元素是线性的,即对于任意 $a\in K,\psi,\chi\in L$,

$$\langle\psi,a\chi\rangle = a\langle\psi,\chi\rangle \tag{3.2.3}$$

可推得

$$\langle a\psi,\chi\rangle = a^*\langle\psi,\chi\rangle \tag{3.2.4}$$

(3)内积运算的线性性质,对于任意 $\psi,\chi,\varphi\in L$,

$$\langle\psi,\chi+\varphi\rangle = \langle\psi,\chi\rangle + \langle\psi,\varphi\rangle \tag{3.2.5}$$

(4)非负性:对于任意 $\psi\in L$,

$$\langle \psi, \psi \rangle \geqslant 0 \tag{3.2.6}$$

等号"＝"当且仅当$\psi = 0$时成立.

不难验证，$\mathbf{R}^3$空间中的两个向量的点积式(3.2.1)满足上述内积的性质.

二、线性空间中向量的模、归一化和向量的正交性

定义 3.2.2：线性空间向量的模

在内积定义的基础上，我们可以定义L中向量ψ的**模**即"**长度**"，记为$|\psi|$：

$$|\psi| = \langle \psi, \psi \rangle^{\frac{1}{2}} \tag{3.2.7}$$

有$|\psi| \geqslant 0$，当$|\psi| = 0$时ψ为零向量.

定义 3.2.3：向量的归一化

如果一个非零向量ψ被它的模除，即$\dfrac{\psi}{|\psi|}$，就构成了一个单位向量，亦称此单位向量是归一的.

定义 3.2.4：线性空间中向量的正交

在定义了内积的基础上，还可定义L空间中的两向量的正交. 即对于$\psi, \chi \in L$，若

$$\langle \psi, \chi \rangle = 0 \tag{3.2.8}$$

则称ψ与χ正交. 显然零向量与所有向量正交.

三、施密特正交化规则

在线性空间中有了向量的长度、归一化和正交的概念，即可在n维线性空间L中由n个线性无关的向量，通过施密特正交化规则构造出一组正交归一基. 设$\{\varphi_1, \varphi_2, \cdots, \varphi_n\}$为一组线性无关的$n$个向量，通过下述施密特正交化过程可以构造出一组正交归一基$\{\widetilde{\varphi}_1, \widetilde{\varphi}_2, \cdots, \widetilde{\varphi}_n\}$.

$\widetilde{\varphi}_1 : \widetilde{\varphi}_1 = \dfrac{\varphi_1}{|\varphi_1|}$是归一的.

$\widetilde{\varphi}_2 : \langle \widetilde{\varphi}_1, \varphi_2 \rangle = c_1$，则$\varphi_2 - c_1 \widetilde{\varphi}_1$与$\widetilde{\varphi}_1$正交，即$\widetilde{\varphi}_2 = \dfrac{\varphi_2 - c_1 \widetilde{\varphi}_1}{|\varphi_2 - c_1 \widetilde{\varphi}_1|}$与$\widetilde{\varphi}_1$正交且归一.

$\widetilde{\varphi}_3 : \langle \widetilde{\varphi}_1, \varphi_3 \rangle = c_1$，$\langle \widetilde{\varphi}_2, \varphi_3 \rangle = c_2$，则$\widetilde{\varphi}_3 = \dfrac{\varphi_3 - c_1 \widetilde{\varphi}_1 - c_2 \widetilde{\varphi}_2}{|\varphi_3 - c_1 \widetilde{\varphi}_1 - c_2 \widetilde{\varphi}_2|}$与$\widetilde{\varphi}_1$和$\widetilde{\varphi}_2$正交且归一.

$\vdots$

$\widetilde{\varphi}_n : \langle \widetilde{\varphi}_1, \varphi_n \rangle = c_1$，$\langle \widetilde{\varphi}_2, \varphi_n \rangle = c_2$，$\cdots$，$\langle \widetilde{\varphi}_{n-1}, \varphi_n \rangle = c_{n-1}$，则

$\widetilde{\varphi}_n = \dfrac{\varphi_n - c_1 \widetilde{\varphi}_1 - c_2 \widetilde{\varphi}_2 - \cdots - c_{n-1} \widetilde{\varphi}_{n-1}}{|\varphi_n - c_1 \widetilde{\varphi}_1 - c_2 \widetilde{\varphi}_2 - \cdots - c_{n-1} \widetilde{\varphi}_{n-1}|}$与前面$\widetilde{\varphi}_1$到$\widetilde{\varphi}_{n-1}$均正交且归一.

由此可以把n个正交归一的基矢$\{\widetilde{\varphi}_1, \widetilde{\varphi}_2, \cdots, \widetilde{\varphi}_n\}$构造出来.

由于任意 n 个线性无关的向量都可以构造 n 个正交归一的基矢,为了方便起见,后面将直接假设 n 维线性空间中的 n 个独立的向量 $\{\varphi_1,\varphi_2,\cdots,\varphi_n\}=\{\varphi_i\}$ 为 n 维空间 L 的正交归一基. 因此此 n 维线性空间中总是取一组 n 个正交归一的向量 $\{\varphi_i\}$ 为基. 下面讨论 n 维线性空间时一般都认定其基向量是正交归一的.

对于相互正交归一的向量系 $\{\varphi_i\}$, $\forall \varphi_i,\varphi_j \in \{\varphi_i\}$, 有

$$\langle \varphi_i,\varphi_j \rangle = \delta_{ij} \tag{3.2.9}$$

定理 3.2.1:在 n 维线性空间中,n 个正交归一的向量是线性无关的.

证:设 $\{\varphi_i\}$ 是 n 个正交归一的向量,若有一组系数 $\alpha_i,i=1,2,\cdots,n$,使得 $\alpha_i\varphi_i=0$ 成立,则任取 $\varphi_j \in \{\varphi_i\}$,$\varphi_j$ 与零向量 $\alpha_i\varphi_i$ 作内积必为零,即

$$\langle \varphi_j,\alpha_i\varphi_i \rangle = 0$$

$$\Rightarrow \alpha_i\langle \varphi_j,\varphi_i \rangle = \alpha_i\delta_{ij} = \alpha_j = 0$$

当 φ_j 取遍 $j=1,2,\cdots,n$ 时,即所有的 $\alpha_i=0$,即要使 $\alpha_i\varphi_i=0$ 只能是 $\alpha_i=0,i=1,2,\cdots,n$,故 $\{\varphi_i\}$ 为 n 个线性无关的单位向量. 证毕.

§3.3 希尔伯特空间

在线性空间中我们定义了归一化的基矢和向量之间的正交性,下面研究一种重要的线性空间——希尔伯特空间.

一、基的完备性

在有限维向量空间中,如果能找出一个正交归一基不含于任何更大的一般性的正交归一基中,则该正交归一基是完备的.

定义 3.3.1:正交归一基的完备性

对于线性空间 L 上的正交归一基 $\{\varphi_i\}$,如果有 L 上的向量 ψ 对所有的基向量 φ_i 都有 $\langle \psi,\varphi_i \rangle =0$,满足此关系的 ψ 当且仅当 $\psi=0$ 时才成立,则称这一正交归一基 $\{\varphi_i\}$ 是完备的.

例3.3.1 在 $\mathbf{R}^3$ 中,直角坐标系的三个基矢为 (e_x,e_y,e_z),如果只取两个基矢 (e_x,e_y),则可取 $\psi=e_z\neq 0$,且有 $\langle \psi,e_x \rangle =0$,$\langle \psi,e_y \rangle =0$,由基的完备性的定义可知,$(e_x,e_y)$ 不是 $\mathbf{R}^3$ 的完备基,$\mathbf{R}^3$ 的完备基是 (e_x,e_y,e_z). 但是对于 x-y 二维平面,(e_x,e_y) 是完备基.

下面所涉及的线性空间中的基 $\{\varphi_i\}$ 都是正交归一、完备的.

二、线性空间 L 中的任一向量在基中的展开

设有 L 中的基 $\{\varphi_i\}$,则 L 中的任意元素 ψ 都可以表示成基向量 $\{\varphi_i\}$ 的线性组合,即 ψ 可以在 $\{\varphi_i\}$ 中展开:

$$\psi=\xi_i\varphi_i, \quad \xi_i=\langle \varphi_i,\psi \rangle \in \mathrm{K} \tag{3.3.1}$$

ξ_i 称为向量 ψ 在基 φ_i 上的分量或称为投影,一般情况下,ψ 亦可由其分量表示:

$$\psi=\{\xi_1,\cdots,\xi_i,\cdots,\xi_n\} \tag{3.3.2}$$

基向量 $\{\varphi_i\}$ 的选取是多种多样的,一般选择便于描述物理问题的基向量.

当在 L 中选取正交归一基 $\{\varphi_i\}$ 时,对于任意两个向量

$$\psi,\chi\in L,\quad \psi=\xi_i\varphi_i,\quad \chi=\eta_i\varphi_i$$

即 $\psi=(\xi_1,\xi_2,\cdots,\xi_n)$, $\chi=(\eta_1,\eta_2,\cdots,\eta_n)$,这两个向量的内积为

$$\langle\psi,\chi\rangle=\langle\xi_i\varphi_i,\eta_j\varphi_j\rangle=\xi_i^*\eta_j\langle\varphi_i,\varphi_j\rangle=\xi_i^*\eta_j\delta_{ij}=\xi_i^*\eta_i \tag{3.3.3}$$

其中采用了爱因斯坦求和符号, ξ_i^* 为 ξ_i 的复共轭.

由此内积定义,可以定义复线性空间 L 中向量 ψ 的模 $|\psi|$:

$$|\psi|=\langle\psi,\psi\rangle^{\frac{1}{2}}=(\xi_i^*\xi_i)^{\frac{1}{2}}\equiv\left(\sum_{i=1}^{n}|\xi_i|^2\right)^{\frac{1}{2}} \tag{3.3.4}$$

其中 $|\xi_i|^2=\xi_i^*\xi_i$, i 不求和.

若 $\xi_i=a+\mathrm{i}b$, $a,b\in\mathbf{R}$ 则

$$|\xi_i|=(\xi_i^*\xi_i)^{\frac{1}{2}}=\left[(a+\mathrm{i}b)(a-\mathrm{i}b)\right]^{\frac{1}{2}}=(a^2+b^2)^{\frac{1}{2}}$$

可以看出 $|\psi|$ 仍为实数且 $|\psi|\geq 0$,若 $|\psi|=0$,则 ψ 为零向量.

如果是实线性空间,则

$$|\psi|=\langle\psi,\psi\rangle^{\frac{1}{2}}=(\xi_i\xi_i)^{\frac{1}{2}}\equiv\sqrt{\sum_{i=1}^{n}\xi_i^2},\quad \xi_i\in\mathbf{R} \tag{3.3.5}$$

三、内积的性质

由内积的定义,还可得如下性质:

$$\langle\varphi,\alpha\psi+\beta\chi\rangle=\alpha\langle\varphi,\psi\rangle+\beta\langle\varphi,\chi\rangle$$
$$\langle\alpha\psi+\beta\chi,\varphi\rangle=\alpha^*\langle\psi,\varphi\rangle+\beta^*\langle\chi,\varphi\rangle \tag{3.3.6}$$
$$|\alpha\psi|=|\alpha|\cdot|\psi| \tag{3.3.7}$$

这些性质对实线性空间仍然成立,只是所有的复共轭量等于其自身.

定义 3.3.2:称具有内积的线性空间为内积空间

具有内积的实线性空间即实内积空间称为欧几里得空间(Euclidean space),简称**欧氏空间**. 具有内积的复线性空间即复内积空间称为**酉空间**(Unitary space).

四、希尔伯特空间

希尔伯特空间是物理学中非常重要的空间. 一般的量子理论都建立在复希尔伯特空间上.

定义 3.3.3:希尔伯特空间

完备①的内积空间称为希尔伯特空间,一般记为 H. 若 $\mathbf{K}=\mathbf{R}$,则称为实希尔伯特

---

① 一般来讲,空间的完备性(包含无穷维的线性空间)是由度量空间中点列的柯西(Cauchy)收敛性来定义的. 完备度量空间:在度量空间中,可用距离 d 来定义点列收敛概念: $x_n\to x_0$,即 $d(x_n,x_0)\to 0$. 对 $\forall\varepsilon>0$,当 $m,n\geq N$ 时,有 $d(x_m,x_n)<\varepsilon$,则称此点列为柯西点列. 其中 $d(x_m,x_n)$ 表示 x_m 和 x_n 两点的距离. 我们可对线性空间 L 的完备性给出定义:对任意定义在 L 中的一个序列向量 $\{x_n\}$,如果此序列为柯西收敛的,即存在一个极限向量在此空间中,则此空间 L 称为完备的.

空间,若 $\mathbf{K} = \mathbf{C}$,则称为复希尔伯特空间.

希尔伯特空间是有限维欧氏空间的推广,我们希望它能够保持欧氏空间中的一些好的性质,比如连续性、微积分性等,而完备性的要求就使得微积分中的大部分概念都可以无障碍地推广到希尔伯特空间中来.

大家所熟悉的 $\mathbf{R}$,$\mathbf{R}^2$,$\mathbf{R}^3$ 空间都是特殊的希尔伯特空间. 在物理学中常用到的希尔伯特空间是函数空间,例如定义在 $\mathbf{R}$ 上以 2π 为周期的函数 $f(x)$ 的集合构成的函数空间是一个希尔伯特空间:$\{f(x),x\in[0,2\pi]\}$,其中 $f(x)$ 要满足狄利克雷(Dirichlet)条件. 这一希尔伯特空间的基向量为 $\{1,\sin nx,\cos nx;n=1,2,\cdots\}$. 在数学分析中所学的一个周期函数可展成三角级数即傅里叶(Fourier)级数,就是该希尔伯特空间的元素在基向量 $\{1,\sin nx,\cos nx;n=1,2,\cdots\}$ 上的展开,

$$f(x) = \frac{a_0}{2} + \sum_{n=1}^{\infty}(a_n\cos nx + b_n\sin nx) \tag{3.3.8}$$

其中 $\dfrac{a_0}{2}$,a_n,b_n 为 $f(x)$ 在相应基上的投影,即相应的分量.

以基 $\{1,\cos nx,\sin nx,n=1,2,3,\cdots\}$ 张成的空间为所有满足条件的以 2π 为周期的函数构成的希尔伯特空间.

五、作为希尔伯特空间的函数空间的内积

一般希尔伯特空间的内积,因为其元素是平方可积的函数,我们将给出复希尔伯特空间中元素内积的定义.

定义 3.3.4:函数空间的内积

对于定义在 $\mathbf{R}^3$ 上某一定义域 $\Omega(\Omega\subset\mathbf{R}^3)$ 上的复函数 $\varphi(\boldsymbol{x}):\Omega\to\mathbf{C}$

$$\varphi(\boldsymbol{x}) = u(\boldsymbol{x}) + \mathrm{i}v(\boldsymbol{x}), \quad \varphi \in 希尔伯特空间 \tag{3.3.9}$$

其中 $u(\boldsymbol{x})$,$v(\boldsymbol{x})$ 都为实函数,$\boldsymbol{x}\in\Omega$.

对于任意 $\varphi(\boldsymbol{x})$,$\chi(\boldsymbol{x})\in H$,$\varphi$ 与 χ 的内积为

$$\langle\varphi,\chi\rangle = \int_{\Omega}\varphi^*(\boldsymbol{x})\chi(\boldsymbol{x})\mathrm{d}\boldsymbol{x} \tag{3.3.10}$$

定义 3.3.5:希尔伯特空间中向量 $\varphi(\boldsymbol{x})$ 的模为

$$|\varphi| = \langle\varphi,\varphi\rangle^{\frac{1}{2}} = \left(\int_{\Omega}\varphi^*\varphi\mathrm{d}\boldsymbol{x}\right)^{\frac{1}{2}} < \infty \tag{3.3.11}$$

希尔伯特空间通常是平方可积的空间,记为 L_2 空间.

六、希尔伯特空间中向量的离散化表示

当在希尔伯特空间 H 中选定一组基 $\{\varphi_i,i=1,2,\cdots,n\}$,$n$ 可以是 ∞,即无穷维的线性空间,对任何一个 $\varphi\in H$,可以在 $\{\varphi_i\}$ 上展开 $\varphi=\xi_i\varphi_i$,引入符号 $|\varphi(x)\rangle$ 代表希尔伯特空间中的向量,在 $\{\varphi_i\}$ 中表示:

$$|\varphi(x)\rangle = \begin{pmatrix} \xi_1 \\ \xi_2 \\ \vdots \\ \xi_n \end{pmatrix} \tag{3.3.12}$$

是 n 维空间中的列向量.

记 $\langle \varphi(x)| \equiv (|\varphi(x)\rangle)^{\dagger}$，即 $|\varphi(x)\rangle$ 的复共轭加上转置，称为 $|\varphi(x)\rangle$ 的厄米（Hermite）共轭，是 n 维空间中的行向量.

$$\langle \varphi(x)| = (\xi_1^*, \xi_2^*, \cdots, \xi_n^*) \tag{3.3.13}$$

可得向量 $|\varphi(x)\rangle$ 的模长为

$$|\varphi| = \sqrt{\langle \varphi|\varphi\rangle} = \left(\sum_{i=1}^{n} \xi_i^* \xi_i\right)^{\frac{1}{2}} = \left(\sum_{i=1}^{n} |\xi_i|^2\right)^{\frac{1}{2}} \tag{3.3.14}$$

对归一化的基向量 $|\varphi_i\rangle$，此基向量的完备性可由下式表示：

$$\sum_{i=1}^{n} |\varphi_i\rangle\langle\varphi_i| = 1 \tag{3.3.15}$$

等式左边为 n 个 $n \times n$ 的矩阵之和，右边为该 n 维希尔伯特空间中的单位矩阵，基的这一完备性表达式在量子理论中经常被用到.

§3.4 __线性算符

一、$\mathbf{R}^3$ 中向量的变换算符

我们所熟悉的 $\mathbf{R}^3$ 中的坐标变换 A：

$$A: \mathbf{R}^3 \rightarrow \mathbf{R}^3, \quad X' = AX, \quad X', X \in \mathbf{R}^3 \tag{3.4.1}$$

其中

$$X' = \begin{pmatrix} x'_1 \\ x'_2 \\ x'_3 \end{pmatrix}, \quad X = \begin{pmatrix} x_1 \\ x_2 \\ x_3 \end{pmatrix}, \quad A = \begin{pmatrix} a_{11} & a_{12} & a_{13} \\ a_{21} & a_{22} & a_{23} \\ a_{31} & a_{32} & a_{33} \end{pmatrix}, \quad \det A \neq 0$$

A 满足线性：

$$A(aX + bY) = aAX + bAY, \quad a, b \in \mathbf{R}, \quad X, Y \in \mathbf{R}^3 \tag{3.4.2}$$

$$(A + B)X = AX + BX \tag{3.4.3}$$

$$(A \cdot B)X = A \cdot (BX) \tag{3.4.4}$$

其中 A 与 B 同为 $\mathbf{R}^3$ 中的线性变换，称为 $\mathbf{R}^3$ 上的**线性算符**.

对算符 $A = \begin{pmatrix} a_{11} & a_{12} & a_{13} \\ a_{21} & a_{22} & a_{23} \\ a_{31} & a_{32} & a_{33} \end{pmatrix}$，$\det A \neq 0$，如果 A 中的元素 a_{ij} 是常数，则称 A 是 $\mathbf{R}^3$ 中的整体变换；如果 a_{ij} 是 $\mathbf{R}^3$ 中坐标的函数 $a_{ij}(x)$，$x \in \mathbf{R}^3$，则称变换 $A(x)$ 是 $\mathbf{R}^3$ 中的局域变换.

二、线性空间中向量的变换算符

把上述算符的概念推广到线性空间 L 中,在 L 中还可以引入其他形式的算符,如微分算符等.

定义 3.4.1:L 上的线性算符

若算符 A,B,对于 $\varphi,\chi \in L, a,b \in \mathbf{K}$

$$A,B:\varphi \in L \to A\varphi \in L, \quad B\varphi \in L \tag{3.4.5}$$

并且满足:

$$A(a\varphi+b\chi)=aA\varphi+bA\chi \tag{3.4.6}$$

$$(A+B)\varphi=A\varphi+B\varphi \tag{3.4.7}$$

$$(A \cdot B)\varphi=A \cdot (B\varphi) \tag{3.4.8}$$

则称算符 A,B 为 L 上的线性算符.

注:为了方便,我们作如下约定:$\mathbf{R}^2$ 或 $\mathbf{R}^3$ 中的矢量 $\boldsymbol{X}$,矩阵 $\boldsymbol{A}$ 等为黑体,一般线性空间 L 中的矢量 φ、算符 A 及其矩阵表示均不用黑体.

三、线性空间中的转动算符

1. L 空间中向量转动的算符 A

对 n 维线性空间 L 中向量 ψ,则算符 A 把向量 ψ 映射为向量 χ:

$$A:\psi \to \chi \tag{3.4.9}$$

即

$$\chi = A\psi, \quad \psi,\chi \in L$$

设 n 维线性空间 L 的基矢 $\{\varphi_i\}$,向量 $\psi = \xi_i\varphi_i, \chi = \eta_i\varphi_i$,即

$$\psi = \begin{pmatrix} \xi_1 \\ \xi_2 \\ \vdots \\ \xi_n \end{pmatrix}, \quad \chi = \begin{pmatrix} \eta_1 \\ \eta_2 \\ \vdots \\ \eta_n \end{pmatrix}$$

$A = (a_{ij})$ 为 $n \times n$ 矩阵,则上式变换的分量形式为

$$\eta_i = a_{ij}\xi_j \tag{3.4.10}$$

2. 如果 A 为零算符 $A=0$,即 n 维空间中的零矩阵,则

$$\forall \varphi \in L, \quad 有 \ 0 \cdot \varphi = 0 \tag{3.4.11}$$

这是一个奇异算符,它把任何向量缩为一点,失去了方向性和长度.

3. 如果 A 为恒等算符 $A=I$,即 n 维空间中的单位矩阵,则

$$\forall \varphi \in L, \quad 有 \ I \cdot \varphi = \varphi \tag{3.4.12}$$

恒等算符不改变任何向量.

4. 如果 L 为实线性空间,算符 A 满足

$$A \cdot A^{\mathrm{T}} = I$$

其中 A^{T} 是 A 的转置,I 是单位算符,则称 A 为正交变换,是保持 L 中向量长度不变的变换.

四、L 上的线性微分算符 D、数乘算符及对易运算

1. 微分符号的定义

定义 3.4.2：微分算符

设 L 为定义在 $\mathbf{R}$ 上的函数空间 $\{\varphi(x)\}$，则线性微分算符 D_x 为

$$D_x \equiv \frac{\mathrm{d}}{\mathrm{d}x}, \quad D_x\varphi(x) \equiv \frac{\mathrm{d}}{\mathrm{d}x}\varphi(x) \tag{3.4.13}$$

即 $D_x : \varphi(x) \in L \rightarrow \dfrac{\mathrm{d}}{\mathrm{d}x}\varphi(x) \in L$.

2. 坐标算符的定义

定义 3.4.3：坐标算符 X

L 上的线性坐标算符 X，其作用为

$$X\varphi(x) \equiv x\varphi(x) \tag{3.4.14}$$

3. 算符的李（Lie）括号或称对易括号

由线性算符 D_x 与 X 的乘积作用在 $\varphi(x)$ 上，

$$\begin{aligned}
(D_x \cdot X)\varphi(x) &= D_x(X\varphi(x)) \\
&= \frac{\mathrm{d}}{\mathrm{d}x}(x\varphi(x)) \\
&= \varphi(x) + x\frac{\mathrm{d}}{\mathrm{d}x}\varphi(x)
\end{aligned} \tag{3.4.15}$$

$$\begin{aligned}
X \cdot D_x\varphi(x) &= X(D_x\varphi(x)) \\
&= x\frac{\mathrm{d}}{\mathrm{d}x}\varphi(x)
\end{aligned} \tag{3.4.16}$$

可知

$$D_x \cdot X \neq X \cdot D_x \tag{3.4.17}$$

即一般情况下，两个线性算符的乘积的顺序是不可交换的，即顺序交换后的两个算符的乘积是不相等的，称这两个线性算符是非对易的.

定义 3.4.4：算符的对易括号

引入算符的对易括号的运算，对算符 A, B，定义：

$$[A, B] \equiv A \cdot B - B \cdot A \tag{3.4.18}$$

即 $[\cdot, \cdot]$ 为算符的对易括号或称为李括号.

则

$$[D_x, X]\varphi(x) \equiv (D_x \cdot X - X \cdot D_x)\varphi(x) = \varphi(x)$$

或写成

$$[D_x, X] = I \tag{3.4.19}$$

即 D_x 与 X 的李括号运算为一恒等算符而不为零，即 D_x 与 X 是非对易的.

如果 $[A, B] = 0$，说明 $A \cdot B = B \cdot A$，即 A 与 B 可对易.

对易括号运算在量子物理中起着非常重要的作用,在量子物理中,一阶微分算符与粒子的动量联系在一起,二阶微分算符与粒子的动能相联系,而坐标 X 算子与粒子的空间位置相对应,量子物理中算符的对易关系是区别量子体系与经典物理体系最重要的特征之一.

五、L 上的对称算符和反对称算符

设 B 为 L 上的线性算符,$\widetilde{B}$ 为 B 的转置,若 $\widetilde{B}=B$,则此算符称为对称算符,若 $\widetilde{B}=-B$,则此算符称为反对称算符,若算符为一矩阵,则对称算符为对称矩阵,反对称算符为反对称矩阵.

对 L 中的任何一个线性算符 B,都可构成一个对称算符 S 和反对称算符 A,(读者自证)

$$S = \frac{1}{2}(B+\widetilde{B}) \tag{3.4.20}$$

$$A = \frac{1}{2}(B-\widetilde{B}) \tag{3.4.21}$$

由此可以看出,任何一个线性算符 B,可分解为对称算符 S 和反对称算符 A 之和

$$B = S+A \tag{3.4.22}$$

反对称算符 A 有一个很重要的性质:反对称算符必是无迹的,即

$$\text{tr}\, A = 0$$

请读者自证.

§3.5 厄米算符和幺正算符

厄米算符和幺正算符是线性空间中非常重要的算符,它们在量子物理学中具有重要的地位.

一、伴随算符

定义 3.5.1:伴随算符

设算符 A,其矩阵表示 $A=(a_{ij})$,定义 A 的复共轭 A^*,$A^*=(a_{ij}^*)$. 称 $A^\dagger$ 为 A 的**伴随算符** $A^\dagger \equiv \widetilde{A^*}$,即算符 A 的复共轭加转置,其矩阵形式为 $A^\dagger=(a_{ji}^*)$.

1. 伴随算符的重要性质

由内积的定义可得伴随算符满足

$$\langle A\varphi, \chi \rangle = \langle \varphi, A^\dagger \chi \rangle \qquad \forall\, \varphi, \chi \in L \tag{3.5.1}$$

此关系式亦可以作为伴随算符的定义式,即满足该关系式的算符 $A^\dagger$ 为算符 A 的伴随算符.

2. 伴随算符满足的关系式

由伴随算符的定义式容易证明伴随算符满足如下关系式:

$$(A+B)^{\dagger} = A^{\dagger} + B^{\dagger} \tag{3.5.2}$$

$$(AB)^{\dagger} = B^{\dagger} A^{\dagger} \tag{3.5.3}$$

$$(\alpha A)^{\dagger} = \alpha^{*} A^{\dagger} \quad \alpha \in C \tag{3.5.4}$$

$$(A^{\dagger})^{\dagger} = A \tag{3.5.5}$$

3. 命题 3.5.1：线性算符 A 的伴随算符 $A^{\dagger}$ 为线性算符.

证：$\forall \chi, \varphi, \psi \in L$

$$\begin{aligned}
\langle \varphi, A^{\dagger}(\alpha \chi + \beta \psi) \rangle &= \langle A\varphi, \alpha \chi + \beta \psi \rangle \\
&= \langle A\varphi, \alpha \chi \rangle + \langle A\varphi, \beta \psi \rangle \\
&= \alpha \langle \varphi, A^{\dagger}\chi \rangle + \beta \langle \varphi, A^{\dagger}\psi \rangle
\end{aligned}$$

故有

$$\langle \varphi, A^{\dagger}(\alpha \chi + \beta \psi) \rangle - \langle \varphi, \alpha A^{\dagger}\chi \rangle - \langle \varphi, \beta A^{\dagger}\psi \rangle = 0$$

即

$$\langle \varphi, A^{\dagger}(\alpha \chi + \beta \psi) - \alpha A^{\dagger}\chi - \beta A^{\dagger}\psi \rangle = 0$$

由于 $\forall \chi, \varphi, \psi \in L$，故有

$$A^{\dagger}(\alpha \chi + \beta \psi) = \alpha A^{\dagger}\chi + \beta A^{\dagger}\psi$$

即 $A^{\dagger}$ 为一线性算符.

二、厄米算符的定义

定义 3.5.2：厄米算符

若 $A^{\dagger} = A$，则 A 称为厄米算符，或称为自伴随算符.

三、命题 3.5.2：设 A, B 为厄米算符，则 $[A, B] = 0$ 的充分且必要条件是 $(AB)^{\dagger} = AB$，即算符 $A \cdot B$ 亦是厄米算符.

证：若 $[A, B] = 0$，可得 $[A, B]^{\dagger} = 0$，即 $(AB)^{\dagger} - (BA)^{\dagger} = 0$，得

$$B^{\dagger} A^{\dagger} - A^{\dagger} B^{\dagger} = 0$$

则 $A^{\dagger} B^{\dagger} = B^{\dagger} A^{\dagger} = BA = AB$ 即 $A \cdot B$ 为厄米算符.

若 $(A \cdot B)$ 为厄米的，则

$$AB = (AB)^{\dagger} = B^{\dagger} A^{\dagger} = BA$$

即可得 $[A, B] = 0$. 命题得证.

四、命题 3.5.3：复内积空间中的线性算符 A 为厄米算符的充分且必要的条件是

$$\forall \varphi \in L, \quad \langle \varphi, A\varphi \rangle \in R \tag{3.5.6}$$

证：若 $A^{\dagger} = A$，

$$\langle \varphi, A\varphi \rangle = \langle A^{\dagger}\varphi, \varphi \rangle = \langle A\varphi, \varphi \rangle = \langle \varphi, A\varphi \rangle^{*}$$

故 $\langle \varphi, A\varphi \rangle \in R$ 为实数.

若 $\langle \varphi, A\varphi \rangle \in R$，

则

$$\langle \varphi, A\varphi \rangle = \langle \varphi, A\varphi \rangle^{*} = \langle A\varphi, \varphi \rangle = \langle \varphi, A^{\dagger}\varphi \rangle$$

即可得 $A = A^{\dagger}$. 命题得证.

下面命题可作为厄米算符的定义:

命题 3.5.4:如果线性空间中的伴随算符 A 满足

$$\langle A\psi, \chi \rangle = \langle \psi, A\chi \rangle$$

则算符 A 为厄米算符.

证:由伴随算符的定义

$$\langle A\psi, \chi \rangle = \langle \psi, A^{\dagger}\chi \rangle$$

由此命题的条件,则有

$$\langle \psi, A^{\dagger}\chi \rangle = \langle \psi, A\chi \rangle$$

得到

$$A^{\dagger} = A$$

即 A 为厄米算符.

五、幺正算符 U

在复线性空间 L 中的线性算符 U,若 $U^{\dagger}U = I$,即 $U^{\dagger} = U^{-1}$,称 U 为幺正算符. 当 L 为实线性空间,U 就退化为实空间中的正交算符.

命题 3.5.5:若 U 为幺正算符,则 $\forall \varphi, \chi \in L$ 有

$$\langle U\varphi, U\chi \rangle = \langle \varphi, \chi \rangle$$

且

$$|U\varphi| = |\varphi|.$$

证:
$$\langle U\varphi, U\chi \rangle = \langle \varphi, U^{\dagger}U\chi \rangle = \langle \varphi, I\chi \rangle = \langle \varphi, \chi \rangle$$

当 $\chi = \varphi$ 时,即有

$$|U\varphi| = |\varphi|$$

命题得证.

在幺正变换下,线性空间向量的模不变,两个向量的内积也不变.

幺正算符出现在量子理论的表象变换中,是量子理论中常用到的算符.

附注:定义在实数 $\mathbf{R}$ 上的函数空间为复希尔伯特空间,其元素为 $\{\psi(x), \varphi(x), \cdots\}$,由于此函数空间为平方可积的空间,故 $|x| \to \infty$ 时,要求 $\psi(x) \to 0, \varphi(x) \to 0$. $P_x = -\mathrm{i}\hbar \dfrac{\mathrm{d}}{\mathrm{d}x}$ 为此希尔伯特空间中的算符,则可证明 P_x 为厄米算符.

$$\langle P_x\psi, \varphi \rangle = \int_{-\infty}^{\infty} (P_x^{\dagger}\psi^*)\varphi \mathrm{d}x = \int_{-\infty}^{\infty} \left(\mathrm{i}\hbar \frac{\mathrm{d}}{\mathrm{d}x}\psi^*\right)\varphi \mathrm{d}x = \mathrm{i}\hbar\psi^*\varphi \Big|_{-\infty}^{\infty} - \mathrm{i}\hbar \int_{-\infty}^{\infty} \psi^* \frac{\mathrm{d}}{\mathrm{d}x}\varphi \mathrm{d}x$$

$$= \int_{-\infty}^{\infty} \psi^* \left(-\mathrm{i}\hbar \frac{\mathrm{d}}{\mathrm{d}x}\varphi\right) \mathrm{d}x$$

$$= \langle \psi, P_x\varphi \rangle$$

即

$$\langle P_x\psi, \varphi \rangle = \langle \psi, P_x^{\dagger}\varphi \rangle = \langle \psi, P_x\varphi \rangle$$

得到

$$P_x^\dagger = P_x$$

故 P_x 是厄米的.

对于 P_x,如果没有"i",定义 $\widetilde{D}_x = \hbar \dfrac{\mathrm{d}}{\mathrm{d}x}$,则

$$\langle \widetilde{D}_x \psi , \varphi \rangle = \int_{-\infty}^{\infty} \left(\hbar \frac{\mathrm{d}}{\mathrm{d}x} \psi^* \right) \varphi \mathrm{d}x = \hbar \psi^* \varphi \mid_{-\infty}^{\infty} - \hbar \int_{-\infty}^{\infty} \psi^* \frac{\mathrm{d}}{\mathrm{d}x} \varphi \mathrm{d}x$$

$$= -\langle \psi , \widetilde{D}_x \varphi \rangle$$

故 $\widetilde{D}_x$ 不是厄米的.

如果定义 $P_x = \mathrm{i}\hbar \dfrac{\mathrm{d}}{\mathrm{d}x}, P_x^\dagger = -\mathrm{i}\hbar \dfrac{\mathrm{d}}{\mathrm{d}x}$,则

$$\langle P_x \psi , \varphi \rangle = \int_{-\infty}^{\infty} \left(P_x^\dagger \psi^* \right) \varphi \mathrm{d}x = \int_{-\infty}^{\infty} \left(-\mathrm{i}\hbar \frac{\mathrm{d}}{\mathrm{d}x} \psi^* \right) \varphi \mathrm{d}x = -\mathrm{i}\hbar \psi^* \varphi \mid_{-\infty}^{\infty} + \mathrm{i}\hbar \int_{-\infty}^{\infty} \psi^* \frac{\mathrm{d}}{\mathrm{d}x} \varphi \mathrm{d}x$$

$$= \int_{-\infty}^{\infty} \psi^* \left(\mathrm{i}\hbar \frac{\mathrm{d}}{\mathrm{d}x} \varphi \right) \mathrm{d}x$$

$$= \langle \psi , P_x \varphi \rangle$$

故 $P_x = \mathrm{i}\hbar \dfrac{\mathrm{d}}{\mathrm{d}x}$ 也是厄米的,$P_x^\dagger = P_x$.

在量子物理中,取动量算符为 $P_x = -\mathrm{i}\hbar \dfrac{\mathrm{d}}{\mathrm{d}x}$,而没取 $P_x = \mathrm{i}\hbar \dfrac{\mathrm{d}}{\mathrm{d}x}$. 取"$-$"号的原因,是要与薛定谔方程一致.

薛定谔方程的形式为

$$\mathrm{i}\hbar \frac{\mathrm{d}}{\mathrm{d}t} \psi = H\psi$$

上式中 H 为能量算符,即哈密顿算符.

对于定态而言,有

$$H\psi = E\psi$$

"E"为能量算符 H 的本征值,"E"就是体系的能量.

对于一个平面波(物质波),有

$$\psi = \mathrm{e}^{-\mathrm{i}(\omega t - kx)} = \mathrm{e}^{\mathrm{i}(kx - \omega t)}$$

从能量的角度出发,由薛定谔方程

$$H\psi = \mathrm{i}\hbar \frac{\mathrm{d}}{\mathrm{d}t} \mathrm{e}^{-\mathrm{i}(\omega t - kx)} = \hbar\omega \mathrm{e}^{-\mathrm{i}(\omega t - kx)}$$

故有

$$E = \hbar\omega$$

这便是大家熟悉的物质波的能量.

从动量的角度出发，由于 $P_x = -\mathrm{i}\hbar\dfrac{\mathrm{d}}{\mathrm{d}x}$，有

$$P_x \psi = -\mathrm{i}\hbar\frac{\mathrm{d}}{\mathrm{d}x}\mathrm{e}^{-\mathrm{i}(\omega t - kx)} = \hbar k$$

故可得动量的本征值

$$P = \hbar k$$

此式亦为物质波的动量.

故把动量算符都取为

$$P_x = -\mathrm{i}\hbar\frac{\mathrm{d}}{\mathrm{d}x}$$

§3.6 线性算符的本征值和本征向量

一、线性空间中线性算符的本征值

1. 定义 3.6.1：线性算符的本征值

若线性算符 A 满足方程

$$A\varphi = \lambda\varphi, \quad \lambda \in \mathbf{K}, \quad \varphi \in L \tag{3.6.1}$$

则此方程称为算符 A 的本征方程，λ 称为算符 A 的本征值，φ 称为算符 A 的本征值为 λ 的本征向量.

若 L 为实线性空间，则 $\lambda \in \mathbf{R}$，即当 $\lambda > 0$ 时，A 作用在向量 φ 上，不改变 φ 的方向，只改变了 φ 的长度，使 φ 变为原向量的 λ 倍；如果 $\lambda < 0$ 时，A 作用后使 φ 完全反向，而长度为原来的 $|\lambda|$ 倍.

2. 线性算符本征值的求法

对于给定的线性算符 A，其本征值及相应的本征函数的求法：

从本征方程式（3.6.1）出发，本征方程可写成

$$(A - \lambda I)\varphi = 0 \tag{3.6.2}$$

设 $A = (a_{ij})$，这是一矩阵方程，使 φ 有非零解的条件是

$$\det(A - \lambda I) = 0 \tag{3.6.3}$$

即

$$\begin{vmatrix} a_{11}-\lambda & a_{12} & \cdots & a_{1n} \\ a_{21} & a_{22}-\lambda & \cdots & a_{2n} \\ \vdots & \vdots & \vdots & \vdots \\ a_{n1} & \cdots & \cdots & a_{nn}-\lambda \end{vmatrix} = 0$$

这一方程为算符 A 的本征值方程，亦称为久期方程，它是一个 λ 的 n 次方程，共有 n 个解 $\lambda_i, i = 1, \cdots, n, \{\lambda_i\}$ 称为算符 A 的本征谱.

多项式 $\det(A - \lambda I)$ 称为算符 A 的本征多项式，如果 A 的本征方程的解 $\{\lambda_i\}$ 无重根

时,称 A 的本征谱 $\{\lambda_i\}$ 是非简并的;若 λ_i 有重根时,则称谱 $\{\lambda_i\}$ 为简并的,设 λ_i 为 k 重的重根,则称本征值 λ_i 为 k 重简并的,或称 λ_i 的简并度为 k.

当我们求出 A 的本征值 λ_i 后,把每个 λ_i 代入 A 的本征方程,即可求得该本征值的本征向量.

二、厄米算符的本征值具有的两个重要性质

1. 命题 3.6.1: 厄米算符的本征值是实数

证: 设 A 为厄米算符,$A^\dagger = A$,φ 为 A 的本征值为 λ 的本征向量,$\lambda = \{\lambda_i\}$,由

$$A\varphi = \lambda\varphi$$

则

$$\langle \varphi, A\varphi \rangle = \langle \varphi, \lambda\varphi \rangle = \lambda \langle \varphi, \varphi \rangle$$

又

$$\begin{aligned} \langle \varphi, A\varphi \rangle &= \langle A^\dagger \varphi, \varphi \rangle = \langle A\varphi, \varphi \rangle \\ &= \langle \varphi, A\varphi \rangle^* = \lambda^* \langle \varphi, \varphi \rangle^* \\ &= \lambda^* \langle \varphi, \varphi \rangle \end{aligned}$$

其中用到 $\langle \varphi, \varphi \rangle^* = \langle \varphi, \varphi \rangle$,且 φ 的模为实数.

故可得

$$\lambda \langle \varphi, \varphi \rangle = \lambda^* \langle \varphi, \varphi \rangle$$

由于 $\varphi \neq 0$,即 $\langle \varphi, \varphi \rangle \neq 0$,故得 $\lambda = \lambda^*$,即 λ 为实数.

2. 命题 3.6.2: 属于厄米算符 A 的不同本征值的本征向量是正交的

证: 设厄米算符的本征值为 λ_1 的本征向量为 χ_1,本征值为 λ_2 的本征向量为 χ_2,且 $\lambda_1 \neq \lambda_2$,则

$$\langle \chi_2, A\chi_1 \rangle = \langle \chi_2, \lambda_1 \chi_1 \rangle = \lambda_1 \langle \chi_2, \chi_1 \rangle$$

又

$$\begin{aligned} \langle \chi_2, A\chi_1 \rangle &= \langle A^\dagger \chi_2, \chi_1 \rangle = \langle A\chi_2, \chi_1 \rangle \\ &= \langle \chi_1, A\chi_2 \rangle^* = \lambda_2^* \langle \chi_1, \chi_2 \rangle^* = \lambda_2 \langle \chi_2, \chi_1 \rangle \end{aligned}$$

其中用到 $\langle \chi_1, \chi_2 \rangle^* = \langle \chi_2, \chi_1 \rangle$ 和 λ_2 为实数的性质,由以上两式可得

$$(\lambda_1 - \lambda_2) \langle \chi_2, \chi_1 \rangle = 0$$

由于 $\lambda_1 \neq \lambda_2$,故有

$$\langle \chi_2, \chi_1 \rangle = 0,$$

即 χ_1, χ_2 正交.

由于厄米算符的这两个重要性质,它在物理学的数学描述中显得尤为重要. 因为量子物理学中的基本假设:量子体系的状态由希尔伯特空间的向量来描述,而物理量的测量值为实数,因此表示物理量的算符必为厄米算符.

第三章习题

3.1 设 A,B 都为 n 维空间中的坐标变换的矩阵,即都为 $n \times n$ 的非奇异($\det A \neq 0$, $\det B \neq 0$)方

阵,求证

$$\det(A \cdot B) = \det A \det B$$

3.2 试证明,若 A 为实内积空间的一个伴随算子,则当且仅当对此空间内所有的向量 X,有 $\langle X, AX \rangle = 0$ 时,$A = 0$,其中 $\langle , \rangle$ 为内积.

3.3 若 A 为 n 维空间中的反对称算子,(即 $n \times n$ 的反对称矩阵),请证明

$$\text{tr}\, A = 0 \quad (\text{tr}\, A \text{ 为矩阵 } A \text{ 的迹.})$$

3.4 若算子 A 为 3×3 的矩阵

$$A = \begin{pmatrix} 1 & 2 & 3 \\ 2 & 2 & 1 \\ 3 & 4 & 3 \end{pmatrix}$$

求 A 的伴随算子 A^+ 和逆算子 A^-.

3.5 求下列矩阵的本征值及相应的本征向量

$$(1)\ A = \begin{pmatrix} 0 & 1 & 0 \\ 1 & 0 & 0 \\ 0 & 0 & 0 \end{pmatrix} \qquad (2)\ A = \begin{pmatrix} 1 & 0 & 0 \\ 0 & 0 & 1 \\ 0 & 1 & 0 \end{pmatrix}$$

$$(3)\ A = \begin{pmatrix} 2 & 0 & 0 \\ 0 & 1 & 1 \\ 0 & 1 & 1 \end{pmatrix} \qquad (4)\ A = \begin{pmatrix} 1 & 1 & 1 \\ 1 & 1 & 1 \\ 1 & 1 & 1 \end{pmatrix}$$

3.6 已知矩阵 $A = \begin{pmatrix} -1 & -2 & 2 \\ 0 & 1 & 0 \\ 0 & 0 & 1 \end{pmatrix}$,求 A 的本征值和相应的本征向量.

若此方阵可对角化,求出使 A 对角化的相似变换 MAM^{-1} 的满秩矩阵 M.

3.7 求泡利(Pauli)矩阵

$$\sigma_x = \begin{pmatrix} 0 & 1 \\ 1 & 0 \end{pmatrix}, \quad \sigma_y = \begin{pmatrix} 0 & -i \\ i & 0 \end{pmatrix}, \quad \sigma_z = \begin{pmatrix} 1 & 0 \\ 0 & -1 \end{pmatrix}$$

的本征值及相应的本征向量. 其中 i 为虚数单位.

第二篇

复变函数

复分析是现代数学中的一个重要分支.复数是实数的扩展,在描述各类具有相位的振动或波动现象(包括物质波)时具有非常简洁的形式,能够极大地简化计算.定义在实空间中的复函数是本书后续内容如积分变换的基础,也是今后学习量子物理中复希尔伯特空间的数学基础.

在本篇中仅介绍建立在复平面上的解析函数及其微积分、级数展开的运算,以及留数定理及其在计算一些物理上难以计算的实积分问题中的应用.解析函数的数学理论是非常美妙的,并且在本书数学物理方程的解析理论中以及物理学、力学、流体等领域的理论分析和计算中具有广泛的应用.

第四章　复变函数的概念

§ 4.1　映射

设 X 和 Y 是两个集合,映射 f 是这两个集合之间的一种对应关系,在 f 的作用下,使 X 中的每一个元素对应 Y 中的唯一的一个元素,称 f 是一个从 X 到 Y 的映射,记为

$$f:X\to Y \tag{4.1.1}$$

或记为, $\forall x\in X$,有

$$f:x\mapsto y,\quad y\in Y \tag{4.1.2}$$

称 y 为在 f 映射下 x 的像,亦可写为 $f(x)=y$.

从映射的定义可以看出,两个集合间的映射,只能是"一对一"或是"多对一"的映射,而不能是"一对多"的映射.

"函数"关系是映射的一种,映射比函数关系更广泛,它可以表示一种变换,一种算子的运算、泛函等的映射关系,也可把这一切映射关系看作一种广义的"函数"关系,因此在通常情况下,在数学分析中"函数"将作为映射的一个同义词来使用.

对于映射 $f:X\to Y$,集合 X 称为 f 的定义域,集合 Y 称为 f 的值域,对于 $\forall x\in X$,有 $f:x\mapsto y,y\in Y$,每个 x 有一个唯一的 y,即不同的 x 可以对应相同的 y,但不能对给定的一个 x,有多个 y 与之对应,这是因为通常所说的函数关系,是从分析学的角度来研究函数的连续性及可微的性质.

如果一个 x 对应两个 y 的值,如图 4.1.1 中的实函数 $y=f(x)$ 所示, $f(x_0)=y_1$, $f(x_0)=y_2$,则由分析学中函数连续性的定义,这类"多值"函数的连续性无法定义,即当取 $|x-x_0|\to 0$ 时, x 所对应的 y,无法确定 $|y-y_1|$ 或 $|y-y_2|$ 的值,这将导致分析学中函数连续性的定义失效;更无法去定义这类"多值"函数的可微性. 因此所谓的"多值"函数,它不是通常分析学意义下的函数,除非把它的值域或定义域作分区处理,使其变成单值的函数. 在上面的例子中,要把值域分区,变为两个函数来处理. 这方面的例子,读者可以自己列举很多.

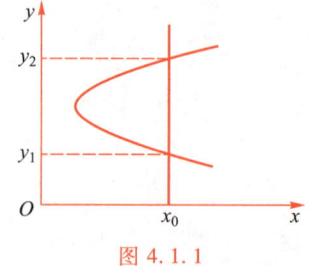

图 4.1.1

当然,要定义变量为复数域的函数,就要研究复数域及映射的特性,否则一般地定义复变函数是复数域到复数域的映射是不严格的.

§ 4.2　复数

一、复数的概念

定义 $i^2=-1$, i 为虚数单位,即把实数域扩充到复数域.

定义 4.2.1：复数

对一个有序的实数对 $(x, y), x, y \in \mathbf{R}$，定义了复数 $z = x + \mathrm{i}y$. 所有的复数 z 构成复数域，记为 $\mathbf{C}$，并称 x 为复数 z 的实部，记为 $x = \operatorname{Re} z$，称 y 为复数 z 的虚部，记为 $y = \operatorname{Im} z$.

由定义可知，$z = 0$，当且仅当 $x = 0, y = 0$.

定义 4.2.2：复数的共轭

复数 z 的共轭复数 z^*：$z^* = x - \mathrm{i}y$，或称 z^* 为 z 的复共轭，显然有 $(z^*)^* = z$.（复数 z 的共轭复数，也可记为 $\bar{z}$.）

附注：z 和 z^* 在复数域中是线性无关的独立变量.

对于 $z = x + \mathrm{i}y, z^* = x - \mathrm{i}y$，对于任意两个复常数 $a + \mathrm{i}b, c + \mathrm{i}d$，要使得

$$(a + \mathrm{i}b) z + (c + \mathrm{i}d) z^* = 0$$

有

$$(a + \mathrm{i}b) z = ax - by + \mathrm{i}(ay - bx)$$
$$(c + \mathrm{i}d) z^* = cx + dy + \mathrm{i}(dx - cy)$$

得

$$(a + c) x + (d - b) y + \mathrm{i}(b + d) x + \mathrm{i}(a - c) y = 0$$

由于 x, y 为任意值，故

$$\begin{cases} a + c = 0 \\ a - c = 0 \end{cases}, \quad \begin{cases} d - b = 0 \\ d + b = 0 \end{cases}$$

得到

$$a = b = c = d = 0$$

即 z, z^* 线性无关.

定义 4.2.3：复数 z 的模 $|z|$

$$|z|^2 = z \cdot z^* = x^2 + y^2 \in \mathbf{R} \text{ 且 } |z|^2 \geqslant 0 \tag{4.2.1}$$

或写成 $|z| = (z \cdot z^*)^{\frac{1}{2}} = (x^2 + y^2)^{\frac{1}{2}} \geqslant 0$.

注意 $|z|^2$ 与 z^2 是不同的，其意义全然不同.

二、复数的运算

由复数域 $\mathbf{C}$ 构成的复数空间是个线性空间，可定义复数的代数运算. 设

$$z_1 = x_1 + \mathrm{i}y_1, \quad z_2 = x_2 + \mathrm{i}y_2$$

1. 加法

$$z_1 + z_2 = (x_1 + x_2) + \mathrm{i}(y_1 + y_2) \tag{4.2.2}$$

容易证明，加法满足交换律与结合律：

$$z_1 + z_2 = z_2 + z_1$$
$$(z_1 + z_2) + z_3 = z_1 + (z_2 + z_3)$$

2. 乘法

$$z_1 \cdot z_2 = (x_1 + \mathrm{i}y_1) \cdot (x_2 + \mathrm{i}y_2)$$

$$= (x_1 x_2 - y_1 y_2) + \mathrm{i}(x_1 y_2 + x_2 y_1) \qquad (4.2.3)$$

容易证明,乘法满足交换律与结合律:

$$z_1 \cdot z_2 = z_2 \cdot z_1$$
$$(z_1 \cdot z_2) \cdot z_3 = z_1 \cdot (z_2 \cdot z_3)$$

3. 除法

当 $z_2 \neq 0$ 时,有

$$\frac{z_1}{z_2} = \frac{x_1 + \mathrm{i} y_1}{x_2 + \mathrm{i} y_2} = \frac{(x_1 x_2 + y_1 y_2)}{x_2^2 + y_2^2} + \frac{\mathrm{i}(x_2 y_1 - x_1 y_2)}{x_2^2 + y_2^2} \qquad (4.2.4)$$

对于复数的乘法和加法,满足分配律:

$$z_1 \cdot (z_2 + z_3) = z_1 \cdot z_2 + z_1 \cdot z_3$$

三、复数的几何表示

由于复数的定义 $z = x + \mathrm{i} y$,且 (x, y) 为有序的实数对,因此复数域 **C** 可用复平面来表示(图 4.2.1).

复平面是在平面上作一直角坐标系,原点为 O,取横坐标为实轴即 x 轴,取纵坐标为虚轴即 $\mathrm{i} y$ 轴,其单位为 i,y 为实数,则所有的复数 z 都与复平面上的点相对应. 对于点 $z = x + \mathrm{i} y$,可用从 O 点到该点的连线作一向量 $\boldsymbol{r}$ 来表示,如图 4.2.1 所示,该向量与 x 轴的夹角为 θ,称为复数 z 的辐角,记为 $\theta = \arg z$,向量 $\boldsymbol{r}$ 的模 r 为复数 z 的模,即该向量的长度,$r = |z|$.

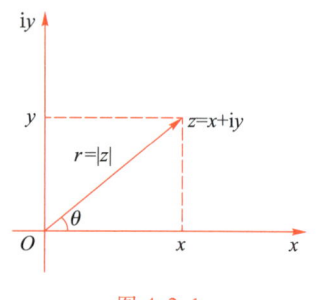

图 4.2.1

在复平面上,所有的复数都可以用 (r, θ) 来表示:

$$z = x + \mathrm{i} y = r\cos\theta + \mathrm{i} r\sin\theta$$
$$= r(\cos\theta + \mathrm{i}\sin\theta) \qquad (4.2.5)$$

由复平面上的点表示的复数,只能看出点(或向量)的几何位置,不能比较两个复数的大小,因而不能对复数进行排序,只有两个复数的模、实部和虚部等实数才能比较大小.

四、复数辐角的多值性

从复数的几何表示法可看出复数的另一个重要性质,即辐角的多值性. 一般对辐角 θ 而言,$\theta = \arg z$ 是指 θ 在主值范围 $-\pi \leqslant \theta \leqslant \pi$ 或 $0 \leqslant \theta \leqslant 2\pi$ 内取值,但由于 θ 的周期性,它是以 2π 为周期的,由(4.2.5)式亦可看出. 对于 $\theta' = \theta + 2k\pi$,k 为整数时,都表示同一个复数 z,即

$$z = x + \mathrm{i} y = r[\cos(\theta + 2k\pi) + \mathrm{i}\sin(\theta + 2k\pi)] \qquad (4.2.6)$$

k 就表示辐角绕原点的圈数,不管 k 为任何整数值,总是表示同一个复数 z.

对于一般辐角可表示为

$$\mathrm{Arg}\, z = \arg z + 2k\pi = \theta + 2k\pi, \quad k \text{ 为整数}$$

其中 $\arg z$ 表示主值范围的辐角.

五、欧拉(Euler)公式

与实平面 $\mathbf{R}^2$ 不同,复平面中 x 轴是实轴,而 y 轴是虚轴,其单位为 i,这两轴的性质是不同的,这就决定了复平面中点的表示与实平面是不一样的,其运算也不同. 在复数的运算中有非常重要的公式——欧拉公式.

对 $\theta \in R$,有

$$\sin \theta = \theta - \frac{\theta^3}{3!} + \frac{\theta^5}{5!} - \frac{\theta^7}{7!} + \cdots$$

$$\cos \theta = 1 - \frac{\theta^2}{2!} + \frac{\theta^4}{4!} - \frac{\theta^6}{6!} + \cdots$$

由

$$e^{\theta} = \sum_{n=0}^{\infty} \frac{\theta^n}{n!}$$

可得

$$e^{i\theta} = \sum_{n=0}^{\infty} \frac{(i\theta)^n}{n!}$$

$$= \left(1 - \frac{\theta^2}{2!} + \frac{\theta^4}{4!} - \frac{\theta^6}{6!} + \cdots\right) + i\left(\theta - \frac{\theta^3}{3!} + \frac{\theta^5}{5!} - \frac{\theta^7}{7!} + \cdots\right)$$

$$= \cos \theta + i\sin \theta$$

即

$$e^{i\theta} = \cos \theta + i\sin \theta \tag{4.2.7}$$

此关系式称为欧拉公式.

由欧拉公式,可以把复数 z 表成

$$z = x + iy = r(\cos \theta + i\sin \theta) = re^{i\theta} \tag{4.2.8}$$

欧拉公式在复数的运算中具有十分重要的地位. 由欧拉公式,很容易得到如下的运算公式:

$$z_1 \cdot z_2 = r_1 \cdot r_2 e^{i(\theta_1 + \theta_2)} \tag{4.2.9}$$

$$z^n = r^n e^{in\theta} \tag{4.2.10}$$

$$z^{\frac{1}{n}} = r^{\frac{1}{n}} e^{\frac{1}{n}(\theta + 2k\pi)} \tag{4.2.11}$$

$$|z_1 \cdot z_2| = |z_1| \cdot |z_2| \tag{4.2.12}$$

$$\arg(z_1 \cdot z_2) = \arg z_1 + \arg z_2 \tag{4.2.13}$$

$$\arg\left(\frac{z_1}{z_2}\right) = \arg z_1 - \arg z_2 \tag{4.2.14}$$

六、复数球面的概念

在 $x-iy$ 复平面 $\mathbf{C}$ 上,以原点 O 为南极,以 N 为北极作一直径为 1 的球面(图 4.2.2).

在直角坐标系 (ξ,η,ζ) 中，ξ 轴与 x 轴重合，η 轴与 iy 轴重合，$O\zeta$ 垂直于 $\xi-\eta$ 平面，在 (ξ,η,ζ) 坐标中，球面的球心坐标为 $\left(0,0,\dfrac{1}{2}\right)$，我们确定如下的法则使球面上的点与 **C** 平面上的点构成一一对应关系：取 **C** 平面上的点 $z=x+iy$ 点与球面的北极 N 以直线相连，交于球面的 P 点，则 **C** 平面上的每一点都与球面上唯一的一点 P 相对应. 如果把球面的北极 N 点挖掉，则没有北极 N 点的开球面与 **C** 平面完全同构，即可用此开球面上的点来描述复平面上的点. 这两组坐标有如下的对应关系：

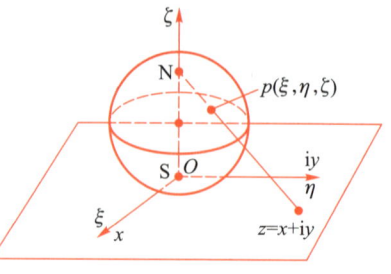

图 4.2.2

$$\xi=\frac{1}{2}\frac{z+z^*}{1+zz^*}, \qquad \eta=\frac{1}{2i}\frac{z-z^*}{1+zz^*}, \qquad \zeta=\frac{zz^*}{1+zz^*} \qquad (4.2.15)$$

由于 $\xi^2+\eta^2+\left(\zeta-\dfrac{1}{2}\right)^2=\left(\dfrac{1}{2}\right)^2,-\dfrac{1}{2}\leqslant\xi\leqslant\dfrac{1}{2},0\leqslant\zeta\leqslant1$

$$\xi^2=\frac{1}{4}\frac{z^2+2zz^*+z^{*2}}{(1+zz^*)^2}, \qquad \eta^2=-\frac{1}{4}\frac{z^2-2zz^*+z^{*2}}{(1+zz^*)^2}$$

$$\left(\zeta-\frac{1}{2}\right)^2=\left(\frac{1}{2}\frac{zz^*-1}{1+zz^*}\right)^2=\frac{1}{4}\frac{(zz^*)^2-2zz^*+1}{(1+zz^*)^2}$$

则

$$\xi^2+\eta^2+\left(\zeta-\frac{1}{2}\right)^2$$

$$=\frac{1}{4}\frac{1}{(1+zz^*)^2}\left[z^2+2zz^*+z^{*2}-z^2+2zz^*-z^{*2}+(zz^*)^2-2zz^*+1\right]$$

$$=\frac{1}{4}\frac{1}{(1+zz^*)^2}\left[(zz^*)^2+2zz^*+1\right]=\frac{1}{4}$$

$$\frac{\xi}{1-\zeta}=\frac{\dfrac{1}{2}\dfrac{z+z^*}{1+zz^*}}{1-\dfrac{zz^*}{1+zz^*}}=\frac{1}{2}\frac{2x}{1}=x$$

$$\frac{\eta}{1-\zeta}=\frac{\dfrac{1}{2i}\dfrac{z-z^*}{1+zz^*}}{1-\dfrac{zz^*}{1+zz^*}}=\frac{1}{2i}\frac{2iy}{1}=y$$

$$x=\frac{\xi}{1-\zeta}, \qquad y=\frac{\eta}{1-\zeta} \qquad (4.2.16)$$

从上面的对应关系也可看出，N 点的坐标 $(0,0,1)$，即当 $\zeta=1$ 时，则有 $|z|^2=z\cdot z^*\to\infty$，从几何上来理解此关系：当 z 点从复平面 **C** 上的原点 O 出发沿着任一条 **C** 平面上的射线趋于 ∞ 时，即球面上的 P 点将沿着一条经线趋于北极 N 点，因此把在复平

面 **C** 上任何 $|z| \to \infty$ 的点与球面的 N 点对应,也称 N 点为球面所对应的复平面 **C** 上的无穷远点,通常把这一球面称为复数球面.

注: 复数球面与复平面有着完全不同的拓扑结构,其差异就在球面的 N 点上,因此把 N 点看成是复平面上沿各方向趋于模为无穷大的点,这只是对复平面上无穷远点的一种理解.

§**4.3**__复变函数

如果把复变函数定义为复平面 **C** 到复平面 **C** 的映射 f, $f:$**C** $\to$ **C**, f 具有一般的形式为

$$f(z) = u(x,y) + iv(x,y) \tag{4.3.1}$$

其中 $u(x,y)$ 和 $v(x,y)$ 是 x,y 的实函数,即 $u,v:$**R**$^2 \to$ **R**,这就要求 f 把定义域 **C**(以 x 和 iy 为轴的复平面)上的点映射到值域 **C**(以 u 和 iv 为轴的复平面)上唯一的点上,这才是具有分析意义上的函数,但作为定义域的复数,由于辐角的多值性,使得一些函数的映射关系不能满足单值性要求,因此不能把复变函数简单地定义为复平面到复平面的映射.

一、构造单值映射

例如,$f(z) = \sqrt{z}$,这是一个开方运算的映射,由于 $z = re^{i\theta} = re^{i(\theta + 2k\pi)}$,$k \in$ **Z**,**Z** 为整数的集合. 当 $0 \leqslant \theta \leqslant 2\pi$ 时,取 $k = 0$,有

$$f(z) = \sqrt{z} = \sqrt{r}\, e^{i\frac{\theta}{2}}$$

当取 $k = 1$ 时,$z = re^{i(\theta + 2\pi)}$,

有

$$f(z) = \sqrt{z} = \sqrt{r}\, e^{i\left(\frac{\theta}{2} + \pi\right)}$$

$f(z) = \sqrt{z}$ 把定义域的复平面 **C** 上的同一 z 点映射到值域 **C** 平面上的两个不同的像点 $\sqrt{r}\, e^{i\frac{\theta}{2}}$ 和 $\sqrt{r}\, e^{i\left(\frac{\theta}{2} + \pi\right)}$(图 4.3.1).

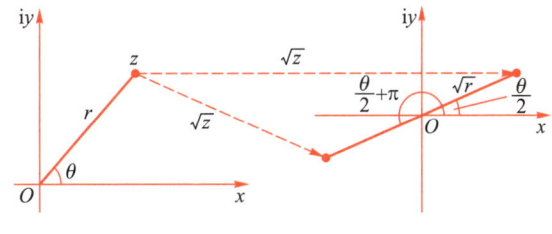

图 4.3.1

因此 $f(z) = \sqrt{z}$,就不是 **C** $\to$ **C** 的映射,而是一个所谓的"多值函数",当然通常遇到的"多值"性的问题,除自变量的分数幂运算外,还有自变量的对数运算 $\ln z$ 等,要定义这一类映射,必须把自变量 z 的复平面重新构造,把辐角所构成的多值性定义域

分开,使得分开后的每个定义域都构成一个单值映射的区域,这里我们引入黎曼(Riemann)面的概念.

以 $f(z)=\sqrt{z}$ 的映射为例来构造黎曼面,由于 $z=re^{i(\theta+2k\pi)}$,我们要重新构造定义域,由于映射 f 把定义域中 z 的辐角 $0\leq\theta<4\pi$ 的所有自变量 z 都映射到值域的复平面 $\mathbf{C}$ 上,因此必须把 z 的定义域分成两个可构成单值映射的区域 C_1 和 C_2,即

$$C_1:k=0, \quad 0\leq\theta<2\pi, \quad z=re^{i\theta}$$

$$C_2:k=1, \quad 2\pi\leq\theta+2\pi<4\pi, \quad z=re^{i(\theta+2\pi)}$$

则 $f(z)$ 的映射变成定义域的两个单值分支到值域 $\mathbf{C}$ 的映射:

$f(z):C_1\to\mathbf{C}$ 的上半平面

$$f(z)=\sqrt{z}=\sqrt{r}\,e^{i\frac{\theta}{2}}$$

$f(z):C_2\to\mathbf{C}$ 的下半平面

$$f(z)=\sqrt{z}=\sqrt{r}\,e^{i\left(\frac{\theta}{2}+\pi\right)}$$

如图 4.3.2 所示.

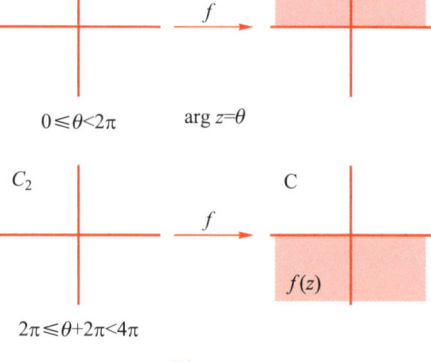

图 4.3.2

这就完成了把"多值函数"变成单值映射的结构. 每一个定义域的单值分支就称为黎曼面的一个页(Sheet),上面例子中定义域的两个页就构成了一个完整的黎曼面,记为 C^R,$C^R=C_1\cup C_2$,这就完成了复变函数 $f(z)=\sqrt{z}:C^R\to\mathbf{C}$ 的单值映射的构造.

二、黎曼面的构造

下面介绍如何构造黎曼面. 首先要研究 $f(z)$ 在定义域 $\mathbf{C}$ 中出现"多值性"的某些点的性质.

1. 枝点

对于 $f(z)$ 的定义域 $\mathbf{C}$,若存在 $z_0\in\mathbf{C}$,当自变量 z 绕 z_0 转一圈回到原来位置时,$f(z)$ 的值不还原,则称 z_0 为 $f(z)$ 的枝点,当 z 绕 z_0 转 n 圈(最少的圈数)后,$f(z)$ 的值还原了,则称 z_0 为 $f(z)$ 的 $n-1$ 阶枝点. 枝点是函数 $f(z)$ 的奇异点,在枝点上函数值发散或者函数的辐角无法定义.

那么什么样的点是 $f(z)$ 的枝点呢? 一般说来,使 $f(z)=0$ 的点或使 $f(z)=\infty$ 的点可能是 $f(z)$ 的枝点.

具体对于 $f(z)=\sqrt{z}$,取 $z_0=0$ 点时,当 z 绕其转一圈时,$f(z)=\sqrt{z}$ 的值不还原,而绕两圈时,$f(z)$ 的值还原了,则 $z_0=0$ 点是 $f(z)=\sqrt{z}$ 的一阶枝点. 同时,可以看出,除 $z_0=0$ 点外,其他的 $\mathbf{C}$ 上的有限远点都不是 $f(z)=\sqrt{z}$ 的枝点,因为 z 绕这些点一圈后 $f(z)$ 的值还原了. 再考虑 z 为 ∞ 的点,此时作一变量代换,当令 $\zeta=\dfrac{1}{z}$,则 $\zeta_0=0$ 时,

$z=\infty$，对 $f(z)=\sqrt{z}=\dfrac{1}{\sqrt{\zeta}}$，当 ζ 绕 $\zeta_0=0$ 转一圈时 f 的数值不还原，而绕两圈时 f 的值还原了，因此可看出，$\zeta_0=0$ 亦是 $f(z)=\sqrt{z}$ 的一个一阶枝点，因此 $f(z)=\sqrt{z}$，在 **C** 上有两个一阶枝点，即 $z_0=0,\infty$．

2. 割线

确定了 $f(z)$ 的枝点后，把两个枝点之间用一条直线或曲线连起来（一般情况下尽可能取直线），自变量 z 不能通过（越过）此线作连续变化，即把原来自变量的定义域用线割开了，把这种连接两个枝点间的连线称为**割线**．

用割线割开的自变量定义域就变成了一个单值分支的定义域 C_i，如果把所有单值分支合并起来就构成了复变函数的黎曼面，记为 C^R．

3. 简单的"多值函数"的黎曼面的构造，一般情况下把用割线分开的两个相邻黎曼面的页的上下沿互相粘接起来，就构成了整体的黎曼面

例如 $f(z)=\sqrt{z}$ 的两个一阶枝点，$z_0=0,\infty$，一般取 x 轴从 $0\to\infty$（或沿负 x 轴到无穷远点）为割线．这样自变量就分成了 $C_1:\arg z:0\to2\pi$，$C_2:\operatorname{Arg}z:2\pi\to4\pi$．把 C_1 的割线下沿 $\arg z=2\pi$ 与 C_2 的上沿 $\operatorname{Arg}z=2\pi$ 粘接（注意这种粘接不是物理意义上的粘接，而是有如"崂山道士穿墙术"的数学构造意义上的粘接）．当 z 从 C_1 的上沿一点开始绕 $z_0=0$ 转时，到 C_1 的下沿时就顺利地转到 C_2 的上沿，再继续绕 $z_0=0$ 点转到 C_2 的下沿时，顺利地回到 C_1 的上沿的起始点，这样粘接而成的黎曼面（图 4.3.3），就是 $f(z)=\sqrt{z}$ 的单值映射的定义域了[①].

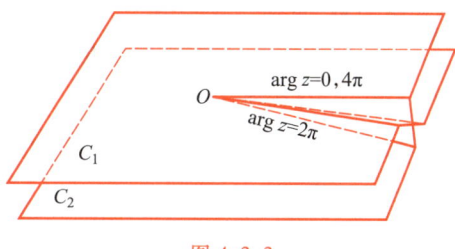

图 4.3.3

在本书中，所涉及的黎曼面的构造即简单开方型的函数（如 $f(z)=\sqrt{z-a}$，$f(z)=\sqrt{(z-a)(z-b)}$，并含简单的非整数幂型）、简单对数函数（即 $\ln z$）等的黎曼面．

注意：对于复杂的多值性问题，例如 $f(z)=\sqrt[5]{(z-a)^3(z-b)^2(z-c)^4}$，就没有整体的黎曼面，只能在枝点的邻域内研究黎曼面的性质．

在本章中，记黎曼面为 C^R，对一般无多值性问题的函数，其定义域的黎曼面即复平面 **C** 本身．

三、复变函数的定义

在完成了对黎曼面的构成的讨论后，可以给复变函数一个严格的定义：

---

① 关于黎曼面构造的问题，是一个很复杂的问题，像我们例子 $f(z)=\sqrt{z}$ 的黎曼面，它有整体的结构，即如果我们把 ∞ 点看成一点，此时图 4.3.3 的黎曼面就与一个二维环面 T^2（游泳圈面）同胚，有整体的空间结构，但复杂的黎曼面一般没有整体的结构，只可能分析局域的结构性质．

定义 4.3.1：复变函数

复变函数是定义域的黎曼面到复平面上的映射，即

$$f(z):C^R \rightarrow \mathbf{C}$$

四、几种简单常见的复变函数

1. 有理函数

$$f(z) = \frac{a_0 + a_1 z + \cdots + a_n z^n}{b_0 + b_1 z + \cdots + b_m z^m}, \quad a_i, b_i \in C, b_0 \neq 0, m, n \in \mathbf{Z} \tag{4.3.2}$$

2. 指数函数

$$f(z) = e^z \tag{4.3.3}$$

它有如下性质：$e^z \neq 0, e^{z_1} \cdot e^{z_2} = e^{z_1 + z_2}$.

3. 对数函数

$$f(z) = \ln z \tag{4.3.4}$$

由 $f(z) = \ln z = u + iv$，有

$$e^{f(z)} = e^u \cdot e^{iv} = z = |z| e^{i(\theta + 2k\pi)}$$

两边取对数，可得

$$\ln z = \ln|z| + i(\theta + 2k\pi) \tag{4.3.5}$$

即 $u = \ln|z|, v = \theta + 2k\pi$.

对数函数的特点是其虚部随自变量辐角的变化而变化，呈现出典型的多值性（无穷多值）问题.

4. 幂函数

$$f(z) = z^a \tag{4.3.6}$$

当 a 取整数时，即整数幂函数，是单值函数. 当 $a = \dfrac{1}{2}$ 时，即前面介绍的 $\sqrt{z}$，当 a 取其他分数或取复数时可能出现很复杂的多值情况.

5. 三角函数

$$\cos z = \frac{e^{iz} + e^{-iz}}{2}$$
$$\sin z = \frac{e^{iz} - e^{-iz}}{2i} \tag{4.3.7}$$

三角函数具有如下的性质：

（1）$\cos z$ 为偶函数，$\cos(-z) = \cos z$；

  $\sin z$ 为奇函数，$\sin(-z) = -\sin z$.

（2）周期为 2π.

（3）满足关系式 $\sin^2 z + \cos^2 z = 1$.

（4）它们的模 $|\cos z|$ 和 $|\sin z|$ 可大于 1，这是与实三角函数的最大区别.

6. 双曲函数

$$\operatorname{sh} z = \frac{\mathrm{e}^z - \mathrm{e}^{-z}}{2}, \quad \operatorname{ch} z = \frac{\mathrm{e}^z + \mathrm{e}^{-z}}{2}$$

$$\operatorname{th} z = \frac{\operatorname{sh} z}{\operatorname{ch} z}, \quad \operatorname{cth} z = \frac{\operatorname{ch} z}{\operatorname{sh} z} \tag{4.3.8}$$

很容易得到它们与三角函数的关系为

$$\operatorname{sh} z = -\mathrm{i} \sin \mathrm{i} z, \quad \operatorname{ch} z = \cos \mathrm{i} z \tag{4.3.9}$$

同时可得双曲函数的性质：

$$\operatorname{sh}(z + \mathrm{i}2\pi) = \operatorname{sh} z, \quad \operatorname{ch}(z + \mathrm{i}2\pi) = \operatorname{ch} z \tag{4.3.10}$$

$$\operatorname{ch}(-z) = \operatorname{ch} z, \quad \operatorname{sh}(-z) = -\operatorname{sh} z \tag{4.3.11}$$

$$\operatorname{ch}^2 z - \operatorname{sh}^2 z = 1 \tag{4.3.12}$$

7. 反三角函数

$$w = \arcsin z = -\mathrm{i} \ln\left(\mathrm{i} z + \sqrt{1 - z^2}\right) \tag{4.3.13}$$

$$w = \arccos z = -\mathrm{i} \ln\left(z + \sqrt{z^2 - 1}\right) \tag{4.3.14}$$

$$w = \arctan z = -\frac{\mathrm{i}}{2} \ln \frac{(1 + \mathrm{i}z)}{1 - \mathrm{i}z} \tag{4.3.15}$$

反三角函数具有多值性问题.

例 $f(z) = \sin z$，其反函数为 $w = \arcsin z, z = \sin w$.

由正弦函数的表达式有

$$z = \frac{\mathrm{e}^{\mathrm{i}w} - \mathrm{e}^{-\mathrm{i}w}}{2\mathrm{i}}$$

$$\mathrm{e}^{\mathrm{i}w} - \mathrm{e}^{-\mathrm{i}w} - 2\mathrm{i}z = 0$$

$\mathrm{e}^{\mathrm{i}w} : \mathrm{e}^{\mathrm{i}2w} - 2\mathrm{i}z\mathrm{e}^{\mathrm{i}w} - 1 = 0$，解出

$$\mathrm{e}^{\mathrm{i}w} = \mathrm{i}z \pm \sqrt{1 - z^2}$$

取对数

$$w = \frac{1}{\mathrm{i}} \ln\left(\mathrm{i}z \pm \sqrt{1 - z^2}\right) = -\mathrm{i} \ln\left(\mathrm{i}z \pm \sqrt{1 - z^2}\right)$$

注意：$\pm\sqrt{1 - z^2}$ 是两个不同的分支，故一般取一个分支

$$w = \arcsin z = \frac{1}{\mathrm{i}} \ln\left(\mathrm{i}z + \sqrt{1 - z^2}\right) = -\mathrm{i} \ln\left(\mathrm{i}z + \sqrt{1 - z^2}\right)$$

或者

$$w = \arcsin z = \frac{\pi}{2} + \frac{1}{\mathrm{i}} \ln\left(z + \sqrt{z^2 - 1}\right) = \frac{\pi}{2} - \mathrm{i} \ln\left(z + \sqrt{z^2 - 1}\right)$$

注：关于反函数的概念，设函数为 $w = f(z)$，其定义域：$z \in \Omega$，值域：$w \in \Omega'$，且在 Ω' 上的每一点，都有 $z = g(w), z \in \Omega$，则 $g(w)$ 为 $f(z)$ 的反函数，即

$$z = g(w) = f^{-1}(w), \quad w \in f(\Omega) \in \Omega'$$

4.1 写出下列复数的实部、虚部、模和辐角.

(1) $1-i\sqrt{3}$ (2) $\ln i$ (3) $(1+i)^{1-i}$ (4) $\sqrt[i]{i}$

(5) $\sin(a+ib)$, $a,b\in\mathbf{R}$ (6) $\sqrt{a+ib}$, $a,b\in\mathbf{R}$

4.2 写出下列复变函数 $W=f(z)=u(x,y)+iv(x,y)$ 的实部 $u(x,y)$、虚部 $v(x,y)$、模 $|f(z)|$ 和辐角 $\arg f(z)$.

(1) e^z (2) e^{iz} (3) $e^{i\sin x}, x\in\mathbf{R}$

(4) z^3 (5) $\sqrt{i+i2x\sqrt{x^2-1}}$, $x\in\mathbf{R}$

4.3 求下列方程的解,并把解在复平面上用图形表示出来,说明它们的几何意义.

(1) $|z|=1$ (2) $|z|<1$

(3) $|z|\geqslant 1$ (4) $1<|z|<2$

(5) $|z+i|\leqslant|z-i|$ (6) $|z-a|=|z-b|$,a、b 为复平面上的点

(7) $0<\arg(z-1)<\dfrac{\pi}{4}$ (8) $\mathrm{Re}\left(\dfrac{1}{z}\right)=\dfrac{1}{2}$

(9) $|z_1+z_2|^2+|z_1-z_2|^2=2|z_1|^2+2|z_2|^2$

(10) $\sin z=0$ (11) $\cos z=0$

(12) $\mathrm{sh}\,z=0$ (13) $\mathrm{ch}\,z=0$

4.4 试证明:

(1) $|\sin z|\geqslant\sin x$ (2) $|\cos z|\geqslant|\cos x|$

4.5 对于在实变量 x 中成立的关系式

$$\sin(x_1+x_2)=\sin x_1\cos x_2+\sin x_2\cos x_1$$

请证明这一关系式在复变量的情况下也成立,即

$$\sin(z_1+z_2)=\sin z_1\cos z_2+\sin z_2\cos z_1$$

4.6 对下列复变函数作出黎曼面的示意图,并指出函数的枝点及其阶数,同时说明你所作的黎曼面的割线的取法.

(1) $\sqrt{(z-a)(z-b)}$ (2) $\sqrt[3]{(z-a)(z-b)}$ (3) $\ln(z-a)$

(4) $\sqrt{(z-a)(z-b)(z-c)}$

其中 a,b,c 为互不相等的复常数.

第五章　解析函数

§5.1　复变函数的导数

一、复变函数的连续性

1. 关于复变函数定义域的几个概念

z 点的 δ 邻域：指在复平面中以 z 为圆心，以 δ 为半径的开圆，即 $|z'-z|<\delta$ 中所有 z' 点的集合，在本书中简称为 z 点的邻域.

区域：复平面中点的集合构成一个区域.

开区域：在集合中所有点的邻域都包含在此集合内，此集合就称为开区域，即指连通的，不包含边界的点的集合为开的区域.

闭区域：指包含边界的区域，这里的边界指不包含孤立边界点的边界.

注意：本书中，如果没有特指"闭区域"时，一般区域的概念都是指开区域.

注：在点集拓扑中，由二维点的集合，只要给出点的邻域为开圆的定义，就可以定义点的集合所构成的区域中的"内点""边界点"和"孤立边界点"的概念，从而定义"开区域""区域的边界"和"闭区域"．同时也可以推广到定义高维的"开区域""区域的边界"和"闭区域".

2. 复变函数连续性的定义

定义 5.1.1：复变函数的连续性

复变函数 $f(z)$ 在 z_0 点及其邻域内有定义，当自变量 z 以**任意路径**趋于 z_0 时，有

$$\lim_{z \to z_0} f(z) = f(z_0) \tag{5.1.1}$$

则称 $f(z)$ 在 z_0 点连续．如果 $f(z)$ 在区域 Ω 内的所有点都连续，则称 $f(z)$ 在 Ω 内连续.

复变函数 $f(z)$ 的连续性等价于 $f(z) = u(x,y) + iv(x,y)$ 的表达式中 $u(x,y)$ 和 $v(x,y)$ 这两个二元函数为连续函数.

注：关于复变函数的连续性也可以用"$\varepsilon-\delta$"语言来定义，即对任意给定的 $\varepsilon>0$，$\exists \delta(\varepsilon)>0$，使得当 $|z-z_0|<\delta$ 时，有 $|f(z)-f(z_0)|<\varepsilon$.

二、复变函数的导数

定义 5.1.2：复变函数的异数

z_0 为复变函数 $f(z)$ 的定义域 Ω 内的一点，当 z 以任意路径趋于 z_0 时，即 $\Delta z = z - z_0$ 以任意方式趋于零时，若极限

$$\lim_{\Delta z \to 0} \frac{\Delta f}{\Delta z} = \lim_{\Delta z \to 0} \frac{f(z_0 + \Delta z) - f(z_0)}{\Delta z} \tag{5.1.2}$$

存在且唯一,则称 $f(z)$ 在 z_0 点**可导**. $f(z)$ 在 z_0 的导数记为 $f'(z_0)$,

$$f'(z_0) = \frac{\mathrm{d}f(z)}{\mathrm{d}z}\bigg|_{z=z_0} = \lim_{\Delta z \to 0} \frac{f(z_0 + \Delta z) - f(z_0)}{\Delta z} \tag{5.1.3}$$

三、柯西-黎曼(Cauchy-Riemann)条件

柯西-黎曼条件也称为柯西-黎曼方程,是复变函数 $f(z)$ 在定义域中某一点可导时满足的条件.

1. 柯西-黎曼条件的推导

由于函数 $f(z)$ 可表示成 $f(z) = u(x,y) + iv(x,y)$,且 $z = x + iy$,$\Delta z = \Delta x + i\Delta y$,则 $\Delta f(z)$ 可表示为 $\Delta f = \Delta u + i\Delta v$,其中

$$\Delta u = u(x + \Delta x, y + \Delta y) - u(x,y), \quad \Delta v = v(x + \Delta x, y + \Delta y) - v(x,y)$$

故 $f(z)$ 在 z 点的导数可写成

$$f'(z) = \lim_{\Delta z \to 0} \frac{\Delta u + i\Delta v}{\Delta x + i\Delta y} \tag{5.1.4}$$

当 $\Delta z = \Delta x + i\Delta y$ 趋于零的方式取两种特殊的路径时(见图 5.1.1):

(1) 取平行于 x 轴的路径趋于零,即 $i\Delta y = 0$,$\Delta x \to 0$,有

$$f'(z)_1 = \lim_{\Delta x \to 0} \frac{\Delta u + i\Delta v}{\Delta x} = \frac{\partial u}{\partial x} + i\frac{\partial v}{\partial x} \tag{5.1.5}$$

(2) 取平行于 y 轴的路径趋于零,即 $\Delta x = 0$,$i\Delta y \to 0$,有

$$f'(z)_2 = \lim_{i\Delta y \to 0} \frac{\Delta u + i\Delta v}{i\Delta y} = -i\frac{\partial u}{\partial y} + \frac{\partial v}{\partial y} \tag{5.1.6}$$

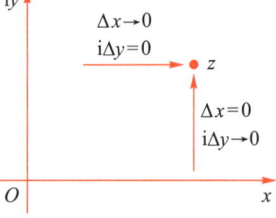

图 5.1.1

因为 $f(z)$ 在 z 点可导,则这两种路径的极限存在且相等,即要求

$$\frac{\partial u}{\partial x} = \frac{\partial v}{\partial y}, \quad \frac{\partial u}{\partial y} = -\frac{\partial v}{\partial x} \tag{5.1.7}$$

这一组方程就称为柯西-黎曼条件,或称为柯西-黎曼方程,简写为 C-R 条件. C-R 条件是 $f(z)$ 在 z 点可导的**必要条件**,但不是充分条件.

2. 连续函数在某点满足柯西-黎曼条件但不可导举例

例 5.1.1 函数 $f(z) = \sqrt{\mathrm{Re}\,z \cdot \mathrm{Im}\,z}$,在 $z = 0$ 处满足 C-R 条件,但在 $z = 0$ 处不可导.

证: 仅在定义域的第一象限来说明,因为 $z = x + iy$,$f(z) = \sqrt{xy}$ 即 $f(z) = u(x,y) + iv(x,y)$ 中的 $u = \sqrt{xy}$,$v = 0$,容易验证 $f(z)$ 在 $z = 0$ 处满足 C-R 条件.

但当 Δz 沿一条射线趋于零,即 $\Delta \rho \to 0$ 时,如图 5.1.2 所示,此时有 $z = \rho e^{i\varphi}$,$x = \rho\cos\varphi$,$y = \rho\sin\varphi$,$\Delta z = \Delta \rho e^{i\varphi} \to 0$,即 $\Delta \rho \to 0$,φ 不变时,函数 $f = \sqrt{\rho^2 \cos\varphi\sin\varphi} = \rho\sqrt{\cos\varphi\sin\varphi}$,当 Δz 以辐角为 φ 的射线趋于零,即 $\Delta \rho \to 0$ 时,$\Delta f = \Delta \rho\sqrt{\cos\varphi\sin\varphi}$,则

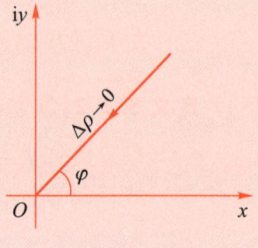

图 5.1.2

$$f'(z=0) = \lim_{\Delta z \to 0} \frac{\Delta f}{\Delta z} = \lim_{\Delta \rho \to 0} \frac{\Delta \rho \sqrt{\cos\varphi \sin\varphi}}{\Delta \rho e^{i\varphi}}$$

$$= \frac{\sqrt{\cos\varphi \sin\varphi}}{e^{i\varphi}}$$

显然,当 Δz 沿不同射线趋于零,即 φ 值不同时,$f'(z=0)$ 的极限值也不同,即 $f(z=0)$ 的极限值不唯一,故 $f(z) = \sqrt{\mathrm{Re}\,z \cdot \mathrm{Im}\,z}$ 在 $z=0$ 处不可导.

注:对于 $f(z)$ 在一、三象限为 $f(z) = \sqrt{xy}$;二、四象限 $f(z) = i\sqrt{xy}$ 可同样证明此结果.

3. 函数 $f(z)$ 在复平面 C 上连续但不可导举例

例 5.1.2 函数 $f(z) = z^*$ 在 C 上连续但不可导.

证:由定义,

$$f(z+\Delta z) = (z+\Delta z)^* = x+\Delta x - i(y+\Delta y)$$

有

$$\lim_{\Delta z \to 0} \frac{f(z+\Delta z) - f(z)}{\Delta z} = \lim_{\Delta x, \Delta y \to 0} \frac{\Delta x - i\Delta y}{\Delta x + i\Delta y} = \begin{cases} \Delta y = 0, & \Delta x \to 0, & f'(z) = 1 \\ \Delta x = 0, & \Delta y \to 0, & f'(z) = -1 \end{cases}$$

因此函数 $f(z) = z^*$ 在 C 上点点不可导.

§5.2 复变函数的解析性

一、复变函数的解析性

定义 5.2.1:复变函数的解析性

如果复变函数 $f(z)$ 在 z_0 点可导,并在 z_0 点的邻域内每一点都可导,则称 $f(z)$ 在 z_0 点是**解析**的.

由此可以看出复变函数在某一点可导与在某一点解析,含义完全不同,函数的解析性要严格得多.

例 5.2.1 证明 $f(z) = |z|^2 = x^2 + y^2$ 在复平面上 $z_0 = 0$ 处可导但不解析.

证:由

$$f(z_0) = f(0) = 0$$

得到

$$\lim_{\Delta z \to 0} \frac{f(z_0+\Delta z) - f(z_0)}{\Delta z} \bigg|_{z_0=0} = \lim_{\Delta z \to 0} \frac{|\Delta z|^2}{\Delta z} = \lim_{\Delta z \to 0} \frac{\Delta x^2 + \Delta y^2}{\Delta x + i\Delta y} = 0$$

即 $f(z)$ 在 $z_0 = 0$ 点导数存在,是可导的.

但在 $z_0 = 0$ 的邻域中,对 $z_0 \neq 0$ 的所有点,有

$$f(z) = |z|^2 = x^2 + y^2, \quad u = x^2 + y^2, \quad v = 0$$

$$\begin{cases} \dfrac{\partial u}{\partial x} = 2x \neq \dfrac{\partial v}{\partial y} = 0 \\[2mm] \dfrac{\partial u}{\partial y} = 2y \neq -\dfrac{\partial v}{\partial x} = 0 \end{cases}$$

即在 $z_0 = 0$ 的邻域内(除 $z_0 = 0$ 点外)的任何一点都是不满足 C-R 条件的,因此在 $z_0 = 0$ 的邻域内(除 $z_0 = 0$ 点外)的任何一点都是不可导的,故函数 $f(z) = |z|^2$ 在 $z_0 = 0$ 是不解析的.

如果复变函数 $f(z)$ 在其定义域 Ω 内每一点都是可导的,则称 $f(z)$ 在其定义域 Ω 内是**解析**的,或称为**全纯**的.

定理 5.2.1:复变函数 $f(z) = u(x,y) + iv(x,y)$ 在区域 Ω 内为解析函数的**充分且必要的条件**是: $u(x,y)$、$v(x,y)$ 满足 C-R 条件,并且在与定义域 Ω 相应的实平面区域内 $u(x,y)$、$v(x,y)$ 可微.

证:必要性:前面(5.1.7)式的证明中已给出.

充分性:由于 $u(x,y)$、$v(x,y)$ 可微,有

$$\Delta u = \frac{\partial u}{\partial x} \Delta x + \frac{\partial u}{\partial y} \Delta y + \varepsilon_1 \Delta x + \varepsilon_2 \Delta y \tag{5.2.1}$$

$$\Delta v = \frac{\partial v}{\partial x} \Delta x + \frac{\partial v}{\partial y} \Delta y + \varepsilon_3 \Delta x + \varepsilon_4 \Delta y \tag{5.2.2}$$

且当 $\Delta x, \Delta y \to 0$ 时,$\varepsilon_1, \varepsilon_2, \varepsilon_3, \varepsilon_4 \to 0$. 因此有

$$\Delta f = \Delta u + i\Delta v = \left(\frac{\partial u}{\partial x} + i \frac{\partial v}{\partial x} \right) \Delta x + i\left(-i\frac{\partial u}{\partial y} + \frac{\partial v}{\partial y} \right) \Delta y +$$
$$(\varepsilon_1 + i\varepsilon_3) \Delta x + (\varepsilon_2 + i\varepsilon_4) \Delta y$$

由 C-R 条件 $\dfrac{\partial u}{\partial x} = \dfrac{\partial v}{\partial y}, \dfrac{\partial u}{\partial y} = -\dfrac{\partial v}{\partial x}$,代入上式得

$$\Delta f = \left(\frac{\partial u}{\partial x} + i \frac{\partial v}{\partial x} \right)(\Delta x + i\Delta y) + (\varepsilon_1 + i\varepsilon_3) \Delta x + (\varepsilon_2 + i\varepsilon_4) \Delta y$$

$$= \left(\frac{\partial u}{\partial x} + i \frac{\partial v}{\partial x} \right) \Delta z + (\varepsilon_1 + i\varepsilon_3) \Delta x + (\varepsilon_2 + i\varepsilon_4) \Delta y$$

当 Δz 以任何方式趋于零时,有

$$\lim_{\Delta z \to 0} \frac{\Delta f}{\Delta z} = \frac{\partial u}{\partial x} + i \frac{\partial v}{\partial x} + \lim_{\Delta z \to 0} \left[(\varepsilon_1 + i\varepsilon_3)\frac{\Delta x}{\Delta z} + (\varepsilon_2 + i\varepsilon_4)\frac{\Delta y}{\Delta z} \right]$$

由于 $\left| \dfrac{\Delta x}{\Delta z} \right| \leqslant 1, \left| \dfrac{\Delta y}{\Delta z} \right| \leqslant 1$,故当 $\Delta z \to 0$ 时,上式最后一项的极限为零,即有

$$\lim_{\Delta z \to 0} \frac{\Delta f}{\Delta z} = \frac{\partial u}{\partial x} + i \frac{\partial v}{\partial x} \tag{5.2.3}$$

上式表明 $\displaystyle\lim_{\Delta z \to 0} \frac{\Delta f}{\Delta z}$ 的极限存在且与 $\Delta z \to 0$ 的方式无关,即 $f(z)$ 的导数存在,且只取决于上式右边 u 和 v 对 x 的偏导数,故 $f(z)$ 在其定义域内解析,证毕.

二、解析函数的重要性质

命题 5.2.1:若 $f(z)$ 为区域 Ω 上的解析函数,且 $f(z)$ 为实函数,即 $f(z) = f^*(z)$,则

$f(z)$ 为常数.

证:由 $f(z)=u(x,y)+\mathrm{i}v(x,y)$,且 $f(z)=f^*(z)$,故

$$f(z)=u(x,y),\quad v(x,y)=0$$

由于 $f(z)$ 为解析函数,满足 C-R 条件,则有

$$\frac{\partial u}{\partial x}=\frac{\partial v}{\partial y}=0,\quad \frac{\partial u}{\partial y}=-\frac{\partial v}{\partial x}=0$$

可得

$$\mathrm{d}u=\frac{\partial u}{\partial x}\mathrm{d}x+\frac{\partial u}{\partial y}\mathrm{d}y=0$$

即 $f(z)=u(x,y)$ 为常数.

命题 5.2.2:若 $f(z)$ 为区域 Ω 上的解析函数,由于 z、z^* 为独立变量,则在 Ω 上有 $\dfrac{\partial f(z)}{\partial z^*}=0$,即解析函数 $f(z)$ 不依赖 z^*.

证:由 $z=x+\mathrm{i}y,z^*=x-\mathrm{i}y,x=\dfrac{z+z^*}{2},y=\dfrac{z-z^*}{2\mathrm{i}}$,对于 $f(z)=u(x,y)+\mathrm{i}v(x,y)$,且满足 C-R 条件,有

$$\frac{\partial f}{\partial z^*}=\frac{\partial f}{\partial x}\cdot\frac{\partial x}{\partial z^*}+\frac{\partial f}{\partial y}\cdot\frac{\partial y}{\partial z^*}=\left(\frac{\partial u}{\partial x}+\mathrm{i}\frac{\partial v}{\partial x}\right)\cdot\frac{1}{2}+\left(\frac{\partial u}{\partial y}+\mathrm{i}\frac{\partial v}{\partial y}\right)\cdot\left(-\frac{1}{2\mathrm{i}}\right)$$

$$=\left(\frac{\partial u}{\partial x}-\frac{\partial v}{\partial y}\right)\cdot\frac{1}{2}+\left(\frac{\partial v}{\partial x}+\frac{\partial u}{\partial y}\right)\cdot\frac{\mathrm{i}}{2}=0$$

证毕.

此命题告知我们解析函数的一个重要性质:解析函数 $f(z)$ 不依赖 z^*. 同样,如果 $f(z^*)$ 对于 z^* 是解析的,则 $f(z^*)$ 亦不依赖 z,称 $f(z^*)$ 为反解析函数或称为反全纯函数. 全纯与反全纯函数的性质是对称的,因此只要研究全纯函数的性质也就了解反全纯函数的性质.

对于一般的复变函数,若以 z 和 z^* 为变量,应写成 $f(z,z^*)$,但连最简单的显含 z^* 的函数形式 $f(z,z^*)=z^*$,或 $f(z,z^*)=|z|=\sqrt{z\cdot z^*}$ 对于变量 z 都不是解析函数. 我们是研究复变函数的解析函数,故只需要研究以 z 为变量的 $f(z)$.

三、解析函数与二维调和函数的关系

命题 5.2.3:在复平面区域 Ω 内解析的函数,$f(z)=u(x,y)+\mathrm{i}v(x,y)$,其实部 $u(x,y)$ 和虚部 $v(x,y)$ 都为相应的 (x,y) 平面区域 Ω 内的调和函数(即满足二维拉普拉斯方程的函数).

证:由 $f(z)$ 在 Ω 内解析,故在 Ω 内满足 C-R 方程,即

$$\frac{\partial u}{\partial x}=\frac{\partial v}{\partial y},\quad \frac{\partial v}{\partial x}=-\frac{\partial u}{\partial y}$$

上两式分别对 x,y 求导,即可容易得到

$$\frac{\partial^2 u}{\partial x^2}+\frac{\partial^2 u}{\partial y^2}=0 \tag{5.2.4}$$

同理 C-R 方程分别对 y, x 求导, 可得

$$\frac{\partial^2 v}{\partial x^2} + \frac{\partial^2 v}{\partial y^2} = 0 \tag{5.2.5}$$

故 $u(x, y)$ 和 $v(x, y)$ 为调和函数.

此命题可作为判断实函数 $u(x, y)$、$v(x, y)$ 是否可构成解析函数的实部或虚部的必要条件, 非充分条件.

对于任选 $u(x, y)$ 或 $v(x, y)$, 如果它们不满足拉普拉斯方程, 则可判断它们不能构成解析函数的实部或虚部.

反之, 如果 $u(x, y)$、$v(x, y)$ 满足拉普拉斯方程, 它们构成的复变函数也不一定是解析函数, 还要满足 C-R 方程等条件才行.

例如 $f = z^* = x - \mathrm{i}y, u = x, v = -y$, 都满足拉普拉斯方程, 但 $f = z^*$ 不是解析函数.

§ 5.3 __复势

复势的概念是与解析函数的实部和虚部密切相关的.

命题 5.3.1: 解析函数 $f(z) = u(x, y) + \mathrm{i}v(x, y)$ 的实部与虚部所构成的两个曲线族 $u(x, y) = u_0$(u_0 为常数)和 $v(x, y) = v_0$(v_0 为常数), 是两族相互正交的曲线族.

证: 由 C-R 条件有 $\dfrac{\partial u}{\partial x} = \dfrac{\partial v}{\partial y}, \dfrac{\partial u}{\partial y} = -\dfrac{\partial v}{\partial x}$, 此两式两边分别相乘可得

$$\frac{\partial u}{\partial x}\frac{\partial v}{\partial x} + \frac{\partial u}{\partial y}\frac{\partial v}{\partial y} = 0 \tag{5.3.1}$$

此式即

$$\nabla u \cdot \nabla v = \left(\frac{\partial u}{\partial x}\boldsymbol{e}_x + \frac{\partial u}{\partial y}\boldsymbol{e}_y\right) \cdot \left(\frac{\partial v}{\partial x}\boldsymbol{e}_x + \frac{\partial v}{\partial y}\boldsymbol{e}_y\right)$$

$$= \frac{\partial u}{\partial x}\frac{\partial v}{\partial x} + \frac{\partial u}{\partial y}\frac{\partial v}{\partial y} = 0 \tag{5.3.2}$$

由于 ∇u 是函数 $u(x, y)$ 的梯度, 即 $u(x, y) = u_0$ 所描述的是平面曲线的法向量; ∇v 是 $v(x, y)$ 的梯度, 即 $v(x, y) = v_0$ 的平面曲线的法向量. 上式给出的 $\nabla u \cdot \nabla v = 0$ 说明了两曲线的法向量是正交的, 当 u_0、v_0 取不同值时所构成的两曲线族是相互正交的, 故命题得证.

此命题说明了解析函数实部和虚部相互依存的关系, 给出了实部和虚部所构成的两曲线族相互正交的几何特征.

由 C-R 条件相联系的解析函数的实部和虚部都为满足拉普拉斯方程的调和函数. 在物理学中一个势函数在不包含源的区域中是满足拉普拉斯方程的. 在二维问题中, 如果把 $u(x, y)$ 看作一个势场函数(如二维电势场), $u(x, y) = u_0$ 的曲线为等势线, 则把 $v(x, y)$ 看作通量函数(如电通量), $v(x, y) = v_0$ 的曲线为等通量线(如电场线). 由电学可知等电势线与电场线是相互正交的. 由于 $u(x, y)$ 和 $v(x, y)$ 为相互依存

的调和函数,故称解析函数 $f(z)=u+iv$ 为**复势**,它是描述势场的复函数.

注:解析函数 $f(z)=u+iv$ 中,称 v 为 u 的共轭调和函数,这是满足 C-R 条件的"共轭",这种"共轭"的定义并不可以互换.如果 u、v 对换,则函数 $f(z)=v+iu$,一般不满足 C-R 条件,即它不是一个解析函数,此时不能称 u 是 v 的共轭函数,只有 $f(z)=-v+iu$,此时称 u 与 $(-v)$ 共轭.

因此不能称解析函数 $f(z)=u+iv$ 中的 u、v 是互为共轭的调和函数.

例如:$f(z)=x+iy$ 是解析函数,但 $f(z)=y+ix$ 不是解析函数,而 $f(z)=-y+ix$ 是解析函数.

例 5.3.1 已知电势场 $v(x,y)=2xy$,且 $f(z)\big|_{z=0}=0$,求复势.

解:本例题是典型的利用 C-R 条件,对给出的解析函数的实部(或虚部)求出其虚部(或实部)的例题,再由给出的数值条件定出求解过程中的积分常数,给出具体的复势,并依题意给出解的物理解释. 由题意知:

$$\frac{\partial u}{\partial x}=\frac{\partial v}{\partial y}=2x,\quad \frac{\partial u}{\partial y}=-\frac{\partial v}{\partial x}=-2y$$

故

$$u(x,y)=\int_0^x \frac{\partial u}{\partial x}dx+\phi(y)=\int_0^x 2xdx+\phi(y)=x^2+\phi(y)$$

积分函数 $\phi(y)$ 由 $\frac{\partial u}{\partial y}=-2y$ 确定,即

$$\frac{\partial u}{\partial y}=\frac{\partial}{\partial y}[x^2+\phi(y)]=-2y$$

可得 $\phi(y)=-y^2+C$,故得 $u(x,y)=x^2-y^2+C$,积分常数 C 由 $f(z)\big|_{z=0}=0$ 确定,可得 $C=0$,即得到复势为

$$f(z)=(x^2-y^2)+i2xy=z^2 \tag{5.3.3}$$

注:此例题可直接用积分法:

$$u=\int_{(0,0)}^{(x,y)}\left(\frac{\partial u}{\partial x}dx+\frac{\partial u}{\partial y}dy\right)+C=\int_{(0,0)}^{(x,y)}(2xdx-2ydy)+C$$

$$=\int_{(0,0)}^{(x,0)}2xdx-\int_{(x,0)}^{(x,y)}2ydy+C=x^2-y^2+C$$

此结果表明该复势的等电势线及电场线如图 5.3.1 所示,它是正截面如 x-y 轴的"十"字型的无穷大带电金属面板,且面板接地所形成的电场,图 5.3.1 显示了电场的截面,等势线为 $2xy=v_0$ 所形成的实曲线族,可看出在 $x=0$ 或 $y=0$ 时 $v=0$,即电势在板上都为零,而电场线为 $u=x^2-y^2=u_0$ 所形成的曲线族,都由面板上至无穷远处,电场线的方向依带电板的电荷的"+""-"而定.

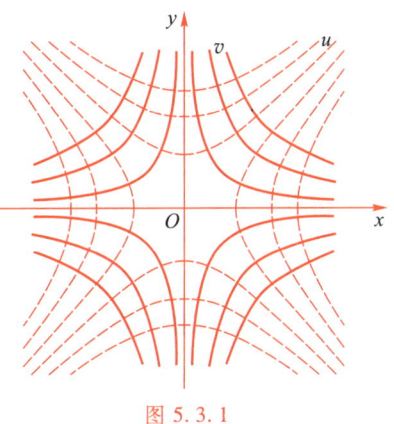

图 5.3.1

例 5.3.2 已知 $f(z) = u + \mathrm{i}v, v(x,y) = \sqrt{-x + \sqrt{x^2 + y^2}}$，求 $u(x,y)$.

解：本题用直角坐标系求解比较麻烦，可用极坐标系进行运算.

用极坐标：$\begin{cases} x = \rho \cos\varphi \\ y = \rho \sin\varphi \end{cases}$，则

$$v(\rho, \varphi) = \sqrt{-\rho\cos\varphi + \rho} = \sqrt{\rho(1 - \cos\varphi)} = \sqrt{2\rho}\sin\frac{\varphi}{2}, \quad 0 \le \frac{\varphi}{2} \le \pi$$

$$\frac{\partial v}{\partial \rho} = \sqrt{\frac{1}{2\rho}}\sin\frac{\varphi}{2}, \quad \frac{\partial v}{\partial \varphi} = \sqrt{\frac{\rho}{2}}\cos\frac{\varphi}{2}$$

由 C-R 条件得

$$\begin{cases} \dfrac{\partial u}{\partial \rho} = \dfrac{1}{\rho}\dfrac{\partial v}{\partial \varphi} \\[2mm] \dfrac{1}{\rho}\dfrac{\partial u}{\partial \varphi} = -\dfrac{\partial v}{\partial \rho}, \quad \dfrac{\partial u}{\partial \varphi} = -\rho\dfrac{\partial v}{\partial \rho} \end{cases}$$

$$\mathrm{d}u = \frac{\partial u}{\partial \rho}\mathrm{d}\rho + \frac{\partial u}{\partial \varphi}\mathrm{d}\varphi$$

$$= \frac{1}{\rho}\frac{\partial v}{\partial \varphi}\mathrm{d}\rho - \rho\frac{\partial v}{\partial \rho}\mathrm{d}\varphi$$

$$= \frac{1}{\rho}\sqrt{\frac{\rho}{2}}\cos\frac{\varphi}{2}\mathrm{d}\rho - \rho\sqrt{\frac{1}{2\rho}}\sin\frac{\varphi}{2}\mathrm{d}\varphi$$

$$= \sqrt{2}\cos\frac{\varphi}{2}\mathrm{d}\sqrt{\rho} + \sqrt{2\rho}\,\mathrm{d}\left(\cos\frac{\varphi}{2}\right)$$

$$= \mathrm{d}\left(\sqrt{2\rho}\cos\frac{\varphi}{2}\right)$$

$$u = \sqrt{2\rho}\cos\frac{\varphi}{2} + C = \sqrt{x + \sqrt{x^2 + y^2}} + C$$

则

$$f(z) = \sqrt{2\rho}\cos\frac{\varphi}{2} + \mathrm{i}\sqrt{2\rho}\sin\frac{\varphi}{2} + C$$

$$= \sqrt{2\rho}\left(\cos\frac{\varphi}{2} + \mathrm{i}\sin\frac{\varphi}{2}\right) + C$$

$$= (2\rho)^{\frac{1}{2}}\mathrm{e}^{\mathrm{i}\frac{\varphi}{2}} + C = (2\rho)^{\frac{1}{2}}\mathrm{e}^{\frac{1}{2}\mathrm{i}\varphi} + C = (2\rho\mathrm{e}^{\mathrm{i}\varphi})^{\frac{1}{2}} + C = \sqrt{2z} + C$$

*§5.4 解析函数变换

一、解析函数变换

解析函数变换在诸多领域（如理论物理中的场论、通信中的信息分析、流体力学中的流线分析等）都有广泛的应用.

定义 5.4.1：解析函数变换

对于定义在复平面 **C** 上某一区域 Ω 中的一个解析函数 $w = f(z) = u + \mathrm{i}v$，它是把复平面 Ω 中的元素映射到复函数 W 平面的某一区域 D 的一种映射.

$$f:\Omega\rightarrow D$$

$\Omega\in\mathbf{C}$ 平面, $D\in W$ 平面,即

$$f:(x,\mathrm{i}y)\rightarrow(u,\mathrm{i}v),\quad(x,\mathrm{i}y)\in\Omega\quad(u,\mathrm{i}v)\in D$$

其中 $(x,\mathrm{i}y)$ 为 $\mathbf{C}$ 平面上的坐标, $(u,\mathrm{i}v)$ 为 W 平面的坐标.

这种映射就称为解析函数变换,也称为共形变换或保角变换.

二、解析函数变换的保角性质

考虑 Ω 中的一点 z_0 的一个小增量 Δz,且 $z_0+\Delta z\in\Omega$,通过 $f(z)$ 变换(即映射)到 W 平面的 D 中的 w_0 及 $w_0+\Delta w$,如图 5.4.1 所示.

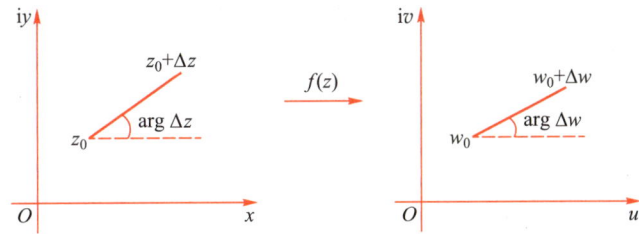

图 5.4.1

由于 $f(z)$ 为解析函数,则 $f'(z_0)=\lim\limits_{\Delta z\rightarrow0}\dfrac{\Delta w}{\Delta z}$,对于 $f'(z_0)\neq0$[如果 $f'(z_0)=0$,即 $\Delta w=0$,则 $\arg\Delta w$ 无意义],

$$\arg f'(z_0)=\arg\lim_{\Delta z\rightarrow0}\frac{\Delta w}{\Delta z}=\lim_{\Delta z\rightarrow0}(\arg\Delta w-\arg\Delta z)\tag{5.4.1}$$

由于 $f'(z_0)$ 存在且唯一,故 $\arg f'(z_0)$ 为定值,上式说明,不管 z 取什么样的路径趋于 z_0,当 $\Delta z\rightarrow0$ 时,其辐角 $\arg\Delta z$ 在经过解析函数 $f(z)$ 映射到 w_0 点时 Δw 的辐角总是增加一个定值 $\arg f'(z_0)$,即 $\arg\Delta w=\arg\Delta z+\arg f'(z_0)$.

同时可以看出: Δz 在 $f(z)$ 的映射下,其模长 $|\Delta z|$ 变到 W 平面中 Δw 的模长 $|\Delta w|=|\Delta z|\cdot|f'(z_0)|$,即总是乘上一个定值 $|f'(z_0)|$,而与 Δz 趋于 z_0 的路径无关.

由上面的讨论可以看出解析函数的变换,把 $\mathbf{C}$ 平面上过 z_0 点的两条相交的曲线 l_1、l_2 映射到 W 平面上过 w_0 点的两条相交的曲线 C_1,C_2,且保持两曲线的夹角不变,如图 5.4.2 所示,记 l_1 过 z_0 点切线的辐角为 $\arg l_1(z_0)$,记 l_2 过 z_0 点切线的辐角为 $\arg l_2(z_0)$,l_1 与 l_2 的夹角为 $\arg l_2(z_0)-\arg l_1(z_0)$,同样 C_1 与 C_2 过 w_0 的切线的夹角为 $\arg C_2(w_0)-\arg C_1(w_0)$. 由(5.4.1)式有

$$\arg l_1(z_0)+\arg f'(z_0)=\arg C_1(w_0)$$
$$\arg l_2(z_0)+\arg f'(z_0)=\arg C_2(w_0)$$

则有

$$\arg l_2(z_0)-\arg l_1(z_0)=\text{arc}\,C_2(w_0)-\arg C_1(w_0)\tag{5.4.2}$$

即通过解析变换的两曲线的夹角保持不变,因此通常称解析变换为保角变换. 如果再

考虑到变换后模长的性质,即 $|\Delta w|=|\Delta z|\cdot|f'(z_0)|$,故称解析变换为共形变换.

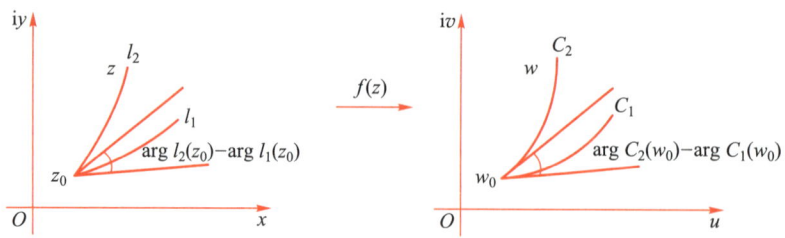

图 5.4.2

例 5.4.1 考虑上节例 5.3.1 中给出的 $w=f(z)=z^2=(x^2-y^2)+\mathrm{i}2xy$ 这一解析函数所表示的解析函数变换的图像,仅考虑在 **C** 平面中第一象限内的图像,如图 5.4.3 所示,$f(z)=z^2$ 把 **C** 平面中的 $u=u_0,v=v_0$ 的正交曲线族映射到 W 平面的上半平面的正交曲线族.

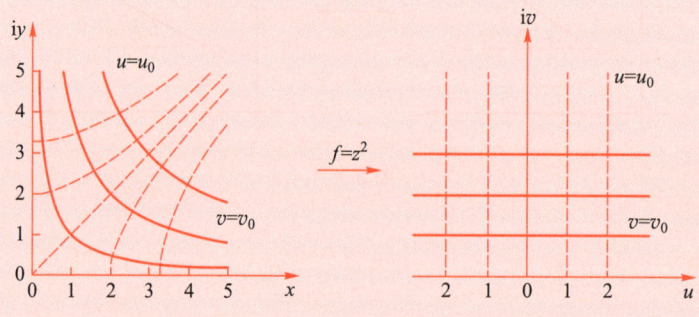

图 5.4.3

从静电学的角度看,$f(z)=z^2$ 这一解析变换把截面为直角状的无穷大带电接地的金属板构成的电场的等势线族与电场线族,变换到 W 平面上半平面所构成的新的平面静电场的等势线族与电场线族,这两曲线族仍保持处处正交,但区域的边界在保角变换下发生了变化,由直角形变为平面,等势线与电场线的形状亦发生变化.

故通过解析函数可以把原来具有较复杂的边界的物理问题变成较简单边界的物理问题.

三、二维拉普拉斯算子在解析函数变换下的变换形式

在 (x,y) 平面上的拉普拉斯算符 $\nabla^2=\dfrac{\partial^2}{\partial x^2}+\dfrac{\partial^2}{\partial y^2}$ 在解析函数

$$w=f(z)=u(x,y)+\mathrm{i}v(x,y)$$

的变换下,变成 (u,v) 平面上的算符的形式,即以 u,v 为变量的算符. 由

$$\frac{\partial}{\partial x}=\frac{\partial u}{\partial x}\frac{\partial}{\partial u}+\frac{\partial v}{\partial x}\frac{\partial}{\partial v}, \qquad \frac{\partial}{\partial y}=\frac{\partial u}{\partial y}\frac{\partial}{\partial u}+\frac{\partial v}{\partial y}\frac{\partial}{\partial v}$$

$$\frac{\partial^2}{\partial x^2}=\frac{\partial^2 u}{\partial x^2}\frac{\partial}{\partial u}+\left(\frac{\partial u}{\partial x}\right)^2\frac{\partial^2}{\partial u^2}+\frac{\partial^2 v}{\partial x^2}\frac{\partial}{\partial v}+\left(\frac{\partial v}{\partial x}\right)^2\frac{\partial^2}{\partial v^2}+2\frac{\partial u}{\partial x}\frac{\partial v}{\partial x}\frac{\partial^2}{\partial u\partial v}$$

$$\frac{\partial^2}{\partial y^2}=\frac{\partial^2 u}{\partial y^2}\frac{\partial}{\partial u}+\left(\frac{\partial u}{\partial y}\right)^2\frac{\partial^2}{\partial u^2}+\frac{\partial^2 v}{\partial y^2}\frac{\partial}{\partial v}+\left(\frac{\partial v}{\partial y}\right)^2\frac{\partial^2}{\partial v^2}+2\frac{\partial u}{\partial y}\frac{\partial v}{\partial y}\frac{\partial^2}{\partial u\partial v}$$

则有

$$\nabla^2 = \frac{\partial^2}{\partial x^2} + \frac{\partial^2}{\partial y^2}$$

$$= \left[\left(\frac{\partial u}{\partial x} \right)^2 + \left(\frac{\partial u}{\partial y} \right)^2 \right] \frac{\partial^2}{\partial u^2} + \left[\left(\frac{\partial v}{\partial y} \right)^2 + \left(\frac{\partial v}{\partial y} \right)^2 \right] \frac{\partial^2}{\partial v^2} + \left(\frac{\partial^2 u}{\partial x^2} + \frac{\partial^2 u}{\partial y^2} \right) \frac{\partial}{\partial u} +$$

$$\left(\frac{\partial^2 v}{\partial x^2} + \frac{\partial^2 v}{\partial y^2} \right) \frac{\partial}{\partial v} + 2 \left(\frac{\partial u}{\partial x} \frac{\partial v}{\partial x} + \frac{\partial u}{\partial y} \frac{\partial v}{\partial y} \right) \frac{\partial^2}{\partial u \partial v}$$

由于 u,v 满足 C-R 条件，u,v 为调和函数，即

$$\frac{\partial^2 u}{\partial x^2} + \frac{\partial^2 u}{\partial y^2} = 0, \quad \frac{\partial^2 v}{\partial x^2} + \frac{\partial^2 v}{\partial y^2} = 0$$

$$\frac{\partial u}{\partial x} \frac{\partial v}{\partial x} + \frac{\partial u}{\partial y} \frac{\partial v}{\partial y} = 0$$

且对于 $f'(z)$ 计算时，取 $\Delta y = 0$ 的路径有

$$f'(z) = \frac{\partial u}{\partial x} + \mathrm{i} \frac{\partial v}{\partial x} = \frac{\partial u}{\partial x} - \mathrm{i} \frac{\partial u}{\partial y} = \frac{\partial v}{\partial y} + \mathrm{i} \frac{\partial v}{\partial x}$$

$$|f'(z)|^2 = \left(\frac{\partial u}{\partial x} \right)^2 + \left(\frac{\partial u}{\partial y} \right)^2 = \left(\frac{\partial v}{\partial x} \right)^2 + \left(\frac{\partial v}{\partial y} \right)^2$$

最后可得

$$\nabla^2 = \frac{\partial^2}{\partial x^2} + \frac{\partial^2}{\partial y^2}$$

$$= |f'(z)|^2 \left(\frac{\partial^2}{\partial u^2} + \frac{\partial^2}{\partial v^2} \right) \tag{5.4.3}$$

这一结果说明在 (x,y) 平面上的拉普拉斯方程

$$\left(\frac{\partial^2}{\partial x^2} + \frac{\partial^2}{\partial y^2} \right) \varphi(x,y) = 0$$

在解析函数 $w = f(z) = u(x,y) + iv(x,y)$ 的变换下，在 W 平面即 (u,v) 平面中，对于 $f'(z) \neq 0$ 的区域中仍保持为二维的拉普拉斯方程

$$|f'(z)|^2 \left(\frac{\partial^2}{\partial u^2} + \frac{\partial^2}{\partial v^2} \right) \varphi[x(u,v), y(u,v)] = 0 \tag{5.4.4}$$

四、常见的几种解析函数变换

（1）线性变换：$w = f(z) = az + b, a, b \in \mathbf{R}$，且 $a \neq 0$；

（2）幂函数变换：$w = f(z) = z^n, n \in \mathbf{Z}$；

（3）根式变换：$w = f(z) = z^{\frac{1}{n}}, n \in \mathbf{Z}$；

（4）对数变换：$w = f(z) = \ln z$；

（5）指数变换：$w = f(z) = \mathrm{e}^z$；

（6）"茹科夫斯基"变换：$w = f(z) = \frac{1}{2} \left(z + \frac{1}{z} \right), z \neq 0$；

（此变换在空气动力学和流体力学中有着广泛的应用．）

（7）有理分式变换〔又称为莫比乌斯（Mobius）变换〕：

$$w = f(z) = \frac{az+b}{cz+d}, a, b, c, d \in \mathbf{R}, \quad 且\ ad-bc \neq 0.$$

（此变换在物理学中，特别是在凝聚态理论中有重要的应用．）

这几种常见的解析函数变换的作图和性质留给读者学习讨论．

第五章习题

5.1 请说明下面复变函数在复平面上的哪些点或区域上可导，在复平面上的哪些区域上解析．

（1）$f(z) = \mathrm{Re}\, z$　　　　（2）$f(z) = z^*$　　　　（3）$f(z) = |z|$

（4）$f(z) = e^z$　　　　（5）$f(z) = z^2$

（6）$f(z) = (x^2-y^2-x) + \mathrm{i}(2xy-y^2)$　　　　（7）$f(z) = x^3-y^3-\mathrm{i}2x^2y$

5.2 若 $f(z) = u(x,y) + \mathrm{i}v(x,y)$ 和 $f^*(z) = u(x,y) - \mathrm{i}v(x,y)$ 都为解析函数，请说明 $f(z)$ 的函数形式．

5.3 若 $f(z) = u(x,y) + \mathrm{i}v(x,y)$ 为解析函数，请证明 $f^*(z^*)$ 也是解析函数．

5.4 请证明：柱坐标系下的解析函数

$$f(z) = u(\rho,\varphi) + \mathrm{i}v(\rho,\varphi)$$

满足柯西−黎曼方程

$$\begin{cases} \dfrac{\partial u}{\partial \rho} = \dfrac{1}{\rho}\dfrac{\partial v}{\partial \varphi} \\[2mm] \dfrac{1}{\rho}\dfrac{\partial u}{\partial \varphi} = -\dfrac{\partial v}{\partial \rho} \end{cases}$$

5.5 已知解析函数 $f(z) = u(x,y) + \mathrm{i}v(x,y)$ 的实部 $u(x,y)$ 或虚部 $v(x,y)$，求此解析函数．

（1）$v(x,y) = xy$　　　　　　　　　　　　（2）$v(x,y) = \dfrac{y}{x^2+y^2}$

（3）$u(x,y) = e^{-y}\sin x$　　　　　　　　　（4）$u(x,y) = \cos x \cosh y$

5.6 在平面极坐标系（$z = \rho e^{\mathrm{i}\varphi}$）中，已知解析函数 $f(z) = u(\rho,\varphi) + \mathrm{i}v(\rho,\varphi)$ 的实部 $u(\rho,\varphi) = \varphi$，且 $f(1) = 0$，求此解析函数．

5.7 在直角坐标系中，已知解析函数 $f(z) = u(x,y) + \mathrm{i}v(x,y)$ 的实部和虚部之和为 $u(x,y) + v(x,y) = -(x+y)(x^2-4xy+y^2)$，求此解析函数．

5.8 有两条平行相距为 $2a$ 且均匀带电的细金属线，每单位长度所带的电荷量分别是 $+q$ 和 $-q$，求与此两金属线垂直的平面静电场的复势、电场线和等势线．

***5.9** 试分析以下几种常见的解析函数变换．

（1）线性变换：$w = f(z) = az+b, a, b \in \mathbf{R}$，且 $a \neq 0$；

（2）幂函数变换：$w = f(z) = z^n, n \in \mathbf{Z}$；

（3）根式变换：$w = f(z) = z^{\frac{1}{n}}, n \in \mathbf{Z}$；

（4）对数变换：$w = f(z) = \ln z$；

（5）指数变换：$w = f(z) = e^z$；

（6）"茹科夫斯基"变换：$w = f(z) = \dfrac{1}{2}\left(z + \dfrac{1}{z}\right), z \neq 0$；

（7）有理分式变换：$w = f(z) = \dfrac{az+b}{cz+d}, a, b, c, d \in \mathbf{R}$ 且 $ad-bc \neq 0$．

第六章　复变函数积分

§6.1 复变函数的积分

复变函数的积分是定义在复变函数定义域中的某一曲线上的积分,即在曲线上做黎曼和.

一、曲线的概念

(1) 约当(Jordan)曲线:在二维平面上,一条自身不相交的连续曲线称为简单曲线,也称为约当曲线,或称为约当弧线,在本书中简称曲线.

(2) 约当闭合曲线:如果约当曲线把一个区域分为不相交的两个部分(内部和外部),则称此曲线为约当闭合曲线,在本书中简称闭合曲线.

(3) 光滑曲线:约当曲线上的每一点对曲线的参数都可微,则称此曲线为光滑曲线.

(4) 分段光滑曲线:有限条光滑曲线首尾相接连成的曲线(连接点不可微),则称此曲线为分段光滑曲线.

二、复变函数积分的定义

定义 6.1.1:复变函数积分

复变函数 $f(z)$ 在其有定义的区域 Ω 中,沿某一曲线 c 的有向的线积分,即求黎曼和,记为 $\int_c f(z)\,\mathrm{d}z$,其定义为

$$\int_c f(z)\,\mathrm{d}z=\lim_{\substack{n\to\infty\\ |z_j-z_{j-1}|\to 0}}\sum_{j=1}^{n}f(\xi_j)(z_j-z_{j-1}) \tag{6.1.1}$$

其中 c 是由 $a\to b$ 的一条光滑的有向曲线(图 6.1.1),把 c 分成 n 段,a 点为 z_0,b 点为 z_n,当 $n\to\infty$ 时每一段的长度 $|z_j-z_{j-1}|\to 0$,ξ_j 是第 j 段 (z_j-z_{j-1}) 中的某一点,若此等式右边的极限存在且与 ξ_j 的选取无关,则称此极限为 $f(z)$ 在曲线 c 上的复变函数积分.

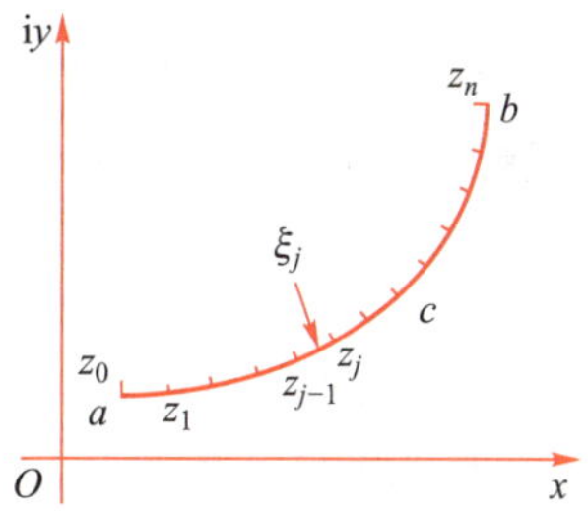

图 6.1.1

注意:在这一定义中,积分沿曲线 c 是有方向性的,沿曲线 c:从 $a\to b$ 和从 $b\to a$ 其积分值是反号的.

由复变函数的表达式 $f(z)=u(x,y)+\mathrm{i}v(x,y)$ 有

$$\begin{aligned}\int_c f(z)\,\mathrm{d}z&=\int_c[u(x,y)+\mathrm{i}v(x,y)]\,\mathrm{d}(x+\mathrm{i}y)\\&=\int_c(u\mathrm{d}x-v\mathrm{d}y)+\mathrm{i}\int_c(u\mathrm{d}y+v\mathrm{d}x)\end{aligned} \tag{6.1.2}$$

即复变函数 $f(z)$ 的积分与两个实函数的线积分等价. 一般说来 $\int_c f(z)\,\mathrm{d}z$ 不仅与积分的起点和终点位置有关, 也与路线 c 的选取有关.

三、复变函数积分的性质

由复变函数积分的定义可以得到如下几个主要的性质:

(1) $\displaystyle\int_c (f(z)\pm g(z))\,\mathrm{d}z = \int_c f(z)\,\mathrm{d}z \pm \int_c g(z)\,\mathrm{d}z$ \hfill (6.1.3)

(2) $\displaystyle\int_c f(z)\,\mathrm{d}z = -\int_{-c} f(z)\,\mathrm{d}z$ \hfill (6.1.4)

其中 $-c$ 为 c 的反向路径.

(3) $\displaystyle\int_{c_1} f(z)\,\mathrm{d}z + \int_{c_2} f(z)\,\mathrm{d}z = \int_c f(z)\,\mathrm{d}z$ \hfill (6.1.5)

其中 c 是分段光滑的曲线, $c=c_1+c_2$ 是指 c_1 和 c_2 沿路径的方向头尾连接构成了总的路径 c, 其方向与 c_1、c_2 相同.

注: 如果 c 是有限的 n 段分段的光滑曲线, 上式的左边为 n 个复积分相加.

(4) $\displaystyle\left| \int_c f(z)\,\mathrm{d}z \right| \leqslant \int_c |f(z)|\,|\mathrm{d}z|$ \hfill (6.1.6)

由此性质可以推出 $\left| \int_c f(z)\,\mathrm{d}z \right| \leqslant M \cdot l$, 其中 $M = \max(|f(z)|, z\in c)$, l 为 c 的长度.

注意: (6.1.6) 式中右边积分的积分元是 $|\mathrm{d}z|$, 而不是 $\mathrm{d}z$, 这两种积分元是完全不同的概念.

这些主要性质在复变函数积分的理论和计算中经常用到.

§ 6.2 柯西积分定理

一、单连通区域的柯西积分定理

定理 6.2.1: 柯西积分定理: 在单连通区域 Ω 上解析的函数 $f(z)$, 当积分路径为 Ω 内的任一闭合曲线 c 时, 有

$$\oint_c f(z)\,\mathrm{d}z = 0 \tag{6.2.1}$$

注: 其中闭合回路 c 沿顺时针或逆时针方向均有此结论.

证: 由于 Ω 为单连通区域, 则其内的任一闭合曲线 c 所包围的点都在 Ω 内, 即 $f(z)$ 在 c 所包围的区域内是解析的, 由

$$\oint_c f(z)\,\mathrm{d}z = \oint_c (u\mathrm{d}x - v\mathrm{d}y) + \mathrm{i}\oint_c (u\mathrm{d}y + v\mathrm{d}x) \tag{6.2.2}$$

由二维实积分中的格林公式:

$$\oint_c [P(x,y)\mathrm{d}x + Q(x,y)\mathrm{d}y] = \int_\Sigma \left(-\frac{\partial P}{\partial y} + \frac{\partial Q}{\partial x} \right)\mathrm{d}\sigma \tag{6.2.3}$$

其中 Σ 为闭合曲线 c 所包围的面积,即 $c=\partial\Sigma$,$\mathrm{d}\sigma$ 为 Σ 的面元,(6.2.2)式可变为

$$\oint_c f(z)\,\mathrm{d}z = \int_\Sigma \left(-\frac{\partial u}{\partial y} - \frac{\partial v}{\partial x}\right)\mathrm{d}\sigma + \mathrm{i}\int_\Sigma \left(-\frac{\partial v}{\partial y} + \frac{\partial u}{\partial x}\right)\mathrm{d}\sigma \qquad (6.2.4)$$

由 C-R 条件可以看出等式右边两个被积函数都为零,即得 $\oint_c f(z)\,\mathrm{d}z=0$,证毕.①

柯西积分定理的一个等价的表述:在单连通的区域上解析函数的积分与路径无关,只与路径的起点和终点有关.解析函数积分的这一性质是一个整体性质,区域内各点之间的关系由 C-R 条件联系着,区域内任意两点之间连线的复积分是与路径无关的,因此可选取一条对积分简单的路径来计算.

在本章中,柯西积分定理简称柯西定理.

二、多连通区域的柯西积分定理

利用单连通区域的柯西积分定理计算多连通区域上的解析函数的积分,主要把多连通区域中的回路重新构造成一个单连通区域的回路,使得在这一新的单连通回路中被积函数解析,再利用柯西定理进行计算.设 $f(z)$ 在具有 k 个内边界 $c_1,c_2,c_3,\cdots,c_k$ 的回路 c 内的复连通闭区域上解析,如图 6.2.1 所示.我们要计算积分 $\oint_c f(z)\,\mathrm{d}z$.

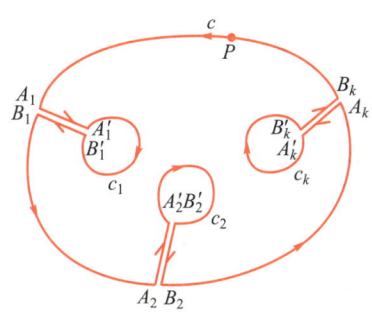

图 6.2.1

设回路 c 的方向为逆时针方向(如设顺时针方向也可同样进行分析),对于每一个内边界 c_1,$c_2,\cdots,c_k$,在各内边界上任选一点与回路 c 上的点连接作割线,如图 6.2.1 所示,c 与 c_1 间的割线上沿为 A_1A_1',下沿为 B_1B_1'……c 与 c_k 间的割线上沿为 A_kA_k',下沿为 B_kB_k'.这样新构成一个闭合回路.从 c 上的 P 点开始沿逆时针方向走到 A_1 点,沿 A_1A_1' 再顺时针绕 c_1 后沿 $B_1'B_1$ 到 c 上,再沿 c 上的 B_1A_2 段……同样的方法绕完各个内边界后再回到 P 点,构成了包含内边界与割线在内的新的闭合回路 l,

$$l = PA_1 + A_1A_1' + c_1 + B_1'B_1 + B_1A_2 + A_2A_2' + c_2 +$$

$$B_2'B_2 + \cdots + A_kA_k' + c_k + B_k'B_k + B_kP$$

则 $f(z)$ 在新的 l 回路所包围的区域中解析.应注意到

$$\int_{A_1}^{A_1'} f(z)\,\mathrm{d}z + \int_{B_1'}^{B_1} f(z)\,\mathrm{d}z = 0, \qquad \int_{A_2}^{A_2'} f(z)\,\mathrm{d}z + \int_{B_2'}^{B_2} f(z)\,\mathrm{d}z = 0,$$

$$\cdots, \qquad \int_{A_k}^{A_k'} f(z)\,\mathrm{d}z + \int_{B_k'}^{B_k} f(z)\,\mathrm{d}z = 0,$$

---

① 1. 我们采用的是黎曼的证明方法,要求 u,v 的偏导数连续.柯西积分定理的另一种证法是 1900 年古莎(Goursat)用三角形剖分法证明了柯西积分定理,免去了黎曼证明中 u,v 的偏导数连续的要求.详见钟玉泉《复变函数论》(第二版),高等教育出版社.

2. 定义域可扩展到闭区域 $\overline{\Omega}$,只要 $f(z)$ 在闭区域的边界上连续,对边界的回路积分,此定理仍然成立.

且 $PA_1+B_1A_2+\cdots+B_kP=c$，故在 l 所包围的区域中应用柯西定理：

$$\oint_l f(z)\,\mathrm{d}z = 0 \tag{6.2.5}$$

再由上面的分析可得

$$\oint_c f(z)\,\mathrm{d}z + \oint_{c_1} f(z)\,\mathrm{d}z + \oint_{c_2} f(z)\,\mathrm{d}z + \cdots + \oint_{c_k} f(z) = 0 \tag{6.2.6}$$

注意到此时 c 为逆时针方向，而 $c_1,c_2,\cdots,c_k$ 为顺时针方向，由复积分与路径方向相关的性质，可得

$$\oint_c f(z)\,\mathrm{d}z = \oint_{c_1} f(z)\,\mathrm{d}z + \oint_{c_2} f(z)\,\mathrm{d}z + \cdots + \oint_{c_k} f(z)\,\mathrm{d}z \tag{6.2.7}$$

此时回路 $c,c_1,c_2,\cdots,c_k$ 的方向都为逆时针方向，这就是多连通区域的柯西积分定理.

它说明在此类区域中的回路积分的值等于该回路中所包含的内边界积分值之和，也说明内边界的积分对整个回路积分的影响.

§6.3 柯西积分公式

命题 6.3.1：如果 $f(z)$ 在闭合回路 c 所包围的区域上解析，在边界 c 上连续，z_0 是此区域中的一点，则

$$\oint_c \frac{f(z)\,\mathrm{d}z}{z-z_0} = 2\pi\mathrm{i}f(z_0) \tag{6.3.1}$$

此式称为柯西积分公式.

证：被积函数 $\dfrac{f(z)}{z-z_0}$ 在 c 内的区域上不解析，在 z_0 点奇异，我们要构造一个新的回路，把奇异的 z_0 点排除在外，使被积函数在新回路所包围的区域中解析，再应用柯西定理. 要注意所构造的新回路要便于计算.

做以 z_0 为圆心，以 r 为半径的一个小圆周 c'，在 c' 与 c 之间作一割线，如图 6.3.1 所示.

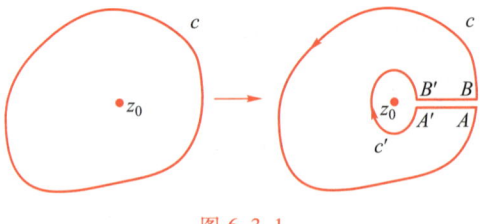

图 6.3.1

新的回路 l 为 $l=c+AA'+c'+B'B$，则在 l 所包围的区域中 $\dfrac{f(z)}{z-z_0}$ 解析，同时考虑到

$$\int_A^{A'} \frac{f(z)}{z-z_0}\mathrm{d}z + \int_{B'}^B \frac{f(z)}{z-z_0}\mathrm{d}z = 0,$$

由柯西定理可得

$$\oint_c \frac{f(z)}{z-z_0}dz + \oint_{c'} \frac{f(z)}{z-z_0}dz = 0 \tag{6.3.2}$$

其中 c' 为顺时针方向,当取 c' 为逆时针方向时有

$$\oint_c \frac{f(z)}{z-z_0}dz = \oint_{c'} \frac{f(z)}{z-z_0}dz \tag{6.3.3}$$

下面计算等式右边 c' 回路积分,对 c' 上的点 z,有 $|z-z_0| = r$,可以写为 $z-z_0 = re^{i\theta}$,即 $z = z_0 + re^{i\theta}$,因此有 $dz = ire^{i\theta}d\theta$,故

$$\oint_{c'} \frac{f(z)}{z-z_0}dz = \int_0^{2\pi} \frac{f(z_0+re^{i\theta})}{re^{i\theta}}(ire^{i\theta}d\theta)$$

$$= i\int_0^{2\pi} f(z_0+re^{i\theta})d\theta$$

此积分与 r 无关,故当取 $r \to 0$ 时,有 $\lim_{r\to 0} f(z_0+re^{i\theta}) = f(z_0)$,故可得

$$\oint_{c'} \frac{f(z)}{z-z_0}dz = i\int_0^{2\pi} f(z_0)d\theta = i2\pi f(z_0)$$

即可得柯西积分公式.

作为柯西积分公式的特例,当 $f(z) = 1$ 时,有

$$\frac{1}{2\pi i}\oint_c \frac{1}{z-z_0}dz = \begin{cases} 1, & \text{当 } z_0 \text{ 在 } c \text{ 内} \\ 0, & \text{当 } z_0 \text{ 在 } c \text{ 外} \end{cases} \tag{6.3.4}$$

同时对整数 n 有

$$\frac{1}{2\pi i}\oint_c \frac{1}{(z-z_0)^n}dz = \begin{cases} 1, & n = 1 \\ 0, & n \neq 1 \end{cases}$$

z_0 为 c 内的任意一点.

证:令 $z-z_0 = re^{i\theta}$,$dz = ire^{i\theta}d\theta$,则

$$\frac{1}{2\pi i}\oint_c \frac{1}{(z-z_0)^n}dz = \frac{1}{2\pi i}\int_0^{2\pi} \frac{ire^{i\theta}}{r^n e^{in\theta}}d\theta$$

$$= \frac{1}{2\pi i} \cdot \frac{i}{r^{n-1}}\int_0^{2\pi} e^{-i(n-1)\theta}d\theta$$

$$= \frac{1}{r^{n-1}}\delta_{n,1} = \begin{cases} 1, & n = 1 \\ 0, & n \neq 1 \end{cases}$$

此公式得证.

柯西积分公式给出了存在 $\frac{1}{z-z_0}$ 奇异性的被积函数的回路积分的计算,给出了函数的回路积分与奇异点的性质的关系. 更重要的是说明了解析函数在解析区域中任一点 z_0 的值 $f(z_0)$ 可由边界 c 上对 $\frac{f(z)}{z-z_0}$ 的积分给出.

§6.4 解析函数高阶导数的积分表达式

设 $f(z)$ 在区域 Ω 内解析，c 为 Ω 内的任一闭合回路，对于 c 所包围的区域内的任一点 z，由柯西积分公式 $f(z)$ 可表成

$$f(z) = \frac{1}{2\pi i} \oint_c \frac{f(\zeta)}{\zeta - z} d\zeta \tag{6.4.1}$$

其中 ζ 在回路 c 上.

在这一表达式的基础上，

$$f(z + \Delta z) = \frac{1}{2\pi i} \oint_c \frac{f(\zeta)}{\zeta - (z + \Delta z)} d\zeta \tag{6.4.2}$$

则解析函数 $f(z)$ 的导数 $f'(z)$ 可以写成

$$\begin{aligned}
f'(z) &= \lim_{\Delta z \to 0} \frac{1}{\Delta z} [f(z + \Delta z) - f(z)] \\
&= \frac{1}{2\pi i} \lim_{\Delta z \to 0} \frac{1}{\Delta z} \oint_c \frac{f(\zeta) \Delta z}{(\zeta - (z + \Delta z))(\zeta - z)} d\zeta \\
&= \frac{1}{2\pi i} \oint_c \frac{f(\zeta)}{(\zeta - z)^2} d\zeta
\end{aligned} \tag{6.4.3}$$

这一表达式与解析函数用柯西积分公式的表达式直接在积分号下求导等价：

$$\begin{aligned}
f'(z) = \frac{df(z)}{dz} &= \frac{1}{2\pi i} \oint_c \frac{d}{dz} \left[\frac{f(\zeta)}{(\zeta - z)} \right] d\zeta \\
&= \frac{1}{2\pi i} \oint_c \frac{f(\zeta)}{(\zeta - z)^2} d\zeta
\end{aligned} \tag{6.4.4}$$

依此类推有

$$\begin{aligned}
f^{(n)}(z) &= \frac{d^n}{dz^n} f(z) \\
&= \frac{n!}{2\pi i} \oint_c \frac{f(\zeta)}{(\zeta - z)^{n+1}} d\zeta
\end{aligned} \tag{6.4.5}$$

因此得到解析函数的一个很重要的性质：解析函数存在任意阶导数，且任意阶导数都为解析函数. 复变函数中的解析函数与实变函数中的可微性有很大的区别，存在一阶导数的实变函数是不能保证其高阶导数的存在的.

另一方面我们也看到，被积函数存在 $\dfrac{f(z)}{(z - z_0)^{n+1}}$ 的奇异性时，其回路积分存在，它等于 $\dfrac{2\pi i}{n!} f^{(n)}(z_0)$.

第六章习题

6.1 请计算 $f(z) = z^*$ 的回路积分

$$\oint_{|z|=1} z^* dz$$

所得的结果说明了什么问题.

6.2 请计算 $f(z) = \dfrac{1}{z^2-1}$ 的如下回路积分:

(1) $\displaystyle\oint_{c_1} \dfrac{1}{z^2-1}\mathrm{d}z$, c_1 为 $|z| < 1$ 的以原点为圆心的圆周;

(2) $\displaystyle\oint_{c_2} \dfrac{1}{z^2-1}\mathrm{d}z$, c_2 为 $|z| > 1$ 的以原点为圆心的圆周;

这两个积分的结果说明了什么问题?

第七章　复变函数的级数展开

§ **7.1**　复变函数项级数

一个复变函数项的无穷级数(简称级数)可表示为

$$w_1(z)+w_2(z)+\cdots+w_k(z)+\cdots=\sum_{k=1}^{\infty}w_k(z)\equiv S(z) \tag{7.1.1}$$

在这里我们感兴趣的是级数的收敛问题和收敛的区域.

一、级数的收敛性

1. 定义 7.1.1：级数收敛与发散

对(7.1.1)式中级数 $\sum_{k=1}^{\infty}w_k$ 的部分和

$$S_n(z)=\sum_{k=1}^{n}w_k(z) \tag{7.1.2}$$

在其定义域内某点 z,若

$$S(z)=\lim_{n\to\infty}S_n \tag{7.1.3}$$

的极限存在,即 $S_n(z)$ 收敛于有限值,则此级数收敛;若 $S(z)\to\infty$,则级数发散.

2. 级数在 z 点收敛的必要条件是

$$\lim_{k\to\infty}w_k(z)=0 \tag{7.1.4}$$

级数 $\sum_{k=1}^{\infty}w_k(z)$ 的所有收敛点的集合 Ω 称为级数的收敛区域.

二、级数的绝对收敛和一致收敛

定义 7.1.2：级数的绝对收敛

若级数每一项的模 $|w_k(z)|$ 构成的级数 $\sum_{k=1}^{\infty}|w_k(z)|$ 在 z 点(或在 Ω 上)收敛,则称级数 $\sum_{k=1}^{\infty}w_k(z)$ 在 z 点(或在 Ω 上)**绝对收敛**. 反之,若级数 $\sum_{k=1}^{n}w_k(z)$ 收敛,但 $\sum_{k=1}^{n}|w_k(z)|$ 不收敛,则称为条件收敛.

定义 7.1.3：级数的一致收敛

设级数 $\sum_{k=1}^{\infty}w_k(z)$ 的收敛区间为 Ω,对于任意给定的 $\varepsilon>0$,存在与 $z(z\in\Omega)$ 无关的

正整数 N,使得当 $n>N$ 时,级数的部分和满足

$$|S(z)-S_n(z)|<\varepsilon \qquad (7.1.5)$$

则称级数在 Ω 上**一致收敛**.

级数的绝对收敛与一致收敛是两个不同的概念,绝对收敛指取不取绝对值都收敛,而一致收敛是考察函数级数能否在整个 Ω 上一致地收敛到某一特定函数的问题,绝对收敛不一定一致收敛,一致收敛不一定绝对收敛.

例 7.1.1 级数

$$S(z)=\sum_{k=1}^{\infty}\left(\frac{1}{k}+\mathrm{i}\frac{1}{2^k}\right)$$

不收敛,收敛的级数对于级数项的实部和虚部都要收敛.

级数

$$S(z)=\sum_{k=1}^{\infty}\left[\frac{(-1)^k}{k}+\mathrm{i}\frac{1}{2^k}\right]$$

收敛,且一致收敛,但不绝对收敛.

此例题的证明留给读者自己练习.

三、级数收敛的判别法

关于复变函数项级数的收敛性讨论,由于绝对收敛的级数必定收敛,有许多判定绝对收敛的方法与实变函数级数相类似,下面介绍两个常用的判别法.

1. 达朗贝尔(d'Alembert)判别法

对级数 $\sum_{k=1}^{\infty}w_k(z)$,当 $\lim\limits_{k\to\infty}\left|\dfrac{w_{k+1}}{w_k}\right|=p<1\,(0<p<1,p\in\mathbf{R})$ 时,级数绝对收敛. 此方法通常也称为比值判别法.

2. 柯西判别法

对级数 $\sum_{k=1}^{\infty}w_k(z)$,若 $\lim\limits_{k\to\infty}\sqrt[k]{|w_k|}=p<1\,(0<p<1,p\in\mathbf{R})$,级数绝对收敛. 此方法通常也称为根式判别法.

3. 魏尔斯特拉斯(Weierstrass)判别法

级数一致收敛的判定中通常采用魏尔斯特拉斯判别法:在级数 $\sum_{k=1}^{\infty}w_k(z)$ 的收敛区域 Ω 内,若存在与 z 无关的实常数 $a_k,a_k>0$,有 $|w_k(z)|<a_k$,且 $\sum_{k=1}^{\infty}a_k$ 收敛,则级数在 Ω 内绝对且一致收敛.

一个级数是否在 Ω 上一致收敛的问题是很重要的,它说明一个级数能否一致地(或称均匀地)收敛到一个定义在 Ω 上的函数 $f(z)$,而且如果级数项函数 $w_k(z)$ 是解析的,则 $f(z)$ 在 Ω 内解析,这也是研究一个解析函数在 Ω 上能否表示为一个级数的问题.

§7.2 解析函数的泰勒展开

我们主要是研究解析函数在某个区域中能否展开为幂级数的问题.

一、泰勒展开定理

定理 7.2.1：设 z_0 为 $f(z)$ 解析区域 Ω 内的一点，以 z_0 为圆心的圆周 c 在 Ω 内，则 $f(z)$ 可以在 c 内展成**泰勒（Taylor）级数**

$$f(z) = \sum_{n=0}^{\infty} a_n (z-z_0)^n \tag{7.2.1}$$

其中展开系数 a_n 为

$$a_n = \frac{f^{(n)}(z_0)}{n!} = \frac{1}{2\pi i} \oint_c \frac{f(z)}{(z-z_0)^{n+1}} dz \tag{7.2.2}$$

证：由柯西积分公式

$$f(z) = \frac{1}{2\pi i} \oint_c \frac{f(\zeta)}{\zeta-z} d\zeta \tag{7.2.3}$$

其中 ζ 为积分回路 c 上的点，z 在圆周 c 内，令 $|\zeta-z_0| = R$，则 $|z-z_0| < R$，如图 7.2.1 所示，令 $t = \dfrac{z-z_0}{\zeta-z_0}$，则 $|t| < 1$，而 $1-t = \dfrac{\zeta-z}{\zeta-z_0}$，故 $\dfrac{1}{1-t} = \dfrac{\zeta-z_0}{\zeta-z}$.

当 $|t| < 1$，有几何级数

$$\sum_{n=0}^{\infty} t^n = \frac{1}{1-t} \tag{7.2.4}$$

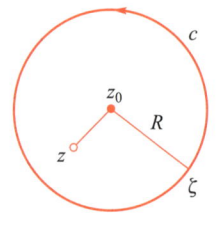

图 7.2.1

由魏尔斯特拉斯判别法，$\sum\limits_{n=0}^{\infty} \left(\dfrac{z-z_0}{\zeta-z_0}\right)^n = \dfrac{\zeta-z_0}{\zeta-z}$，可得

$$\frac{1}{\zeta-z} = \sum_{n=0}^{\infty} \frac{(z-z_0)^n}{(\zeta-z_0)^{n+1}} \tag{7.2.5}$$

将此关系式代入柯西积分公式(7.2.3)，得

$$f(z) = \frac{1}{2\pi i} \oint_c f(\zeta) \sum_{n=0}^{\infty} \frac{(z-z_0)^n}{(\zeta-z_0)^{n+1}} d\zeta$$

$$= \sum_{n=0}^{\infty} (z-z_0)^n \frac{1}{2\pi i} \oint_c \frac{f(\zeta)}{(\zeta-z_0)^{n+1}} d\zeta$$

$$= \sum_{n=0}^{\infty} \frac{f^{(n)}(z_0)}{n!} (z-z_0)^n$$

$$= \sum_{n=0}^{\infty} a_n (z-z_0)^n$$

其中用到 $f^{(n)}(z) = \dfrac{n!}{2\pi i}\oint_c \dfrac{f(\zeta)}{(\zeta - z)^{n+1}}\mathrm{d}\zeta, a(n) = \dfrac{f^{(n)}(z_0)}{n!}$.

这就是 $f(z)$ 的泰勒展开式,即(7.2.1)式称为 $f(z)$ 的泰勒展式,定理得证.

当 $z_0 = 0$ 时的泰勒展开式称为**麦克劳林(Maclaurin)级数**

$$f(z) = \sum_{n=0}^{\infty} a_n z^n \tag{7.2.6}$$

其中

$$a_n = \frac{1}{2\pi i}\oint_c \frac{f(z)}{z^{n+1}}\mathrm{d}z = \frac{f^{(n)}(0)}{n!} \tag{7.2.7}$$

c 是以 $z_0 = 0$ 为圆心的圆周,且 c 在 $f(z)$ 的解析区域内.

二、泰勒级数的收敛半径

由达朗贝尔判别法,对泰勒级数

$$\sum_{k=0}^{\infty} a_k (z - z_0)^k$$

当

$$\lim_{k\to\infty}\left|\frac{a_{k+1}(z-z_0)^{k+1}}{a_k(z-z_0)^k}\right| \leqslant \lim_{k\to\infty}\frac{|a_{k+1}||z-z_0|^{k+1}}{|a_k||z-z_0|^k} = \lim_{k\to\infty}\left|\frac{a_{k+1}}{a_k}\right||z-z_0| < 1$$

时,泰勒级数收敛,则 z 满足

$$R = |z - z_0| < \lim_{k\to\infty}\left|\frac{a_k}{a_{k+1}}\right|$$

定义 7.2.1:**泰勒级数收敛半径 R**

$$R = \lim_{n\to\infty}\left|\frac{a_n}{a_{n+1}}\right| \tag{7.2.8}$$

它说明了解析函数在某点能作泰勒展开的最大区域,是以该点为圆心,以 R 为半径的开圆.

注:对于隔项的泰勒级数

$$\sum_{k=0}^{\infty} a_{2k}(z-z_0)^{2k} \text{ 或 } \sum_{k=0}^{\infty} a_{2k+1}(z-z_0)^{2k+1}$$

其收敛条件为

$$\lim_{k\to\infty}\left|\frac{a_{2(k+1)}(z-z_0)^{2(k+1)}}{a_{2k}(z-z_0)^{2k}}\right| \leqslant \lim_{k\to\infty}\left|\frac{a_{2(k+1)}}{a_{2k}}\right||z-z_0|^2 < 1$$

收敛半径满足

$$R^2 = |z - z_0|^2 = \lim_{k\to\infty}\left|\frac{a_{2k}}{a_{2k+2}}\right|$$

则级数的收敛半径为

$$R = \lim_{k\to\infty}\sqrt{\left|\frac{a_{2k}}{a_{2k+2}}\right|}$$

注意:对于隔两项、隔三项等的泰勒级数收敛半径的求法以此类推.

三、泰勒级数举例

例7.2.1 把 $f(z) = e^z$ 在 $z = 1$ 点展成泰勒级数.

解:$f(z) = e^z$ 在整个复平面(除 ∞ 远点外)解析,因此有 e^z 的 n 阶导数 $(e^z)^{(n)} = e^z$,由泰勒展开定理可得

$$e^z = e + \frac{e}{1!}(z-1) + \frac{e}{2!}(z-1)^2 + \cdots + \frac{e}{n!}(z-1)^n + \cdots$$

$$= \sum_{n=0}^{\infty} \frac{e}{n!}(z-1)^n$$

其收敛半径 $R = \infty$.

例7.2.2 把 $f(z) = \dfrac{1}{1-z}$ 在 $z_0 = i$ 点展成泰勒级数,并求其收敛半径.

解法一:由 $f(z) = (1-z)^{-1}$,$f'(z) = (1-z)^{-2}$,$\cdots$,$f^{(n)}(z) = n!(1-z)^{-(n+1)}$,则可得

$$f(z) = \sum_{n=0}^{\infty} \frac{1}{n!} f^{(n)}(z_0)(z-z_0)^n$$

$$= \sum_{n=0}^{\infty} \frac{1}{(1-i)^{n+1}}(z-i)^n$$

由于 $a_n = \dfrac{1}{(1-i)^{n+1}}$,故收敛半径 R 为

$$R = \lim_{R \to \infty} \left| \frac{a_n}{a_{n+1}} \right| = |1-i| = \sqrt{2}$$

解法二:利用已有的展开式 $\dfrac{1}{1-t} = \sum\limits_{n=0}^{\infty} t^n$,$|t| < 1$

$$f(z) = \frac{1}{1-z} = \frac{1}{1-i-(z-i)}$$

$$= \frac{1}{1-i} \cdot \frac{1}{1 - \dfrac{z-i}{1-i}} \quad \left(\text{要求} \left| \frac{z-i}{1-i} \right| < 1 \right)$$

$$= \frac{1}{1-i} \sum_{n=0}^{\infty} \left(\frac{z-i}{1-i} \right)^n$$

$$= \sum_{n=0}^{\infty} \frac{(z-i)^n}{(1-i)^{n+1}}$$

这里要求 $|z-i| < |1-i| = \sqrt{2}$,即收敛半径为 $\sqrt{2}$.

复变函数是黎曼面到复平面的映射,上面所列举的函数是定义在黎曼面的主值区域(单值分支)的复平面上的函数,如果要研究的函数其黎曼面较复杂,在复平面上有枝点和割线时,此时要研究此函数的展开就较复杂一些,要选定该函数所定义的黎曼面的一叶(即定义域中的一个单值分支),展开点应在此叶上,割线的构造应避开展开点,在这样构造的黎曼面上对函数进行展开.

例 7.2.3 把 $f(z) = \ln(1+z)$ 在 $z = 0$ 点展成泰勒级数，规定 $\ln(1+z)\big|_{z=0} = 0$.

解：$\ln(1+z)$ 的枝点为 $z = -1$，作割线如图 7.2.2 所示，从 $x = -1$ 沿 x 轴的负方向直至无穷远，避开 $z = 0$ 点. 在这一叶黎曼面上，在以 $z = 0$ 为圆心，以 $|z| = 1$ 为半径的圆内展开，有

$$
\begin{aligned}
\ln(1+z) &= \int_0^z \frac{1}{1+z}\mathrm{d}z = \int_0^z \sum_{n=0}^{\infty} (-1)^n z^n \mathrm{d}z \\
&= \sum_{n=0}^{\infty} (-1)^n \int_0^z z^n \mathrm{d}z \\
&= \sum_{n=0}^{\infty} \frac{(-1)^n}{n+1} z^{n+1} \\
&= \sum_{n=1}^{\infty} \frac{(-1)^{n+1}}{n} z^n
\end{aligned}
$$

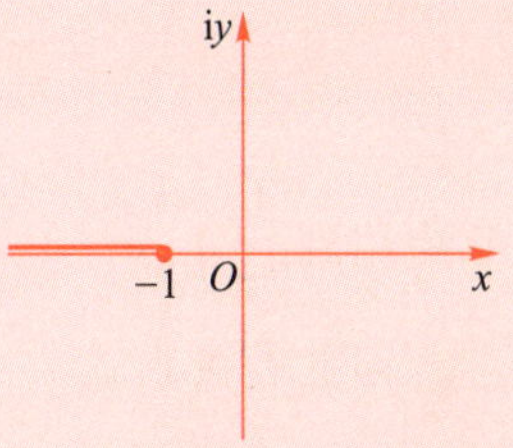

图 7.2.2

注意此方法在构造的黎曼面上作展开，其收敛半径 $R = 1$ 为最大. 如果割线的作法是沿其他方向穿过以 $z = 0$ 为圆心的半径为 1 的圆，则收敛半径就可能小于 1，收敛半径 R 要视割线的作法而定.

例 7.2.4 把 $f(z) = \sqrt{z}$ 在 $z = 0$ 点展成泰勒级数.

解：因为 $z = 0$ 是 $f(z)$ 的枝点，故 $f(z)$ 无法在枝点展成泰勒级数，但可以在 $z = 1$ 或 $z = -1$ 点作泰勒展开，此问题留给读者练习.

*§7.3 泰勒展开的理论应用

一、定理 7.3.1：最大模定理

任何解析函数 $f(z)$ 的模 $|f(z)|$ 的最大值 $\max |f(z)|$ 只能在其解析区域的边界上达到. 除非 $f(z)$ 为常数，否则在解析区域内不可能达到 $\max |f(z)|$.

证：用反证法. 设在 $f(z)$ 的解析区域 Ω 内一点 z_0，在此点上 $|f(z_0)| = \max |f(z)|$，则在 z_0 的邻域内，作一个以 z_0 为圆心，以 r 为半径的圆周（r 小于收敛半径），使整个圆周在 Ω 内. 可在 $z = z_0$ 点作泰勒展开

$$
f(z) = \sum_{n=0}^{\infty} a_n (z - z_0)^n \tag{7.3.1}
$$

令 $z - z_0 = r \mathrm{e}^{\mathrm{i}\theta}$，即 $z = z_0 + r\mathrm{e}^{\mathrm{i}\theta}$，$f(z_0) = a_0$.

由假设 $|f(z_0)| \geqslant |f(z)|$，有

$$
\begin{aligned}
|a_0|^2 &= \frac{1}{2\pi} \int_0^{2\pi} |f(z_0)|^2 \mathrm{d}\theta \\
&\geqslant \frac{1}{2\pi} \int_0^{2\pi} |f(z)|^2 \mathrm{d}\theta \\
&= \frac{1}{2\pi} \int_0^{2\pi} f(z) \cdot f^*(z) \mathrm{d}\theta \\
&= \frac{1}{2\pi} \int_0^{2\pi} \sum_{n=0}^{\infty} a_n (z-z_0)^n \sum_{m=0}^{\infty} a_m^* (z-z_0)^{*m} \mathrm{d}\theta
\end{aligned}
$$

$$= \frac{1}{2\pi} \sum_{m,n=0}^{\infty} a_n a_m^* r^{m+n} \int_0^{2\pi} e^{i(n-m)\theta} d\theta$$

$$= \frac{1}{2\pi} \sum_{m,n=0}^{\infty} a_n a_m^* r^{m+n} 2\pi \delta_{m,n}$$

$$= \sum_{n=0}^{\infty} |a_n|^2 r^{2n}$$

其中用到 $\frac{1}{2\pi} \int_0^{2\pi} e^{i(n-m)\theta} d\theta = \delta_{n,m}$.

因此有关系式

$$|a_0|^2 \geqslant |a_0|^2 + \sum_{n=1}^{\infty} |a_n|^2 r^{2n} \tag{7.3.2}$$

它说明除非 $a_n = 0(n=1,2,3,\cdots)$，即 $f(z)$ 为常数 a_0，否则上式不成立. 这与 $f(z)$ 的泰勒展式相矛盾，除非 $f(z)$ 为常数，故在 Ω 内除 $f(z)$ 为常数这一情况外，$\max|f(z)|$ 不能在 Ω 内，只能在 Ω 的边界 $\partial\Omega$ 上达到.

二、定理 7.3.2：刘维尔（Liouville）定理

在全平面（包括 ∞ 点）内解析且非奇异（有界）的函数是常数函数.

证：$f(z)$ 在全平面解析且非奇异，即 $f(z)$ 有界，

$$|f(z)| \leqslant M (M \text{ 为常数})$$

在 $z=0$ 点把 $f(z)$ 展成泰勒级数

$$f(z) = \sum_{n=0}^{\infty} a_n z^n$$

其中 $a_n = \frac{1}{2\pi i} \oint_c \frac{f(z)}{z^{n+1}} dz = \frac{f^{(n)}(0)}{n!}$，$c$ 为以原点 $z=0$ 为圆心，半径为 r 的任意圆周，圆周上的点 z 为 $z=re^{i\theta}$，则有 $n>0$ 时，

$$|a_n| \leqslant \frac{1}{2\pi} \oint_c \left| \frac{f(z)}{z^{n+1}} \right| |dz|$$

$$\leqslant \frac{1}{2\pi} \oint_c \frac{M}{|z^{n+1}|} |dz|$$

$$= \frac{M}{2\pi} \int_0^{2\pi} \frac{1}{r^n} d\theta$$

$$= \frac{M}{r^n}$$

当 r 为无穷大时，可得 $a_n = 0, n = 1, 2, \cdots$.

故 $f(z) = f(0)$ 为常数.

§7.4　解析函数的洛朗展开

上面研究的是解析函数在其解析区域内的点展成泰勒级数的问题. 如果函数在

某一点 z_0 是奇异的(非正则的),而在 z_0 点的邻域内仍是解析的,那么这一函数能否在 z_0 点的解析邻域内作级数展开呢?这就导致解析函数的洛朗(Laurent)展开问题,而洛朗展开的负幂次项给出了该点的奇异性质.

在讨论洛朗展开之前,先介绍复变函数的零点及奇点.

一、解析函数的零点

函数 $f(z)$ 在 $z=z_0$ 点,有 $f(z_0)=0$,则称 z_0 为函数 $f(z)$ 的零点.若 $\dfrac{f(z)}{(z-z_0)^k}$(其中 k 为正整数)是非零的解析函数,则称 z_0 点为函数 $f(z)$ 的 k 阶零点.

二、解析函数的奇点

函数 $f(z)$ 在 $z=z_0$ 点没定义或在 z_0 点 $f(z)$ 的导数不存在或导数不唯一,则称 z_0 点为函数 $f(z)$ 的奇点.

函数的奇点可分为孤立奇点与非孤立奇点两大类.

1. 孤立奇点

若 z_0 为函数 $f(z)$ 的奇点,而在 z_0 点任意小的邻域内,即在 $0<|z-z_0|<\varepsilon$(ε 为任意小的正数)区域内,函数 $f(z)$ 解析,则称 z_0 为 $f(z)$ 的孤立奇点.

例如:$f(z)=\dfrac{1}{z-z_0}$,当 $z=z_0$ 时,函数 $f(z)$ 没有定义,对于 $f(z)=\dfrac{1}{z-(z_0+\varepsilon)}$,对此函数求导.

$$\lim_{\Delta z\to 0}\frac{f(z+\Delta z)-f(z)}{\Delta z}=\lim_{\Delta z\to 0}\frac{\dfrac{1}{z+\Delta z-(z_0+\varepsilon)}-\dfrac{1}{z-(z_0+\varepsilon)}}{\Delta z}$$

$$=\lim_{\Delta z\to 0}\frac{-1}{[z+\Delta z-(z_0+\varepsilon)][z-(z_0+\varepsilon)]}=\frac{-1}{[z-(z_0+\varepsilon)]^2}$$

当 $\varepsilon\neq 0$ 时,极限存在且唯一.

2. 非孤立奇点

若 z_0 为函数 $f(z)$ 的奇点,而在 z_0 点的任意小的邻域内,除 z_0 点外存在 $f(z)$ 的其他奇点,则称 z_0 为 $f(z)$ 的非孤立奇点.

例7.4.1 $f(z)=\dfrac{1}{\sin\dfrac{1}{z}}$,$z=\dfrac{1}{n\pi}$,$n=1,2,\cdots$ 是 $f(z)$ 的孤立奇点.$z=0$ 点是 $f(z)$ 的非孤立奇点,在 $z=0$ 的任意小的邻域内都存在 $f(z)$ 的无穷多个奇点.

三、孤立奇点的分类

在本书中,只讨论函数的孤立奇点问题.孤立奇点又分为极点(或称非本性奇点）、本性奇点和可去奇点三种：

1. 极点

z_0 为 $f(z)$ 的孤立奇点，若存在一个正整数 $k(k<\infty)$，使得 $(z-z_0)^k f(z)$ 为非零的解析函数，则称 z_0 为 $f(z)$ 的 k 阶极点．即 $f(z)$ 具有 $(z-z_0)$ 的最高负幂次项为 $(z-z_0)^{-k}$．

2. 本性奇点

z_0 为 $f(z)$ 的孤立奇点，若不存在一个正整数 $k(k<\infty)$，使得 $(z-z_0)^k f(z)$ 为非零的解析函数，则称 z_0 为 $f(z)$ 的本性奇点．即 $f(z)$ 具有 $(z-z_0)$ 的无穷负幂次项．

3. 可去奇点

z_0 为函数 $f(z)$ 的孤立奇点，$f(z)$ 在 z_0 没定义或没有确定的值，但 $f(z)$ 在 z_0 的邻域内（除 z_0 外）解析，此时可重新定义 $\lim\limits_{z \to z_0} f(z) = f(z_0)$ 使 $f(z)$ 在 z_0 点解析，则称 z_0 为 $f(z)$ 的可去奇点．

在本书中所研究的函数的奇点均为孤立奇点，简称奇点．

四、解析函数的洛朗展开

对于有奇点的函数，在挖掉奇点的小邻域后，在小邻域外的一个环形区域中函数解析，则可以把在环形区域中的解析函数作级数展开．

定理 7.4.1：解析函数的洛朗展开定理

函数 $f(z)$ 在以 z_0 为圆心半径为 R_1 和 R_2 的两个圆周 c_1 和 c_2 所包围的环形区域 $R_2 < |z-z_0| < R_1$ 上解析，在圆周 c_2 内只有 z_0 一个奇点，则在此区域内 $f(z)$ 可展成洛朗级数

$$f(z) = \sum_{n=-\infty}^{\infty} a_n (z-z_0)^n \qquad (7.4.1)$$

其中 $a_n = \dfrac{1}{2\pi i} \oint_c \dfrac{f(\zeta)}{(\zeta-z_0)^{n+1}} \mathrm{d}\zeta$． (7.4.2)

c 是任一条在环形区域内把 c_2 包围在内的闭曲线（如图 7.4.1 所示）．

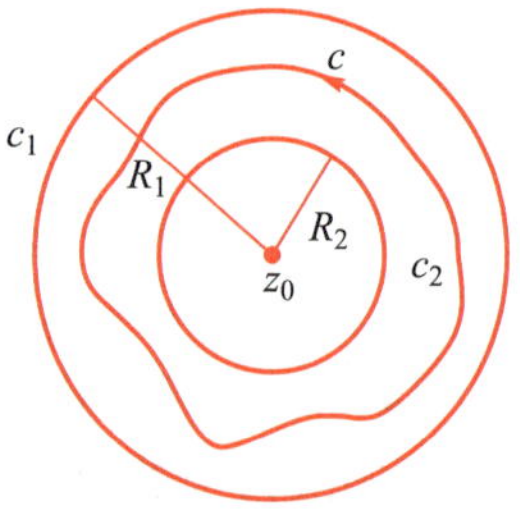

证： 由于 $f(z)$ 在环形区域 $R_2 < |z-z_0| < R_1$ 上解析，由柯西积分公式，对环形区域内的任意一点 z 有

$$f(z) = \frac{1}{2\pi i} \oint_{c_1} \frac{f(\zeta)}{\zeta-z} \mathrm{d}\zeta - \frac{1}{2\pi i} \oint_{c_2} \frac{f(\zeta)}{\zeta-z} \mathrm{d}\zeta \quad (7.4.3)$$

图 7.4.1

注： 此式的证明只要在 c_1 和 c_2 间连接一条割线，即可把环形复连通区域构造成由 c_1 和 c_2 及割线所围成的单连通区域，由柯西公式即可得上式．

对于 c_1 积分，有 $\zeta \in c_1$，$|\zeta-z_0| > |z-z_0|$，则有泰勒展开

$$\frac{1}{\zeta-z} = \frac{1}{(\zeta-z_0)-(z-z_0)} = \frac{1}{\zeta-z_0} \cdot \frac{1}{1 - \dfrac{z-z_0}{\zeta-z_0}}$$

$$= \sum_{n=0}^{\infty} \frac{(z-z_0)^n}{(\zeta-z_0)^{n+1}}$$

对于 c_2 积分:有 $\zeta \in c_2$,$\left| \zeta - z_0 \right| < \left| z - z_0 \right|$,有

$$\frac{1}{\zeta - z} = \frac{-1}{(z - z_0) - (\zeta - z_0)} = \frac{-1}{z - z_0} \cdot \frac{1}{1 - \dfrac{\zeta - z_0}{z - z_0}}$$

$$= -\sum_{n=1}^{\infty} \frac{(\zeta - z_0)^{n-1}}{(z - z_0)^n} = -\sum_{n=-1}^{-\infty} (z - z_0)^n \frac{1}{(\zeta - z_0)^{n+1}}$$

其中用到指标变换,令 $k = -n$,则 $n - 1 = -(k+1)$,当 $n : 1 \to \infty$ 时,$k : -1 \to -\infty$,再把 k 写为 n.

故(7.4.3)式可写成

$$f(z) = \sum_{n=0}^{\infty} (z - z_0)^n \frac{1}{2\pi i} \oint_{c_1} \frac{f(\zeta)}{(\zeta - z_0)^{n+1}} \mathrm{d}\zeta +$$

$$\sum_{n=-1}^{-\infty} (z - z_0)^n \frac{1}{2\pi i} \oint_{c_2} \frac{f(\zeta)}{(\zeta - z_0)^{n+1}} \mathrm{d}\zeta$$

由柯西积分定理可知 $\oint_{c_1} = \oint_c$,$\oint_{c_2} = \oint_c$. 故上式可统一写成

$$f(z) = \sum_{n=-\infty}^{\infty} a_n (z - z_0)^n$$

其中 $a_n = \dfrac{1}{2\pi i} \oint_c (\zeta - z_0)^{-(n+1)} f(\zeta) \mathrm{d}\zeta$.

故定理得证.

注意:对于负幂次项系数,由于 z_0 不在解析区域内,与 $f^{(n)}(z_0)$ 无关.

1. 洛朗展开的正则部分

一个函数 $f(z)$ 的洛朗展开,其 $n \geqslant 0$ 的幂级数部分称为洛朗展式的**正则部分**(它说明如果 $f(z)$ 在 z_0 点解析时,对 $f(z)$ 作洛朗展开时,只能得到正幂次部分,没有负幂次部分).

2. 洛朗展开的主部

洛朗展式中的 $n < 0$ 的幂级数部分反映 $f(z)$ 在 z_0 点的奇异性,称这一部分为洛朗展式的**主部**. 如果展式的最高负幂次为 $(z - z_0)^{-k}$ 时,则 z_0 为 $f(z)$ 的 k 阶极点. 如果 $n = -\infty$ 时,则 z_0 为 $f(z)$ 的本性奇点.

注:如果 z_0 是 $f(z)$ 的孤立奇点,且 $f(z)$ 在 z_0 邻域内的洛朗展开式没有主部,只有正则部分,则 z_0 为 $f(z)$ 的可去奇点,通常把可去奇点看成解析点,此时的洛朗展开是泰勒展开.

五、解析函数的洛朗展开举例

例 7.4.2 函数 $f(z) = \dfrac{1}{z^2(1-z)}$,讨论该函数的洛朗展开.

解:由于该函数具有 $z_0 = 0$ 和 $z_0 = 1$ 两个奇点,因此有多种环形解析区域的展开,其结果是不一样的.

讨论 1:在 $z_0 = 0$ 点把函数 $f(z)$ 在 $0 < \left| z \right| < 1$ 的环形区域中展开.

由于 $|z|<1$，$\dfrac{1}{z^2}$ 已经是洛朗展式的形式，此环形区域只包围奇点 z_0，而 $\dfrac{1}{1-z}$ 在 $z_0=0$ 点解析，它的泰勒展开式为

$$\frac{1}{1-z}=\sum_{n=0}^{\infty} z^n$$

即可得

$$f(z)=\frac{1}{z^2}\sum_{n=0}^{\infty} z^n=\sum_{n=-2}^{\infty} z^n$$

可看出 $z_0=0$ 是 $f(z)$ 的二阶极点，是当 $z\to 0$ 时所表现出来的 $f(z)$ 的奇异性．

讨论 2：在 $z_0=0$ 点把函数 $f(z)$ 在 $1<|z|<\infty$ 的区域中展开．

由于 $|z|>1$，故

$$f(z)=\frac{-1}{z^3}\cdot\frac{1}{1-\dfrac{1}{z}}=\frac{-1}{z^3}\sum_{n=0}^{\infty}\left(\frac{1}{z}\right)^n$$

$$=\sum_{n=0}^{\infty}\frac{-1}{z^{n+3}}$$

这一展开式具有 $n=\infty$ 的负幂次项，由于在 $1<|z|<\infty$ 的解析区域包围了 $f(z)$ 的两个奇点，这一展开式已不再是一般意义下某一孤立奇点环形邻域中的洛朗展开式．包含两个孤立奇点在内的展开式表现了更加复杂的奇异性．这种复杂的奇异性来自 $f(z)=\dfrac{1}{z^2}\cdot\dfrac{1}{1-z}$ 中的 $\dfrac{1}{1-z}$，把 $f(z)$ 写成

$$f(z)=\frac{1}{z^2(1-z)}=\frac{1}{z^2}+\frac{1}{z}+\frac{1}{1-z}$$

不难发现在 $z_0=0$ 点展开时，对 $\dfrac{1}{1-z}$ 这一函数 $z_0=0$ 并非奇异，但在 $z=1$ 时是奇异的，这就导致在 $z_0=0$ 点展开时 $\dfrac{1}{1-z}=\dfrac{-1}{z}\cdot\dfrac{1}{1-\dfrac{1}{z}}$ $(|z|>1)$ 存在无穷多个负幂次项，这也是一个在 $z=1$ 点奇异的函数却在 $z_0=0$ 点展开所呈现出的奇异性．

讨论 3：在 $z_0=1$ 处把函数 $f(z)$ 在 $0<|z-1|<1$ 的环形区域中展开．

把 $f(z)$ 写成 $f(z)=\dfrac{-1}{z-1}\dfrac{1}{[1-(1-z)]^2}$，令 $t=1-z$，则 $|t|<1$，利用

$$\frac{1}{(1-t)^2}=\frac{\mathrm{d}}{\mathrm{d}t}\frac{1}{1-t}=\frac{\mathrm{d}}{\mathrm{d}t}\sum_{n=0}^{\infty} t^n=\sum_{n=1}^{\infty} n t^{n-1}$$

故在 $0<|z-1|<1$ 时，有

$$f(z)=\frac{-1}{z-1}\sum_{n=0}^{\infty} n(1-z)^{n-1}=\frac{-1}{z-1}\sum_{n=0}^{\infty}(-1)^{n-1} n(z-1)^{n-1}$$

$$=\sum_{n=0}^{\infty}(-1)^n n(z-1)^{n-2}$$

令 $k=n-2$，可得

$$f(z)=\sum_{k=-1}^{\infty}(-1)^k(k+2)(z-1)^k$$

由于 $k=-2$ 时，$f(z)=0$，因此只能从 $k=-1$ 开始，可看出 $z_0=1$ 点是 $f(z)$ 的一阶极点.

讨论 4：在 $z_0=1$ 点把 $f(z)$ 在 $1<|z-1|<\infty$ 的区域中展开.

此问题与讨论 2 相类似，留给读者自己讨论.

第七章习题

7.1 求下列幂级数的收敛半径.

(1) $\displaystyle\sum_{k=1}^{\infty}\left(\frac{z}{k}\right)^k$ 　　　　(2) $\displaystyle\sum_{k=1}^{\infty}k!\left(\frac{z}{k}\right)^k$ 　　　　(3) $\displaystyle\sum_{k=1}^{\infty}k^k z^k$

(4) $\displaystyle\sum_{k=1}^{\infty}k^{\ln k}z^k$ 　　　　(5) $\displaystyle\sum_{k=1}^{\infty}\frac{k^{\ln k}}{k!}z^k$

7.2 已知幂级数 $\displaystyle\sum_{k=0}^{\infty}a_k z^k$ 和 $\displaystyle\sum_{k=0}^{\infty}b_k z^k$ 的收敛半径分别为 R_a 和 R_b，求下列幂级数的收敛半径.

(1) $\displaystyle\sum_{k=0}^{\infty}(a_k-b_k)z^k$ 　　　　(2) $\displaystyle\sum_{k=0}^{\infty}\frac{a_k}{b_k}z^k\,(b_k\neq 0)$

7.3 在 $z=0$ 点，将下列函数展成泰勒级数，并求出其收敛半径.

(1) $f(z)=\dfrac{\mathrm{e}^z}{1-z}$ 　　　　(2) $f(z)=\mathrm{e}^{\frac{1}{z-1}}$ 　　　　(3) $f(z)=\arctan z$

(4) $f(z)=\displaystyle\int_0^z \mathrm{e}^{z^2}\mathrm{d}z$ 　　　　(5) $f(z)=\displaystyle\int_0^z \frac{\sin z}{z}\mathrm{d}z$

7.4 求函数 $f(z)=\sin^3 z$ 在 $z=0$ 点的展开式.

7.5 把函数 $f(z)=\dfrac{1}{z-b}$ 展成幂级数 $\displaystyle\sum_{k=0}^{\infty}c_k(z-a)^k$ 的形式，并给出可以作此展开的条件，其中 a,b 为不相等的复常数.

7.6 请指出下列函数的奇点，并说明属于什么类型的奇点，对于极点请说明极点的阶数.

(1) $\dfrac{z-1}{z(z^2+1)^2}$ 　　　　(2) $\dfrac{1}{(z^2+\mathrm{i})^2}$ 　　　　(3) $\dfrac{\mathrm{e}^z-1}{z^m}$（$m$ 为正整数）

(4) $\dfrac{\mathrm{e}^z}{\mathrm{e}^z-1}$ 　　　　(5) $\dfrac{1-\cos z}{z^2}$ 　　　　(6) $\dfrac{1-\cos z}{z^3}$

(7) $\dfrac{1}{\sin z}$ 　　　　(8) $\dfrac{1}{\sin z+\cos z}$ 　　　　(9) $\dfrac{\tan(z-1)}{z-1}$

(10) $\cos\dfrac{1}{z+\mathrm{i}}$

7.7 把函数 $f(z)=\dfrac{1}{z^2-3z+2}$ 在下列区域中展成洛朗级数

(1) $0<|z|<1$ 　　　　(2) $1<|z|<2$ 　　　　(3) $2<|z|<\infty$

(4) $0<|z-1|<1$ 　　　　(5) $1<|z-1|<\infty$ 　　　　(6) $0<|z-2|<1$

(7) $1<|z-2|<\infty$

7.8 请将函数 $f(z)=\dfrac{1}{z(z-\mathrm{i})}$ 分别在 $z=1,z=0,z=\mathrm{i}$ 点进行洛朗展开，把对每个展开点所有可能的环形区域上的洛朗展开式写出.

7.9 请将函数 $f(z) = \dfrac{1}{z^4(z^2-1)^2}$ 在 $z=0$ 点的所有环形区域上展成洛朗级数.

7.10 请将函数 $f(z) = \dfrac{1}{(z-1)(z-2)^2}$ 分别在 $z=0$, $z=1$ 和 $z=2$ 点的所有环形区域上展成洛朗级数.

7.11 请将函数 $f(z) = e^{\frac{1}{1-z}}$ 在 $|z| < 1$ 和 $|z| > 1$ 的区域中展成级数.

7.12 请将函数 $f(z) = \sin\dfrac{1}{z}$ 在 $|z| > 0$ 的区域中展成级数.

第八章 留数定理及其在实积分中的应用

§ **8.1** 留数定理

留数定理在解析函数的理论研究中具有十分重要的地位,它是解析函数理论中最基本的定理之一. 柯西等数学家用留数理论计算带有孤立奇点的复积分,留数定理同时也可解决实积分中一类奇异积分的问题,给实积分以一种有效的计算方法. 在本章中只给出留数定理及其在实积分中的应用.

对于在函数 $f(z)$ 的解析区域中的积分问题已由柯西定理给出,而柯西积分公式解决了被积函数在积分回路所包围的区域中存在一个一阶极点的问题. 如果积分回路内包含被积函数的有限个孤立奇点,计算此类积分就要用到留数定理.

一、留数的定义

考虑函数 $f(z)$ 在其孤立奇点 z_0 附近的环形区域中作洛朗展开

$$f(z) = \sum_{n=-\infty}^{\infty} a_n (z-z_0)^n \tag{8.1.1}$$

当在此环形区域中作一个以 z_0 为圆心、以 r 为半径的圆周 c（在 c 内只有 z_0 这一孤立奇点）,作积分 $\oint_c f(z) \mathrm{d}z$ 时,有

$$\oint_c f(z)\mathrm{d}z = \sum_{n=-\infty}^{\infty} a_n \oint_c (z-z_0)^n \mathrm{d}z \tag{8.1.2}$$

由 $z-z_0 = re^{i\theta}, \mathrm{d}z = ire^{i\theta}\mathrm{d}\theta$,故有

$$\begin{aligned}
\oint_c f(z)\mathrm{d}z &= \sum_{n=-\infty}^{\infty} a_n \int_0^{2\pi} ir^{n+1} e^{i(n+1)\theta}\mathrm{d}\theta \\
&= \sum_{n=-\infty}^{\infty} a_n ir^{n+1} 2\pi \delta_{n,-1} \\
&= 2\pi i a_{-1}
\end{aligned} \tag{8.1.3}$$

其中用到 $\int_0^{2\pi} e^{i(n+m)\theta}\mathrm{d}\theta = 2\pi\delta_{n,-m}$.

故 $f(z)$ 在包含有单一孤立奇点 z_0 的回路积分值等于 $f(z)$ 在 z_0 点的洛朗展开的 $(z-z_0)^{-1}$ 项的系数 a_{-1} 乘以 $2\pi i$.

定义 8.1.1:留数的定义

定义 $f(z)$ 在 z_0 点的留数为 a_{-1},记为

$$\operatorname{Res} f(z_0) = a_{-1} \tag{8.1.4}$$

故有

$$\oint_c f(z)\,\mathrm{d}z = 2\pi\mathrm{i}\,\mathrm{Res}\,f(z_0) \tag{8.1.5}$$

由留数的定义可知,对积分有贡献的只是被积函数洛朗展开式中单极点项的系数.

二、留数定理

定理 8.1.1:留数定理

如果 $f(z)$ 在回路 c 所包围的区域内除有限个孤立奇点 $z_1,z_2,\cdots,z_k$ 外解析,则 $f(z)$ 沿 c 的回路积分值等于 $f(z)$ 在 $z_1,z_2,\cdots,z_k$ 的留数之和乘以 $2\pi\mathrm{i}$,即

$$\oint_c f(z)\,\mathrm{d}z = 2\pi\mathrm{i}\sum_{j=1}^{k}\mathrm{Res}\,f(z_j) \tag{8.1.6}$$

证:由留数的定义已经给出了对单一孤立奇点的情况. 对有限 k 个孤立奇点的情况(图 8.1.1),由复连通区域的柯西积分定理

$$\oint_c f(z)\,\mathrm{d}z = \sum_{j=1}^{k}\oint_{c_j} f(z)\,\mathrm{d}z \tag{8.1.7}$$

其中 c_j 为只包含孤立奇点 z_j 的绕 z_j 点的回路,所有的回路都不相交且方向都为逆时针方向,并由留数的定义,可得

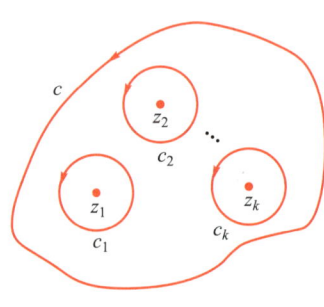

图 8.1.1

$$\oint_{c_j} f(z)\,\mathrm{d}z = 2\pi\mathrm{i}\,\mathrm{Res}\,f(z_j)\,,\quad j=1,2,\cdots,k \tag{8.1.8}$$

故

$$\oint_c f(z)\,\mathrm{d}z = 2\pi\mathrm{i}\sum_{j=1}^{k}\mathrm{Res}\,f(z_j) \tag{8.1.9}$$

定理得证.

三、留数定理在复积分中的应用举例

例 8.1.1　求积分 $\oint_c \dfrac{1}{z^2}\,\mathrm{d}z$,其中 c 为包围 $z_0=0$ 点的任一回路.

解:如图 8.1.2 所示,在 c 内作一个以 $z_0=0$ 为圆心,r 为半径的小圆 c_r,则由柯西积分定理可知

$$\begin{aligned}
\oint_c \frac{1}{z^2}\,\mathrm{d}z &= \oint_{c_r}\frac{1}{z^2}\,\mathrm{d}z \\
&= \int_0^{2\pi}\frac{1}{r^2\mathrm{e}^{\mathrm{i}2\theta}}\mathrm{i}r\mathrm{e}^{\mathrm{i}\theta}\,\mathrm{d}\theta \\
&= \frac{\mathrm{i}}{r}\int_0^{2\pi}\mathrm{e}^{-\mathrm{i}\theta}\,\mathrm{d}\theta \\
&= 0
\end{aligned}$$

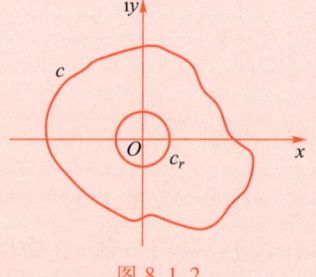

图 8.1.2

这正是留数定理的结果,因为被积函数 $\dfrac{1}{z^2}$ 就是在 $z_0=0$ 点的洛朗展开式,且 $a_{-1}=0$,直接应用留数定

理即可得 $\oint_c \dfrac{1}{z^2}\mathrm{d}z=0$. 虽然在回路积分中被积函数 $\dfrac{1}{z^2}$ 在 $z_0=0$ 点奇异,但由于辐角的积分使其为零,这是复积分非常重要的特性,即被积函数的洛朗展开式的奇点,对积分有贡献的只是单极点项的系数.

因此不能以回路积分为零来判断被积函数在回路中是否有奇点,即不能判定被积函数的解析性问题.

回过来看柯西积分公式:

$$\oint_c \frac{f(z)}{z-z_0}\mathrm{d}z=2\pi\mathrm{i}f(z_0)$$

其中 $f(z)$ 在 c 内解析,可在 z_0 点展成泰勒级数:

$$f(z)=f(z_0)+\sum_{n=1}^{\infty}a_n(z-z_0)^n$$

故被积函数可写成

$$\frac{f(z)}{z-z_0}=\frac{f(z_0)}{z-z_0}+\sum_{n=1}^{\infty}a_n(z-z_0)^{n-1}$$

这正是被积函数的洛朗展开式, $a_{-1}=f(z_0)$,柯西积分公式正是留数定理的结果.

四、莫列拉(Monera)定理

柯西积分定理的逆定理是不成立的,从上面例题的分析可知,一个函数的回路积分为 0,并不能因此判断此函数是解析函数.

定理 8.1.2:莫列拉定理

设函数 $f(z)$ 在 $\overline{\Omega}$ 中连续(包含 Ω 的边界),对 $\overline{\Omega}$ 中的任何一条闭合回路 c(包含 $\partial\Omega$),都有 $\oint_c f(z)\mathrm{d}z=0$,则 $f(z)$ 在 Ω 内解析,即如果有奇点,则回路 c 穿过奇点的积分就无法求该函数的黎曼和,即此积分不存在.

注 1:对 $\partial\Omega$ 即在 Ω 的边界上不讨论函数的解析性,因为边界点的邻域已超出 Ω 的范围,因此只能给出在 $\partial\Omega$ 上的连续性;

注 2:对 $\overline{\Omega}$ 上的任何一条闭合回路的积分为零,此条件就去掉了在 $\overline{\Omega}$ 上有奇点的可能性.这两个条件保证莫列拉定理的正确性.

因此莫列拉定理也被视为在附加条件下柯西积分定理的逆定理.

§ 8.2 留数的一般求法

一、利用函数 $f(z)$ 在孤立奇点 z_0 的洛朗展开,直接求出 z_0 点的留数

例 8.2.1 求函数 $f(z)=\mathrm{e}^{\frac{1}{z^2}}$ 在其奇点的留数.

解: $z_0=0$ 为 $f(z)$ 的孤立奇点, $f(z)$ 在 $0<|z|$ 区域内作洛朗展开,有

$$\mathrm{e}^{\frac{1}{z^2}} = \sum_{k=0}^{\infty} \frac{1}{k!} \frac{1}{z^{2k}}$$

由于没有奇幂次项,故 $a_{-1} = 0$,同时可知 $z_0 = 0$ 为 $f(z)$ 的本性奇点.

二、对一阶极点求留数的方法

如果 z_0 为函数 $f(z)$ 的一阶极点,则 $f(z)$ 在 z_0 点的洛朗展开为

$$f(z) = \frac{a_{-1}}{z-z_0} + \sum_{n=0}^{\infty} a_n (z-z_0)^n \qquad (8.2.1)$$

可知 $f(z)$ 在 z_0 点的留数为

$$\mathrm{Res}\, f(z_0) = a_{-1} = \lim_{z \to z_0} (z-z_0) f(z) = \left[(z-z_0) f(z) \right]_{z=z_0} \qquad (8.2.2)$$

物理学中经常遇到大量的一阶极点的问题,求这一类被积函数的留数就要用此方法.

例 8.2.2 求 $f(z) = \dfrac{1}{z^2 + p^2}$ $(p \neq 0)$ 的奇点处的留数.

解:把 $f(z)$ 写成 $f(z) = \dfrac{1}{(z+\mathrm{i}p)(z-\mathrm{i}p)}$ 可看出 $z = \mathrm{i}p$ 和 $z = -\mathrm{i}p$ 都为 $f(z)$ 的一阶极点,故

$$\mathrm{Res}\, f(\mathrm{i}p) = (z-\mathrm{i}p) \frac{1}{(z+\mathrm{i}p)(z-\mathrm{i}p)} \bigg|_{z=\mathrm{i}p} = \frac{1}{2\mathrm{i}p} = -\frac{\mathrm{i}}{2p}$$

$$\mathrm{Res}\, f(-\mathrm{i}p) = (z+\mathrm{i}p) \frac{1}{(z+\mathrm{i}p)(z-\mathrm{i}p)} \bigg|_{z=-\mathrm{i}p} = -\frac{1}{2\mathrm{i}p} = \frac{\mathrm{i}}{2p}$$

注意到函数在复平面上只有这两个一阶极点,它们的留数之和为零,由留数定理对包含这两个极点在内的回路作积分时,积分为零.

三、当 z_0 为 $f(z)$ 的 m 阶极点时,$f(z)$ 有洛朗展开

$$f(z) = \sum_{n=-m}^{\infty} a_n (z-z_0)^n, \qquad a_{-m} \neq 0 \qquad (8.2.3)$$

可得

$$(z-z_0)^m f(z) = a_{-m} + a_{-m+1}(z-z_0) + \cdots a_{-1}(z-z_0)^{m-1} + a_0(z-z_0)^m + \cdots$$

将等式两边作 $m-1$ 次微商:

$$\frac{\mathrm{d}^{m-1}}{\mathrm{d}z^{m-1}} \left[(z-z_0)^m f(z) \right] = (m-1)! \, a_{-1} + \frac{m!}{1!} a_0 (z-z_0) + \qquad (8.2.4)$$

$$\frac{(m+1)!}{2!} a_1 (z-z_0)^2 + \cdots$$

即可求得 z_0 点的留数 a_{-1} 为

$$\operatorname{Res} f(z_0) = \frac{1}{(m-1)!} \lim_{z \to z_0} \frac{\mathrm{d}^{m-1}}{\mathrm{d}z^{m-1}} \left[(z-z_0)^m f(z) \right] \tag{8.2.5}$$

例8.2.3 求 $f(z) = \dfrac{\mathrm{e}^{\mathrm{i}z}}{(z^2-p^2)^2}$ 在 $z_0 = p$ 点的留数.

解：$f(z) = \dfrac{\mathrm{e}^{\mathrm{i}z}}{(z+p)^2(z-p)^2}$, $z_0 = p$ 为 $f(z)$ 的二阶极点, 故

$$\operatorname{Res} f(p) = \frac{\mathrm{d}}{\mathrm{d}z} \left[(z-p)^2 \frac{\mathrm{e}^{\mathrm{i}z}}{(z+p)^2(z-p)^2} \right] \bigg|_{z=p}$$

$$= \frac{\mathrm{d}}{\mathrm{d}z} \left[\frac{\mathrm{e}^{\mathrm{i}z}}{(z+p)^2} \right]_{z=p}$$

$$= \frac{(\mathrm{i}p-1)\mathrm{e}^{\mathrm{i}p}}{4p^3}$$

四、如果函数 $f(z) = \dfrac{h(z)}{g(z)}$, z_0 为 $f(z)$ 的一阶极点, 即 $g(z_0) = 0$, 且 $h(z)$ 和 $g(z)$ 在 z_0 点及其邻域内解析, 且 $h(z_0) \neq 0$、$g'(z_0) \neq 0$, 则 $f(z)$ 在 z_0 点的留数可表示为

$$\operatorname{Res} f(z_0) = \frac{h(z_0)}{g'(z_0)} \tag{8.2.6}$$

证：由于 z_0 为 $f(z)$ 的一阶极点, 即 $g(z_0) = 0$, 则有

$$\operatorname{Res} f(z_0) = \lim_{z \to z_0} \left[(z-z_0) \frac{h(z)}{g(z)} \right] = \lim_{z \to z_0} \frac{h(z)}{\dfrac{g(z)-g(z_0)}{z-z_0}} = \frac{h(z_0)}{g'(z_0)}$$

例8.2.4 求 $f(z) = \dfrac{\mathrm{e}^{az}}{1+\mathrm{e}^z}$ 在 $z_0 = \mathrm{i}\pi$ 点的留数 $(0 < a < 1)$.

解：$\operatorname{Res} f(z) = \dfrac{\mathrm{e}^{az}}{(1+\mathrm{e}^z)'} \bigg|_{z=\mathrm{i}\pi} = \dfrac{\mathrm{e}^{\mathrm{i}a\pi}}{\mathrm{e}^{\mathrm{i}\pi}} = -\mathrm{e}^{\mathrm{i}a\pi}$

例8.2.5 $f(z) = \tan z = \dfrac{\sin z}{\cos z}$, $z_0 = \left(k+\dfrac{1}{2}\right)\pi$, $k = 0, 1, 2, \cdots$, 求 $\operatorname{Res} f(z_0)$.

解：对于每一个 k, $\sin z$ 解析且 $\sin z \neq 0$, 而 z_0 是 $\cos z$ 的一阶零点且 $(\cos z)'|_{z_0} \neq 0$, 故

$$\operatorname{Res} f(z_0) = \frac{\sin z}{(\cos z)'} \bigg|_{z_0} = -1$$

例8.2.6 $f(z) = \dfrac{1}{z^4-1}$ 有四个一阶极点, $z_1 = 1$, $z_2 = -1$, $z_3 = \mathrm{i}$, $z_4 = -\mathrm{i}$, 求在一阶极点处的留数.

解：

$$\operatorname{Res} f(z_1) = \frac{1}{(z^4-1)'} \bigg|_{z_1=1} = \frac{1}{4z^3} \bigg|_{z_1=1} = \frac{1}{4}$$

$$\operatorname{Res} f(z_2) = -\frac{1}{4}$$

$$\operatorname{Res} f(z_3) = -\frac{1}{4\mathrm{i}} = \frac{\mathrm{i}}{4}$$

$$\operatorname{Res} f(z_4) = \frac{1}{4\mathrm{i}} = -\frac{\mathrm{i}}{4}$$

注意到 $\sum\limits_{j=1}^{4} \operatorname{Res} f(z_j) = 0$.

*§ 8.3 解析函数在无穷远点的留数

如果在复平面上无穷远点是奇点,则复变函数在无穷远点是无定义的. 从复数球面可以理解函数在无穷远点的行为,当无穷远点为函数的孤立奇点且函数在无穷远点的邻域中解析时,可以重新定义无穷远点的函数值,使无穷远点成为函数的可去奇点,此时把无穷远点看成函数的解析点.

一、无穷远点留数的定义

定义 8.3.1:函数在无穷远点的留数

函数 $f(z)$ 在无穷远点的邻域中解析,则 $f(z)$ 在无穷远点的留数 $\operatorname{Res} f(\infty)$ 定义为

$$\operatorname{Res} f(\infty) = \frac{1}{2\pi\mathrm{i}} \oint_c f(z)\, \mathrm{d}z \qquad (8.3.1)$$

其中 c 为绕无穷远点的任一回路,其方向为顺时针方向,在 c 内除无穷远点外 $f(z)$ 解析.

对这一定义可作如下的理解:把 $f(z)$ 在 $z_0 = \infty$ 点展开成洛朗级数($R < |z| < \infty$),

$$f(z) = \sum_n C_n z^n \qquad (8.3.2)$$

则按 $\operatorname{Res} f(\infty)$ 的定义有

$$\operatorname{Res} f(\infty) = \frac{1}{2\pi\mathrm{i}} \oint_c f(z)\, \mathrm{d}z = \frac{1}{2\pi\mathrm{i}} \sum_n C_n \oint_c z^n\, \mathrm{d}z$$

$$= \frac{-1}{2\pi\mathrm{i}} \sum_n C_n \oint_c z^n\, \mathrm{d}z \quad (\text{此时 } c \text{ 为逆时针方向})$$

$$= -\sum_n C_n \delta_{n,-1} = -C_{-1} \qquad (8.3.3)$$

其中用到 $\frac{1}{2\pi\mathrm{i}} \oint_c z^n\, \mathrm{d}z = \delta_{n,-1}$.

例 8.3.1 $f(z) = \mathrm{e}^z$,求 $\operatorname{Res} f(\infty)$.

解:e^z 的唯一的奇点为 $z_0 = \infty$ 点,$f(z) = \mathrm{e}^z$ 在 $|z| < \infty$ 区域上展开也可看成在 $z_0^{-1} = 0$ 点的泰勒展开,即 $f(z) = \mathrm{e}^z = \sum\limits_{n=0}^{\infty} \frac{1}{n!} z^n$,可知 $C_{-1} = 0$,即 $\operatorname{Res} f(\infty) = -C_{-1} = 0$.

例 8.3.2 $f(z) = \dfrac{e^z}{z}$, 求 $\operatorname{Res} f(\infty)$.

解: $f(z)$ 的奇点为 $z_0 = 0$ 和 $z_0 = \infty$, $z_0 = 0$ 为一阶极点, 在区域 $0 < |z| < \infty$ 上展开时,

$$f(z) = \frac{1}{z} + \sum_{n=1}^{\infty} \frac{1}{n!} z^{n-1}$$

故 $C_{-1} = 1$, $\operatorname{Res} f(\infty) = -C_{-1} = -1$

二、全复平面的留数和

全复平面是指包含无穷远点的复平面.

定理 8.3.1: 若函数 $f(z)$ 在包含无穷远点的全复平面上只有有限个孤立奇点, 则全复平面内的留数之和为零.

证: 在复平面上构造一个足够大的回路 c, c 把 $f(z)$ 的除无穷远点外的所有有限个孤立奇点都包围在内, 由 $f(z)$ 在无穷远点留数的定义, 有

$$\operatorname{Res} f(\infty) = \frac{1}{2\pi i} \oint_c f(z)\, dz \tag{8.3.4}$$

其中回路 c 为顺时针方向.

由留数定理, 有

$$\frac{1}{2\pi i} \oint_c f(z)\, dz = \sum_{j=1}^{k} \operatorname{Res} f(z_j) \tag{8.3.5}$$

其中回路 c 为逆时针方向, $z_j (j = 1, \cdots, k)$ 为 $f(z)$ 除无穷远点外的有限个孤立奇点.

注意到上面两式的积分回路 c 的方向相反, 故有

$$\operatorname{Res} f(\infty) + \sum_{j=1}^{k} \operatorname{Res} f(z_j) = 0 \tag{8.3.6}$$

即定理得证.

例 8.3.3 计算 $f(z) = \dfrac{1}{z^2 + p^2}$ 的所有留数, 验证 $f(z)$ 在全复平面的留数之和为零.

解: $f(z)$ 的两个一阶极点为 $z = \pm ip$, 由上一节例 8.2.2 可知,

$$\operatorname{Res} f(ip) = -\frac{i}{2p}, \quad \operatorname{Res} f(-ip) = \frac{i}{2p}$$

考虑 $f(z)$ 在 z 趋于无穷时, $f(z) \xrightarrow{z \to \infty} \dfrac{1}{z^2}$, 即展式的 $C_{-1} = 0$, 即

$$\operatorname{Res} f(\infty) = 0$$

因此可验证得 $\qquad \operatorname{Res} f(\infty) + \operatorname{Res} f(-ip) + \operatorname{Res} f(ip) = 0$

从另一个角度看: $\operatorname{Res} f(-ip) + \operatorname{Res} f(ip) = 0$, 也可以从定理直接推断 $\operatorname{Res} f(\infty) = 0$.

§8.4 留数定理在实积分中的应用

一、奇异积分的柯西主值问题

在实积分的计算中,往往会碰到一类奇异积分,被积函数在积分区间内的某一点奇异,例 $\int_a^b \dfrac{1}{x-x_0}\mathrm{d}x, x_0 \in (a,b)$,这一积分在通常积分的意义下在 $x=x_0$ 点是奇异的,称为瑕积分,因此要重新定义这一类积分,使之在某种意义下具有确定的值. 这里我们介绍的是柯西所定义的这类积分,即在积分区域内有奇点的积分和积分限为无穷的奇异积分,而且这两类积分通常是结合在一起考虑的.

定义 8.4.1:柯西主值积分

设积分 $\int_a^b f(x)\mathrm{d}x$ 的被积函数 $f(x)$ 在 $x_0 \in (a,b)$ 奇异,若积分 $\lim\limits_{\delta \to 0}\Big(\int_a^{x_0-\delta} f(x)\mathrm{d}x +$
$\int_{x_0+\delta}^b f(x)\mathrm{d}x\Big)$ 存在,则称此积分为 $\int_a^b f(x)\mathrm{d}x$ 的柯西主值,记为

$$P\int_a^b f(x)\mathrm{d}x = \lim_{\delta \to 0}\left(\int_a^{x_0-\delta} f(x)\mathrm{d}x + \int_{x_0+\delta}^b f(x)\mathrm{d}x\right) \qquad (8.4.1)$$

柯西主值积分是在实积分范围内定义的.

例 8.4.1 积分 $\int_a^b \dfrac{1}{x-x_0}\mathrm{d}x, x_0 \in (a,b)$,其积分的柯西主值为

$$P\int_a^b \frac{1}{x-x_0}\mathrm{d}x = \ln\frac{b-x_0}{x_0-a}, \quad x_0 \in (a,b)$$

$$P\int_a^b \frac{1}{x-x_0}\mathrm{d}x = \lim_{\delta \to 0}\left[\int_a^{x_0-\delta}\left|\frac{1}{x-x_0}\right|\mathrm{d}x + \int_{x_0+\delta}^b\left|\frac{1}{x-x_0}\right|\mathrm{d}x\right]$$

$$= \lim_{\delta \to 0}\left[\ln|x-x_0|\,\Big|_a^{x_0-\delta} + \ln|x-x_0|\,\Big|_{x_0+\delta}^b\right]$$

$$= \lim_{\delta \to 0}\left[\ln|-\delta| - \ln|a-x_0| + \ln|b-x_0| - \ln|\delta|\right]$$

$$= \ln\frac{b-x_0}{x_0-a}$$

注:上式在第一步中加绝对值是为了保证对数函数有意义.

二、用留数定理来计算无穷限的奇异积分的柯西主值

1. 考虑实轴上具有一个一阶极点、积分限为无穷的实积分

$$I = \int_{-\infty}^{\infty} \frac{f(x)}{x-\alpha}\mathrm{d}x, \quad \alpha \in \mathbf{R}$$

设函数 $f(z)$ 在上半平面(包括 x 轴)上解析,且当 $|z| \to \infty$ 时 $|f(z)| \to 0$,(注意:

$f(z)$ 不是在全平面解析, 否则由最大模定理可知 $f(z)$ 为零). 考虑积分 $\oint_c \dfrac{f(z)}{z-\alpha}\mathrm{d}z$, α 在实轴上, 积分回路 c 如图 8.4.1 所示, 由半圆 c_R、$[-R,\alpha-\delta]$、半圆 c_δ、$[\alpha+\delta, R]$ 组成. 积分回路方向如图 8.4.1 所示.

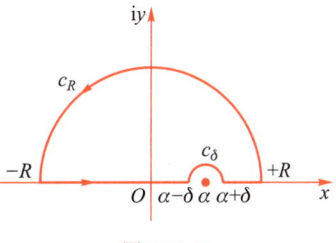

图 8.4.1

由于被积函数 $\dfrac{f(z)}{z-\alpha}$ 在 c 所围成的区域上解析, 故

$$\oint_c \frac{f(z)}{z-\alpha}\mathrm{d}z = 0 \qquad (8.4.2)$$

积分回路 c 为逆时针方向, 而

$$\oint_c \frac{f(z)}{z-\alpha}\mathrm{d}z = \int_{c_R} \frac{f(z)}{z-\alpha}\mathrm{d}z + \int_{-R}^{\alpha-\delta} \frac{f(x)}{x-\alpha}\mathrm{d}x + \int_{c_\delta} \frac{f(z)}{z-\alpha}\mathrm{d}z + \int_{\alpha+\delta}^{R} \frac{f(x)}{x-\alpha}\mathrm{d}x \qquad (8.4.3)$$

可得

$$\int_{-R}^{\alpha-\delta} \frac{f(x)}{x-\alpha}\mathrm{d}x + \int_{\alpha+\delta}^{R} \frac{f(x)}{x-\alpha}\mathrm{d}x = -\int_{c_R} \frac{f(z)}{z-\alpha}\mathrm{d}z - \int_{c_\delta} \frac{f(z)}{z-\alpha}\mathrm{d}z \qquad (8.4.4)$$

考虑 $R \to \infty$, $\delta \to 0$ 的情况, 由柯西主值的定义

$$P\int_{-\infty}^{\infty} \frac{f(x)}{x-\alpha}\mathrm{d}x = \lim_{\delta \to 0}\left(\int_{-\infty}^{\alpha-\delta} \frac{f(x)}{x-\alpha}\mathrm{d}x + \int_{\alpha+\delta}^{\infty} \frac{f(x)}{x-\alpha}\mathrm{d}x \right) \qquad (8.4.5)$$

考虑 (8.4.2) 式, 则有

$$P\int_{-\infty}^{\infty} \frac{f(x)}{x-\alpha}\mathrm{d}x = -\lim_{R \to \infty}\int_{c_R} \frac{f(z)}{z-\alpha}\mathrm{d}z - \lim_{\delta \to 0}\int_{c_\delta} \frac{f(z)}{z-\alpha}\mathrm{d}z \qquad (8.4.6)$$

下面计算等式右边的两个积分:

对 $\displaystyle\int_{c_R} \frac{f(z)}{z-\alpha}\mathrm{d}z$, 如图 8.4.2 所示, 设 α 在正实轴上, 先考虑在第一象限内的积分, $z = R\mathrm{e}^{\mathrm{i}\theta}$, 由余弦定理可知

$$|z-\alpha| = |R\mathrm{e}^{\mathrm{i}\theta}-\alpha| = (R^2+\alpha^2-2R\alpha\cos\theta)^{\frac{1}{2}}$$
$$\geqslant (R^2+\alpha^2-2R\alpha)^{\frac{1}{2}} = |R-\alpha| \qquad (8.4.7)$$

所以

$$\left| \int_{c_R} \frac{f(z)}{z-\alpha}\mathrm{d}z \right| \leqslant \frac{R}{|R-\alpha|} \int_0^\pi |f(z)|\,\mathrm{i}\mathrm{e}^{\mathrm{i}\theta}\mathrm{d}\theta$$

其中 $\displaystyle\lim_{R\to\infty}|f(z)| \to 0$, $\displaystyle\lim_{R\to\infty}\frac{R}{|R-\alpha|} \to 1$. 考虑第二象限的

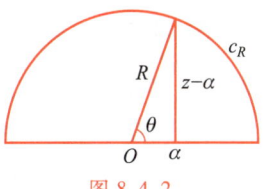

图 8.4.2

积分, 由于 c_R 上的点 $\cos\theta < 0$, $|z-\alpha| = |R\mathrm{e}^{\mathrm{i}\theta}-\alpha| = (R^2+\alpha^2-2R\alpha\cos\theta)^{\frac{1}{2}} > R$, 有 $\displaystyle\lim_{R\to\infty}\frac{R}{|R-\alpha|} \leqslant 1$.

故

$$\lim_{R\to\infty}\left| \int_{c_R} \frac{f(z)}{z-\alpha}\mathrm{d}z \right| = 0$$

考虑积分 $-\lim\limits_{\delta\to 0}\int_{c_\delta}\dfrac{f(z)}{z-\alpha}\mathrm{d}z$，其中回路 c_δ 为顺时针方向，由于 $f(z)$ 在 α 点解析，故

$$\lim\limits_{\delta\to 0}\big|\,f(z)-f(\alpha)\,\big|<\varepsilon\to 0$$

其中 ε 为任意小的正实数，而

$$-\int_{c_\delta}\frac{1}{z-\alpha}\mathrm{d}z=-\int_\pi^0\frac{\mathrm{i}\delta\mathrm{e}^{\mathrm{i}\theta}}{\delta\mathrm{e}^{\mathrm{i}\theta}}\mathrm{d}\theta=\pi\mathrm{i}$$

故

$$-\lim\limits_{\delta\to 0}\int_{c_\delta}\frac{f(z)}{z-\alpha}\mathrm{d}z=-\lim\limits_{\delta\to 0}f(\alpha)\int_{c_\delta}\frac{1}{z-\alpha}\mathrm{d}z-\lim\limits_{\delta\to 0}\int_{c_\delta}\frac{f(z)-f(\alpha)}{z-\alpha}\mathrm{d}z$$

$$=\pi\mathrm{i}f(\alpha)$$

其中用到对积分的估计：由于 $|z-\alpha|=|\delta\mathrm{e}^{\mathrm{i}\theta}|=\delta$，$|\mathrm{d}z|=|\mathrm{i}\delta\mathrm{e}^{\mathrm{i}\theta}\mathrm{d}\theta|=\delta\mathrm{d}\theta$，则有

$$\lim\limits_{\delta\to 0}\left|\int_{c_\delta}\frac{f(z)-f(\alpha)}{z-\alpha}\mathrm{d}z\right|\leqslant\lim\limits_{\delta\to 0}\int_{c_\delta}\frac{\big|\,f(z)-f(\alpha)\,\big|}{|z-\alpha|}\,|\,\mathrm{d}z\,|<\frac{\varepsilon}{\delta}(\pi\delta)\to 0$$

故可得

$$P\int_{-\infty}^{\infty}\frac{f(x)}{x-\alpha}\mathrm{d}x=\pi\mathrm{i}f(\alpha)=\pi\mathrm{i}\mathrm{Res}\,F(\alpha)\tag{8.4.8}$$

其中 $F(z)=\dfrac{f(z)}{z-\alpha}$。

2. 对于被积函数 $F(x)=\dfrac{f(x)}{(x-\alpha_1)\cdots(x-\alpha_k)}$，$F(x)$ 在实轴上有有限的 k 个单极点的情况

$$I=\int_{-\infty}^{\infty}F(x)\,\mathrm{d}x=\int_{-\infty}^{\infty}\frac{f(x)}{(x-\alpha_1)\cdots(x-\alpha_k)}\mathrm{d}x$$

$f(z)$ 在上半平面解析且 $|f(z)|\xrightarrow[|z|\to\infty]{}0$，同样方法可计算得

$$P\int_{-\infty}^{\infty}F(x)\,\mathrm{d}x=\pi\mathrm{i}\sum_{j=1}^{k}\mathrm{Res}\,F(\alpha_j)$$

$$=\pi\mathrm{i}\sum_{j=1}^{k}\frac{f(\alpha_j)}{(\alpha_j-\alpha_1)\cdots(\alpha_j-\alpha_{j-1})(\alpha_j-\alpha_{j+1})\cdots(\alpha_j-\alpha_k)}\tag{8.4.9}$$

3. 对于第 2 种积分的被积函数 $F(x)$ 的条件可放宽，将 $\int_{-\infty}^{\infty}F(x)\,\mathrm{d}x$ 的被积函数 $F(x)$ 拓展为 $F(z)$，要求 $F(z)$ 满足：

（1）$F(z)$ 在上半复平面上除有限个孤立奇点外解析；

（2）当 $|z|\to\infty$ 时，对 $0\leqslant\arg z\leqslant\pi$，有 $zF(z)$ 一致趋于零；

（3）$F(z)$ 在实轴上只有有限个单极点；

则

$$P\int_{-\infty}^{\infty}F(x)\,\mathrm{d}x=2\pi\mathrm{i}\sum_{i=1}^{m}\mathrm{Res}\,F(z_i)+\pi\mathrm{i}\sum_{j=1}^{k}\mathrm{Res}\,F(\alpha_j)\tag{8.4.10}$$

其中 $z_i,i=1,\cdots,m$ 为 $F(z)$ 在上半复平面的 m 个孤立奇点，$\alpha_j,j=1,\cdots,k$ 为 $F(z)$ 在实轴上的 k 个单极点.

该问题的计算方法:回路 c 的取法与图 8.4.1 相同,只是在上半平面增加 m 个孤立奇点,及实轴上有 k 个单极点.应用留数定理及 k 个实轴单极点的计算,在 c_R 的积分中注意条件(2)的要求即可得到结果(8.4.10)式.

三、例题

例 8.4.2 计算积分 $I = \displaystyle\int_{-\infty}^{\infty} \frac{1}{1+x^2} \mathrm{d}x$.

解:$F(z) = \dfrac{1}{1+z^2} = \dfrac{1}{(z+\mathrm{i})(z-\mathrm{i})}$,$F(z)$ 在上半平面只有一个单极点 $z = \mathrm{i}$,满足上述三个条件(在实轴上没极点).计算可得

$$\operatorname{Res} F(\mathrm{i}) = \frac{1}{2\mathrm{i}}$$

故

$$I = \int_{-\infty}^{\infty} \frac{1}{1+x^2} \mathrm{d}x = 2\pi \mathrm{i} \operatorname{Res} F(\mathrm{i}) = \pi$$

此例题是实轴上没有奇点的情况,此实积分可直接计算,$I = \arctan x \Big|_{-\infty}^{\infty} = \pi$.

结合此例题,对

$$I = \int_{-\infty}^{\infty} \frac{1}{x^4 - 1} \mathrm{d}x = \int_{-\infty}^{\infty} \frac{1}{(x^2+1)(x+1)(x-1)} \mathrm{d}x$$

利用上式结果只需计算在实轴上 $x = 1$,$x = -1$ 的贡献,由

$$\operatorname{Res} F(1) = \frac{1}{4}, \quad \operatorname{Res} F(-1) = -\frac{1}{4}$$

因此这两个极点的贡献为零,故

$$I = P \int_{-\infty}^{\infty} \frac{1}{x^4 - 1} \mathrm{d}x = \pi$$

注:对此类实无穷限的积分一定要注意 $F(z)$ 满足的条件,对于不同的条件可能要取特殊的回路进行积分.

例 8.4.3 计算积分 $I = \displaystyle\int_{-\infty}^{\infty} \frac{\mathrm{e}^{ax}}{1+\mathrm{e}^x} \mathrm{d}x$,$0 < a < 1$.

解:对于 $F(z) = \dfrac{\mathrm{e}^{az}}{1+\mathrm{e}^z}$,在上半平面有无穷多奇点 $z_k = \mathrm{i}(2k+1)\pi$,其中 $k = 0, 1, 2, \cdots$,奇点都在虚轴上,故无法作上半圆周 c_R 的积分.

作积分 $\displaystyle\oint_c \frac{\mathrm{e}^{az}}{1+\mathrm{e}^z} \mathrm{d}z$,其中回路 c 如图 8.4.3 所示,$c = c_1 + c_2 + c_3 + c_4$ 为矩形回路,c 中包含奇点 $\mathrm{i}\pi$,由留数定理可得

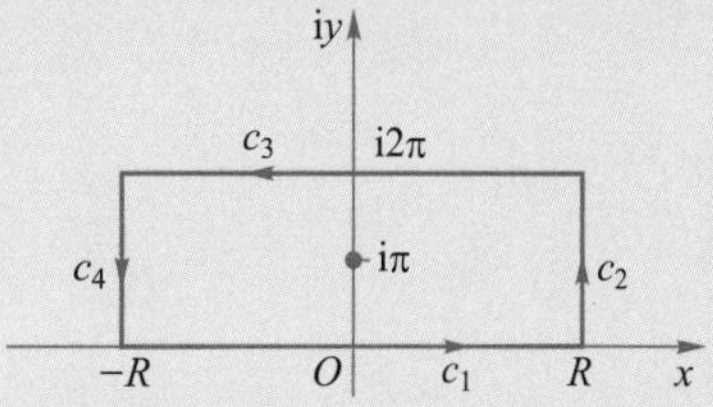

$$\oint_c \frac{\mathrm{e}^{az}}{1+\mathrm{e}^z} \mathrm{d}z = 2\pi \mathrm{i} \operatorname{Res}[F(\mathrm{i}\pi)]$$

即

图 8.4.3

$$\int_{-R}^{R} \frac{\mathrm{e}^{ax}}{1+\mathrm{e}^x} \mathrm{d}x + \int_{c_2} \frac{\mathrm{e}^{az}}{1+\mathrm{e}^z} \mathrm{d}z + \int_{c_3} \frac{\mathrm{e}^{az}}{1+\mathrm{e}^z} \mathrm{d}z + \int_{c_4} \frac{\mathrm{e}^{az}}{1+\mathrm{e}^z} \mathrm{d}z = 2\pi \mathrm{i} \operatorname{Res} F(\mathrm{i}\pi)$$

由于

$$\operatorname{Res} F(\mathrm{i}\pi) = \frac{\mathrm{e}^{az}}{(1+\mathrm{e}^{z})'}\bigg|_{z=\mathrm{i}\pi} = -\mathrm{e}^{\mathrm{i}a\pi}$$

考虑 $R\to\infty$ 时，c_2 路径的积分为

$$\lim_{R\to\infty}\left|\int_{c_2}\frac{\mathrm{e}^{az}}{1+\mathrm{e}^{z}}\mathrm{d}z\right| \leqslant \lim_{R\to\infty}\int_{R}^{R+\mathrm{i}2\pi}\left|\frac{\mathrm{e}^{a(R+\mathrm{i}y)}}{1+\mathrm{e}^{R+\mathrm{i}y}}\right||\mathrm{d}z| \leqslant \lim_{R\to\infty}\int_{0}^{2\pi}\frac{\mathrm{e}^{aR}}{|1+\mathrm{e}^{R+\mathrm{i}y}|}\mathrm{d}y$$

$$\leqslant \lim_{R\to\infty}\int_{0}^{2\pi}\frac{\mathrm{e}^{aR}}{|\mathrm{e}^{R+\mathrm{i}y}|-1}\mathrm{d}y$$

$$= \lim_{R\to\infty}\frac{\mathrm{e}^{aR}}{\mathrm{e}^{R}-1}\cdot 2\pi = 0$$

其中用到复数的性质：$|z|>1$ 时，有 $|z+1|\geqslant|z|-1$.（此性质请读者自证.）

同理 $\displaystyle\int_{c_4}\frac{\mathrm{e}^{az}}{1+\mathrm{e}^{z}}\mathrm{d}z\xrightarrow{R\to\infty}0$，而

$$\int_{c_3}\frac{\mathrm{e}^{az}}{1+\mathrm{e}^{z}}\mathrm{d}z = \int_{R}^{-R}\frac{\mathrm{e}^{a(x+\mathrm{i}2\pi)}}{1+\mathrm{e}^{x+\mathrm{i}2\pi}}\mathrm{d}x = -\mathrm{e}^{\mathrm{i}2\pi a}\int_{-R}^{R}\frac{\mathrm{e}^{ax}}{1+\mathrm{e}^{x}}\mathrm{d}x$$

因此对矩形回路 c 的积分可得，当 $R\to\infty$ 时，有例题 8.2.4 的 $\operatorname{Res} F(\mathrm{i}\pi) = -\mathrm{e}^{\mathrm{i}a\pi}$，由留数定理可得

$$(1-\mathrm{e}^{\mathrm{i}2\pi a})\int_{-\infty}^{\infty}\frac{\mathrm{e}^{ax}}{1+\mathrm{e}^{x}}\mathrm{d}x = -2\pi\mathrm{i}\mathrm{e}^{\mathrm{i}a\pi}$$

即

$$\int_{-\infty}^{\infty}\frac{\mathrm{e}^{ax}}{1+\mathrm{e}^{x}}\mathrm{d}x = -\frac{2\pi\mathrm{i}\mathrm{e}^{\mathrm{i}a\pi}}{1-\mathrm{e}^{\mathrm{i}2\pi a}} = \frac{\pi}{\sin a\pi}$$

例 8.4.4 计算菲涅尔（Fresnel）积分：$\displaystyle\int_{0}^{\infty}\sin x^{2}\mathrm{d}x$、$\displaystyle\int_{0}^{\infty}\cos x^{2}\mathrm{d}x$.

解：先求 $\displaystyle\int_{0}^{\infty}\sin x^{2}\mathrm{d}x$，积分回路如图 8.4.4 所示.

由于 $\displaystyle\int_{c}=\int_{0}^{R}+\int_{c_R}+\int_{c_{\frac{\pi}{4}}}\mathrm{e}^{\mathrm{i}z^{2}}$ 在 c 点解析，

$$\oint_{c}\mathrm{e}^{\mathrm{i}z^{2}}\mathrm{d}z = 0$$

由

$$\oint_{c}\mathrm{e}^{\mathrm{i}z^{2}}\mathrm{d}z = \int_{0}^{R}\mathrm{e}^{\mathrm{i}x^{2}}\mathrm{d}x + \int_{c_R}\mathrm{e}^{\mathrm{i}z^{2}}\mathrm{d}z + \int_{c_{\frac{\pi}{4}}}\mathrm{e}^{\mathrm{i}z^{2}}\mathrm{d}z$$

有

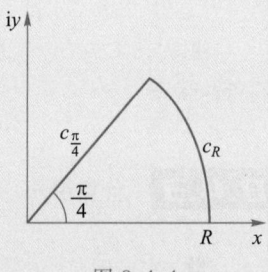

图 8.4.4

$$\int_{c_{\frac{\pi}{4}}}\mathrm{e}^{\mathrm{i}z^{2}}\mathrm{d}z = \int_{0}^{R}\mathrm{e}^{-r^{2}}\mathrm{e}^{\mathrm{i}\frac{\pi}{4}}\mathrm{d}r = -\mathrm{e}^{\mathrm{i}\frac{\pi}{4}}\int_{0}^{R}\mathrm{e}^{-r^{2}}\mathrm{d}r$$

其中 $z=r\mathrm{e}^{\mathrm{i}\frac{\pi}{4}}$，$\mathrm{d}z=\mathrm{e}^{\mathrm{i}\frac{\pi}{4}}\mathrm{d}r$.

当 $R\to\infty$ 时，$-\mathrm{e}^{\mathrm{i}\frac{\pi}{4}}\displaystyle\int_{0}^{\infty}\mathrm{e}^{-r^{2}}\mathrm{d}r = -\mathrm{e}^{\mathrm{i}\frac{\pi}{4}}\frac{\sqrt{\pi}}{2}$.

再者，令 $z=R\mathrm{e}^{\mathrm{i}\frac{\theta}{2}}$，$\mathrm{d}z=\mathrm{i}\dfrac{R}{2}\mathrm{e}^{\mathrm{i}\frac{\theta}{2}}\mathrm{d}\theta$，$z^{2}=R^{2}\mathrm{e}^{\mathrm{i}\theta}=R^{2}(\cos\theta+\mathrm{i}\sin\theta)$，

$$\int_{c_R} e^{iz^2} dz = \int_0^{\frac{\pi}{2}} e^{iR^2(\cos\theta + i\sin\theta)} \cdot \frac{i}{2} Re^{i\frac{\theta}{2}} d\theta$$

$$\left| \int_{c_R} e^{iz^2} dz \right| \leqslant \int_0^{\frac{\pi}{2}} \left| e^{iR^2(\cos\theta + i\sin\theta)} \cdot \frac{i}{2} Re^{i\frac{\theta}{2}} \right| d\theta$$

$$= \frac{R}{2} \int_0^{\frac{\pi}{2}} e^{-R^2\sin\theta} d\theta \leqslant \frac{R}{2} \int_0^{\frac{\pi}{2}} e^{-R^2 \frac{2}{\pi}\theta} d\theta$$

$$= -\frac{\pi}{4R} \left[e^{-R^2 \frac{2}{\pi}\theta} \right]_0^{\frac{\pi}{2}} = \frac{\pi}{4R} \left[1 - e^{-R^2} \right] \to 0 \ (R \to \infty)$$

所以

$$\int_0^{\infty} e^{ix^2} dx = -\int_{c_{\frac{\pi}{4}}} e^{iz^2} dz = e^{i\frac{\pi}{4}} \frac{\sqrt{\pi}}{2} = \left(\frac{1}{\sqrt{2}} + i\frac{1}{\sqrt{2}} \right) \frac{\sqrt{\pi}}{2}$$

即

$$\int_0^{\infty} \cos x^2 dx + i \int_0^{\infty} \sin x^2 dx = \frac{1}{2}\sqrt{\frac{\pi}{2}} + i\frac{1}{2}\sqrt{\frac{\pi}{2}}$$

其中

$$\begin{cases} \int_0^{\infty} \cos x^2 dx = \frac{1}{2}\sqrt{\frac{\pi}{2}} \\ \int_0^{\infty} \sin x^2 dx = \frac{1}{2}\sqrt{\frac{\pi}{2}} \end{cases}$$

称为菲涅耳积分.

四、利用约当（Jordan）引理计算一类带有三角函数的实积分问题

1. 引理 8.4.1：约当引理

函数 $f(z)$ 除在上半复平面上有有限个孤立奇点和在实轴上有有限个单极点外解析，并且当 $|z| \to \infty$ 时，有 $|f(z)| \leqslant M(R) \to 0$，$c_R$ 为以原点为圆心，以 R 为半径的半圆周（图 8.4.5）.

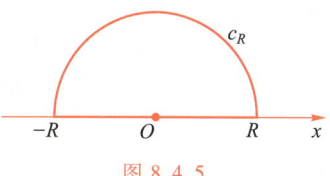

图 8.4.5

所有上半复平面的孤立奇点都包含在 c_R 与实轴围成的区域内，则

$$J = \lim_{R \to \infty} \int_{c_R} f(z) e^{imz} dz \to 0, \quad m > 0 \tag{8.4.11}$$

其中条件 $(f(z)) \leqslant M(R) \to 0$，$M(R)$ 为依赖于 R 的正实数，表示一致趋于零.

证：由 $z \in c_R$，$z = Re^{i\theta} = R(\cos\theta + i\sin\theta)$

$$J = \int_0^{\pi} f(Re^{i\theta}) e^{imR(\cos\theta + i\sin\theta)} iRe^{i\theta} d\theta \tag{8.4.12}$$

有

$$|J| \leqslant \int_0^{\pi} \left| f(Re^{i\theta}) e^{imR(\cos\theta + i\sin\theta)} iRe^{i\theta} \right| d\theta$$

$$\leqslant M(R) \cdot R \int_0^{\pi} e^{-mR\sin\theta} d\theta \tag{8.4.13}$$

而

$$\int_0^\pi \mathrm{e}^{-mR\sin\theta}\,\mathrm{d}\theta = 2\int_0^{\frac{\pi}{2}} \mathrm{e}^{-mR\sin\theta}\,\mathrm{d}\theta \leqslant 2\int_0^{\frac{\pi}{2}} \mathrm{e}^{-2mR\frac{\theta}{\pi}}\,\mathrm{d}\theta \qquad (8.4.14)$$

其中用到

$$\frac{\pi}{2}\sin\theta \geqslant \theta, \quad \text{即 } \sin\theta \geqslant \frac{2\theta}{\pi}, \quad 0 \leqslant \theta \leqslant \frac{\pi}{2}$$
$$(8.4.15)$$

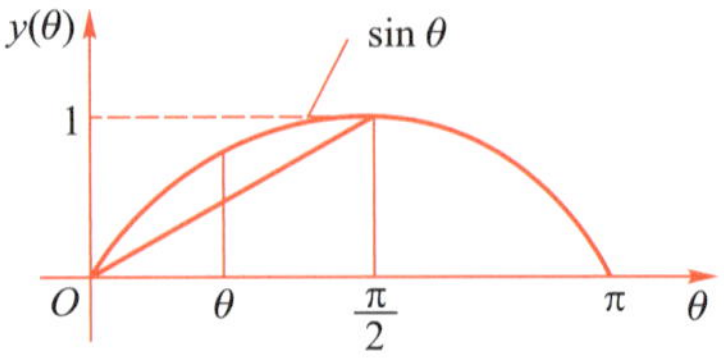

关于此不等式,由 $0 \leqslant \theta \leqslant \dfrac{\pi}{2}$ 区间中的 $y = \sin\theta$ 的曲

线与 $y = \dfrac{2}{\pi}\theta$ 的直线比较,如图 8.4.6 所示,直线的

方程为

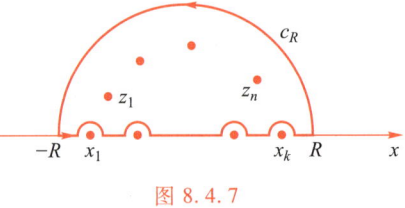

图 8.4.6

$$y = \frac{\theta}{\frac{\pi}{2}} = \frac{2\theta}{\pi}, \quad \sin\theta \geqslant y = \frac{2\theta}{\pi}, \quad \text{即 } \frac{\pi}{2}\sin\theta \geqslant \theta,$$

即可得(8.4.15)式. 故

$$|J| \leqslant 2M(R)\cdot R\int_0^{\frac{\pi}{2}} \mathrm{e}^{-2mR\frac{\theta}{\pi}}\,\mathrm{d}\theta = \frac{\pi M(R)}{m}(1-\mathrm{e}^{-mR}) \qquad (8.4.16)$$

故当 $R\to\infty$,$M(R)\to 0$,可得 $|J|\to 0$,引理得证.

用约当引理,可以计算 $\displaystyle\int_{-\infty}^{\infty} f(x)\,\mathrm{e}^{\mathrm{i}mx}\,\mathrm{d}x\,(m>0)$

的实积分,此实积分可以写成 $\displaystyle\int_{-\infty}^{\infty} f(x)\cos mx\,\mathrm{d}x$ 和

$\displaystyle\int_{-\infty}^{\infty} f(x)\sin mx\,\mathrm{d}x$ 的形式,其中 $f(x)$ 满足的条件

图 8.4.7

与约当引理中对 $f(z)$ 的要求相同.

令 $F(z) = f(z)\mathrm{e}^{\mathrm{i}mz}$,取回路 c 如图 8.4.7 所示,它是由 $-R$ 沿实轴到 $+R$ 和 c_R 所组成,c_R 的作法与 Jordan 引理的 c_R 相同,则由留数定理

$$\oint_c F(z)\,\mathrm{d}z = 2\pi\mathrm{i}\sum_{i=1}^{n} \operatorname{Res} F(z_i) \qquad (8.4.17)$$

又

$$\oint_c F(z)\,\mathrm{d}z = \lim_{R\to\infty}\int_{c_R} f(z)\mathrm{e}^{\mathrm{i}mz}\,\mathrm{d}z + \lim_{R\to\infty} P\int_{-R}^{R} f(x)\mathrm{e}^{\mathrm{i}mx}\,\mathrm{d}x - \pi\mathrm{i}\sum_{j=1}^{k} \operatorname{Res} F(x_j)$$
$$(8.4.18)$$

由约当引理 $\displaystyle\lim_{R\to\infty}\int_{c_R} f(z)\mathrm{e}^{\mathrm{i}mz}\,\mathrm{d}z = 0$,故可得

$$P\int_{-\infty}^{\infty} f(x)\mathrm{e}^{\mathrm{i}mx}\,\mathrm{d}x = 2\pi\mathrm{i}\sum_{i=1}^{n} \operatorname{Res}[f(z_i)\mathrm{e}^{\mathrm{i}mz_i}] + \pi\mathrm{i}\sum_{j=1}^{k} \operatorname{Res}[f(x_j)\mathrm{e}^{\mathrm{i}mx_j}] \quad (8.4.19)$$

这就是实积分 $\displaystyle\int_{-\infty}^{\infty} f(x)\mathrm{e}^{\mathrm{i}mx}\,\mathrm{d}x$ 的计算结果. 其中实轴上每个绕单极点的回路 c_δ 的

积分贡献 $\pi\mathrm{i}\mathrm{Res}\left[f(x_j)\,\mathrm{e}^{\mathrm{i}mx_j}\right]$.

可把 $\mathrm{e}^{\mathrm{i}mx}=\cos mx+\mathrm{i}\sin mx$ 代入被积函数,即可得

$$P\int_{-\infty}^{\infty}f(x)\cos mx\,\mathrm{d}x=-2\pi\sum_{i=1}^{n}\mathrm{Im}\,\mathrm{Res}\left[f(z_i)\,\mathrm{e}^{\mathrm{i}mz_i}\right]-\pi\sum_{j=1}^{k}\mathrm{Im}\,\mathrm{Res}\left[f(x_j)\,\mathrm{e}^{\mathrm{i}mx_j}\right]$$

$$(8.4.20)$$

$$P\int_{-\infty}^{\infty}f(x)\sin mx\,\mathrm{d}x=2\pi\sum_{i=1}^{n}\mathrm{Re}\,\mathrm{Res}\left[f(z_i)\,\mathrm{e}^{\mathrm{i}mz_i}\right]+\pi\sum_{j=1}^{k}\mathrm{Re}\,\mathrm{Res}\left[f(x_j)\,\mathrm{e}^{\mathrm{i}mx_j}\right]$$

$$(8.4.21)$$

对 $F(x)$ 在实轴上无奇点的情况,对 $\int_{-\infty}^{\infty}f(x)\,\mathrm{e}^{\mathrm{i}mx}\mathrm{d}x$ 不是主值积分,而是通常意义下的无穷限的积分,则有

$$\int_{-\infty}^{\infty}f(x)\cos mx\,\mathrm{d}x=-2\pi\sum_{i=1}^{n}\mathrm{Im}\,\mathrm{Res}\left[f(z_i)\,\mathrm{e}^{\mathrm{i}mz_i}\right]\qquad(8.4.22)$$

$$\int_{-\infty}^{\infty}f(x)\sin mx\,\mathrm{d}x=2\pi\sum_{i=1}^{n}\mathrm{Re}\,\mathrm{Res}\left[f(z_i)\,\mathrm{e}^{\mathrm{i}mz_i}\right]\qquad(8.4.23)$$

2. 例题计算

例 8.4.5 计算 $I=\int_{-\infty}^{\infty}\dfrac{\mathrm{e}^{\mathrm{i}x}}{(x^2+a^2)(x^2+b^2)}\mathrm{d}x$,$a,b>0$.

解:被积函数中 $f(z)=\dfrac{1}{(z^2+a^2)(z^2+b^2)}$ 满足约当引理的条件,在上半平面的奇点为 $\mathrm{i}a,\mathrm{i}b$,计算可得

$$\mathrm{Res}\left[f(z)\,\mathrm{e}^{\mathrm{i}z}\right]\Big|_{z=\mathrm{i}a}=\frac{(z-\mathrm{i}a)\,\mathrm{e}^{\mathrm{i}z}}{(z+\mathrm{i}a)(z-\mathrm{i}a)(z^2+b^2)}\Big|_{z=\mathrm{i}a}=\frac{\mathrm{e}^{-a}}{2\mathrm{i}a(b^2-a^2)}$$

$$\mathrm{Res}\left[f(z)\,\mathrm{e}^{\mathrm{i}z}\right]\Big|_{z=\mathrm{i}b}=\frac{\mathrm{e}^{-b}}{2\mathrm{i}b(a^2-b^2)}$$

由于 $f(z)$ 在实轴上无奇点,则

$$I=2\pi\mathrm{i}\left(\mathrm{Res}\left[f(z)\,\mathrm{e}^{\mathrm{i}z}\right]\Big|_{z=\mathrm{i}a}+\mathrm{Res}\left[f(z)\,\mathrm{e}^{\mathrm{i}z}\right]\Big|_{z=\mathrm{i}b}\right)$$

$$=2\pi\left[\frac{\mathrm{e}^{-a}}{2a(b^2-a^2)}+\frac{\mathrm{e}^{-b}}{2b(a^2-b^2)}\right]$$

$$=\frac{\pi}{(a^2-b^2)}\left(\frac{\mathrm{e}^{-b}}{b}-\frac{\mathrm{e}^{-a}}{a}\right)$$

例 8.4.6 求 $I=\int_{-\infty}^{\infty}\dfrac{\sin x}{x}\mathrm{d}x$.

解:由约当引理,$f(z)=\dfrac{1}{z}$ 在 x 轴上有一阶极点为 $z=0$,$f(z)$ 在上半平面解析,计算 $z=0$ 点的留数

$$\mathrm{Res}\left[f(z)\,\mathrm{e}^{\mathrm{i}z}\right]\Big|_{z=0}=\frac{z\cdot\mathrm{e}^{\mathrm{i}z}}{z}\Big|_{z=0}=1$$

由(8.4.21)式可得

$$I = \pi \, \mathrm{Re} \, \mathrm{Res}\left[f(z)\,\mathrm{e}^{iz}\,\big|_{z=0}\right] = \pi$$

注:此积分本应写成 $P\displaystyle\int_{-\infty}^{\infty}\frac{\sin x}{x}\mathrm{d}x$,但由于 $\displaystyle\lim_{x\to 0}\frac{\sin x}{x}=1$,$x=0$ 为可去奇点,即 $\displaystyle\int_{-\infty}^{\infty}\frac{\sin x}{x}\mathrm{d}x$ 在 $x=0$ 的积分存在,此积分不是瑕积分,故其主值积分与通常意义下的积分是一致的.

由于 $\dfrac{\sin x}{x}$ 是偶函数,故有

$$\int_0^{\infty}\frac{\sin x}{x}\mathrm{d}x = \frac{\pi}{2}$$

下面将举例说明有些积分似乎可用约当引理来作,但实际上是不属于应用该引理的积分类型.

例8.4.7 计算泊松积分 $I=\displaystyle\int_0^{\infty}\mathrm{e}^{-ax^2}\cos bx\,\mathrm{d}x$,其中 $a>0$ 的实数,b 为任意实数.

解:分析此积分,由于被积函数为偶函数,一般可把积分写成

$$I = \frac{1}{2}\int_{-\infty}^{\infty}\mathrm{e}^{-ax^2}\cos bx\,\mathrm{d}x$$

$$
\begin{aligned}
I &= \int_0^{\infty}\mathrm{e}^{-ax^2}\cos bx\,\mathrm{d}x = \frac{1}{2}\int_{-\infty}^{\infty}\mathrm{e}^{-ax^2}\cos bx\,\mathrm{d}x \\
&= \frac{1}{2}\int_{-\infty}^{\infty}\mathrm{e}^{-ax^2}\cos bx\,\mathrm{d}x - \frac{i}{2}\int_{-\infty}^{\infty}\mathrm{e}^{-ax^2}\sin bx\,\mathrm{d}x \\
&= \frac{1}{2}\int_{-\infty}^{\infty}\mathrm{e}^{-ax^2}\mathrm{e}^{-ibx}\,\mathrm{d}x \\
&= \frac{1}{2}\mathrm{e}^{-\frac{b^2}{4a}}\int_{-\infty}^{\infty}\mathrm{e}^{-a\left(x+\frac{ib}{2a}\right)^2}\,\mathrm{d}x
\end{aligned}
$$

上式中第二行加上的第二项是个零项,因为被积函数是奇函数,才能构成第三行被积函数中的 e^{-ibx}.

现在考虑 $\displaystyle\oint_c \mathrm{e}^{-az^2}\mathrm{d}z = 0$,$c = c_1 + c_2 + c_3 + c_4$,如图 8.4.8 所示.

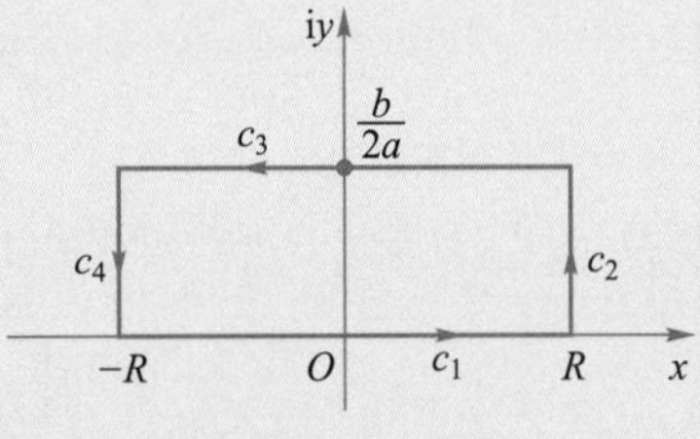

图 8.4.8

$c_1: R\to\infty$,由高斯积分:$\displaystyle\int_{-R}^{R}\mathrm{e}^{-ax^2}\mathrm{d}x = \sqrt{\frac{\pi}{a}}$

$c_2: \displaystyle\int_{c_2}\mathrm{e}^{-az^2}$,$z = R+iy$

$$\left|\int_{c_2}\mathrm{e}^{-az^2}\mathrm{d}z\right| = \left|\int_0^{\frac{b}{2a}}\mathrm{e}^{-a(R+iy)^2}i\,\mathrm{d}y\right| \leqslant \int_0^{\frac{b}{2a}}\left|\mathrm{e}^{-a(R+iy)^2}\right|\mathrm{d}y = \int_0^{\frac{b}{2a}}\mathrm{e}^{-aR^2}\mathrm{e}^{ay^2}\mathrm{d}y$$

$$= \mathrm{e}^{-aR^2}\int_0^{\frac{b}{2a}}\mathrm{e}^{ay^2}\mathrm{d}y \to 0 \quad (R\to\infty)$$

c_4:同理 $\left|\displaystyle\int_{c_4}\mathrm{e}^{-az^2}\right| \to 0 \quad (R\to\infty)$

$c_3: \displaystyle\int_{R+\frac{ib}{2a}}^{-R+\frac{ib}{2a}}\mathrm{e}^{-a\left(x+\frac{ib}{2a}\right)^2}\mathrm{d}\left(x+\frac{ib}{2a}\right)$

$$= -\int_{R+\frac{ib}{2a}}^{-R+\frac{ib}{2a}} e^{-a\left(x+\frac{ib}{2a}\right)^2} dx = -\int_{-\infty}^{\infty} e^{-a\left(x+\frac{ib}{2a}\right)^2} dx \quad (R \to \infty)$$

由于对 c_2、c_4 的积分都为 0,所以 $c_1 + c_3$ 的积分为 0,即

$$\int_{-\infty}^{\infty} e^{-ax^2} dx - \int_{-\infty}^{\infty} e^{-a\left(x+\frac{ib}{2a}\right)^2} dx = 0$$

则

$$\int_{-\infty}^{\infty} e^{-a\left(x+\frac{ib}{2a}\right)^2} dx = \sqrt{\frac{\pi}{a}}$$

故泊松积分

$$I = \int_0^{\infty} e^{-ax^2} \cos bx \, dx \tag{8.4.24}$$

$$= \frac{1}{2} e^{-\frac{b^2}{4a}} \int_{-\infty}^{\infty} e^{-a\left(x+\frac{ib}{2a}\right)^2} dx = \frac{1}{2} e^{-\frac{b^2}{4a}} \sqrt{\frac{\pi}{a}}$$

注意:在此积分中,被积函数在实轴上无奇点,在上半平面解析,如果读者依据柯西积分定理直接给出 $I=0$ 的结论是错误的,因为此积分是无穷限的反常积分,不能简单地应用柯西积分定理.

五、计算被积函数为有理三角函数式的实积分

$$I = \int_0^{2\pi} f(\cos\theta, \sin\theta) \, d\theta \tag{8.4.25}$$

其中 $f(\cos\theta, \sin\theta)$ 为不包含有孤立奇点的 $\cos\theta$ 和 $\sin\theta$ 的有理函数.

计算此类积分,要利用欧拉公式作变换,把实积分变成单位圆上的复积分,然后用留数定理计算此积分.

当 $|z|=1$ 时,由欧拉公式有,$z = e^{i\theta}$,则

$$\cos\theta = \frac{z + z^{-1}}{2}, \quad \sin\theta = \frac{z - z^{-1}}{2i} \tag{8.4.26}$$

$$dz = ie^{i\theta} d\theta, \quad d\theta = \frac{dz}{iz} \tag{8.4.27}$$

故

$$\int_0^{2\pi} f(\cos\theta, \sin\theta) \, d\theta = \oint_c f\left(\frac{z+z^{-1}}{2}, \frac{z-z^{-1}}{2i}\right) \frac{1}{iz} dz \tag{8.4.28}$$

其中 c 为以原点为圆心的单位圆周,即 $c: |z| = 1$.

例 8.4.8 计算积分 $I = \int_0^{2\pi} \frac{1}{(1+\varepsilon\cos\theta)^2} d\theta, \quad 0 < \varepsilon < 1$.

解:由上面给出的变换可得

$$I = \oint_{|z|=1} \frac{1}{\left(1 + \varepsilon\frac{z+z^{-1}}{2}\right)^2} \frac{dz}{iz} = \frac{4}{i\varepsilon^2} \oint_{|z|=1} \frac{z \, dz}{\left(z^2 + \frac{2z}{\varepsilon} + 1\right)^2}$$

被积函数有两个二阶极点:

$$z_1 = \frac{-1 + \sqrt{1-\varepsilon^2}}{\varepsilon}, \quad z_2 = \frac{-1 - \sqrt{1-\varepsilon^2}}{\varepsilon}$$

此两极点都在实轴上,由韦达定理有 $z_1 z_2 = 1$,且 $|z_2| = \dfrac{1+\sqrt{1-\varepsilon^2}}{\varepsilon} > 1$,故 $|z_1| < 1$,即 z_1 在单位圆内,z_2 在单位圆外. 故只要计算 z_1 的留数,

$$\mathrm{Res}\, f(z_1) = \lim_{z \to z_1} \frac{\mathrm{d}}{\mathrm{d}z}\left[(z-z_1)^2 \frac{z}{(z-z_1)^2(z-z_2)^2} \right]$$

$$= \frac{(z-z_2)-2z}{(z-z_2)^3}\bigg|_{z=z_1} = \frac{\varepsilon^2}{4(\sqrt{1-\varepsilon^2})^3}$$

故

$$I = \frac{4}{\mathrm{i}\varepsilon^2} 2\pi\mathrm{i}\,\mathrm{Res}\, f(z_1) = \frac{2\pi}{(1-\varepsilon^2)^{\frac{3}{2}}}$$

例 8.4.9 $I = \int_0^{2\pi} \cos^{2n}\theta\,\mathrm{d}\theta.$

解:令 $z = \mathrm{e}^{\mathrm{i}\theta}$,$\cos\theta = \dfrac{z+z^{-1}}{2} = \dfrac{z^2+1}{2z}$,$\mathrm{d}\theta = \dfrac{1}{\mathrm{i}z}\mathrm{d}z$,则

$$I = \oint_{|z|=1} \left(\frac{z^2+1}{2z}\right)^{2n} \frac{1}{\mathrm{i}z}\mathrm{d}z = \frac{1}{2^{2n}\mathrm{i}} \oint_{|z|=1} \frac{(z^2+1)^{2n}}{z^{2n+1}}\mathrm{d}z$$

$$F(z) = \frac{(z^2+1)^{2n}}{z^{2n+1}}$$

$z = 0$ 为 $F(z)$ 的 $(2n+1)$ 阶极点,

$$\mathrm{Res}\, F(0) = \frac{1}{(2n)!}\lim_{z \to 0}\frac{\mathrm{d}^{2n}}{\mathrm{d}z^{2n}}(1+z^2)^{2n}$$

$$= \frac{1}{(2n)!}\lim_{z \to 0}\frac{\mathrm{d}^{2n}}{\mathrm{d}z^{2n}}\frac{(2n)!z^{2n}}{(2n-n)!n!} = \frac{(2n)!}{(n!)^2}$$

其中 $(1+z^2)^{2n}$ 作二项式展开,只取 z^{2n} 这一项,因为大于 $2n$ 次项的微商后都有 $z \to 0$,小于 $2n$ 次的项求微商后都为 0.

$$(a+b)^n = C_n^0 a^n + C_n^1 a^{n-1}b + \cdots + C_n^{n-1}ab^{n-1} + C_n^n b^n = \sum_{k=0}^{n} C_n^k a^{n-k}b^k$$

其中 $C_n^k = \dfrac{n!}{(n-k)!k!}$,则 $(1+z^2)^{2n}$ 取 $C_{2n}^n z^{2n}$ 项,系数为 $\dfrac{(2n)!}{(2n-n)!n!}$,

$$I = \frac{1}{2^{2n}\mathrm{i}} \cdot 2\pi\mathrm{i}\,\frac{(2n)!}{(n!)^2} = \frac{2\pi}{2^{2n}}\frac{(2n)!}{(n!)^2} = 2\pi\frac{(2n-1)!!}{2n!!}$$

式中 $(2n)! = 2^n n!(2n-1)!!$,$2^n n! = 2n!!$.

六、计算被积函数存在枝点和割线的积分

此类积分比较复杂,此类积分只能选取黎曼面的一叶,在此叶中选取积分回路后再计算积分.

1. 梅林(Mellin)变换型的积分

$$I = \int_0^\infty x^a f(x)\,\mathrm{d}x, \quad 0 < a < 1 \tag{8.4.29}$$

当把变量 x 变成 z，$f(x) \to f(z)$ 时，要求 $f(z)$ 满足：

（1）$f(z)$ 为有理函数，在复平面上有有限个孤立奇点 z_j，$j = 1, 2, \cdots, k$，此时复平面只是黎曼面的一叶的一部分.

（2）$f(z)$ 在正实轴上无极点，在 $z = 0$ 点至多为一阶极点.

（3）当 $|z| \to \infty$ 时 $|z|^2 |f(z)|$ 有界.

分析：由于 $0 < a < 1$，被积函数中 z^a 出现 $z = 0$ 的枝点，我们由 $z = 0$ 沿正实轴作割线，如图 8.4.9 所示.

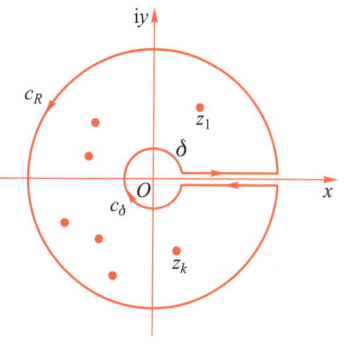

图 8.4.9

当 z 绕大圆周一圈由割线的上沿到割线的下沿时，$z^a \to z^a \cdot \mathrm{e}^{\mathrm{i}2\pi a}$，即辐角增加 $2\pi a$，限制 $0 \leqslant \arg z \leqslant 2\pi$，被积函数在黎曼面的一个叶上，为单值函数，取积分回路如图 8.4.7 所示，由留数定理有

$$\oint_c z^a f(z)\,\mathrm{d}z = 2\pi\mathrm{i} \sum_{j=1}^{k} \mathrm{Res}\left[z_j^a f(z_j)\right] \tag{8.4.30}$$

即

$$\int_{c_R} z^a f(z)\,\mathrm{d}z + \int_R^{\delta} x^a \mathrm{e}^{\mathrm{i}2\pi a} f(x)\,\mathrm{d}x + \int_{c_\delta} z^a f(z)\,\mathrm{d}z + \int_{\delta}^{R} x^a f(x)\,\mathrm{d}x$$

$$= 2\pi\mathrm{i} \sum_{j=1}^{k} \mathrm{Res}\left[z_j^a f(z_j)\right]$$

可得

$$(1 - \mathrm{e}^{\mathrm{i}2\pi a}) \int_{\delta}^{R} x^a f(x)\,\mathrm{d}x = 2\pi\mathrm{i} \sum_{j=1}^{k} \mathrm{Res}\left[z_j^a f(z_j)\right] - \int_{c_R} z^a f(z)\,\mathrm{d}z - \int_{c_\delta} z^a f(z)\,\mathrm{d}z$$

$$\tag{8.4.31}$$

由于 $|z| \to \infty$ 时，有 $|z^2 f(z)| < M$（有界），故

$$\lim_{R \to \infty} \left| \int_{c_R} z^a f(z)\,\mathrm{d}z \right| \leqslant \lim_{R \to \infty} \int_{c_R} \frac{1}{|z|^{2-a}} |z^2 f(z)| \, |\mathrm{d}z| \leqslant \lim_{R \to \infty} \frac{M}{R^{2-a}} \int_{c_R} |\mathrm{d}z|$$

$$= \lim_{R \to \infty} \frac{2\pi M}{R^{1-a}} \to 0$$

再看 $\int_{c_\delta} z^a f(z)\,\mathrm{d}z$，当 $\delta \to 0$ 时作估计，由于 $f(z)$ 在 $z = 0$ 至多有一阶极点，故 $zf(z)$ 为有限值，即 $\lim_{\delta \to 0} |zf(z)| < N$，则

$$\lim_{\delta \to 0} \int_{c_\delta} |z^a f(z)\,\mathrm{d}z| \leqslant \lim_{\delta \to 0} \int_{c_\delta} \frac{|zf(z)|}{z^{1-a}} |\mathrm{d}z| \leqslant \lim_{\delta \to 0} \frac{N}{\delta^{1-a}} \int_{c_\delta} |\mathrm{d}z|$$

$$= \lim_{\delta \to 0} 2\pi N \delta^a \to 0$$

故可得

$$\int_0^{\infty} x^a f(x)\,\mathrm{d}x = \frac{2\pi\mathrm{i}}{1 - \mathrm{e}^{\mathrm{i}2\pi a}} \sum_{j=1}^{k} \mathrm{Res}\left[z_j^a f(z_j)\right] \tag{8.4.32}$$

例 8.4.10 计算积分 $I = \int_0^\infty \dfrac{x^{a-1}}{1+x}\mathrm{d}x, 0 < a < 1$.

解: $f(z) = \dfrac{1}{z(z+1)}$, $z = 0$ 和 $z = -1$ 为 $f(z)$ 的一阶极点, 只要计算

$$\mathrm{Res}\,[\,z^a f(z)\,]_{z=-1} = \lim_{z \to -1}\left[(z+1)\frac{z^a}{z(z+1)} \right] = \left(\frac{z^a}{z} \right)_{z=-1} = \frac{\mathrm{e}^{\mathrm{i}\pi a}}{-1} = -\mathrm{e}^{\mathrm{i}\pi a}$$

可得

$$I = \frac{2\pi\mathrm{i}}{1 - \mathrm{e}^{\mathrm{i}2\pi a}}(-\mathrm{e}^{\mathrm{i}\pi a}) = \frac{\pi}{\sin \pi a}$$

2. 含对数函数的积分

$$\int_0^\infty f(x)\ln x\,\mathrm{d}x$$

$f(x)$ 为实轴上无奇点的有理函数, 是偶函数, $f(z)$ 在上半平面有有限 k 个孤立奇点, 且当 $|z| \to \infty$ 时, $|z^2||f(z)| \to$ 有限, 则

$$\int_0^\infty f(x)\ln x\,\mathrm{d}x = \pi\mathrm{i}\sum_{j=1}^k \mathrm{Res}\,[f(z_j)\ln z_j] - \frac{\pi\mathrm{i}}{2}\int_0^\infty f(x)\,\mathrm{d}x \qquad (8.4.33)$$

证: 对 $\ln z$ 取主值的一叶, 作图思路如图 8.4.10 所示.

由留数定理:

$$\oint_c f(z)\ln z\,\mathrm{d}z = 2\pi\mathrm{i}\sum_{j=1}^k \mathrm{Res}\,[f(z_j)\ln z_j]$$

即

$$\int_{c_R} + \int_{-R}^{-\delta} + \int_{c_\delta} + \int_\delta^R = 2\pi\mathrm{i}\sum_{j=1}^k \mathrm{Res}\,[f(z_j)\ln z_j]$$

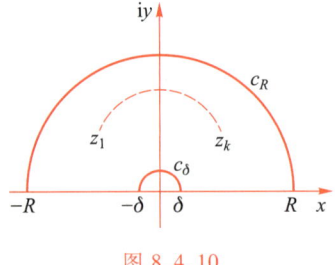

图 8.4.10

令 $-x = \xi$, 则

$$\int_{-R}^{-\delta} f(x)\ln x\,\mathrm{d}x = \int_{-R}^{-\delta} f[-(-x)]\ln[-(-x)][-\mathrm{d}(-x)]$$

$$= \int_\delta^R f(-\xi)\ln(-\xi)\,\mathrm{d}\xi$$

$$= \int_\delta^R f(x)\ln(x\mathrm{e}^{\mathrm{i}\pi})\,\mathrm{d}x = \int_\delta^R f(x)(\ln x + \mathrm{i}\pi)\,\mathrm{d}x$$

$$= \int_\delta^R f(x)\ln x\,\mathrm{d}x + \mathrm{i}\pi\int_\delta^R f(x)\,\mathrm{d}x$$

再有

$$\int_{c_R} f(z)\ln z\,\mathrm{d}z, \quad R \to \infty \text{ 时}, \quad |z^2 f(z)| \leqslant M$$

$$\left| \int_{c_R} \frac{z^2 f(z)\ln z}{z^2}\mathrm{d}z \right| \leqslant \left| \int_{c_R} \frac{|z^2 f(z)||\ln z|}{z^2}|\mathrm{d}z| \right|$$

$$\leqslant \left| \int_0^\pi \frac{M \mid \ln R + i\pi \mid}{R^2} R \mathrm{d}\theta \right|$$

$$\leqslant \frac{\pi M}{R} \mid \ln R + i\pi \mid \leqslant \frac{\pi M(\ln R + \pi)}{R} \to 0, \quad R \to 0$$

对 $\int_{c_\delta}$ 的积分：$\int_{c_\delta} f(z) \ln z \mathrm{d}z$，$f(z)$ 在 $z=0$ 点解析.

$$\left| \int_{c_\delta} f(z) \ln z \mathrm{d}z \right| \leqslant \int_{c_\delta} \mid f(z) \ln z \mid \mid \mathrm{d}z \mid \leqslant \int_0^\pi \mid f(z) \mid \mid \ln \delta + i\pi \mid \delta \mathrm{d}\theta$$

$$\leqslant f(z_0)\delta \int_0^\pi \mid \ln \delta + i\pi \mid \mathrm{d}\theta = \pi f(z_0)\delta \mid \ln \delta + i\pi \mid \to 0, \quad \delta \to 0$$

故有

$$\int_0^\infty f(x)\ln x \mathrm{d}x + \int_0^\infty f(x)\ln x \mathrm{d}x + i\pi \int_0^\infty f(x)\mathrm{d}x = \sum_{j=1}^k 2\pi i \operatorname{Res}\left[f(z_j)\ln z_j \right]$$

$$\int_0^\infty f(x)\ln x \mathrm{d}x = \pi i \sum_{j=1}^k \operatorname{Res}\left[f(z_j)\ln z_j \right] - \frac{\pi i}{2} \int_0^\infty f(x)\mathrm{d}x$$

例8.4.11 求 $\displaystyle\int_0^\infty \frac{\ln x}{1+x^2} \mathrm{d}x$.

解：$f(z) = \dfrac{1}{1+z^2}$，$\mid z^2 f(z) \mid \to 1$，$\mid z \mid \to \infty$，在上半平面只有 $z=i$ 为孤立奇点.

由于 $\displaystyle\int_0^\infty \frac{1}{1+x^2}\mathrm{d}x = \frac{\pi}{2}$，则

$$\operatorname{Res} \frac{\ln z}{1+z^2}\bigg|_{z=i} = \frac{\ln z}{z+i}\bigg|_{z=i} = \frac{\ln i}{2i} = \frac{\pi}{4}$$

由 (8.4.33) 式，有

$$\int_0^\infty \frac{\ln x}{1+x^2}\mathrm{d}x = \pi i \frac{\pi}{4} - \frac{\pi i}{2} \frac{\pi}{2} = 0$$

*§8.5 希尔伯特变换

在数学物理中，常常遇到一类定义在实轴上（实参数）的复变函数：$f(x) = u(x) + iv(x)$，且当 $x \to z$ 时，$f(z)$ 在包括实轴的上半复平面上解析，且有 $\lim\limits_{|z|\to\infty} f(z) \to 0$. 要求函数 $f(x)$ 在实轴上某点 x_0 的函数值，其实部（或虚部）如何由 $f(z)$ 的虚部（或实部）表示，这就导致希尔伯特变换. 希尔伯特变换在物理学的理论研究中会经常涉及，在频率分析及波的传输分析中也经常用到，可以把一个实信号变到复平面来研究，考察其振幅和相位的变化.

对上面所考虑的函数 $f(z)$，考虑积分 $\displaystyle\oint_c \frac{f(z)}{z-z_0}\mathrm{d}z$，其中 $z_0 = x_0$ 为实轴上的一点，回路 c 如图 8.5.1 所示. 由留数定理有

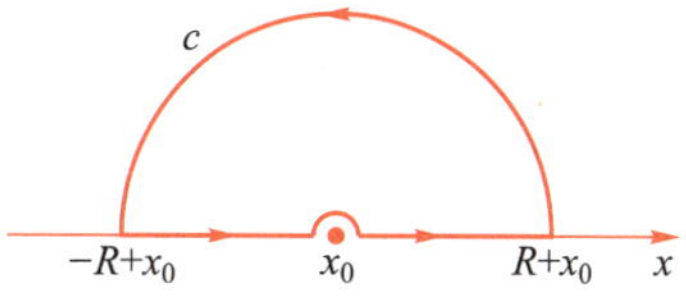

图 8.5.1

$$\oint_c \frac{f(z)}{z-z_0} \mathrm{d}z = 0 \qquad (8.5.1)$$

由

$$\oint_c \frac{f(z)}{z-z_0} \mathrm{d}z = \int_{-R+x_0}^{x_0-\delta} \frac{f(x)}{x-x_0} \mathrm{d}x + \int_{x_0+\delta}^{R+x_0} \frac{f(x)}{x-x_0} \mathrm{d}x + \int_{\pi}^{0} \frac{f(z_0+\delta \mathrm{e}^{\mathrm{i}\theta}) \mathrm{i}\delta \mathrm{e}^{\mathrm{i}\theta}}{\delta \mathrm{e}^{\mathrm{i}\theta}} \mathrm{d}\theta +$$

$$\int_{0}^{\pi} \frac{f(z_0+R\mathrm{e}^{\mathrm{i}\theta}) \mathrm{i}R\mathrm{e}^{\mathrm{i}\theta}}{R\mathrm{e}^{\mathrm{i}\theta}} \mathrm{d}\theta \qquad (8.5.2)$$

等式右边第四项积分由于 $\lim\limits_{|z|\to\infty} f(z) \to 0$，故 $\lim\limits_{R\to\infty} \int_{0}^{\pi} \frac{f(z_0+R\mathrm{e}^{\mathrm{i}\theta}) \mathrm{i}R\mathrm{e}^{\mathrm{i}\theta}}{R\mathrm{e}^{\mathrm{i}\theta}} \mathrm{d}\theta \to 0$，等式右边

第三项积分，由于 $f(z)$ 在 z_0 点解析，有

$$\lim\limits_{\delta\to 0} \int_{\pi}^{0} \frac{f(z_0+\delta \mathrm{e}^{\mathrm{i}\theta}) \mathrm{i}\delta \mathrm{e}^{\mathrm{i}\theta}}{\delta \mathrm{e}^{\mathrm{i}\theta}} \mathrm{d}\theta = -\mathrm{i}\pi f(x_0)$$

且

$$\lim\limits_{\substack{R\to\infty \\ \delta\to 0}} \left[\int_{R+x_0}^{x_0-\delta} \frac{f(x)}{x-x_0} \mathrm{d}x + \int_{x_0+\delta}^{R+x_0} \frac{f(x)}{x-x_0} \mathrm{d}x \right] = P \int_{-\infty}^{\infty} \frac{f(x)}{x-x_0} \mathrm{d}x$$

故得

$$\mathrm{i}f(x_0) = \frac{1}{\pi} P \int_{-\infty}^{\infty} \frac{f(x)}{x-x_0} \mathrm{d}x \qquad (8.5.3)$$

可得

$$-v(x_0) + \mathrm{i}u(x_0) = \frac{1}{\pi} P \int_{-\infty}^{\infty} \frac{u(x)+\mathrm{i}v(x)}{x-x_0} \mathrm{d}x \qquad (8.5.4)$$

即

$$u(x_0) = \frac{1}{\pi} P \int_{-\infty}^{\infty} \frac{v(x)}{x-x_0} \mathrm{d}x \qquad (8.5.5)$$

$$v(x_0) = -\frac{1}{\pi} P \int_{-\infty}^{\infty} \frac{u(x)}{x-x_0} \mathrm{d}x \qquad (8.5.6)$$

通常写成

$$\mathrm{Re}\, f(x_0) = \frac{1}{\pi} P \int_{-\infty}^{\infty} \frac{\mathrm{Im}\, f(x)}{x-x_0} \mathrm{d}x \qquad (8.5.7)$$

$$\mathrm{Im}\, f(x_0) = -\frac{1}{\pi} P \int_{-\infty}^{\infty} \frac{\mathrm{Re}\, f(x)}{x-x_0} \mathrm{d}x \qquad (8.5.8)$$

这就是希尔伯特变换.

这一变换给出复函数 $f(x)$ 在 x_0 点的值的实部(或虚部),分别由 $f(x)$ 的虚部(或实部)的积分表达.

希尔伯特变换亦可放宽到 $f(z)$ 在上半平面有有限个孤立极点的情况,作法与上面讨论相类似,有兴趣的读者可自行推出.

8.1 求下列函数在孤立奇点的留数(其中 n、m 为自然数),并求出函数孤立奇点的留数之和.

(1) $f(z) = \dfrac{1}{z(z-1)^2}$

(2) $f(z) = z^n \sin \dfrac{1}{z}$

(3) $f(z) = \dfrac{e^z - 1}{z^5}$

(4) $f(z) = \dfrac{e^{z^2}}{(z-1)^2}$

(5) $f(z) = \dfrac{e^z}{(z-1)^2}$

(6) $f(z) = e^{\frac{1}{1-z}}$

(7) $f(z) = \dfrac{z^2}{\cos z - 1}$

(8) $f(z) = z^3 \cos \dfrac{1}{z-2}$

(9) $f(z) = \dfrac{1}{(z-\alpha)(z-\beta)^m}$

(10) $f(z) = \dfrac{1}{1+z^{2m}}$

(11) $f(z) = \dfrac{z^{2m}}{1+z^m}$

(12) $f(z) = \dfrac{\tan z}{1 - e^z}$

8.2 计算下列回路积分

(1) $\oint_c \dfrac{1}{(z^2+1)(z-1)^2} dz \qquad c: |z-1| = 1$

(2) $\oint_c \dfrac{1}{(z^2+1)(z-1)^2} dz \qquad c: |z-i| = 1$

(3) $\oint_c \dfrac{1}{(z^2+1)(z-1)^2} dz \qquad c: |z| = 2$

(4) $\oint_{|z|=2} \dfrac{1}{(z-3)(z^4-1)} dz$

(5) $\oint_{|z|=3} \cot^3 z \, dz$

(6) $\oint_{|z|=1} \dfrac{z \sin z}{(1-e^z)^3} dz$

(7) $\oint_{|z|=1} z^n e^{\frac{1}{z}} dz$

8.3 计算下列积分

(1) $\displaystyle\int_0^{2\pi} \dfrac{1}{2+\cos\theta} d\theta$

(2) $\displaystyle\int_0^{2\pi} \cos^{2n}\theta \, d\theta$

(3) $\displaystyle\int_0^{2\pi} \dfrac{1}{1+\sin^2\theta} d\theta$

(4) $\displaystyle\int_0^{2\pi} \dfrac{1}{1-2p\cos\theta+p^2} d\theta, \quad p>0$

8.4 计算下列积分

(1) $\displaystyle\int_0^{\infty} \dfrac{1}{x^4+1} dx$

(2) $\displaystyle\int_0^{\infty} \dfrac{x^2}{(x^2+a^2)^2} dx$

(3) $\displaystyle\int_0^{\infty} \dfrac{(\cos 2x)^2}{(x^2+1)^2(x^4+4)} dx$

(4) $\displaystyle\int_{-\infty}^{\infty} \dfrac{x^2}{(x^2+1)^2(x^2+2x+2)} dx$

(5) $\displaystyle\int_{-\infty}^{\infty} \dfrac{e^{ax}}{1+e^x} dx, \quad 0<a<1$

8.5 计算下列积分

(1) $\displaystyle\int_0^{\infty} \dfrac{\cos mx}{1+x^4} dx, \quad m>0$

(2) $\displaystyle\int_{-\infty}^{\infty} \dfrac{x\sin x}{x^2+a^2} dx, \quad a>0$

(3) $\displaystyle\int_0^{\infty} \dfrac{\sin^2 x}{x^2} dx$

(4) $\displaystyle\int_{-\infty}^{\infty} \dfrac{x\cos x}{x^2-2x+10} dx$

（5）$\int_0^\infty \dfrac{\sin mx}{x(x^2+a^2)}\mathrm{d}x$，　$a>0,m$ 为正整数 　　　　（6）$\int_0^\infty \dfrac{1}{1+x^3}\mathrm{d}x$

8.6　计算下列积分

（1）$P\displaystyle\int_{-\infty}^\infty \dfrac{1}{x^3-1}\mathrm{d}x$ 　　　　　　　　　　（2）$P\displaystyle\int_{-\infty}^\infty \dfrac{\mathrm{e}^{ikx}-1}{x^2}\mathrm{d}x$，　$k>0$

（3）$P\displaystyle\int_{-\infty}^\infty \dfrac{1}{x(x-1)(x-2)}\mathrm{d}x$ 　　　　（4）$P\displaystyle\int_0^\infty \dfrac{\sin(x+a)\sin(x-a)}{x^2-a^2}\mathrm{d}x$

8.7　在下列情况下计算积分 $\displaystyle\int_{-\infty}^\infty \dfrac{1}{x^2-a^2}\mathrm{d}x$，　$a>0$.

（1）让 $a\to a+i\varepsilon,\varepsilon\to 0,\varepsilon>0$.

（2）让 $a\to a-i\varepsilon,\varepsilon\to 0,\varepsilon>0$.

（3）直接计算该积分的柯西主值.

第三篇

积分变换与 δ 函数

在物理学的数学描述中,常遇到如下的积分形式:

$$F(\alpha) = \int_a^b f(x) K(\alpha, x)\,\mathrm{d}x \tag{1}$$

函数 $F(\alpha)$ 称为由变换核 $K(\alpha, x)$ 产生的函数 $f(x)$ 的积分变换,$K(\alpha, x)$ 称为 $f(x)$ 的积分变换核.

一般常遇到的积分变换有如下几种.

(1) 傅里叶变换

$$F(\alpha) = \int_{-\infty}^{\infty} f(x) \mathrm{e}^{-\mathrm{i}\alpha x}\,\mathrm{d}x \tag{2}$$

$$K(\alpha, x) = \mathrm{e}^{-\mathrm{i}\alpha x}$$

(2) 拉普拉斯变换

$$F(\alpha) = \int_0^{\infty} f(x) \mathrm{e}^{-\alpha x}\,\mathrm{d}x \tag{3}$$

$$K(\alpha, x) = \mathrm{e}^{-\alpha x}$$

(3) 梅林变换

$$F(\alpha) = \int_0^{\infty} f(x) x^{\alpha-1}\,\mathrm{d}x \tag{4}$$

$$K(\alpha, x) = x^{\alpha-1}$$

(4) 傅里叶-贝塞尔(Fourier-Bessel)变换

$$F(\alpha) = \int_0^{\infty} f(x) x \mathrm{J}_n(\alpha x)\,\mathrm{d}x \tag{5}$$

$$K(\alpha, x) = x \mathrm{J}_n(\alpha x)$$

其中 $\mathrm{J}_n(\alpha x)$ 为第 n 阶贝塞尔(Bessel)函数

在本书中只介绍傅里叶变换和拉普拉斯变换. 积分变换也可以看作联系两个线性空间的线性变换.

注:数学上的变换,只是作为"参数"的变换,没有涉及"量纲"问题. 物理学上的变换,有量纲问题,e 指数是无量纲的.

$\mathrm{e}^{-\mathrm{i}\alpha x}:[x] = \mathrm{L}, [a] = \mathrm{L}^{-1}$.

$\mathrm{e}^{-\mathrm{i}\omega t}:[t] = \mathrm{T}, [\omega] = \mathrm{T}^{-1}$.

$\mathrm{e}^{-\mathrm{i}k x}:k$ 为波矢,$[x] = \mathrm{L}, [k] = \mathrm{L}^{-1}$.

在量子物理学中,

$\mathrm{e}^{-\mathrm{i}\frac{1}{\hbar}px}:[x] = \mathrm{L}, [p] = \mathrm{MLT}^{-1}, [\hbar] = \mathrm{ML}^2\mathrm{T}^{-1}$ 为角动量量纲.

其中 L 为长度的量纲,T 为时间的量纲,M 为质量的量纲.

第九章　傅里叶变换

1807 年,傅里叶为求解热传导方程,把场函数展成三角函数的无穷级数和(傅里叶级数),遭到了拉格朗日等人的否定,因为三角函数是连续的,其和也是连续的,但在热传导中的场函数有很多是不连续的. 到了 19 世纪中期,魏尔斯特拉斯的 $\varepsilon-N$ 语言出现后,傅里叶级数的正确性才得到严格的证明.

§ 9.1　傅里叶级数

一、傅里叶级数

我们知道

$$\frac{1}{\pi}\int_{-\pi}^{\pi}\sin nx\sin mx\,\mathrm{d}x=\delta_{n,m},\qquad n,m=1,2,\cdots$$

$$\frac{1}{\pi}\int_{-\pi}^{\pi}\sin nx\cos mx\,\mathrm{d}x=0,\qquad n,m=1,2,\cdots$$

$$\frac{1}{\pi}\int_{-\pi}^{\pi}\cos nx\cos mx\,\mathrm{d}x=\delta_{n,m},\qquad n,m=1,2,\cdots \tag{9.1.1}$$

三角函数族 $\{1,\sin nx,\cos nx,n=1,2,\cdots\}$ 是一个完备的正交函数族,它们可作为基向量张成一个向量空间,此向量空间为一希尔伯特空间,空间中的元素是以 2π 为周期的实函数.

任意一个以 2π 为周期的实函数 $f(x)$ 且满足狄利克雷(Dirichlet)条件:在 $[-\pi,\pi]$ 区间内允许有有限个第一类间断点(即当 x 从左边和右边趋于此间断点时,$f(x)$ 的左极限和右极限存在),而且可将此区间分为有限个部分,在每一部分上 $f(x)$ 单调地变化,则此 $f(x)$ 为这个希尔伯特空间中的一个元素,它可以在这一组基中展开为

$$f(x)=\sum_{k=0}^{\infty}(a_k\cos kx+b_k\sin kx) \tag{9.1.2}$$

其展开系数为

$$a_0=\frac{1}{2\pi}\int_{-\pi}^{\pi}f(x)\,\mathrm{d}x,\quad b_0=0$$

$$a_k=\frac{1}{\pi}\int_{-\pi}^{\pi}f(x)\cos kx\,\mathrm{d}x,$$

$$b_k=\frac{1}{\pi}\int_{-\pi}^{\pi}f(x)\sin kx\,\mathrm{d}x \tag{9.1.3}$$

函数 $f(x)$ 的展开式(9.1.2)称为傅里叶级数.

显然,当 $f(x)$ 为奇函数时,

$$a_k = 0, \quad b_k = \frac{2}{\pi} \int_0^\pi f(x) \sin kx \, dx$$

当 $f(x)$ 为偶函数时，

$$b_k = 0, \quad a_0 = \frac{1}{\pi} \int_0^\pi f(x) \, dx, \quad a_k = \frac{2}{\pi} \int_0^\pi f(x) \cos kx \, dx$$

如果 $f(x)$ 是以 $2l$ 为周期的函数，则傅里叶级数展开式为

$$f(x) = \sum_{k=0}^\infty \left(a_k \cos \frac{k\pi x}{l} + b_k \sin \frac{k\pi x}{l} \right) \tag{9.1.4}$$

其中

$$a_0 = \frac{1}{2l} \int_{-l}^l f(x) \, dx, \quad b_0 = 0$$

$$a_k = \frac{1}{l} \int_{-l}^l f(x) \cos \frac{k\pi x}{l} \, dx,$$

$$b_k = \frac{1}{l} \int_{-l}^l f(x) \sin \frac{k\pi x}{l} \, dx \tag{9.1.5}$$

二、傅里叶级数的复数表示

由欧拉公式

$$e^{imx} = \cos mx + i \sin mx, \quad m \in \mathbf{Z}$$

且有

$$\frac{1}{2\pi} \int_{-\pi}^\pi e^{i(m-n)x} \, dx = \delta_{m,n} \tag{9.1.6}$$

故函数系 $\{e^{imx}, m \in \mathbf{Z}\}$，亦可作为希尔伯特空间的一组基，以 2π 为周期的函数 $f(x)$ 在这组基上的展开式为

$$f(x) = \sum_{k=-\infty}^\infty c_k e^{ikx} \tag{9.1.7}$$

展开系数

$$c_k = \frac{1}{2\pi} \int_{-\pi}^\pi f(x) e^{-ikx} \, dx \tag{9.1.8}$$

故此展开式亦可写成

$$f(x) = \sum_{k=-\infty}^\infty \frac{1}{2\pi} \int_{-\pi}^\pi f(\xi) e^{-ik\xi} \, d\xi \cdot e^{ikx} \tag{9.1.9}$$

这种展开形式在物理学的量子理论中和信号分析的研究中应用很多. 这些展开形式通称为傅里叶展开.

在很多物理问题中，某物理量 $f(x)$ 是定义在区间 $[0, l]$ 上的，它并非周期函数. 常用延拓的方法把 $f(x)$ 进行延拓后再作傅里叶展开. 常用的延拓方法有两种，一种是奇延拓，一种是偶延拓.

三、定义在 $[0, l]$ 上的函数 $f(x)$ 的傅里叶展开

当函数 $f(x)$ 是定义在 $[0, l]$ 上,且满足 $f(0) = 0$ 时,可以作奇延拓,可定义 $[-l, l]$ 上的奇函数 $F(x)$,

$$F(x) = \begin{cases} f(x), & 0 \leq x \leq l \\ -f(-x), & -l \leq x \leq 0 \end{cases} \tag{9.1.10}$$

延拓后的函数 $F(x)$ 是周期为 $2l$ 的奇函数,把它展开成傅里叶级数,

$$F(x) = \sum_{k=1}^{\infty} b_k \sin \frac{k\pi x}{l} \tag{9.1.11}$$

其中

$$b_k = \frac{2}{l} \int_0^l f(x) \sin \frac{k\pi x}{l} \mathrm{d}x \tag{9.1.12}$$

当定义在 $[0, l]$ 上的函数 $f(x)$ 满足 $f'(0) = 0$ 时,可作偶延拓,可定义 $[-l, l]$ 上的偶函数 $F(x)$,

$$F(x) = \begin{cases} f(x), & 0 \leq x \leq l \\ f(-x), & -l \leq x \leq 0, \end{cases} \tag{9.1.13}$$

延拓后的函数 $F(x)$ 是周期为 $2l$ 的偶函数,把它展开成傅里叶级数,

$$F(x) = \sum_{k=0}^{\infty} a_k \cos \frac{k\pi x}{l} \tag{9.1.14}$$

其中

$$a_0 = \frac{1}{l} \int_0^l f(x) \mathrm{d}x, \quad a_k = \frac{2}{l} \int_0^l f(x) \cos \frac{k\pi x}{l} \mathrm{d}x \tag{9.1.15}$$

§9.2 傅里叶变换

上面介绍的是把一个周期函数 $f(x)$ 展成离散的频谱空间的分量进行研究. 但对非周期函数我们用什么方法研究其在对偶空间中的形式和性质呢? 这导致傅里叶积分变换,简称傅里叶变换.

一、傅里叶变换

先看周期为 $2l$ 的函数 $f(x)$ 在 $[-l, l]$ 上的傅里叶级数复数表示的展开式

$$f(x) = \sum_{m=-\infty}^{\infty} C_m \mathrm{e}^{\mathrm{i}\frac{m\pi}{l}x} \tag{9.2.1}$$

其中

$$C_m = \frac{1}{2l} \int_{-l}^{l} f(x) \mathrm{e}^{-\mathrm{i}\frac{m\pi}{l}x} \mathrm{d}x \tag{9.2.2}$$

可写成

$$f(x) = \sum_{m=-\infty}^{\infty} \left[\frac{1}{2l} \int_{-l}^{l} f(\xi) e^{-i\frac{m\pi}{l}\xi} d\xi \right] e^{i\frac{m\pi}{l}x} \tag{9.2.3}$$

令 $k = \dfrac{m\pi}{l}$，由于 m 为整数，对于 $\Delta m = 1$，即相邻两个 k 的差为 $\Delta k = \dfrac{\pi}{l}$，上式可写成

$$f(x) = \sum_{k=-\infty}^{\infty} \left[\frac{1}{2\pi} \frac{\pi}{l} \int_{-l}^{l} f(\xi) e^{-ik\xi} d\xi \right] e^{ikx}$$

$$= \sum_{k=-\infty}^{\infty} \frac{1}{2\pi} \left[\int_{-l}^{l} f(\xi) e^{-ik\xi} d\xi \right] e^{ikx} \Delta k \tag{9.2.4}$$

当 $l \to \infty$ 时，$\Delta k \to 0$，则上式的求和式变成积分式，即

$$f(x) = \frac{1}{2\pi} \int_{-\infty}^{\infty} C(k) e^{ikx} dk \tag{9.2.5}$$

而

$$C(k) = \int_{-\infty}^{\infty} f(\xi) e^{-ik\xi} d\xi \tag{9.2.6}$$

这个积分表达式就是周期为 ∞（即非周期）的函数 $f(x)$ 的傅里叶积分表示式，也称为 $f(x)$ 的傅里叶变换公式. $C(k)$ 称为函数 $f(x)$ 的傅里叶变换，或称为 $f(x)$ 的傅里叶变换的像函数，记为 $C(k) \equiv F[f(x)]$. 而 $f(x)$ 是 $C(k)$ 的傅里叶逆变换，或称 $f(x)$ 为 $C(k)$ 的傅里叶变换的原函数，记为 $f(x) \equiv F^{-1}[C(k)]$.

注：傅里叶变换式也可以写成对称形式，把归一化系数重新分配

$$f(x) = \frac{1}{\sqrt{2\pi}} \int_{-\infty}^{\infty} C(k) e^{ikx} dk, \quad C(k) = \frac{1}{\sqrt{2\pi}} \int_{-\infty}^{\infty} f(\xi) e^{-ik\xi} d\xi \tag{9.2.7}$$

在函数 $f(x)$ 的傅里叶变换式(9.2.6)及傅里叶逆变换式(9.2.5)中，把归一化系数 $\dfrac{1}{2\pi}$ 放在傅里叶逆变换式(9.2.5)中，而傅里叶变换式(9.2.6)中没有系数 $\dfrac{1}{2\pi}$，这只是定义问题，不影响其实质，只是在具体计算像函数时相差一个系数.

二、傅里叶变换的条件

什么样的函数才能进行傅里叶变换？它要求函数 $f(x)$ 是定义在 $(-\infty, \infty)$ 上的实函数，并在任何有限的区间上满足狄利克雷条件，且积分 $\displaystyle\int_{-\infty}^{\infty} |f(x)| dx$ 收敛. 这条件是很严格的. 但一般情况下，物理学所研究的函数，多满足上述条件，因此可进行傅里叶变换.

三、傅里叶变换的实表示形式

由欧拉公式，可以把(9.2.5)式和(9.2.6)式写成 $\cos kx$ 和 $\sin kx$ 的积分形式，

$$f(x) = \frac{1}{\pi} \int_{0}^{\infty} \left[C(k) \cos kx + D(k) \sin kx \right] dk \tag{9.2.8}$$

$$C(k) = \int_{-\infty}^{\infty} f(x) \cos kx \, dx, \quad D(k) = \int_{-\infty}^{\infty} f(x) \sin kx \, dx \tag{9.2.9}$$

四、三维空间中的傅里叶变换

从物理学的角度来理解傅里叶变换,傅里叶变换是把定义在 x 空间中的物理量 $f(x)$ 变到其对偶空间即 k 空间(可以是波矢空间或者动量空间)中的函数 $C(k)$ 来研究,分析其在对偶空间中的性质,这在物理学中有广泛应用.

把一维的傅里叶变换推广到三维空间,得到三维空间中的傅里叶变换,

$$f(\boldsymbol{r}) = \frac{1}{(2\pi)^3} \int_{-\infty}^{\infty} C(\boldsymbol{k}) \, \mathrm{e}^{\mathrm{i}\boldsymbol{k}\cdot\boldsymbol{r}} \mathrm{d}\boldsymbol{k}$$

$$C(\boldsymbol{k}) = \int_{-\infty}^{\infty} f(\boldsymbol{r}) \, \mathrm{e}^{-\mathrm{i}\boldsymbol{k}\cdot\boldsymbol{r}} \mathrm{d}\boldsymbol{r} \tag{9.2.10}$$

其中 $\boldsymbol{k}$ 为三维笛卡儿空间(即 $\boldsymbol{k}$ 空间也是一个三维的欧氏空间)的矢量,

$$\boldsymbol{k} = k_1\boldsymbol{e}_1 + k_2\boldsymbol{e}_2 + k_3\boldsymbol{e}_3, \quad \mathrm{d}\boldsymbol{k} = \mathrm{d}k_1\mathrm{d}k_2\mathrm{d}k_3 \tag{9.2.11}$$

上两式同样也可写成

$$C(\boldsymbol{k}) = F[f(\boldsymbol{r})], \quad f(\boldsymbol{r}) = F^{-1}[C(\boldsymbol{k})] \tag{9.2.12}$$

注意:上述傅里叶变换中的变换核都应该是无量纲的.

五、半无界空间的问题

对于半无界空间的问题,经常遇到的是定义在时间轴 t(实轴)上的问题.从计时为零开始记录就成了半无界空间上的问题,其思想仍与前面傅里叶级数展开的奇延拓和偶延拓的情况相同.下面以例子来说明半无界空间延拓后如何求其傅里叶变换.

例 9.2.1 设 $f(t)$ 是定义在半无界空间 $t \in [0, \infty)$ 上的函数,如图 9.2.1 所示,

$$f(t) = \begin{cases} h, & 0 < t < T \\ 0, & t > T \end{cases}$$

(1) 边界条件为 $f'(0) = 0$;

(2) 边界条件为 $f(0) = 0$.

在上述两种情况下,把 $f(t)$ 展开为傅里叶积分(或称为求 $f(t)$ 的傅里叶变换).

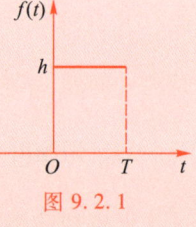

图 9.2.1

解:对边界条件(1),$f(t)$ 要延拓为偶函数,其展开为 $\cos \omega t$ 的积分形式,

$$f(t) = \frac{1}{2\pi} \int_{-\infty}^{\infty} A(\omega) \cos \omega t \mathrm{d}\omega$$

$$= \frac{1}{\pi} \int_{0}^{\infty} A(\omega) \cos \omega t \mathrm{d}\omega$$

$$A(\omega) = \int_{-\infty}^{\infty} f(t) \cos \omega t \mathrm{d}t$$

$$= 2 \int_{0}^{\infty} f(t) \cos \omega t \mathrm{d}t$$

$$= 2 \int_{0}^{T} h \cos \omega t \mathrm{d}t$$

$$= \frac{2h}{\omega} \sin \omega T$$

可得

$$f(t) = \frac{2h}{\pi} \int_0^\infty \frac{1}{\omega} \sin \omega T \cos \omega t \mathrm{d}\omega$$

对条件（2），$f(t)$ 要延拓为奇函数，其展式为 $\sin \omega t$ 的积分形式，

$$f(t) = \frac{1}{2\pi} \int_{-\infty}^\infty B(\omega) \sin \omega t \mathrm{d}\omega$$

$$= \frac{1}{\pi} \int_0^\infty B(\omega) \sin \omega t \mathrm{d}\omega$$

$$B(\omega) = \int_{-\infty}^\infty f(t) \sin \omega t \mathrm{d}t$$

$$= 2 \int_0^T h \sin \omega t \mathrm{d}t$$

$$= \frac{2h}{\omega} (-\cos \omega t) \Big|_0^T$$

$$= \frac{2h}{\omega} (1 - \cos \omega T)$$

可得

$$f(t) = \frac{2h}{\pi} \int_0^\infty \frac{(1 - \cos \omega T)}{\omega} \sin \omega t \mathrm{d}\omega$$

如果此题不作延拓，直接求解，函数

$$f(t) = \begin{cases} t, & 0 \leqslant t \leqslant T \\ 0, & t < 0, t > T \end{cases}$$

其傅里叶变换为

$$C(\omega) = \int_{-\infty}^\infty f(t) \mathrm{e}^{-i\omega t} \mathrm{d}t = h \int_0^T \mathrm{e}^{-i\omega t} \mathrm{d}t$$

$$= -\frac{h}{i\omega} [\mathrm{e}^{-i\omega T} - 1] = i \frac{h}{\omega} [\cos \omega T - 1 - i \sin \omega T]$$

$$= \frac{h}{\omega} \sin \omega T + i \frac{h}{\omega} [\cos \omega T - 1]$$

这一结果是奇延拓和偶延拓$\left(\text{各自的} \frac{1}{2}\right)$的叠加，构成复变函数的实部和虚部，而上面（1）和

（2）的情况在延拓后把信号的区域增加了一倍.

§ 9.3　傅里叶变换的基本性质

一、定理 9.3.1：线性定理

设 α_1, α_2 为任意常数，有

$$F[\alpha_1 f_1(x) + \alpha_2 f_2(x)] = \alpha_1 F[f_1(x)] + \alpha_2 F[f_2(x)] \tag{9.3.1}$$

证：$F[\alpha_1 f_1(x) + \alpha_2 f_2(x)] = \int_{-\infty}^\infty [\alpha_1 f_1(x) + \alpha_2 f_2(x)] \mathrm{e}^{-ikx} \mathrm{d}x$

$$= \alpha_1 \int_{-\infty}^{\infty} f_1(x) e^{-ikx} dx + \alpha_2 \int_{-\infty}^{\infty} f_2(x) e^{-ikx} dx$$

$$= \alpha_1 F[f_1(x)] + \alpha_2 F[f_2(x)]$$

二、定理9.3.2：延迟定理

$$F[f(x-x_0)] = e^{-ikx_0} F[f(x)] \tag{9.3.2}$$

证：
$$F[f(x-x_0)]$$

$$= \int_{-\infty}^{\infty} f(x-x_0) e^{-ikx} dx$$

$$= \int_{-\infty}^{\infty} f(x-x_0) e^{-ik(x-x_0)} e^{-ikx_0} dx$$

$$= e^{-ikx_0} \int_{-\infty}^{\infty} f(\xi) e^{-ik\xi} d\xi$$

$$= e^{-ikx_0} F[f(x)]$$

其中 $\xi = x - x_0$.

注：对于时间函数的傅里叶变换，原函数 $f(t)$ 有时间上的延迟 $t-t_0$，则像函数 $F[f(t-t_0)] = e^{-i\omega t_0} F[f(t)]$ 表示像函数在时间上是如何变化的.

三、定理9.3.3：位移定理

$$F[f(x) e^{ik_0 x}] = C(k-k_0) \tag{9.3.3}$$

证：
$$F[f(x) e^{ik_0 x}] = \int_{-\infty}^{\infty} f(x) e^{-i(k-k_0)x} dx$$

$$= C(k-k_0)$$

注：此式表明原函数的形式为 $f(x) e^{ik_0 x}$ 时，其像函数才有一个位移量 $k-k_0$.

四、定理9.3.4：标度变换定理

当变量 $x \to x' = ax, a \neq 0$ 时，有

$$F[f(ax)] = \frac{1}{|a|} C\left(\frac{k}{a}\right) \tag{9.3.4}$$

证：当 $a > 0$ 时，

$$F[f(ax)] = \int_{-\infty}^{\infty} f(ax) e^{-ikx} dx$$

$$= \frac{1}{a} \int_{-\infty}^{\infty} f(x') e^{-i\frac{k}{a}x'} dx'$$

$$= \frac{1}{a} C\left(\frac{k}{a}\right)$$

当 $a < 0$ 时，

$$F[f(ax)] = \int_{-\infty}^{\infty} f(ax) e^{-ikx} dx$$

$$= \frac{1}{a} \int_{\infty}^{-\infty} f(x') e^{-i\frac{k}{a}x'} dx'$$

$$= \frac{1}{-a} \int_{-\infty}^{\infty} f(x') e^{-i\frac{k}{a}x'} dx'$$

$$= \frac{1}{|a|} C\left(\frac{k}{a}\right)$$

五、定理 9.3.5：微分定理

当函数 $f(x)$ 具有性质：$|x| \to \infty$ 时，$f(x) \to 0$，有

$$F[f'(x)] = ikF[f(x)] \tag{9.3.5}$$

$$F[f^{(n)}(x)] = (ik)^n F[f(x)] \tag{9.3.6}$$

证：
$$F[f'(x)] = \int_{-\infty}^{\infty} f'(x) e^{-ikx} dx$$

$$= f(x) e^{-ikx} \Big|_{-\infty}^{\infty} + ik \int_{-\infty}^{\infty} f(x) e^{-ikx} dx$$

$$= ikF[f(x)]$$

由 $F[f''(x)] = ikF[f'(x)] = (ik)^2 F[f(x)]$，可得

$$F[f^{(n)}(x)] = (ik)^n F[f(x)]$$

证毕.

命题 9.3.1：作为微分定理的应用，傅里叶变换有另一重要性质，当 $\lim\limits_{|x| \to \infty} f(x) \to 0$ 时，有

$$F\left[\int_{-\infty}^{x} f(\xi) d\xi\right] = \frac{1}{ik} F[f(x)] \tag{9.3.7}$$

证：令 $g(x) = \int_{-\infty}^{x} f(\xi) d\xi$，由于 $\lim\limits_{|x| \to \infty} f(x) = 0$，则有 $g'(x) = \dfrac{d}{dx}\left[\int_{-\infty}^{x} f(\xi) d\xi\right] = f(\xi)\Big|_{-\infty}^{x} = f(x)$ 和 (9.3.5) 式，有

$$F[f(x)] = F[g'(x)] = ikF[g(x)]$$

即
$$F\left[\int_{-\infty}^{x} f(\xi) d\xi\right] = \frac{1}{ik} F[f(x)]$$

注：数学分析中原函数存在定理：此变上限的积分存在且连续，则 $g(x) = \int_{-\infty}^{x} f(\xi) d\xi$ 存在、可导，并且有 $g'(x) = f(x)$.

命题 9.3.2：同理可证：

$$F\left[\int_{x}^{\infty} f(\xi) d\xi\right] = \frac{i}{k} F[f(x)] \tag{9.3.8}$$

六、定理 9.3.6：卷积定理

$$F[f_1(x) * f_2(x)] = F[f_1(x)] F[f_2(x)] \tag{9.3.9}$$

其中

$$f_1(x) * f_2(x) \equiv \int_{-\infty}^{\infty} f_1(x-\xi) f_2(\xi) \, d\xi \tag{9.3.10}$$

称为函数 $f_1(x)$ 和 $f_2(x)$ 的卷积, 它是 x 的函数.

证:
$$F[f_1(x) * f_2(x)]$$

$$= \int_{-\infty}^{\infty} dx e^{-ikx} \int_{-\infty}^{\infty} f_1(x-\xi) f_2(\xi) \, d\xi$$

$$= \int_{-\infty}^{\infty} d\xi f_2(\xi) \int_{-\infty}^{\infty} f_1(x-\xi) e^{-ikx} \, dx$$

$$= \int_{-\infty}^{\infty} d\xi f_2(\xi) e^{-ik\xi} \int_{-\infty}^{\infty} f_1(x-\xi) e^{-ik(x-\xi)} \, dx$$

$$= F[f_1(x)] F[f_2(x)]$$

证毕.

注: 如果 f_1、f_2 不是卷积, 而是一般乘积, 则 $F[f_1(x) \cdot f_2(x)] \neq F[f_1(x)] F[f_2(x)]$.

命题 9.3.3: 两个函数 f_1 和 f_2 的卷积具有对 f_1 和 f_2 的对称性:

$$f_1(x) * f_2(x)$$

$$= \int_{-\infty}^{\infty} f_1(x-\xi) f_2(\xi) \, d\xi$$

$$= \int_{-\infty}^{\infty} f_1(\xi) f_2(x-\xi) \, d\xi$$

$$= f_2(x) * f_1(x) \tag{9.3.11}$$

该等式的证明只要作变换 $\eta = x - \xi$ 即可得证.

在求解微分方程中通常把傅里叶变换 (9.2.5) 式, (9.2.6) 式, (9.2.10) 式写成更为对称的形式, 后面将会用到这种形式:

$$\begin{cases} f(x) = \dfrac{1}{\sqrt{2\pi}} \int_{-\infty}^{\infty} C(k) e^{ikx} \, dk & \tag{9.3.12} \\[3mm] C(k) = \dfrac{1}{\sqrt{2\pi}} \int_{-\infty}^{\infty} f(x) e^{-ikx} \, dx & \tag{9.3.13} \end{cases}$$

$$\begin{cases} f(\boldsymbol{r}) = \dfrac{1}{(2\pi)^{\frac{3}{2}}} \int_{-\infty}^{\infty} C(\boldsymbol{k}) e^{i\boldsymbol{k} \cdot \boldsymbol{r}} \, d\boldsymbol{k} & \tag{9.3.14} \\[3mm] C(\boldsymbol{k}) = \dfrac{1}{(2\pi)^{\frac{3}{2}}} \int_{-\infty}^{\infty} f(\boldsymbol{r}) e^{-i\boldsymbol{k} \cdot \boldsymbol{r}} \, d\boldsymbol{r} & \tag{9.3.15} \end{cases}$$

关于傅里叶变换在求解微分方程中的应用将由后面的章节给出.

第九章习题

9.1 如果 $f(x)$ 是实函数, 即 $f(x) = f^*(x)$, 当 $f(x)$ 展成如下形式的傅里叶级数时,

$$f(x) = \sum_{n=-\infty}^{\infty} C_n e^{inx}$$

系数 C_n 要满足什么条件? 请证明.

9.2 请证明:

$$\sum_{n=1}^{\infty} (-1)^{n+1} \frac{\sin nx}{n} = \frac{x}{2}$$

9.3 将如下函数展成傅里叶级数.

(1) $f(x) = x, x \in [0, 2l]$ 展成以 $2l$ 为周期的傅里叶级数.

(2) $f(x) = x, x \in [0, l]$ 展成以 $2l$ 为周期的傅里叶级数.

(3) $f(x) = |x|, x \in [-l, l]$ 展成以 $2l$ 为周期的傅里叶级数.

9.4 电压模式为 $E(t) = E_0 \sin \omega t (E_0$ 为常数) 的交流电.

(1) 经过半波整流后, 其电压的模式为

$$E(t) = \begin{cases} 0, & t \in \left[-\dfrac{\pi}{\omega}, 0 \right] \\ E_0 \sin \omega t, & t \in \left[0, \dfrac{\pi}{\omega} \right] \end{cases}$$

(2) 经过全波整流后, 其电压模式为

$$E(t) = E_0 |\sin \omega t|$$

试把以上这两种整流后的电压模式展成傅里叶级数, 并对这两种展开的结果, 从直流成分、基波成分及高次谐波部分等几方面进行比较.

9.5 把振幅按双曲线衰减的振动

$$f(t) = \frac{1}{t} \sin \omega_0 t$$

展成傅里叶积分, 并作出原函数与像函数的简单示意图.

9.6 把定义在 $(0, \infty)$ 上的函数 $f(x) = e^{-ax} (a > 0)$, 在边界为 $f(0) = 0$ 的条件下, 展成傅里叶积分.

9.7 把定义在 $(0, \infty)$ 上的函数 $f(x) = 1 - H(x - a)$ (其中 $a > 0$), 在边界为 $f'(0) = 0$ 的条件下, 展成傅里叶积分.

9.8 试用傅里叶变换, 求解有阻尼的谐振子方程

$$\ddot{x}(t) + \beta \dot{x}(t) + \omega_0^2 x(t) = f(t)$$

第十章　拉普拉斯变换

19 世纪 80 年代,英国工程师亥维赛(Heaviside)用运算算子法解决电路中的运算问题,后来人们在拉普拉斯的理论中找到了依据,称该运算算子法为拉普拉斯变换.

拉普拉斯变换类型的积分是欧拉首先使用的,而拉普拉斯继欧拉之后用此类积分解方程. 傅里叶变换是傅里叶在 19 世纪初提出的,直到 1822 年傅里叶将其发表在《热分析理论》中才正式确定,但傅里叶变换对于函数有严格的要求,如 $f(x)=1$ 这类函数就不能作一般意义上的傅里叶变换.

由于傅里叶变换的变换核 e^{-ikx} 是个振荡因子,因此对函数 $f(x)$ 的要求比较严格,要满足 $\int_{-\infty}^{\infty}|f(x)|\mathrm{d}x$ 收敛. 但在很多问题中,被积函数 $f(x)$ 是不具备这一性质的. 如果积分变换核是个很强的收敛因子 $e^{-pt}(\mathrm{Re}\,p>0)$,则 $f(x)$ 对收敛条件的要求可放宽很多,这就是下面要介绍的拉普拉斯变换.

§ **10.1**　拉普拉斯变换

一、拉普拉斯变换的定义

对于定义在实变数 $t\in[0,\infty)$ 上的实函数或复函数 $f(t)$,定义 $f(t)$ 的拉普拉斯变换为

$$F(p)=\int_0^{\infty}f(t)\,e^{-pt}\mathrm{d}t \qquad (10.1.1)$$

其中 p 为复数,$p=s+\mathrm{i}\sigma$,e^{-pt} 称为拉普拉斯变换核,$f(t)$ 称为拉普拉斯变换的原函数,$F(p)$ 称为拉普拉斯变换的像函数,记为

$$F(p)\rightleftharpoons f(t)\;或\;f(t)\rightleftharpoons F(p) \qquad (10.1.2)$$

或记为 $F(p)=\mathcal{L}[f(t)]$.

二、拉普拉斯变换与傅里叶变换的关系

下面分析拉普拉斯变换与傅里叶变换的关系.

把上面定义的拉普拉斯变换式改写为

$$F(p)=\int_0^{\infty}f(t)\,e^{-st}e^{-\mathrm{i}\sigma t}\mathrm{d}t \qquad (10.1.3)$$

定义函数 $g(t)$:

$$g(t)=\begin{cases}f(t)\,e^{-st}, & 0\leqslant t<\infty \\ 0, & -\infty<t<0\end{cases} \qquad (10.1.4)$$

则 $g(t)$ 的傅里叶变换式为

$$F[g(t)] = \int_{-\infty}^{\infty} g(t) e^{-i\sigma t} dt$$

$$= \int_{0}^{\infty} f(t) e^{-st} e^{-i\sigma t} dt$$

$$= F(p) \tag{10.1.5}$$

即 $f(t)$ 的拉普拉斯变换式.

三、拉普拉斯变换的收敛性问题

要使(10.1.5)式中 $g(t)$ 的傅里叶变换存在,除要求函数 $g(t)$ 满足狄利克雷条件外,还要求 $\int_{0}^{\infty} |g(t)| dt$ 收敛. 由 $g(t)$ 的定义可知,在 $0 \leqslant t < \infty$ 时,当 $|f(t)| \leqslant Me^{s_0 t}$ 时,其中 M、s_0 为正实数,因为 $e^{-st} > 0$,$|e^{-i\sigma t}| = 1$,有

$$\int_{0}^{\infty} |f(t) e^{-st} e^{-i\sigma t}| dt \leqslant \int_{0}^{\infty} |f(t)| e^{-st} dt$$

$$\leqslant M \int_{0}^{\infty} e^{-(s-s_0)t} dt$$

即要求 $s - s_0 > 0$,$|f(t)| \leqslant Me^{s_0 t}$.

故当 $s > s_0$ 时,就有 $\int_{0}^{\infty} |g(t)| dt$ 收敛. 在这一条件下 $F[g(t)]$ 存在,也就是 $f(t)$ 的拉普拉斯变换存在,称 s_0 为拉普拉斯变换的收敛横坐标.

四、拉普拉斯变换举例

下面举例说明如何由定义求一般常用函数的拉普拉斯变换的像函数.

例 10.1.1 函数 $f(t) = 1$,其像函数为

$$F(p) = \int_{0}^{\infty} e^{-pt} dt = -\frac{1}{p} e^{-pt} \Big|_{0}^{\infty} = \frac{1}{p} \tag{10.1.6}$$

即 $1 \doteq \frac{1}{p}$,收敛横坐标为 $s_0 = 0$,即 $\mathrm{Re}\, p > 0$.

例 10.1.2 函数 $f(t) = t$,其像函数为

$$F(p) = \int_{0}^{\infty} t e^{-pt} dt = -\frac{1}{p} t e^{-pt} \Big|_{0}^{\infty} + \frac{1}{p} \int_{0}^{\infty} e^{-pt} dt = \frac{1}{p^2} \tag{10.1.7}$$

即 $t \doteq \frac{1}{p^2}$,收敛横坐标为 $s_0 = 0$.

例 10.1.3 同理可计算函数 $f(t) = t^n$,n 为正整数,反复作分部积分,可得

$$F(p) = \frac{n!}{p^{n+1}} \tag{10.1.8}$$

即 $t^n \fallingdotseq \dfrac{n!}{p^{n+1}}$，收敛横坐标为 $s_0 = 0$，即 $\mathrm{Re}\, p > 0$。

例 10.1.4 $f(t) = \mathrm{e}^{\alpha t}$，其像函数为

$$F(p) = \int_0^\infty \mathrm{e}^{\alpha t} \cdot \mathrm{e}^{-pt}\,\mathrm{d}t = \int_0^\infty \mathrm{e}^{-(p-\alpha)t}\,\mathrm{d}t = \frac{1}{p-\alpha} \tag{10.1.9}$$

即 $\mathrm{e}^{\alpha t} \fallingdotseq \dfrac{1}{p-\alpha}$，收敛横坐标为 $s_0 = \mathrm{Re}\,\alpha$，即 $\mathrm{Re}\, p > \mathrm{Re}\,\alpha$。

例 10.1.5   函数 $f(t) = t^\alpha$，$\mathrm{Re}\,\alpha > -1$，其像函数为

$$F(p) = \int_0^\infty t^\alpha \mathrm{e}^{-pt}\,\mathrm{d}t$$

收敛横坐标为 $s_0 = 0$，即 $\mathrm{Re}\, p > 0$。

求此积分时，作变量代换，令 $\tau = pt$，故有

$$\begin{aligned}
F(p) &= \int_0^\infty \frac{\tau^\alpha}{p^\alpha}\mathrm{e}^{-\tau}\frac{1}{p}\,\mathrm{d}\tau \\
&= \frac{1}{p^{\alpha+1}}\int_0^\infty \tau^\alpha \mathrm{e}^{-\tau}\,\mathrm{d}\tau \\
&= \frac{\Gamma(\alpha+1)}{p^{\alpha+1}}
\end{aligned} \tag{10.1.10}$$

即 $t^\alpha \fallingdotseq \dfrac{\Gamma(\alpha+1)}{p^{\alpha+1}}$ $(\mathrm{Re}\,\alpha > -1, \mathrm{Re}\, p > 0)$。

当 $\alpha = -\dfrac{1}{2}$ 时，有

$$\frac{1}{\sqrt{t}} \fallingdotseq \frac{\Gamma\left(\dfrac{1}{2}\right)}{\sqrt{p}} = \frac{\sqrt{\pi}}{\sqrt{p}} \tag{10.1.11}$$

注：关于 Γ 函数的简介见本节附录。

例 10.1.6 $f(t) = \sin\sqrt{t}$，求其像函数 $F(p)$。

按定义直接求积分较难，把 $f(t)$ 作级数展开：

$$\sin\sqrt{t} = \sum_{n=0}^\infty \frac{(-1)^n}{(2n+1)!}t^{\frac{2n+1}{2}}$$

由上一例的结果

$$t^{n+\frac{1}{2}} \fallingdotseq \frac{\Gamma\left(n+\dfrac{1}{2}+1\right)}{p^{n+\frac{1}{2}+1}} = \frac{\sqrt{\pi}(2n+1)!!}{2^{n+1}} \cdot \frac{1}{p^{n+\frac{3}{2}}} \tag{10.1.12}$$

其中

$$(2n+1)!! = 1 \times 3 \times 5 \times \cdots \times (2n+1) = \prod_{k=0}^n (2k+1)$$

$$\Gamma\left(n+1+\frac{1}{2}\right) = \frac{\sqrt{\pi}\,(2n+1)!!}{2^{n+1}}$$

故

$$F(p) = \sum_{n=0}^{\infty} \frac{(-1)^n}{(2n+1)!} \cdot \frac{\sqrt{\pi}\,(2n+1)!!}{2^{n+1} \cdot p^{n+\frac{3}{2}}}$$

$$= \frac{\sqrt{\pi}}{2p^{\frac{3}{2}}} \sum_{n=0}^{\infty} \frac{(-1)^n}{2n \cdot (2n-2) \cdots \cdot 2} \cdot \frac{1}{2^n p^n}$$

$$= \frac{\sqrt{\pi}}{2p^{\frac{3}{2}}} \sum_{n=0}^{\infty} \frac{(-1)^n}{n!} \cdot \frac{1}{4^n p^n}$$

$$= \frac{\sqrt{\pi}}{2p^{\frac{3}{2}}} e^{-\frac{1}{4p}}$$

即

$$\sin\sqrt{t} \doteq \frac{\sqrt{\pi}}{2p^{\frac{3}{2}}} e^{-\frac{1}{4p}} \tag{10.1.13}$$

附录:Γ函数及其解析延拓

1. Γ函数的定义

Γ函数通常是用积分形式来定义的函数,而最早对Γ函数的定义是欧拉所给出的无穷乘积的表达式

$$\Gamma(z) = \frac{1}{z} \prod_{n=1}^{\infty} \left[\left(1+\frac{z}{n}\right)^{-1} \left(1+\frac{1}{n}\right)^{z} \right]$$

$$= \lim_{n \to \infty} \frac{1 \times 2 \times \cdots \times n}{z(z+1)(z+2)\cdots(z+n)} n^z \tag{10.1.14}$$

可以看出,在复平面上,除 $z=0,-1,-2,\cdots$ 是 $\Gamma(z)$ 的一阶极点外,没有其他的奇异性。

通常 $\Gamma(z)$ 的积分定义式为

$$\Gamma(z) = \int_0^{\infty} e^{-t} t^{z-1} \mathrm{d}t, \quad t \in R \tag{10.1.15}$$

这是一个带参数 z 的积分,要考虑 z 的定义域。要求 $\mathrm{Re}\, z>0$,即通常复平面的右半平面上。此 Γ 函数的定义也称为第二类欧拉积分。

2. Γ函数的解析性

对于积分变量 $t \in [0, \infty)$ 的积分,$\Gamma(z)$ 在 $\mathrm{Re}\, z>0$ 时是解析的。

该解析性的证明思路如下。

把对 t 的积分分为

$$\Gamma(z) = \int_0^1 e^{-t} t^{z-1} \mathrm{d}t + \int_1^{\infty} e^{-t} t^{z-1} \mathrm{d}t, \quad t \in R$$

对于此积分 $\mathrm{Re}\, z=x$,而 z 的虚部 $\mathrm{i}y$ 的贡献 $t^{\mathrm{i}y} = e^{\mathrm{i}y\ln t}$ 是个相位因子,对收敛性有影响的

是 $\operatorname{Re} z = x$，可证明右边的第二个积分收敛. 而对右边第一个积分当 $z = 0$ 时，积分下限 $t = 0$ 是被积函数的一阶奇点，因此 $\Gamma(z)$ 在 $z = 0$ 点不解析，但除 $z = 0$ 点外，对 $\operatorname{Re} z > 0$ 时可证明右边第一个积分收敛.

当 $z = 0$ 时，

$$\Gamma(z) = \int_0^1 e^{-t} t^{z-1} dt = \int_0^1 e^{-t} t^{-1} dt = \int_0^1 \left(\frac{1}{t} - 1 + \cdots \right) dt$$

此积分发散且 $z = 0$ 是 $\Gamma(z)$ 的一阶极点.

在 $\operatorname{Re} z > 0$ 时，积分 $\Gamma(z) = \int_0^1 e^{-t} t^{z-1} dt$ 绝对收敛. 由 $z = x + iy$ 得

$$t^{z-1} = t^{x-1+iy} = e^{(x-1)\ln t} \cdot e^{iy\ln t}$$

$\ln t (t \in R)$ 为多值函数时，取主值区域，有

$$\left| e^{-t} t^{z-1} \right| = e^{-t} \left| e^{(x-1)\ln t} \right|$$

$$\leqslant e^{-t} e^{(x-1)\ln t} = e^{-t} t^{x-1}$$

由于 $t < 1, \ln t$ 为 "$-$"; $x - 1$ 为 "$-$"，故在 $0 < x \leqslant 1$ 时，有

$$\int_0^1 e^{-t} t^{z-1} dt \leqslant \int_0^1 t^{x-1} dt = \frac{1}{x} \int_0^1 dt^x$$

故 $\Gamma(z)$ 在 $\operatorname{Re} z > 0$ 时解析.

3. Γ 函数的解析延拓

下面以 $\Gamma(z)$ 函数为例，给出**复变函数的解析延拓**的概念.

对上面介绍的 $\Gamma(z)$ 函数，只在复平面的右半平面（$\operatorname{Re} z > 0$）上解析，而 $z = 0$ 为 $\Gamma(z)$ 的一阶奇点. 我们要问，$\Gamma(z)$ 在复平面的左半边的解析性如何？如果能把其在左半复平面的孤立奇点都找出来，而其在这部分再也没有奇异性，这样可以把 $\Gamma(z)$ 的解析区域从右半平面扩展到除孤立奇点外的左半边的区域中，即把 $\Gamma(z)$ 的解析区域延拓扩大.

由 $\Gamma(z)$ 的定义有

$$\Gamma(z+1) = \int_0^\infty e^{-t} t^z dt$$

$$= -e^{-t} t^z \Big|_0^\infty + z \int_0^\infty e^{-t} t^{z-1} dt$$

$$= z\Gamma(z) \qquad\qquad (10.1.16)$$

对 $\Gamma(z)$，在 $\operatorname{Re} z > 0$ 解析，可知在 $\operatorname{Re} z > 0$ 的区域中 $z\Gamma(z) = \Gamma(z+1)$ 为解析函数，由

$$\Gamma(z) = \frac{\Gamma(z+1)}{z} \qquad\qquad (10.1.17)$$

可知，$z = 0$ 为 $\Gamma(z)$ 的一阶极点，则 $\Gamma(z+1)$ 在 $\operatorname{Re}(z+1) > 0$，即 $\operatorname{Re} z > -1$，且 $z \neq 0$ 上解析，则把 $z = 0$ 这一孤立奇点除外，可把 $\Gamma(z)$ 的解析区域扩展到 $\operatorname{Re} z > -1$ 的区域中.

同理，在 $\operatorname{Re} z > -1$ 且 $z \neq 0$ 的区域中，$\Gamma(z+1)$ 解析，且可得

$$\Gamma(z+2) = (z+1)\Gamma(z+1) \qquad\qquad (10.1.18)$$

在 $\operatorname{Re} z > -1$ 且 $z \neq 0$ 的区域上解析，有

$$\Gamma(z+1) = \frac{\Gamma(z+2)}{z+1} \qquad (10.1.19)$$

表明 $z+1=0$,即 $z=-1$ 为 $\Gamma(z+1)$ 的一阶极点,则有

$$\Gamma(z) = \frac{\Gamma(z+2)}{z(z+1)} \qquad (10.1.20)$$

这就把 $\Gamma(z)$ 从解析区域延拓到 $\mathrm{Re}\, z > -2$ 且 $z \neq 0, z \neq -1$ 的区域中. 同理,可得 $\Gamma(z)$ 函数的一般的关系式

$$\Gamma(z+n+1) = z(z+1)\cdots(z+n)\Gamma(z) \qquad (10.1.21)$$

即

$$\Gamma(z) = \frac{\Gamma(z+n+1)}{z(z+1)\cdots(z+n)} \qquad (10.1.22)$$

$z = 0, -1, \cdots, -n$ 为 $\Gamma(z)$ 的一阶极点.

因此可以把 $\Gamma(z)$ 的解析区域由 $\mathrm{Re}\, z > 0$ 的右半复平面延拓到除 $z = 0, -1, \cdots,$ $-n, \cdots$ 单极点外的整个复平面,即 $\Gamma(z)$ 除在实轴上 $x = 0, -1, \cdots, -n, \cdots$ 的单极点外的整个复平面上解析,这就是 $\Gamma(z)$ 函数的解析延拓.

4. 复变函数的解析延拓

下面给出**复变函数解析延拓的定义**:

如图 10.1.1 所示,设复变函数 $f_1(z)$ 在 Ω_1 内解析,$f_2(z)$ 在 Ω_2 内解析,在 $\Omega_1 \cap \Omega_2$ 内有 $f_1(z) = f_2(z)$,则称 $f_2(z)$ 为 $f_1(z)$ 在 Ω_2 内的解析延拓. 反之可称 $f_1(z)$ 为 $f_2(z)$ 在 Ω_1 内的解析延拓.

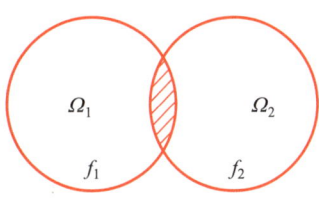

图 10.1.1

5. Γ 函数的重要表达式

由 $\Gamma(z)$ 函数的定义式(10.1.15),当 $z = 1, 2, 3, \cdots$,利用分部积分可得 $\Gamma(n)$ 的重要表达式

$$\Gamma(n+1) = n! \qquad (10.1.23)$$

同时由 $\Gamma(z)$ 的定义,可得到 $\Gamma(z)$ 函数多个有用的表达式

$$\Gamma(z)\Gamma(1-z) = \frac{\pi}{\sin \pi z} \qquad (10.1.24)$$

$$\Gamma(z)\Gamma(-z) = \frac{-\pi}{z\sin \pi z} \qquad (10.1.25)$$

以上两式中,z 均不为整数. 当 z 退化成 x 时,上两式仍成立.

由(10.1.24)式可得到重要的表达式

$$\Gamma\left(\frac{1}{2}\right) = \sqrt{\pi} \qquad (10.1.26)$$

$$\Gamma\left(n+\frac{1}{2}\right) = \frac{(2n-1)!!}{2^n}\sqrt{\pi} \qquad (10.1.27)$$

6. Γ 函数与欧拉积分

第一类欧拉积分-B 函数的定义为

$$B(p,q) = \int_0^1 t^{p-1}(1-t)^{q-1}dt = \frac{\Gamma(p)\Gamma(q)}{\Gamma(p+q)}$$

Γ 函数为第二类欧拉积分

$$\Gamma(z) = \int_0^\infty t^{z-1}e^{-t}dt$$

§10.2 __拉普拉斯变换的基本性质

一、定理 10.2.1：线性定理

$$\alpha_1 f_1 + \alpha_2 f_2 \doteqdot \alpha_1 F_1(p) + \alpha_2 F_2(p) \tag{10.2.1}$$

其中 α_1, α_2 为常数. 由

$$\int_0^\infty [\alpha_1 f_1(t) + \alpha_2 f_2(t)]e^{-pt}dt$$

$$= \alpha_1 \int_0^\infty f_1(t)e^{-pt}dt + \alpha_2 \int_0^\infty f_2(t)e^{-pt}dt$$

即可得证.

二、定理 10.2.2：延迟定理

$$f(t-\tau) \doteqdot e^{-p\tau}F(p), \quad \tau > 0 \tag{10.2.2}$$

证:
$$\int_0^\infty f(t-\tau)e^{-pt}dt$$

$$= \int_0^\infty f(t-\tau)e^{-p(t-\tau)}e^{-p\tau}dt$$

令 $t-\tau = \xi$,则有

$$\int_0^\infty f(t-\tau)e^{-pt}dt = e^{-p\tau}\int_0^\infty f(\xi)e^{-p\xi}d\xi = e^{-p\tau}F(p)$$

此处要求 $\xi \geq 0$ 时, $f(t-\tau)$ 存在,当 $t < \tau$ 时, $f(t-\tau) = 0$.

三、定理 10.2.3：位移定理

$$e^{-\lambda t}f(t) \doteqdot F(p+\lambda) \tag{10.2.3}$$

由拉普拉斯变换的定义即可得证.

四、定理 10.2.4：卷积定理

$$f_1(t) * f_2(t) \doteqdot F_1(p)F_2(p) \tag{10.2.4}$$

其中 $f_1(t), f_2(t)$ 的定义域为 $[0,\infty)$,当 $t < 0$ 时, $f_1(t), f_2(t)$ 为零.

卷积 $f_1(t) * f_2(t)$ 的定义为

$$f_1(t) * f_2(t) = \int_0^t f_1(\tau)f_2(t-\tau)d\tau \tag{10.2.5}$$

当 $t-\tau<0$ 时,即 $\tau>t$,则 $f(t-\tau)=0$,故积分上限取为 t.

注:此处的积分限为 $\int_0^t$ 与傅里叶变换中卷积定义的积分很不同,由于 $f_1(t)$,$f_2(t)$ 的定义域,即有 $f_2(t-\tau)$ 的定义域为 $t-\tau\geqslant0$,当 $t-\tau<0$ 时,$f_2(t-\tau)=0$,即 $\tau>t$ 时 $f_2=0$,故积分限写成 $\int_0^t$,如果出于书写对称性考虑,则此卷积仍可以写成

$$f_1(t)*f_2(t)=\int_0^\infty f_1(\tau)f_2(t-\tau)\mathrm{d}\tau \tag{10.2.6}$$

证:
$$\int_0^\infty f_1(t)*f_2(t)\cdot\mathrm{e}^{-pt}\mathrm{d}t$$
$$=\int_0^\infty \mathrm{d}t\mathrm{e}^{-pt}\int_0^\infty f_1(\tau)\cdot f_2(t-\tau)\mathrm{d}\tau$$
$$=\int_0^\infty \mathrm{d}\tau f_1(\tau)\cdot\mathrm{e}^{-p\tau}\int_0^\infty f_2(t-\tau)\cdot\mathrm{e}^{-p(t-\tau)}\mathrm{d}t$$
$$=F_1(p)\cdot F_2(p)$$

五、定理 10.2.5:微分定理

$$f'(t)\fallingdotseq pF(p)-f(0) \tag{10.2.7}$$
$$f''(t)\fallingdotseq p^2F(p)-pf(0)-f'(0) \tag{10.2.8}$$
$$f^{(n)}(t)\fallingdotseq p^nF(p)-p^{n-1}f(0)-p^{n-2}f'(0)-\cdots-$$
$$pf^{(n-2)}(0)-f^{(n-1)}(0) \tag{10.2.9}$$

其中
$$f'(t)=\frac{\mathrm{d}f(t)}{\mathrm{d}t},\quad f^{(n)}(t)=\frac{\mathrm{d}^n}{\mathrm{d}t^n}f(t)$$
$$f(0)=f(t)\big|_{t=0},\quad f'(0)=\frac{\mathrm{d}f(t)}{\mathrm{d}t}\bigg|_{t=0}$$
$$f^{(n)}(0)=\frac{\mathrm{d}^n}{\mathrm{d}t^n}f(t)\big|_{t=0}$$

证:
$$f'(t)\fallingdotseq\int_0^\infty f'(t)\mathrm{e}^{-pt}\mathrm{d}t$$
$$=f(t)\mathrm{e}^{-pt}\big|_0^\infty+p\int_0^\infty f(t)\mathrm{e}^{-pt}\mathrm{d}t$$
$$=pF(p)-f(0)$$

(10.2.8)式、(10.2.9)式同样由多次分部积分可得证.

微分定理在求解微分方程时,是把初值问题都表示出来,这是拉普拉斯变换在求解微分方程时显示出来的优越性.

六、定理 10.2.6:标度变换定理

$$f(at)\fallingdotseq\frac{1}{a}F\left(\frac{p}{a}\right),\quad a>0 \tag{10.2.10}$$

由拉普拉斯变换的定义容易得证.

七、定理 10.2.7:周期函数变换定理

若 $f(t) = f(t+T)$，T 为函数 $f(t)$ 的周期，则

$$f(t) \fallingdotseq \frac{\int_0^T f(\tau) e^{-p\tau} d\tau}{1 - e^{-pT}} \qquad (10.2.11)$$

证：

$$F(p) = \int_0^\infty f(t) e^{-pt} dt$$

$$= \sum_{n=0}^\infty \int_{nT}^{(n+1)T} f(t) e^{-pt} dt$$

令 $\tau = t - nT$，即 $t = \tau + nT$，有 $dt = d\tau$，则

$$F(p) = \sum_{n=0}^\infty \int_0^T f(\tau) e^{-p\tau} e^{-npT} d\tau$$

$$= \int_0^T f(\tau) e^{-p\tau} d\tau \sum_{n=0}^\infty e^{-npT}$$

$$= \frac{\int_0^T f(\tau) e^{-p\tau} d\tau}{1 - e^{-pT}}$$

§ **10.3** 拉普拉斯变换的反演

在利用拉普拉斯变换求解微分方程时,由像函数所满足的代数方程解出像函数的表达式.要求出此项函数表达式的原函数就必须作拉普拉斯变换的反演.

一、利用已知的拉普拉斯变换及其基本性质求原函数

常见的拉普拉斯变换,如:

$$1 \fallingdotseq \frac{1}{p}, \quad t \fallingdotseq \frac{1}{p^2}, \quad t^n \fallingdotseq \frac{n!}{p^{n+1}}$$

$$e^{\alpha t} \fallingdotseq \frac{1}{p-\alpha}, \quad t^n e^{\alpha t} \fallingdotseq \frac{n!}{(p-\alpha)^{n+1}}$$

$$\sin \alpha t \fallingdotseq \frac{\alpha}{p^2+\alpha^2}, \quad \cos \alpha t \fallingdotseq \frac{p}{p^2+\alpha^2}$$

$$\sinh \alpha t \fallingdotseq \frac{\alpha}{p^2-\alpha^2}, \quad \cosh \alpha t \fallingdotseq \frac{p}{p^2-\alpha^2}$$

$$t^\alpha e^{-\beta t} \fallingdotseq \frac{\Gamma(\alpha+1)}{(p+\beta)^{\alpha+1}}, \quad \frac{1}{\sqrt{\pi t}} \fallingdotseq \frac{1}{\sqrt{p}}$$

加上卷积定理和其他性质,对简单的问题就能把原函数求出,得到微分方程的解.

如果像函数为有理式且可化为几个基本像函数之和,利用待定系数法求解,可直接给出原函数.

如果得到的像函数为有理式,可化为像函数的乘积,用卷积求出原函数.

例10.3.1 求像函数 $\dfrac{1}{p^3(p+\alpha)}$ 的反演.

解:令
$$\frac{1}{p^3(p+\alpha)}=\frac{A}{p^3}+\frac{B}{p^2}+\frac{C}{p}+\frac{D}{p+\alpha}$$

A,B,C,D 为待定系数.

以 p^3 乘等式两边再令 $p\to 0$,可得 $A=\dfrac{1}{\alpha}$.

以 p^3 乘等式两边再对 p 求导一次,令 $p\to 0$,可得 $B=-\dfrac{1}{\alpha^2}$.

以 p^3 乘等式两边再对 p 求导两次,令 $p\to 0$,可得 $C=\dfrac{1}{\alpha^3}$.

以 p^3 乘等式两边再对 p 求导三次,令 $p\to 0$,可得 $D=-\dfrac{1}{\alpha^3}$.

$\left(\text{亦可从 } D \text{ 是 } p=-\alpha \text{ 点的留数,而由函数 } \dfrac{1}{p^3(p+\alpha)} \text{ 的分解表达式,其留数之和为零,直接得到}\right.$

$\left. D=-C=-\dfrac{1}{\alpha^3}. \right)$

因此得到 $\quad \dfrac{1}{p^3(p+\alpha)}\rightleftharpoons\dfrac{1}{2\alpha}t^2-\dfrac{1}{\alpha^2}t+\dfrac{1}{\alpha^3}-\dfrac{1}{\alpha^3}e^{-\alpha t}.$

二、对复杂像函数的几种求原函数的方法

对复杂的像函数可结合像函数的求导公式、像函数的积分公式和直接由像函数求逆变换的定理把原函数求出.

1. 对像函数的求导公式

设 $F(p)\rightleftharpoons f(t)$,则有

$$F^{(n)}(p)=\frac{\mathrm{d}^n}{\mathrm{d}p^n}\int_0^\infty f(t)e^{-pt}\mathrm{d}t=\int_0^\infty(-1)^n t^n f(t)e^{-pt}\mathrm{d}t$$

可得
$$F^{(n)}(p)\rightleftharpoons(-1)^n t^n f(t) \tag{10.3.1}$$

2. 对像函数的积分公式

设 $F(p)\rightleftharpoons f(t)$,则有

$$\int_p^\infty F(p')\mathrm{d}p'\rightleftharpoons\frac{f(t)}{t} \tag{10.3.2}$$

此公式应用的条件:积分路线在 $\mathrm{Re}(p)>s_0$ 的区域中,s_0 为 $f(t)$ 的拉普拉斯变换的收敛横坐标,该积分收敛,且当 $t\to 0$ 时 $\left|\dfrac{f(t)}{t}\right|$ 有界.

例 10.3.2 由

$$\sin t \doteqdot \frac{1}{p^2+1}$$

有

$$\frac{\sin t}{t} \doteqdot \int_p^\infty \frac{1}{p'^2+1}\mathrm{d}p' = \arctan p' \Big|_p^\infty = \frac{\pi}{2} - \arctan p$$

3. 由像函数求逆变换的定理

定理 10.3.1：设 $f(t) \doteqdot F(p)$，当 $t>0$ 时，在 $f(t)$ 的每一个连续点处均有

$$f(t) = \frac{1}{2\pi\mathrm{i}} \int_{\beta-\mathrm{i}\infty}^{\beta+\mathrm{i}\infty} F(p)\mathrm{e}^{pt}\mathrm{d}p \tag{10.3.3}$$

其中 $\operatorname{Re} p > s_0$，$s_0$ 为 $f(t)$ 的拉普拉斯变换的收敛横坐标，积分路线为右半平面中任一条平行于虚轴的直线 $\operatorname{Re} p = \beta(\beta>s_0)$，如图 10.3.1 所示.

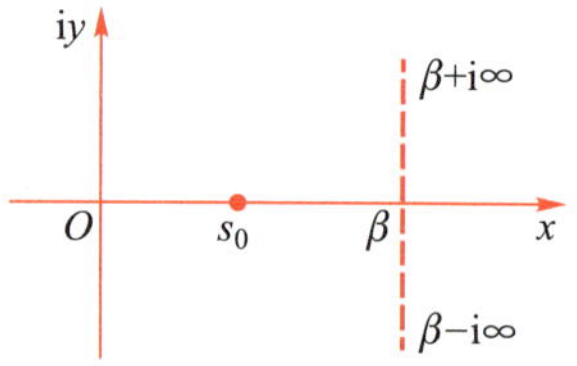

此定理在此不给出证明，但用此定理可以给出用复变函数的积分直接由像函数求原函数的方法.

4. 在工程技术中，经常用查询拉普拉斯变换表的方法直接给出方程的数值解，不需要给出解析的表达式.

附注：拉普拉斯变换反演的唯一性对原函数的要求

图 10.3.1

由像函数反演得到的原函数一定是微分方程的解吗？这是拉普拉斯变换反演的唯一性问题，即一个像函数 $F(p)$，是否存在两个不同的原函数 $f_1(t)$ 和 $f_2(t)$，即 $f_1(t) \doteqdot F(p)$，$f_2(t) \doteqdot F(p)$ 呢？一般而言，拉普拉斯变换的反演不是唯一的，但如果原函数是连续函数的话，那么其像函数的反演得到的原函数是唯一的. 因此物理学和工程中解微分方程时，都约定其解为连续函数，也就是说，在我们的问题中拉普拉斯变换的反演是唯一的.

§ **10.4** 拉普拉斯变换的应用

拉普拉斯变换通常用来解具有初值问题的常微分方程和偏微分方程. 它把微分方程的求解问题，变成方程解的像函数的代数方程的求解问题. 由代数方程解出的像函数再通过拉普拉斯变换的反演求得此像函数的原函数，即微分方程的解.

下面举例如何应用拉普拉斯变换求解常微分方程.

例 10.4.1 求解方程

$$\begin{cases} y''(t) - k^2 y(t) = f(t), & t>0 \\ y(0) = c_0, y'(0) = c_1 \end{cases} \tag{10.4.1}$$

解：对 $y(t)$ 和 $f(t)$ 作拉普拉斯变换

$$y(t) \doteqdot Y(p)$$

$$f(t) \doteqdot F(p)$$

因为 $f(t)$ 为已知函数，则 $F(p)$ 为已知的.

由变换的性质可知

$$y''(t) \risingdotseq p^2 Y(p) - p y(0) - y'(0)$$

故原方程变为关于 $Y(p)$ 的代数方程

$$p^2 Y(p) - p y(0) - y'(0) - k^2 Y(p) = F(p) \tag{10.4.2}$$

可得 $Y(p)$ 的解为

$$Y(p) = \frac{F(p)}{p^2 - k^2} + c_0 \frac{p}{p^2 - k^2} + \frac{c_1}{p^2 - k^2} \tag{10.4.3}$$

此等式右边各项皆为像函数. 一般可通过拉普拉斯变换表求出原函数, 由

$$\frac{p}{p^2 - k^2} \rightleftharpoons \cosh kt, \quad \frac{k}{p^2 - k^2} \rightleftharpoons \sinh kt$$

而 $\dfrac{F(p)}{p^2 - k^2}$ 项可化为两个像函数之积, 再利用卷积定理求出

$$\frac{F(p)}{p^2 - k^2} = \frac{1}{k} F(p) \cdot \frac{k}{p^2 - k^2}$$

$$\risingdotseq \frac{1}{k} \int_0^t f(\tau) \cdot \sinh k(t - \tau) \, d\tau$$

故原方程的解为

$$y(t) = c_0 \cosh kt + \frac{c_1}{k} \sinh kt + \frac{1}{k} \int_0^t f(\tau) \sinh k(t - \tau) \, d\tau \tag{10.4.4}$$

注: 方程 (10.4.1) 及其解式 (10.4.4) 可以认为描述了一个具有单位质量的质点在离心力 $k^2 y(t)$ 和外力 $f(t)$ 驱动下的运动.

如果考虑变换, $k \rightarrow ik$, 则 $k^2 \rightarrow -k^2$, 离心力 $k^2 y(t)$ 变为弹簧回复力 $-k^2 y(t)$, (10.4.1) 式变为受驱谐振子

$$\begin{cases} y''(t) + k^2 y(t) = f(t), & t > 0 \\ y(0) = c_0, y'(0) = c_1 \end{cases} \tag{10.4.5}$$

并考虑 $\sinh(iz) = i\sin(z), \cosh(iz) = \cos(z)$, 上式的解可以由 (10.4.4) 式直接作变换变 $k \rightarrow ik$ 得到:

$$y(t) = c_0 \cos kt + \frac{c_1}{k} \sin kt + \frac{1}{k} \int_0^t f(\tau) \cdot \sin k(t - \tau) \, d\tau \tag{10.4.6}$$

前两项为初始位置和初始速度的贡献, 第三项为驱动力的贡献.

如果驱动为正弦, $f(t) = \alpha \sin k't$, 上式最后一项积分可以直接求出. 如果 $k' \neq k$, 有

$$y(t) = c_0 \cos kt + \frac{c_1}{k} \sin kt + \alpha \frac{k' \sin kt - k \sin k't}{k(k'^2 - k^2)} \tag{10.4.7}$$

如果 $k' = k$, 有

$$y(t) = c_0 \cos kt + \frac{c_1}{k} \sin kt + \frac{\alpha}{2k^2} \sin kt - \frac{\alpha}{2k} t \cos kt \tag{10.4.8}$$

前三项为正常的周期振动. 最后一项的振幅为 $\dfrac{\alpha}{2k} t$, 随时间线性增加, 发生共振. 方程 (10.4.5) 没有考虑阻尼, 但在实际的系统总是存在阻尼, 如下面例题所示, 此时共振仍会发生, 但振幅不会无限增加, 即振幅大到一定程度就认为是共振.

例10.4.2 一质量为 m 的物体,可视为一质点,与一弹性系数为常数 k 的弹簧连接. 同时物体受一外力 $f(t)$ 的作用和与瞬时速度成正比的阻力 $\mu(t)$ 的作用,如图 10.4.1 所示. 设 x 为质点 m 的坐标,当 $t=0$ 时,质点的初始位置为 x_0,初始速度为 v_0,求质点的运动.

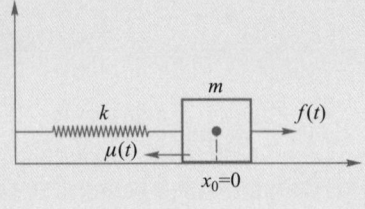

图 10.4.1

解:设质点受得阻力 $\mu=-\beta x'(t)$,则运动方程为

$$\begin{cases} mx''(t)=f(t)-\beta x'(t)-kx(t) \\ x(0)=x_0, \quad x'(0)=v_0 \end{cases} \tag{10.4.9}$$

对方程作拉普拉斯变换,设 $x(t) \doteqdot X(p)$,$f(t) \doteqdot F(p)$,则像函数满足的方程为

$$m[p^2 X(p)-px_0-v_0]+\beta[pX(p)-x_0]+kX(p)=F(p) \tag{10.4.10}$$

可得

$$X(p)=\frac{mx_0 p+(mv_0+\beta x_0)+F(p)}{mp^2+\beta p+k}=\frac{mx_0 p+(mv_0+\beta x_0)+F(p)}{m\left[\left(p+\dfrac{\beta}{2m}\right)^2+R\right]} \tag{10.4.11}$$

其中

$$R=\frac{k}{m}-\frac{\beta^2}{4m^2} \tag{10.4.12}$$

由于像函数的形式决定反演后的原函数的形式,故对 R 要进行讨论,分三种情况:

(1) $R>0$,设 $R=\omega^2$,则

$$\frac{1}{\left(p+\dfrac{\beta}{2m}\right)^2+\omega^2} \doteqdot \mathrm{e}^{\frac{-\beta t}{2m}}\frac{\sin \omega t}{\omega}$$

$$\frac{1}{\left(p+\dfrac{\beta}{2m}\right)^2+\omega^2} \doteqdot \mathrm{e}^{\frac{-\beta t}{2m}}\cos \omega t$$

利用卷积定理可得

$$x(t)=x_0 \mathrm{e}^{\frac{-\beta}{2m}}\cos\omega t+(mv_0+\beta x_0)\,\mathrm{e}^{\frac{-\beta}{2m}}\frac{\sin\omega t}{\omega}+\frac{1}{\omega m}\int_0^t f(\tau)\,\mathrm{e}^{-\frac{\beta}{2m}(t-\tau)}\sin\omega(t-\tau)\,\mathrm{d}\tau \tag{10.4.13}$$

此解为一般的阻尼运动.

(2) $R=0$,

$$\frac{1}{\left[\left(p+\dfrac{\beta}{2m}\right)^2\right]} \doteqdot t\,\mathrm{e}^{-\frac{\beta t}{2m}}$$

利用卷积定理可得

$$x(t)=x_0 \mathrm{e}^{\frac{-\beta t}{2m}}+(mv_0+\beta x_0)\,t\mathrm{e}^{\frac{-\beta t}{2m}}+\frac{1}{m}\int_0^t f(\tau)(t-\tau)\,\mathrm{e}^{-\frac{\beta}{2m}(t-\tau)}\,\mathrm{d}\tau \tag{10.4.14}$$

此解为临界阻尼运动. 上式也可由(10.4.9)式令 $\omega \to 0$ 得到.

（3）$R<0$，设 $R=-\alpha^2$，有 $\dfrac{\beta}{2m}\alpha$，则

$$\frac{1}{\left(p+\dfrac{\beta}{2m}\right)^2-\alpha^2}\rightleftharpoons \mathrm{e}^{\frac{-\beta t}{2m}}\frac{1}{\alpha}\sinh\alpha t$$

$$\frac{1}{\left(p+\dfrac{\beta}{2m}\right)^2-\alpha^2}\rightleftharpoons \mathrm{e}^{\frac{-\beta t}{2m}}\cosh\alpha t$$

利用卷积定理可得

$$x(t)=x_0\mathrm{e}^{\frac{-\beta t}{2m}}\cosh\alpha t+(mv_0+\beta x_0)\,\mathrm{e}^{\frac{-\beta t}{2m}}\frac{\sinh\alpha t}{\alpha}+\frac{1}{\alpha m}\int_0^t f(\tau)\,\mathrm{e}^{-\frac{\beta}{2m}(t-\tau)}\sinh\alpha(t-\tau)\,\mathrm{d}\tau \qquad (10.4.15)$$

此解为过阻尼运动. 上式也可由(10.4.13)式令 $\omega \to \mathrm{i}\alpha$ 得到

在上面三种情况中，对 R 的讨论只表明该系统的一种力学特性，与外力的形式无关.

由于阻尼，初值的效应（前两项）会指数衰减到 0. 所以如果考虑长时间行为，一般不考虑初值，可把初值 x_0 和 v_0 均设为 0.

当驱动力 $f(t)=0$ 时，质点按初始所给条件做阻尼运动.

下面考虑一类特殊的驱动——简谐驱动的情况.

当驱动力 $f(t)=\sin\omega' t$ 时，(10.4.6)式中 $F(p)=\dfrac{\omega'}{p^2+\omega'^2}$.

对第一种 $R>0$ 的情况，$F(p)$ 对的 $x(t)$ 贡献，即(10.4.9)式中最后的卷积项可以对(10.4.7)式作拉普拉斯逆变换直接求出，为

$$A\cos\omega' t+B\sin\omega' t+C\mathrm{e}^{\frac{-\beta t}{2m}}\cos\omega t+D\mathrm{e}^{\frac{-\beta t}{2m}}\sin\omega t \qquad (10.4.16)$$

其中

$$A=\frac{\omega'\beta}{mM},\quad B=\frac{\omega'^2-k/m}{M},\quad C=-A,\quad D=\frac{\omega'(\omega^2-\omega'^2)}{M},$$

$$M=\left(\omega'^2-\frac{k}{m}\right)^2+\left(\omega'\frac{\beta}{m}\right)^2.$$

由于 $\beta>0$，(10.4.12)式中后两项在 t 足够大时趋于 0，因此最后振动为由前两项描述的简谐振动，振幅为 $\sqrt{A^2+B^2}=1/\sqrt{M}$. 当驱动频率 $\omega'=\sqrt{\dfrac{k}{m}-\dfrac{\beta^2}{m^2}}$ 时，振幅最大，为 $\sqrt{\dfrac{m^3}{k\beta^2}}$，此时发生共振.

当阻尼 $\beta \to 0$ 时，振幅发散.

(10.4.12)式也可由(10.4.9)式中最后的卷积项通过两次对三角函数的分部积分求出.

拉普拉斯变换也可以用来求解偏微分方程，将在后面偏微分的解中予以介绍.

第十章习题

10.1 求下列函数的拉普拉斯变换的像函数.

（1）$\sinh\omega t$ 　　　　　　　　　　（2）$\cosh\omega t$

（3）$\cos(\omega t+\alpha)$ 　　　　　　　　（4）$\cos^2\omega t$

（5）$e^{-\alpha t}\sin \omega t,\alpha>0$ $\qquad\qquad$ （6）$\dfrac{\cos at-\cos bt}{b^2-a^2},a^2\neq b^2$

10.2 若一函数 $f(t)$，其拉普拉斯的像函数为 $F(p)$，请证明

$$\lim_{t\to 0^+}f(t)=\lim_{p\to \infty}pF(p)$$

10.3 已知下列拉普拉斯变换的像函数 $F(p)$，求原函数 $f(t)$.

（1）$F(p)=\dfrac{1}{(p+a)(p+b)},a\neq b$ $\qquad\qquad$ （2）$F(p)=\dfrac{3p}{p^2-1}$

（3）$F(p)=\dfrac{E}{Lp^2+Rp+\dfrac{1}{C}},E,L,R,C$ 都为大于零的实常数

（4）$F(p)=\dfrac{1}{(p^2+a^2)(p^2+b^2)},a^2\neq b^2$

（5）$F(p)=\dfrac{e^{-\alpha p}}{p^2},\alpha>0$ $\qquad\qquad$ （6）$F(p)=\dfrac{1}{p}\cdot\dfrac{e^{-\alpha p}}{1-e^{-\alpha p}},\alpha>0$

10.4 已知误差函数的定义为

$$\mathrm{erf}(x)=\dfrac{2}{\sqrt{\pi}}\int_0^x e^{-\tau^2}\mathrm{d}\tau$$

试求 $\mathrm{erf}(\sqrt{t})$ 的像函数.

10.5 用拉普拉斯变换求下列积分.

（1）$f(t)=\displaystyle\int_0^\infty \dfrac{\sin tx}{x}\mathrm{d}x$ $\qquad\qquad$ （2）$f(t)=\displaystyle\int_0^\infty \dfrac{\sin tx}{x(x^2+1)}\mathrm{d}x$

（3）$f(t)=\displaystyle\int_0^\infty e^{-t\sqrt{x}}\mathrm{d}x$

10.6 用拉普拉斯变换求解下列常微分方程，其中 $y=y(t)$，$z=z(t)$.

（1）$\begin{cases} y''-4y=0 \\ y(0)=-1,y'(0)=1 \end{cases}$ $\qquad$ （2）$\begin{cases} y'''-y''+4y'-4y=t \\ y(0)=0,y'(0)=0,y''(0)=1 \end{cases}$

（3）$\begin{cases} y'''+3y''+3y'+y=6e^{-t} \\ y(0)=0,y'(0)=0,y''(0)=0 \end{cases}$ $\qquad$ （4）$\begin{cases} y'+y+2z'+2z=e^{-t} \\ 3y'-y+4z'+z=0 \\ y(0)=-1 \\ z(0)=0 \end{cases}$

10.7 用拉普拉斯变换求解 $T(t)$ 的方程.

（1）$\begin{cases} T''+\dfrac{\pi^2 a^2}{l^2}T=A\sin \omega t \\ T(0)=0,T'(0)=0 \end{cases}$，其中 a,A,ω 均为正的常数.

（2）$\begin{cases} T'+\omega^2 a^2 T=g(t) \\ T(0)=0 \end{cases}$，其中 $g(t)$ 为已知函数，ω、a 为正的常数.

第十一章　δ 函数

在物理学中,用数学手段处理一些物理的理论模型时,经常要遇到如"点电荷""点质量"等所谓的"点源"问题. 对这些"点源"量,如果要保持"密度"的概念,就必须研究所出现的密度为无穷的量.

例如在静电学中熟悉的电荷量 $q = \int_V \rho \mathrm{d}V$, ρ 是电荷的密度分布. 对于一维分布的电荷 q,均匀地分布在 Δx 区间上,则电荷密度为 $\rho = \dfrac{q}{\Delta x}$,而在 Δx 区间外的电荷密度处处为零. 用这种均匀分布的电荷密度向点电荷逼近,当 Δx 越小时,ρ 越大,ρ 作为 Δx 的函数总是在 $(\Delta x)^{-1}$ 的数量级,在 $\Delta x \to 0$ 的极限情况下,就是通常所说的点电荷,此时的 $\rho \to \infty$,但它的电荷量却是有限的 q,即 $q = \int_{-\infty}^{\infty} \rho \mathrm{d}x$. 因此点电荷的密度 $\rho(x)$ 与通常数学分析中的函数性质是截然不同的. 数学分析中,一个函数在某奇异点时(即其值为 ∞ 时),它的积分也是奇异的,即发散的. 因此物理上像点电荷密度这一类无穷大的量不可能是通常意义下的函数. 为了描述这一类物理量,狄拉克(Dirac)引入了 δ 函数,它不是通常意义下的函数,它是广义函数的一种.

注:数学家在狄拉克定义 δ 函数的基础上,严格定义了广义函数. 1935 年数学家索伯列夫提出了广义函数的概念,在微分方程的解中引入了广义解,给出了广义索伯列夫空间的概念,并给出了在索伯列夫空间中广义解收敛到经典解的严格证明;1950 年法国数学家施瓦兹(L. Schwartz)用泛函来定义广义函数;关于广义函数的详细论述可参看盖尔芳特(Gelfant)著的《广义函数》(1—5 卷).

§11.1　δ 函数的定义

一、狄拉克 δ 函数的定义

定义 11.1.1:δ 函数

δ 函数是定义在 $(-\infty, +\infty)$ 区间上的一个函数,对于某一点 x_0,有

$$\delta(x - x_0) = \begin{cases} 0, & x \neq x_0 \\ \infty, & x = x_0 \end{cases} \tag{11.1.1}$$

且

$$\int_a^b \delta(x - x_0)\, \mathrm{d}x = \begin{cases} 1, & x_0 \in (a, b) \\ 0, & x_0 \notin (a, b) \end{cases} \tag{11.1.2}$$

以上是一维空间中 δ 函数的定义,对于二维、三维空间的 δ 函数把定义作维数的

推广即可.

狄拉克定义的 δ 函数是一种分布函数.

由上面 δ 函数的定义我们知道,对任何一个小量 $\varepsilon > 0$,都有

$$\int_{x_0 - \varepsilon}^{x_0 + \varepsilon} \delta(x - x_0) \, \mathrm{d}x = 1 \tag{11.1.3}$$

因此对一维点电荷的密度 $\rho(x)$ 很容易用 δ 函数表示出来,在 x_0 点有点电荷 q,则

$$\rho(x) = q\delta(x - x_0) \tag{11.1.4}$$

且有

$$\int_{-\infty}^{\infty} \rho(x) \, \mathrm{d}x = \int_{-\infty}^{\infty} q\delta(x - x_0) \, \mathrm{d}x = q \tag{11.1.5}$$

二、几种 δ 函数

1. 从数学上看,对一维阶跃函数(赫维赛德函数)求微商,就得到 δ 函数

考虑赫维赛德函数

$$H(x) = \begin{cases} 1, & x \geqslant 0 \\ 0, & x < 0 \end{cases} \tag{11.1.6}$$

对 $H(x)$ 求导有

$$H'(x) = \frac{\mathrm{d}H(x)}{\mathrm{d}x} = \begin{cases} 0, & x \neq 0 \\ \infty, & x = 0 \end{cases} \tag{11.1.7}$$

对 $a < 0 < b$,有

$$\int_a^b H'(x) \, \mathrm{d}x = H(x) \Big|_a^b = 1 \tag{11.1.8}$$

因此由 δ 函数的定义可知 $H'(x) = \delta(x)$.

2. δ 函数可作为带参数的连续函数的极限. 考虑带参数 α 的连续函数

$$\delta(x, \alpha) = \frac{1}{\pi} \int_0^{\infty} \mathrm{e}^{-\alpha k} \cos(kx) \, \mathrm{d}k = \frac{1}{\pi} \frac{\alpha}{\alpha^2 + x^2} \tag{11.1.9}$$

当 $\alpha \to 0$ 时,有

$$\lim_{\alpha \to 0} \delta(x, \alpha) = \begin{cases} 0, & x \neq 0 \\ \infty, & x = 0 \end{cases} \tag{11.1.10}$$

且当 $a < 0 < b$ 时,有

$$\begin{aligned}
\lim_{\alpha \to 0} \int_a^b \delta(x, \alpha) \, \mathrm{d}x &= \lim_{\alpha \to 0} \frac{1}{\pi} \int_a^b \frac{\alpha}{\alpha^2 + x^2} \, \mathrm{d}x \\
&= \lim_{\alpha \to 0} \frac{1}{\pi} \left[\arctan \frac{x}{\alpha} \right]_a^b = \frac{1}{\pi} \left[\frac{\pi}{2} - \left(-\frac{\pi}{2} \right) \right] \\
&= 1
\end{aligned} \tag{11.1.11}$$

所以

$$\lim_{\alpha \to 0} \frac{1}{\pi} \int_0^\infty \cos kx \, e^{-\alpha k} \, dk = \delta(x) \tag{11.1.12}$$

从数学上可构造各种形式不同的 δ 函数:

3.
$$\delta(x) = \lim_{\varepsilon \to 0} \delta_\varepsilon(x) \tag{11.1.13}$$

其中

$$\delta_\varepsilon(x) = \begin{cases} 0, & x < 0, x > \varepsilon \\ \dfrac{1}{\varepsilon}, & 0 \leqslant x \leqslant \varepsilon \end{cases}$$

此题的验证留给读者.

4.
$$\delta(x) = \lim_{n \to \infty} \sqrt{\frac{n}{\pi}} \, e^{-nx^2} \tag{11.1.14}$$

验证:由于

$$\lim_{n \to \infty} \sqrt{\frac{n}{\pi}} \, e^{-nx^2} = \begin{cases} \infty, & x = 0 \\ 0, & x \neq 0 \end{cases}$$

由 $\int_{-\infty}^\infty e^{-x^2} dx = \sqrt{\pi}$,有

$$\lim_{n \to \infty} \int_{-\infty}^\infty \sqrt{\frac{n}{\pi}} \, e^{-nx^2} dx = \frac{1}{\sqrt{\pi}} \lim_{n \to \infty} \int_{-\infty}^\infty e^{-(\sqrt{n}x)^2} d(\sqrt{n}x) = 1$$

即

$$\lim_{n \to \infty} \sqrt{\frac{n}{\pi}} \, e^{-nx^2} = \delta(x)$$

5.
$$\delta(x) = \lim_{n \to \infty} \frac{1}{\pi} \int_0^n \cos(kx) \, dk = \lim_{n \to \infty} \frac{\sin(nx)}{\pi x} (\text{图 } 11.1.1). \tag{11.1.15}$$

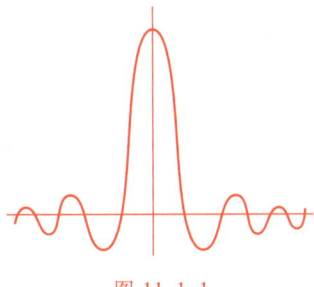

图 11.1.1

验证:

$$x \to 0 : \lim_{\substack{n \to \infty \\ x \to 0}} \frac{1}{\sqrt{\pi}} \int_0^n \cos kx \, dk = \lim_{\substack{n \to \infty \\ x \to 0}} \frac{1}{\pi} \frac{\sin kx}{x} \Big|_0^n = \lim_{n \to \infty} \frac{n \sin nx}{\pi} = \infty$$

对带连续参数函数的极限的 δ 函数,可以放宽条件,在 $x \neq 0$ 时不一定为零,只要

小于有限值且积分为有限值即可.

$$\lim_{n\to\infty}\sqrt{\frac{1}{\pi}}\int_0^n\cos kx\mathrm{d}k=\lim_{n\to\infty}\frac{\sin nx}{\pi x}\leqslant\left|\frac{1}{\pi x}\right|,\quad x\neq0$$

由 $\displaystyle\int_{-\infty}^{\infty}\frac{\sin x}{x}\mathrm{d}x=\pi$, 有

$$\lim_{n\to\infty}\int_{-\infty}^{\infty}\left(\frac{1}{\pi}\int_0^n\cos kx\mathrm{d}k\right)\mathrm{d}x=\lim_{n\to\infty}\int_{-\infty}^{\infty}\frac{\sin nx}{\pi x}\mathrm{d}x$$

$$=\frac{1}{\pi}\lim_{n\to\infty}\int_{-\infty}^{\infty}\frac{\sin nx}{nx}\mathrm{d}(nx)=1$$

故得证.

从上面的例子可以看出, δ 函数的最重要的特征:

$$\lim_{x\to x_0}\delta(x-x_0)=\infty$$

$$\int_{-\infty}^{\infty}\delta(x-x_0)\mathrm{d}x=1$$

这种特征也是验证一个函数是否为 δ 函数的一种判据.

§ 11.2 __ δ 函数的性质

1. 对连续函数 $f(x)$, 有

$$\int_{-\infty}^{\infty}f(x)\delta(x-x_0)\mathrm{d}x=f(x_0) \tag{11.2.1}$$

证: 设 ε 为任意小的一个正数, 由 δ 函数的定义有

$$\int_{-\infty}^{\infty}f(x)\delta(x-x_0)\mathrm{d}x=\int_{x_0-\varepsilon}^{x_0+\varepsilon}f(x)\delta(x-x_0)\mathrm{d}x$$

由于 δ 函数是一种分布函数, 在 $[x_0-\varepsilon,x_0+\varepsilon]$ 中, 由积分中值定理, $\exists\xi\in[x_0-\varepsilon,x_0+\varepsilon]$, 对上述积分, 有

$$\int_{x_0-\varepsilon}^{x_0+\varepsilon}f(x)\delta(x-x_0)\mathrm{d}x=f(\xi)\int_{x_0-\varepsilon}^{x_0+\varepsilon}\delta(x-x_0)\mathrm{d}x=f(\xi)$$

当 $\varepsilon\to0$, $\displaystyle\lim_{\varepsilon\to0}\xi\to x_0$, 即可得

$$\int_{-\infty}^{\infty}f(x)\delta(x-x_0)\mathrm{d}x=f(x_0)$$

证毕.

此性质是 δ 函数在应用中最重要的性质, 它说明了用 $\delta(x-x_0)$ 乘上某个连续函数 $f(x)$ 并对所有的 x 进行积分的过程等于用 x_0 代替变量 x , 即把 $f(x)\to f(x_0)$.

人们通常也把具有此积分性质的函数认定为 δ 函数, 故此性质也可作为认定 δ 函数的判据, 即对于函数 $\varphi(x)$, 若满足

$$\int_{-\infty}^{\infty} f(x)\varphi(x-x_0)\,\mathrm{d}x = f(x_0)$$

可以判定 $\varphi(x-x_0)=\delta(x-x_0)$，这可作为 δ 函数另一种形式的定义.

例11.2.1 对赫维赛德函数

$$H(x)=\begin{cases}1, & x\geqslant 0 \\ 0, & x<0\end{cases}$$

当 $a<0<b$ 时，对任一连续函数 $f(x)$，有

$$\int_a^b f(x)H'(x)\,\mathrm{d}x = f(x)H(x)\,\Big|_a^b - \int_a^b f'(x)H(x)\,\mathrm{d}x$$

$$= f(b) - \int_0^b f'(x)\,\mathrm{d}x = f(0)$$

故可知 $H'(x)=\delta(x)$.

2. δ 函数为偶函数，

$$\delta(-x)=\delta(x) \tag{11.2.2}$$

由 δ 函数的定义即可推出，同时有

$$\delta(x-x_0)=\delta[-(x-x_0)]=\delta(x_0-x) \tag{11.2.3}$$

3. $$f(x)\delta(x-x_0)=f(x_0)\delta(x-x_0) \tag{11.2.4}$$

由 δ 函数的定义即可得证.

4. $$x\delta(x)=0 \tag{11.2.5}$$

证： 设任一连续函数 $f(x)$，对 $f(x)x$ 可视为另一连续函数，由性质一，可得

$$\int_{-\infty}^{\infty} f(x)x\delta(x)\,\mathrm{d}x = 0$$

即在积分中，被积函数中出现 $x\delta(x)$ 时，此时的 $x\delta(x)$ 与"0"等价.

5. $$\int_{-\infty}^{\infty}\delta(x-x_2)\delta(x-x_1)\,\mathrm{d}x = \delta(x_1-x_2) \tag{11.2.6}$$

这是性质一的推广，把 $\delta(x-x_2)$ 看作特殊的 $f(x)$ 即可得此关系.

6. $$\delta(\varphi(x))=\sum_{i=1}^{k}\frac{1}{|\varphi'(x_i)|}\delta(x-x_i) \tag{11.2.7}$$

$\varphi(x)$ 只有单根，其中 $x_i(i=1,2,3,\cdots,k)$ 为 $\varphi(x)=0$ 的单根，$\varphi'(x_i)$ 为 $\varphi(x)$ 的导数在 x_i 的值.

证： 由 δ 函数的定义

$$\delta(\varphi(x))=\begin{cases}0, & \varphi(x)\neq 0, \quad \text{即 } x\neq x_i \\ \infty, & \varphi(x)=0, \quad \text{即 } x=x_i\end{cases} \quad i=1,2,3,\cdots,k$$

可把 $\delta(\varphi(x))$ 写成如下的形式：

$$\delta(\varphi(x))=\sum_{i=1}^{k}C_i\delta(x-x_i)$$

为确定每个 $\delta(x-x_i)$ 的系数 C_i,设 x_i 的邻域 $[x_i-\varepsilon,x_i+\varepsilon]$,使得当 $x_j\neq x_i$ 时,$x_j\notin[x_i-\varepsilon,x_i+\varepsilon]$,则有

$$\int_{x_i-\varepsilon}^{x_i+\varepsilon}\delta(\varphi(x))\,\mathrm{d}x=\sum_{i=1}^{k}C_i\int_{x_i-\varepsilon}^{x_i+\varepsilon}\delta(x-x_i)\,\mathrm{d}x=C_i\int_{x_i-\varepsilon}^{x_i+\varepsilon}\delta(x-x_i)\,\mathrm{d}x=C_i$$

由 $\mathrm{d}\varphi(x)=\varphi'(x)\,\mathrm{d}x$,有 $\mathrm{d}x=\dfrac{\mathrm{d}\varphi(x)}{\varphi'(x)}$.当积分元 $\mathrm{d}x$ 变为 $\mathrm{d}\varphi(x)$ 时,积分限也要跟着变化,则可得

$$\int_{\varphi(x_i-\varepsilon)}^{\varphi(x_i+\varepsilon)}\delta(\varphi(x))\frac{\mathrm{d}\varphi(x)}{\varphi'(x)}=C_i$$

由中值定理,令 $\xi\in[x_i-\varepsilon,x_i+\varepsilon]$,有

$$\int_{\varphi(x_i-\varepsilon)}^{\varphi(x_i+\varepsilon)}\delta(\varphi(x))\frac{\mathrm{d}\varphi(x)}{\varphi'(x)}=\frac{1}{\varphi'(\xi)}\int_{\varphi(x_i-\varepsilon)}^{\varphi(x_i+\varepsilon)}\delta(\varphi(x))\,\mathrm{d}\varphi(x)$$

由于 x_i 为 $\varphi(x)=0$ 的单根,当 $\varepsilon\to0$ 时,$\xi\to x_i$,$\varphi(x)$ 可视为在 $[x_i-\varepsilon,x_i+\varepsilon]$ 上的单调函数.

若 $\varphi'(x_i)>0$,$\varphi(x)$ 为单调上升函数,则 $\varphi(x_i+\varepsilon)>\varphi(x_i-\varepsilon)$,有

$$\int_{\varphi(x_i-\varepsilon)}^{\varphi(x_i+\varepsilon)}\delta(\varphi(x))\,\mathrm{d}\varphi(x)=1$$

若 $\varphi'(x_i)<0$,$\varphi(x)$ 为单调下降函数,则 $\varphi(x_i+\varepsilon)<\varphi(x_i-\varepsilon)$,有

$$\int_{\varphi(x_i-\varepsilon)}^{\varphi(x_i+\varepsilon)}\delta(\varphi(x))\,\mathrm{d}\varphi(x)=-\int_{\varphi(x_i+\varepsilon)}^{\varphi(x_i-\varepsilon)}\delta(\varphi(x))\,\mathrm{d}\varphi(x)=-1$$

故可得

$$\lim_{\varepsilon\to0}\int_{\varphi(x_i-\varepsilon)}^{\varphi(x_i+\varepsilon)}\delta(\varphi(x))\frac{\mathrm{d}\varphi(x)}{\varphi'(x)}=\frac{1}{|\varphi'(x_i)|}=C_i$$

证毕.

例11.2.2 作为此性质的重要例子,有

$$\delta(ax)=\frac{1}{|a|}\delta(x),\quad a\ \text{为常数} \tag{11.2.8}$$

$$\delta(x^2-a^2)=\frac{1}{2|a|}[\delta(x+a)+\delta(x-a)],\quad a\ \text{为常数} \tag{11.2.9}$$

*§ 11.3 δ 函数的导数

由于 δ 函数是广义函数,故其导数不是在一般数学分析意义下的导数. δ 函数的导数 $\delta'(x)$ 是由 δ 函数作为带参数的连续函数极限表达式的求导引入的.

1. 对于带参数的连续函数式(11.1.9)

$$\delta(x,\alpha)=\frac{1}{\pi}\int_0^\infty \mathrm{e}^{-\alpha k}\cos(kx)\,\mathrm{d}k=\frac{1}{\pi}\frac{\alpha}{\alpha^2+x^2} \tag{11.3.1}$$

有 $\lim\limits_{\alpha\to 0}\delta(\alpha,x)=\delta(x)$，因此由（11.3.1）式对 x 求导有

$$\frac{\partial\delta(x,\alpha)}{\partial x}=\frac{-1}{\pi}\int_0^\infty e^{-\alpha k}k\sin(kx)\,\mathrm{d}k=-\frac{2}{\pi}\frac{\alpha x}{(\alpha^2+x^2)^2} \tag{11.3.2}$$

定义 11.3.1： δ 函数的导数 $\delta'(x)$ 为

$$\delta'(x)=\lim\limits_{\alpha\to 0}\frac{\partial\delta(x,\alpha)}{\partial x}=\lim\limits_{\alpha\to 0}-\frac{2}{\pi}\frac{\alpha x}{(\alpha^2+x^2)^2} \tag{11.3.3}$$

由此定义式可以看出

$$\delta'(x)=\begin{cases}0, & x\neq 0\\ \infty, & x=0\end{cases} \tag{11.3.4}$$

即 $\delta'(x)$ 仍为广义函数.

2. δ 函数的导数 $\delta'(x-x_0)$ 在积分运算中作为被积函数，可进行如下的运算

$$\int_a^b f(x)\delta'(x-x_0)\,\mathrm{d}x=\int_a^b f(x)\,\mathrm{d}\delta(x-x_0)$$

$$=f(x)\delta(x-x_0)\,\Big|_a^b-\int_a^b f'(x)\delta(x-x_0)\,\mathrm{d}x\quad(a<x_0<b)$$

$$=-f'(x_0) \tag{11.3.5}$$

3. 由 δ 函数导数的定义可知，$\delta'(x)$ 为奇函数，

$$\delta'(-x)=-\delta'(x) \tag{11.3.6}$$

有

$$\delta'(x)=\lim\limits_{\alpha\to 0}\frac{\partial\delta(x,\alpha)}{\partial x}$$

$$\delta'(-x)=\lim\limits_{\alpha\to 0}\frac{\partial\delta(-x,\alpha)}{\partial x}=-\lim\limits_{\alpha\to 0}\frac{\partial\delta(-x,\alpha)}{\partial(-x)}=-\delta'(x)$$

其中上式第三步中令 $-x=x'$，即可得.

4. 由 δ 函数导数的定义可推广到 δ 函数的 n 阶导数，

$$\delta^{(n)}(x-x_0)=\frac{\partial}{\partial x}\delta^{(n-1)}(x-x_0) \tag{11.3.7}$$

并可得其在积分中的运算为连续分部积分，可得

$$\int_a^b f(x)\delta^{(n)}(x-x_0)\,\mathrm{d}x=(-1)^n f^{(n)}(x_0),\quad a<x_0<b \tag{11.3.8}$$

§**11.4**__三维 δ 函数

在物理学中，三维 δ 函数有着极其广泛的应用，在格林函数的定义中起着重要的作用. 三维 δ 函数是一维 δ 函数的推广.

一、三维 δ 函数的定义

定义 11.4.1：三维 δ 函数定义为

$$\delta(\boldsymbol{r}-\boldsymbol{r}_0) = \begin{cases} 0, & \boldsymbol{r} \neq \boldsymbol{r}_0 \\ \infty, & \boldsymbol{r} = \boldsymbol{r}_0 \end{cases} \tag{11.4.1}$$

且

$$\int_V \delta(\boldsymbol{r}-\boldsymbol{r}_0)\,\mathrm{d}\boldsymbol{r} = 1, \quad \boldsymbol{r}_0 \in V \tag{11.4.2}$$

二、三维 δ 函数 δ(r−r₀) 在不同坐标系中的表示

1. 在三维笛卡儿坐标系 (x, y, z) 中

$$\delta(\boldsymbol{r}-\boldsymbol{r}_0) = \delta(x-x_0)\delta(y-y_0)\delta(z-z_0) \tag{11.4.3}$$

2. 在三维球坐标系 (r, θ, φ) 中，其坐标曲线的度量系数为：$h_r = 1, h_\theta = r, h_\varphi = r\sin\theta$，则 $\delta(\boldsymbol{r}-\boldsymbol{r}_0)$ 的表达式为

$$\delta(\boldsymbol{r}-\boldsymbol{r}_0) = \frac{1}{h_r}\delta(r-r_0)\frac{1}{h_\theta}\delta(\theta-\theta_0)\frac{1}{h_\varphi}\delta(\varphi-\varphi_0)$$
$$= \frac{1}{r^2\sin\theta}\delta(r-r_0)\delta(\theta-\theta_0)\delta(\varphi-\varphi_0) \tag{11.4.4}$$

3. 在三维柱坐标系 (ρ, φ, z) 中，其坐标曲线的度量系数为：$h_\rho = 1, h_\varphi = \rho, h_z = 1$，则 $\delta(\boldsymbol{r}-\boldsymbol{r}_0)$ 的表达式为

$$\delta(\boldsymbol{r}-\boldsymbol{r}_0) = \frac{1}{h_\rho}\delta(\rho-\rho_0)\frac{1}{h_\varphi}\delta(\varphi-\varphi_0)\frac{1}{h_z}\delta(z-z_0)$$
$$= \frac{1}{\rho}\delta(\rho-\rho_0)\delta(\varphi-\varphi_0)\delta(z-z_0) \tag{11.4.5}$$

注：对二维的 δ 函数的表达式，在三维表达式中去掉相应的一维及其相应的度量系数，即可得到相应二维的表达式，在此不一一列出.

三、三维 δ 函数的重要表达式

命题 11.4.1：对三维 δ 函数有一个重要的表达式

$$\delta(\boldsymbol{r}) = -\frac{1}{4\pi}\nabla^2\frac{1}{r} \tag{11.4.6}$$

或

$$\nabla^2\frac{1}{r} = -4\pi\delta(\boldsymbol{r}) \tag{11.4.7}$$

证：取球坐标 (r, θ, φ)，由向量分析中的计算

当 $r \neq 0$ 时， $\qquad \nabla^2\left(\dfrac{1}{r}\right) = \nabla\cdot\nabla\left(\dfrac{1}{r}\right) = 0$

当 $r=0$ 时，
$$\nabla^2\left(\frac{1}{r}\right) = \infty$$

取坐标原点为球心的一个球体 V，其表面为球面 ∂V，∂V 的面元为 $\mathrm{d}\boldsymbol{\sigma}$，作积分

$$\int_V \nabla^2\left(\frac{1}{r}\right)\mathrm{d}V = \int_V \nabla \cdot \nabla\left(\frac{1}{r}\right)\mathrm{d}V = \int_{\partial V} \nabla\left(\frac{1}{r}\right) \cdot \mathrm{d}\boldsymbol{\sigma}$$

$$= \int_{\partial V} \frac{-1}{r^2}\mathrm{d}\sigma = -\frac{1}{r^2}\int_{\partial V}\mathrm{d}\sigma = -\frac{1}{r^2}4\pi r^2 = -4\pi$$

注：在上式的运算中用到 $\nabla\frac{1}{r} = -\frac{1}{r^2}\boldsymbol{e}_r$，$\mathrm{d}\boldsymbol{\sigma}$ 的外法向是 $\boldsymbol{e}_r$．

由以上可得

$$\int_V \frac{-1}{4\pi}\nabla^2\left(\frac{1}{r}\right)\mathrm{d}V = 1$$

由 δ 函数的判据可得表达式（11.4.6），命题得证．

常用的表达式还有

$$\delta(\boldsymbol{r}-\boldsymbol{r}_0) = -\frac{1}{4\pi}\nabla^2 \frac{1}{|\boldsymbol{r}-\boldsymbol{r}_0|}$$

§11.5　δ 函数的傅里叶变换及傅里叶级数展开

一、δ 函数的傅里叶变换

由函数 $f(x)$ 的傅里叶变换

$$f(x) = \frac{1}{2\pi}\int_{-\infty}^{\infty} C(k)\mathrm{e}^{\mathrm{i}kx}\mathrm{d}k \tag{11.5.1}$$

$$C(k) = \int_{-\infty}^{\infty} f(x)\mathrm{e}^{-\mathrm{i}kx}\mathrm{d}x \tag{11.5.2}$$

可得

$$f(x) = \frac{1}{2\pi}\int_{-\infty}^{\infty}\left(\int_{-\infty}^{\infty} f(x')\mathrm{e}^{-\mathrm{i}kx'}\mathrm{d}x'\right)\mathrm{e}^{\mathrm{i}kx}\mathrm{d}k$$

$$= \frac{1}{2\pi}\int_{-\infty}^{\infty} f(x')\left(\int_{-\infty}^{\infty} \mathrm{e}^{\mathrm{i}k(x-x')}\mathrm{d}k\right)\mathrm{d}x'$$

由 δ 函数的性质可知

$$f(x) = \int_{-\infty}^{\infty} f(x')\delta(x-x')\mathrm{d}x'$$

两式相比较可得

$$\delta(x-x') = \frac{1}{2\pi}\int_{-\infty}^{\infty} \mathrm{e}^{\mathrm{i}k(x-x')}\mathrm{d}k \tag{11.5.3}$$

这一表达式就是 δ 函数的傅里叶变换式．

二、δ函数的傅里叶变换的像函数

由傅里叶变换像函数的定义,可得 δ 函数傅里叶变换的像函数,

$$F[\delta(x)] = \int_{-\infty}^{\infty} \delta(x) e^{-ikx} dx = e^{-ik0} = 1 \tag{11.5.4}$$

又可得

$$F[\delta(x-x')] = \int_{-\infty}^{\infty} \delta(x-x') e^{-ikx} dx = e^{-ikx'} \cdot 1 \tag{11.5.5}$$

$\delta(x-x')$ 的像函数满足傅里叶变换的延迟定理.

三、帕萨瓦(Parseval)关系式

对于三维的 δ 函数,其傅里叶变换式为

$$\delta(\boldsymbol{r}-\boldsymbol{r'}) = \frac{1}{(2\pi)^3} \int_{-\infty}^{\infty} e^{i\boldsymbol{k} \cdot (\boldsymbol{r}-\boldsymbol{r'})} d\boldsymbol{k} \tag{11.5.6}$$

可证明帕萨瓦关系式

$$\int_{-\infty}^{\infty} f(x) g^*(x) dx = \frac{1}{2\pi} \int_{-\infty}^{\infty} F(k) G^*(k) dk \tag{11.5.7}$$

其中,$f(x)$ 的傅里叶变换式为

$$f(x) = \frac{1}{2\pi} \int_{-\infty}^{\infty} F(k) e^{ikx} dk \tag{11.5.8}$$

$g(x)$ 的傅里叶变换式为

$$g(x) = \frac{1}{2\pi} \int_{-\infty}^{\infty} G(k) e^{ikx} dk \tag{11.5.9}$$

$g(x)$ 的复共轭 $g^*(x)$ 的傅里叶变换式为

$$g^*(x) = \frac{1}{2\pi} \int_{-\infty}^{\infty} G^*(k) e^{-ikx} dk \tag{11.5.10}$$

证:

$$\int_{-\infty}^{\infty} f(x) g^*(x) dx$$

$$= \int_{-\infty}^{\infty} \left(\frac{1}{2\pi} \int_{-\infty}^{\infty} F(k) e^{ikx} dk \right) \left(\frac{1}{2\pi} \int_{-\infty}^{\infty} G^*(k') e^{-ik'x} dk' \right) dx$$

$$= \frac{1}{2\pi} \int_{-\infty}^{\infty} dk \int_{-\infty}^{\infty} dk' F(k) G^*(k') \frac{1}{2\pi} \int_{-\infty}^{\infty} e^{i(k-k')x} dx$$

$$= \frac{1}{2\pi} \int_{-\infty}^{\infty} dk F(k) \int_{-\infty}^{\infty} G^*(k') \delta(k-k') dk'$$

$$= \frac{1}{2\pi} \int_{-\infty}^{\infty} F(k) G^*(k) dk$$

关系式得证.

帕萨瓦关系式或称为帕萨瓦公式在物理学的理论证明中和在频谱分析的应用中,特别在小波变换中经常用到.

四、δ 函数的傅里叶级数展开式

设 $\{\varphi_i(x)\}$ 是希尔伯特空间 H 中的一组正交归一的函数基，即

$$\int_{-\infty}^{\infty} \varphi_i^*(x)\varphi_j(x)\,\mathrm{d}x = \delta_{ij} \tag{11.5.11}$$

则任一函数 $f(x) \in H$，可在这一组基上展开：

$$f(x) = \sum_i C_i\varphi_i(x) \tag{11.5.12}$$

展开系数 C_i 为

$$C_i = \int_{-\infty}^{\infty} \varphi_i^*(x)f(x)\,\mathrm{d}x \tag{11.5.13}$$

则可得

$$f(x) = \sum_i \left(\int_{-\infty}^{\infty} f(x')\varphi_i^*(x')\,\mathrm{d}x' \right) \varphi_i(x)$$
$$= \int_{-\infty}^{\infty} f(x') \left(\sum_i \varphi_i^*(x')\varphi_i(x) \right) \mathrm{d}x' \tag{11.5.14}$$

由 δ 函数的性质

$$f(x) = \int_{-\infty}^{\infty} f(x')\delta(x-x')\,\mathrm{d}x'$$

与上式比较可得

$$\delta(x-x') = \sum_i \varphi_i^*(x')\varphi_i(x) \tag{11.5.15}$$

这是 δ 函数在正交归一函数系 $\{\varphi_i(x)\}$ 中的展开式，也称为 δ 函数的广义傅里叶级数展式。它把 δ 函数表示成离散的级数形式。

注：展开式中的求和指标 i，要由 $\{\varphi_i(x)\}$ 作为希尔伯特空间中的基向量的性质决定（在后面数学物理方程求解中的 S-L 本征值问题中会予以说明），指标 i 的求和可能是从 1 到正无穷，也可能是从负无穷到正无穷。

五、几个常用的 δ 函数的傅里叶级数展开式

例11.5.1 若 $x \in [0, l]$，对一个偶函数 $f(x)$，它可在正交函数系 $\left\{\cos\dfrac{k\pi x}{l}\right\}$ 中展开：

$$f(x) = \sum_{k=0}^{\infty} a_k \cos\frac{k\pi x}{l}$$

其中

$$a_0 = \frac{1}{l}\int_0^l f(x)\,\mathrm{d}x$$

$$a_k = \frac{2}{l}\int_0^l f(x)\cos\frac{k\pi x}{l}\mathrm{d}x$$

因此

$$f(x) = \int_0^l f(x')\left(\frac{1}{l} + \frac{2}{l}\sum_{k=1}^{\infty}\cos\frac{k\pi x}{l}\cos\frac{k\pi x'}{l}\right)\mathrm{d}x' \tag{11.5.16}$$

即可得

$$\delta(x-x') = \frac{1}{l} + \frac{2}{l}\sum_{k=1}^{\infty}\cos\frac{k\pi x}{l}\cos\frac{k\pi x'}{l} \tag{11.5.17}$$

这就是 δ 函数在 $\left\{\cos\dfrac{k\pi x}{l}\right\}$ 中的傅里叶级数表达式.

例11.5.2 用同样的方法可求得 δ 函数在正交函数系 $\left\{\sin\dfrac{k\pi x}{l}\right\}$ 中的傅里叶级数表达式

$$\delta(x-x') = \frac{2}{l}\sum_{k=1}^{\infty}\sin\frac{k\pi x}{l}\sin\frac{k\pi x'}{l} \tag{11.5.18}$$

例11.5.3 同样,在正交函数系 $\left\{\mathrm{e}^{\frac{k\pi x}{l}}\right\}$ 中,δ 函数的傅里叶级数表达式为

$$\delta(x-x') = \frac{1}{2l}\sum_{k=-\infty}^{\infty}\mathrm{e}^{\frac{k\pi}{l}(x-x')} \tag{11.5.19}$$

δ 函数的傅里叶变换及其广义傅里叶级数展开式,在物理的理论与计算中是经常出现的,特别在现代频谱分析中有着十分广泛的应用.

例11.5.4 函数 $\mathrm{e}^{\frac{k\pi}{l}x}$ 是 $x\in[-l,l]$ 的周期函数,周期为 $2l$

$$\{\mathrm{e}^{\frac{k\pi}{l}x}, k=-\infty, \cdots, -1, 0, 1, \cdots, \infty\}$$

$f(x)$ 是以 $2l$ 为周期的函数,可展开为

$$f(x) = \sum_{k=-\infty}^{\infty}c_k\mathrm{e}^{\mathrm{i}\frac{k\pi}{l}x}, \quad c_k = \frac{1}{2l}\int_{-l}^{l}\mathrm{e}^{-\mathrm{i}\frac{k\pi}{l}x}f(x)\,\mathrm{d}x$$

当 δ 函数变为周期为 $2l$ 的 δ 函数,即广义函数 $f(x) = \sum_{n=-\infty}^{\infty}\delta(x-x'-2nl)$,则 $f(x)$ 展开式的系数为

$$c_k = \frac{1}{2l}\int_{-l}^{l}\mathrm{e}^{-\mathrm{i}\frac{k\pi}{l}x}\delta(x-x')\,\mathrm{d}x = \frac{1}{2l}\mathrm{e}^{-\mathrm{i}\frac{k\pi}{l}x'}$$

$$\mathrm{e}^{\mathrm{i}\theta} = \cos\theta + \mathrm{i}\sin\theta$$

$$f(x) = \sum_{n=-\infty}^{\infty}\delta(x-x'-2nl) = \sum_{k=-\infty}^{\infty}\frac{1}{2l}\mathrm{e}^{\mathrm{i}\frac{k\pi}{l}(x-x')}$$

$$= \sum_{k=-\infty}^{\infty}\frac{1}{2l}\left[\cos\frac{k\pi}{l}(x-x') + \mathrm{i}\sin\frac{k\pi}{l}(x-x')\right]$$

$$= \frac{1}{2l}\sum_{k=-\infty}^{\infty}\cos\frac{k\pi}{l}(x-x')$$

令 $l=\dfrac{1}{2}, 2l=1$,有

$$\sum_{n=-\infty}^{\infty} \delta(x-x'-n) = \sum_{k=-\infty}^{\infty} e^{i2k\pi(x-x')} = \sum_{k=-\infty}^{\infty} \cos 2k\pi(x-x') \qquad (11.5.20)$$

此式为泊松求和公式.

对于高维情况 $m \rightarrow \boldsymbol{m} = (m_1, m_2, \cdots, m_N)^T$ 为整数点阵,$\boldsymbol{I} = (I_1, I_2, \cdots, I_N)^T$ 是作用量,则

$$\sum_{m=-\infty}^{\infty} = \sum_{m_1, \cdots, m_N = -\infty}^{\infty}$$

$$\sum_{m=-\infty}^{\infty} e^{2\pi i m \cdot \frac{I}{\hbar}} = \sum_{n=-\infty}^{\infty} \delta\left(\frac{\boldsymbol{I}}{\hbar} - n\right) = \sum_{n=-\infty}^{\infty} \prod_{j=1}^{N} \delta\left(\frac{\boldsymbol{I}}{\hbar} - n_j\right)$$

$$= \sum_{n=-\infty}^{\infty} \hbar^N \prod_{j=1}^{N} \delta(I_j - n_j \hbar)$$

$$= \sum_{n=-\infty}^{\infty} \hbar^N \delta(\boldsymbol{I} - n\hbar)$$

$$\frac{1}{\hbar^N} \sum_{m=-\infty}^{\infty} e^{2\pi i m \cdot \frac{I}{\hbar}} = \sum_{n=-\infty}^{\infty} \delta(\boldsymbol{I} - n\hbar) \qquad (11.5.21)$$

这是泊松求和公式在高维情况下的推广.

第十一章习题

11.1 若函数 $\delta_\varepsilon(x)$ 的定义为

$$\delta_\varepsilon = \begin{cases} 0, & x > \varepsilon, x < 0 \\ \dfrac{1}{\varepsilon}, & 0 \leqslant x < \varepsilon \end{cases}$$

请验证

$$\lim_{\varepsilon \to 0} \delta_\varepsilon(x) = \delta(x)$$

11.2 请验证

$$\lim_{n \to \infty} \sqrt{\frac{n}{\pi}} e^{-nx^2} = \delta(x)$$

11.3 请验证

$$\lim_{n \to \infty} \frac{1}{\pi} \int_0^n \cos kx \, dk$$

$$= \lim_{n \to \infty} \frac{\sin nx}{\pi x}$$

$$= \delta(x)$$

11.4 设函数 $f(t) = \cos xt$ 的拉普拉斯变换为 $F(p)$,即

$$F(p) \rightleftharpoons \cos xt$$

请验证

$$\lim_{p \to 0} \frac{1}{\pi} F(p) = \delta(x)$$

11.5 对赫维赛德函数

$$H(t-\tau) = \begin{cases} 1, & t \geqslant \tau \\ 0, & t < \tau \end{cases}$$

请验证

$$H'(t-\tau) = \delta(t-\tau)$$

并以此求 $\delta(t-\tau)$ 的拉普拉斯变换的像函数.

11.6 已知某一频谱为

$$f(\omega) = \frac{2A\omega_0}{\pi(\omega^2 - \omega_0^2)} \sin\left(\frac{\omega}{\omega_0} 2\pi N\right)$$

请验证

$$\lim_{N \to \infty} f(\omega) = A\delta(\omega - \omega_0) - A\delta(\omega + \omega_0)$$

其中 A、ω_0 为正的常数, N 为正整数.

*第十二章 小波变换初步

二百年来,傅里叶分析是频谱分析的重要数学手段. 前面给出的傅里叶变换,是描述定义在一对共轭变量 (x,k) 上的函数 $\{f(x),C(k)\}$ 上的积分变换

$$f(x) = \frac{1}{2\pi} \int_{-\infty}^{\infty} C(k) e^{ikx} dk \tag{12.0.1}$$

$$C(k) = \int_{-\infty}^{\infty} f(x) e^{-ikx} dx \tag{12.0.2}$$

当 (x,k) 这对共轭变量是表示物理上的位形空间变量 x 和波数空间变量 k 时,此时的傅里叶变换核是一个无量纲的函数 e^{-ikx}.

在频谱分析中,对具体的问题,如果所求的是空间与频率关系的分析,采用的共轭变量为 (x,ω),并要求其傅里叶变换核是无量纲的函数时,其变换核为 $e^{-i\mu x\omega}$,其中 μ 是量纲平衡常数, μ 的量纲为速度的倒数的量纲,即 $L^{-1}T$.

由于小波分析是现代常用的频谱分析,它通常是从时频分析的角度来谈小波变换的. 对时频分析中的共轭变量 (t,ω),信号记为 $f(t)$,则其傅里叶变换记为 $\hat{f}(\omega)$,即

$$f(t) = \frac{1}{2\pi} \int_{-\infty}^{\infty} \hat{f}(\omega) e^{i\omega t} d\omega \tag{12.0.3}$$

$$\hat{f}(\omega) = \int_{-\infty}^{\infty} f(t) e^{-i\omega t} dt \tag{12.0.4}$$

其变换核 $e^{-i\omega t}$ 是一个无量纲的函数. 这一变换告诉我们,对任何一个复杂的信号 $f(t)$ 在标准函数基 $\{e^{i\omega t}, \omega \in R\}$ 进行带权重的展开,其权重函数即为 $f(t)$ 的傅里叶变换 $\hat{f}(\omega)$,对权重函数 $\hat{f}(\omega)$ 的研究是傅里叶时频分析的主要内容. 傅里叶频谱分析反映了信号(或函数) $f(t)$ 的整体性质,即信号在其定义域 $t \in (-\infty, \infty)$ 上的频率特征. 但对频谱特征 $\hat{f}(\omega)$ 的研究,必须由全时间域的信号 $f(t)$ 的全部信息来定,即任何时刻的 $f(t)$ 都会影响到整个频谱. 因此,在研究反问题时,要知道全部频率 $\omega \in (-\infty, \infty)$ 的频谱才能决定信号波 $f(t)$ 的情况. 这是傅里叶分析很大的局限性.

在实际问题中,往往关心的是信号的局域特征,即在某一时间段内的信号及某一段频率域上的频谱的特征. 这种把傅里叶分析局域化的思想就导致小波变换.

§ *12.1* 伽博变换

为了把傅里叶分析局域化,1946 年伽博(Gabor)首先提出了"窗口"傅里叶变换(在时-频分析中,也称为"短时"傅里叶变换),伽博引入了窗口函数 $g_a^b(t)$,它是一个权重函数,即对信号 $f(t)$ 在不同时间区域中给出权重函数 $g_a^b(t)$. 同时要求这一权重函数在反变换时在频率域上也应该是个权重函数,这样的对应关系才能满足研究局域频

谱特征或是由频谱研究信号的局域特征的需求.

一、窗口函数的选取

伽博首先选用的窗口函数是归一化的高斯型函数

$$g_a(t) = \frac{1}{2\sqrt{\pi a}} e^{-\frac{1}{4a}t^2}, \quad a > 0 \tag{12.1.1}$$

其傅里叶变换为

$$\hat{g}_a(\omega) = \int_{-\infty}^{\infty} \frac{1}{2\sqrt{\pi a}} e^{-\frac{1}{4a}t^2} e^{-i\omega t} dt = e^{-a\omega^2} \tag{12.1.2}$$

$g_a(t)$ 是一个以窗口中心为 $t=0$ 的高斯型函数,而频率 ω 的窗口中心为 $\omega = 0$.

二、引入窗口中心参数的窗口函数

引入窗口中心参数 b,则窗口函数为

$$g_a^b(t-b) = \frac{1}{2\sqrt{\pi a}} e^{-\frac{1}{4a}(t-b)^2} \tag{12.1.3}$$

其傅里叶变换为

$$\hat{g}_a^b(\omega) = e^{-a\omega^2} e^{-i\omega b} = e^{-a\left(\omega + i\frac{b}{2a}\right)^2 - \frac{b^2}{4a}} \tag{12.1.4}$$

三、伽博变换的定义

定义 12.1.1:伽博变换

对一个定义在 $t \in (-\infty, \infty)$ 上的信号 $f(t)$ 的伽博变换为

$$\hat{g}_f(a,b)(\omega) = \int_{-\infty}^{\infty} f(t) g_a^b(t-b) e^{-i\omega t} dt$$

$$= \frac{1}{2\sqrt{\pi a}} \int_{-\infty}^{\infty} f(t) e^{-\frac{1}{4a}(t-b)^2} e^{-i\omega t} dt \tag{12.1.5}$$

这一变换给出信号 $f(t)$ 在 $t=b$ 附近的频谱的性质.

由高斯函数的性质,有

$$\frac{1}{2\sqrt{\pi a}} \int_{-\infty}^{\infty} e^{-\frac{1}{4a}(t-b)^2} db = 1 \tag{12.1.6}$$

故有

$$\hat{f}(\omega) = \int_{-\infty}^{\infty} dt \int_{-\infty}^{\infty} db f(t) g_a^b(t-b) e^{-i\omega t}$$

$$= \int_{-\infty}^{\infty} db \hat{g}_f(a,b)(\omega) \tag{12.1.7}$$

其中 $\hat{g}_f(a,b)(\omega) = \int_{-\infty}^{\infty} f(t) g_a^b(t-b) e^{-i\omega t} dt$,则可得伽博变换的反演公式为

$$f(t) = \frac{1}{2\pi} \int_{-\infty}^{\infty} d\omega \int_{-\infty}^{\infty} \hat{g}_f(a,b)(\omega) e^{i\omega t} db \tag{12.1.8}$$

四、窗口的中心和窗口宽度

为了定量研究局域的频谱特征,必须给"窗口"一个定量化的定义.

定义 12. 1. 2:窗口中心的定义

对一信号 $f(t)$ 及其频谱(即傅里叶变换)$\hat{f}(\omega)$,信号 $f(t)$ 的中心为

$$t_f = \frac{1}{\|f\|^2} \int_{-\infty}^{\infty} t\,|f(t)|^2 \mathrm{d}t \tag{12.1.9}$$

其频谱 $\hat{f}(\omega)$ 的中心为

$$\omega_{\hat{f}} = \frac{1}{\|\hat{f}\|^2} \int_{-\infty}^{\infty} \omega\,|\hat{f}(\omega)|^2 \mathrm{d}\omega \tag{12.1.10}$$

其中

$$\|f\|^2 = \int_{-\infty}^{\infty} |f(t)|^2 \mathrm{d}t \tag{12.1.11}$$

$$\|\hat{f}\|^2 = \int_{-\infty}^{\infty} |\hat{f}(\omega)|^2 \mathrm{d}\omega \tag{12.1.12}$$

以上窗口中心的定义是以信号的模方 $|f(t)|^2$ 及其频谱的模方 $|\hat{f}(\omega)|^2$ 为权重给出的一种 t 和 ω 的平均值. 以同样的思想可定义信号 $f(t)$ 的窗口宽度.

定义 12. 1. 3:窗口宽度的定义

信号 $f(t)$ 的窗口宽度为 $2\Delta_f$ 和频谱 $\hat{f}(\omega)$ 的窗口宽度 $2\Delta_{\hat{f}}$,则它们的半宽度为

$$\Delta_f = \left(\frac{1}{\|f\|^2} \int_{-\infty}^{\infty} (t-t_f)^2\,|f(t)|^2 \mathrm{d}t \right)^{1/2} \tag{12.1.13}$$

$$\Delta_{\hat{f}} = \left(\frac{1}{\|\hat{f}\|^2} \int_{-\infty}^{\infty} (\omega-\omega_{\hat{f}})^2\,|\hat{f}(\omega)|^2 \mathrm{d}\omega \right)^{1/2} \tag{12.1.14}$$

则半宽度的意义是以信号的模方 $|f(t)|^2$ 和以频谱的模方 $|\hat{f}(\omega)|^2$ 为权重的信号 $f(t)$ 所对应的时间 t 和上面所定义的信号中心 t_f 的方均根差,及在频率域 ω 上频谱 $\hat{f}(\omega)$ 所对应的 ω 与 $\omega_{\hat{f}}$ 的方均根差.

下面举例说明窗口的一个直观概念. 为简单起见,这里计算坐标原点即 $t=0$、$b=0$ 的窗口,如图 12.1.1 所示,则窗口函数为

$$g_a(t) = \frac{1}{2\sqrt{\pi a}} \mathrm{e}^{-\frac{1}{4a}t^2}, \quad a>0 \tag{12.1.15}$$

有

$$\hat{g}_a(\omega) = \frac{1}{2\sqrt{\pi a}} \int_{-\infty}^{\infty} \mathrm{e}^{-\frac{1}{4a}t^2} \mathrm{e}^{-\mathrm{i}\omega t} \mathrm{d}t = \mathrm{e}^{-a\omega^2} \tag{12.1.16}$$

可计算得窗口的中心位置 $(t_{g_a},\omega_{\hat{g}_a})$,

$$t_{g_a} = \frac{1}{2\sqrt{\pi a}} \int_{-\infty}^{\infty} t\mathrm{e}^{-\frac{1}{4a}t^2} \mathrm{d}t = 0 \tag{12.1.17}$$

$$\omega_{\hat{g}_a} = \int_{-\infty}^{\infty} \omega\mathrm{e}^{-a\omega^2} \mathrm{d}\omega = 0 \tag{12.1.18}$$

而窗口的半宽度为

$$\Delta_{g_a} = \left(\frac{1}{2\sqrt{\pi a}} \int_{-\infty}^{\infty} t^2 e^{-\frac{1}{4a}t^2} dt \right)^{1/2} = \sqrt{a} \qquad (12.1.19)$$

$$\Delta_{\hat{g}_a} = \left(\frac{1}{\|\hat{g}_a(\omega)\|^2} \int_{-\infty}^{\infty} \omega^2 e^{-a\omega^2} d\omega \right)^{1/2} = \frac{1}{2\sqrt{a}} \qquad (12.1.20)$$

故窗口的面积为

$$2\Delta_{g_a} \times 2\Delta_{\hat{g}_a} = 2 \qquad (12.1.21)$$

从上面的分析可以看出一个信号 $f(t)$ 的伽博变换,不仅包含了 $f(t)$ 的全部信息,而且可以分析信号的局部特征. 窗口中心 b 可随需要任意挑选,即此窗口参数 b 是窗口中心平移的参数.

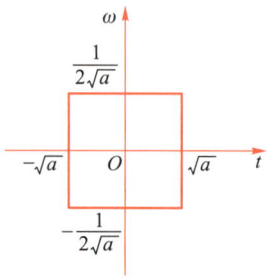

图 12.1.1

但伽博变换存在很大的局限性,即它的窗口的宽度是由平均取值决定的,在整个时间域 $t \in (-\infty, \infty)$ 上是不变的,在整个频率域上也是不变的. 这不符合实际信号频谱分析中对信号分辨率的要求,我们希望频谱中频率越高时其对应的窗口宽度越窄,频谱中频率越低的区域其对应的窗口宽度越宽. 这一实际的需求就导致既能保证伽博变换频谱分析局域化的基本性质,又能保证窗口宽度随频率的变化而变化的小波变换.

§**12.2**__小波变换

定义 12.2.1:小波变换

设信号 $f(t)$ 为平方可积的函数,即 $f(t) \in L_2(R)$,则 $f(t)$ 的小波变换(或称积分小波变换)为

$$W_f(a,b) = \langle \psi_{a,b}, f \rangle$$
$$= \frac{1}{\sqrt{|a|}} \int_{-\infty}^{\infty} \psi\left(\frac{t-b}{a}\right)^* f(t) dt, \quad a、b \in R \qquad (12.2.1)$$

其中 $\psi\left(\dfrac{t-b}{a}\right)^*$ 为 $\psi\left(\dfrac{t-b}{a}\right)$ 的复共轭,而

$$\psi_{a,b}(t) = \frac{1}{\sqrt{|a|}} \psi\left(\frac{t-b}{a}\right) \qquad (12.2.2)$$

要求 $\psi(t) \in L_2(R)$ 并要求 $\psi(t)$ 的傅里叶像 $\hat{\psi}(\omega)$ 满足

$$C_\psi = \int_{-\infty}^{\infty} |\hat{\psi}(\omega)|^2 |\omega|^{-1} d\omega < \infty \qquad (12.2.3)$$

则称 $\psi(t)$ 为小波母函数或称为一个基本小波,而称 $\psi_{a,b}(t)$ 为母函数 $\psi(t)$ 生成的依赖于参数 $a、b$ 的连续小波.

命题 12.2.1：对两个信号 $f(t), g(t) \in L_2(R)$，它们的小波变换 $W_f(a,b)$ 和 $W_g(a,b)$ 满足广义帕萨瓦关系式（或称广义帕萨瓦等式）：

$$\frac{1}{C_\psi} \int_{-\infty}^{\infty} \frac{\mathrm{d}a}{a^2} \int_{-\infty}^{\infty} \mathrm{d}b\, W_g^*(a,b) W_f(a,b) = \int_{-\infty}^{\infty} g^*(t) f(t) \mathrm{d}t \qquad (12.2.4)$$

证：由小波变换函数的定义 $\psi_{a,b}(t)$，其傅里叶变换为

$$\hat{\psi}_{a,b}(\omega) = \frac{1}{\sqrt{|a|}} \int_{-\infty}^{\infty} \mathrm{e}^{-\mathrm{i}\omega t} \psi\left(\frac{t-b}{a}\right) \mathrm{d}t$$

$$= \frac{1}{\sqrt{|a|}} \int_{-\infty}^{\infty} \mathrm{e}^{-\mathrm{i}a\omega\left(\frac{t-b}{a}+\frac{b}{a}\right)} \psi\left(\frac{t-b}{a}\right) a\,\mathrm{d}\frac{t-b}{a}$$

$$= \sqrt{|a|} \cdot \mathrm{e}^{-\mathrm{i}b\omega} \hat{\psi}(a\omega)$$

则有

$$W_f(a,b) = \langle \psi_{a,b}, f \rangle = \frac{1}{2\pi} \langle \hat{\psi}_{a,b}(\omega), \hat{f}(\omega) \rangle$$

$$= \frac{\sqrt{|a|}}{2\pi} \int_{-\infty}^{\infty} \hat{\psi}^*(a\omega) \mathrm{e}^{\mathrm{i}b\omega} \hat{f}(\omega) \mathrm{d}\omega$$

其中等式第二步用到傅里叶变换的帕萨瓦关系即帕萨瓦等式. 因此有

$$\frac{1}{C_\psi} \int_{-\infty}^{\infty} \frac{\mathrm{d}a}{a^2} \int_{-\infty}^{\infty} \mathrm{d}b\, W_g^*(a,b) W_f(a,b)$$

$$= \frac{1}{C_\psi} \frac{1}{4\pi^2} \int_{-\infty}^{\infty} \frac{|a|}{a^2} \mathrm{d}a \int_{-\infty}^{\infty} \mathrm{d}b \int_{-\infty}^{\infty} \hat{\psi}^*(a\omega) \mathrm{e}^{\mathrm{i}b\omega} \hat{f}(\omega) \mathrm{d}\omega \int_{-\infty}^{\infty} \hat{g}^*(\omega') \mathrm{e}^{-\mathrm{i}b\omega'} \hat{\psi}(a\omega') \mathrm{d}\omega'$$

$$= \frac{1}{C_\psi} \frac{1}{2\pi} \int_{-\infty}^{\infty} \frac{1}{|a|} \mathrm{d}a \int_{-\infty}^{\infty} \mathrm{d}\omega \int_{-\infty}^{\infty} \mathrm{d}\omega' \hat{f}(\omega) \hat{g}^*(\omega') \hat{\psi}^*(a\omega) \psi(a\omega') \frac{1}{2\pi} \int_{-\infty}^{\infty} \mathrm{e}^{\mathrm{i}b(\omega-\omega')} \mathrm{d}b$$

$$= \frac{1}{C_\psi} \frac{1}{2\pi} \int_{-\infty}^{\infty} \frac{1}{|a|} \mathrm{d}a \int_{-\infty}^{\infty} \mathrm{d}\omega \hat{f}(\omega) \hat{g}^*(\omega) |\hat{\psi}(a\omega)|^2$$

$$= \frac{1}{C_\psi} \frac{1}{2\pi} \int_{-\infty}^{\infty} \mathrm{d}\omega \hat{f}(\omega) \hat{g}^*(\omega) \int_{-\infty}^{\infty} |\hat{\psi}(a\omega)|^2 \frac{\mathrm{d}a}{|a|}$$

$$= \frac{1}{2\pi} \int_{-\infty}^{\infty} \hat{f}(\omega) \hat{g}^*(\omega) \mathrm{d}\omega$$

$$= \int_{-\infty}^{\infty} f(t) g^*(t) \mathrm{d}t$$

若令 $g(t) = f(t)$，则可得

$$\frac{1}{C_\psi} \int_{-\infty}^{\infty} \frac{\mathrm{d}a}{a^2} \int_{-\infty}^{\infty} \mathrm{d}b\, |W_f(a,b)|^2 = \int_{-\infty}^{\infty} |f(t)|^2 \mathrm{d}t \qquad (12.2.5)$$

利用小波变换的广义帕萨瓦等式，令 $g(t) = \frac{1}{2\sqrt{\pi a}} \mathrm{e}^{-\frac{(t-t_0)^2}{4a}}$ 并取 $a \to +0$，可得小波变换在信号函数 $f(t)$ 的连续点的反演公式

$$f(t) = \frac{1}{C_\psi} \int_{-\infty}^{\infty} \frac{\mathrm{d}a}{a^2} \int_{-\infty}^{\infty} \mathrm{d}b\, W_f(a,b) \psi_{a,b}(t) \qquad (12.2.6)$$

上面介绍了小波变换的基本知识,在实际的时-频分析中,通常要用到离散形式的正交小波基,并给出信号的离散小波变换. 在这方面小波变换有着非常丰富的内容和广泛的应用,这方面有很多的专著论述. 本书只给出小波变换最基本的介绍,因此对离散的小波变换不作介绍.

例 12.2.1 小波基函数的选取

对于频率 ω 与时间 t 相关的信号

$$f(t) = e^{i\omega(t)t} \qquad (12.2.7)$$

其中 $\omega(t)$ 是关于 t 的缓变函数. 通常傅里叶变换只能给出参与组成信号的频率,而不能给出频率与时间的关系,通过莫莱(Morlet)小波基函数

$$\psi(t) = e^{-\frac{t^2}{2}} e^{i\omega_0 t} \qquad (12.2.8)$$

给出信号的小波变换如下:

$$W_f(a, b) = \frac{1}{\sqrt{|a|}} \int_{-\infty}^{\infty} \psi\left(\frac{t-b}{a}\right)^* f(t) \, dt$$

$$= \frac{1}{\sqrt{|a|}} \int_{-\infty}^{\infty} e^{-\frac{(t-b)^2}{2a^2}} e^{-i\omega_0 \frac{(t-b)}{a}} e^{i\omega(t)t} \, dt \qquad (12.2.9)$$

当变化参量 a 时,注意到由于上式积分号内是振荡函数,函数在指数虚部的极值处 $t = t_a$ 处取到最大值

$$\omega(t_a) + \omega'(t_a) \cdot t_a - \frac{\omega_0}{a} = \omega(t_a) - \frac{\omega_0}{a} = 0 \qquad (12.2.10)$$

这里利用了 $\omega(t)$ 是关于 t 的缓变函数的条件. 当变化参量 b 时,由于指数项实部是高斯曲线,于是在 $t = t_b = b$ 处取得最大值. 如果按照横坐标 b、纵坐标 $\frac{1}{a}$ 的方式绘制信号的小波时频图,即可注意到 $t_a = t_b$ 处曲面出现峰值

$$\frac{1}{a} = \omega_0^{-1} \cdot \omega(b) \qquad (12.2.11)$$

峰值位置的移动反映了频率与时间的关系.

但有一点要提及,小波变换是因为要提高分析的分辨率才引入的,那么是否能对不同频率域开不同的窗口,而且对窗口的宽度的选取是否有限制,是否可以无限度地提高分辨率呢? 下面对此问题给出一个窗口宽度选取的限制.

§**12.3**__小波变换中的海森伯不确定性关系

在量子物理学中,海森伯(Heisenberg)曾对量子物理学中力学量的测量给出表述:假如对任何一客体进行测量,以不确定量 Δp 测定其动量的 x 分量时,就不可能同时测定其位置比 $\Delta x = \dfrac{h}{\Delta p}$ 更准确. 其中 h 是自然界中给定的不变的数,称为"普朗克"

（Planck）常数.

这就是量子物理学中著名的海森伯不确定性关系或称为海森伯不确定性原理,其数学表达式为

$$\Delta p \cdot \Delta x \geqslant h \tag{12.3.1}$$

这是量子物理学中的一个基本原理,它是指对任何客体进行测量时,在任意时刻同时测量这一客体的一对共轭物理量 p 和 x,它们的测量值各自与期望值的偏差 Δp 和 Δx,即测量精度是不可能同时达到无限高的精度,测量的精度受到海森伯不确定性关系的限制.

注:在(12.3.1)式中,两边的量纲是一致的.

在量子物理学中,一切客体都是以物质波的形式出现的,因此"不确定关系"不是量子物理所特有的,它亦存在于宏观的波动测量中,而测量中对期望值的偏差是个统计的概念.因此"不确定关系"与统计有关.

在前面伽博变换中曾导出时间 t 与频率 ω 这一对共轭变量间存在窗口面积的关系式(12.1.21).但伽博变换中参数 a 与 ω 的改变并不改变窗口函数 $g_a(t)$ 的大小与形状,其窗口的宽度是由平均值决定的,在整个时间域 t 上是不变的,在整个频率域 ω 上也是不变的.

当选取小波变换时,对小波变换 $\psi_{a,b}(t)$ 及其傅里叶变换 $\hat{\psi}_{a,b}(\omega)$ 在时间域 t 与频率域 ω 能较好地进行局域分析,我们希望对 $\psi_{a,b}$ 与 $\hat{\psi}_{a,b}$ 的窗口函数的选取时,使窗口愈小愈好.但这受到了海森伯不确定性关系的限制,即窗口的面积要大于等于某一常数.即不可能无限度地提高对信号分析的精度.下面介绍这一不确定性关系.

对于一般的信号函数 $f(t)$,我们可选取窗口函数 $g(t)$,则 $g(t)$ 的傅里叶变换为 $\hat{g}(\omega)$,要求 $g(t) \in L_2(R)$,且 $\hat{g}(\omega) \in L_2(R)$. 可定义窗口的中心 $(t_g, \omega_{\hat{g}})$:

$$t_g = \frac{1}{\|g\|^2} \int_{-\infty}^{\infty} t |g(t)|^2 \mathrm{d}t \tag{12.3.2}$$

其中

$$\|g\|^2 = \int_{-\infty}^{\infty} |g(t)|^2 \mathrm{d}t$$

而

$$\omega_g = \frac{1}{\|\hat{g}\|^2} \int_{-\infty}^{\infty} \omega |\hat{g}(\omega)|^2 \mathrm{d}\omega \tag{12.3.3}$$

其中

$$\|\hat{g}\|^2 = \int_{-\infty}^{\infty} |\hat{g}(\omega)|^2 \mathrm{d}\omega$$

同时可定义窗口的半宽度

$$\Delta_t = \left[\frac{1}{\|g\|^2} \int_{-\infty}^{\infty} (t-t_g)^2 |g(t)|^2 \mathrm{d}t \right]^{1/2} \tag{12.3.4}$$

$$\Delta_\omega = \left[\frac{1}{\|\hat{g}\|^2} \int_{-\infty}^{\infty} (\omega-\omega_{\hat{g}})^2 |\hat{g}(\omega)|^2 \mathrm{d}\omega \right]^{1/2} \tag{12.3.5}$$

在时-频分析的 $t-\omega$ 平面上,窗口的面积为 $2\Delta_t 2\Delta_\omega$,则有小波变换中时-频窗口变换的海森伯不确定性原理.

命题 12.3.1:小波变换中时-频窗口变换的海森伯不确定性原理:

设小波变换的窗口函数为 $g(t)$,其傅里叶变换为 $\hat{g}(\omega)$,且满足 $g(t)$、$tg(t) \in L_2(R)$,$\hat{g}(\omega)$、$\omega g(\omega) \in L_2(R)$,则窗口面积

$$2\Delta_t 2\Delta_\omega \geqslant 2 \qquad (12.3.6)$$

证:为简单起见,取 $t_g = \omega_{\hat{g}} = 0$,这不失一般普遍性,因为对任意的窗口中心 $(t_g, \omega_{\hat{g}})$ 总可通过平移变换使其变为 $(0,0)$,而不失窗口宽度的特性.

由窗口半宽度的定义并利用帕萨瓦关系有

$$
\begin{aligned}
(\Delta_t \cdot \Delta_\omega)^2 &= \frac{1}{\|g\|^2 \|\hat{g}\|^2} \int_{-\infty}^{\infty} t^2 |g(t)|^2 \mathrm{d}t \int_{-\infty}^{\infty} \omega^2 |\hat{g}(\omega)|^2 \mathrm{d}\omega \\
&= \frac{1}{\|g\|^2 \|\hat{g}\|^2} \int_{-\infty}^{\infty} t^2 |g(t)|^2 \mathrm{d}t \int_{-\infty}^{\infty} |\hat{g}'(\omega)|^2 \mathrm{d}\omega \\
&= \frac{(2\pi)^2}{(2\pi)^2 \|g\|^4} \int_{-\infty}^{\infty} t^2 |g(t)|^2 \mathrm{d}t \int_{-\infty}^{\infty} |g'(t)|^2 \mathrm{d}t \\
&\geqslant \frac{1}{\|g\|^4} \left[\int_{-\infty}^{\infty} tg(t) g'(t) \mathrm{d}t \right]^2 \\
&= \frac{1}{\|g\|^4} \left[\frac{1}{2} \int_{-\infty}^{\infty} t \frac{\mathrm{d}}{\mathrm{d}t} |g(t)|^2 \mathrm{d}t \right]^2 \\
&= \frac{1}{4\|g\|^4} \left[\int_{-\infty}^{\infty} |g(t)|^2 \mathrm{d}t \right]^2 \\
&= \frac{1}{4}
\end{aligned}
$$

故可得

$$2\Delta_t \cdot 2\Delta_\omega \geqslant 2$$

以上证明了小波变换中的海森伯不确定性关系式(12.3.6),在这个关系式中两边的量纲是一致的.

第四篇

数学物理方程

物理学研究的一个重要方面是研究物理体系的运动规律,这种运动规律表现在描述物理体系状态的物理量随时空点变化的规律上,其变化规律与系统的动力学机制密切联系在一起.长期以来,人们从生活经验及实验的发现中总结出了许多规律:如宇宙间最基本的规律——能量守恒定律;如经典力学中的牛顿运动定律及在一定条件下的物理系统的动量守恒、角动量守恒.例如,在物理学基本规律的基础上,可研究质点的振动及振动在介质中的传播所形成的波动问题.在物理学基本规律的基础上导出并研究物理体系运动的微分方程,是研究物理体系运动的最基本方法之一.

物理体系运动的方程最初是由牛顿等人提出的常微分方程来描述.1734 年欧拉提出了用二阶偏微分方程描述弦的振动,1743 年达朗贝尔也提到此方程,1746 年达朗贝尔在研究张紧的弦的振动时,提议并证明了存在无穷多种不同的振动模式曲线.

如何导出描述物理体系状态变化的微分方程,是首先要解决的问题,即物理体系的数学建模问题.大家知道,决定一个物理体系状态变化的因素是十分复杂的,首先需要把实际的物理过程理想化,选定能够表征该物理体系变化特征的物理量,建立起一个理想的物理模型,然后再把物理模型定量化,得到具体的数学模型.物理体系运动方程的导出基本上可以用以下两种方法:

一种方法是在实验的基础上建立物理模型,根据用物理量描述的物理学基本规律,写出描述此体系的运动方程,在经典物理学中建立的运动方程要求具有伽利略变换的不变性.

另一种方法是分析力学和哈密顿力学的研究方法,由建立的物理模型写出描述此物理体系的拉格朗日量(Lagrangian)或是哈密顿量(Hamiltonian),要求系统的拉格朗日量和哈密顿量具有该物理体系要求的动力学对称性,如对相对论系统要求具有洛伦兹(Lorentz)协变性,在具有规范变换的系统中要满足规范的不变性等,然后根据变分原理或哈密顿原理,得到体系的运动方程.这种方法常见于分析力学和量子物理学中,在分析物理体系的动力学对称性及由这些对称性所得出的守恒量的研究中,常用这一方法.

前一种方法广泛应用于实际的复杂的物理体系中,特别是实验物理领域中.本书主要是用这种方法导出描述物理体系变化的微分方程及其所满足的定解条件,这样才能唯一确定该物理体系的实际变化过程,即才能得到方程的唯一解.

在这一篇中,主要讨论三种类型的二阶线性偏微分方程:双曲型方程即波动方程、抛物型方程即输运方程、椭圆型方程即泊松(Poisson)方程.它们对应着物理学中物理体系场量的三类基本的运动形态即波动、输运及稳定分布.这三类基本方程都是物理体系模型理想化、线性化的结果,对这三类方程解的研究是十分成熟的,其解空间是一个希尔伯特空间,基矢是施图姆-刘维尔本征值问题的本征函数.至于实际物理过程中的非线性效应,将在本篇最后一章予以简单介绍.

第十三章　波动方程、输运方程、泊松方程及其定解问题

§ 13.1　二阶线性偏微分方程的普遍形式

一、二阶线性偏微分方程的普遍形式

对于 n 维线性空间的坐标 $(x_1, x_2, \cdots, x_n)$ 和一维时间以参数 x_0 表示,构成 $n+1$ 维时空,其二阶偏微分方程可写成

$$Lu(x_0, x_1, x_2, \cdots, x_n) = f(x_0, x_1, x_2, \cdots, x_n) \tag{13.1.1}$$

式中 $u(x_0, x_1, \cdots, x_n)$ 表示所要求解的物理场量,非齐次项 $f(x_0, x_1, x_2, \cdots, x_n)$ 则表示使物理场量 u 产生变化的外界源的分布,L 为二阶线性偏微分算子,它具有普遍的形式

$$L = a_{ij}(x_0, x_1, \cdots, x_n) \frac{\partial^2}{\partial x_i \partial x_j} +$$

$$b_i(x_0, x_1, \cdots, x_n) \frac{\partial}{\partial x_i} + c(x_0, x_1, \cdots, x_n) \tag{13.1.2}$$

其中用爱因斯坦求和法则,$i, j = 0, 1, \cdots, n$.

如果上述线性算子 L 中的系数 $a_{ij}(x)$、$b_i(x)$ 是依赖于坐标的函数,则方程 $Lu = f$ 很难求解,在多数情况下无解. 在本书中只研究常系数的偏微分方程,而三类方程在曲线坐标系中分离变量出现的变系数常微分方程是可求解的方程.

二、线性方程的基本性质

对于齐次线性方程

$$Lu = 0 \tag{13.1.3}$$

由线性算子的性质,如果 u_1、u_2 是此方程的解,即

$$Lu_1 = 0, \quad Lu_2 = 0 \tag{13.1.4}$$

则 $u_1 + u_2$ 也是此方程的解,即

$$L(u_1 + u_2) = 0 \tag{13.1.5}$$

这就是线性方程满足的解的线性叠加原理. 对于满足 (13.1.3) 式的 n 个解 u_i 也都满足解的线性叠加原理.

三、$\mathbf{R}^{3+1}$ 中三类方程的具体形式

当研究的空间为三维欧氏空间和一维时间即 3+1 维时空的物理系统时:

1. 若算子 L 中的 $a_{00} = 1, a_{11} = a_{22} = a_{33} = -a^2$,其他系数为零时,则

$$L = \frac{\partial^2}{\partial t^2} - a^2 \nabla^2 \tag{13.1.6}$$

此算子称为双曲算子,亦称为波动算子,则方程 $Lu=f$ 的形式为

$$u_{tt}-a^2\nabla^2 u=f \tag{13.1.7}$$

此方程为双曲方程即波动方程的标准式,其中 $u=u(x,y,z,t)=u(\boldsymbol{x},t)$, $f=f(x,$ $y,z,t)=f(\boldsymbol{x},t)$, $u_{tt}=\dfrac{\partial^2 u}{\partial t^2}$, a 为波速.

由于(13.1.6)式的算子 L 在时间和空间的反演变换: $t\to -t$, $\boldsymbol{x}\to -\boldsymbol{x}$ 下是不变的,因此齐次的波动方程在空间和时间上是可逆的. 即有向 $\boldsymbol{x}$ 方向传播的解,此波动向 $-\boldsymbol{x}$ 方向的传播亦是方程的解, $u(\boldsymbol{x},t)$ 和 $u(-\boldsymbol{x},t)$ 都是方程的解. 对时间 t 也有同样的结论,即 $u(\boldsymbol{x},t)$ 和 $u(\boldsymbol{x},-t)$ 也都是方程的解.

2. 若算子 L 中的 $b_0=1$, $a_{11}=a_{22}=a_{33}=-a^2$, 其他系数均为零,有

$$L=\frac{\partial}{\partial t}-a^2\nabla^2 \tag{13.1.8}$$

此算子称为抛物算子,亦称为输运算子,则方程的形式为

$$u_t-a^2\nabla^2 u=f \tag{13.1.9}$$

此方程为抛物方程即输运方程的标准形式,其中 $u=u(x,y,z,t)$, $f=f(x,y,z,t)$, $u_t=\dfrac{\partial u}{\partial t}$, a^2 为输运系数.

由于抛物算子 L 在 $t=-t$ 下是不对称的,因此输运方程的解对时间是不可逆的,输运问题宏观的不可逆是有着深刻的统计物理学意义的,这也是数学与物理学高度相关和统一的一个范例.

3. 若算子 L 的 $a_{11}=a_{22}=a_{33}=1$, 其他系数均为零,则

$$L=\nabla^2 \tag{13.1.10}$$

此算子称为拉普拉斯算子,则方程的形式为

$$\nabla^2 u=f \tag{13.1.11}$$

其中 $u=u(x,y,z)$, $f=f(x,y,z)$.

此方程为椭圆方程,亦称为泊松方程,它是描述稳定场分布的方程,与时间无关.

当 $f=0$ 时,方程退化为拉普拉斯方程

$$\nabla^2 u=0 \tag{13.1.12}$$

§*13.2*__波动方程及其定解条件

一、一维波动方程的建立

下面以弦的振动为例,从牛顿运动定律出发,导出弦的振动方程即振动传播的波动方程.

设一条长为 l 的柔软的均匀细弦,是线密度 ρ 不变的一维客体,拉紧时弦处于平衡位置,在垂直外力作用下弦上各点离开平衡位置作微小振动. 设弦上各点的振动发生在同一平面内,且各点的位移与弦的平衡位置垂直,并要求弦的振动的振幅很小.

取弦的平衡位置为 x 轴,弦的左端点为原点 O,右端点为 l,u 轴描述各点的位移,如图 13.2.1 所示,弦上任一点 x 在时间 t 相对平衡位置的位移为 $u(x,t)$.

现在研究任意一小线段弦 $(x,x+dx)$ 的运动. 把这段长为 dx 的弦的受力情况表示出来,如图 13.2.2 所示,这段弦单位长度受的外力为 $f_0(x,t)$,在 x 点受到左边弦对它的作用力,即为 x 点弦的张力 T_x,方向如图所示,在 x 点的切向上,与 x 轴的夹角为 α,在 $x+dx$ 点受右边弦作用力为 T_{x+dx},方向如图所示,在 $x+dx$ 点的切向上,与 x 轴的夹角为 β.

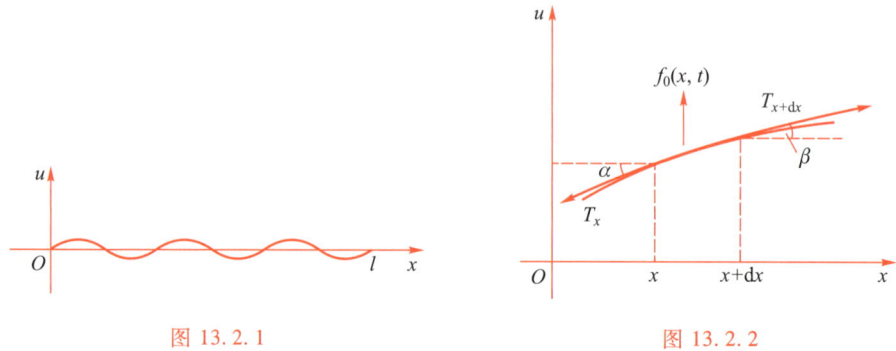

图 13.2.1　　　　　　　　　　图 13.2.2

由于该段弦在 x 轴的方向上没有运动,故

$$T_x \cos \alpha - T_{x+dx} \cos \beta = 0 \tag{13.2.1}$$

由于弦的振动的振幅很小,可取近似 $\alpha,\beta \to 0$,故 $\cos \alpha \to 1$ 和 $\cos \beta \to 1$,由上式有

$$T_x \approx T_{x+dx} \equiv T \tag{13.2.2}$$

当 dx 很小时,这段弦受到单位长度的外力 $f_0(x,t)$ 可视为作用在 x 点上,则由牛顿第二定律可写出 $(x,x+dx)$ 这段弦的运动方程:

$$T_{x+dx} \sin \beta - T_x \sin \alpha + f_0(x,t) dx = \rho dx u_{tt}$$

由 (13.2.2) 式可得

$$T \sin \beta - T \sin \alpha + f_0(x,t) dx = \rho dx u_{tt} \tag{13.2.3}$$

由于 $\alpha,\beta \to 0$,故有

$$\sin \alpha \simeq \tan \alpha = \left. \frac{\partial u}{\partial x} \right|_x \tag{13.2.4}$$

$$\sin \beta \simeq \tan \beta = \left. \frac{\partial u}{\partial x} \right|_{x+dx} \tag{13.2.5}$$

方程 (13.2.3) 变为

$$T \left(\left. \frac{\partial u}{\partial x} \right|_{x+dx} - \left. \frac{\partial u}{\partial x} \right|_x \right) + f_0(x,t) dx = \rho dx u_{tt}$$

由

$$\left. \frac{\partial u}{\partial x} \right|_{x+dx} - \left. \frac{\partial u}{\partial x} \right|_x = \frac{\partial^2 u}{\partial x^2} dx$$

可得

$$Tu_{xx}\mathrm{d}x + f_0\mathrm{d}x = \rho\mathrm{d}xu_{tt}$$

即

$$u_{tt} - \frac{T}{\rho}u_{xx} = \frac{1}{\rho}f_0(x,t), \quad 0<x<l, \quad t>0$$

方程可写成标准形式即一维的波动方程

$$u_{tt} - a^2u_{xx} = f(x,t), \quad 0<x<l, \quad t>0 \qquad (13.2.6)$$

其中 $a^2 = \dfrac{T}{\rho}$, a 是振动在弦上传播的速度, $f(x,t) = \dfrac{f_0(x,t)}{\rho}$ 称为外力密度,是单位长度单位密度上所施加的外力,一般称 $f(x,t)$ 为外力.

当外力 $f(x,t)$ 为零时,方程变为

$$u_{tt} - a^2u_{xx} = 0, \quad 0<x<l, \quad t>0 \qquad (13.2.7)$$

这是一维齐次波动方程.

二、对一维波动方程的量纲分析

一维弦各个物理量的量纲:M—质量量纲,L—长度量纲,T—时间量纲.

张力: $[T] = \mathrm{MLS}^{-2}$

质量密度: $[\rho] = \mathrm{ML}^{-1}$

位移对坐标 x 的二次导数: $[u_{xx}] = \mathrm{LL}^{-2} = \mathrm{L}^{-1}$

位移加速度: $[u_{tt}] = \mathrm{LT}^{-2}$

单位密度上的张力: $\left[\dfrac{T}{\rho}\right] = \mathrm{L}^2\mathrm{T}^{-2}$

单位密度上的力密度: $\left[\dfrac{F_0}{\rho}\right] = \dfrac{\mathrm{ML}[S]^{-2}[L]^{-1}}{\mathrm{ML}^{-1}} = \mathrm{LT}^{-2}$

位移加速度: $[a^2] = \left[\dfrac{T}{\rho}\right] = \mathrm{L}^2\mathrm{T}^{-2}$

在(13.2.4)式和(13.2.5)式中的这种近似取法

$$\left[\frac{\partial u}{\partial x}\right] = \mathrm{LL}^{-1}$$

是无量纲的,与 $\sin\alpha$ 、 $\sin\beta$ 的无量纲性质一致.

$$\left[\frac{\partial^2 u}{\partial x^2}\mathrm{d}x\right] = \mathrm{LL}^{-2}\mathrm{L}$$

也是无量纲的.

因此一维波动方程式(13.2.6)中各项的量纲为加速度量纲.

三、一维波动方程的定解条件

上面得到的一维弦的振动方程,是描述弦的微小振动的一般规律,属于一维的波

动方程.对具体弦的特定的运动形态的描述,要研究$[0,l]$区间有界弦的运动,要视其边界点0和l与外界的相互作用,而不是简单的自由振动,同时其运动形态也与初始条件相关.要确定弦的唯一运动状态,需要弦的运动方程满足的初始条件和边界条件.这些条件统称为方程的定解条件.

下面仍以$[0,l]$区间的弦满足的一维波动方程(13.2.6)为例,给出波动方程的定解条件,即给出所研究的弦的位移这一场量$u(x,t)$在初始时刻的特定状态及$u(x,t)$在弦的边界即两个端点的状态.

1. 初始条件

给出在开始观察弦的$t=0$时刻(初始时刻),弦上各点的位移分布和速度分布:

$$u(x,0)=\varphi(x), \quad 0\leqslant x\leqslant l \tag{13.2.8}$$

$$u_t(x,0)=v(x), \quad 0\leqslant x\leqslant l \tag{13.2.9}$$

$\varphi(x),v(x)$为已知函数,即$t=0$时刻的位移(场量)和速度的特定分布状态.

之所以需要两个初始条件是因为方程中出现的场量u对时间t的微商是二阶的,即u_{tt},每阶微商将会出现一个待定的积分参数,故需要两个初始条件来确定.

2. 边界条件

考虑所观察的物理系统(即弦)以外的环境通过系统的边界(即弦的两个端点)对弦施加的作用,它表现在弦的边界点状态的变化上.

一般情况下边界条件分为三类:

第一类边界条件:已知边界上的场量随时间变化的规律.

对弦的振动方程,已知弦两个端点的位移随时间的变化关系,

$$u(0,t)=g_1(t), \quad u(l,t)=g_2(t), \quad t\geqslant 0 \tag{13.2.10}$$

$g_1(t),g_2(t)$为已知函数.

当$g_1(t)=g_2(t)=0$时,称此弦具有固定端点,即外力将弦的两个端点固定,是外力对弦的一种作用方式,即

$$u(0,t)=u(l,t)=0, \quad t\geqslant 0 \tag{13.2.11}$$

称为第一类齐次边界条件,这种齐次边界条件对我们求解方程具有特殊重要的意义,是最基本的边界条件.

第二类边界条件:已知边界上的场量沿边界外法向的梯度随时间变化的规律.

对弦的振动方程,已知弦的两个端点的位移u沿x轴的梯度$\dfrac{\partial u}{\partial x}$对时间的依赖关系,即

$$\begin{aligned} -T\left.\frac{\partial u}{\partial x}\right|_{x=0}&=h_1(t) \\ T\left.\frac{\partial u}{\partial x}\right|_{x=l}&=h_2(t) \end{aligned} \quad (t>0) \tag{13.2.12}$$

$h_1(t), h_2(t)$ 为作用在弦的两个端点垂直于弦线的已知外力. 而在 $x=0$ 点, 张力 T 与 $\dfrac{\partial u}{\partial x}$ 的正向相反, 故出现负号.

当 $h_1(t) = h_2(t) = 0$ 时, 即弦的两个端点不受外力作用, 此时的弦具有自由端, 即

$$\left. \frac{\partial u}{\partial x} \right|_{x=0} = 0$$

$$\left. \frac{\partial u}{\partial x} \right|_{x=l} = 0 \tag{13.2.13}$$

称为第二类齐次边界条件, 它与第一类齐次边界条件具有同等重要的地位.

注: 用牛顿运动定律解释第二类边界条件 (13.2.12), 考虑 $x=0$ 点, $h_1(t)$ 是 $x=0$ 沿垂直于外法向的力, 对于 $0 \to 0+\Delta x$ 段, Δx 段右端的张力在垂直方向上的分量为 $T\sin\beta = T\tan\beta = \left. T\dfrac{\partial u}{\partial x} \right|_{0+\Delta x}$, 由于在 $x=0$ 点不受外力 f 的作用, Δx 段的运动方程为: $h_1(t) + \left. T\dfrac{\partial u}{\partial x} \right|_{0+\Delta x} = \rho\Delta x u_{tt}$, 当 $\Delta x \to 0$ 时, 这一段的质量 $\rho\Delta x$ 趋于 0. 而弦的端点的加速度 u_{tt} 总是有限值, 因此这一段弦受到的合力约等于 0, 即 $h_1(t) + \left. T\dfrac{\partial u}{\partial x} \right|_{x=0} \approx 0$, 即 $\left. -T\dfrac{\partial u}{\partial x} \right|_{x=0} = h_1(t)$. 这样给定任意一个外力 $h_1(t)$ 时, 在 $x=0$ 点, T 与 x 轴的夹角是变化的, 即 T 与 $\left. \dfrac{\partial u}{\partial x} \right|_{x=0}$ 的夹角是时间的函数, 且由 $h_1(t)$ 唯一确定.

需要注意的是, 要使得端点能够做 (复杂的) 振动, 这一段弦受到的合力并不严格为 0, 而是趋于 0 的一个小量, 具有与 Δx 相同的数量级, 从而为这一段弦的运动提供一个有限的加速度 u_{tt}, 使端点在 $h_1(t)$ 的驱动下做往复运动.

第三类边界条件: 已知边界上的场量随时间的变化和场量沿边界外法向的梯度随时间的变化的线性组合.

对于弦的振动方程, 已知弦的两个端点的位移与所受到垂直于弦线的外力作用的线性组合

$$\left. -T\frac{\partial u}{\partial x} \right|_{x=0} + a_1 u(0,t) = h_1(t)$$

$$\left. T\frac{\partial u}{\partial x} \right|_{x=l} + a_2 u(l,t) = h_2(t) \qquad (t \geqslant 0) \tag{13.2.14}$$

其中 $a_1, a_2 > 0$, 它表示弦的两个端点受的外界对弦的支撑弹性系数.

当 $h_1(t) = h_2(t) = 0$ 时, 得到第三类齐次边界条件

$$\left. -T\frac{\partial u}{\partial x} \right|_{x=0} + a_1 u(0,t) = 0$$

$$\left. T\frac{\partial u}{\partial x} \right|_{x=l} + a_2 u(l,t) = 0 \tag{13.2.15}$$

它与第一、第二类齐次边界条件同等重要.

上面用一维弦的振动问题导出一维波动方程及其定解条件.

通常把物理体系的运动所遵从的偏微分方程(一般称为**泛定方程**)连同它相应的自洽的、适定的**定解条件**,称为偏微分方程的**定解问题**.

四、电磁场的波动方程

下面介绍由麦克斯韦方程组导出电磁波的波动方程,这是一种由已知方程导出新方程的方法.

电磁场的变化规律满足麦克斯韦方程组

$$\nabla \cdot \boldsymbol{D} = \rho, \quad \nabla \times \boldsymbol{E} = -\frac{\partial \boldsymbol{B}}{\partial t}$$

$$\nabla \cdot \boldsymbol{B} = 0, \quad \nabla \times \boldsymbol{H} = \boldsymbol{j}_c + \frac{\partial \boldsymbol{D}}{\partial t} \tag{13.2.16}$$

其中 ρ 是自由电荷密度, $\boldsymbol{j}_c$ 是传导电流密度, $\dfrac{\partial \boldsymbol{D}}{\partial t}$ 为位移电流密度. 在各向同性的线性介质中磁感应强度为 $\boldsymbol{B} = \mu \boldsymbol{H}$, 电位移 $\boldsymbol{D} = \varepsilon \boldsymbol{E}$, 对均匀介质, μ, ε 为常数.

考虑在均匀介质或真空中, $\rho = 0$, $\boldsymbol{j}_c = 0$ 的情况: 由第一篇中向量场 $\boldsymbol{A}$ 满足的公式 $\nabla \times (\nabla \times \boldsymbol{A}) = \nabla(\nabla \cdot \boldsymbol{A}) - \nabla^2 \boldsymbol{A}$, 有

$$\nabla \times (\nabla \times \boldsymbol{E}) = \nabla(\nabla \cdot \boldsymbol{E}) - \nabla^2 \boldsymbol{E} = -\nabla^2 \boldsymbol{E} \tag{13.2.17}$$

其中由于介质中或真空中无自由电荷, 有 $\nabla \cdot \boldsymbol{E} = 0$.

又由方程(13.2.16), 有

$$\nabla \times (\nabla \times \boldsymbol{E}) = \nabla \times \left(-\frac{\partial \boldsymbol{B}}{\partial t} \right) = -\frac{\partial}{\partial t}(\nabla \times \boldsymbol{B})$$

$$= -\mu \frac{\partial}{\partial t} \nabla \times \boldsymbol{H} = -\varepsilon \mu \frac{\partial^2 \boldsymbol{E}}{\partial t^2} \tag{13.2.18}$$

故可得

$$\boldsymbol{E}_{tt} - a^2 \nabla^2 \boldsymbol{E} = 0 \tag{13.2.19}$$

这是一个表示电场 $\boldsymbol{E}$ 在三维空间中的波动方程, 式中 $a^2 = \dfrac{1}{\varepsilon \mu}$, a 表示波速.

同理, 可得磁场在三维空间中的波动方程

$$\boldsymbol{B}_{tt} - a^2 \nabla^2 \boldsymbol{B} = 0 \tag{13.2.20}$$

注意: 请读者思考, 由麦克斯韦方程组, 只是通过不依赖于坐标系的几何推导的方法得到电磁场的波动方程, 而且得到的电磁波的传播速度只与介质的 μ、ε 有关.

考虑电磁场满足的边界条件仍是三类边界条件. 当考虑的区域为 Ω 时, 其边界为 $\partial \Omega$, 以 $u(\boldsymbol{x})$ 表示场量(电场 $\boldsymbol{E}$ 和磁场 $\boldsymbol{B}$), 则三类条件可表示如下:

第一类边界条件为

$$u(\boldsymbol{x}) \big|_{\partial \Omega} = g(t) \tag{13.2.21}$$

第二类边界条件为

$$\nabla u(\boldsymbol{x})\mid_{\partial\Omega}=h(t) \tag{13.2.22}$$

第三类边界条件为

$$[\alpha u(\boldsymbol{x})+\beta\nabla u(\boldsymbol{x})]_{\partial\Omega}=k(t) \tag{13.2.23}$$

由于边界条件的不同,就形成了形形色色的电磁场的传播,如光纤通信、波导等,它们在现代科学技术中有着广泛的应用,在电动力学的课程中将进一步深入研究讨论电磁场的具体定解问题.

对于物理系统满足的偏微分方程的定解问题,有时可以不通过求解方程而直接讨论物理系统的某些整体的性质.

五、弦振动方程的能量守恒问题

对于不受外力的有界弦的振动方程,讨论其振动的能量守恒问题.

设定义在$[0,l]$上的两端固定的弦满足弦的振动方程

$$u_{tt}-a^2u_{xx}=0$$

弦的动能为

$$K(t)=\frac{1}{2}\int_0^l\rho u_t^2\mathrm{d}x$$

势能为

$$V(t)=\frac{1}{2}\int_0^l Tu_x^2\mathrm{d}x$$

其中ρ是弦的线密度,为常数,T是弦的张力,为常数,则弦的总能量为

$$\begin{aligned}E(t)&=K(t)+V(t)\\&=\frac{1}{2}\int_0^l\rho u_t^2\mathrm{d}x+\frac{1}{2}\int_0^l Tu_x^2\mathrm{d}x\end{aligned}$$

可得

$$\begin{aligned}\frac{\mathrm{d}E}{\mathrm{d}t}&=\rho\int_0^l u_tu_{tt}\mathrm{d}x+T\int_0^l u_xu_{xt}\mathrm{d}x\\&=\rho\int_0^l u_tu_{tt}\mathrm{d}x+T[u_xu_t]_0^l-T\int_0^l u_tu_{xx}\mathrm{d}x\end{aligned}$$

由边界条件

$$u(0,t)=u(l,t)=0,\quad\text{可得}\quad u_t(0,t)=u_t(l,t)=0$$

故$T[u_xu_t]_0^l=0$,有

$$\begin{aligned}\frac{\mathrm{d}E}{\mathrm{d}t}&=\rho\int_0^l u_tu_{tt}\mathrm{d}x-T\int_0^l u_tu_{xx}\mathrm{d}x\\&=\rho\int_0^l u_t(u_{tt}-a^2u_{xx})\mathrm{d}x\\&=0\end{aligned}$$

其中用到弦满足的运动方程 $u_{tt} - a^2 u_{xx} = 0$.

故 $E(t)$ 与时间无关,弦振动的能量是守恒的.

注:对弦的势能表达式的理解,势能 $V(x)$ 是弦在平衡位置,在 t 时刻,$\mathrm{d}x$ 段的弦产生的形变势能,即势能储存在弦的变形的方程中,

$$\Delta V = T\mathrm{d}S - T\mathrm{d}x = T\sqrt{\mathrm{d}x^2 + \mathrm{d}u^2} - T\mathrm{d}x = T\mathrm{d}x\sqrt{1 + \left(\frac{\partial u}{\partial x}\right)^2} - T\mathrm{d}x$$

$$= T\mathrm{d}x\left[1 + \frac{1}{2}\left(\frac{\partial u}{\partial x}\right)^2 - 1\right] = \frac{1}{2}T\left(\frac{\partial u}{\partial x}\right)^2 \mathrm{d}x$$

上式中用到弦是微振动的设定,$\dfrac{\mathrm{d}u}{\mathrm{d}x} \ll 1$.

采用同样的方法,可以讨论在自由边界下弦振动的能量守恒问题.

注意:只有在第一类齐次边界条件和第二类齐次边界条件才有弦的能量守恒问题:在第一类齐次边界条件下,虽然外界通过两个端点对弦进行作用,但作用力没有位移,故没有对弦做功,故弦的能量守恒; 第二类齐次边界条件下,弦没受任何外力,故弦的能量守恒.

§13.3　输运方程及其定解条件

输运方程的标准形式

$$u_t - a^2 \nabla^2 u = f(x, y, z, t) \tag{13.3.1}$$

它是描述物理上的输运过程(如热传导,扩散等过程)的运动规律,其中 $u(x, y, z, t)$ 表示被输运的物理场量,a^2 为输运系数(如热传导系数,扩散系数等),$f(x, y, z, t)$ 为源项. 此方程对时间是不可逆的,它与物理上宏观输运过程的不可逆性是一致的. 从方程中可以看出它在 $t \to -t$ 时,是不具有对称性的,即在此变换下方程已改变.

本节介绍两种方程:热传导方程和扩散方程的建立及定解条件.

一、热传导方程的导出

在一个三维空间中的区域 Ω 内,有各向同性的均匀的介质,由于区域 Ω 内的温度场的不均匀,发生了热量从温度高的地方向温度低的地方输运的过程. 要定量地描述这一过程,首先定义热流密度 $\boldsymbol{q}(x, y, z, t)$ 这一物理量,它表示单位时间里通过单位横截面积的热量. 在 Ω 内温度场的分布为 $u(x, y, z, t)$,温度的不均匀程度可用 u 的梯度 ∇u 来表示.

在热传导实验中,傅里叶总结出热传导的傅里叶定律,其数学表达式如下:

$$\boldsymbol{q} = -k\nabla u \tag{13.3.2}$$

其中 k 为传热系数,由于温度梯度 ∇u 的正向是由温度低向温度高的方向,故热流密度 $\boldsymbol{q}$ 的正向与 ∇u 的方向相反,故在傅里叶定律中出现 "$-$" 号. 如图 13.3.1 所示,在 Ω

内均匀介质的密度为 ρ，比热容为 c，设在 Ω 内有热源，由热量强度 $F(x,y,z,t)$ 表征，它表示 t 时刻在 Ω 中的 (x,y,z) 处，单位时间内，单位体积中产生的热量. 当 $F<0$ 时表示热汇，即吸热的源. 考虑传热系数 k 为常数的情况. 由 Ω 中的热量守恒关系，在单位时间内有

$$\frac{\partial}{\partial t}\int_{\Omega}\rho cu\,\mathrm{d}\Omega=\int_{\Omega}F(x,y,z,t)\,\mathrm{d}\Omega-\int_{\partial\Omega}\boldsymbol{q}\cdot\mathrm{d}\boldsymbol{\sigma} \tag{13.3.3}$$

方程的左边 $\int_{\Omega}\rho cu\,\mathrm{d}\Omega$ 表示在 t 时刻 Ω 中的热量，而

$\frac{\partial}{\partial t}\int_{\Omega}\rho cu\,\mathrm{d}\Omega$ 表示这一热量在单位时间内的变化. 而

方程右边的第一项表示 Ω 内单位时间内热源产生的

热量，右边第二项 $-\int_{\partial\Omega}\boldsymbol{q}\cdot\mathrm{d}\boldsymbol{\sigma}$ 表示单位时间内区域

Ω 内通过边界 $\partial\Omega$ 与外界进行的热交换，其中 $\mathrm{d}\boldsymbol{\sigma}$ 表示 Ω 边界 $\partial\Omega$ 的面积元，其方向为外法向. 如果 $\boldsymbol{q}$ 与 $\mathrm{d}\boldsymbol{\sigma}$ 同向表示热量从 Ω 内流出，即 Ω 内的热量减少，故要有 "$-$" 号.

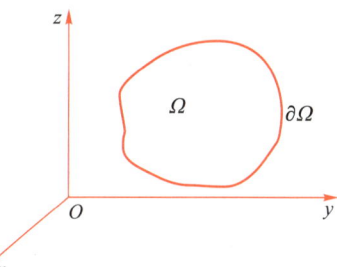

图 13.3.1

由傅里叶热传导定律，可得

$$-\int_{\partial\Omega}\boldsymbol{q}\cdot\mathrm{d}\boldsymbol{\sigma}=\int_{\partial\Omega}k\,\nabla u\cdot\mathrm{d}\boldsymbol{\sigma} \tag{13.3.4}$$

由高斯公式，可得

$$\int_{\partial\Omega}k\,\nabla u\cdot\mathrm{d}\boldsymbol{\sigma}=\int_{\Omega}k\,\nabla^2u\,\mathrm{d}\Omega \tag{13.3.5}$$

因此 Ω 中的热量守恒关系变为

$$\int_{\Omega}\rho c\frac{\partial u}{\partial t}\mathrm{d}\Omega-\int_{\Omega}k\,\nabla^2u\,\mathrm{d}\Omega=\int_{\Omega}F(x,y,z,t)\,\mathrm{d}\Omega \tag{13.3.6}$$

可得

$$\rho c\frac{\partial u}{\partial t}-k\,\nabla^2u=F(x,y,z,t)$$

令 $a^2=\dfrac{k}{\rho c},f=\dfrac{F}{\rho c}$，可得

$$u_t-a^2\,\nabla^2u=f \tag{13.3.7}$$

这就是标准的热传导方程的形式.

若 ρ 不是均匀的，介质的热传导不是各向同性的，k 不是常数，介质物质的比热容 c 不是常数时，或在温度的改变量很大时，此时的 ρ、c、k 都不能看成常数而是 (x,y,z) 的函数时，将得到复杂介质中的输运方程，它的解可能十分复杂，可能不具有解析解，这类方程不属于本书的讨论范围.

二、热传导方程的定解条件

确定某个具体的热传导问题，还需要有热传导方程的**定解条件**.

1. 初始条件

由于热传导方程中仅含有时间的一阶导数项,故初始条件只需一个,即只需给出在 $t=0$ 时刻 Ω 内的温度分布 $\varphi(x,y,z)$,即

$$u(x,y,z,0)\mid_{\Omega}=\varphi(x,y,z) \tag{13.3.8}$$

从数学上讲,初始条件也可选取初始时刻 Ω 内温度随时间的变化率分布,但是这种温度变化率在初始时刻的实际测量中难以得到,而初始温度的分布容易测得,因此初始条件大都由(13.3.8)式给出.

2. 边界条件

与波动方程的边界条件相似,有**三类边界条件**.

第一类边界条件:已知边界上温度分布随时间的变化关系 $g(\partial\Omega,t)$,即

$$u(x,y,z,t)\mid_{\partial\Omega}=g(\partial\Omega,t) \tag{13.3.9}$$

当 $g=0$ 时,即

$$u(x,y,z,t)\mid_{\partial\Omega}=0 \tag{13.3.10}$$

属于**第一类齐次边界条件**,其物理意义是保持边界上的温度为 $0\ ^\circ\mathrm{C}$. 这是环境通过边界对 Ω 中物理体系的作用. 这种齐次边界条件是解此类定解问题要用到的最重要的边界条件.

第二类边界条件:已知通过边界上的热流密度的分布随时间的变化关系 $h(\partial\Omega,t)$. 由于热量的交换只有通过边界的法向才能进行,热流密度沿界面的切向分量是沿界面的切平面方向,不通过界面进行热交换.

设 $\boldsymbol{n}$ 为界面 $\partial\Omega$ 的外法向,q_n 表示流出界面的热流密度,$-q_n$ 表示流入界面的热流密度. 由傅里叶热传导定律,在界面上有

$$-q_n\mid_{\partial\Omega}=-\left(-k\frac{\partial u}{\partial n}\right)\Bigg|_{\partial\Omega}=k\frac{\partial u}{\partial n}\Bigg|_{\partial\Omega} \tag{13.3.11}$$

则第二类边界条件可表示为

$$-q_n\mid_{\partial\Omega}=h(\partial\Omega,t)$$

即

$$\frac{\partial u}{\partial n}\Bigg|_{\partial\Omega}=\frac{1}{k}h(\partial\Omega,t) \tag{13.3.12}$$

此关系亦可表示为

$$\boldsymbol{n}\cdot\nabla u\mid_{\partial\Omega}=\frac{1}{k}h(\partial\Omega,t) \tag{13.3.13}$$

若 $h(\partial\Omega,t)=0$,即

$$\frac{\partial u}{\partial n}\Bigg|_{\partial\Omega}=0, \tag{13.3.14}$$

这是**第二类齐次边界条件**,物理上表示 Ω 内的系统是一绝热系统. 这一类齐次边界条件在解题中的重要性与第一类齐次边界条件相同.

第三类边界条件:这是第一、第二类边界条件线性组合的一种混合边界条件,由

牛顿冷却定律描述:在系统边界的温度与环境的温度相差不大时,Ω 内的物质通过界面自由冷却,通过界面与环境进行热交换,与边界的温度高低有关. 牛顿冷却定律的数学描述如下:

$$q_n \big|_{\partial\Omega} = H(u \big|_{\partial\Omega} - u_0) \qquad (13.3.15)$$

$H>0$ 为常数,称为冷却系数,u_0 为外界环境的温度. 上式可写成

$$-k\frac{\partial u}{\partial n}\bigg|_{\partial\Omega} = H(u \big|_{\partial\Omega} - u_0)$$

即

$$\left(\frac{\partial u}{\partial n} + \frac{H}{k}u\right)\bigg|_{\partial\Omega} = \frac{H}{k}u_0 \qquad (13.3.16)$$

此式为第三类边界条件的标准形式.

当外界温度为零,即 $u_0 = 0$,

$$\left(\frac{\partial u}{\partial n} + \frac{H}{k}u\right)\bigg|_{\partial\Omega} = 0 \qquad (13.3.17)$$

为**第三类齐次边界条件**,其重要性与第一、第二类齐次边界条件相同.

注:当系统与外界温度相差很大时,要考虑温升率的问题(在一般经典物理的热力学定律中不考虑温升率的问题),这就导致了热传导的非线性问题,不在本书讨论范围.

以上热传导问题的初值问题、边界条件和热传导方程,构成了热传导的定解问题,它形成了种类繁多的热传导现象.

三、扩散方程的导出及其定解条件

扩散现象是输运现象的一种,它同样具有输运方程的标准形式. 扩散在实际应用中是相当广泛的.

以半导体的工艺中掺杂单晶硅的过程,即杂质在单晶硅中的扩散为例来导出扩散方程. 扩散定律是物理学中的实验定律,称为菲克(Fick)定律,其数学形式为扩散方程,

$$\boldsymbol{q} = -D\nabla u \qquad (13.3.18)$$

其中 u 为扩散物质的浓度分布,$\boldsymbol{q}$ 为扩散强度即单位时间通过单位横截面积的扩散量,D 为扩散系数.

在半导体工艺中,在单晶硅片的表面涂敷所需要的杂质,杂质就沿着硅片表面 S 向垂直于表面的方向进行扩散,由于空间的对称性,可以把这一扩散过程看作一维的扩散问题,如图 13.3.2 所示.

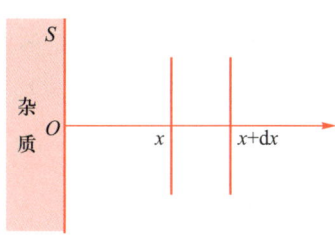

图 13.3.2

一维的扩散定律为

$$q = -D\frac{\partial u}{\partial x}, \quad D>0 \qquad (13.3.19)$$

考虑在 x 到 $x+\mathrm{d}x$ 这一层的单位面积上杂质的含量 $u(x,t)\mathrm{d}x$,则单位时间内这一层中杂质的变化量为 $\dfrac{\partial u(x,t)}{\partial t}\mathrm{d}x$,这是在 x 处单位面积上进入此层的杂质与在 $x+\mathrm{d}x$ 处逸出此层单位面积上的杂质量之差,考虑到扩散的方向由高浓度到低浓度,有

$$q(x,t)-q(x+\mathrm{d}x,t)=\frac{\partial u(x,t)}{\partial t}\mathrm{d}x \tag{13.3.20}$$

由扩散定律可得

$$D\left[\frac{\partial u(x+\mathrm{d}x,t)}{\partial x}-\frac{\partial u(x,t)}{\partial x}\right]=\frac{\partial u(x,t)}{\partial t}\mathrm{d}x$$

当 $\mathrm{d}x\to 0$ 时,可得

$$D\frac{\partial^2 u(x,t)}{\partial x^2}=\frac{\partial u(x,t)}{\partial t}$$

令 $a^2=D$,即 $\qquad\qquad u_t-a^2 u_{xx}=0 \tag{13.3.21}$

这是一维的齐次扩散方程,是假设单晶硅内无杂质源的情况.

当单晶硅内有杂质源 $f(x,t)$ 时,则扩散方程可变为

$$u_t-a^2 u_{xx}=f(x,t) \tag{13.3.22}$$

对三维的扩散方程仍有形式

$$u_t-a^2\nabla^2 u=f(x,y,z,t) \tag{13.3.23}$$

扩散方程的定解条件仍需一个初始条件和边界条件,边界条件有三类,与热传导方程相同,这里不再加以讨论.

§**13.4**　泊松方程及其定解条件

泊松方程也称为稳定场方程,在数学中也称为位势方程,它不含有对时间的微商项,场量不随时间变化,其标准形式为

$$\nabla^2 u(x,y,z)=f(x,y,z) \tag{13.4.1}$$

它描述场在空间中的稳定分布,其场量和源都不含时间变量. 当 $f(x,y,z)=0$ 时,泊松方程就退化成拉普拉斯方程

$$\nabla^2 u(x,y,z)=0 \tag{13.4.2}$$

下面用静电势所满足的方程来导出泊松方程.

设具有体电荷分布 $\rho(\boldsymbol{r})$ 的电场 $\boldsymbol{E}$,其满足的方程

$$\nabla\cdot\boldsymbol{E}=\frac{1}{\varepsilon}\rho \tag{13.4.3}$$

而电场强度 $\boldsymbol{E}$ 可用电势 φ 来表示,

$$\boldsymbol{E}=-\nabla\varphi \tag{13.4.4}$$

因此可得到电势满足的方程为

$$\nabla^2\varphi=-\frac{1}{\varepsilon_0}\rho \tag{13.4.5}$$

这就是电势 $\varphi(\boldsymbol{r})$ 满足的泊松方程.

当 $\rho(\boldsymbol{r}) = q\delta(\boldsymbol{r}-\boldsymbol{r}_0)$ 时,即在 $\boldsymbol{r}_0$ 处有一电荷量为 q 的点电荷,此时泊松方程为

$$\nabla^2\varphi = -\frac{1}{\varepsilon_0}q\delta(\boldsymbol{r}-\boldsymbol{r}_0) \tag{13.4.6}$$

如果所研究的区域内没有电荷分布,即 $\rho = 0$,则电势满足拉普拉斯方程

$$\nabla^2\varphi = 0 \tag{13.4.7}$$

泊松方程的**定解条件**:

由于泊松方程是描述稳定场的,因此它不存在初始条件,只需要边界条件.其边界条件与上面两类方程相似,但由于其稳定场的特性,对某些条件会加以限制,这是要特别注意的.

泊松方程的三类边界条件为:

第一类边界条件:在考虑的区域 Ω 中,已知稳定场 u 在边界 $\partial\Omega$ 上的值

$$u\big|_{\partial\Omega} = g(\partial\Omega) \tag{13.4.8}$$

这类问题通常称为狄利克雷问题.

第二类边界条件:已知稳定场 u 在边界法向上的导数的值

$$\frac{\partial u}{\partial n}\bigg|_{\partial\Omega} = g(\partial\Omega) \tag{13.4.9}$$

$\boldsymbol{n}$ 为 $\partial\Omega$ 的外法向.这类问题通常称为**诺伊曼(Neumann)问题**.

注意:第二类边界条件在我们观察区域 Ω 内如果有源时,即有源情况下的泊松方程的第二类齐次边界条件是不存在的.从物理上可以很好地理解:在热传导问题中第二类齐次边界条件是表示系统为绝热的边界条件.如果 Ω 内有源,边界是绝热的,Ω 内的温度场就不可能为稳定分布.此条件下的泊松方程是无解的,只有拉普拉斯方程有解.

第三类边界条件:已知在边界 $\partial\Omega$ 上稳定场 u 和它的法向导数的某种线性组合.

$$\left(\alpha u + \beta\frac{\partial u}{\partial n}\right)\bigg|_{\partial\Omega} = g(\partial\Omega) \tag{13.4.10}$$

其中 α、$\beta \neq 0$,这是混合边界问题.

*§ **13.5**__拉普拉斯方程和调和函数

一、调和函数的定义

定义 13.5.1:调和函数

拉普拉斯方程 $\nabla^2 u = 0$ 的解 u 称为调和函数.

在物理上,在考察区域中无源的稳定场分布都满足拉普拉斯方程,这一类场都属于调和函数.由于调和函数有一些特殊的性质,其研究方法也比较成熟,是有一定代表性的.

在复变函数中的解析函数 $f(z) = u(x,y) + \mathrm{i}v(x,y)$,其实部 $u(x,y)$ 和虚部 $v(x,y)$

满足柯西-黎曼条件,很容易证明它们分别满足二维拉普拉斯方程,

$$\frac{\partial^2 u}{\partial x^2} + \frac{\partial^2 u}{\partial y^2} = 0, \quad \frac{\partial^2 v}{\partial x^2} + \frac{\partial^2 v}{\partial y^2} = 0 \tag{13.5.1}$$

即 u、v 都是二维的调和函数.

对于三维空间中的调和函数,例如,在原点上放一具有单位电荷量的点电荷,其产生的电势为 $\frac{1}{r}$,其中 $r = \sqrt{x^2 + y^2 + z^2}$,如果考虑的区域 Ω 内不包含原点,则在 Ω 中有

$$\nabla^2 \frac{1}{r} = 0 \quad (r \neq 0) \tag{13.5.2}$$

因此,点电荷的势在不包含点电荷自身位置的区域内是调和函数.

在 $\mathbf{R}^3$ 空间中,有许多常见的函数,如常数 $C, x, y, z, x^2 - y^2, y^2 - z^2, z^2 - x^2$ 等都是调和函数.

二、调和函数的性质

调和函数的基本性质:由格林公式

$$\int_\Omega (v \nabla^2 u + \nabla v \cdot \nabla u) \, \mathrm{d}\Omega = \int_{\partial\Omega} v \nabla u \cdot \mathrm{d}\boldsymbol{\sigma}$$
$$= \int_{\partial\Omega} v \frac{\partial u}{\partial n} \mathrm{d}\sigma \tag{13.5.3}$$

和

$$\int_\Omega (v \nabla^2 u - u \nabla^2 v) \, \mathrm{d}\Omega = \int_{\partial\Omega} \left(v \frac{\partial u}{\partial n} - u \frac{\partial v}{\partial n} \right) \mathrm{d}\sigma \tag{13.5.4}$$

由此可得调和函数的两个基本性质.

1. 在观察区域 Ω 中的调和函数 u,其在边界上的法向方向导数 $\frac{\partial u}{\partial n}$ 在整个边界上的积分为零,即

$$\int_{\partial\Omega} \frac{\partial u}{\partial n} \mathrm{d}\sigma = 0 \tag{13.5.5}$$

证:由格林公式(13.5.3),取 $v = 1$,u 为在 Ω 上的调和函数(即包含 $\partial\Omega$ 在内的 u 都是调和函数),则有

$$\int_{\partial\Omega} \frac{\partial u}{\partial n} \mathrm{d}\sigma = \int_\Omega \nabla^2 u \mathrm{d}\Omega = 0$$

故性质得证.

物理上,此性质说明在不包含电荷的空间中,电场线穿过空间闭合区域边界的总和为零.

2. 调和函数的平均值定理

设 $u(x, y, z)$ 是 Ω 上的调和函数,则 u 在 Ω 内的一点 $P:(x_0, y_0, z_0)$ 的值可表示为

$$u(x_0, y_0, z_0) = \frac{1}{4\pi R^2} \int_{S_R} u \, d\sigma \qquad (13.5.6)$$

其中 S_R 为以 P 点为圆心,以 R 为半径的球面,且此球面完全包含在 Ω 中,如图 13.5.1 所示.

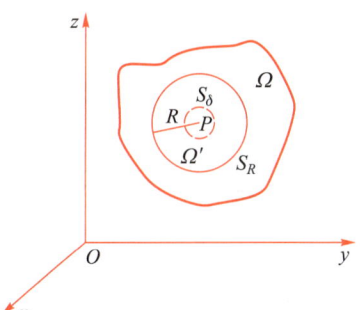

图 13.5.1

证:在 S_R 内作一个以 P 点为圆心,半径为 δ 的小球面 S_δ,令

$$v = \frac{1}{r}, \quad r = \sqrt{(x-x_0)^2 + (y-y_0)^2 + (z-z_0)^2}$$
$$(13.5.7)$$

故函数 v 在大小球面 S_R 和 S_δ 所围成的体积 Ω' 内为调和函数. 而 u 为 Ω 内的另一调和函数,则在 Ω' 中有 $\nabla^2 u = 0$,$\nabla^2 v = 0$,由格林公式,有

$$\int_{S_R + S_\delta} \left(\frac{1}{r} \frac{\partial u}{\partial n} - u \frac{\partial \frac{1}{r}}{\partial n} \right) d\sigma = \int_{\Omega'} \left(\frac{1}{r} \nabla^2 u - u \nabla^2 \frac{1}{r} \right) d\Omega' = 0$$

其中 $\boldsymbol{n}$ 在 S_R 球面是外法向,而在 S_δ 球面上 $\boldsymbol{n}$ 是内法向,指向球心,即与 $\boldsymbol{r}$ 的方向相反. 故在 S_δ 面上,

$$\left. \frac{\partial \frac{1}{r}}{\partial n} \right|_{S_\delta} = - \left. \frac{d \frac{1}{r}}{dr} \right|_{S_\delta} = \left. \frac{1}{r^2} \right|_{S_\delta} = \frac{1}{\delta^2}$$

在 S_R 面上,

$$\left. \frac{\partial \frac{1}{r}}{\partial n} \right|_{S_R} = \left. \frac{d \frac{1}{r}}{dr} \right|_{S_R} = -\frac{1}{R^2}$$

由于 u 在 Ω 中为调和函数,故由性质 1,有 $\int_{S_R} \frac{du}{dn} d\sigma = 0$ 和 $\int_{S_\delta} \frac{du}{dn} d\sigma = 0$,故可得

$$-\int_{S_R} u \frac{\partial \left(\frac{1}{r} \right)}{\partial n} d\sigma = \int_{S_\delta} u \frac{\partial \left(\frac{1}{r} \right)}{\partial n} d\sigma$$

由于 S_R 与 S_δ 的法向相反,即可得

$$\frac{1}{R^2} \int_{S_R} u \, d\sigma = \frac{1}{\delta^2} \int_{S_\delta} u \, d\sigma$$

由于 u 在 (x_0, y_0, z_0) 点的 δ 邻域内满足拉普拉斯方程,因此对 $\frac{1}{\delta^2} \int_{S_\delta} u \, d\sigma$ 用中值定理

$$\frac{1}{\delta^2} \int_{S_\delta} u \, d\sigma = \frac{1}{\delta^2} u(x', y', z') \int_{S_\delta} d\sigma$$
$$= \frac{1}{\delta^2} u(x', y', z') 4\pi \delta^2$$
$$= 4\pi u(x', y', z')$$

其中 $u(x',y',z')$ 是 u 在 S_δ 上某一点的值.

当 $\delta \to 0$ 时,$u(x',y',z') = u(x_0,y_0,z_0)$,故可得

$$u(x_0,y_0,z_0) = \frac{1}{4\pi R^2} \int_{S_R} u \, \mathrm{d}\sigma$$

此平均值定理得证.

§13.6 三类方程定解问题小结

上面对三种不同类型的物理系统导出了它们所遵从的运动方程:波动方程、输运方程及泊松方程. 由于物理系统运动变化的复杂性,要建立理想化的物理模型,定量地研究该物理系统的运动变化,得到描述该系统运动变化的微分方程是首要任务. 一般情况下,方程的导出可归结如下:

首先确定所研究的物理体系所在时空的自变量,并按系统的对称性建立系统的坐标系,同时取定该系统中所要研究的物理量及其对自变量的函数关系.

其次明确此物理量所遵从的物理规律. 一般是从实验中总结出来的物理规律,并把物理体系分成小单元,对每个单元用"隔离法",应用物理定律研究该单元与相邻单元的相互作用的关系. 这里,可能关系非常复杂,但要找出主要的作用,忽略次要的因素,根据物理规律写出小单元中的物理量的变化关系. 若变化关系中出现非线性的量,在允许的近似下将其线性化. 例如,在弦的振动中把三角函数关系,在小振动下化为场量对坐标的微商关系的近似,将其线性化. 如果非线性量不能近似地线性化,这就成了非线性方程,它涉及另一类非线性方程的问题,在此不予讨论.

最后根据每个单元的物理量的变化关系,写出物理体系的物理量的变化关系并整理成微分方程的形式,如有可能,可进一步化为标准的三类方程的形式.

下面再说一下**三类方程的定解条件**:

(1) 初始条件:从上面的讨论中可看出,三类方程的初始条件要求各不相同,波动方程需要两个初始条件,输运方程需要一个初始条件,泊松方程是一个静态分布的方程,与时间无关,故不需要初始条件.

但有些情况,如波动方程和输运方程中的源项是时间的**周期函数**,当考虑系统的**变化时间远大于其周期时,可以不考虑初值的影响**,此时主要是周期的源的影响,故可以**不需要初始条件**.

(2) 边界条件:这三类方程一般都共同存在三类不同的边界条件,而这三类不同的边界条件可以统一起来,写成

$$\left[\alpha u + \beta \frac{\partial u}{\partial n} \right]_{\partial\Omega} = g(\partial\Omega, t) \tag{13.6.1}$$

α, β 为常数,但它们不能同时为零. 当 $\beta = 0$ 时,为第一类边界条件,当 $\alpha = 0$ 时,为第二类边界条件,当 α, β 都不为零时,为第三类边界条件.

下面分别给出三类方程的定解问题:

1. 波动方程

$$\begin{cases} u_{tt}-a^2\,\nabla^2 u=f(\Omega,t) \\ u(\Omega,0)=\varphi(\Omega) \\ u_t(\Omega,0)=v(\Omega) \\ \left[\alpha u+\beta\dfrac{\partial u}{\partial n}\right]_{\partial\Omega}=g(\partial\Omega,t) \end{cases} \qquad (13.6.2)$$

2. 输运方程

$$\begin{cases} u_t-a^2\,\nabla^2 u=f(\Omega,t) \\ u(\Omega,0)=\varphi(\Omega) \\ \left[\alpha u+\beta\dfrac{\partial u}{\partial n}\right]_{\partial\Omega}=g(\partial\Omega,t) \end{cases} \qquad (13.6.3)$$

3. 泊松方程

$$\begin{cases} \nabla^2 u=f(\Omega) \\ \left[\alpha u+\beta\dfrac{\partial u}{\partial n}\right]_{\partial\Omega}=g(\partial\Omega) \end{cases} \qquad (13.6.4)$$

这三类方程定解问题的边界条件到底属于哪一类,要根据具体问题给出的条件而定.同一个方程,由于定解条件的不同,得到的解 $u(\Omega,t)$ 是不同的.

若同一方程在相同的定解条件下,由于解法的不同,可能得到不同形式的解,但由线性偏微分方程解的存在唯一性定理,我们知道这些不同形式的 u 是同一个解,它们之间可以用函数的变换相联系.

除了以上介绍的三类边界条件外,在许多物理问题中给出了一些特有的边界条件,物理上常遇到的有三类:

1. 自然边界条件,通常也称为有界边界条件

在物理问题中,所研究的场量 u,在考虑的区域 Ω 及其边界 $\partial\Omega$(通常都是在无穷远的边界)上,都要求是有界的,不发散的,即

$$|u|<\infty$$

2. 周期性边界条件

周期性边界条件通常出现在晶格点阵中场函数具有周期性,或有空间几何规律的物理问题中,或是以某一轴(例如 z 轴)为对称轴,具有轴对称性,而又要求场函数为单值函数的问题中.

3. 衔接条件

如果研究的区域 Ω,可分成几个性质不同的子区域,则在相邻子区域的边界上要用特殊的衔接条件.这种衔接条件要视具体问题而定.

例如在电磁学中,电场强度在介质的边界上,其切向分量连续,而电位移在其界面上法向分量连续.

这种衔接条件引入的必要性在于我们观察的区域 Ω 内存在不同的子区域,这些子区域又具有不同的特性.因此在子区域间的边界上导致场的性质有突变,方程在这些突变面(突变域、突变点)上失效.因此只能在子区域内求解方程,而在子区域间边界上用衔接条件连接,即找出子区域间边界上物理量的边值关系,最后才能得到整个 Ω 上的解.

本章给出了三类方程的定解问题,是否能确定方程的解的存在性和唯一性,就要研究方程定解问题的**适定性问题:即包括导出的方程的准确性、定解条件的自洽性,即边界条件与初始条件的相容性**,只有方程定解问题的适定性得到满足,才能保证方程的解的存在且唯一.

一般所研究的物理系统是客观存在的,只要方程的建模和边界条件的选取以及初始条件的确定是合理的,所得到的定解问题的解就可以描述该物理系统变化的规律.

第十三章习题

13.1 一均匀材质做成的细长弹性圆杆,长为 l,截面积为 S,静止放置在水平 x 轴上,在 $t=0$ 时刻,给杆一个沿杆的纵向扰动,使杆产生了纵向的微小位移,试推导杆的纵向振动方程.

如果在 $t=0$ 时刻,该扰动使杆的纵向振动各点离开平衡位置的分布为 $u(x,0)=A\sin\dfrac{\pi x}{l}$,$A$ 为常数,且 $u_t(x,0)=0$,分别对如下四种边界状况,写出相应的杆的振动定解问题.

(1) 杆的两个端点 $x=0$ 和 $x=l$ 点刚性固定;

(2) $x=0$ 点固定,$x=l$ 点为自由端;

(3) 在 $x=0$ 点按 $A\sin\omega t$ 运动,在 $x=l$ 点按 $-A\sin\omega t$ 运动,A,ω 均为常数;

(4) 两个端点为弹性固定,端点受到了与位移成正比(比例系数为 k)但与位移方向相反的纵向作用力.

13.2 一根长为 l 的匀质弦,放置于介质中,当弦振动时,受到介质的阻尼力,请对阻尼力建立一个合理的模型,并推导弦在此介质中有阻尼的弦的振动方程.

请你给出恰当的初始条件,写出相应的四种不同的弦(任给出四种不同的边界条件)的阻尼振动的定解问题.

13.3 用匀质材料做成的细圆锥杆(指圆锥角很小,即锥体的长度很长而底部的圆形截面半径很小),试推导此圆锥杆的纵向振动方程.

把所得的方程与 13.1 题的细长圆杆的纵向振动方程进行比较,说明两个方程之间的差异.

13.4 一电阻率为 γ,截面为 S 的匀质导线,通有电流密度为 j 的均匀分布的直流电,设该材质的导热系数为 κ,比热容为 c,密度为 ρ,设导线的侧面均为绝热的,试推导该导线上的热传导方程.

13.5 设一匀质金属球,其半径为 a,以球心为坐标原点,请写出球坐标下的热传导方程(设导热系数为 κ).

若把球的表面涂黑,置于阳光下,设球面附近阳光的热流密度为 M(设阳光为平行光,在垂直于阳光的单位面积上,在单位时间内流经这一单位面积上的太阳光的热量为 M),而球外环境的温度为 $0\,℃$,金属球表面同时按牛顿冷却定律散热.设在 $t=0$ 时刻,金属球的温度为 T_0,试给出该定解问题.

13.6 在铀块中,除中子的扩散运动(扩散系数为 D)外,还存在中子的吸收和增殖反应过程.设在单位时间内，单位体积中吸收和增殖的中子数正比于该时刻该处中子的浓度 $u(\boldsymbol{r},t)$，即 $\beta u(\boldsymbol{r},t)$，$\beta$ 为比例常数(或称为净增殖系数)．若选取的铀块是匀质的球状铀块，铀块的半径为 a．试在球坐标下导出中子浓度 $u(\boldsymbol{r},t)$ 扩散所满足的方程．

若球状铀块的表面边界满足如下几种不同的条件，请写出相应条件下的定解问题．(初始条件请作合理的假设．)

(1) 铀块表面的中子浓度为零；

(2) 没有中子从铀块表面逸出(或是从铀块表面逸出的中子数目与回到铀块表面的中子数目相等)；

(3) 铀块表面的中子浓度不随时间变化．

13.7 写出静电场中电介质表面静电场的衔接条件．

13.8 一根导热杆由两段 l_1 与 l_2 相衔接构成，两段的导热系数，比热容和密度分别为 κ_1、c_1、ρ_1 和 κ_2、c_2、ρ_2．设杆的初始温度为 u_0，保持杆的两个端点的温度为 0 ℃．试写出该导热杆的热传导的定解问题(假定导热杆的侧面均为绝热的)．

13.9 在均匀介质区域 Ω 内，在稳定的热源分布 $f(\boldsymbol{r})$ 产生的温度场 $u(\boldsymbol{r})$ 满足泊松方程 $\nabla^2 u(\boldsymbol{r}) = -f(\boldsymbol{r})$．其中 $f(\boldsymbol{r}) = \dfrac{F(\boldsymbol{r})}{\kappa}$，$\kappa$ 为导热系数，$F(\boldsymbol{r})$ 是热源密度分布．

(1) 试说明第一，第二，第三类边界条件在此问题中的物理意义；

(2) 试说明第二类边界条件存在的必要条件．

13.10 在真空区域 Ω 内，有稳定的电荷分布 $\rho(\boldsymbol{r})$，则在 Ω 中存在稳定的电势分布，电势 $u(\boldsymbol{r})$ 满足泊松方程

$$\nabla^2 u(\boldsymbol{r}) = -\frac{1}{\varepsilon_0}\rho(\boldsymbol{r})$$

其中 ε_0 为真空介电常量．若 Ω 的边界 $\partial\Omega$ 是一导体壳，当

(1) 导体壳接地；

(2) 导体壳不接地．

分别对这两种情况，说明第一类和第二类边界条件的物理意义．

第十四章　分离变量法

前面介绍了三类数学物理方程的定解问题,求解这些定解问题的方法有多种,分离变量法是常用的基本方法之一. 这一方法是由达朗贝尔和欧拉等人在18世纪中叶发展起来的一整套解偏微分方程定解问题的方法.

分离变量法的基本思路是把偏微分方程的定解问题化为常微分方程的定解问题. 对于可分离变量的情形,首先要把偏微分方程通过分离变量化为常微分方程,同时把边界条件也进行分离变量,使之与相应的常微分方程构成边值问题,对于齐次边界条件就会产生常微分方程的本征值和本征解即本征函数. 出现这样的解的构造,使人们可以利用此性质进一步去解决复杂的方程和边界条件的定解问题.

前面已经说过,坐标系的选取要依赖于所研究的物理系统的对称性,其中很重要的方面是取决于边界的几何形状的对称性,如果 Ω 是矩形或长方体的,则取直角坐标系;如果 Ω 是球形的,则取球坐标系;如果 Ω 为圆柱形的,则取柱坐标系等. 分离变量是按坐标系的变量来分离的,在直角坐标系下,各个坐标的度量系数都为1,故分离变量较简单,而球坐标和柱坐标的各变量的度量系数一般不相同,分离变量后出现的方程及边界条件较复杂一些,其解会形成各种特殊函数.

本章将在**直角坐标系下进行分离变量**,而曲线坐标系下的分离变量将在后面的章节中介绍.

下面先举一例介绍方程分离变量的基本思想和方法.

考察二维拉普拉斯方程,

$$u_{xx}+u_{yy}=0 \tag{14.0.1}$$

假定方程的解 $u(x,y)$ 具有如下的形式:

$$u(x,y)=X(x)Y(y) \tag{14.0.2}$$

即 $u(x,y)$ 是可分离变量的,它是 $X(x)$(只是变量 x 的函数)和 $Y(y)$(只是变量 y 的函数)的乘积. 把此形式的试探解代入原方程(14.0.1),得

$$X''Y+XY''=0$$

即

$$\frac{X''}{X}=-\frac{Y''}{Y} \tag{14.0.3}$$

其中 $X''=\dfrac{\mathrm{d}^2X}{\mathrm{d}x^2}$,$Y''=\dfrac{\mathrm{d}^2Y}{\mathrm{d}y^2}$. 可看出此方程的左端只是 x 的函数,而右端只是 y 的函数,若要两边相等,$\dfrac{X''}{X}$ 和 $\dfrac{Y''}{Y}$ 只能等于与 x 和 y 都无关的常数,且满足(14.0.3)式. 令此常数为 λ,故得

$$\frac{X''}{X} = -\lambda, \quad \frac{Y''}{Y} = \lambda$$

这样就把二维的拉普拉斯方程通过分离变量化为两个熟知的常微分方程

$$X''(x) + \lambda X(x) = 0 \qquad (14.0.4)$$

$$Y''(y) - \lambda Y(y) = 0 \qquad (14.0.5)$$

当然也可以取 $\dfrac{X''}{X} = \lambda, \dfrac{Y''}{Y} = -\lambda$, 则方程为

$$X''(x) - \lambda X(x) = 0 \qquad (14.0.6)$$

$$Y''(y) + \lambda Y(y) = 0 \qquad (14.0.7)$$

对 λ 的选取, 要看具体给定的边界条件而定, 要考虑如何构成本征值问题. 这一问题将在下面具体介绍. 这就是对方程进行分离变量的基本思路.

分离变量法是解三类方程定解问题的基本方法.

§14.1 __ 齐次方程齐次边界条件下的分离变量法

齐次方程齐次边界条件下的分离变量法, 是整个分离变量法中最基本的问题, 是一切用分离变量法解偏微分方程的基础. 当然, 在曲线坐标系下的分离变量法有时用的是齐次方程, 并以自然边界条件或周期性边界条件为基础, 这在后面会介绍.

下面将以不受外力的有界弦的振动为例来介绍这一基本方法.

一、方程的分离变量

例14.1.1 考虑长为 l 两端固定的弦的定解问题

$$\begin{cases} u_{tt} - a^2 u_{xx} = 0 & (0 < x < l, t > 0) & (14.1.1) \\ u(0,t) = u(l,t) = 0 & (t > 0) & (14.1.2) \\ u(x,0) = \varphi(x) & (0 < x < l) & (14.1.3) \\ u_t(x,0) = \nu(x) & (0 < x < l) & (14.1.4) \end{cases}$$

解: 用分离变量法, 设 $u(x,t)$ 可表示为

$$u(x,t) = X(x)T(t) \qquad (14.1.5)$$

代入方程 (14.1.1), 即可得

$$\frac{T''}{a^2 T} = \frac{X''}{X} \qquad (14.1.6)$$

此方程的左边为 t 的函数, 右边为 x 的函数, 它们在 $u(x,t)$ 的定义域 $(0 < x < l, t > 0)$ 上相等, 只能等于常数, 此常数记为 $-\lambda, \lambda \geqslant 0$, 即

$$T'' + a^2 \lambda T = 0 \qquad (14.1.7)$$

$$X'' + \lambda X = 0 \qquad (14.1.8)$$

注意: 若此常数改为 $+\lambda \geqslant 0$, 即可得 $X'' - \lambda X = 0$, 其解 $X = C_0 e^{\pm\sqrt{\lambda}x}$ 满足不了两端为零的边界条件.

齐次边界条件式(14.1.2)在分离变量下变为

$$X(0)T(t) = X(l)T(t) = 0 \qquad (14.1.9)$$

要求 $u(x,t) = X(x)T(t)$ 有非平凡解,即非零解,则要求 $T(t) \neq 0(t>0)$,故必有

$$X(0) = X(l) = 0 \qquad (14.1.10)$$

因此得到了 $X(x)$ 满足的常微分方程及其边界条件

$$\begin{cases} X'' + \lambda X = 0 \\ X(0) = X(l) = 0 \end{cases}$$

方程(14.1.8)的通解是大家所熟悉的

$$X(x) = C\sin\sqrt{\lambda}\,x + D\cos\sqrt{\lambda}\,x \qquad (14.1.11)$$

其中 C,D 为积分常数.

二、由边界条件定本征值和本征函数

由边界条件(14.1.10)可知,对于解的形式(14.1.1)式:

当 $X(0) = 0$ 时,由于 $\cos 0 = 1$,要求 $D = 0$,即 $X(x) = C\sin\sqrt{\lambda}\,x$.

当 $X(l) = 0$ 时,要使 $X(x) = C\sin\sqrt{\lambda}\,x$ 有非零解,要求 $C \neq 0$,只能 $\sin\sqrt{\lambda}\,l = 0$,即 $\sqrt{\lambda}\,l = n\pi$,因此 λ 只能取特定的值,称为**本征值**,故可得本征值

$$\lambda_n = \left(\frac{n\pi}{l}\right)^2, \quad n = 1, 2, \cdots \qquad (14.1.12)$$

注意,当 $n = 0$ 时,$\lambda_0 = 0$,得到 $X(x) = 0$ 是方程的零解,是平凡解,故一般取 $n \neq 0$.

对每个 λ_n,其相应的解 $X_n(x)$ 称为该本征值对应的本征函数,简称**本征函数**,

$$X_n(x) = C\sin\frac{n\pi}{l}x, \quad n = 1, 2, \cdots \qquad (14.1.13)$$

三、时间分量方程的求解及两端固定弦的本征频率

由于 λ 必须取特定的值 λ_n 才能满足边界条件,故在 $T(t)$ 满足的方程(14.1.7)中的 λ 也必须取(14.1.12)式中的 λ_n,而方程(14.1.7)的通解是

$$T = A\sin a\sqrt{\lambda}\,t + B\cos a\sqrt{\lambda}\,t$$

对于每一个 λ_n,有

$$T_n = A_n\sin a\frac{n\pi}{l}t + B_n\cos a\frac{n\pi}{l}t, \quad n = 1, 2, \cdots \qquad (14.1.14)$$

A_n, B_n 为积分常数. 若令 $\omega_n = \frac{an\pi}{l}$,称为**本征频率**,则上式可写成

$$T_n = A_n\sin\omega_n t + B_n\cos\omega_n t, \quad n = 1, 2, \cdots \qquad (14.1.15)$$

四、方程的本征解及方程解的形式

对每一个本征值 λ_n,有本征解 u_n,

$$u_n(x,t)=(A_n\sin\omega_n t+B_n\cos\omega_n t)\sin\frac{n\pi}{l}x,\quad n=1,2,\cdots \tag{14.1.16}$$

其中积分常数 C_n 吸收到 A_n 和 B_n 中.

这无穷多个 u_n 都是满足方程(14.1.1)及边界条件(14.1.2)的不同的解,由线性微分方程**解的线性叠加原理**,这一定解问题的解为

$$
\begin{aligned}
u(x,t)&=\sum_{n=1}^{\infty}u_n(x,t)\\
&=\sum_{n=1}^{\infty}(A_n\sin\omega_n t+B_n\cos\omega_n t)\sin\frac{n\pi}{l}x,\quad n=1,2,\cdots
\end{aligned}
\tag{14.1.17}
$$

而叠加系数 A_n 和 B_n 要由初始条件来定. 注意到 $\left\{\sin\dfrac{n\pi}{l}x,n=1,2,3,\cdots\right\}$ 在定义域 $[0,l]$ 上是个完备的正交函数系,有

$$\frac{2}{l}\int_0^l\sin\frac{n\pi x}{l}\sin\frac{k\pi x}{l}\mathrm{d}x=\delta_{nk}$$

这组完备的正交函数系可张成一个希尔伯特空间,构成这个空间一组自然的基矢. 由于初始条件中的 $\varphi(x)$ 和 $\nu(x)$ 都是定义在 $[0,l]$ 上的函数,故可在此完备的正交函数系 $\{X_n(x)\}$ 上,即在此希尔伯特空间中作广义傅里叶展开,

$$\varphi(x)=\sum_{n=1}^{\infty}\varphi_n\sin\frac{n\pi}{l}x \tag{14.1.18}$$

$$\nu(x)=\sum_{n=1}^{\infty}\nu_n\sin\frac{n\pi}{l}x \tag{14.1.19}$$

其展开系数为

$$\varphi_n=\frac{2}{l}\int_0^l\varphi(x)\sin\frac{n\pi}{l}x\mathrm{d}x \tag{14.1.20}$$

$$\nu_n=\frac{2}{l}\int_0^l\nu(x)\sin\frac{n\pi}{l}x\mathrm{d}x \tag{14.1.21}$$

而由定解问题的初始条件 $u(x,0)=\varphi(x)$,$u_t(x,0)=\nu(x)$,可知

$$\varphi(x)=u(x,0)=\sum_{n=1}^{\infty}B_n\sin\frac{n\pi}{l}x \tag{14.1.22}$$

$$\nu(x)=u_t(x,0)=\sum_{n=1}^{\infty}\frac{an\pi}{l}A_n\sin\frac{n\pi}{l}x \tag{14.1.23}$$

比较(14.1.18)式和(14.1.22)式,(14.1.19)式和(14.1.23)式,再结合(14.1.20)式及(14.1.21)式,可得到

$$B_n=\varphi_n=\frac{2}{l}\int_0^l\varphi(x)\sin\frac{n\pi}{l}x\mathrm{d}x \tag{14.1.24}$$

$$A_n=\frac{l}{an\pi}\nu_n=\frac{2}{an\pi}\int_0^l\nu(x)\sin\frac{n\pi}{l}x\mathrm{d}x \tag{14.1.25}$$

把 A_n 和 B_n 的表达式代入解 $u(x,t)$ 的表达式(14.1.17),就得到了没有外力 F 作用

的、两端固定的长为 l 的有界弦的振动定解问题的解.

五、解的物理意义

下面讨论这一解的物理意义,对应每一本征值 λ_n 的本征解式(14.1.16)

$$u_n(x,t)=\left(A_n\sin\frac{an\pi}{l}t+B_n\cos\frac{an\pi}{l}t\right)\sin\frac{n\pi}{l}x$$

把它改写成

$$u_n(x,t)=C_n\sin\frac{n\pi}{l}x\cdot\sin(\omega_n t+\delta_n) \tag{14.1.26}$$

本征解 $u_n(x,t)$ 表示弦的第 n 个振动模式,其中

$$C_n=\sqrt{A_n^2+B_n^2},\qquad \delta_n=\arctan\frac{B_n}{A_n},\qquad \omega_n=\frac{n\pi a}{l} \tag{14.1.27}$$

ω_n 称为这种第 n 个振动模式的频率,δ_n 为这一振动模式的初相位.对于 $u_n(x,t)$ 中弦上的任一给定点 x,它作谐振动的振幅为

$$a_n(x)=\left|C_n\sin\frac{n\pi}{l}x\right| \tag{14.1.28}$$

由此可看出振幅 $a_n(x)$ 与 x 点有关:

当 $x=0,\dfrac{l}{n},\cdots,\dfrac{n-1}{n}l,l$ 时,振幅 $a_n=0$,即弦上的这些点是不振动的.

当 $x=\dfrac{l}{2n},\dfrac{3l}{2n},\cdots,\dfrac{2n-1}{2n}l$ 时,振幅 $a_n=C_n=\sqrt{A_n^2+B_n^2}$,达到最大值,具体数值与 A_n,B_n 有关,它由初始条件确定,即由(14.1.24)式和(14.1.25)式确定.不管 n 取何值,每个 λ_n 所对应的 $u_n(x,t)$ 都有以上的结果,即这一定解问题的解中的每一种振动模式 $u_n(x,t)$,都是以这种运动形式出现的,这是**驻波**的形式.在 $a_n=0$ 点称为**波节**,在 $a_n=C_n$ 的点称为**波腹**.当 $n=1$ 时,$u_1(x,t)$ 称为这种弦振动的基波,基波只有 $x=0,l$ 这两个端点的振幅 $a_1=0$,故基波没有波节,而波腹在 $x=\dfrac{l}{2}$ 处.当 $n>1$ 时,解 $u_n(x,t)$ 叫作这种弦振动的 n 次谐波,由上面的分析可知,n 次谐波是有 $n-1$ 个波节,有 n 个波腹的驻波.

六、波动方程在不同边界条件下求解举例

例14.1.2 弦的两端都是第二类齐次边界条件:

$$\begin{cases} u_{tt}-a^2 u_{xx}=0 \\ u_x(0,t)=u_x(l,t)=0 \\ u(x,0)=\varphi(x) \\ u_t(x,0)=v(x) \end{cases}$$

解:令 $u(x,t)=X(x)T(t)$,则

$$\frac{T''}{a^2 T} = \frac{X''}{X} = -\lambda$$

得到

$$T'' + a^2 \lambda T = 0, \quad X'' + \lambda X = 0$$

由原方程的边条件可以得到 $X(x)$ 满足的边界条件:

$$u_x(0,t) = 0 \Leftrightarrow X'(0) = 0, \quad u_x(l,t) = 0 \Leftrightarrow X'(l) = 0$$

关于 $X(x)$ 的方程:

$$X'' + \lambda X = 0$$

通解为

$$X = C \sin \sqrt{\lambda} x + D \cos \sqrt{\lambda} x$$

因此

$$X' = C \sqrt{\lambda} \cos \sqrt{\lambda} x - D \sqrt{\lambda} \sin \sqrt{\lambda} x$$

由边界条件

$X'(0) = 0 \Rightarrow C = 0$, 则 $D \neq 0$, 故

$$X = D \cos \sqrt{\lambda} x$$

再由 $X'(l) = 0$, 得到

$$\sin \sqrt{\lambda} l = 0 \Rightarrow \sqrt{\lambda_n} l = n\pi$$

即可得到本征值

$$\lambda_n = \left(\frac{n\pi}{l} \right)^2, \quad n = 0, 1, 2, \cdots$$

注: $n = 0$ 时, $X \sim D \cos \dfrac{n\pi}{l} x \sim D$ 是非零解(常数).

$T(t)$ 的方程:对于 $\lambda_n = \left(\dfrac{n\pi}{l} \right)^2$ 的方程,

$$T_n'' + a^2 \left(\frac{n\pi}{l} \right)^2 T_n = 0$$

有

$$\omega_n = \frac{n\pi a}{l}, \quad T_n = A_n \sin \omega_n t + B_n \cos \omega_n t, \quad n = 1, 2, \cdots$$

注意到当 $n = 0$ 时, $\omega_0 = 0$, $T_0''(t) = 0$, $T_0(t) = A_0 t + B_0$, 是非振荡解,而且 $n = 0$ 时, $\cos \dfrac{n\pi}{l} x = 1$.

因此方程解的形式为

$$u(x,t) = A_0 t + B_0 + \sum_{n=1}^{\infty} (A_n \sin \omega_n t + B_n \cos \omega_n t) \cos \frac{n\pi}{l} x$$

常数 A_0、B_0、A_n、B_n 由初始条件定(留给读者练习).

例14.1.3 弦的两个端点,一端是第一类齐次边界条件,另一端是第二类齐次边界条件.

$$\begin{cases} u_{tt} - a^2 u_{xx} = 0 \\ u(0,t) = 0, u_x(l,t) = 0 \\ u(x,0) = \varphi(x) \\ u_t(x,0) = v(x) \end{cases}$$

解:令 $u(x,t) = X(x) T(x)$,则

$$T'' + a^2 \lambda T = 0, \quad X'' + \lambda X = 0$$

得到

$$X = C\sin\sqrt{\lambda}\,x + D\cos\sqrt{\lambda}\,x$$

$$X(0) = 0 \Rightarrow D = 0 \Rightarrow X = C\sin\sqrt{\lambda}\,x$$

$$X'(l) = 0 \Rightarrow \cos\sqrt{\lambda}\,l = 0 \Rightarrow \sqrt{\lambda}\,l = \left(n + \frac{1}{2}\right)\pi$$

$$\lambda_n = \frac{\left(n + \dfrac{1}{2}\right)^2 \pi^2}{l^2}$$

$$X_n = C\sin\frac{\left(n + \dfrac{1}{2}\right)\pi}{l}x, \quad n = 0, 1, 2, \cdots$$

得到了该定解问题的本征值和本征函数.

将 $\lambda = \lambda_n$ 代入关于 $T(t)$ 的常微分方程中,可得其解为

$$T_n(t) = A_n\cos\frac{n + \dfrac{1}{2}}{l}\pi at + B_n\sin\frac{n + \dfrac{1}{2}}{l}\pi at, \quad n = 0, 1, 2, \cdots$$

由叠加原理,所求定解问题的形式解为

$$u(x,t) = \sum_{n=0}^{\infty}\sin\frac{n + \dfrac{1}{2}}{l}x\left[A_n\cos\frac{n + \dfrac{1}{2}}{l}\pi at + B_n\sin\frac{n + \dfrac{1}{2}}{l}\pi at\right]$$

由初始条件及傅里叶级数展开,可得

$$A_n = \frac{2}{l}\int_0^l \varphi(\zeta)\sin\frac{n + \dfrac{1}{2}}{l}\pi\zeta\,\mathrm{d}\zeta$$

$$B_n = \frac{2}{\left(n + \dfrac{1}{2}\right)\pi a}\int_0^l \nu(\zeta)\cos\frac{n + \dfrac{1}{2}}{l}\pi\zeta\,\mathrm{d}\zeta$$

§14.2 施图姆-刘维尔本征值问题

从上一节的讨论中看到,两端固定的弦的齐次方程的定解问题,在方程的分离变量中会得到带参数 λ 的常微分方程,并且与分离变量后的齐次边界条件构成本征值问题,解得一系列本征值 λ_n 及其所对应的本征函数 X_n. 这些本征函数构成一个本征函数系 $\{X_n\}$,这个本征函数系可张成一个希尔伯特空间,而初始条件中的函数 $\varphi(x), \nu(x)$ 都在这一本征函数系上进行展开,最后给出定解问题的解.

那么对于波动方程、输运方程和泊松方程相应的齐次方程和齐次边界条件的定解问题,是否可沿用同一思路同一模式来解决,其理论依据是什么? 回答是肯定的,这就是施图姆-刘维尔(Sturm-Liouville)本征值问题.

一、施图姆-刘维尔本征值问题(简称 S-L 本征值问题)

施图姆-刘维尔本征值问题是一种特定的本征值问题,是含有参数 λ 的特定二阶

常微分方程,即施图姆-刘维尔方程在特定边界条件下所构成的本征值问题.

具有如下形式带参数 λ 的二阶常微分方程称为**施图姆-刘维尔方程**(简写成 S-L 方程)

$$\frac{\mathrm{d}}{\mathrm{d}x}[k(x)y'(x)] - q(x)y(x) + \lambda\rho(x)y(x) = 0 \qquad (14.2.1)$$

其中 $k(x) \neq 0$,如果 $k(x) = 0$ 就不是微分方程.

注:上式中 x 是变量参数,也可以是其他变量参数,如 r、ρ、θ、φ 等.

由(14.2.1)式,得到

$$ky'' + k'y' - qy + \lambda\rho y = 0$$

$$y'' + \frac{k'}{k}y' - \frac{q}{k}y + \lambda\frac{\rho}{k}y = 0$$

可定义,$p_0(x) = \frac{k'}{k}$,$q_0 = \frac{q}{k}$,$\rho_0 = \frac{\rho}{k}$,得到一般带参数 λ 的二阶常微分方程

$$y''(x) + p_0(x)y'(x) - q_0(x)y(x) + \lambda\rho_0(x)y(x) = 0 \qquad (14.2.2)$$

其中 λ 称为本征参数,函数 $\rho_0(x)$ 称为权重函数. 此方程也称为 S-L 方程.

方程式(14.2.2)可以通过两边乘以函数 $k(x) = \exp\left[\int p_0(x)\,\mathrm{d}x\right]$ 将其写成 (14.2.1)式的 S-L 方程的形式.

若把 S-L 方程写成算子形式,定义线性算子

$$L = -\frac{\mathrm{d}}{\mathrm{d}x}\left[k(x)\frac{\mathrm{d}}{\mathrm{d}x}\right] + q(x) \qquad (14.2.3)$$

则 S-L 方程式(14.2.1)可写成

$$Ly(x) = \lambda\rho(x)y(x) \qquad (14.2.4)$$

此形式为算子 L 的本征方程,λ 和 $\rho(x)$ 的意义就一目了然了.

二、S-L 方程与三类齐次边界条件、周期性边界条件和自然边界条件构成的本征值问题

上一节中对弦的振动方程分离变量后得到的方程 $X'' + \lambda X = 0$,即 $k(x) = 1$,$q(x) = 0$,$\rho(x) = 1$ 的 S-L 方程,其算子方程的形式为

$$LX(x) = \lambda X(x) \qquad (14.2.5)$$

其中 $L = -\frac{\mathrm{d}^2}{\mathrm{d}x^2}$,最后求得的是算子 L 在边界条件 $X(0) = 0$ 和 $X(l) = 0$ 下的本征值 λ_n 及本征函数 $X_n(x)$.

在本节中,我们不能给出 S-L 本征值问题的严格证明,但就此问题的几个主要方面予以讨论.

对 S-L 方程及在一定的边界条件(B.C. 为边界条件的简写)下,

$$\begin{cases} \dfrac{\mathrm{d}}{\mathrm{d}x}\big[k(x)y'(x)\big]-q(x)y(x)+\lambda\rho(x)y(x)=0, & a\leqslant x\leqslant b \\[2mm] \mathrm{B.C.}\quad (x=a,x=b) \end{cases} \tag{14.2.6}$$

构成的本征值问题,即要求出本征值 λ_n,及其对应的本征解 $y_n(x)$.其中 B.C.($x=a$, $x=b$)表示 $x=a$ 和 $x=b$ 的边界条件.

为了讨论方便,对方程进行限制,在 S-L 方程中,取 $k(x)\geqslant0,q(x)\geqslant0,\rho(x)>0$,这些条件是所讨论的物理问题中三类方程分离变量后得到的二阶常微分方程所满足的.讨论 S-L 本征值问题,主要要知道在什么样的边界条件下具有本征值,这些本征值和相应的本征函数又具有什么主要的性质.对边界条件,限制在如下三种边界条件下:

(1)三类齐次边界条件,即在 $x=a$,$x=b$ 的边界点上,有

$$\big[\alpha_1 y-\beta_1 y'\big]_{x=a}=0 \tag{14.2.7}$$

$$\big[\alpha_2 y+\beta_2 y'\big]_{x=b}=0 \tag{14.2.8}$$

其中 $\alpha_{1,2},\beta_{1,2}\geqslant0$,当 $\beta_{1,2}=0$ 时,为第一类齐次边界条件;当 $\alpha_{1,2}=0$ 时,为第二类齐次边界条件;当 α,β 都不为零时,为第三类齐次边界条件.(14.2.7)式中 y' 项前的"$-$"号是由于在 $x=a$ 边界点的外法向 n 与 $\mathrm{d}x$ 的正向相反,即 $\dfrac{\mathrm{d}y}{\mathrm{d}n}=-\dfrac{\mathrm{d}y}{\mathrm{d}x}$.

(2)当 $k(a)=k(b)=0$ 时,称为**自然边界条件**,它与 $y(a)\neq\infty$,$y(b)\neq\infty$ 等价.

注:此条件是和微分方程 $y''+p_0(x)y'-q_0(x)y+\lambda\rho_0(x)y=0$ 中 $p_0(x)=\dfrac{k'(x)}{k(x)}$ 的微分方程的定理有关(此微分方程的定理将在第十五章中介绍),当在边界点 $k(x)=0$ 时,$p_0(x)$ 为一阶极点,$q_0(x)$ 为二阶极点,均发散,要求包括边界点在内的区间上 $|y(x)|<\infty$.

(3)周期性边界条件:当 $k(a)=k(b)$ 且 $y(a)=y(b)$,$y'(a)=y'(b)$.

三、S-L 本征值问题

1. 命题 14.2.1:在三类齐次边界条件、自然边界条件和周期边界条件下,S-L 本征值问题具有无穷多个非负的本征值,所有本征值组成一个单调递增以无穷远点为凝聚点的序列,

$$0\leqslant\lambda_1<\lambda_2<\cdots<\lambda_n<\cdots,\qquad \lim_{n\to\infty}\lambda_n=\infty \tag{14.2.9}$$

在这里只证明本征值的非负性.

证:设本征值 λ_n 所对应的本征函数为 $y_n(x)$,则

$$\frac{\mathrm{d}}{\mathrm{d}x}\big[ky'_n\big]-qy_n+\lambda_n\rho y_n=0 \tag{14.2.10}$$

以 y_n^* 乘以上式两边,并对 x 积分,有

$$\begin{aligned} \lambda_n\int_a^b\rho\,|y_n|^2\mathrm{d}x &=\int_a^b q\,|y_n|^2\mathrm{d}x-\int_a^b y_n^*\frac{\mathrm{d}}{\mathrm{d}x}\big[ky'_n\big]\mathrm{d}x \\[2mm] &=\int_a^b q\,|y_n|^2\mathrm{d}x-\big[ky_n^*y'_n\big]_{x=b}+ \\[2mm] &\quad\big[ky_n^*y'_n\big]_{x=a}+\int_a^b k\,|y'_n|^2\mathrm{d}x \end{aligned} \tag{14.2.11}$$

由 $k(x) \geqslant 0, q(x) \geqslant 0, \rho(x) > 0, |y_n|^2 \geqslant 0, |y_n'|^2 \geqslant 0$,故可得

$$\lambda_n \int_a^b \rho |y_n|^2 \mathrm{d}x \geqslant k(a) y_n^*(a) y_n'(a) - k(b) y_n^*(b) y_n'(b) \qquad (14.2.12)$$

分几种情况讨论上式的右边:

第一种情况:在第一、第二类齐次边界条件下等式右端显然为零,在第三类边界条件下,由(14.2.7)式、(14.2.8)式可解得 $y_n'(a) = \dfrac{\alpha_1}{\beta_1} y_n(a)$,$y_n'(b) = -\dfrac{\alpha_2}{\beta_2} y_n(b)$,代入(14.2.12)式右边得

$$k(a) \frac{\alpha_1}{\beta_1} |y_n(a)|^2 + k(b) \frac{\alpha_2}{\beta_2} |y_n(b)|^2 \geqslant 0$$

故可得在第一、第二、第三类齐次边界条件下,有

$$\lambda_n \int_a^b \rho |y_n|^2 \mathrm{d}x \geqslant 0$$

即可推出 $\lambda_n \geqslant 0$.

第二种情况:在自然边界条件下,$k(a) = k(b) = 0$,亦可从(14.2.12)式得

$$\lambda_n \int_a^b \rho |y_n|^2 \mathrm{d}x \geqslant 0$$

即 $\lambda_n \geqslant 0$.

第三种情况:在周期边界条件下,$k(a) = k(b)$,$y(a) = y(b)$,$y'(a) = y'(b)$,同理可得 $\lambda_n \geqslant 0$.

证毕.

2. S–L 本征值问题的本征函数的正交性

命题 14.2.2:**本征函数的正交性**:如上在 S–L 方程形式的限制下和三种边界条件下,S–L 方程存在本征解,即对应每一个本征值 λ_n,有本征函数 $y_n(x)$,则所有的本征解 $\{y_n(x)\}$ 构成一个正交的函数系.

证:设 S–L 本征值问题中,λ_n 和 λ_m 为不同的本征值,其对应的本征函数为 $y_n(x)$ 和 $y_m(x)$,分别满足方程

$$\frac{\mathrm{d}}{\mathrm{d}x} [ky_n'] - qy_n + \lambda_n \rho y_n = 0 \qquad (14.2.13)$$

$$\frac{\mathrm{d}}{\mathrm{d}x} [ky_m'] - qy_m + \lambda_m \rho y_m = 0 \qquad (14.2.14)$$

由 $y_m \times$(14.2.13)式$- y_n \times$(14.2.14)式可得

$$y_m \frac{\mathrm{d}}{\mathrm{d}x} [ky_n'] - y_n \frac{\mathrm{d}}{\mathrm{d}x} [ky_m'] + (\lambda_n - \lambda_m) \rho y_m y_n = 0 \qquad (14.2.15)$$

上式两边对 x 进行积分,积分限从 a 到 b,有

$$\int_a^b \left\{ y_m \frac{\mathrm{d}}{\mathrm{d}x} [ky_n'] - y_n \frac{\mathrm{d}}{\mathrm{d}x} [ky_m'] \right\} \mathrm{d}x + (\lambda_n - \lambda_m) \int_a^b \rho y_m y_n \mathrm{d}x$$

$$= \int_a^b \frac{\mathrm{d}}{\mathrm{d}x} [ky_m y_n' - ky_n y_m'] \mathrm{d}x + (\lambda_n - \lambda_m) \int_a^b \rho y_m y_n \mathrm{d}x$$

$$= \left[k y_m y_n' - k y_n y_m' \right]_{x=b} - \left[k y_m y_n' - k y_n y_m' \right]_{x=a} +$$

$$(\lambda_n - \lambda_m) \int_a^b \rho y_m y_n \mathrm{d}x$$

$$= 0 \tag{14.2.16}$$

从上式可看出,对第一、第二类齐次边界条件,即 $y(x)\big|_{x=a,b}=0$, $y'(x)\big|_{x=a,b}=0$ 时,立即可得

$$(\lambda_n - \lambda_m) \int_a^b \rho y_m y_n \mathrm{d}x = 0$$

由于 $\lambda_n \neq \lambda_m$,故

$$\int_a^b \rho y_m y_n \mathrm{d}x = 0 \tag{14.2.17}$$

即 $y_n(x)$, $y_m(x)$ 是以权重 $\rho(x)$ 在区间 $[a,b]$ 上正交的.

对第三类齐次边界条件,把 (14.2.16) 式中第二个等号右边的第一、第二项稍加变形:

$$\left[k y_m y_n' - k y_n y_m' \right]_{x=b}$$

$$= \left[\frac{k}{\alpha_2} (\alpha_2 y_m y_n' + \beta_2 y_m' y_n' - \beta_2 y_m' y_n' - \alpha_2 y_n y_m') \right]_{x=b} \tag{14.2.18}$$

$$= \left[\frac{k}{\alpha_2} y_n' (\alpha_2 y_m + \beta_2 y_m') - \frac{k}{\alpha_2} y_m' (\alpha_2 y_n + \beta_2 y_n') \right]_{x=b}$$

和

$$\left[k y_m y_n' - k y_n y_m' \right]_{x=a}$$

$$= \left[\frac{k}{\alpha_1} (\alpha_1 y_m y_n' - \beta_1 y_m' y_n' + \beta_1 y_m' y_n' - \alpha_1 y_n y_m') \right]_{x=a} \tag{14.2.19}$$

$$= \left[\frac{k}{\alpha_1} y_n' (\alpha_1 y_m - \beta_1 y_m') - \frac{k}{\alpha_1} y_m' (\alpha_1 y_n - \beta_1 y_n') \right]_{x=a}$$

由上两式可以看出,在第三类齐次边界条件下,由 (14.2.16) 式仍可得到 y_m 与 y_n 正交的结论,即

$$\int_a^b \rho y_n y_m \mathrm{d}x = 0$$

当 $k(a) = k(b) = 0$ 为自然边界条件时,由 (14.2.16) 式即可得出

$$\int_a^b \rho y_n y_m \mathrm{d}x = 0$$

即 y_m 与 y_n 正交.

当边界条件满足周期性边界条件时,即 $k(a) = k(b)$, $y(a) = y(b)$, $y'(a) = y'(b)$ 时,(14.2.16) 式中右边的第一项与第二项完全抵消,同样可以得到

$$\int_a^b \rho y_n y_m \mathrm{d}x = 0$$

即 y_m 与 y_n 正交的结论成立.

由此得到了在三种边界条件下、在周期边界条件下或自然边界条件下,S-L 问题

有本征解,且本征函数构成正交函数系的结论.

3. S-L 本征值问题小结

S-L 本征方程,在三类齐次边界条件、自然边界条件或周期性边界条件下,有本征值 $0 \leqslant \lambda_1 < \lambda_2 < \cdots < \lambda_n$, $\lim\limits_{n \to \infty} \lambda_n \to \infty$,相应的本征函数构成一个完备的正交函数族 $\{y_n\}$,用 $\{y_n\}$ 为基矢可张成一个希尔伯特空间,此希尔伯特空间是个函数空间,此空间中的元素(即有相同定义域、满足相同边界条件、同时满足狄利克雷条件的函数)可在此完备正交基上展开.

注:后面介绍的由 S-L 本征值问题所构成的各种特殊函数都可以构成希尔伯特空间的基矢,张成不同的希尔伯特空间,在本书中就不再具体说明.

四、本征函数系上的广义傅里叶展开

S-L 本征值问题中的本征函数 $y_n(x)$ 构成一个完备的正交函数系 $\{y_n(x)\}$ 张成一个希尔伯特空间,任何一个定义在 $x \in [a,b]$ 上满足相同边界条件并满足狄利克雷条件的函数 $f(x)$,都可以在函数系 $\{y_n(x)\}$ 上、即此希尔伯特空间中作广义的傅里叶展开,

$$f(x) = \sum_{n=1}^{\infty} C_n y_n(x) \tag{14.2.20}$$

展开系数为

$$C_n = \frac{1}{\int_a^b |y_n(x)|^2 \rho(x) \, \mathrm{d}x} \cdot \int_a^b f(x) \rho(x) y_n^*(x) \, \mathrm{d}x \tag{14.2.21}$$

此展开式为以 $\{y_n(x)\}$ 为基的广义傅里叶级数.

S-L 本征值问题是整个二阶偏微分方程分离变量解法的理论基础. 从上一节两端固定弦的齐次方程的定解问题的解法中可清晰地看出这一重要性. 有了 S-L 本征值问题的结论,才能把复杂的数学物理方程的定解问题化为可求解的 S-L 本征值问题来处理.

为了加深对 S-L 本征值问题的理解,再举一个弦的齐次方程第三类齐次边界条件的定解问题的例子.

例 14.2.1 定义在 $x \in [0, l]$ 上的,长为 l 的,两端满足第三类齐次边界条件的弦的齐次方程的定解问题:

$$\begin{cases} u_{tt} - a^2 u_{xx} = 0, & 0 < x < l \\ u(0,t) - h u_x(0,t) = 0, & h > 0 \\ u(l,t) + h u_x(l,t) = 0 \\ u(x,0) = \varphi(x) \\ u_t(x,0) = \nu(x) \end{cases} \tag{14.2.22}$$

解: 设 $u(x,t)$ 为 $u(x,t) = X(x)T(t)$,代入方程和边界条件可得

$$T'' + a^2 \lambda T = 0 \qquad (14.2.23)$$

$$X'' + \lambda X = 0 \qquad (14.2.24)$$

及

$$\begin{cases} X(0) - hX'(0) = 0 \\ X(l) + hX'(l) = 0 \end{cases} \qquad (14.2.25)$$

方程(14.2.24)及边界条件(14.2.25),当 $\lambda > 0$ 时,构成了 S-L 本征值问题.(如果假设 $\lambda < 0$ 和 $\lambda = 0$,由方程得到的解在此边界条件下没有非零解,读者可以自己做练习.)

方程(14.2.24)的解为

$$X(x) = C\cos\sqrt{\lambda}\,x + D\sin\sqrt{\lambda}\,x \qquad (14.2.26)$$

有

$$X'(x) = -\sqrt{\lambda}\,C\sin\sqrt{\lambda}\,x + \sqrt{\lambda}\,D\cos\sqrt{\lambda}\,x \qquad (14.2.27)$$

代入边界条件(14.2.25)可得

$$\begin{cases} C - h\sqrt{\lambda}\,D = 0 \\ (\cos\sqrt{\lambda}\,l - h\sqrt{\lambda}\,\sin\sqrt{\lambda}\,l)C + (\sin\sqrt{\lambda}\,l + h\sqrt{\lambda}\,\cos\sqrt{\lambda}\,l)D = 0 \end{cases} \qquad (14.2.28)$$

此为未知数 C,D 的方程组,要 C,D 有非零解,其系数矩阵的行列式为 0,即

$$\begin{vmatrix} 1 & -h\sqrt{\lambda} \\ \cos\sqrt{\lambda}\,l - h\sqrt{\lambda}\,\sin\sqrt{\lambda}\,l & \sin\sqrt{\lambda}\,l + h\sqrt{\lambda}\,\cos\sqrt{\lambda}\,l \end{vmatrix} = 0$$

可得

$$\cot\sqrt{\lambda}\,l = \frac{h^2\lambda - 1}{2h\sqrt{\lambda}} \qquad (14.2.29)$$

此方程式为确定本征值 λ_n 的超越方程,它没有 λ_n 的解析表达式,一般用数值解或用作图法解. 令

$$\begin{cases} \eta = \cot\mu, \quad \mu = \sqrt{\lambda}\,l \\ \eta = \dfrac{1}{2}\left(\dfrac{h\mu}{l} - \dfrac{l}{h\mu}\right) \end{cases} \qquad (14.2.30)$$

由作图解法可看出在 η-μ 图上(图 14.2.1)$\cot\mu$ 与 $\dfrac{1}{2}\left(\dfrac{h\mu}{l} - \dfrac{l}{h\mu}\right)$ 的交点为 $\mu_1, \mu_2, \cdots$,有无穷多个交点并以 ∞ 为凝聚点,即本征值 λ_n 为

$$\sqrt{\lambda_n} = \frac{1}{l}\mu_n$$

$$\lambda_n = \left(\frac{1}{l}\mu_n\right)^2 \qquad (14.2.31)$$

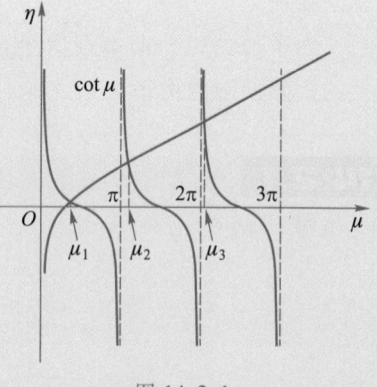

图 14.2.1

λ_n 的具体数值由(14.2.31)式给出,μ_n 是由(14.2.30)式的数值解得到的. 这样就得到了 λ_n 序列,它是个正数的本征值序列,这是 S-L 本征值问题的结果.

现在这类 S-L 方程本征值问题的解法,可直接用计算机的数值求解得到.

由(14.2.28)式可得

$$C_n = h\sqrt{\lambda_n}\,D_n \qquad (14.2.32)$$

则可得对应本征值 λ_n 的本征函数为

$$X_n(x) = D_n(\sin\sqrt{\lambda_n}\,x + h\sqrt{\lambda_n}\cos\sqrt{\lambda_n}\,x) \qquad (14.2.33)$$

相应的 $T_n(t)$ 的解为

$$T_n(t) = A_n\cos\sqrt{\lambda_n}\,at + B_n\sin\sqrt{\lambda_n}\,at \qquad (14.2.34)$$

D_n 吸收到 A_n、B_n 中,可得弦的第 n 个振动模式的解为

$$u_n(x,t) = (A_n\cos\sqrt{\lambda_n}\,at + B_n\sin\sqrt{\lambda_n}\,at)(\sin\sqrt{\lambda_n}\,x + h\sqrt{\lambda_n}\cos\sqrt{\lambda_n}\,x) \qquad (14.2.35)$$

其中 A_n、B_n 为待定系数,它们将由初始条件确定,而 (14.2.33) 式的积分常数 D_n 可吸收到待定系数 A_n、B_n 中. 方程解的形式可写成

$$u(x,t) = \sum_{n=1}^{\infty} u_n(x,t) \qquad (14.2.36)$$

由初始条件可得

$$\sum_{n=1}^{\infty} A_n(\sin\sqrt{\lambda_n}\,x + h\sqrt{\lambda_n}\cos\sqrt{\lambda_n}\,x) = \varphi(x)$$

即

$$\sum_{n=1}^{\infty} A_n X_n = \varphi(x) \qquad (14.2.37)$$

和

$$\sum_{n=1}^{\infty} B_n\sqrt{\lambda_n}\,a(\sin\sqrt{\lambda_n}\,x + h\sqrt{\lambda_n}\cos\sqrt{\lambda_n}\,x) = \nu(x)$$

即

$$\sum_{n=1}^{\infty} B_n\sqrt{\lambda_n}\,a X_n = \nu(x) \qquad (14.2.38)$$

由于 $\{X_n(x)\}$ 是一个正交完备的函数系,$\varphi(x)$ 和 $\nu(x)$ 可在 $\{X_n(x)\}$ 中展开

$$\varphi(x) = \sum_{n=1}^{\infty} \varphi_n X_n(x) \qquad (14.2.39)$$

其中

$$\varphi_n = \frac{\displaystyle\int_0^l \varphi(\zeta)(\sin\sqrt{\lambda_n}\,\zeta + h\sqrt{\lambda_n}\cos\sqrt{\lambda_n}\,\zeta)\,\mathrm{d}\zeta}{\displaystyle\int_0^l (\sin\sqrt{\lambda_n}\,\zeta + h\sqrt{\lambda_n}\cos\sqrt{\lambda_n}\,\zeta)^2\,\mathrm{d}\zeta}$$

$$= \frac{1}{\dfrac{l}{2}(1+h^2\lambda_n)+h}\int_0^l \varphi(\zeta)(\sin\sqrt{\lambda_n}\,\zeta + h\sqrt{\lambda_n}\cos\sqrt{\lambda_n}\,\zeta)\,\mathrm{d}\zeta \qquad (14.2.40)$$

和

$$\nu(x) = \sum_{n=1}^{\infty} \nu_n X_n(x) \qquad (14.2.41)$$

其中

$$\nu_n = \frac{1}{\dfrac{l}{2}(1+h^2\lambda_n)+h}\int_0^l \nu(\zeta)(\sin\sqrt{\lambda_n}\,\zeta + h\sqrt{\lambda_n}\cos\sqrt{\lambda_n}\,\zeta)\,\mathrm{d}\zeta \qquad (14.2.42)$$

以上四式与 (14.2.37) 式及 (14.2.38) 式比较,有

$$\begin{cases} A_n = \varphi_n \\ B_n = \dfrac{1}{\sqrt{\lambda_n}\, a} \nu_n \end{cases} \qquad (14.2.43)$$

至此我们把所有的待定系数都已求出，代入 $u(x,t)$ 的表达式，即得到第三类齐次边界条件的弦的自由振动定解问题的解.

从上面可以看出，由于有 S-L 本征值问题的保证，即使不能求出 λ_n 的解析表达式，而利用 S-L 本征值问题中的主要结论，可以放心去求解复杂的数学物理方程中的定解问题.

下面再举一个稍复杂的二维振动的例子讨论 S-L 本征值问题.

例14.2.2 求解四边固定，边长分别为 l 和 d 的矩形薄膜的本征振动（即求本征振动频率和本征振动函数）.

解：由于求本征振动，不必给出初始条件，方程和边界条件如下：

$$\begin{cases} \dfrac{\partial^2 u}{\partial t^2} - a^2 \left(\dfrac{\partial^2 u}{\partial x^2} + \dfrac{\partial^2 u}{\partial y^2} \right) = 0 & (14.2.44) \\[2mm] u \big|_{x=0} = u \big|_{x=l} = 0 & (14.2.45) \\[2mm] u \big|_{y=0} = u \big|_{y=d} = 0 & (14.2.46) \end{cases}$$

设 $u(x,y,t)$ 可分离变量，

$$u(x,y,t) = U(x,y) T(t) \qquad (14.2.47)$$

代入方程(14.2.44)可得

$$\frac{T''}{a^2 T} = \frac{1}{U} \left(\frac{\partial^2 U}{\partial x^2} + \frac{\partial^2 U}{\partial y^2} \right) = -\lambda, \quad \lambda > 0$$

即可得

$$T'' + \lambda a^2 T = 0 \qquad (14.2.48)$$

$$\frac{\partial^2 U}{\partial x^2} + \frac{\partial^2 U}{\partial y^2} + \lambda U = 0, \quad \lambda > 0 \qquad (14.2.49)$$

且边界条件在分离变量下为

$$U(0,y) = U(l,y) = 0 \qquad (14.2.50)$$

$$U(x,0) = U(x,d) = 0 \qquad (14.2.51)$$

方程(14.2.49)与边界条件(14.2.50)、(14.2.51)式构成二维偏微分方程的本征值问题. 为解此本征值问题，尚需对 $U(x,y)$ 再次分离变量，使之化为 S-L 本征值问题来求解. 令

$$U(x,y) = X(x) Y(y) \qquad (14.2.52)$$

则可得两个 S-L 本征值问题：

$$\begin{cases} X'' + \alpha X = 0, \quad \alpha > 0 \\ X(0) = X(l) = 0 \end{cases} \qquad (14.2.53)$$

$$\begin{cases} Y'' + \beta Y = 0, \quad \beta > 0 \\ Y(0) = Y(d) = 0 \end{cases} \qquad (14.2.54)$$

其中，

$$\alpha + \beta = \lambda \qquad (14.2.55)$$

可求得(14.2.53)式的本征值和本征函数为

$$\alpha_n = \frac{n^2\pi^2}{l^2}, \quad X_n(x) = A_n \sin\frac{n\pi}{l}x, \quad n = 1,2,\cdots \tag{14.2.56}$$

以及(14.2.54)式的本征值和本征函数为

$$\beta_m = \frac{m^2\pi^2}{d^2}, \quad Y_m(y) = B_m \sin\frac{m\pi}{d}y, \quad m = 1,2,\cdots \tag{14.2.57}$$

故可得偏微分方程的本征问题的本征值为 λ_{nm},

$$\lambda_{nm} = \left(\frac{n\pi}{l}\right)^2 + \left(\frac{m\pi}{d}\right)^2, \quad n,m = 1,2,\cdots \tag{14.2.58}$$

相应的本征函数为

$$U_{nm} = A_{nm} \sin\frac{n\pi}{l}x \sin\frac{m\pi}{d}y \tag{14.2.59}$$

其中, $$A_{nm} = A_n B_m$$

由 λ_{nm} 得到相应的 $T(t)$ 满足的方程

$$T''_{nm} + \lambda_{nm} a^2 T_{nm} = 0 \tag{14.2.60}$$

由此可以看出对于本征振动频率 ω_{nm} 为

$$\omega_{nm}^2 = \lambda_{nm} a^2 = \left[\left(\frac{n\pi}{l}\right)^2 + \left(\frac{m\pi}{d}\right)^2\right]a^2$$

即

$$\omega_{nm} = a\sqrt{\left(\frac{n\pi}{l}\right)^2 + \left(\frac{m\pi}{d}\right)^2}, \quad n,m = 1,2\cdots \tag{14.2.61}$$

其相应的本征振动函数即为 U_{nm}.

例14.2.3 周期性边界条件下的本征值问题:

$$y'' + \lambda y = 0$$
$$y(x) = y(x+2\pi)$$

其中 $y(x)$ 以 2π 为周期,则本征值为 $\lambda_m = m^2, m = 0, \pm1, \pm2, \cdots$,相应的本征函数为 $1, e^{ix}, e^{-ix}$, $e^{i2x}, e^{-i2x}, \cdots$ 或 $1, \cos x, \sin x, \cos 2x, \sin 2x, \cdots$,即傅里叶级数的基函数. 除本征值 $\lambda_0 = 0$ 外,其余本征值对应的本征函数都是简并的,这与该本征值问题具有旋转对称性有关.

§14.3 ___ 非齐次方程齐次边界条件下的定解问题

非齐次方程齐次边界条件的定解问题,其复杂性就在于方程的非齐次项即源项上. 解此问题的思路仍是要先解决非齐次方程所对应的齐次方程齐次边界条件的定解问题,求出其 S-L 本征值问题,再把方程的源项在求得的相应的本征函数系上进行广义傅里叶展开,然后再求出相应的解.

以弦的受迫振动为例来详细分析.

一、定解问题的 S-L 本征值问题

例14.3.1 设长为 l 的两端固定的弦，受到已知外力 $f(x,t)$ 的作用，其定解问题如下

$$\begin{cases} u_{tt} - a^2 u_{xx} = f(x,t), & 0 < x < l, t > 0 & (14.3.1) \\ u(0,t) = u(l,t) = 0 & (14.3.2) \\ u(x,0) = \varphi(x) & (14.3.3) \\ u_t(x,0) = \nu(x) & (14.3.4) \end{cases}$$

其相应的齐次方程的定解问题

$$\begin{cases} u_{tt} - a^2 u_{xx} = 0 \\ u(0,t) = u(l,t) = 0 \\ u(x,0) = \varphi(x) \\ u_t(x,0) = \nu(x) \end{cases}$$

对方程的边界条件进行分离变量：设 $u(x,t) = X(x)T(t)$，可得关于 $X(x)$ 的 S-L 本征值问题，本征值为 $\lambda_n = \left(\dfrac{n\pi}{l}\right)^2$，本征函数系为 $\left\{\sin\dfrac{n\pi}{l}x\right\}$，$n = 1, 2, \cdots$。

二、非齐次项 $f(x,t)$ 在本征函数系上作广义傅里叶展开，得到定解问题解的形式

把 t 作为参数，对函数 $f(x,t)$ 在本征函数系 $\left\{\sin\dfrac{n\pi}{l}x\right\}$ 上作带参数的广义傅里叶展开，

$$f(x,t) = \sum_{n=1}^{\infty} f_n(t)\sin\frac{n\pi}{l}x \tag{14.3.5}$$

展开系数 $f_n(t)$ 为

$$f_n(t) = \frac{2}{l}\int_0^l f(x,t)\sin\frac{n\pi}{l}x\,\mathrm{d}x \tag{14.3.6}$$

而上述齐次方程齐次边界条件的解的形式为

$$u(x,t) = \sum_{n=1}^{\infty} T_n(t)\sin\frac{n\pi}{l}x \tag{14.3.7}$$

把 (14.3.5) 式和 (14.3.6) 式代入方程 (14.3.1) 和初始条件中，定解问题变为

$$\begin{cases} \displaystyle\sum_{n=1}^{\infty}\left(T_n'' + \frac{n^2\pi^2 a^2}{l^2}T_n\right)\sin\frac{n\pi}{l}x = \sum_{n=1}^{\infty} f_n(t)\sin\frac{n\pi}{l}x & (14.3.8) \\ \displaystyle\sum_{n=1}^{\infty} T_n(0)\sin\frac{n\pi}{l}x = \varphi(x) = \sum_{n=1}^{\infty}\varphi_n\sin\frac{n\pi}{l}x & (14.3.9) \\ \displaystyle\sum_{n=1}^{\infty} T_n'(0)\sin\frac{n\pi}{l}x = \nu(x) = \sum_{n=1}^{\infty}\nu_n\sin\frac{n\pi}{l}x & (14.3.10) \end{cases}$$

上述的定解问题化为

$$\begin{cases} T_n'' + \omega_n^2 T_n = f_n(t) & (14.3.11) \\ T_n(0) = \varphi_n & (14.3.12) \\ T_n'(0) = \nu_n & (14.3.13) \end{cases}$$

其中 ω_n 称为本征频率，

$$\omega_n^2 = \frac{n^2\pi^2 a^2}{l^2} \qquad (14.3.14)$$

$$\varphi_n = \frac{2}{l} \int_0^l \varphi(x) \sin \frac{n\pi}{l} x \mathrm{d}x \qquad (14.3.15)$$

$$\nu_n = \frac{2}{l} \int_0^l \nu(x) \sin \frac{n\pi}{l} x \mathrm{d}x \qquad (14.3.16)$$

因此在外力 $f(x,t)$ 作用下两端固定的弦的定解问题就化为求 $T_n(t)$ 的非齐次的二阶常微分方程的定解问题了，这是一个可解的问题. 具体请参照例 10.4.1 和例 10.4.2. $T_n(t)$ 的解依赖于 $f_n(t)$，φ_n 和 ν_n，也就是依赖于 $f(x,t)$ 及 $\varphi(x)$ 和 $\nu(x)$ 的形式.

三、对于 $f(x,t)$ 具体形式给出的定解问题的解，并讨论共振问题

下面看一个特殊的外力的形式，即

$$f(x,t) = A(x) \sin \omega t$$

定解问题为

$$\begin{cases} u_{tt} - a^2 u_{xx} = A(x) \sin \omega t \\ A(0) = A(l) = 0 \\ u(0,t) = u(l,t) = 0 \\ u(x,0) = u_t(x,0) = 0 \end{cases} \qquad (14.3.17)$$

把函数 $f(x,t)$ 在本征函数系 $\left\{ \sin \frac{n\pi}{l} x \right\}$ 上作带参数的广义傅里叶展开，可得

$$f(x,t) = A(x) \sin \omega t = \sin \omega t \sum_{n=1}^{\infty} \alpha_n \sin \frac{n\pi x}{l} \qquad (14.3.18)$$

其中

$$\alpha_n = \frac{2}{l} \int_0^l A(x) \sin \frac{n\pi x}{l} \mathrm{d}x \qquad (14.3.19)$$

此时的 f_n 为

$$f_n(t) = \alpha_n \sin \omega t \qquad (14.3.20)$$

α_n 为常数，对 $A(x)$ 与本征函数的积分，对不同的 n，α_n 的值是不一样的. 定解问题化为

$$\begin{cases} T_n''(t) + \omega_n^2 T_n = \alpha_n \sin \omega t & (14.3.21) \\ T_n(0) = 0 & (14.3.22) \\ T_n'(0) = 0 & (14.3.23) \end{cases}$$

当 $\omega \neq \omega_n$ 时，可解得

$$T_n = \frac{\alpha_n}{\omega_n(\omega^2 - \omega_n^2)}(\omega \sin \omega_n t - \omega_n \sin \omega t) \tag{14.3.24}$$

则弦的振动解为

$$u(x,t) = \sum_{n=1}^{\infty} T_n \sin \frac{n\pi}{l} x = \sum_{n=1}^{\infty} \frac{\alpha_n}{\omega_n(\omega^2 - \omega_n^2)}(\omega \sin \omega_n t - \omega_n \sin \omega t) \sin \frac{n\pi x}{l}$$

$$\tag{14.3.25}$$

当外力的频率 ω 趋于弦的某一个本征频率 ω_k 时，

$$\omega_k = \frac{ak\pi}{l}$$

对于(13.2.24)式，由洛必达(L'Hospital)法则可求得

$$T_k = \lim_{\omega \to \omega_k} \frac{\alpha_k}{\omega_k(\omega^2 - \omega_k^2)}(\omega \sin \omega_k t - \omega_k \sin \omega t)$$

$$= \frac{\alpha_k}{2\omega_k^2} \sin \omega_k t - \frac{\alpha_k}{2\omega_k} t \cos \omega_k t \tag{14.3.26}$$

则当 $\omega = \omega_k$ 时，弦的振动解会出现两部分，即 $n \neq k$ 的求和项，其求和结果是有限的，同时出现 $n = k$ 的项，即共振项，

$$u(x,t) = \sum_{n \neq k} \frac{\alpha_n}{\omega_n(\omega_k^2 - \omega_n^2)}(\omega_k \sin \omega_n t - \omega_n \sin \omega_k t) \sin \frac{n\pi}{l} x +$$

$$\left(\frac{\alpha_k}{2\omega_k^2} \sin \omega_k t - \frac{\alpha_k}{2\omega_k} t \cos \omega_k t \right) \sin \frac{k\pi}{l} x \tag{14.3.27}$$

此式右端的第一部分求和是个有限的量，第二部分是 $n = k$ 对应的弦的 k 次谐波，它的第二项为

$$-\frac{\alpha_k}{2\omega_k} t \cos \omega_k t \sin \frac{k\pi x}{l} \tag{14.3.28}$$

其振幅 $-\frac{\alpha_k}{2\omega_k} t \sin \frac{k\pi x}{l}$ 随时间 t 的增加而线性地变大，且随时间 $t \to \infty$ 时，振幅也无限增大，形成"共振"现象.

这是理想的两端固定弦振动的"共振"现象的理论计算的结果. 从这一结果分析，由于弦的振动除基波外，有无穷多个高次谐波，有无穷多个本征频率，理论上当外力的频率趋近并等于任一个本征频率时，都有"共振"现象，即振幅趋于无穷大的现象产生. 但实际的波动现象中都存在阻尼效应，因此共振一般不会发散，只是在这一频率处具有较大的振幅. 此外，共振现象往往只发生于较低的频率处，当外力的频率趋于高次谐波的本征频率时，一般较难出现共振现象. 其原因为：弦振动方程是由理想的物理模型，并用了小振幅的近似得到的，而一般波动系统高次谐波的解具有

较复杂的结构,往往具有较高的损耗,因而不容易出现共振现象.

附注:对方程(14.3.21)的求解见第十章(10.4.5)式—(10.4.8)式.下面我们介绍利用常数变易法来求解这一方程.

$$T_n'' + \omega_n^2 T_n = \alpha_n \sin \omega t \qquad (14.3.29)$$

相应的齐次方程 $T_n'' + \omega_n^2 T_n = 0$ 的通解为

$$T_n = A_n \sin \omega_n t + B_n \cos \omega_n t$$

由常数变易法:设方程(14.3.29)的特解为

$$\overline{T_n} = A_n(t) \sin \omega_n t + B_n(t) \cos \omega_n t$$

则

$$\overline{T_n'} = A_n'(t) \sin \omega_n t + A_n(t) \omega_n \cos \omega_n t + B_n'(t) \cos \omega_n t - B_n(t) \omega_n \sin \omega_n t$$

令

$$A_n'(t) \sin \omega_n t + B_n'(t) \cos \omega_n t = 0 \qquad (14.3.30)$$

则有

$$\overline{T_n'} = A_n(t) \omega_n \cos \omega_n t - B_n(t) \omega_n \sin \omega_n t$$

$$\overline{T_n''} = A_n'(t) \omega_n \cos \omega_n t - A_n(t) \omega_n^2 \sin \omega_n t - B_n'(t) \omega_n \sin \omega_n t - B_n(t) \omega_n^2 \cos \omega_n t$$

将上式子代入(14.3.29)式中,得到

$$A_n'(t) \omega_n \cos \omega_n t - B_n'(t) \omega_n \sin \omega_n t = \alpha_n \sin \omega t \qquad (14.3.31)$$

由(14.3.30)式$\times \omega_n \sin \omega t$,(14.3.31)式$\times \cos \omega_n t$,两式相加有

$$A_n'(t) \omega_n = \alpha_n \sin \omega t \cos \omega_n t = \frac{\alpha_n}{2} \big[\sin(\omega + \omega_n) t + \sin(\omega - \omega_n) t \big] \qquad (14.3.32)$$

$$A_n(t) = -\frac{\alpha_n}{2\omega_n(\omega + \omega_n)} \cos(\omega + \omega_n) t - \frac{\alpha_n}{2\omega_n(\omega - \omega_n)} \cos(\omega - \omega_n) t \qquad (14.3.33)$$

由(14.3.30)式$\times \omega_n \cos \omega_n t$ - (14.3.31)式$\times \sin \omega_n t$,得到

$$B_n'(t) \omega_n = -\alpha_n \sin \omega t \sin \omega_n t = +\frac{\alpha_n}{2} \big[\cos(\omega + \omega_n) t - \cos(\omega - \omega_n) t \big]$$

积分得

$$B_n(t) = +\frac{\alpha_n}{2\omega_n(\omega + \omega_n)} \sin(\omega + \omega_n) t - \frac{\alpha_n}{2\omega_n(\omega + \omega_n)} \sin(\omega - \omega_n) t \qquad (14.3.34)$$

则特解

$$\overline{T_n}(t) = A_n(t) \sin \omega_n t + B_n(t) \cos \omega_n t$$

$$\overline{T_n}(t) = -\frac{\alpha_n}{2\omega_n(\omega + \omega_n)} \cos(\omega + \omega_n) t \sin \omega_n t - \frac{\alpha_n}{2\omega_n(\omega + \omega_n)} \cos(\omega - \omega_n) t \sin \omega_n t -$$

$$\frac{\alpha_n}{2\omega_n(\omega + \omega_n)} \sin(\omega + \omega_n) t \cos \omega_n t + \frac{\alpha_n}{2\omega_n(\omega - \omega_n)} \sin(\omega - \omega_n) t \cos \omega_n t$$

$$= -\frac{\alpha_n}{2\omega_n(\omega+\omega_n)} \cdot \frac{1}{2}\big[\sin(\omega+2\omega_n)t - \sin \omega t\big] - \frac{\alpha_n}{2\omega_n(\omega+\omega_n)} \cdot \frac{1}{2}\big[\sin \omega t - \sin(\omega-2\omega_n)t\big] +$$

$$\frac{\alpha_n}{2\omega_n(\omega+\omega_n)} \cdot \frac{1}{2}\big[\sin(\omega+2\omega_n)t + \sin \omega t\big] - \frac{\alpha_n}{2\omega_n(\omega+\omega_n)} \cdot \frac{1}{2}\big[\sin \omega t + \sin(\omega-2\omega_n)t\big]$$

$$= \frac{\alpha_n}{2\omega_n(\omega+\omega_n)}\sin \omega t - \frac{\alpha_n}{2\omega_n(\omega+\omega_n)}\sin \omega t$$

$$= \frac{\alpha_n}{2\omega_n(\omega+\omega_n)}\big[(\omega-\omega_n)\sin \omega t - (\omega+\omega_n)\sin \omega t\big]$$

$$= -\frac{\alpha_n}{(\omega^2-\omega_n^2)}\sin \omega t \tag{14.3.35}$$

原方程的解为(特解+通解),得到

$$T_n(t) = A_n\sin \omega_n t + B_n\cos \omega_n t - \frac{\alpha_n}{(\omega^2-\omega_n^2)}\sin \omega t \tag{14.3.36}$$

由初始条件 $T_n(0)=0$,得 $B_n=0$,有

$$T_n = A_n\sin \omega_n t - \frac{\alpha_n}{\omega^2-\omega_n^2}\sin \omega t$$

$$T'_n = A_n\omega_n\cos \omega_n t - \frac{\alpha_n\omega}{\omega^2-\omega_n^2}\cos \omega t$$

由 $T'_n(0)=0$,得到

$$A_n = \frac{\alpha_n\omega}{\omega_n(\omega^2-\omega_n^2)} \tag{14.3.37}$$

最后得到方程(14.3.29)的解为

$$T_n = \frac{\alpha_n}{\omega_n(\omega^2-\omega_n^2)}\omega\sin \omega t - \frac{\alpha_n}{\omega^2-\omega_n^2}\sin \omega t = \frac{\alpha_n}{\omega_n(\omega^2-\omega_n^2)}(\omega\sin \omega t - \omega_n\sin \omega t)$$

$$\tag{14.3.38}$$

§ **14.4** 非齐次边界条件下的分离变量法

S-L 本征值问题是基于齐次方程和齐次边界条件的,不能把非齐次边界条件的问题用相应的齐次边界条件去解,因为边界条件右边的非齐次项不是坐标的函数,其变量只是边界点和时间,与本征函数系的定义域不同,它不能在本征函数系上进行展开. 因此要把非齐次边界条件的问题变成齐次边界条件问题,然后再解相应的 S-L 本征值问题. 要达到这一目的,就要用数学上的函数变换,构造一个新的函数,使原来的非齐次边界条件变成新的函数的齐次边界条件,即通过函数变换把边界条件齐次化.

下面举例讨论非齐次边界条件的弦的振动定解问题,说明构造函数变换使边界条件齐次化的步骤,并给出 S-L 本征值问题.

例 14.4.1 非齐次边界条件弦振动的定解问题如下：

$$\begin{cases} u_{tt}-a^2 u_{xx}=f(x,t) & (0<x<l,t>0) & (14.4.1) \\ u(0,t)=g_1(t) & (t>0) & (14.4.2) \\ u(l,t)=g_2(t) & (t>0) & (14.4.3) \\ u(x,0)=\varphi(x) & & (14.4.4) \\ u_t(x,0)=\nu(x) & & (14.4.5) \end{cases}$$

解：(1) 选择辅助函数，构造满足齐次边界条件的定解问题

由于波动方程是线性方程，其解 $u(x,t)$ 具有线性叠加性质，假设 $u(x,t)$ 由两部分 $w(x,t)$ 和 $k(x,t)$ 相加组成. $k(x,t)$ 为辅助函数，

$$u(x,t)=k(x,t)+w(x,t) \tag{14.4.6}$$

令 $k(x,t)$ 的边界条件与 $u(x,t)$ 的边界条件相同，

$$k(0,t)=g_1(t), \quad k(l,t)=g_2(t) \tag{14.4.7}$$

则函数 $w(x,t)$ 所满足的边界条件就齐次化了，即

$$w(0,t)=0, \quad w(l,t)=0 \tag{14.4.8}$$

把 (14.4.6) 式代入方程 (14.4.1) 中，即可得 $w(x,t)$ 满足的方程和边界条件

$$\begin{cases} w_{tt}-a^2 w_{xx}=F(x,t) \\ w(0,t)=w(l,t)=0 \end{cases} \tag{14.4.9}$$

其中

$$F(x,t)=f(x,t)-k_{tt}+a^2 k_{xx} \tag{14.4.10}$$

关于 $w(x,t)$ 的 S-L 本征值问题，它是可求解的，则 $F(x,t)$ 可在本征函数系上作广义傅里叶展开.

初始条件变为

$$w(x,0)=\Phi(x), \quad \Phi(x)=\varphi(x)-k(x,0) \tag{14.4.11}$$

$$w_t(x,0)=V(x), \quad V(x)=\nu(x)-k_t(x,0) \tag{14.4.12}$$

则 $w(x,t)$ 的定解问题就可求解. 由

$$u(x,t)=w(x,t)+k(x,t)$$

就可以得到原方程定解问题解的形式.

这里，关键是如何定出 $k(x,t)$，使其满足 $k(0,t)=g_1(t),k(l,t)=g_2(t)$. 只有定出 $k(x,t)$ 后，才能定出 $F(x,t),\Phi(x),V(x)$ 等函数，整个原方程的定解问题才能确定下来.

(2) 辅助函数的构造

$k(x,t)$ 的选取并非唯一，这样 $F(x,t),\Phi(x),V(x)$ 随着 $k(x,t)$ 的不同选取会有所不同，但在原定解问题给定后，其解的存在唯一性定理已保证了解的唯一性，即不同形式的 $k(x,t)$ 可能得到的 $u(x,t)$ 的形式会有不同，但它们可以通过非奇异的函数变换相联系，这些方程的解是等价的.

对 $k(x,t)$ 的选取，采用试探解的方法，设 $k(x,t)$ 具有最简单的形式，它是 x 的线性函数，

$$k(x,t)=A(t)x+B(t) \tag{14.4.13}$$

这样的选取比较简单，$k_{xx}=0$，使 F,Φ,ν 相对简单. 由边界条件 $k(0,t)=g_1(t),k(l,t)=g_2(t)$ 很容易定出

$$B(t)=g_1(t), \quad A(t)=\frac{1}{l}\left[g_2(t)-g_1(t)\right] \tag{14.4.14}$$

即可得

$$k(x,t) = \frac{1}{l}[g_2(t) - g_1(t)]x + g_1(t)$$

$$= \frac{x}{l}g_2(t) + \frac{l-x}{l}g_1(t) \tag{14.4.15}$$

则可得

$$F(x,t) = f(x,t) - \frac{x}{l}\frac{d^2 g_2}{dt^2} - \frac{l-x}{l}\frac{d^2 g_1}{dt^2} \tag{14.4.16}$$

$$\Phi(x) = \varphi(x) - \frac{x}{l}g_2(0) - \frac{l-x}{l}g_1(0) \tag{14.4.17}$$

$$V(x) = \nu(x) - \frac{x}{l}\frac{d}{dt}g_2(0) - \frac{l-x}{l}\frac{d}{dt}g_1(0) \tag{14.4.18}$$

故在选取了 $k(x,t)$ 的函数形式后，整个定解问题就变成求 $w(x,t)$ 的定解问题：

$$\begin{cases} w_{tt} - a^2 w_{xx} = F(x,t) & (0<x<l, t>0) \\ w(0,t) = w(l,t) = 0 \\ w(x,0) = \Phi(x) \\ w_t(x,0) = V(x) \end{cases} \tag{14.4.19}$$

这是一个非齐次方程齐次边界条件的定解问题，可以先求出其相应的齐次方程齐次边界条件的 S-L 本征值问题，即可求得 $w(x,t)$，这一方法在上一节中已详细介绍，而后即可得到原定解问题的解 $u(x,t) = k(x,t) + w(x,t)$.

§14.5 分离变量法小结

分离变量法是解线性偏微分方程定解问题的最基本最常用的方法之一，其适用范围较广，当边界为规则边界，例如长方形边界，球面，柱面等，且边界条件为齐次边界条件，通常可实施分离变量法，分离变量法是把高维问题，即 $n+1$ 维（一维是时间，n 维是空间变量，n 可以是 $1,2,3,\cdots$ 甚至更高维的参数空间）的定解问题，通过变量的分离，最终化为带有边界条件的空间一维的常微分方程，同时必须把边界条件齐次化，或是利用自然边界条件和周期性边界条件，才能利用 S-L 本征值问题来求解.

分离变量法的程序可分为如下三步：

第一步：对偏微分方程定解问题的解 $u(\boldsymbol{r},t)$（即物理上的场量），假设其空间变量的函数与时间变量的函数可进行分离，即具有形式

$$u(\boldsymbol{r},t) = U(\boldsymbol{r})T(t) \tag{14.5.1}$$

这一形式适合方程也适合边界条件，即方程可分离成空间部分和时间部分所分别满足的方程，边界条件则要求是齐次边界条件（三类齐次边界条件），自然边界条件，周期边界条件等.

如果原定解问题的边界条件是非齐次边界条件，则必须先通过函数变换把边界条件齐次化.

对 1+1 维问题,令 $u(x,t)=X(x)T(t)$,看其是否适合方程和边界条件(边界条件要求是齐次的边界条件,否则首先要把边界条件齐次化),即方程可分离成 $X(x)$ 和 $T(t)$ 各自满足的带参数的常微分方程,并且边界条件也可分离成 $X(x)$ 满足的边界条件,从而定出 $X(x)$ 所适合的 S-L 本征值问题.

在直角坐标系下,当 $n=2,3$ 时,空间变量函数要继续分离变量,如 $U(\boldsymbol{r})=X(x)Y(y)Z(z)$,以确定 $X(x)$、$Y(y)$ 和 $Z(z)$ 满足的方程及边界条件,它将会出现多个 S-L 本征问题(见 §14.2 中的例 14.2.2).

特别要提及的是,在直角坐标系下对只有空间变量的拉普拉斯方程,在齐次边界条件下分离变量时,如果所有的边界条件都为齐次边界条件,则只有平凡解.

在曲线坐标系(本书只介绍球坐标系和柱坐标系)下的三类方程,其空间变量由分离变量法所得到的往往是一些特殊的、变系数的常微分方程,和边界条件一起所确定的 S-L 本征值问题所得到的本征函数是多种多样的特殊函数,这一类问题将在后面的章节中介绍.

注意:对于波动方程、输运方程,空间的变量的数目要等于 S-L 本征值问题的个数的数目,积分常数由 $T(t)$ 的初始条件来确定;而拉普拉斯方程的 S-L 本征值问题的个数要比空间变量的数目少一个,其中一个空间变量的方程及相应的边界条件用于确定积分常数.

第二步:求解由上一步得到的所有 S-L 本征值问题,求得全部的本征值及本征函数系.利用广义傅里叶展开(本征函数展开法),求解由分离变量得到的其他非 S-L 问题的常微分方程时,要把上述的本征值和本征函数代入这些方程,求得相应于各本征值的常微分方程的解的表达式,并代入原偏微分方程定解问题中场量的分离变量的表达式,得到相应于多个特征值的场量的分量表达式 u_n 或 u_{nm} 等.

第三步:将所有的场量的分量形式(例如 u_n 和 u_{nm} 等)叠加起来,即对所有本征值的指标进行求和,得到原定解问题解的一般形式.利用原定解问题的初始条件或边界条件,定出所有的待定系数,由此可得原偏微分方程定解问题的解.

以上是求解二次线性偏微分方程定解问题的一般步骤,是非常成熟的一种基本解法.

这里必须再强调一下,对于高维(空间维数大于一维)的情况,在方程分离时由于参数选取方式的不同致使分离出的常微分方程具有不同的形式,或是非齐次边界条件齐次化时选取辅助函数的形式不同,导致最后解的形式不同,但由方程解的存在唯一性定理,保证了这些不同形式的解是等价的,都是原定解问题唯一的解.

第十四章习题

14.1 长为 l 的弦,两端固定,弦中的张力为 T,在距弦的一端 $x=0$ 的 l_0 处($l_0<l$),以力 F_0 把弦拉开,使 l_0 点离开平衡位置有一小位移,并使弦处于稳定状态.在 $t=0$ 时刻突然撤销这一大小为 F_0 的力,求解弦的振动.

14.2 长为 l 的弦,两端固定,在弦的 x_0 处($0<x_0<l$)施予谐变外力 $\rho f(t)=\rho A\sin\omega t$,($\rho$ 为弦的线

密度,A 为常数),求解弦的振动.

（提示:外力可表示为 $\rho f(x,t) = \rho A \delta(x-x_0) \sin \omega t$. ）

14.3 求解习题 13.1 中的情况(2)下杆的振动.

14.4 导热系数为 κ 的均匀物质构成的立方体,$0 \leqslant x \leqslant l_1$,$0 \leqslant y \leqslant l_2$,$0 \leqslant z \leqslant l_3$,其初始温度为 T_0,如果其表面温度保持在 $0\ ℃$,求此方体温度的变化,并写出此立方体中心点,即 $\left(\dfrac{l_1}{2}, \dfrac{l_2}{2}, \dfrac{l_3}{2}\right)$ 处温度随时间的变化关系. 当时间 $t \to \infty$ 时,求该立方体的温度表达式,并从物理上解释其合理性.

思考: 如果边界条件改为该立方体置于 $0\ ℃$ 的环境中,其边界以牛顿冷却定律与环境进行热交换,分析其解的形式又是如何变化的,并与上面的结果进行比较,分析这两种边界条件在物理图像上的差异.

14.5 侧面绝热的均匀细杆,$0 \leqslant x \leqslant l$,其导热系数为 κ,初始温度为 T_0,其两端保持不变的温度:$u(0,t) = T_1$,$u(l,t) = T_2$,T_1,T_2 均为常数. 求杆上的温度分布随时间的变化关系. 当 $t \to \infty$ 时,给出杆上的温度分布的表达式,并解释这一结果在物理上的合理性及其满足的物理定律.

14.6 铀块中中子的扩散、吸收的增殖反应如习题 13.6 所述. 试求一维细铀杆的临界长度. 临界长度是指当铀杆超过这一长度时,杆中的中子浓度随时间而增长致使铀块产生爆炸. 这里忽略杆的过中心轴剖面的对角线长度与杆的长度之差.

14.7 一厚度为 l 的单晶硅片置于充满杂质的环境中,杂质从硅片的两表面向里扩散,假设硅片两表面杂质浓度保持恒定的 N_0,杂质在硅片中的扩散系数为 D,求解此扩散问题. 并说明扩散的时间与扩散系数 D 及厚度 l 的关系. 当 t 较大时,化简所得的结果.

14.8 在矩形区域 $0 < x < a$,$0 < y < b$ 上求解拉普拉斯方程

$$\nabla^2 u(x,y) = 0$$

使其满足边界条件:

$$\begin{cases} u(0,y) = Ay(b-y), & u(a,y) = 0 \\ u(x,0) = B\sin\dfrac{\pi x}{a}, & u(x,b) = 0 \end{cases}$$

其中 A,B 为常数.

14.9 在量子物理学中,空间中自由粒子可视为德布罗意(de Broglie)波,又被称为物质波,用 $\psi(\boldsymbol{r},t)$ 来描述,它满足如下薛定谔方程(量子波动方程)

$$i\hbar \frac{\partial}{\partial t}\psi(\boldsymbol{r},t) = -\frac{\hbar^2}{2m}\nabla^2\psi(\boldsymbol{r},t)$$

其中 $\hbar$ 为普朗克常量,m 为粒子质量. 把粒子看作在一个三边长为 L 的正立方体 $\left(-\dfrac{L}{2} \leqslant x \leqslant \dfrac{L}{2},\right.$ $-\dfrac{L}{2} \leqslant y \leqslant \dfrac{L}{2}$,$-\dfrac{L}{2} \leqslant z \leqslant \dfrac{L}{2}\Big)$ 中的三维波动,且这一波动满足周期性边界条件,试求解这一波动.

第十五章　曲线坐标系下方程的分离变量

上一章介绍了分离变量法的基本思想及实施的步骤,所举的例子都是在直角坐标系下的分离变量,相对比较简单,其原因是拉普拉斯算子 ∇^2 在直角坐标系下的表达式相对简单,它对 x,y,z 坐标的二阶微商具有完全对称的形式. 因此三类方程在直角坐标系下进行分离变量后所构成的常微分方程具有简单的形式,方程的通解也容易求得. 但我们所研究的物理问题的边界往往不一定是长方体的表面,而其他形状的边界用直角坐标系来描述就变得非常复杂了.

建立物理问题的数学模型首先是要选取坐标系,当物理问题不再与直角对称性相关联,而是具有其他对称性如中心对称或是轴对称时,往往需要选取球坐标系或柱坐标系等正交曲线坐标系,这些问题在物理学中大量存在,举不胜举. 而这些物理问题的界面也往往是球面或柱面. 因此,所建立的描述这些物理体系动力学的二阶线性偏微分方程中的拉普拉斯算子 ∇^2,在曲线坐标系下的表达形式要复杂得多,在分离变量后所得到的常微分方程也比较复杂,是变系数的常微分方程,求解这些常微分方程要用常微分方程的级数解法. 在本章中主要介绍在球坐标系和柱坐标系下三类方程的分离变量及常微分方程的级数解法.

§**15.1**　球坐标系下方程的分离变量

本节讨论三类方程在时间变量和空间变量分离后,空间变量的方程在球坐标系下进行分离变量,以求得分别依赖于坐标 r、θ、φ 的常微分方程.

一、拉普拉斯方程在球坐标系下的分离变量

拉普拉斯方程是纯空间变量的方程,在球坐标系下

$$\nabla^2 u(r,\theta,\varphi) = 0 \qquad (15.1.1)$$

由于拉普拉斯算子在球坐标系下的表达式为

$$\nabla^2 = \frac{1}{r^2}\frac{\partial}{\partial r}\left(r^2\frac{\partial}{\partial r}\right) + \frac{1}{r^2\sin\theta}\frac{\partial}{\partial\theta}\left(\sin\theta\frac{\partial}{\partial\theta}\right) + \frac{1}{r^2\sin^2\theta}\frac{\partial^2}{\partial\varphi^2} \qquad (15.1.2)$$

故拉普拉斯方程在球坐标系下的表达式为

$$\frac{1}{r^2}\frac{\partial}{\partial r}\left(r^2\frac{\partial u}{\partial r}\right) + \frac{1}{r^2\sin\theta}\frac{\partial}{\partial\theta}\left(\sin\theta\frac{\partial u}{\partial\theta}\right) + \frac{1}{r^2\sin^2\theta}\frac{\partial^2 u}{\partial\varphi^2} = 0 \qquad (15.1.3)$$

设场函数 $u(r,\theta,\varphi)$ 可分离为径向部分 $R(r)$ 和角度部分 $Y(\theta,\varphi)$,

$$u(r,\theta,\varphi) = R(r)Y(\theta,\varphi)$$

则方程(15.1.3)变为

$$\frac{Y}{r^2}\frac{d}{dr}\left(r^2\frac{dR}{dr}\right)+\frac{R}{r^2\sin\theta}\frac{\partial}{\partial\theta}\left(\sin\theta\frac{\partial Y}{\partial\theta}\right)+\frac{R}{r^2\sin^2\theta}\frac{\partial^2 Y}{\partial\varphi^2}=0 \qquad (15.1.4)$$

1. 径向方程

方程(15.1.4)两边同乘 $\dfrac{r^2}{RY}$ 得

$$\frac{1}{R}\frac{d}{dr}\left(r^2\frac{dR}{dr}\right)=-\frac{1}{Y\sin\theta}\frac{\partial}{\partial\theta}\left(\sin\theta\frac{\partial Y}{\partial\theta}\right)-\frac{1}{Y\sin^2\theta}\frac{\partial^2 Y}{\partial\varphi^2} \qquad (15.1.5)$$

此等式左边为 r 的函数, 右边为角度 (θ,φ) 的函数, 令它们等于一个常数, 记为 $l(l+1)$, 可得

$$\frac{1}{R}\cdot\frac{d}{dr}\left(r^2\frac{dR}{dr}\right)=l(l+1)$$

可写成

$$r^2\frac{d^2 R(r)}{dr^2}+2r\frac{dR(r)}{dr}-l(l+1)R(r)=0 \qquad (15.1.6)$$

此方程为**径向方程**, 它是欧拉型方程, 比较容易求解.

注: 为什么常数取 $l(l+1)$ 的形式, 这是自然边界条件所要求的截断带来的, 这将在第十六章中予以说明.

2. 球函数方程

由方程(15.1.5)的角度部分可得

$$\frac{1}{Y\sin\theta}\frac{\partial}{\partial\theta}\left(\sin\theta\frac{\partial Y}{\partial\theta}\right)+\frac{1}{Y\sin^2\theta}\frac{\partial^2 Y}{\partial\varphi^2}=-l(l+1)$$

可写成

$$\frac{1}{\sin\theta}\frac{\partial}{\partial\theta}\left(\sin\theta\frac{\partial Y}{\partial\theta}\right)+\frac{1}{\sin^2\theta}\frac{\partial^2 Y}{\partial\varphi^2}+l(l+1)Y=0 \qquad (15.1.7)$$

此方程称为**球函数方程**.

3. 关于 $\Phi(\varphi)$ 方程的 S-L 本征值问题

对球函数方程再进一步进行分离变量, 令

$$Y(\theta,\varphi)=\Theta(\theta)\Phi(\varphi)$$

可得

$$\frac{\Phi}{\sin\theta}\frac{d}{d\theta}\left(\sin\theta\frac{d\Theta}{d\theta}\right)+\frac{\Theta}{\sin^2\theta}\frac{d^2\Phi}{d\varphi^2}+l(l+1)\Theta\Phi=0$$

两边同乘 $\dfrac{\sin^2\theta}{\Theta\Phi}$ 得

$$\frac{\sin\theta}{\Theta}\frac{d}{d\theta}\left(\sin\theta\frac{d\Theta}{d\theta}\right)+l(l+1)\sin^2\theta=-\frac{1}{\Phi}\frac{d^2\Phi}{d\varphi^2} \qquad (15.1.8)$$

等式左边为 θ 的函数, 右边为 φ 的函数, 故令两边都等于一常数 λ, 分别可得关于 φ 的方程和关于 θ 的方程. $\Phi(\varphi)$ 的方程为

$$\Phi''+\lambda\Phi=0 \qquad (15.1.9)$$

这一方程是我们所熟悉的. 一般情况下, 物理问题对场量 $u(r,\theta,\varphi)$ 有单值性要

求，即对 $\Phi(\varphi)$ 的单值性要求表现为周期性边界条件 $\Phi(\varphi) = \Phi(\varphi+2\pi)$，也就是说当 φ 转一圈后，$u(r,\theta,\varphi)$ 与 $u(r,\theta,\varphi+2\pi)$ 表示同一个场量的值. 这就是一种周期性边界条件，它与方程（15.1.9）构成本征值问题，即可定出本征值 λ 为：$\lambda = m^2$，$m = 0$，$\pm1, \pm2, \cdots$. 方程即可写成

$$\Phi'' + m^2 \Phi = 0 \tag{15.1.10}$$

4. 连带勒让德（Legendre）方程和勒让德方程

关于 $\Theta(\theta)$ 的方程为

$$\frac{\sin\theta}{\Theta}\frac{\mathrm{d}}{\mathrm{d}\theta}\left(\sin\theta\frac{\mathrm{d}\Theta}{\mathrm{d}\theta}\right) + l(l+1)\sin^2\theta = m^2$$

即

$$\frac{1}{\sin\theta}\frac{\mathrm{d}}{\mathrm{d}\theta}\left(\sin\theta\frac{\mathrm{d}\Theta}{\mathrm{d}\theta}\right) + \left[l(l+1) - \frac{m^2}{\sin^2\theta}\right]\Theta = 0 \tag{15.1.11}$$

令 $\cos\theta = x$，$\Theta(\theta) = y(x)$，$|x| \leqslant 1$，则有 $\mathrm{d}x = -\sin\theta\mathrm{d}\theta$，

$$\frac{\mathrm{d}\Theta}{\mathrm{d}\theta} = \frac{\mathrm{d}y}{\mathrm{d}x}\cdot\frac{\mathrm{d}x}{\mathrm{d}\theta} = -\sin\theta\frac{\mathrm{d}y}{\mathrm{d}x}$$

由

$$\frac{1}{\sin\theta}\frac{\mathrm{d}y}{\mathrm{d}\theta} = -\frac{\mathrm{d}y}{\mathrm{d}x}$$

$$\sin\theta\frac{\mathrm{d}\Theta}{\mathrm{d}\theta} = -\sin^2\theta\frac{\mathrm{d}y}{\mathrm{d}x} = -(1-x^2)\frac{\mathrm{d}y}{\mathrm{d}x}$$

方程变为

$$\frac{\mathrm{d}}{\mathrm{d}x}\left[(1-x^2)\frac{\mathrm{d}y}{\mathrm{d}x}\right] + \left[l(l+1) - \frac{m^2}{1-x^2}\right]y = 0 \tag{15.1.12}$$

或写成

$$(1-x^2)\frac{\mathrm{d}^2 y}{\mathrm{d}x^2} - 2x\frac{\mathrm{d}y}{\mathrm{d}x} + \left[l(l+1) - \frac{m^2}{1-x^2}\right]y = 0 \tag{15.1.13}$$

这一方程称为**连带勒让德方程**.

当考虑的问题具有极轴对称性时，场的分布是极轴对称的，即与 φ 角无关，此时 $m = 0$，$\Phi(\varphi) = 1$，即 $u(r,\theta,\varphi) = R(r)\Theta(\theta)$，则连带勒让德方程就退化为勒让德方程，

$$(1-x^2)\frac{\mathrm{d}^2 y}{\mathrm{d}x^2} - 2x\frac{\mathrm{d}y}{\mathrm{d}x} + l(l+1)y = 0 \tag{15.1.14}$$

这两类方程的求解将是第十六章的主要内容.

二、亥姆霍兹方程在球坐标系下的分离变量

1. 亥姆霍兹方程

对波动方程

$$U_{tt} - a^2\nabla^2 U = 0 \tag{15.1.15}$$

将其场量的空间部分和时间部分进行分离变量，$U(\boldsymbol{r},t) = u(\boldsymbol{r})T(t)$，有

$$\frac{T''}{a^2 T} = \frac{\nabla^2 u}{u} = -k^2 \qquad (15.1.16)$$

即可得空间部分的方程为

$$\nabla^2 u + k^2 u = 0 \qquad (15.1.17)$$

此方程称为**亥姆霍兹方程**.

对输运方程

$$U_t - a^2 \nabla^2 U = 0 \qquad (15.1.18)$$

令 $U(\boldsymbol{r},t) = u(\boldsymbol{r}) T(t)$ 进行分离变量,同样可得空间部分的方程为亥姆霍兹方程 (15.1.17).

2. 亥姆霍兹方程在球坐标系下的分离变量

在球坐标系下,亥姆霍兹方程为

$$\frac{1}{r^2} \frac{\partial}{\partial r} \left(r^2 \frac{\partial u}{\partial r} \right) + \frac{1}{r^2 \sin\theta} \frac{\partial}{\partial \theta} \left(\sin\theta \frac{\partial u}{\partial \theta} \right) + \frac{1}{r^2 \sin^2\theta} \frac{\partial^2 u}{\partial \varphi^2} + k^2 u = 0 \qquad (15.1.19)$$

令 $u(r,\theta,\varphi) = R(r) Y(\theta,\varphi)$,可得

$$\frac{r^2}{R} \left[\frac{1}{r^2} \frac{\mathrm{d}}{\mathrm{d}r} \left(r^2 \frac{\mathrm{d}R}{\mathrm{d}r} \right) + k^2 R \right] = -\frac{1}{Y \sin\theta} \frac{\partial}{\partial \theta} \left(\sin\theta \frac{\partial Y}{\partial \theta} \right) - \frac{1}{Y \sin^2\theta} \frac{\partial^2 Y}{\partial \varphi^2} \qquad (15.1.20)$$

3. 球贝塞尔方程

方程式(15.1.20)左端是径向部分,右端是角度部分,令左右两端都等于常数 $l(l+1)$,可得径向部分的方程为

$$\frac{1}{r^2} \frac{\mathrm{d}}{\mathrm{d}r} \left(r^2 \frac{\mathrm{d}R}{\mathrm{d}r} \right) + \left[k^2 - \frac{l(l+1)}{r^2} \right] R = 0$$

或写成

$$\frac{\mathrm{d}^2 R}{\mathrm{d}r^2} + \frac{2}{r} \frac{\mathrm{d}R}{\mathrm{d}r} + \left[k^2 - \frac{l(l+1)}{r^2} \right] R = 0 \qquad (15.1.21)$$

此方程称为**球贝塞尔方程**.

4. 角度部分的方程

$$\frac{1}{\sin\theta} \frac{\partial}{\partial \theta} \left(\sin\theta \frac{\partial Y}{\partial \theta} \right) + \frac{1}{\sin^2\theta} \frac{\partial^2 Y}{\partial \varphi^2} + l(l+1) Y = 0 \qquad (15.1.22)$$

此方程是球函数方程.将它进一步分离变量,可分离成连带勒让德方程和 $\varPhi(\varphi)$ 满足的方程,这一问题的分离变量与拉普拉斯方程角度部分的分离变量完全相同,就不再重复,即得到关于 $\varPhi(\varphi)$ 的方程(15.1.10)为

$$\varPhi'' + m^2 \varPhi = 0$$

和关于 $\varTheta(\theta)$ 即 $y(x)$ 的方程——连带勒让德方程(15.1.13),

$$(1 - x^2) \frac{\mathrm{d}^2 y}{\mathrm{d}x^2} - 2x \frac{\mathrm{d}y}{\mathrm{d}x} + \left[l(l+1) - \frac{m^2}{1-x^2} \right] y = 0$$

§**15.2** 柱坐标系下方程的分离变量

由上一节的讨论可知,波动方程和输运方程把时间部分和空间部分进行分离变量后,空间部分就得到亥姆霍兹方程(15.1.17),

$$\nabla^2 u + k^2 u = 0$$

当 $k=0$ 时,即方程的空间部分和时间部分分离变量后都为零,即(15.1.17)式的亥姆霍兹方程就退化成拉普拉斯方程,$\nabla^2 u = 0$.

一、亥姆霍兹方程在柱坐标系下的分离变量

亥姆霍兹方程

$$(\nabla^2 + k^2)u = 0 \tag{15.2.1}$$

在柱坐标系下,$u = u(\rho, \varphi, z)$,此方程的形式为

$$\frac{1}{\rho}\frac{\partial}{\partial \rho}\left(\rho\frac{\partial u}{\partial \rho}\right) + \frac{1}{\rho^2}\frac{\partial^2 u}{\partial \varphi^2} + \frac{\partial^2 u}{\partial z^2} + k^2 u = 0 \tag{15.2.2}$$

对此方程进行分离变量,设

$$u(\rho, \varphi, z) = R(\rho)\Phi(\varphi)Z(z) \tag{15.2.3}$$

可得

$$\frac{\Phi Z}{\rho}\frac{\mathrm{d}}{\mathrm{d}\rho}\left(\rho\frac{\mathrm{d}R}{\mathrm{d}\rho}\right) + \frac{RZ}{\rho^2}\frac{\mathrm{d}^2\Phi}{\mathrm{d}\varphi^2} + R\Phi\frac{\mathrm{d}^2 Z}{\mathrm{d}z^2} + k^2 R\Phi Z = 0 \tag{15.2.4}$$

方程两边同乘 $\dfrac{\rho^2}{R\Phi Z}$,方程变为

$$\frac{\rho}{R}\frac{\mathrm{d}}{\mathrm{d}\rho}\left(\rho\frac{\mathrm{d}R}{\mathrm{d}\rho}\right) + \frac{\rho^2}{Z}\frac{\mathrm{d}^2 Z}{\mathrm{d}z^2} + k^2\rho^2 = -\frac{1}{\Phi}\frac{\mathrm{d}^2\Phi}{\mathrm{d}\varphi^2} \tag{15.2.5}$$

方程左边为 ρ, z 的函数,右边为 φ 的函数,两边若要相等,只能等于与 (ρ, φ, z) 都无关的常数,令此常数为 ν^2.

1. 关于 $\Phi(\varphi)$ 的方程

有两种情况:

一是 φ 角的取值范围为 $[0, 2\pi]$,由于 $\Phi(\varphi)$ 满足的方程为

$$\Phi'' + \nu^2\Phi = 0 \tag{15.2.6}$$

考虑物理场量单值性的要求,$\Phi(\varphi)$ 满足周期边界条件,则此常数为 $\nu^2 = m^2, m = 0,$ $\pm 1, \pm 2, \cdots$. 此方程的解在上一节已讨论.

二是 φ 角的取值范围为 $[\varphi_0, \varphi_1]$,此时为部分圆柱区域问题,要根据 Φ 在 φ_0, φ_1 处的边界条件来求解,见附注.

2. 关于 $Z(z)$ 的方程

由(15.2.5)式可得 $R(\rho)$ 和 $Z(z)$ 满足的方程

$$\frac{\rho}{R}\frac{\mathrm{d}}{\mathrm{d}\rho}\left(\rho\frac{\mathrm{d}R}{\mathrm{d}\rho}\right) + \frac{\rho^2}{Z}\frac{\mathrm{d}^2 Z}{\mathrm{d}z^2} + k^2\rho^2 - \nu^2 = 0 \tag{15.2.7}$$

两边同乘 $\dfrac{1}{\rho^2}$，方程变为

$$\frac{1}{R\rho}\frac{\mathrm{d}}{\mathrm{d}\rho}\left(\rho\frac{\mathrm{d}R}{\mathrm{d}\rho}\right)+k^2-\frac{\nu^2}{\rho^2}=-\frac{1}{Z}\frac{\mathrm{d}^2Z}{\mathrm{d}z^2}=\lambda \tag{15.2.8}$$

即方程两边同等于一常数 λ，则可得 $Z(z)$ 满足的方程

$$Z''+\lambda Z=0 \tag{15.2.9}$$

此方程为大家所熟悉.

3. 贝塞尔方程

由（15.2.8）式可知 $R(\rho)$ 满足方程

$$\frac{1}{\rho}\frac{\mathrm{d}}{\mathrm{d}\rho}\left(\rho\frac{\mathrm{d}R}{\mathrm{d}\rho}\right)+\left(k^2-\lambda-\frac{\nu^2}{\rho^2}\right)R=0 \tag{15.2.10}$$

对此方程进行变形，令 $x=\sqrt{k^2-\lambda}\,\rho$，其中 $k^2-\lambda>0$，函数 $R(\rho)$ 变为 $y(x)$，即 $R(\rho)=y(x)$，方程变为

$$\frac{\mathrm{d}^2y}{\mathrm{d}x^2}+\frac{1}{x}\frac{\mathrm{d}y}{\mathrm{d}x}+\left(1-\frac{\nu^2}{x^2}\right)y=0 \tag{15.2.11}$$

此方程称为**贝塞尔方程**，也称为 ν 阶贝塞尔方程.

二、拉普拉斯方程在柱坐标系下分离变量后的径向方程

对亥姆赫兹方程，当 $k^2=0$ 时，方程退化为拉普拉斯方程.

由于拉普拉斯方程只是定义在 $\mathbf{R}^3$ 上的方程，只有三个坐标变量，在分离变量时只能构成两个 S-L 本征值问题，留下一个变量的方程和边界条件来定积分常数. 因此在分离变量时，要考虑哪两个变量和边界条件构成 S-L 本征值问题.

拉普拉斯方程在柱坐标下的分离变量，在径向方程（15.2.10）中，如果 $k^2=0$，则 $x=\sqrt{-\lambda}\,\rho$，此时要分别讨论 $\lambda>0$ 或 $\lambda<0$ 的两种情况，则需要结合讨论关于 $Z(z)$ 的方程的 S-L 本征值问题.

1. 当 $\lambda<0$ 时，$-\lambda>0$，对 $x=\sqrt{-\lambda}\,\rho$ 的方程化为贝塞尔方程（15.2.11）

$$\frac{\mathrm{d}^2y}{\mathrm{d}x^2}+\frac{1}{x}\frac{\mathrm{d}y}{\mathrm{d}x}+\left(1-\frac{\nu^2}{x^2}\right)y=0$$

此时的 $Z(z)$ 方程为 $Z''-(-\lambda)Z=0$，其通解形式为 $Z(z)=c_1\mathrm{e}^{\sqrt{-\lambda}}+c_2\mathrm{e}^{-\sqrt{-\lambda}}$，不能构成 S-L 本征值问题，$Z(z)$ 的方程和边界条件只能用做定积分常数.

2. 当 $\lambda>0$ 时，$x=\mathrm{i}\sqrt{\lambda}\,\rho$，变量 x 为虚宗量，方程的形式仍为（15.2.11）式

$$\frac{\mathrm{d}^2y}{\mathrm{d}x^2}+\frac{1}{x}\frac{\mathrm{d}y}{\mathrm{d}x}+\left(1-\frac{\nu^2}{x^2}\right)y=0$$

由于 x 为虚宗量，此方程称为虚宗量贝塞尔方程. 虚宗量贝塞尔方程构不成贝塞尔本征值问题，此时 $Z(z)$ 的方程（15.2.9）和边界条件要构成 S-L 本征值问题.

附注：对部分圆柱区域的拉普拉斯方程在柱坐标系下分离变量的问题. 如图 15.2.1 所示，

$\Phi''+\nu^2\Phi=0$，有边界条件，$\Phi(\varphi_0)=A_0$，$\Phi(\varphi_1)=A_1$；

$Z''-\lambda Z=0$，有上下底边界条件，$Z(z_0)=B_0$，$Z(z_1)=B_1$；

$R''+\dfrac{1}{\rho}R'+\left(\lambda-\dfrac{m^2}{\rho^2}\right)R=0$，有柱面、柱心的边界条件；

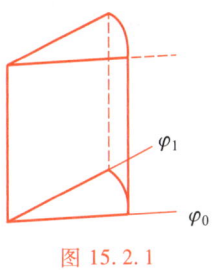

其中两个构成本征方程 S–L 本征值问题，一个作为定积分常数，视具体问题而定.

图 15.2.1

§15.3 二阶线性常微分方程的级数解法

第十四章中直角坐标系下三类方程的分离变量得到的 S–L 本征值问题的解都可以表示为解析函数. 本章中用曲线坐标系对三类方程进行分离变量时，得到的是二阶线性变系数常微分方程，其求解的方法要用到线性常微分方程的级数解法.

二阶线性齐次常微分方程的标准形式为

$$\frac{\mathrm{d}^2 u(z)}{\mathrm{d}z^2}+p(z)\frac{\mathrm{d}u(z)}{\mathrm{d}z}+q(z)u(z)=0 \tag{15.3.1}$$

这里采用复变量 z 是便于讨论方程的解析性质，实变量 x 是复变量 z 的一种特殊情况，对该方程讨论的结论，对 x 依然成立.

在方程的标准形式中 $p(z)$ 和 $q(z)$ 是已知的复变函数. 方程解的性质完全由 $p(z)$，$q(z)$ 这两个函数的解析性质所决定，因此暂不涉及定解条件，先对方程的解的一般性质及解的级数表达式进行讨论.

一、方程的正常点和奇点

首先讨论方程的解析性质，设方程 (15.3.1) 中系数函数 $p(z)$ 和 $q(z)$ 在所研究的区域中除若干个孤立奇点外，其他点都是解析的. 通常把所研究区域的点分为两类：

1. 方程的正常点（或称正则点）

如果 $p(z)$ 和 $q(z)$ 在某点 z_0 及其邻域内是解析的，则称 z_0 点为方程的正常点.

2. 方程的奇点

如果 z_0 点是 $p(z)$ 或 $q(z)$ 的孤立奇点（极点或本性奇点），则称 z_0 为方程的奇点.

由于方程奇点的性质与方程的解的性质密切相关，又把方程的奇点分为两类：

（1）**正则奇点**：如果 z_0 为方程的奇点，而 $(z-z_0)p(z)$ 为解析函数，且 $(z-z_0)^2 q(z)$ 亦为解析函数，则称 z_0 为方程的正则奇点. 也就是说，奇点 z_0 至多为 $p(z)$ 的一阶极点，同时至多为 $q(z)$ 的二阶极点.

例15.3.1 勒让德方程

$$(1-x^2)\frac{\mathrm{d}^2 y}{\mathrm{d}x^2}-2x\frac{\mathrm{d}y}{\mathrm{d}x}+l(l+1)y=0, \qquad |x|\leqslant 1$$

$x=\pm 1$ 是方程的正则奇点，其他点是正常点.

$$\frac{\mathrm{d}^2 y}{\mathrm{d}x^2} + \frac{1}{x}\frac{\mathrm{d}y}{\mathrm{d}x} + \left(1 - \frac{\nu^2}{x^2}\right)y = 0$$

$x = 0$ 是方程的正则奇点,其他点为正常点.

（2）**非正则奇点**:如果 z_0 为方程的奇点,且不是正则奇点,则称 z_0 为方程的非正则奇点.

二、常微分方程级数解理论的一个定理

常微分方程级数解法的基本思想是:在微分方程所定义的区域中,在考察点 z_0 的邻域内把已知函数 $p(z)$ 和 $q(z)$ 展成级数,并假设解 $u(z)$ 在此邻域内也可展成幂级数的形式代入方程,通过比较系数得到解 $u(z)$ 的级数的表达式,从而得到 z_0 点邻域内微分方程的解的表达式.

我们主要研究的是方程奇点邻域的幂级数解是否存在,即是否能得到收敛的幂级数解,这一问题与方程中的 $p(z)$,$q(z)$ 的解析性密切相关.

定理 15.3.1:对于二阶线性齐次常微分方程（15.3.1）

$$\frac{\mathrm{d}^2 u}{\mathrm{d}z^2} + p(z)\frac{\mathrm{d}u}{\mathrm{d}z} + q(z)u = 0$$

其解 $u(z)$ 具有如下性质:

（1）对于方程的正常点 z_0,在 z_0 及其邻域内,方程具有两个线性无关的解析解,

$$u_1(z) = \sum_{k=0}^{\infty} a_k (z-z_0)^k, \quad u_2(z) = \sum_{k=0}^{\infty} b_k (z-z_0)^k \tag{15.3.2}$$

其中 a_k、b_k 为不同的系数.

（2）对于方程的正则奇点 z_0,在 z_0 的邻域内,方程存在两个线性无关的解析解,其形式为

$$u_1(z) = (z-z_0)^{\rho_1} \sum_{k=0}^{\infty} a_k (z-z_0)^k \tag{15.3.3}$$

$$u_2(z) = (z-z_0)^{\rho_2} \sum_{k=0}^{\infty} b_k (z-z_0)^k \tag{15.3.4}$$

或当 $\rho_1 - \rho_2 =$ 整数时,方程（15.3.1）的解 $u_2(z)$ 为

$$u_2(z) = A u_1(z) \ln(z-z_0) + (z-z_0)^{\rho_2} \sum_{k=0}^{\infty} b_k (z-z_0)^k \tag{15.3.5}$$

其中 a_0,b_0 不为 0.

（3）对于方程的非正则奇点,方程的解析解可能不存在,这类方程一般没有通用的解法. 对于这类非正则奇点邻域上的解,方程的两个线性无关的解形式上可以写成

$$u_1(z) = (z-z_0)^{\rho_1} \sum_{k=-\infty}^{\infty} a_k (z-z_0)^k \tag{15.3.6}$$

$$u_2(z) = A u_1(z) \ln(z-z_0) + (z-z_0)^{\rho_2} \sum_{k=-\infty}^{\infty} b_k (z-z_0)^k \tag{15.3.7}$$

如果用级数解法求解系数 ρ_1, ρ_2, a_k, b_k 时,主要看 $p(z)$ 和 $q(z)$ 在 z_0 点的洛朗展开的性质. 若它们是有限负幂次项的洛朗展开式,尚可用级数展开法求解系数,但系数是否有解要视具体问题而定. 而对具有无穷负幂次项的洛朗展开式,方程就不可能用级数展开法求解了. 一般情况下可能无解.

注:此定理在此不予证明. 关于此定理的证明可参看王竹溪和郭敦仁著的《特殊函数概论》中的 2.2、2.3、2.4 节.

三、在正常点邻域内方程的求解

下面就定理 15.3.1 中性质 1 的内容举例说明级数解法的基本思想和步骤.

例 15.3.3 求解方程

$$\frac{\mathrm{d}^2 y}{\mathrm{d}x^2} + \omega^2 y = 0, \quad \omega \neq 0 \text{ 为常数} \tag{15.3.8}$$

解:方程中 $p(x), q(x)$ 都为常数,在整个 x 轴上都解析. 在方程的正常点 $x=0$ 的邻域解此方程.

令 $y(x)$ 具有级数展开形式

$$y(x) = \sum_{k=0}^{\infty} a_k x^k, \quad a_0 \neq 0$$

则

$$y'' = \sum_{k=0}^{\infty} k(k-1) a_k x^{k-2}$$

原方程化为

$$\sum_{k=0}^{\infty} k(k-1) a_k x^{k-2} + \omega^2 \sum_{k=0}^{\infty} a_k x^k = 0$$

对于第一项,当 $k=0,1$ 时,都为零,作 $k \to k+2$ 代换,得

$$\sum_{k=0}^{\infty} \left[(k+2)(k+1) a_{k+2} + \omega^2 a_k \right] x^k = 0$$

这一等式要求级数每一项的系数都为零,故得系数的递推关系

$$a_{k+2} = -\frac{\omega^2}{(k+2)(k+1)} a_k$$

当 $k=0$ 时,有 $a_0 \neq 0$ 可得

$$a_2 = -\frac{\omega^2}{2!} a_0, \quad a_4 = +\frac{\omega^4}{4!} a_0, \quad a_6 = -\frac{\omega^6}{6!} a_0, \cdots$$

可得 k 为偶数的一个级数解 $y_1(x)$,

$$y_1(x) = a_0 \left[1 - \frac{(\omega x)^2}{2!} + \frac{(\omega x)^4}{4!} - \frac{(\omega x)^6}{6!} + \cdots \right] = a_0 \cos \omega x$$

当 $k=1$ 时,有奇次数幂系数的递推关系,

$$a_3 = -\frac{\omega^2}{3!} a_1, \quad a_5 = +\frac{\omega^4}{5!} a_1, \quad a_7 = -\frac{\omega^6}{7!} a_1, \cdots,$$

可得 k 为奇数的另一个级数解 $y_2(x)$,

$$y_2(x) = \frac{a_1}{\omega}\left[\omega x - \frac{(\omega x)^3}{3!} + \frac{(\omega x)^5}{5!} - \frac{(\omega x)^7}{7!} + \cdots\right] = \frac{a_1}{\omega}\sin\omega x$$

故可得原方程的解

$$y(x) = y_1(x) + y_2(x) = a_0\cos\omega x + \frac{a_1}{\omega}\sin\omega x$$

这一解的形式就是我们所熟悉的方程(15.3.8)的解.

虽然此例题是所熟悉的二阶常系数常微分方程,但给出了级数解的一般步骤和方法.

四、在正则奇点邻域内方程的求解及指数方程

1. 指数方程

在方程正则奇点的邻域内,方程改写为

$$\frac{d^2 u}{dz^2} + \frac{f(z)}{z - z_0}\frac{du}{dz} + \frac{g(z)}{(z - z_0)^2}u = 0 \tag{15.3.9}$$

其中 $p(z) = \dfrac{f(z)}{z - z_0}$, $q(z) = \dfrac{g(z)}{(z - z_0)^2}$,而 $f(z)$, $g(z)$ 在 z_0 点解析,它们在 z_0 点的展开式为

$$f(z) = \sum_{n=0}^{\infty}\alpha_n(z - z_0)^n, \quad \alpha_0 \neq 0 \tag{15.3.10}$$

$$g(z) = \sum_{m=0}^{\infty}\beta_m(z - z_0)^m, \quad \beta_0 \neq 0 \tag{15.3.11}$$

注意,这里设 α_0,β_0 都不为零不是必要的条件,只是从一般正则奇点的定义出发,而 z_0 为正则奇点不一定要求 α_0、β_0 都不为零,例如 $\alpha_0 = 0$,$\beta_0 \neq 0$,$\alpha_1 \neq 0$,也为正则奇点,但它不影响后面的讨论结果.

由定理 15.3.1 中性质 2 可知,解 $u(z)$ 具有形式为

$$u(z) = (z - z_0)^\rho \sum_{k=0}^{\infty} C_k(z - z_0)^k = \sum_{k=0}^{\infty} C_k(z - z_0)^{k+\rho} \tag{15.3.12}$$

其中 ρ 为待求的指数,代入方程(15.3.9):

$$\sum_{k=0}^{\infty} C_k(k+\rho)(k+\rho-1)(z-z_0)^{k+\rho-2} + \sum_{n=0}^{\infty}\alpha_n(z-z_0)^n \sum_{k=0}^{\infty} C_k(k+\rho)(z-z_0)^{k+\rho-2} +$$

$$\sum_{m=0}^{\infty}\beta_m(z-z_0)^m \sum_{k=0}^{\infty} C_k(z-z_0)^{k+\rho-2} = 0 \tag{15.3.13}$$

两边同乘 $(z-z_0)^{-\rho+2}$,把等式左边的第二、第三项进行指标变换: $m \to n$,把 $\sum\limits_{m}$ 转换为 $\sum\limits_{n}$ 可得

$$\sum_{k=0}^{\infty} C_k(k+\rho)(k+\rho-1)(z-z_0)^k + \sum_{n=0}^{\infty}\alpha_n(z-z_0)^n \sum_{k=0}^{\infty} C_k(k+\rho)(z-z_0)^k +$$

$$\sum_{n=0}^{\infty}\beta_n(z-z_0)^n \sum_{k=0}^{\infty} C_k(z-z_0)^k = 0 \tag{15.3.14}$$

得到

$$\sum_{k=0}^{\infty} C_k(k+\rho)(k+\rho-1)(z-z_0)^k + \sum_{n=0}^{\infty} \alpha_n \sum_{k=0}^{\infty} C_k(k+\rho)(z-z_0)^{k+n} +$$

$$\sum_{n=0}^{\infty} \beta_n \sum_{k=0}^{\infty} C_k(z-z_0)^{k+n} = 0 \tag{15.3.15}$$

取 $(z-z_0)$ 的最低幂次项:$k=0, n=0$,系数方程为

$$C_0\rho(\rho-1) + C_0\alpha_0\rho + C_0\beta_0 = 0 \tag{15.3.16}$$

即

$$\rho^2 + \rho(\alpha_0-1) + \beta_0 = 0 \tag{15.3.17}$$

此方程为**指数方程**.

由指数方程求出两个根 ρ_1, ρ_2,就可以确定原方程的两个解(15.3.3)式和(15.3.4)式两式中的待定指数 ρ.

当 $\rho_1-\rho_2=$ 整数时(包括 $\rho_1-\rho_2=0$ 即指数方程的解为重根),此时方程只能得到一个级数解(15.3.3)式

$$u_1(z) = (z-z_0)^{\rho_1} \sum_{k=0}^{\infty} a_k(z-z_0)^k \tag{15.3.18}$$

而另一个线性无关的解为

$$u_2(z) = Au_1(z)\ln(z-z_0) + (z-z_0)^{\rho_2} \sum_{k=0}^{\infty} b_k(z-z_0)^k \tag{15.3.19}$$

其中常数 A, b_k 为待定系数,可将此解的形式代入原方程而定出.

2. 解形式中系数的递推关系

推导系数的递推关系:由(5.3.15)式中对第二、第三项中作求和指标变换,令 $k'=k+n$,$\sum_{k=0}^{\infty} = \sum_{k'=n}^{\infty}$,$C_k \to C_{k'-n}$,注意此时的 $\sum_{n=0}^{\infty} \to \sum_{n=0}^{k'}$,因为如果 $n>k'$ 时,$k=k'-n$ 为负值 $(k<0)$ 的项不存在. 可得

$$\sum_{k=0}^{\infty} C_k(k+\rho)(k+\rho-1)(z-z_0)^k + \sum_{n=0}^{\infty} \alpha_n \sum_{k'=n}^{\infty} C_{k'-n}(k'-n+\rho)(z-z_0)^{k'} +$$

$$\sum_{n=0}^{k'} \beta_n \sum_{k'=n}^{\infty} C_{k'-n}(z-z_0)^{k'} = 0 \tag{15.3.20}$$

把 $k' \to k$,再把 $\sum_n$ 和 $\sum_k$ 变换位置,对 $\sum_n$ 先求和,再对 $\sum_k$ 求和,得到

$$\sum_{k=0}^{\infty} C_k(k+\rho)(k+\rho-1)(z-z_0)^k + \sum_{k=0}^{\infty} \left[\sum_{n=0}^{k} \alpha_n C_{k-n}(k-n+\rho) + \sum_{n=0}^{k} \beta_n C_{k-n} \right](z-z_0)^k = 0$$

$$\tag{15.3.21}$$

取 $(z-z_0)^k$ 项,其系数方程为

$$C_k(k+\rho)(k+\rho-1) + \sum_{n=0}^{k} \alpha_n C_{k-n}(k-n+\rho) + \sum_{n=0}^{k} \beta_n C_{k-n} = 0 \tag{15.3.22}$$

该方程式中对 n 的求和包含了 C_0 到 C_k 的所有项,合并关于 C_k 的项(包含 $n=0$ 时)有,

$$C_k(k+\rho)(k+\rho-1)+\alpha_0 C_k(k+\rho)+\beta_0 C_k = C_k\big[(k+\rho)(k+\rho-1)+\alpha_0(k+\rho)+\beta_0\big]$$

$$(15.3.23)$$

把对 n 的求和拆分成 $n=0$ 的项和 n 从 1 到 k 的项,因此 $(z-z_0)^k$ 项的系数方程可写为

$$\big[(k+\rho)(k+\rho-1)+\alpha_0(k+\rho)+\beta_0\big]C_k+\sum_{n=1}^{k}\big[\alpha_n(k-n+\rho)+\beta_n\big]C_{k-n}=0 \quad (15.3.24)$$

此式即解的**系数递推关系**.

因此,解 $u(z)$ 的级数表达式中的系数 C_k 可以用 $C_0,C_1,\cdots,C_{k-1}$ 来表示,这样解的形式就可以完全确定.

以上是一般性讨论常微分方程的级数解的形式,而具体的物理问题往往要求方程满足一定的边界条件. 当描述一个物理模型的偏微分方程在分离变量后,要分成几个关于不同坐标变量的常微分方程,同时也把边界条件进行了分离变量,这些常微分方程(S-L 型方程)满足一定的边界条件,就构成了 S-L 本征值问题,

$$\begin{cases} A(z)u''(z)+B(z)u'(z)+\big[C(z)+\lambda D(z)\big]u(z)=0 \\ \text{B.C.} \end{cases} \quad (15.3.25)$$

其中 B.C. 为边界条件.

解这类 S-L 本征值问题,可用上面讨论的级数解法,先求出方程的级数解的具体形式,然后再求出满足边界条件(B.C.)的本征值 λ_n,再求出与 λ_n 相应的本征函数 u_n,即给出了相应的级数解.

在曲线坐标系中,由于分离变量后的方程和边界条件都变得复杂,因此所得的本征值和本征函数也相对复杂一些,这些本征函数是一些特殊函数,对于这些特殊函数将在下面的章节中分别讨论.

第十五章习题

15.1 试用平面极坐标 (ρ,φ),把二维波动方程分离变量.

15.2 在量子物理学中氢原子满足的定态薛定谔方程

$$-\frac{\hbar^2}{2m}\nabla^2 u(\boldsymbol{r})-\frac{e^2}{r}u(\boldsymbol{r})=Eu(\boldsymbol{r})$$

其中 $\hbar$、m、e、E 都为常数,试用球坐标将此方程分离变量.

15.3 在 $x=0$ 的邻域内求下列方程的两个独立的级数解,并对这两个方程的级数解进行比较.

(1) $y''-xy'=0$;

(2) $y''-x^2y'=0$.

15.4 在 $x=0$ 的邻域内求解方程

$$(x^2-1)y''+xy'-y=0$$

的两个独立的级数解.

15.5 在 $x=0$ 的邻域内求切比雪夫(Chebyshev)方程

$$(1-x^2)y''-xy'+n^2y=0 \quad (n \text{ 为正整数})$$

的级数解.

15.6 在 $x=0$ 的邻域内,用级数展开法求解欧拉-柯西方程

$$x^2 y'' + 2xy' = 0$$

15. 7 在 $x = 0$ 的邻域内求方程

$$xy'' - xy' + y = 0$$

的两个独立的级数解.

15. 8 在 $z = 0$ 的邻域内求解下列方程的两个独立级数解,并对这两个方程的级数解进行比较.

（1） $\dfrac{d^2 u(z)}{dz^2} + \dfrac{2}{z} \dfrac{du(z)}{dz} + m^2 u(z) = 0$;

（2） $\dfrac{d^2 u(z)}{dz^2} + \dfrac{1}{z} \dfrac{du(z)}{dz} - m^2 u(z) = 0$.

15. 9 对二阶齐次常微分方程

$$y'' + p(x)y' + q(x)y = 0$$

设 y_1 和 y_2 是它的两个线性独立的解,并可定义朗斯基行列式 $W(x)$

$$W(x) = y_1 y_2' - y_1' y_2 = \begin{vmatrix} y_1 & y_2 \\ y_1' & y_2' \end{vmatrix}$$

（1）试证明 $W(x)$ 满足

$$W'(x) = -p(x)W(x)$$

（2） $W(x)$ 可写为

$$W(x) = y_1^2 \frac{d}{dx}\left(\frac{y_2}{y_1} \right)$$

试证明:两个解 $y_1(x)$ 和 $y_2(x)$ 有如下关系

$$y_2(x) = Cy_1(x) \int_b^x \frac{e^{-\int_a^{x'} p(x'') dx''}}{\left[y_1(x') \right]^2} dx'$$

其中 a, b 为任意常数, C 为积分常数,它与 a, b 的选取有关. 上式表明,对于本题所给定的二阶齐次常微分方程的形式,当已知一个解 $y_1(x)$ 时,可通过上式求出另一个线性独立的解 $y_2(x)$.

15. 10 利用习题 15. 9 的结果,已知下列方程的一个解,求出另一个线性独立的解.

（1）已知方程

$$\frac{d^2 y}{dx^2} + y = 0 \text{ 的}$$

一个解 $y_1 = \sin x$,求另一个解 y_2.

（2）已知方程

$$\frac{d^2 R(r)}{dr^2} + \frac{1}{r} \frac{dR(r)}{dr} - \frac{m^2}{r^2} R(r) = 0$$

的一个解 $R_1(r) = r^m$,求另一个解 $R_2(r)$.

15. 11 考虑 S-L 本征值的问题:对于方程

$$\frac{1}{w(x)} \frac{d}{dx}\left[w(x) a(x) \frac{du(x)}{dx} \right] + \left[c(x) - \lambda \right] u(x) = 0, \quad x \in [a, b]$$

其中函数 $w(x), a(x)$ 和 $c(x)$ 满足如下条件:

$$a(x) = a_0 + a_1 x + a_2 x^2$$

$$\frac{1}{w(x)} \frac{d}{dx}\left[w(x) a(x) \right] = b_0 + b_1 x$$

$$c(x) = c_0$$

$$[w(x)a(x)]_{x=a} = [w(x)a(x)]_{x=b} = 0$$

且 $w(x)a(x)$ 在区间 (a,b) 内不为零. a_0、a_1、a_2、b_0、b_1、c_0 均为实数.

请证明:对于给定的本征值 $\{\lambda_n\}$,

$$\lambda_n = n(n-1)a_2 + nb_1 + c_0, \quad n = 0,1,2,3,\cdots$$

(1) 总存在非平凡的多项式解

$$u_n(x) = \sum_{k=0}^{n} \alpha_k^{(n)} x^k$$

其中 $\alpha_k^{(n)}$ 为 n 次多项式的展开系数.

(2) 这些多项式具有正交性

$$\int_a^b u_m^*(x) u_n(x) w(x) \, \mathrm{d}x = 0, \quad m \neq n$$

15.12 在 $x=0$ 点邻域内,求拉盖尔(Laguerre)方程

$$xy'' + (1-x)y' + \lambda y = 0$$

的级数解. 当 λ 取什么值时,可使级数退化为多项式? 这些多项式乘以适当的常数使最高幂次项成为 $(-x)^n$ 的形式,此时的多项式称为拉盖尔多项式,记为 $L_n(x)$,写出 $L_n(x)$ 的前三项.

15.13 在 $x=0$ 点邻域内,求解高斯方程(超几何级数方程)

$$x(x-1)y'' + [(1+\alpha+\beta)x - \gamma]y' + \alpha\beta y = 0$$

的级数解.

第十六章 球函数

拉普拉斯方程和亥姆霍兹方程在球坐标系下的分离变量,其角度部分 $Y(\theta,\varphi)$ 都满足球函数方程,本章中仅从拉普拉斯方程在球坐标系下的分离变量来研究球函数. 亥姆霍兹方程在球坐标系下分离变量后其角度部分 $Y(\theta,\varphi)$ 也有同样的结果,就不再重复.

§ *16.1* 勒让德多项式

由上一章可知,拉普拉斯方程在球坐标系下的分离变量,其角度部分球函数 $Y(\theta,\varphi)$ 满足球函数方程,可以进一步分离变量为 $Y(\theta,\varphi)=\Theta(\theta)\Phi(\varphi)$. 如果考察的场与 φ 角有关,则 $\Phi(\varphi)$ 的方程由于周期性边界条件引入本征值 m^2,使得 $\Theta(\theta)$ 满足连带勒让德方程(15.1.11)式

$$\frac{\mathrm{d}}{\mathrm{d}x}\left[(1-x^2)\frac{\mathrm{d}y}{\mathrm{d}x}\right]+\left[l(l+1)-\frac{m^2}{1-x^2}\right]y=0$$

其中 $\Theta(\theta)=y(x)$, $x=\cos\theta$.

当这一稳定场的分布具有轴对称性时,即场 $Y(\theta,\varphi)$ 与 φ 角无关时,$\Phi(\varphi)$ 为常数,$m=0$,上式退化成勒让德方程

$$(1-x^2)\frac{\mathrm{d}^2y}{\mathrm{d}x^2}-2x\frac{\mathrm{d}y}{\mathrm{d}x}+l(l+1)y=0 \tag{16.1.1}$$

注:满足勒让德方程的解统称为勒让德函数,满足勒让德方程的多项式解称为勒让德多项式.

一、勒让德多项式的级数表达式

考察勒让德方程的奇点,它有两个正则奇点 $x=\pm1$. 由于所研究的勒让德方程是在球坐标系下分离变量得到的,变量 $x=\cos\theta$,故有 $|x|\leqslant1$,我们将在此定义域中讨论问题.

注:当 x 为任意实数,定义域扩大到 $-\infty<x<\infty$ 时,$x=\pm1$ 仍然是勒让德方程的奇点,在此定义域上的解另行讨论.

由于物理上的考虑,在 $0\leqslant\theta\leqslant\pi$ 的区间上,所求的物理场量均为有限值,即要求 $|y(x)|$ 在 $-1\leqslant x\leqslant1$ 上有界,这是一种自然的边界条件,它与勒让德方程一起构成了 S-L 本征值问题

$$\begin{cases}(1-x^2)\dfrac{\mathrm{d}^2y}{\mathrm{d}x^2}-2x\dfrac{\mathrm{d}y}{\mathrm{d}x}+l(l+1)y=0, & -1\leqslant x\leqslant1 \\ |y(x)|<\infty, & -1\leqslant x\leqslant1\end{cases} \tag{16.1.2}$$

由于方程的奇点为 $x=\pm1$，问题可能出在边界点 $x=\pm1$ 点上，因此首先要求出 x 的正常点的解．由上一章常微分方程级数解的定理可知，在勒让德方程的正常点 $x=0$ 的解有级数形式

$$y(x)=\sum_{k=0}^{\infty}C_{k}x^{k} \qquad (16.1.3)$$

代入方程(16.1.2)有

$$(1-x^{2})\sum_{k=0}^{\infty}k(k-1)C_{k}x^{k-2}-2x\sum_{k=0}^{\infty}kC_{k}x^{k-1}+l(l+1)\sum_{k=0}^{\infty}C_{k}x^{k}=0$$

可写成

$$\sum_{k=0}^{\infty}k(k-1)C_{k}x^{k-2}-\sum_{k=0}^{\infty}\left[k(k+1)-l(l+1)\right]C_{k}x^{k}=0 \qquad (16.1.4)$$

由于上式第一项中当 $k=0$、$k=1$ 时系数为零，作系数指标代换 $k\rightarrow k+2$，有

$$\sum_{k=0}^{\infty}\left\{(k+2)(k+1)C_{k+2}-\left[k(k+1)-l(l+1)\right]C_{k}\right\}x^{k}=0 \qquad (16.1.5)$$

对此方程从 x 的零次幂项开始，各幂次项的系数都要为零．对 x 的零次幂项，其系数为零，有

$$2C_{2}+l(l+1)C_{0}=0$$

即

$$C_{2}=-\frac{1}{2}l(l+1)C_{0}$$

由 x 的一次幂项的系数为零，有

$$6C_{3}-\left[2-l(l+1)\right]C_{1}=0$$

即

$$C_{3}=\frac{1}{6}\left[2-l(l+1)\right]C_{1}$$

由一般 x^{k} 项的系数为零，有

$$(k+2)(k+1)C_{k+2}-\left[k(k+1)-l(l+1)\right]C_{k}=0$$

即

$$C_{k+2}=-\frac{(l-k)(l+k+1)}{(k+2)(k+1)}C_{k} \qquad (16.1.6)$$

此式是勒让德方程在 $x=0$ 点邻域内级数解的系数的递推关系．

由于 C_{k+2} 与 C_{k} 系数指标为 $k+2$ 和 k，相差为 2，故系数的递推关系可分为两组．一组是以 C_{0} 为开始的偶次幂项的系数的递推关系，一组是以 C_{1} 为开始的奇次幂项的系数的递推关系．

当 k 为偶数时，设 $k=2n,n=0,1,2,\cdots$，有

$$C_{2n+2}=\frac{\left[2n(2n+1)-l(l+1)\right]}{(2n+2)(2n+1)}C_{2n} \qquad (16.1.7)$$

则有

$$C_{2}=-\frac{l(l+1)}{2!}C_{0}$$

$$C_4 = \frac{l(l-2)(l+1)(l+3)}{4!}C_0$$

$$\cdots$$

$$C_{2n} = \frac{(-1)^n l(l-2)(l-4)\cdots(l-2n+2)(l+1)(l+3)\cdots(l+2n-1)}{(2n)!}C_0, \quad n=1,2,3,\cdots$$

$$(16.1.8)$$

当 k 为奇数时，设 $k=2n+1, n=0,1,2,\cdots,$ 有

$$C_{2n+3} = \frac{[(2n+1)(2n+2)-l(l+1)]}{(2n+3)(2n+2)}C_{2n+1} \qquad (16.1.9)$$

则有

$$C_3 = -\frac{(l-1)(l+2)}{3!}C_1$$

$$C_5 = \frac{(l-1)(l-3)(l+2)(l+4)}{5!}C_1$$

$$\cdots$$

$$C_{2n+1} = \frac{(-1)^n(l-1)(l-3)\cdots(l-2n+1)(l+2)(l+4)\cdots(l+2n)}{(2n+1)!}C_1,$$

$$n=1,2,3,\cdots \qquad (16.1.10)$$

由这些系数的递推关系，可以用 C_0 和 C_1 表示组成解 $y = \sum_{k=0}^{\infty} C_k x^k$ 的所有系数 C_k，即分为偶幂次项的级数

$$y_0 = C_0 + C_2 x^2 + C_4 x^4 + \cdots$$

和奇幂次项的级数

$$y_1 = C_1 x^1 + C_3 x^3 + C_5 x^5 + \cdots$$

即可写成

$$y(x) = y_0(x) + y_1(x)$$

$$= C_0 + C_0 \sum_{n=1}^{\infty} \frac{(-1)^n l(l-2)\cdots(l-2n+2)(l+1)(l+3)\cdots(l+2n-1)}{(2n)!}x^{2n} +$$

$$C_1 x + C_1 \sum_{n=1}^{\infty} \frac{(-1)^n(l-1)(l-3)\cdots(l-2n+1)(l+2)(l+4)\cdots(l+2n)}{(2n+1)!}x^{2n+1}$$

$$(16.1.11)$$

由系数的逆推关系式(16.1.6)，很容易得到级数解的收敛半径 R

$$R^2 = \lim_{k \to \infty}\left|\frac{C_k}{C_{k+2}}\right| = \lim_{k \to \infty}\left|\frac{(k+2)(k+1)}{k(k+1)-l(l+1)}\right| = 1 \qquad (16.1.12)$$

即级数解在 $|x|<1$ 时收敛，其收敛半径 $R=1$，而在 $x=\pm 1$ 时级数解 $y = \sum_{k=0}^{\infty} C_k(\pm 1)^k$ 是

发散的.

二、勒让德方程的 S-L 本征值问题

为了使级数解 $y = \sum_{k=0}^{\infty} C_k x^k$ 满足方程的定解问题(16.1.2)式,即 $y(x)$ 在 $x = \pm 1$ 有限,需要讨论:本征参数 l 在取何值时能满足方程的定解问题,这是求解本征值 $l \cdot (l+1)$ 的根本问题.

由(16.1.11)式可知,勒让德方程的级数形式为 $y = y_0 + y_1$,y_0 为偶次幂项的级数,y_1 为奇次幂项的级数.

考察解的系数递推关系式(16.1.6),可以看出,当本征参数 l 取零或正整数时,只要 $k = l$,有 $C_{k+2} = 0$,由此递推关系所得的大于 $k+2$ 以后的项的系数均为零.

若 l 为偶数,当 $k = l$ 时,$y_0(x)$ 就退化为最高次幂为 l 的偶次多项式,但 y_1 仍然发散,为满足 $|y(x)| < \infty$,应选取 $C_1 = 0$,使 $y_1 = 0$,则方程的解 $y(x)$ 就退化成最高幂次为 l 的偶次幂多项式.

若 l 为奇数,当 $k = l$ 时,$y_1(x)$ 就退化为最高次幂为 l 的奇次幂多项式,而 y_0 仍为发散的无穷级数. 此时应选取 $C_0 = 0$,使 $y_0 = 0$,则方程的解 $y(x)$ 就退化成最高幂次为 l 的奇次幂项多项式.

因此得到满足自然边界条件 $|y(x)| < \infty$,$|x| \leqslant 1$ 的勒让德方程的 S-L 本征值问题的解,当本征参数取 $l = 0, 1, 2, \cdots$ 时,本征值为 $l(l+1)$,其相应的本征函数是以 x^l 为最高幂次项的多项式 $y_l(x)$,

$$y_l(x) = \begin{cases} C_0 + C_2 x^2 + \cdots + C_l x^l, & l = 0, 2, 4, \cdots \\ C_1 x + C_3 x^3 + \cdots + C_l x^l, & l = 1, 3, 5, \cdots \end{cases} \qquad (16.1.13)$$

为了求出 $y_l(x)$ 的具体表达式,把系数递推关系式(16.1.6)表示成

$$C_k = -\frac{(k+2)(k+1)}{(l-k)(l+k+1)} C_{k+2} \qquad (16.1.14)$$

当 $k = l-2$ 时,有

$$C_{l-2} = -\frac{l(l-1)}{2(2l-1)} C_l$$

$$C_{l-4} = \frac{l(l-1)(l-2)(l-3)}{2 \cdot 4 \cdot (2l-1)(2l-3)} C_l$$

当 $n = 1, 2, 3, \cdots$ 时,有

$$C_{l-2n} = \frac{(-1)^n l(l-1)(l-2) \cdots (l-2n+1)}{2 \cdot 4 \cdots 2n(2l-1) \cdots (2l-2n+1)} C_l$$

$$= (-1)^n \frac{(l!)^2 (2l-2n)!}{(2l)! n! (l-2n)! (l-n)!} C_l \qquad (16.1.15)$$

其中用到

$$l(l-1)(l-2)\cdots(l-2n+1) = \frac{l!}{(l-2n)!} \tag{16.1.16}$$

$$2 \cdot 4 \cdots (2n) = 2^n n! \tag{16.1.17}$$

$$(2l-1)(2l-3)\cdots(2l-2n+1)$$

$$= \frac{2l(2l-1)(2l-2)(2l-3)\cdots(2l-2n+1)(2l-2n)!}{2l(2l-2)(2l-4)\cdots(2l-2n+2)(2l-2n)!}$$

$$= \frac{(2l)!}{2^n \cdot l(l-1)\cdots(l-n+1)(2l-2n)!}$$

$$= \frac{(2l)!(l-n)!}{2^n(2l-2n)!l!} \tag{16.1.18}$$

到此,可把相应于本征值 $l(l+1)$ 的本征函数 $y_l(x)$ 写成

$$y_l(x) = C_l \sum_{n=0}^{N} \frac{(-1)^n (l!)^2 (2l-2n)!}{(2l)! n! (l-2n)! (l-n)!} x^{l-2n} \tag{16.1.19}$$

其中

$$N = \begin{cases} \dfrac{l}{2}, & l \text{ 为偶数} \\[2mm] \dfrac{l-1}{2}, & l \text{ 为奇数} \end{cases}$$

注:$n=0$ 时,级数的最高次幂为 x^l.

若取 C_l 的值为

$$C_l = \frac{(2l)!}{2^l (l!)^2} \tag{16.1.20}$$

则相应的 $y_l(x)$ 记为 $\mathrm{P}_l(x)$,

$$\mathrm{P}_l(x) = \sum_{n=0}^{N} \frac{(-1)^n (2l-2n)!}{2^l n! (l-n)! (l-2n)!} x^{l-2n} \tag{16.1.21}$$

其中

$$N = \begin{cases} \dfrac{l}{2}, & l \text{ 为偶数} \\[2mm] \dfrac{l-1}{2}, & l \text{ 为奇数} \end{cases}$$

$\mathrm{P}_l(x)$ 称为勒让德多项式,也称为第一类勒让德多项式,它是勒让德方程在 $|x| \leqslant 1$ 时,在自然边界条件下对应于本征值为 $l(l+1)(l=0,1,2,\cdots)$ 的本征解.

三、勒让德多项式的图像

由表达式(16.1.21)可得到 $\mathrm{P}_l(x)$ 的前几项,特别是经常用到的 $\mathrm{P}_0(x)$ 和 $\mathrm{P}_1(x)$,

$$\mathrm{P}_0(x) = 1, \quad \mathrm{P}_1(x) = x, \quad \mathrm{P}_2(x) = \frac{1}{2}(3x^2 - 1)$$

$$P_3(x) = \frac{1}{2}(5x^3 - 3x), \quad P_4(x) = \frac{1}{8}(35x^4 - 30x^2 + 3)$$

$$P_5(x) = \frac{1}{8}(63x^5 - 70x^3 + 15x)$$

...

由 $P_l(x)$ 的表达式,可以给出 $P_l(x)$ 的图像,这里给出 $P_l(x)$，$l = 0,1,2,3,4,5$ 的图像(图 16.1.1). 同时由 $P_l(x)$ 的表达式(16.1.21),可得到 $P_l(x)$ 常用到的两个基本性质:

$$P_l(1) = 1 \tag{16.1.22}$$

$$P_l(-x) = (-1)^l P_l(x) \tag{16.1.23}$$

和多项式零点的性质:

$$P_0(0) = 1 \tag{16.1.24}$$

$$P_l(0) = 0, \quad l \neq 0, \quad l \text{ 是奇数} \tag{16.1.25}$$

因此可看出,当 l 为奇数时,$P_l(x)$ 是以 $x = 0$ 为对称点的奇函数;当 l 为偶数时,$P_l(x)$ 是以 $P_l(x)$ 轴为对称轴的偶函数.

这些性质在 $P_l(x)$ 的图像(图 16.1.1)也表现得很清晰. 所有的 $P_l(x)$ 曲线都汇聚到 $(1,1)$ 这一点,正是(16.1.22)式的体现,对 x 反演的奇偶性遵从(16.1.23)式.

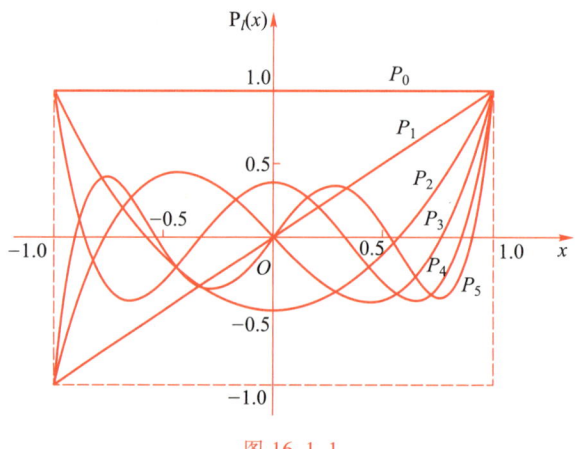

图 16.1.1

四、第二类勒让德函数

从二阶线性常微分方程的理论可知,勒让德方程还存在与勒让德多项式 $P_l(x)$ 线性无关的另一个解.

对勒让德方程,其定义域为 x 轴时(不限制 $|x| \leq 1$),$x = 1$ 或 $x = -1$ 是方程的正则奇点,由正则邻奇点域内的级数解法,可求得勒让德方程级数解的指数方程,

$$\rho(\rho - 1) + \rho = 0 \tag{16.1.26}$$

即 $\rho = 0$ 是重根.

可以求得勒让德方程与 $P_l(x)$ 线性无关的另一个解 $Q_l(x)$，$|x|>1$，称为第二类勒让德函数，$Q_l(x)$ 的具体表达式为

$$Q_l(x)=P_l(x)\int_x^\infty \frac{1}{(x^2-1)\left[P_l(x)\right]^2}\mathrm{d}x, \qquad |x|>1 \qquad (16.1.27)$$

注：$Q_l(x)$ 在 $x=0,\pm1,\infty$ 处发散.

由 $P_l(x)$ 的表达式代入，积分可得

$$Q_l(x)=\frac{2^l(l!)^2}{2l+1}x^{-l-1}\left[1+\sum_{n=1}^\infty a_k x^{-2k}\right]$$

其中 a_k 为待定系数，代入勒让德方程可求出 a_k，得

$$a_1=\frac{(l+1)(l+2)}{2(2l+3)}$$

$$a_k=\frac{(l+2k-1)(l+2k)}{2k(2l+2k-1)}a_{k-1}, \quad k\geqslant2 \qquad (16.1.28)$$

由 $Q_l(x)$ 的积分表达式 $(16.1.27)$ 可得

$$Q_l(x)=\frac{1}{2}P_l(x)\ln\frac{1+x}{1-x}+\frac{1}{2^l}\sum_{k=0}^{\left[\frac{l-1}{2}\right]}x^{l-1-2k}\cdot$$

$$\sum_{n=0}^k\frac{(-1)^{n+1}}{2k-2n+1}\cdot\frac{(2l-2n)!}{n!(l-n)!(l-2n)!} \qquad (16.1.29)$$

其中求和号中的 $l\geqslant1$，而 $\left[\dfrac{l-1}{2}\right]$ 的记号为

$$\left[\frac{l-1}{2}\right]=\begin{cases}\dfrac{l-1}{2}, & l\text{ 为奇数}\\[2mm]\dfrac{l-2}{2}, & l\text{ 为偶数}\end{cases}$$

由于研究的物理问题所涉及的勒让德方程，是由球坐标分离变量而得到的，其变量 $x=\cos\theta$，即 $|x|\leqslant1$，这类问题得到的解，只是第一类勒让德多项式 $P_l(x)$，因此对第二类勒让德函数 $Q_l(x)$ 只作简单的介绍，不加以研究.

后面所提及的勒让德多项式，都是指第一类勒让德多项式 $P_l(x)$，就不再特别指出了.

§*16.2*__勒让德多项式的主要性质

本节主要介绍勒让德多项式的递推关系及勒让德多项式的正交性. 在介绍这些性质之前，先介绍勒让德多项式的微分表达式及其生成函数，这些表示式在勒让德多项式的计算和性质的证明中经常要用到.

一、勒让德多项式的微分表达式

$P_l(x)$ 的微分表达式为

$$P_l(x) = \frac{1}{2^l l!} \frac{d^l}{dx^l}(x^2-1)^l \tag{16.2.1}$$

此表达式称为**罗德里格斯(Rodriguez)公式**,其正确性可由等式右边直接进行微商而得. 由二项式展开定理

$$(x^2-1)^l = \sum_{n=0}^{l} \frac{(-1)^n l!}{n!(l-n)!} x^{2l-2n} \tag{16.2.2}$$

对 $(x^2-1)^l$ 进行 l 次求导后,凡是 $2l-2n < l$ 的项都为零,因此只剩下 $2l-2n \geq l$ 的项,即 $n \leq \dfrac{l}{2}$ 的项,因此可得

$$\frac{1}{2^l l!} \frac{d^l}{dx^l}(x^2-1)^l$$

$$= \sum_{n=0}^{N} \frac{(-1)^n (2l-2n)\cdots(l-2n+1)}{2^l(l-n)!n!} x^{l-2n}$$

$$= \sum_{n=0}^{N} \frac{(-1)^n (2l-2n)!}{2^l(l-n)!n!(l-2n)!} x^{l-2n}$$

其中

$$N = \begin{cases} \dfrac{l}{2}, & l \text{ 为偶数} \\[3mm] \dfrac{l-1}{2}, & l \text{ 为奇数} \end{cases}$$

此表达式与 $P_l(x)$ 的表达式 (16.1.21) 一致.

二、勒让德多项式的生成函数

考虑函数 $f(r)$

$$f(r) = \frac{1}{\sqrt{1+r^2-2r\cos\theta}} = \frac{1}{\sqrt{1+r^2-2rx}}, \quad r < 1 \tag{16.2.3}$$

其中 $r = |\boldsymbol{r}|, x = \cos\theta, |x| \leq 1.$

在 $r=0$ 点对 $f(r)$ 进行泰勒展开,得到

$$\frac{1}{\sqrt{1+r^2-2rx}} = \sum_{l=0}^{\infty} P_l(x) r^l \tag{16.2.4}$$

即 $f(r)$ 的展开系数为勒让德多项式 $P_l(x)$.

因此通常把函数 $f(r) = \dfrac{1}{\sqrt{1+r^2-2rx}}$ ($r<1, |x| \leq 1$) 称为**勒让德多项式的生成函数**(或称为母函数).

勒让德多项式生成函数的物理意义:它表示一个球心在原点的单位球的极轴

上,坐标为 1 的北极点上,放置一个电荷量为 $4\pi\varepsilon_0$ 的点电荷,则在单位球内任一点 $r=(r,\theta,\varphi)(r<1)$ 处的电势就是 $f(r)=\dfrac{1}{\sqrt{1+r^2-2r\cos\theta}}$. 这是一个处在北极上的电荷量为 $4\pi\varepsilon_0$ 的点电荷产生的静电场的稳定分布问题,可通过轴对称的拉普拉斯方程来求解(我们将在下一节中给出求解过程),这一稳定分布电场在球内 r 点的解正是 (16.2.4)式的右端. 这一物理问题验证了勒让德多项式生成函数的正确性.

当 $r>1$ 时,生成函数 $f(r)$ 的展开式为

$$f(r)=\frac{1}{\sqrt{1+r^2-2rx}}=\frac{1}{r\sqrt{1+\left(\dfrac{1}{r}\right)^2-2\dfrac{1}{r}x}}$$

$$=\sum_{l=0}^{\infty}P_l(x)\frac{1}{r^{l+1}} \qquad (16.2.5)$$

三、勒让德多项式的递推公式

由勒让德多项式的生成函数式(16.2.4),两边对变量 r 求微商,得

$$-\frac{r-x}{(1+r^2-2rx)^{3/2}}=\sum_{l=0}^{\infty}lP_l(x)r^{l-1} \qquad (16.2.6)$$

两边同乘 $(1+r^2-2rx)$ 可得

$$(x-r)\sum_{l=0}^{\infty}P_l(x)r^l=(1+r^2-2rx)\sum_{l=0}^{\infty}lP_l(x)r^{l-1}$$

即

$$\sum_{l=0}^{\infty}xP_l(x)r^l-\sum_{l=0}^{\infty}P_l(x)r^{l+1}=\sum_{l=0}^{\infty}lP_l(x)r^{l-1}+\sum_{l=0}^{\infty}lP_l(x)r^{l+1}-\sum_{l=0}^{\infty}2xlP_l(x)r^l$$

$$(16.2.7)$$

比较两边的 r^l 项的系数,可得

$$xP_l(x)-P_{l-1}(x)=(l+1)P_{l+1}(x)+(l-1)P_{l-1}(x)-2xlP_l(x)$$

即

$$x(1+2l)P_l(x)-(l+1)P_{l+1}(x)-lP_{l-1}(x)=0 \qquad (16.2.8)$$

这就是勒让德多项式 $P_l(x)$ 的一个基本的递推关系式.

勒让德多项式的另一个基本递推关系式,是对 $P_l(x)$ 的生成函数式(16.2.4)的两边,对变量 x 求微商而得到. 由(16.2.4)式两边对 x 求导,有

$$\frac{r}{(1+r^2-2rx)^{3/2}}=\sum_{l=0}^{\infty}P_l'(x)r^l \qquad (16.2.9)$$

两边同乘 $(1+r^2-2rx)$ 可得

$$\sum_{l=0}^{\infty}P_l(x)r^{l+1}=\sum_{l=0}^{\infty}P_l'(x)r^l+\sum_{l=0}^{\infty}P_l'(x)r^{l+2}-\sum_{l=0}^{\infty}2xP_l'(x)r^{l+1} \qquad (16.2.10)$$

两边比较第 r^{l+1} 项系数,得

$$P_l(x) = P'_{l+1}(x) + P'_{l-1}(x) - 2xP'_l(x) \tag{16.2.11}$$

这就是勒让德多项式 $P_l(x)$ 的另一个基本递推关系式.

由上面这两个基本递推关系式 (16.2.8) 和 (16.2.11) 式, 可得到 $P_l(x)$ 的几个常用的递推关系式,

$$(2l+1)P_l(x) = P'_{l+1}(x) - P'_{l-1}(x) \tag{16.2.12}$$

$$(l+1)P_l(x) = P'_{l+1}(x) - xP'_l(x) \tag{16.2.13}$$

$$lP_l(x) = xP'_l(x) - P'_{l-1}(x) \tag{16.2.14}$$

$$(x^2-1)P'_l(x) = lxP_l(x) - lP_{l-1}(x) \tag{16.2.15}$$

以上四个递推关系式的推导留给读者作为练习.

四、勒让德多项式 $\mathbf{P}_l(x)$ 的正交性

$$\int_{-1}^{1} P_l(x)P_k(x)\,\mathrm{d}x = 0, \quad l \neq k \tag{16.2.16}$$

证: 勒让德方程

$$(1-x^2)y'' - 2xy' + l(l+1)y = 0$$

改写为

$$\frac{\mathrm{d}}{\mathrm{d}x}[(1-x^2)y'] + l(l+1)y = 0 \tag{16.2.17}$$

由于 $P_l(x)$、$P_k(x)$ 都满足勒让德方程, 有

$$\frac{\mathrm{d}}{\mathrm{d}x}[(1-x^2)P'_l(x)] + l(l+1)P_l(x) = 0 \tag{16.2.18}$$

$$\frac{\mathrm{d}}{\mathrm{d}x}[(1-x^2)P'_k(x)] + k(k+1)P_k(x) = 0 \tag{16.2.19}$$

由 (16.2.18) 式 $\times P_k(x)$ - (16.2.19) 式 $\times P_l(x)$, 可得

$$P_k\frac{\mathrm{d}}{\mathrm{d}x}[(1-x^2)P'_l] + l(l+1)P_lP_k - P_l\frac{\mathrm{d}}{\mathrm{d}x}[(1-x^2)P'_k] - k(k+1)P_lP_k = 0 \tag{16.2.20}$$

对上式积分,

$$\int_{-1}^{1} P_k\frac{\mathrm{d}}{\mathrm{d}x}[(1-x^2)P'_l]\,\mathrm{d}x - \int_{-1}^{1} P_l\frac{\mathrm{d}}{\mathrm{d}x}[(1-x^2)P'_k]\,\mathrm{d}x +$$
$$[l(l+1)-k(k+1)]\int_{-1}^{1} P_lP_k = 0 \tag{16.2.21}$$

$$(1-x^2)P'_lP_k\Big|_{-1}^{1} - \int_{-1}^{1}(1-x^2)P'_lP'_k\,\mathrm{d}x - (1-x^2)P'_kP_l\Big|_{-1}^{1} +$$
$$\int_{-1}^{1}(1-x^2)P'_kP'_l\,\mathrm{d}x + [l(l+1)-k(k+1)]\int_{-1}^{1} P_lP_k\,\mathrm{d}x = 0 \tag{16.2.22}$$

可得

$$\left[l(l+1) - k(k+1) \right] \int_{-1}^{1} P_l(x) P_k(x) \, dx = 0 \qquad (16.2.23)$$

当 $l \neq k$ 时,得到 $\int_{-1}^{1} P_l(x) P_k(x) \, dx = 0$.

附录:

对勒让德多项式 $P_l(x)$ 的正交性的另一种证明方法,需要先证明一个命题.

命题 16.2.1:设 $f_k(x)$ 为 x 的 k 次多项式,$P_l(x)$ 是勒让德多项式,当 $k < l$ 时,有

$$\int_{-1}^{1} f_k(x) P_l(x) \, dx = 0 \qquad (16.2.24)$$

证:由 $P_l(x)$ 的微分表达式(16.2.1),有

$$\int_{-1}^{1} f_k(x) P_l(x) \, dx = \frac{1}{2^l l!} \int_{-1}^{1} f_k(x) \frac{d^l}{dx^l} (x^2 - 1)^l \, dx \qquad (16.2.25)$$

对等式右边的积分进行 k 次分步积分,由于 $k < l$,可得

$$\int_{-1}^{1} f_k(x) P_l(x) \, dx = \frac{(-1)^k}{2^l l!} \int_{-1}^{1} f_k^{(k)}(x) \frac{d^{l-k}}{dx^{l-k}} (x^2 - 1)^l \, dx$$

$$= \frac{(-1)^k}{2^l l!} f_k^{(k)}(x) \frac{d^{l-k-1}}{dx^{l-k-1}} (x^2 - 1)^l \bigg|_{-1}^{1} = 0 \qquad (16.2.26)$$

其中用到 $f_k^{(k)}(x)$ 为常数,以及

$$\frac{d^{l-n}}{dx^{l-n}} (x^2 - 1)^l \bigg|_{-1}^{1} = 0, \quad 1 \leqslant n \leqslant l \qquad (16.2.27)$$

即此微商所得的每一项都保留有 $(x^2 - 1)$ 的因子,故当 $x = \pm 1$ 时,该因子都为零. 又 $k < l$,即 $1 \leqslant k+1 \leqslant l$,故可得(16.2.26)式的结果.

在**命题 16.2.1** 中,令 $f_k(x) = P_k(x)$,即可得当 $k \neq l$ 时,$P_l(x)$ 的正交关系式

$$\int_{-1}^{1} P_k(x) P_l(x) \, dx = 0, \quad k \neq l \qquad (16.2.28)$$

五、勒让德多项式的模

由勒让德多项式的正交性表达式,当 $k = l$ 时,计算 $[P_l(x)]^2$ 的积分,由 $P_l(x)$ 的微分表达式

$$P_l(x) = \frac{1}{2^l l!} \frac{d^l}{dx^l} (x^2 - 1)^l \qquad (16.2.29)$$

可得

$$\int_{-1}^{1} P_l(x) P_l(x) \, dx = \frac{1}{2^l l!} \int_{-1}^{1} P_l(x) \frac{d^l}{dx^l} (x^2 - 1)^l \, dx$$

$$= \frac{1}{2^l l!} P_l \frac{d^{l-1}}{dx^{l-1}} (x^2 - 1)^l \bigg|_{-1}^{1} - \frac{1}{2^l l!} \int_{-1}^{1} P_l^{(l)} \frac{d^{l-1}}{dx^{l-1}} (x^2 - 1)^l \, dx$$

$$= \frac{(-1)^l}{2^l l!} \int_{-1}^{1} P_l^{(l)}(x)(x^2-1)^l \mathrm{d}x$$

$$= \frac{(-1)^l (2l)!}{2^l \cdot 2^l \cdot (l!)^2} \int_{-1}^{1} (x^2-1)^l \mathrm{d}x$$

$$= \frac{(-1)^l (2l)!}{2^l \cdot 2^l \cdot (l!)^2} \cdot \frac{(-1)^l (l!)^2 2^{2l+1}}{(2l)!(2l+1)}$$

$$= \frac{2}{2l+1} \qquad (16.2.30)$$

由于 $P_l(x)$ 为最高次幂为 l 的多项式,故 $P_l^{(l)}(x)$ 为常数,由 $P_l(x)$ 的微分表达式可得

$$P_l^{(l)}(x) = \frac{1}{2^l l!} \frac{\mathrm{d}^l}{\mathrm{d}x^l} \cdot \frac{\mathrm{d}^l}{\mathrm{d}x^l}(x^2-1)^l = \frac{1}{2^l l!} \frac{\mathrm{d}^{2l}}{\mathrm{d}x^{2l}}[x^{2l}-\cdots] = \frac{(2l)!}{2^l l!} \qquad (16.2.31)$$

六、归一化的勒让德多项式的正交关系表达式

由勒让德多项式模的表达式(16.2.30)得到 $P_l(x)$ 的归一化系数为 $\sqrt{\dfrac{2l+1}{2}}$,则可把归一化后的勒让德多项式的正交关系写成标准形式

$$\int_{-1}^{1} \sqrt{\frac{2k+1}{2}} P_k(x) \sqrt{\frac{2l+1}{2}} P_l(x) \mathrm{d}x = \delta_{kl} \qquad (16.2.32)$$

因此

$$\left\{ \sqrt{\frac{2l+1}{2}} P_l(x), \quad l=0,1,2,\cdots \right\} \qquad (16.2.33)$$

构成了正交归一的函数系,这是勒让德方程的 S-L 本征值问题的本征解. 由 S-L 本征值问题的理论可知,(16.2.33)式中的正交归一的勒让德多项式构成了正交归一的完备的函数系,这函数系可作为基向量,张成一个希尔伯特空间.

在所求解的勒让德方程中,定义在此希尔伯特空间中的函数,都可以在这组正交归一的完备基中展开,即广义傅里叶展开. 这是在解这类物理问题中经常要用到的数学手段.

§16.3 具有轴对称的拉普拉斯方程的求解

一、拉普拉斯方程在球坐标系下的分离变量

拉普拉斯方程

$$\nabla^2 u = 0 \qquad (16.3.1)$$

是描述一个无源区域中的稳定场分布的方程,在球坐标系下此方程的表达式为

$$\frac{1}{r^2}\frac{\partial}{\partial r}\left(r^2\frac{\partial u}{\partial r}\right)+\frac{1}{r^2\sin\theta}\frac{\partial}{\partial\theta}\left(\sin\frac{\partial u}{\partial\theta}\right)+\frac{1}{r^2\sin^2\theta}\frac{\partial^2 u}{\partial\varphi^2}=0 \qquad (16.3.2)$$

对场函数 u 进行分离变量

$$u(r,\theta,\varphi)=R(r)\Theta(\theta)\Phi(\varphi)$$

（1）径向方程为

$$\frac{\mathrm{d}^2 R(r)}{\mathrm{d}r^2}+\frac{2}{r}\frac{\mathrm{d}R(r)}{\mathrm{d}r}-\frac{l(l+1)}{r^2}R(r)=0 \qquad (16.3.3)$$

（2）当考虑 $\Phi(\varphi)$ 具有周期边界条件时，$\Phi(\varphi)$ 的方程为

$$\frac{\mathrm{d}^2\Phi(\varphi)}{\mathrm{d}\varphi^2}+m^2\Phi(\varphi)=0, \quad m=0,\pm 1,\pm 2,\cdots \qquad (16.3.4)$$

（3）$\Theta(\theta)$ 的方程为

$$(1-x^2)\frac{\mathrm{d}^2 y(x)}{\mathrm{d}x^2}-2x\frac{\mathrm{d}y(x)}{\mathrm{d}x}+\left[l(l+1)-\frac{m^2}{1-x^2}\right]y(x)=0 \qquad (16.3.5)$$

其中 $y(x)=\Theta(\theta)$，$x=\cos\theta$。

二、轴对称下拉普拉斯方程解的形式

当定解问题具有轴对称时，取对称轴为坐标系的极轴 z 轴，此时问题就变成与 φ 角无关的问题，故函数 u 只依赖于 (r,θ)，即 $u(r,\theta)$，它表现在方程式（16.3.4）、（16.3.5）式中为 $m=0$，即 $\Phi(\varphi)$ 为常数，不失普遍性，取 $\Phi(\varphi)=1$，这样轴对称问题的拉普拉斯方程的求解，就变成求解径向方程和勒让德方程：

$$\frac{\mathrm{d}^2 R}{\mathrm{d}r^2}+\frac{2}{r}\frac{\mathrm{d}R}{\mathrm{d}r}-\frac{l(l+1)}{r^2}R=0 \qquad (16.3.6)$$

$$(1-x^2)\frac{\mathrm{d}^2 y}{\mathrm{d}x^2}-2x\frac{\mathrm{d}y}{\mathrm{d}x}+l(l+1)y=0 \qquad (16.3.7)$$

勒让德方程式（16.3.7）在自然边界条件 $|y(x)|<\infty$ 下，得到的解为勒让德多项式 $y(x)=\mathrm{P}_l(x)$，$l=0,1,2,\cdots$。

1. 径向方程的求解

对径向方程式（16.3.3）

$$\frac{\mathrm{d}^2 R}{\mathrm{d}r^2}+\frac{2}{r}\frac{\mathrm{d}R}{\mathrm{d}r}-\frac{l(l+1)}{r^2}R=0$$

由于是二阶齐次方程，令 $R(r)=r^k$，k 为一待定幂次，代入上述方程可得

$$k(k-1)r^{k-2}+2kr^{k-2}-l(l+1)r^{k-2}=0 \qquad (16.3.8)$$

即可得系数方程：$k(k-1)+2k-l(l+1)=0$，即

$$k(k+1)-l(l+1)=0 \qquad (16.3.9)$$

此方程的解为 $k=l$，$k=-(l+1)$。

故径向方程的解为两个线性无关的解 $R(r)\sim r^l$ 和 $R(r)\sim r^{-(l+1)}$ 的线性组合，即

$$R(r)=C_l r^l+D_l r^{-(l+1)} \qquad (16.3.10)$$

其中待定系数 C,D 由方程的定解条件确定.

2. 轴对称问题中拉普拉斯方程解的形式

轴对称问题的拉普拉斯方程在自然边界条件下解的形式为

$$u(r,\theta) = \sum_{l=0}^{\infty} (C_l r^l + D_l r^{-(l+1)}) P_l(\cos \theta) \tag{16.3.11}$$

三、轴对称问题举例

由于求解轴对称的稳定场分布的问题广泛存在于物理问题中,下面举例说明此类问题的求解.

例16.3.1 在单位球的北极上放置一电荷量为 $4\pi\varepsilon_0$ 的点电荷,求单位球内任一点 r 的电势,并用勒让德多项式表示.

解:以单位球的球心为坐标原点,北极 N 点为 z 轴上 $z = 1$ 处,如图 16.3.1 所示. 单位球内任一点 r, $| r | = r$,r 点离北极 N 的距离为 $r' = | r' |$,由几何关系知 $r'^2 = 1 + r^2 - 2r\cos \theta$,即

$$r' = \sqrt{1 + r^2 - 2r\cos \theta}$$

由点电荷的电势表达式可知电势 $u(r)$ 为

$$u(r) = \frac{1}{4\pi\varepsilon_0} \cdot \frac{q}{r'} = \frac{1}{\sqrt{1 + r^2 - 2r\cos \theta}} \tag{16.3.12}$$

另一方面,点电荷在 N 点产生的电势是以 z 轴为对称轴的稳定场的分布问题,在除 N 点外的空间满足拉普拉斯方程

$$\nabla^2 u(r) = 0 \tag{16.3.13}$$

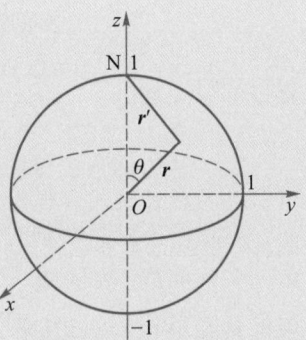

图 16.3.1

其解的形式为(16.3.11)式

$$u(r,\theta) = \sum_{l=0}^{\infty} (C_l r^l + D_l r^{-(l+1)}) P_l(\cos \theta) \tag{16.3.14}$$

由 r 的边界条件定系数 C_l、D_l,由于是在球内部求解,故 $r^{-(l+1)}$ 这一项在 $r \to 0$ 时发散,只能取 $D_l = 0$,因此球内拉普拉斯方程(16.3.13)在单位球内解的形式为

$$u(r,\theta) = \sum_{l=0}^{\infty} C_l r^l P_l(\cos \theta), \quad r < 1 \tag{16.3.15}$$

以上这两种形式的解(16.3.12)式和(16.3.15)式是相等的,故有

$$\frac{1}{\sqrt{1 + r^2 - 2r\cos \theta}} = \sum_{l=0}^{\infty} C_l P_l(\cos \theta) r^l \tag{16.3.16}$$

由于上式对球内任意点都成立,要定出系数 C_l,取 $\theta = 0$,即 r 取在正 z 轴上,由于 $r < 1$,$\cos \theta = 1$,且利用 $P_l(1) = 1$,(16.3.16)式变为

$$\frac{1}{1-r} = \sum_{l=0}^{\infty} C_l r^l \tag{16.3.17}$$

等式左边的泰勒展开式是大家所熟悉的. 由于

$$\frac{1}{1-r} = 1 + r + r^2 + r^3 + \cdots, \quad r < 1$$

故可得 $C_l=1, l=0,1,2,\cdots$.

因此有

$$\frac{1}{\sqrt{1+r^2-2r\cos\theta}}=\sum_{l=0}^{\infty}\mathrm{P}_l(\cos\theta)r^l \qquad (16.3.18)$$

等式两边都是电势 $u(r)$ 的表达式.

(16.3.18)式正是勒让德多项式的生成函数的表达式.

注意:当 $\theta=0, r=1$,即在北极点 N 上,此时(16.3.18)式的右边为 $\sum_{l=0}^{\infty}\mathrm{P}_l(1)$ 是发散的,算式的左边也是发散的,因此等式自洽.

由于(16.3.12)式和(16.3.14)式是除北极点 N 以外整个空间都成立的关系式,对 r 并无限制,因此在 $r>1$ 的区域中,由(16.3.14)式,应取 $C_l=0$,则

$$u(r,\theta)=\sum_{l=0}^{\infty}D_l r^{-(l+1)}\mathrm{P}_l(\cos\theta)$$

取 $\theta=0, \cos\theta=1$,得到

$$\frac{1}{r\left(1-\dfrac{1}{r}\right)}=\sum_l D_l r^{-(l+1)}$$

对比系数可得,$D_l=1$,故可得当 $r>1$ 时,有

$$\frac{1}{\sqrt{1+r^2-2r\cos\theta}}=\sum_{l=0}^{\infty}\mathrm{P}_l(\cos\theta)r^{-(l+1)}, \quad r>1 \qquad (16.3.19)$$

这是**勒让德多项式生成函数**的另一表达式.

例16.3.2 在均匀电场 E_0 中放一半径为 a 的接地导体球,求球外电场.

解:取球心 O 为坐标原点,取电场 E_0 的方向为极轴 z 轴的正方向,如图 16.3.2 所示. 由于界面为球面,选取球坐标系.

由于球外无电荷存在,故球外的电势 $u(r,\theta,\varphi)$ 满足拉普拉斯方程,这是个稳定场分布的问题,

$$\nabla^2 u(r,\theta,\varphi)=0, r>a$$

此问题的边界条件是:

(1) 在无穷远处,认为金属球感应电荷产生的势在 $r\to\infty$ 时可忽略,故只有原电场 E_0,其方向为 z 轴的正方向,即 $\left.\dfrac{\partial u}{\partial z}\right|_{r\to\infty}=-E_0$ ("$-$" 号来自电势 u 的梯度与电场反向,即 $E=-\dfrac{\partial u}{\partial z}$),故有

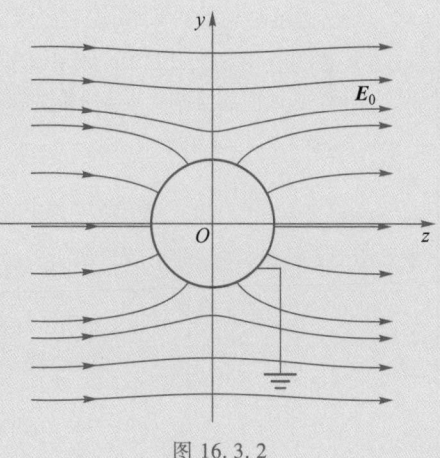

图 16.3.2

$$u\big|_{r\to\infty}=-E_0 z+u_0=-E_0 r\cos\theta+u_0 \quad (z=r\cos\theta)$$

此处 u_0 为一常数,它表示在没放进导体球前 O 点原来的电势值. 若 $u_0=0$,即电势的零点取为 O 点,则放进导体球后,导体球接地后取接地为电势零点,与此选择自洽.

(2) 导体球接地,球外区域的内界面为球面,即球面的电势为零,$u\big|_{r=a}=0$.

故球外区域($r>a$)电势的稳定分布的定解问题归结为

$$\begin{cases} \nabla^2 u = 0 & (16.3.20) \\ u \mid_{r=a} = 0 & (16.3.21) \\ u \mid_{r \to \infty} = -E_0 r \cos \theta + u_0 & (16.3.22) \end{cases}$$

由于此问题为轴对称的,故 $u(r, \theta, \varphi)$ 与 φ 变量无关,即 $\Phi(\varphi) = 1$,则 $u(r)$ 为 $u(r, \theta)$,令 $u(r, \theta) = R(r)\Theta(\theta)$,并令 $x = \cos \theta, y(x) = \Theta(\theta)$,则方程化为勒让德方程和径向方程,

$$\frac{d}{dx}\left[(1-x^2)\frac{dy}{dx}\right] + l(l+1)y = 0, \quad |x| \leqslant 1 \tag{16.3.23}$$

$$\frac{d}{dr}\left(r^2\frac{dR}{dr}\right) - l(l+1)R = 0, \quad r > a \tag{16.3.24}$$

勒让德方程必须满足自然边界条件,即在球外有限区域内 $|y| < \infty$ ($|x| \leqslant 1$). 即要求本征值 $l(l+1)$ 中的 l 必须为正整数,$l = 0, 1, 2, \cdots$,其相应的本征解为勒让德多项式

$$y(x) = P_l(x), \quad l = 0, 1, 2, \cdots \tag{16.3.25}$$

径向方程的解为

$$R_l(r) = A_l r^l + B_l r^{-(l+1)} \tag{16.3.26}$$

A_l, B_l 由边界条件确定.

因此,相应于本征值 $l(l+1)$ 的本征解的形式为

$$u_l(r, \theta) = (A_l r^l + B_l r^{-(l+1)}) P_l(\cos \theta) \tag{16.3.27}$$

方程(16.3.18)的通解的形式为

$$u(r, \theta) = \sum_{l=0}^{\infty} [A_l r^l + B_l r^{-(l+1)}] P_l(\cos \theta) \tag{16.3.28}$$

下一步由边界条件把待定系数 A_l, B_l 定出,首先考虑 $r \to \infty$ 的情况,当 $r \to \infty$ 时,$B_l r^{-(l+1)} \to 0$,此时解的形式为

$$u(r, \theta) = \sum_{l=0}^{\infty} A_l r^l P_l(\cos \theta) \tag{16.3.29}$$

与边界条件式(16.3.22)比较,并利用 $P_0(\cos \theta) = 1, P_1(\cos \theta) = \cos \theta$,即可得

$$A_0 = u_0, \quad A_1 = -E_0, \quad A_2 = A_3 = \cdots = 0 \tag{16.3.30}$$

至此,解的形式可写成

$$u(r, \theta) = u_0 - E_0 r \cos \theta + \sum_{l=0}^{\infty} B_0 r^{-(l+1)} P_l(\cos \theta) \tag{16.3.31}$$

再利用边界条件式(16.3.21) $u \mid_{r=a} = 0$ 可得

$$u_0 - E_0 a \cos \theta + \sum_{l=0}^{\infty} B_l a^{-(l+1)} P_l(\cos \theta) = 0 \tag{16.3.32}$$

即

$$(B_0 a^{-1} + u_0) P_0(\cos \theta) + (B_1 a^{-1} - E_0 a) P_1(\cos \theta) +$$

$$\sum_{l=2}^{\infty} B_l a^{-(l+1)} P_l(\cos \theta) = 0$$

可得

$$B_0 a^{-1} + u_0 = 0, \quad B_1 a^{-2} - E_0 a = 0, \quad B_l = 0 \quad (l \geqslant 2)$$

即

$$B_0 = -u_0 a, \quad B_1 = E_0 a^3, \quad B_l = 0 \quad (l \geqslant 2) \tag{16.3.33}$$

因此得到整个定解问题的解即球外电势分布为

$$u(r,\theta) = u_0 - E_0 r\cos\theta - \frac{u_0 a}{r} + E_0 a^3 \frac{\cos\theta}{r^2}, \quad r \geqslant a \tag{16.3.34}$$

当考虑到导体球是个等势体,其接地的电势取为零,即要求把原来坐标原点 O 的电势取为零,$u_0 = 0$,此时的解变为

$$u(r,\theta) = -E_0 r\cos\theta + E_0 a^3 \frac{\cos\theta}{r^2}, \quad r \geqslant a \tag{16.3.35}$$

等式右边第一项为当原点 O 的电势取为零时,原来电场 E_0 的表达式,第二项为中心在坐标原点 O,在 z 轴上的一个偶极子产生的电势.

进一步分析电场的分布,由

$$\boldsymbol{E} = -\nabla u = -\left(\frac{\partial u}{\partial r}\boldsymbol{e}_r + \frac{1}{r}\frac{\partial u}{\partial \theta}\boldsymbol{e}_\theta + \frac{1}{r\sin\theta}\frac{\partial u}{\partial \varphi}\boldsymbol{e}_\varphi\right)$$

$$= E_0 \cos\theta\left(1 + \frac{2a^3}{r^3}\right)\boldsymbol{e}_r + E_0 \sin\theta\left(\frac{a^3}{r^3} - 1\right)\boldsymbol{e}_\theta \tag{16.3.36}$$

可看出,当 $r = a$ 时,

$$\boldsymbol{E}\Big|_{r=a} = 3E_0\cos\theta\boldsymbol{e}_r \tag{16.3.37}$$

即导体球表面的电场分布,电场的方向与球面垂直,电场分布是以 z 轴为对称轴的,导体球的"赤道"电场为零,而两极的电场最强,但方向相反. 由于导体表面的电场强度与电荷面密度成正比,因此感应出的轴对称的导体面电荷的分布在球外区域产生的场,等效于一个中心在原点的电偶极子在球外产生的场.

例16.3.3

在介电常数为 ε,半径为 a 的介质球外,距介质球球心 O 的距离 b 处,放置一电荷量为 q 的点电荷,求介质球外的电势分布.

解:取以 O 点为原点的球坐标系,极轴 z 轴在 Oq 的连线方向上,如图 16.3.3 所示. 此问题是以 z 轴为对称轴的轴对称问题,除点电荷 q 所在的点和介质球表面(有极化束缚电荷)外,整个空间满足拉普拉斯方程. 由于介质球表面极化电荷的存在(在介质球表面拉普拉斯方程失效),应把球面当成一个界面处理,因此整个空间的电势分布应分成球内区的电势分布 u_i 和球外区的电势分布 u_e 来求解,而球面这一边界有两个衔接条件:

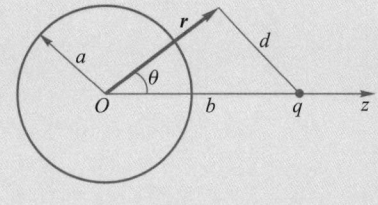

图 16.3.3

(1)球内外的电势在球面上连续,即

$$u_i\big|_{r=a} = u_e\big|_{r=a} \tag{16.3.38}$$

(2)球内外的电位移 $\boldsymbol{D}$ 在球面的法向 $\boldsymbol{n}$ 的分量是连续的(这是由于球面上无自由电荷)

$$(D_i)_n\big|_{r=a} = (D_e)_n\big|_{r=a} \tag{16.3.39}$$

由于 $D_i = \varepsilon E_i$,ε 为介质的介电常数,ε_0 为外部空间的介电常数,$\varepsilon_0 = 1$,且 $(D_i)_n = -\varepsilon \dfrac{\partial u_i}{\partial r}$,故这一条件可写为

$$\varepsilon\frac{\partial u_i}{\partial r}\bigg|_{r=a} = \frac{\partial u_e}{\partial r}\bigg|_{r=a} \tag{16.3.40}$$

下面分球内外两区域来求解电势分布.

第一,球内区域:由于球内区没有自由电荷,故 u_i 满足拉普拉斯方程

$$\nabla^2 u_{\mathrm{i}} = 0, \quad r < a \tag{16.3.41}$$

其通解为

$$u_{\mathrm{i}}(r, \theta) = \sum_{l=0}^{\infty} \left(A_l r^l + B_l r^{-(l+1)} \right) \mathrm{P}_l(\cos \theta) \tag{16.3.42}$$

由于 u_{i} 在球内有限，即 $|u_{\mathrm{i}}| < \infty$，故要求 $B_l = 0$，即 u_{i} 具有形式

$$u_{\mathrm{i}}(r, \theta) = \sum_{l=0}^{\infty} A_l r^l \mathrm{P}_l(\cos \theta) \tag{16.3.43}$$

第二，球外区域：电势 u_e 并不是处处都满足拉普拉斯方程的，在点电荷 q 处就不满足，因此可把 u_e 看成两部分组成，

$$u_e = u_r + u_q \tag{16.3.44}$$

其中 u_q 为点电荷 q 产生的势，u_r 为球面上极化电荷产生的势. 极化电荷产生的势 u_r 在 $r > a$ 的区域仍满足拉普拉斯方程

$$\nabla^2 u_r = 0, \quad r > a \tag{16.3.45}$$

由于当 $r \to \infty$ 时 $u_r \to 0$，这一自然边界条件的要求，由拉普拉斯方程的通解形式可知，u_r 具有如下的形式，

$$u_r(r, \theta) = \sum_{l=0}^{\infty} B_l r^{-(l+1)} \mathrm{P}_l(\cos \theta) \tag{16.3.46}$$

由图 16.3.3 可知，点电荷 q 在球外任一点 $\boldsymbol{r}$ 所产生的势为

$$u_q = \frac{q}{d} = \frac{q}{(r^2 + b^2 - 2rb\cos\theta)^{1/2}} \tag{16.3.47}$$

d 为 $\boldsymbol{r}$ 点到点电荷 q 的距离. (16.3.46) 式和 (16.3.47) 式在球外整个区域都成立，与 $r > b$ 或 $r < b$ 无关. 但 u_q 的展开形式与此有关. 为了确定系数 B_l，要利用球面处的衔接条件，此时 $r = a < b$，故取 u_q 在 $r < b$ 区域的展开式来求解.

当 $r < b$ 时，由勒让德多项式的生成函数可知，u_q 可表示为

$$u_q = q \sum_{l=0}^{\infty} \frac{1}{b^{l+1}} r^l \mathrm{P}_l(\cos\theta) \quad (r < b)$$

故在 $a < r < b$ 的球外区的电势 $u_e = u_r + u_q$ 具有形式

$$u_e = \sum_{l=0}^{\infty} B_l r^{-(l+1)} \mathrm{P}_l(\cos\theta) + q \sum_{l=0}^{\infty} \frac{1}{b^{l+1}} r^l \mathrm{P}_l(\cos\theta) \tag{16.3.48}$$

由球面的衔接条件式 (16.3.38) 和式 (16.3.40) 定出 u_{i} 和 u_e 中的待定系数 A_l 和 B_l，

$$\begin{cases} \displaystyle\sum_{l=0}^{\infty} A_l a^l \mathrm{P}_l(\cos\theta) = \sum_{l=0}^{\infty} \left[B_l a^{-(l+1)} + \frac{q}{b^{l+1}} a^l \right] \mathrm{P}_l(\cos\theta) \tag{16.3.49} \\[2ex] \displaystyle\varepsilon \sum_{l=0}^{\infty} A_l l a^{l-1} \mathrm{P}_l(\cos\theta) = \sum_{l=0}^{\infty} \left[-B_l(l+1) a^{-(l+2)} + \frac{q \cdot l}{b^{l+1}} a^{l-1} \right] \mathrm{P}_l(\cos\theta) \tag{16.3.50} \end{cases}$$

由此两式的两边比较系数可得

$$\begin{cases} A_l a^l = B_l a^{-(l+1)} + \dfrac{q}{b^{l+1}} a^l \\[2ex] \varepsilon l A_l a^{l-1} = -B_l(l+1) a^{-(l+2)} + \dfrac{ql}{b^{l+1}} a^{l-1} \end{cases}$$

可得

$$A_l = q \frac{2l+1}{\left[(\varepsilon+1)l+1\right]b^{l+1}} \tag{16.3.51}$$

$$B_l = -q(\varepsilon-1)\frac{la^{2l+1}}{\left[(\varepsilon+1)l+1\right]b^{l+1}} \tag{16.3.52}$$

因此,可得整个定解问题的解为

$$u_i(r,\theta) = \frac{q}{b}\sum_{l=0}^{\infty}\frac{2l+1}{(\varepsilon+1)l+1}\left(\frac{r}{b}\right)^l P_l(\cos\theta), \quad r<a \tag{16.3.53}$$

$$u_e(r,\theta) = \frac{q}{(r^2+b^2-2rb\cos\theta)^{1/2}} -$$

$$\frac{q(\varepsilon-1)}{a}\sum_{l=0}^{\infty}\frac{l}{(\varepsilon+1)l+1}\left(\frac{a^2}{br}\right)^{l+1}P_l(\cos\theta) \tag{16.3.54}$$

其中 u_e 的表达式在整个球外,包括 $r>b$ 的区域均成立.

§16.4___连带勒让德函数

一、连带勒让德函数的表示式

当考虑的物理问题不具有极轴对称性,分离变量后的 $\Phi(\varphi)$ 要求具有周期性边界条件: $\Phi(\varphi)=\Phi(\varphi+2\pi)$,就必须考虑求解连带勒让德方程

$$(1-x^2)\frac{d^2y}{dx^2} - 2x\frac{dy}{dx} + \left[l(l+1) - \frac{m^2}{1-x^2}\right]y = 0 \tag{16.4.1}$$

其中 $m = 0, \pm1, \pm2, \cdots$.

如同求解勒让德方程的本征值问题一样,连带勒让德方程也存在同样的本征值问题,

$$\begin{cases} (1-x^2)\dfrac{d^2y}{dx^2} - 2x\dfrac{dy}{dx} + \left[l(l+1) - \dfrac{m^2}{1-x^2}\right]y = 0 \\ |y(x)| < \infty, \quad -1 \leqslant x \leqslant 1 \end{cases} \tag{16.4.2}$$

对于连带勒让德方程,仍有三个正则奇点: $x = \pm1, \infty$. 如果采用先前的级数解法,对这一本征值问题的求解是较复杂和繁琐的.

由于连带勒让德方程与勒让德方程有着密切的联系,而且它们具有相同的自然边界条件,因此我们将借助原先已得到的勒让德方程本征值问题的本征解 $P_l(x)$,寻求本征值问题式(16.4.2)的解与 $P_l(x)$ 的关系.

从勒让德方程出发

$$(1-x^2)\frac{d^2P_l(x)}{dx^2} - 2x\frac{dP_l(x)}{dx} + l(l+1)P_l(x) = 0 \tag{16.4.3}$$

将其对 x 求 m 次微商

$$\frac{d^m}{dx^m}\left[(1-x^2)\frac{d^2P_l(x)}{dx^2}\right] - \frac{d^m}{dx^m}\left[2x\frac{dP_l(x)}{dx}\right] + l(l+1)\frac{d^m}{dx^m}P_l(x) = 0 \tag{16.4.4}$$

对前两项应用莱布尼茨(Leibnitz)公式

$$(uv)^{(n)} = uv^{(n)} + nu'v^{(n-1)} + \frac{n(n-1)}{2}u''v^{(n-2)} + \cdots + u^{(n)}v \qquad (16.4.5)$$

则(16.4.4)式为

$$\frac{\mathrm{d}^m}{\mathrm{d}x^m}\left[(1-x^2)\frac{\mathrm{d}^2 P_l(x)}{\mathrm{d}x^2}\right] - \frac{\mathrm{d}^m}{\mathrm{d}x^m}\left[2x\frac{\mathrm{d}P_l(x)}{\mathrm{d}x}\right] + l(l+1)\frac{\mathrm{d}^m}{\mathrm{d}x^m}P_l(x) = 0$$

对第一项，$u = 1-x^2$，$v = \dfrac{\mathrm{d}^2 P_l(x)}{\mathrm{d}x^2}$，有

$$\frac{\mathrm{d}^m}{\mathrm{d}x^m}\left[(1-x^2)\frac{\mathrm{d}^2 P_l(x)}{\mathrm{d}x^2}\right] = (1-x^2)\frac{\mathrm{d}^m}{\mathrm{d}x^m}\frac{\mathrm{d}^2 P_l(x)}{\mathrm{d}x^2} + m\frac{\mathrm{d}}{\mathrm{d}x}(1-x^2)\frac{\mathrm{d}^{m-1}}{\mathrm{d}x^{m-1}}\frac{\mathrm{d}^2 P_l(x)}{\mathrm{d}x^2} +$$

$$\frac{m(m-1)}{2}\frac{\mathrm{d}^2}{\mathrm{d}x^2}(1-x^2)\frac{\mathrm{d}^{m-2}}{\mathrm{d}x^{m-2}}\frac{\mathrm{d}^2 P_l(x)}{\mathrm{d}x^2} + 0$$

$$= (1-x^2)\frac{\mathrm{d}^m}{\mathrm{d}x^m}\frac{\mathrm{d}^2 P_l(x)}{\mathrm{d}x^2} - 2mx\frac{\mathrm{d}^{m-1}}{\mathrm{d}x^{m-1}}\frac{\mathrm{d}^2 P_l(x)}{\mathrm{d}x^2} -$$

$$m(m-1)\frac{\mathrm{d}^{m-2}}{\mathrm{d}x^{m-2}}\frac{\mathrm{d}^2 P_l(x)}{\mathrm{d}x^2}$$

$$= (1-x^2)\frac{\mathrm{d}^2}{\mathrm{d}x^2}\left[\frac{\mathrm{d}^m}{\mathrm{d}x^m}P_l(x)\right] - 2mx\frac{\mathrm{d}}{\mathrm{d}x}\left[\frac{\mathrm{d}^m}{\mathrm{d}x^m}P_l(x)\right] -$$

$$m(m-1)\frac{\mathrm{d}^m}{\mathrm{d}x^m}P_l(x)$$

对第二项，$u = 2x$，$v = \dfrac{\mathrm{d}P_l(x)}{\mathrm{d}x}$，有

$$-\frac{\mathrm{d}^m}{\mathrm{d}x^m}\left[2x\frac{\mathrm{d}P_l(x)}{\mathrm{d}x}\right] = -2x\frac{\mathrm{d}^m}{\mathrm{d}x^m}\frac{\mathrm{d}P_l(x)}{\mathrm{d}x} - 2m\frac{\mathrm{d}^{m-1}}{\mathrm{d}x^{m-1}}\frac{\mathrm{d}P_l(x)}{\mathrm{d}x} + 0$$

$$= -2x\frac{\mathrm{d}}{\mathrm{d}x}\left[\frac{\mathrm{d}^m}{\mathrm{d}x^m}P_l(x)\right] - 2m\frac{\mathrm{d}^m}{\mathrm{d}x^m}P_l(x)$$

故(16.4.4)式变为

$$(1-x^2)\frac{\mathrm{d}^2}{\mathrm{d}x^2}\left[\frac{\mathrm{d}^m}{\mathrm{d}x^m}P_l(x)\right] - 2mx\frac{\mathrm{d}}{\mathrm{d}x}\left[\frac{\mathrm{d}^m}{\mathrm{d}x^m}P_l(x)\right] - m(m-1)\frac{\mathrm{d}^m}{\mathrm{d}x^m}P_l(x) -$$

$$2x\frac{\mathrm{d}}{\mathrm{d}x}\left[\frac{\mathrm{d}^m}{\mathrm{d}x^m}P_l(x)\right] - 2m\frac{\mathrm{d}^m}{\mathrm{d}x^m}P_l(x) + l(l+1)\frac{\mathrm{d}^m}{\mathrm{d}x^m}P_l(x) = 0$$

即

$$(1-x^2)\frac{\mathrm{d}^2}{\mathrm{d}x^2}\left[\frac{\mathrm{d}^m}{\mathrm{d}x^m}P_l(x)\right] - 2x(m+1)\frac{\mathrm{d}}{\mathrm{d}x}\left[\frac{\mathrm{d}^m}{\mathrm{d}x^m}P_l(x)\right] -$$

$$m(m+1)\frac{\mathrm{d}^m}{\mathrm{d}x^m}\mathrm{P}_l(x)+l(l+1)\frac{\mathrm{d}^m}{\mathrm{d}x^m}\mathrm{P}_l(x)=0$$

从而得到

$$(1-x^2)\frac{\mathrm{d}^2}{\mathrm{d}x^2}\left[\frac{\mathrm{d}^m}{\mathrm{d}x^m}\mathrm{P}_l\right]-2x(m+1)\frac{\mathrm{d}}{\mathrm{d}x}\left[\frac{\mathrm{d}^m}{\mathrm{d}x^m}\mathrm{P}_l\right]+$$

$$[l(l+1)-m(m+1)]\frac{\mathrm{d}^m}{\mathrm{d}x^m}\mathrm{P}_l(x)=0 \qquad (16.4.6)$$

考察此方程与连带勒让德方程式(16.4.1)之间各项系数的关系,采用试探解的方法,选取 $y(x)$ 的形式为

$$y(x)=(1-x^2)^{\frac{m}{2}}\frac{\mathrm{d}^m}{\mathrm{d}x^m}\mathrm{P}_l(x) \qquad (16.4.7)$$

对 x 求导

$$\frac{\mathrm{d}y}{\mathrm{d}x}=(1-x^2)^{\frac{m}{2}}\frac{\mathrm{d}}{\mathrm{d}x}\left[\frac{\mathrm{d}^m}{\mathrm{d}x^m}\mathrm{P}_l\right]-m(1-x^2)^{\frac{m}{2}-1}\cdot x\left[\frac{\mathrm{d}^m}{\mathrm{d}x^m}\mathrm{P}_l\right]$$

和

$$\frac{\mathrm{d}^2y}{\mathrm{d}x^2}=(1-x^2)^{\frac{m}{2}}\frac{\mathrm{d}^2}{\mathrm{d}x^2}\left[\frac{\mathrm{d}^m}{\mathrm{d}x^m}\mathrm{P}_l\right]-2m(1-x^2)^{\frac{m}{2}-1}\cdot x\frac{\mathrm{d}}{\mathrm{d}x}\left[\frac{\mathrm{d}^m}{\mathrm{d}x^m}\mathrm{P}_l\right]-$$

$$m(1-x^2)^{\frac{m}{2}-1}\left[\frac{\mathrm{d}^m}{\mathrm{d}x^m}\mathrm{P}_l\right]+m(m-2)(1-x^2)^{\frac{m}{2}-2}x^2\frac{\mathrm{d}^m}{\mathrm{d}x^m}\mathrm{P}_l$$

将它们代入连带勒让德方程式(16.4.1)中,可得

$$(1-x^2)^{\frac{m}{2}}\left\{(1-x^2)\frac{\mathrm{d}^2}{\mathrm{d}x^2}\left[\frac{\mathrm{d}^m}{\mathrm{d}x^m}\mathrm{P}_l\right]-2x(m+1)\frac{\mathrm{d}}{\mathrm{d}x}\left[\frac{\mathrm{d}^m}{\mathrm{d}x^m}\mathrm{P}_l\right]+\right.$$

$$\left.[l(l+1)-m(m+1)]\frac{\mathrm{d}^m}{\mathrm{d}x^m}\mathrm{P}_l\right\}=0 \qquad (16.4.8)$$

等式左边的大括号{ }中的式子正是方程式(16.4.6)中的左边,故等式(16.4.8)成立. 说明解 $y(x)$ 的形式为(16.4.7)式,

$$y(x)=(1-x^2)^{\frac{m}{2}}\frac{\mathrm{d}^m}{\mathrm{d}x^m}\mathrm{P}_l(x)$$

$y(x)$ 满足连带勒让德方程,同时对于本征值 $l(l+1)$, $l=0,1,2,\cdots$, $y(x)$ 亦满足自然边界条件 $|y(x)|<\infty$ $(-1\leqslant x\leqslant 1)$. 因此这 $y(x)$ 的形式(16.4.7)就是所求的连带勒让德方程本征问题式(16.4.2)的本征解,记

$$y(x)\equiv\mathrm{P}_l^m(x)$$

即

$$\mathrm{P}_l^m(x)=(1-x^2)^{\frac{m}{2}}\frac{\mathrm{d}^m}{\mathrm{d}x^m}\mathrm{P}_l(x) \qquad (16.4.9)$$

$P_l^m(x)$ 称为**连带勒让德函数**,亦称为 m 阶 l 次连带勒让德函数.

由于 $P_l(x)$ 为 x 的 l 次多项式,因此对 $P_l(x)$ 的求导高于 l 次时就为零. 因此由 $P_l^m(x)$ 的表达式可看出,m 的取值有如下限制:

$$m = 0, \pm 1, \pm 2, \cdots, \pm l \qquad (16.4.10)$$

由于 $|m| \leqslant l$,下面讨论 m 取负值,即 $m = -1, -2, \cdots, -l$ 的意义.

由连带勒让德方程可看出,方程中只含有 m^2 项,故当 $m \rightarrow -m$ 时,方程式(16.4.1)是不变的,即 $P_l^{-m}(x)$ 亦是方程的解.

由 $P_l(x)$ 的微分表达式的罗德里格斯公式,可写出 $P_l^m(x)$ 的罗德里格斯公式

$$P_l^m(x) = \frac{(1-x^2)^{\frac{m}{2}}}{2^l l!} \frac{d^{l+m}}{dx^{l+m}}(x^2-1)^l, \quad m > 0 \qquad (16.4.11)$$

当 $m \rightarrow -m$ 时,有

$$P_l^{-m}(x) = \frac{(1-x^2)^{-\frac{m}{2}}}{2^l l!} \frac{d^{l-m}}{dx^{l-m}}(x^2-1)^l, \quad m > 0 \qquad (16.4.12)$$

很容易证明,$P_l^{-m}(x)$ 与 $P_l^m(x)$ 之间的关系为

$$P_l^{-m}(x) = (-1)^m \frac{(l-m)!}{(l+m)!} P_l^m(x), \quad m > 0 \qquad (16.4.13)$$

它们之间相差的常数,可由微分运算 $\dfrac{d^{l+m}}{dx^{l+m}}(x^2-1)^l$ 与 $\dfrac{d^{l-m}}{dx^{l-m}}(x^2-1)^l$ 的结果得到.

二、连带勒让德函数的正交关系

下面讨论 $P_l^m(x)$ 的正交关系.

由于 $P_l^m(x)$ 和 $P_{l'}^{m'}(x)$ 分别满足连带勒让德方程

$$\frac{d}{dx}\left[(1-x^2)\frac{dP_l^m}{dx}\right] - \frac{m^2}{1-x^2}P_l^m + l(l+1)P_l^m = 0 \qquad (16.4.14)$$

$$\frac{d}{dx}\left[(1-x^2)\frac{dP_{l'}^{m'}}{dx}\right] - \frac{m'^2}{1-x^2}P_{l'}^{m'} + l'(l'+1)P_{l'}^{m'} = 0 \qquad (16.4.15)$$

以 $P_l^m(x)$ 乘以(16.4.15)式减去 $P_{l'}^{m'}(x)$ 乘以(16.4.14)式可得

$$\frac{d}{dx}\left[(1-x^2)\left(\frac{dP_{l'}^{m'}}{dx}P_l^m - \frac{dP_l^m}{dx}P_{l'}^{m'}\right)\right] - [l(l+1)-l'(l'+1)]P_l^m P_{l'}^{m'} + \frac{m^2-m'^2}{1-x^2}P_l^m P_{l'}^{m'} = 0$$

两边取定积分 $\displaystyle\int_{-1}^{1} dx$,并注意到左边第一项定积分后含有 $(1-x^2)$ 的因子,故此项的积分为零. 因此可得

$$[l(l+1)-l'(l'+1)]\int_{-1}^{1} P_l^m P_{l'}^{m'} dx = (m^2-m'^2)\int_{-1}^{1} P_l^m P_{l'}^{m'} \frac{1}{1-x^2} dx \qquad (16.4.16)$$

由此方程可看出:

当 $m' = m$ 且 $l' \neq l$ 时,有

$$\int_{-1}^{1} P_l^m(x) P_{l'}^m(x) dx = 0 \quad (l' \neq l) \tag{16.4.17}$$

当 $m' \neq m$ 且 $l' = l$ 时,有

$$\int_{-1}^{1} P_l^m(x) P_l^{m'}(x) \frac{1}{1-x^2} dx = 0 \quad (m' \neq m) \tag{16.4.18}$$

以上两式就是连带勒让德函数的正交关系.

可以证明对于同一个 l 不同 m 的 $P_l^m(x)$,$\{P_l^m(x), |m| \leq l\}$ 构成一个正交函数系 (当 $m > l$ 时,由 $P_l^m(x)$ 的微分表达式可知,$P_l^m(x)$ 为零),因此 $\{P_l^m(x), |m| \leq l\}$ 可张成一个 $2l+1$ 维的希尔伯特空间. 为了求得这一空间的完备正交归一的基,需要计算 $P_l^m(x)$ 的模 N_l^m,考虑 $m > 0$ 时,由 $P_l^m(x)$ 的微分表达式可得

$$(N_l^m)^2 = \int_{-1}^{1} [P_l^m(x)]^2 dx$$

$$= \frac{1}{2^{2l}(l!)^2} \int_{-1}^{1} (1-x^2)^m \left[\left(\frac{d}{dx} \right)^{l+m} (x^2-1)^l \right]^2 dx$$

令 $f(x) = (1-x^2)^m \left(\frac{d}{dx} \right)^{l+m} (x^2-1)^l$,$f(x)$ 为 x 的 $l+m$ 次多项式,则上式可表为

$$(N_l^m)^2 = \frac{1}{2^{2l}(l!)^2} \int_{-1}^{1} f(x) \left[\left(\frac{d}{dx} \right)^{l+m} (x^2-1)^l \right] dx$$

考虑到当 $k < m$ 时,$f^{(k)}(x) \big|_{-1}^{1} = 0$,对上式进行 m 次分部积分可得

$$(N_l^m)^2 = \frac{(-1)^m}{2^{2l}(l!)^2} \int_{-1}^{1} f^{(m)} \left[\left(\frac{d}{dx} \right)^l (x^2-1)^l \right] dx$$

再进行 l 次分部积分可得

$$(N_l^m)^2 = \frac{(-1)^{l+m}}{2^{2l}(l!)^2} f^{(m+l)}(x) \int_{-1}^{1} (x^2-1)^l dx$$

计算可得

$$f^{(l+m)}(x) = \left(\frac{d}{dx} \right)^{l+m} \left[(-1)^m \frac{(2l)!}{(l-m)!} x^{l+m} + \cdots \right] = (-1)^m \frac{(2l)!(l+m)!}{(l-m)!}$$

和

$$\int_{-1}^{1} (x^2-1)^l dx = \frac{(-1)^l (l!)^2}{(2l)!} \cdot \frac{2^{2l+1}}{2l+1}$$

故可得 $P_l^m(x)$ 的模的平方 $(N_l^m)^2$ 为

$$(N_l^m)^2 = \int_{-1}^{1} [P_l^m(x)]^2 dx = \frac{2}{2l+1} \frac{(l+m)!}{(l-m)!}, \quad m > 0 \tag{16.4.19}$$

由 $P_l^{-m}(x)$ 与 $P_l^m(x)$ 的关系式

$$P_l^{-m}(x) = (-1)^m \frac{(l-m)!}{(l+m)!} P_l^m(x), \quad m > 0$$

很容易得到 $P_l^{-m}(x)$ 的模

$$(N_l^{-m})^2 = \int_{-1}^1 [P_l^{-m}(x)]^2 dx = \frac{2}{2l+1} \frac{(l-m)!}{(l+m)!}, \quad m>0 \tag{16.4.20}$$

可以看出,即把 $P_l^m(x)$ 模中 $m \to -m$,表达式是自洽的.

因此对于相同 l 不同 m 的 $P_l^m(x)$,其满足下列正交关系($m, m' \geqslant 0$):

$$\int_{-1}^1 P_l^m P_{l'}^m dx = \frac{2}{2l+1} \frac{(l+m)!}{(l-m)!} \delta_{mm'} \tag{16.4.21}$$

$$\int_{-1}^1 P_l^m P_l^{m'} \frac{1}{1-x^2} dx = \frac{1}{m} \frac{(l+m)!}{(l-m)!} \delta_{mm'} \tag{16.4.22}$$

同时有

$$\int_{-1}^1 P_l^m P_{l'}^{-m} dx = (-1)^m \frac{2}{2l+1} \delta_{mm'} \tag{16.4.23}$$

$$\int_{-1}^1 P_l^m P_l^{-m'} \frac{1}{1-x^2} dx = \frac{(-1)^m}{m} \delta_{mm'} \tag{16.4.24}$$

而对于相同 m 不同 l 的 $P_l^m(x)$,正交关系式(16.4.17)可写成

$$\int_{-1}^1 P_l^m(x) P_{l'}^m(x) dx = \frac{2}{2l+1} \cdot \frac{(l+m)!}{(l-m)!} \delta_{ll'}, \quad m>0 \tag{16.4.25}$$

亦可写成正交归一化的 $P_l^m(x)$ 的正交关系式

$$\int_{-1}^1 \left[\sqrt{\frac{2l+1}{2} \cdot \frac{(l-m)!}{(l+m)!}} P_l^m(x) \right] \cdot \left[\sqrt{\frac{2l'+1}{2} \cdot \frac{(l'-m)!}{(l'+m)!}} P_{l'}^m(x) \right] dx = \delta_{ll'}, \quad m>0$$
$$\tag{16.4.26}$$

当把 $x = \cos\theta$ 变量还原成 θ 角时,$P_l^m(\cos\theta)$ 的正交关系式为

$$\int_0^\pi P_l^m(\cos\theta) P_{l'}^m(\cos\theta) \sin\theta d\theta = \frac{2}{2l+1} \cdot \frac{(l+m)!}{(l-m)!} \delta_{ll'}, \quad m>0 \tag{16.4.27}$$

§16.5__球函数

一、球函数的表达式

球函数亦称为球谐函数或球面调和函数. 由拉普拉斯方程在球坐标下分离变量,得到描述角度部分的球函数 $Y(\theta, \varphi)$ 所满足的方程

$$\frac{1}{\sin\theta} \frac{\partial}{\partial\theta} \left(\sin\theta \frac{\partial Y}{\partial\theta} \right) + \frac{1}{\sin^2\theta} \frac{\partial^2 Y}{\partial\varphi^2} + l(l+1)Y = 0 \tag{16.5.1}$$

对球函数 $Y(\theta, \varphi)$ 进一步分离变量 $Y(\theta, \varphi) = \Theta(\theta)\Phi(\varphi)$,得到关于函数 $\Phi(\varphi)$ 和 $\Theta(\theta)$ 的本征值及相应的本征函数:

$$\Phi(\varphi) \sim e^{im\varphi}$$

对应于周期边界条件,m 为整数,以及

$$\Theta(\theta) \sim P_l^m(\cos\theta)$$

对应于自然边界条件 $|\Theta(\theta)|<\infty$，则 $l=0,1,2,\cdots$，且 $m=0,\pm1,\pm2,\cdots,\pm l$.

因此，球函数 $Y(\theta,\varphi)$ 在分离变量后 $Y(\theta,\varphi)=\Theta(\theta)\Phi(\varphi)$ 所满足的 S-L 本征值问题为

$$\begin{cases} \dfrac{1}{\sin\theta}\dfrac{\partial}{\partial\theta}\Big(\sin\theta\dfrac{\partial Y}{\partial\theta}\Big)+\dfrac{1}{\sin^2\theta}\dfrac{\partial^2 Y}{\partial\varphi^2}+l(l+1)Y=0 \\ |\Theta(\theta)|<\infty, \qquad\qquad 0\leqslant\theta\leqslant\pi \\ \Phi(\varphi)=\Phi(\varphi+2\pi), \quad 0\leqslant\varphi\leqslant 2\pi \end{cases} \tag{16.5.2}$$

求得本征值为 $l(l+1)$，$l=0,1,2,\cdots$，以及 m^2，$m=0,1,2,\cdots,l$，即对应每个 l 有 $(2l+1)$ 个独立的 m 的本征函数 $Y_{l,m}(\theta,\varphi)$，其形式为

$$Y_{l,m}(\theta,\varphi)\sim P_l^m(\cos\theta)\mathrm{e}^{\mathrm{i}m\varphi}$$

由 P_l^m 的正交性及 $\mathrm{e}^{\mathrm{i}m\varphi}$ 的正交性，可知 $Y_{l,m}$ 亦是一组正交的函数族，由于 $|\mathrm{e}^{\mathrm{i}m\varphi}|=1$，由 P_l^m 的模，很容易得到正交归一的球函数

$$Y_{l,m}(\theta,\varphi)=\sqrt{\dfrac{(2l+1)(l-m)!}{4\pi(l+m)!}}\,P_l^m(\cos\theta)\mathrm{e}^{\mathrm{i}m\varphi} \tag{16.5.3}$$

其中 $l=0,1,2,\cdots$，$m=0,\pm1,\pm2,\cdots,\pm l$，并称 $Y_{l,m}(\theta,\varphi)$ 为 **l 阶球函数**.

当 $m\to-m$ 时，由

$$P_l^{-m}(\cos\theta)=(-1)^m\dfrac{(l-m)!}{(l+m)!}P_l^m(\cos\theta), \quad m>0 \tag{16.5.4}$$

有

$$Y_{l,-m}(\theta,\varphi)=\sqrt{\dfrac{(2l+1)[l-(-m)]!}{4\pi[l+(-m)]!}}\,P_l^{-m}(\cos\theta)\mathrm{e}^{-\mathrm{i}m\varphi}$$

$$=(-1)^m\sqrt{\dfrac{(2l+1)(l-m)!}{4\pi(l+m)!}}\,P_l^m(\cos\theta)\mathrm{e}^{-\mathrm{i}m\varphi}, \quad m>0 \tag{16.5.5}$$

因此，定义 $Y_{l,m}(\theta,\varphi)$ 的复共轭

$$Y_{l,m}^*(\theta,\varphi)=(-1)^m Y_{l,-m}(\theta,\varphi) \tag{16.5.6}$$

二、球函数的正交关系

由 (16.5.6) 式，可得球函数的正交关系

$$\int_0^{2\pi}\mathrm{d}\varphi\int_0^{\pi}Y_{l,m}^*(\theta,\varphi)Y_{l',m'}(\theta,\varphi)\sin\theta\mathrm{d}\theta=\delta_{ll'}\delta_{mm'}, \quad m,m'>0 \tag{16.5.7}$$

注意，这里要求 $m>0$ 是与所定义的 P_l^m 的正交性和模长以及对球函数 $Y_{l,m}(\theta,\varphi)$ 的定义式 (16.5.3) 的结果相一致. 否则当 $m<0$ 时，且 $m'=m$，所求出的 $Y_{l,m}(\theta,\varphi)$ 的模长与由 P_l^m 的模的定义及 $Y_{l,m}(\theta,\varphi)$ 的定义所得的结果相差一个常数.

对球函数有另一种等价的定义，正交归一的球函数定义为

$$Y_{l,m}(\theta,\varphi)=\sqrt{\dfrac{(2l+1)(l-|m|)!}{4\pi(l+|m|)!}}\,P_l^{|m|}(\cos\theta)\mathrm{e}^{\mathrm{i}m\varphi}$$

$$l=0,1,2,\cdots, \quad m=0,\pm1,\cdots,\pm l \tag{16.5.8}$$

则 $Y_{l,m}(\theta, \varphi)$ 的共轭定义为

$$Y_{l,m}^*(\theta, \varphi) = \sqrt{\frac{(2l+1)(l-|m|)!}{4\pi(l+|m|)!}} P_l^{|m|}(\cos\theta) e^{-im\varphi} \qquad (16.5.9)$$

在此定义下, 球函数的正交关系为

$$\int_0^{2\pi} d\varphi \int_0^\pi Y_{l,m}^*(\theta, \varphi) Y_{l',m'}(\theta, \varphi) \sin\theta d\theta = \delta_{ll'} \delta_{mm'}$$

$$l = 0,1,2,\cdots, \quad m = 0, \pm 1, \cdots, \pm l \qquad (16.5.10)$$

从以上两种等价的定义中, 可看出球函数可以构成正交归一完备空间的基向量

$$\{Y_{l,m}(\theta, \varphi), \quad l = 0,1,2,\cdots, \quad m = 0, \pm 1, \cdots, \pm l\}$$

这一组基向量张成了一个希尔伯特空间, 在这一希尔伯特空间中, 对于每个 l, 有 $2l+1$ 个 m, 即 $m = 0, \pm 1, \pm 2, \cdots, \pm l$, 则对应有 $2l+1$ 个基向量

$$Y_{l,-l}, Y_{l,-l+1}, \cdots, Y_{l,0}, \cdots, Y_{l,l-1}, Y_{l,l}$$

构成了此希尔伯特空间的一个 $2l+1$ 维的子空间.

三、在球函数上的广义傅里叶展开

由球函数 $Y_{l,m}(\theta, \varphi)$ 为基向量所张成的希尔伯特空间, 是一个无穷维的函数空间, 此希尔伯特空间中的向量即球面上的函数 $f(\theta, \varphi)$ $(0 \leqslant \theta \leqslant \pi, 0 \leqslant \varphi \leqslant 2\pi)$, 可在 $\{Y_{l,m}(\theta, \varphi)\}$ 上展开

$$f(\theta, \varphi) = \sum_{l,m} f_{l,m} Y_{l,m}(\theta, \varphi) \qquad (16.5.11)$$

其中 $f_{l,m}$ 为展开系数, 有

$$f_{l,m} = \int_0^{2\pi} d\varphi \int_0^\pi f(\theta, \varphi) Y_{l,m}^*(\theta, \varphi) \sin\theta d\theta \qquad (16.5.12)$$

以 $\{Y_{l,m}(\theta, \varphi)\}$ 构成的希尔伯特空间, 是物理学中很有用的数学描述的空间, 它在电磁学、量子物理学和具有球对称的物理系统中都有广泛的应用. 特别在量子物理学中, 它是具有球对称性量子系统的角动量的本征函数空间, 它描述了量子系统中当不考虑自旋时, 电子在球对称的库仑(Coulomb)势中处于每一种角动量下电子的角度分布的图像.

四、球函数的图像举例

下面给出 $Y_{l,m}(\theta, \varphi)$ 中 $l = 0,1,2$ 时的函数形式, 并以 z 轴为极轴给出其在直角坐标系下的表达式, 并给出 $l = 0,1$ 的 $Y_{l,m}$ 的图像(图 16.5.1, 图 16.5.2, 图 16.5.3).

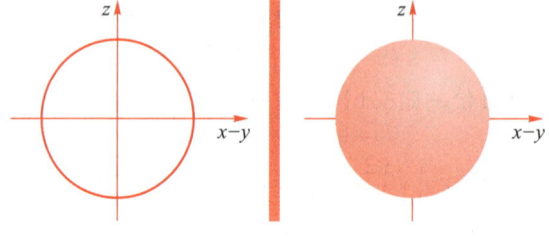

图 16.5.1

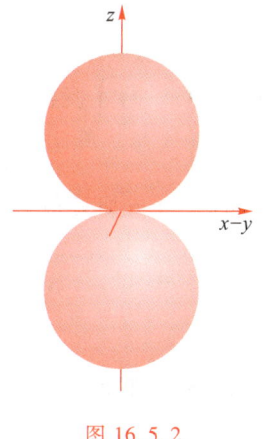

图 16.5.2   图 16.5.3

当 $l = 0, m = 0$ 时

$$Y_{0,0} = \sqrt{\frac{1}{4\pi}}$$

$Y_{0,0}$ 构成一个一维线性空间的基.

当 $l = 1, m = 0, \pm 1$ 时,

$$Y_{1,0} = \sqrt{\frac{3}{4\pi}} \cos\theta = \sqrt{\frac{3}{4\pi}} \frac{z}{r}$$

$$Y_{1,\pm 1} = \sqrt{\frac{3}{8\pi}} \sin\theta e^{\pm i\varphi} = \sqrt{\frac{3}{8\pi}} \frac{x \pm iy}{r}$$

$Y_{1,0}, Y_{1,\pm 1}$ 构成一个三维线性空间的基.

当 $l = 2, m = 0, \pm 1, \pm 2$ 时

$$Y_{2,0} = \sqrt{\frac{5}{16\pi}} (3\cos^2\theta - 1) = \sqrt{\frac{5}{16\pi}} \frac{2z^2 - x^2 - y^2}{r^2}$$

$$Y_{2,\pm 1} = \sqrt{\frac{15}{8\pi}} \sin\theta\cos\theta e^{\pm i\varphi} = \sqrt{\frac{15}{8\pi}} \frac{z(x \pm iy)}{r^2}$$

$$Y_{2,\pm 2} = \sqrt{\frac{15}{32\pi}} \sin^2\theta e^{\pm i2\varphi} = \sqrt{\frac{15}{32\pi}} \frac{x \pm iy}{r^2}$$

$Y_{2,0}, Y_{2,\pm 1}, Y_{2,\pm 2}$ 构成了一个五维线性空间的基.

不难验证,对给定 l, $(2l+1)$ 维线性空间的完备正交基

$$\{Y_{l,m}(\theta, \varphi), \quad m = 0, \pm 1, \cdots, \pm l\}$$

满足

$$\sum_{m=-l}^{l} Y_{l,m}^*(\theta, \varphi) Y_{l,m}(\theta, \varphi) = 常数,$$

与 θ, φ 无关.

$\{e^{im\varphi}, e^{-im\varphi}, m = 0, 1, 2, \cdots\}$ 与 $\{\cos m\varphi, \sin m\varphi, m = 0, 1, 2, \cdots\}$ 分别构成傅里叶级数的两组完备基.

五、球函数的实数表达式

对于球函数 $Y_{l,m}(\theta,\varphi)$ 的表达式, 由欧拉公式 $e^{im\varphi}=\cos m\varphi+i\sin m\varphi$, $\{e^{im\varphi},$ $e^{-im\varphi}, m=0,1,2,\cdots\}$ 与 $\{\cos m\varphi, \sin m\varphi, m=0,1,2,\cdots\}$ 分别构成傅里叶级数的两组完备基, 因此可以把球函数写成如下的表达式:

$$Y_{l,m}(\theta,\varphi)=\sqrt{\frac{(2l+1)(l-m)!}{4\pi(l+m)!}}P_l^m(\cos\theta)\begin{Bmatrix}\sin m\varphi\\\cos m\varphi\end{Bmatrix}, \quad \begin{pmatrix}m=0,1,2,\cdots,l\\l=0,1,2,3,\cdots\end{pmatrix}$$

$$(16.5.13)$$

其中符号 $\begin{Bmatrix}\sin m\varphi\\\cos m\varphi\end{Bmatrix}$ 表示 $\sin m\varphi$ 和 $\cos m\varphi$ 的线性组合. 这一表达式是球函数的实数表达式.

*六、球函数的加法公式

当我们处理物理问题时, 时常遇到多于一个对称轴的系统, 或是需要改变原来球坐标极轴方向的情况. 如何把新坐标系的解与原坐标系的解联系起来, 这就导致加法公式.

如图 16.5.4 所示, 当 z 轴转过 (θ',φ') 到 z' 轴的位置, 即 z' 轴与 z 轴的夹角为 θ', 观测点 P, 其矢量 $\boldsymbol{OP}=\boldsymbol{r}(\theta,\varphi)$, $\boldsymbol{r}$ 与 z' 轴的夹角为 γ, 有

$$\cos\gamma=\cos\theta\cos\theta'+\sin\theta\sin\theta'\cos(\varphi-\varphi')$$

$$(16.5.14)$$

则有加法公式:

$$P_l(\cos\gamma)=\frac{4\pi}{2l+1}\sum_{m=-l}^{l}Y_{l,m}^*(\theta',\varphi')Y_{l,m}(\theta,\varphi)$$

$$(16.5.15)$$

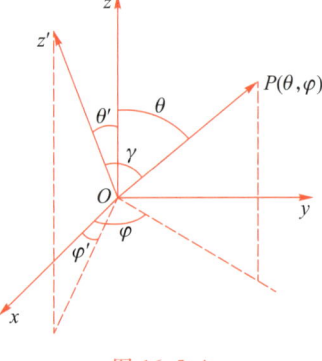

图 16.5.4

或可表示为

$$P_l(\cos\gamma)=\sum_{m=-l}^{l}\frac{(l-|m|)!}{(l+|m|)!}P_l^{|m|}(\cos\theta')P_l^{|m|}(\cos\theta)e^{im(\varphi-\varphi')} \quad (16.5.16)$$

由 $e^{im(\varphi-\varphi')}=\cos m(\varphi-\varphi')+i\sin m(\varphi-\varphi')$ 及 $\cos\gamma$ 为偶函数, 加法公式可表示为

$$P_l(\cos\gamma)=P_l(\cos\theta)P_l(\cos\theta')+$$
$$2\sum_{m=1}^{l}\frac{(l-m)!}{(l+m)!}P_l^m(\cos\theta)P_l^m(\cos\theta')\cos m(\varphi-\varphi') \quad (16.5.17)$$

下面给出加法公式 (16.5.15) 的证明.

由 (16.5.14) 式可知 $\cos\gamma$ 是 $(\theta,\varphi,\theta',\varphi')$ 的函数, 把 $P_l(\cos\gamma)$ 看为 (θ,φ) 的函数, 而 (θ',φ') 看成参数, 可在球函数 $Y_{l,m}(\theta,\varphi)$ 上展开:

$$P_l(\cos\gamma)=\sum_{l'=0}^{\infty}\sum_{m=-l'}^{l'}C_{l',m}(\theta',\varphi')Y_{l',m}(\theta,\varphi) \quad (16.5.18)$$

在图 16.5.4 中,用极轴 z 轴来标明坐标系,由于球面上的拉普拉斯算子,在 $z-$ 系中 $\nabla^2_{(\theta,\varphi)}$ 与 $z'-$ 系中 $\nabla^2_{(\theta',\varphi')}$ 是相等的,即 $\nabla^2_{(\theta,\varphi)} = \nabla^2_{(\theta',\varphi')}$,且向量 $\boldsymbol{OP} = \boldsymbol{r}$ 在坐标系的变换下是不变量. $P_l(\cos\gamma)$ 在 $z'-$ 系中,当 z' 与 z 重合时,满足

$$\nabla^2_{(\theta',\varphi')} P_l(\cos\gamma) + \frac{l(l+1)}{r^2} P_l(\cos\gamma) = 0 \qquad (16.5.19)$$

此方程为球函数满足的方程,也就是说 (16.5.18) 式左边的 $P_l(\cos\gamma)$ 是 l 阶的球函数,它只是该式右边的 l 阶球函数 $Y_{l,m}(\theta,\varphi)$ 的线性组合,即

$$P_l(\cos\gamma) = \sum_{m=-l}^{l} C_{l,m}(\theta',\varphi') Y_{l,m}(\theta,\varphi) \qquad (16.5.20)$$

由 $Y_{l,m}(\theta,\varphi)$ 的正交关系,很容易得到系数 $C_{l,m}(\theta',\varphi')$ 的表达式:

$$C_{l,m}(\theta',\varphi') = \int Y^*_{l,m}(\theta,\varphi) P_l(\cos\gamma) \mathrm{d}\Omega \qquad (16.5.21)$$

其中 $\mathrm{d}\Omega = \sin\theta\mathrm{d}\theta\mathrm{d}\varphi$.

$\boldsymbol{OP}$ 在 $z'-$ 系中的方位角为 (γ,δ),故 $z'-$ 系中,$(\theta,\varphi) = (\theta(\gamma,\delta),\varphi(\gamma,\delta))$,故 $Y^*_{l,m}(\theta,\varphi)$ 可在 $z'-$ 系中展开为

$$Y^*_{l,m}(\theta,\varphi) = \sum_{m'=-l}^{l} B_{m'} P_l^{m'}(\cos\gamma) \mathrm{e}^{\mathrm{i}m'\delta} \qquad (16.5.22)$$

故可得

$$C_{l,m}(\theta',\varphi') = \sum_{m'=-l}^{l} B_{m'} \int P_l^{m'}(\cos\gamma) P_l(\cos\gamma) \mathrm{e}^{\mathrm{i}m'\delta} \mathrm{d}\Omega \qquad (16.5.23)$$

其中在 $z'-$ 系中 $\mathrm{d}\Omega = \sin\gamma\mathrm{d}\gamma\mathrm{d}\delta$.

由积分 $\int_0^{2\pi} \mathrm{e}^{\mathrm{i}m'\delta}\mathrm{d}\delta$ 可知,只有 $m'=0$ 时此积分才不为零. 因此可得

$$C_{l,m}(\theta',\varphi') = B_0 \frac{4\pi}{2l+1} \qquad (16.5.24)$$

由 (16.5.22) 式可知

$$Y^*_{l,m}(\theta,\varphi) = B_0 P_l(\cos\gamma) \qquad (16.5.25)$$

当 $\gamma=0$ 时,$\theta=\theta'$,$\varphi=\varphi'$,且由 $P_l(1)=1$ 可得

$$B_0 = Y^*_{l,m}(\theta',\varphi') \qquad (16.5.26)$$

故

$$C_{l,m}(\theta',\varphi') = \frac{4\pi}{2l+1} Y^*_{l,m}(\theta',\varphi') \qquad (16.5.27)$$

将其代入 (16.5.20) 式,加法公式得证.

证毕.

例16.5.1 在空间某一球形区域内(球的半径为 R),分布有电荷密度为 $\rho(\boldsymbol{r})$,求这一电荷分布在球外区域产生的电势并用球函数的展开式表示,说明这一展开式的物理意义.

解:以半径为 R 的球的球心为坐标原点,建立球坐标系,如图 16.5.5 所示,球外区的电势满足拉普拉斯方程,但本问题可采取更为简单的方法直接求解.

设球内区的坐标为 r',球内区以 Ω_R 表示,对球内一点 Q,$OQ=r'$,Q 点邻域微元 dr' 的电荷量为 $\rho(r')dr'$,其在球外区观测点 P,$OP=r$,产生的电势 U_q:

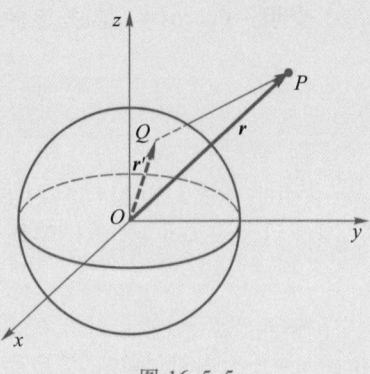

$$U_q = \frac{\rho(r')dr'}{|r-r'|} \tag{16.5.28}$$

设 r' 与 z 轴的夹角为 θ',r 与 z 轴的夹角为 θ,r' 与 r 的夹角为 γ,上式改写为

$$U_q = \frac{\rho(r')dr'}{r\sqrt{1+\left(\dfrac{r'}{r}\right)^2 - 2\dfrac{r'}{r}\cos\gamma}} \tag{16.5.29}$$

图 16.5.5

由勒让德函数的生成函数可得

$$U_q = \sum_{l=0}^{\infty} \frac{r'^l}{r^{l+1}} P_l(\cos\gamma)\rho(r')dr' \tag{16.5.30}$$

由加法公式(16.5.15)可得

$$U_q = \sum_{l=0}^{\infty} \frac{4\pi}{2l+1} \sum_{m=-l}^{l} \frac{r'^l}{r^{l+1}} Y_{l,m}^*(\theta',\varphi') Y_{l,m}(\theta,\varphi)\rho(r')dr' \tag{16.5.31}$$

因此整个 Ω_R 中电荷分布在空间任一 P 点产生的电势:

$$U(r) = 4\pi \sum_{l=0}^{\infty} \frac{1}{2l+1} \sum_{m=-l}^{l} \left[\int_{\Omega_R} Y_{l,m}^*(\theta',\varphi') r'^l \rho(r')dr'\right] \frac{Y_{l,m}(\theta,\varphi)}{r^{l+1}} \tag{16.5.32}$$

可写成

$$U(r) = 4\pi \sum_{l=0}^{\infty} \frac{1}{2l+1} \sum_{m=-l}^{l} A_{l,m} \frac{Y_{l,m}(\theta,\varphi)}{r^{l+1}} \tag{16.5.33}$$

其中

$$A_{l,m} = \int_{\Omega_R} Y_{l,m}^*(\theta',\varphi') r'^l \rho(r')dr' \tag{16.5.34}$$

(16.5.33)式即是 Ω_R 内电荷密度为 $\rho(r')$ 产生的电势用球函数展开的表达式,这一表达式也称为多极子展开式.(16.5.34)式展开系数 $A_{l,m}$ 称为多极矩.

由电学知识可知

$$q = \int_{\Omega_R} \rho(r')dr'$$

当 q 为点电荷数,称为单极矩.

$$P = \int_{\Omega_R} r'\rho(r')dr'$$

P 称为电偶极矩,$r' = (r_1',r_2',r_3') = (x',y',z')$,$P = (P_x,P_y,P_z)$.

$$Q_{i,j} = \int_{\Omega_R} (3r_i'r_j' - r'^2\delta_{i,j})\rho(r')dr'$$

$Q_{i,j}$ 为零迹四极矩张量.

下面给出 $A_{l,m}$ 中的 $l=0,1,2$ 这三阶的表达式.

当 $l=0$ 时，

$$A_{0,0} = \frac{1}{\sqrt{4\pi}} \int_{\Omega_R} \rho(\mathbf{r}') \, \mathrm{d}\mathbf{r}' = \frac{1}{\sqrt{4\pi}} q \tag{16.5.35}$$

其对电势 $U(\mathbf{r})$ 的贡献为 $\sim \dfrac{q}{r}$，这正是单极子的电势.

当 $l=1,m=-1,0,1$ 时，

$$A_{1,1} = -\sqrt{\frac{3}{8\pi}} \int_{\Omega_R} (x'-\mathrm{i}y') \rho(\mathbf{r}') \, \mathrm{d}\mathbf{r}' = -\sqrt{\frac{3}{8\pi}} (\mathrm{P}_x - \mathrm{i}\mathrm{P}_y) \tag{16.5.36}$$

$$A_{1,0} = \sqrt{\frac{3}{4\pi}} \int_{\Omega_R} z' \rho(\mathbf{r}') \, \mathrm{d}\mathbf{r}' = \sqrt{\frac{3}{4\pi}} \mathrm{P}_z \tag{16.5.37}$$

$$A_{1,-1} = \sqrt{\frac{3}{8\pi}} (\mathrm{P}_x + \mathrm{i}\mathrm{P}_y) \tag{16.5.38}$$

以上三式表示偶极子各分量的线性组合，代入 (15.5.33) 式电势的表达式，其对势的贡献为 $\sim \dfrac{\mathbf{P} \cdot \mathbf{r}}{r^3}$，正是偶极子势.

当 $l=2,m=2,1,0,-1,-2$ 时，

$$A_{2,2} = \frac{1}{4}\sqrt{\frac{15}{2\pi}} \int_{\Omega_R} (x'-\mathrm{i}y')^2 \rho(\mathbf{r}') \, \mathrm{d}\mathbf{r}' = \frac{1}{12}\sqrt{\frac{15}{2\pi}} (Q_{1,1} - 2\mathrm{i}Q_{1,2} - Q_{2,2}) \tag{16.5.39}$$

$$A_{2,1} = -\frac{1}{2}\sqrt{\frac{15}{2\pi}} \int_{\Omega_R} z'(x'-\mathrm{i}y') \rho(\mathbf{r}') \, \mathrm{d}\mathbf{r}' = -\frac{1}{6}\sqrt{\frac{15}{2\pi}} (Q_{1,3} - \mathrm{i}Q_{2,3}) \tag{16.5.40}$$

$$A_{2,0} = \frac{1}{4}\sqrt{\frac{15}{\pi}} \int_{\Omega_R} (3z'^2 - r'^2) \rho(\mathbf{r}') \, \mathrm{d}\mathbf{r}' = \frac{1}{4}\sqrt{\frac{15}{\pi}} Q_{3,3} \tag{16.5.41}$$

$$A_{2,-1} = \frac{1}{6}\sqrt{\frac{15}{2\pi}} (Q_{1,3} + \mathrm{i}Q_{2,3}) \tag{16.5.42}$$

$$A_{2,-2} = \frac{1}{12}\sqrt{\frac{15}{2\pi}} (Q_{1,1} + 2\mathrm{i}Q_{1,2} - Q_{2,2}) \tag{16.5.43}$$

以上五式正是四极矩张量分量的线性组合，代入 (15.5.33) 式电势的表达式，其对势的贡献为 $\sim \dfrac{1}{6} \sum_{i,j} Q_{ij} \dfrac{r_i r_j}{r^5}$，正是四极矩的势.

以上计算由 $\mathrm{Y}_{l,m}^*$ 与 $\mathrm{Y}_{l,-m}^*$ 的关系可知，对于 $\rho(\mathbf{r}')$ 是实的电荷分布，当 $m>0$ 时，$A_{l,-m} = (-1)^m A_{l,m}^*$.

对于 $l>2$ 的更高多极子的系数，对应每一个 l 又有 $2l+1$ 个系数，都是相应 l 阶多极子的分量的线性组合，相应对势的贡献由势的总的表达式中相应的多极子势给出，其贡献的形式决定于 $\rho(\mathbf{r}')$ 分布的形式.

第十六章习题

16.1 试证明勒让德多项式的生成函数

$$f(r) = \frac{1}{\sqrt{1+r^2-2rx}}$$

在 $r=0$ 点的泰勒展开式为

$$f(r) = \sum_{l=0}^{\infty} P_l(x) r^l$$

其中 $r = |\boldsymbol{r}| < 1, x = \cos\theta, |x| \leqslant 1$.

16.2 试证明勒让德多项式的递推公式：

(1) $(2l+1)P_l(x) = P'_{l+1}(x) - P'_{l-1}(x)$

(2) $(l+1)P_l(x) = P'_{l+1}(x) - xP'_l(x)$

(3) $lP_l(x) = xP'_l(x) - P'_{l-1}(x)$

(4) $(x^2-1)P'_l(x) = lxP_l(x) - lP_{l-1}(x)$

16.3 试证明：

(1) $P_l(1) = 1$

(2) $P_l(-1) = (-1)^l$

(3) $P_l(0) = \begin{cases} 0 & l = 2n+1, n = 0, 1, 2, \cdots \\ 1 & l = 2n = 0 \\ (-1)^n \dfrac{(2n-1)!!}{2n!!} & l = 2n, n = 1, 2, \cdots \end{cases}$

(4) $P'_l(1) = \dfrac{l(l+1)}{2}$

(5) $P'_l(-1) = (-1)^{l+1} \dfrac{l(l+1)}{2}$

(6) $P'_l(0) = \begin{cases} (-1)^n \dfrac{(2n+1)!}{(2n)!!}, & l = 2n+1, n = 0, 1, 2, \cdots \\ 0, & l = 2n, n = 0, 1, 2, \cdots \end{cases}$

16.4 计算下列积分：

(1) $\displaystyle\int_{-1}^{1} P_l(x)\,\mathrm{d}x$ 　　　　(2) $\displaystyle\int_{-1}^{1} x^2 P_l(x) P_{l+2}(x)\,\mathrm{d}x$

(3) $\displaystyle\int_{-1}^{1} (1-x^2)\left[P'_l(x)\right]^2\,\mathrm{d}x$ 　　(4) $\displaystyle\int_{-1}^{1} x P_l(x) P_{l+1}(x)\,\mathrm{d}x$

(5) $\displaystyle\int_{0}^{1} P_l(x)\,\mathrm{d}x$ 　　　　(6) $\displaystyle\int_{0}^{1} P_k(x) P_l(x)\,\mathrm{d}x$

(7) $\displaystyle\int_{-1}^{1} x^k P_l(x)\,\mathrm{d}x$，分别讨论 $k \geqslant l$ 和 $k < l$ 的情况.

16.5 在以勒让德多项式为基 $\{P_l(x), l = 0, 1, 2, \cdots\}$ 的函数空间中，将下列函数展开.

(1) $f(x) = |x|$, 　　　　(2) $f(x) = 1 + x + x^2 + x^3$

16.6 在点电荷 $4\pi\varepsilon_0\rho$ 的电场中放置一半径为 a 的导体球壳，球心距点电荷的距离为 b，且 $b > a$，求这体系所形成的电场.

16.7 半径为 a 的匀质半球，其半球面的温度保持恒定为 T_0，其底面温度保持零度，求球内温度的稳定分布.

16.8 求以下两种均匀带电体在空间形成的稳定电场分布.

(1) 均匀带电的薄圆盘，圆盘的半径为 a，总电荷量为 $4\pi\varepsilon_0 q$.

(2) 均匀带电的细圆环，环的半径为 a，总电荷量为 $4\pi\varepsilon_0 q$.

16.9 求解半径为 a 的空心球壳内的定解问题

$$\begin{cases} \nabla^2 u = 0, & r < a \\ u\big|_{r=a} = \cos^2\theta, & 0 \leqslant \theta \leqslant \pi \end{cases}$$

16.10 试证明

$$P_l^{-m}(x) = (-1)^m \frac{(l-m)!}{(l+m)!} P_l^m(x), \quad m > 0$$

16.11 试证明

$$P_l^m(0) = \begin{cases} (-1)^{\frac{1}{2}(l+m)} \dfrac{(l+m-1)!!}{(l-m)!!}, & \text{当 } l+m \text{ 为偶数} \\ 0, & \text{当 } l+m \text{ 为奇数} \end{cases}$$

16.12 试证明

$$P_l^l(\cos\theta) = (2l-1)!! \sin^l\theta, \quad l = 0,1,2,\cdots$$

16.13 在以球函数为基 $\left\{ Y_{l,m}(\theta,\varphi), \begin{array}{l} l = 0,1,2,\cdots \\ m = 0,\pm 1,\cdots,\pm l \end{array} \right\}$ 的函数空间中,将下列函数展开:

(1) $\sin^2\theta\cos^2\varphi$

(2) $(1+3\cos\theta)\sin\theta\cos\varphi$

(3) $\dfrac{1}{r^2}(x^2+2z^2+3xy+4xz)$

其中 $r^2 = x^2+y^2+z^2$,$0 \leqslant \theta \leqslant \pi$,$0 \leqslant \varphi \leqslant 2\pi$.

16.14 在半径为 a 的球壳内外,分别求解下面定解问题的球外区域和球内区域的解

$$\begin{cases} \nabla^2 u = 0 \\ u \big|_{r=a} = f(\theta,\varphi) \\ u \big|_{r=0} < \infty, \quad u \big|_{r\to\infty} < \infty \end{cases}$$

并分别对以下两种 $f(\theta,\varphi)$ 的形式给出解的具体形式:

(1) $f(\theta,\varphi) = \cos\theta$,

(2) $f(\theta,\varphi) = P_1^1(\cos\theta)\cos\varphi.$

第十七章 柱函数

§17.1 贝塞尔函数

第十五章已介绍过,在时间和空间的分离变量下,波动方程和输运方程的空间部分为亥姆霍兹方程

$$(\nabla^2 + k^2) u(\boldsymbol{r}) = 0 \tag{17.1.1}$$

$u(\boldsymbol{r})$ 为 $\mathbf{R}^3$ 空间变量的函数,亥姆霍兹方程用分离变量求解时,要与相应的边界条件构成三个 S-L 本征值问题.

亥姆霍兹方程在柱坐标系 (ρ, φ, z) 下分离变量 $u(\boldsymbol{r}) = R(\rho) \Phi(\varphi) Z(z)$,得到以下方程

$$\frac{1}{\rho} \frac{\partial}{\partial \rho} \left(\rho \frac{\partial R}{\partial \rho} \right) + \left(k^2 - \lambda - \frac{\nu^2}{\rho^2} \right) R = 0 \tag{17.1.2}$$

$$\Phi'' + \nu^2 \Phi = 0, \quad \nu \text{ 为实数} \tag{17.1.3}$$

$$Z'' + \lambda Z = 0, \quad \lambda \text{ 为实数} \tag{17.1.4}$$

把径向方程式 (17.1.2) 进行变量代换,令 $x = \sqrt{k^2 - \lambda}\, \rho\ (k^2 - \lambda > 0)$,此时把 $R(\rho)$ 记为 $y(x)$,就得到贝塞尔方程

$$\frac{\mathrm{d}^2 y}{\mathrm{d} x^2} + \frac{1}{x} \frac{\mathrm{d} y}{\mathrm{d} x} + \left(1 - \frac{\nu^2}{x^2} \right) y = 0 \tag{17.1.5}$$

此方程称为 ν 阶**贝塞尔方程**.

一、贝塞尔方程的解——贝塞尔函数

1. 贝塞尔方程级数解的形式

由贝塞尔方程式 (17.1.5) 可知,$x = 0$ 是方程的正则奇点,在 $x \neq 0$ 的区域中,可设方程的解具有级数形式

$$y(x) = x^s \sum_{k=0}^{\infty} a_k x^k, \quad a_0 \neq 0 \tag{17.1.6}$$

代入方程式 (17.1.5) 可得

$$\sum_{k=0}^{\infty} a_k (k+s)(k+s-1) x^{k+s-2} + \sum_{k=0}^{\infty} a_k (k+s) x^{k+s-2} +$$

$$\sum_{k=0}^{\infty} a_k x^{k+s} - \nu^2 \sum_{k=0}^{\infty} a_k x^{k+s-2} = 0$$

合并同类项,此式可写成

$$\sum_{k=0}^{\infty} a_k \left[(k+s)^2 - \nu^2 \right] x^k + \sum_{k=0}^{\infty} a_k x^{k+2} = 0 \tag{17.1.7}$$

2. 指数方程

比较 (17.1.7) 式中 x 的各幂次项系数，由于 $a_0 \neq 0$，故由 x^0 项的系数可得指标方程

$$s^2 - \nu^2 = 0 \tag{17.1.8}$$

可得

$$s_1 = \nu, \quad s_2 = -\nu \tag{17.1.9}$$

对 x^1 项的系数，并考虑到 (17.1.8) 式的结果，可得指数方程

$$a_1(2s+1) = 0 \tag{17.1.10}$$

因此有两种情况

$$a_1 = 0 \quad (s \text{ 可取任意值}) \tag{17.1.11}$$

$$s = -\frac{1}{2} (a_1 \text{ 可取任意值}) \tag{17.1.12}$$

一般情况下，由于 $s = \pm\nu$，而 ν 应适合方程式 (17.1.3) 的定解问题，因此我们总是取 $a_1 = 0$. 若取 $s_2 = -\dfrac{1}{2}$，$s_1 = \dfrac{1}{2}$，则有 $s_1 - s_2 = 1$ 为整数，由 §15.3 中常微分方程级数解的理论，当指数方程的两个根 $s_1 - s_2 = $ 整数时，只能得到一个级数解，另一个级数解的形式为 (15.3.5) 式. 同时由于 $s = \pm\dfrac{1}{2}$ 时，有 $\nu = \pm\dfrac{1}{2}$，此结果不满足方程 (17.1.3) 的周期性边界条件. 因此，为了讨论级数解的形式 (17.1.6)，在 (17.1.12) 式中总是取 $a_1 = 0$. 当取 $a_1 = 0$ 时，s 可取任意实数 (包含 $s = \pm\dfrac{1}{2}$).

3. 贝塞尔方程级数解系数的递推关系

由 (17.1.7) 式 x^k 项的系数可得

$$a_k \left[(k+s)^2 - \nu^2 \right] + a_{k-2} = 0$$

考虑到 (17.1.8) 式，有

$$a_k \cdot k(2s+k) + a_{k-2} = 0 \tag{17.1.13}$$

即可得系数的递推关系式

$$a_k = -\frac{1}{k(k+2s)} a_{k-2} \tag{17.1.14}$$

反复利用递推关系式可得

$$a_{2k} = (-1)^k \frac{1}{k!(s+1)(s+2)\cdots(s+k)} \cdot \frac{1}{2^{2k}} a_0 \tag{17.1.15}$$

$$a_{2k+1} = 0 \quad (a_1 = 0) \tag{17.1.16}$$

4. 贝塞尔方程级数解-贝塞尔函数

由于 $s = \pm\nu$，当取 $s_1 = \nu$ 时，并取 $a_0 = \dfrac{1}{2^\nu \Gamma(\nu+1)}$，可得贝塞尔方程的级数解

$$y_1(x) = \sum_{k=0}^{\infty} \frac{(-1)^k}{k!\,\Gamma(k+\nu+1)} \left(\frac{x}{2}\right)^{2k+\nu} \tag{17.1.17}$$

在此式的推导中用到

$$\Gamma(z) = \frac{\Gamma(z+1)}{z} = \frac{\Gamma(z+2)}{z(z+1)} = \frac{\Gamma(z+n+1)}{z(z+1)\cdots(z+n)}$$

即 $\Gamma(z+1)(z+1)\cdots(z+n) = \Gamma(z+n+1)$.

把 $y_1(x)$ 记为 $J_\nu(x)$, 即

$$J_\nu(x) = \sum_{k=0}^{\infty} \frac{(-1)^k}{k!\,\Gamma(k+\nu+1)} \left(\frac{x}{2}\right)^{2k+\nu} \tag{17.1.18}$$

$J_\nu(x)$ 称为 ν 阶**贝塞尔函数**.

当 $\nu \neq$ 正整数时, 取 $s_2 = -\nu$, 并取 $a_0 = \dfrac{1}{2^{-\nu}\Gamma(-\nu+1)}$ 时, 可得另一线性无关的级数解

$$y_2(x) = \sum_{k=0}^{\infty} \frac{(-1)^k}{k!\,\Gamma(k-\nu+1)} \left(\frac{x}{2}\right)^{2k-\nu} \tag{17.1.19}$$

把 $y_2(x)$ 记为 $J_{-\nu}(x)$, 即

$$J_{-\nu}(x) = \sum_{k=0}^{\infty} \frac{(-1)^k}{k!\,\Gamma(k-\nu+1)} \left(\frac{x}{2}\right)^{2k-\nu} \tag{17.1.20}$$

$J_{-\nu}(x)$ 称为 $-\nu$ 阶贝塞尔函数.

故在 ν 不为整数时, 贝塞尔方程的通解为

$$y(x) = C_1 J_\nu(x) + C_2 J_{-\nu}(x) \tag{17.1.21}$$

其中 C_1、C_2 是与 x 无关的任意常数.

当 $\nu =$ 正整数时, $J_\nu(x)$ 为整数阶贝塞尔函数, 下面另行讨论.

对于 $J_\nu(x)$ 和 $J_{-\nu}(x)$, 用系数比值判别式容易求得此两级数解的收敛半径

$$R^2 = \lim_{k\to\infty} \left| \frac{a_{2k}}{a_{2k+2}} \right| = \lim_{k\to\infty} \left| \frac{(k+1)\Gamma(\nu)\nu(\nu+1)\cdots(\nu+k)}{\Gamma(\nu)\nu(\nu+1)\cdots(\nu+k-1)} \right| = \lim_{k\to\infty} \left| (k+1)(\nu+k) \right|$$

即 $R = \infty$, 当 $|x| < \infty$ 时, 此级数解总是存在且收敛的.

二、整数阶贝塞尔函数

对于众多的物理问题, 在亥姆霍兹方程进行柱坐标系下的分离变量时, 对 $\Phi(\varphi)$ 满足的方程式 (17.1.3) 要求具有自然周期性边界条件: $\Phi(\varphi) = \Phi(\varphi+2\pi)$, S-L 本征值问题的本征值为 m^2, 先取 $m = 0, 1, 2, \cdots$, 此时 ν 的取值为 $\nu = m$, 由 (17.1.8) 式贝塞尔方程的解为

$$\begin{aligned} J_m(x) &= \sum_{k=0}^{\infty} \frac{(-1)^k}{k!\,\Gamma(m+k+1)} \left(\frac{x}{2}\right)^{m+2k} \\ &= \sum_{k=0}^{\infty} \frac{(-1)^k}{k!\,(m+k)!} \left(\frac{x}{2}\right)^{m+2k} \end{aligned} \tag{17.1.22}$$

$J_m(x)$ 称为 m 阶贝塞尔函数, 它是整数阶贝塞尔函数. 在上式中用到 $\Gamma(n+1) = n!$.

由于 $-m$ 也是贝塞尔方程的解, 必须考察 $J_{-m}(x)$,

$$J_{-m}(x) = \sum_{k=0}^{\infty} \frac{(-1)^k}{k!\,\Gamma(-m+k+1)} \left(\frac{x}{2}\right)^{-m+2k}$$

由 Γ 函数的性质：$|\Gamma(0)| = |\Gamma(-1)| = |\Gamma(-n)| = \infty$（$n$ 为正整数），上式中当 $m < k$ 时，分母趋于无穷，因此 $k = m, \cdots, \infty$；$m = 0, \cdots, \infty$，上式改写为

$$J_{-m}(x) = \sum_{k=m}^{\infty} \frac{(-1)^k}{k!\,\Gamma(-m+k+1)} \left(\frac{x}{2}\right)^{-m+2k}$$

令 $-m+k=n$，并利用 $n\Gamma(n) = \Gamma(n+1)$，有

$$J_{-m}(x) = \sum_{n=0}^{\infty} \frac{(-1)^{n+m}}{(n+m)!\,\Gamma(n+1)} \left(\frac{x}{2}\right)^{m+2n}$$

$$= (-1)^m \sum_{n=0}^{\infty} \frac{(-1)^n}{n!\,\Gamma(n+m+1)} \left(\frac{x}{2}\right)^{m+2n}$$

$$= (-1)^m J_m(x) \tag{17.1.23}$$

这一结果说明 $J_{-m}(x)$ 和 $J_m(x)$ 是线性相关的，因此整数阶贝塞尔函数 $J_m(x)$ 与 $J_{-m}(x)$ 不是线性独立的贝塞尔方程的解. 这样就必须寻求与 $J_m(x)$ 线性独立的另一个解.

我们知道当 ν 不是整数时，$J_\nu(x)$ 与 $J_{-\nu}(x)$ 是线性无关的，可以找到由 $J_\nu(x)$ 与 $J_{-\nu}(x)$ 的线性组合，且对任何 ν 都与 $J_\nu(x)$、$J_{-\nu}(x)$ 线性无关的贝塞尔方程的解，此解称为**诺伊曼（Neumann）函数** $N_\nu(x)$，

$$N_\nu(x) = \frac{\cos\nu\pi J_\nu(x) - J_{-\nu}(x)}{\sin\nu\pi} \tag{17.1.24}$$

诺伊曼函数通常也称为**第二类贝塞尔函数**，为区分于诺伊曼函数，$J_\nu(x)$ 也称为**第一类贝塞尔函数**.

对于 $N_\nu(x)$，当 $\nu \to m$ 时，它是 $\dfrac{0}{0}$ 型的函数，由洛必达（L' Hospital）法则可得

$$N_m(x) = \lim_{\nu \to m} N_\nu(x)$$

$$= \lim_{\nu \to m} \frac{\dfrac{\partial J_\nu}{\partial \nu}\cos\nu\pi - \pi\sin\nu\pi J_\nu - \dfrac{\partial J_{-\nu}}{\partial \nu}}{\pi\cos\nu\pi}$$

$$= \frac{1}{\pi}\left[\left(\frac{\partial J_\nu}{\partial \nu}\right)_{\nu=m} - (-1)^m\left(\frac{\partial J_{-\nu}}{\partial \nu}\right)_{\nu=m}\right] \tag{17.1.25}$$

由 $J_\nu(x)$ 与 $J_{-\nu}(x)$ 的表达式计算可得

$$N_m(x) = \frac{2}{\pi}J_m(x)\ln\frac{x}{2} - \frac{1}{\pi}\sum_{k=0}^{m-1}\frac{(m-k-1)!}{k!}\left(\frac{x}{2}\right)^{2k-m} -$$

$$\frac{1}{\pi}\sum_{k=0}^{\infty}(-1)^k\frac{1}{k!\,(m+k)!}\left[\Phi(m+k+1) + \Phi(k+1)\right]\left(\frac{x}{2}\right)^{2k+m} \tag{17.1.26}$$

其中 $m = 0, 1, 2, \cdots$，并约定当 $m = 0$ 时，右边第二项的求和式要从等式中去掉.

Φ 函数的定义是：$\Phi(z) = \dfrac{\Gamma'(z)}{\Gamma(z)}$，则 $\Phi(k+1) = -\gamma + 1 + \dfrac{1}{2} + \cdots + \dfrac{1}{k}$，其中 γ 为欧拉常数，即 $\Phi(1) = -\gamma = -0.577216$.

注:γ 的意义是调和级数与自然对数 $\ln(n)$ 的差的下确界,即 $\gamma = \lim\limits_{n \to \infty} \left(1 + \dfrac{1}{2} + \dfrac{1}{3} + \cdots + \dfrac{1}{n} - \ln(n) \right)$ 的下确界.

因此当 $m = 0, 1, 2, \cdots,$ 时,贝塞尔方程的两个线性独立的解为 $J_m(x)$ 和 $N_m(x)$.

三、整数阶贝塞尔函数的基本性质

由于在数学物理中用到最多的是整数阶贝塞尔函数,下面给出整数阶贝塞尔函数的基本性质.

由 m 阶贝塞尔函数的表达式(17.1.22)可知

$$J_m(-x) = (-1)^m J_m(x) \tag{17.1.27}$$

当 m 为偶数时,$J_m(x)$ 为偶函数;当 m 为奇数时,$J_m(x)$ 为奇函数.

1. 由 $J_m(x)$ 的表达式(17.1.22)可得 $J_m(x)$ 在 $x = 0$ 点的性质

$$J_0(0) = 1, \quad J_m(0) = 0 \quad (m \neq 0) \tag{17.1.28}$$

2. 由 $J_m(x)$ 的表达式(17.1.22),当 $x \to 0$ 时,$J_0(x) \sim 1 - \left(\dfrac{x}{2} \right)^2$,$J_m(x) \sim \dfrac{1}{m!} \left(\dfrac{x}{2} \right)^m$.

3. 由 $N_m(x)$ 的表达式(17.1.26),当 $x \to 0$ 时,$N_m(x)$ 是奇异的,其发散的行为

$$N_0(x = 0) \sim \frac{2}{\pi} \ln \frac{x}{2} \bigg|_{x=0} \tag{17.1.29}$$

$$N_m(x = 0) \sim \frac{-(m-1)!}{\pi} \left(\frac{x}{2} \right)^{-m} \bigg|_{x=0} \quad (m = 1, 2, \cdots) \tag{17.1.30}$$

4. 由 $J_m(x)$ 与 $J_{-m}(x)$ 的关系式(17.1.23)可得

$$N_{-m}(x) = (-1)^m N_m(x) \tag{17.1.31}$$

即诺伊曼函数 $N_m(x)$ 与 $N_{-m}(x)$ 是非线性独立的.

§ 17.2 贝塞尔函数的递推关系

一、贝塞尔函数的递推关系

由贝塞尔函数 $J_\nu(x)$ 的表达式(17.1.18)

$$J_\nu(x) = \sum_{k=0}^{\infty} \frac{(-1)^k}{k! \, \Gamma(k + \nu - 1)} \left(\frac{x}{2} \right)^{2k+\nu}$$

用 x^ν 乘以 $J_\nu(x)$,并对 x 求微商,可得

$$\begin{aligned}
\frac{\mathrm{d}}{\mathrm{d}x} (x^\nu J_\nu) &= \frac{\mathrm{d}}{\mathrm{d}x} \left[2^\nu \sum_{k=0}^{\infty} \frac{(-1)^k}{k! \, \Gamma(\nu + k + 1)} \left(\frac{x}{2} \right)^{2(\nu+k)} \right] \\
&= 2^\nu \sum_{k=0}^{\infty} \frac{(-1)^k (\nu + k)}{k! \, \Gamma(\nu + k + 1)} \left(\frac{x}{2} \right)^{2(\nu+k)-1} \\
&= x^\nu \sum_{k=0}^{\infty} \frac{(-1)^k}{k! \, \Gamma(\nu + k)} \left(\frac{x}{2} \right)^{\nu-1+2k}
\end{aligned}$$

$$= x^\nu J_{\nu-1}(x) \tag{17.2.1}$$

其中用到 Γ 函数的性质 $\Gamma(z+1)=z\Gamma(z)$.

同样可得

$$\frac{\mathrm{d}}{\mathrm{d}x}(x^{-\nu}J_\nu)=-x^{-\nu}J_{\nu+1}(x) \tag{17.2.2}$$

另一方面,有

$$\frac{\mathrm{d}}{\mathrm{d}x}(x^\nu J_\nu)=\nu\cdot x^{\nu-1}J_\nu(x)+x^\nu J_\nu'(x) \tag{17.2.3}$$

$$\frac{\mathrm{d}}{\mathrm{d}x}(x^{-\nu}J_\nu)=-\nu\cdot x^{-\nu-1}J_\nu(x)+x^{-\nu}J_\nu'(x) \tag{17.2.4}$$

由(17.2.1)式和(17.2.3)式可得

$$\nu J_\nu+x J_\nu'=x J_{\nu-1} \tag{17.2.5}$$

由(17.2.2)式和(17.2.4)式可得

$$-\nu J_\nu+x J_\nu'=-x J_{\nu+1} \tag{17.2.6}$$

由上两式,分别消去 J_ν' 项和 J_ν 项,可得

$$J_{\nu-1}+J_{\nu+1}=\frac{2\nu}{x}J_\nu \tag{17.2.7}$$

$$J_{\nu-1}-J_{\nu+1}=2J_\nu' \tag{17.2.8}$$

以上两式是贝塞尔函数的基本递推关系.

贝塞尔函数的基本递推关系同样也适用于诺伊曼函数 $N_\nu(x)$,即诺伊曼函数的基本递推关系式为

$$N_{\nu-1}+N_{\nu+1}=\frac{2\nu}{x}N_\nu \tag{17.2.9}$$

$$N_{\nu-1}-N_{\nu+1}=2N_\nu' \tag{17.2.10}$$

由(17.2.6)式,当 $\nu=0$ 时,可得

$$J_0'(x)=-J_1(x) \tag{17.2.11}$$

此关系式在后面整数阶贝塞尔函数 $J_m(x)$ 的计算中经常用到,结合贝塞尔函数的递推关系,由此关系式可计算出所有整数阶贝塞尔函数 $J_m(x)$ 的值. 当然 $J_m(x)$ 的值也可由 $J_m(x)$ 的表达式(17.1.22)求出.

由(17.2.1)式和(17.2.2)式可以证明

$$\left(\frac{\mathrm{d}}{x\mathrm{d}x}\right)^m(x^\nu J_\nu)=x^{\nu-m}J_{\nu-m} \tag{17.2.12}$$

$$\left(\frac{\mathrm{d}}{x\mathrm{d}x}\right)^m(x^{-\nu}J_\nu)=(-1)^m x^{-\nu-m}J_{\nu+m} \tag{17.2.13}$$

上面的两个关系式在贝塞尔函数的计算中也是经常用到的. 由此关系式可给出半整数阶贝塞尔函数的初等函数表达式.

二、半整数阶贝塞尔函数的表达式

对于贝塞尔函数 $J_\nu(x)$,当 ν 为半整数时,即 $\nu = n + \frac{1}{2}$, $n \in \mathbf{Z}$, $J_{n+\frac{1}{2}}(x)$ 称为半整数阶贝塞尔函数.

首先考察 $n = 0$,即 $\nu = \frac{1}{2}$ 的 $\frac{1}{2}$ 阶贝塞尔函数 $J_{\frac{1}{2}}(x)$. 由 $J_\nu(x)$ 的表达式可得

$$J_{\frac{1}{2}}(x) = \sum_{k=0}^{\infty} \frac{(-1)^k}{k! \, \Gamma\left(k + \frac{3}{2}\right)} \left(\frac{x}{2}\right)^{2k + \frac{1}{2}} \tag{17.2.14}$$

由 Γ 函数的倍乘公式

$$\Gamma(2z) = 2^{2z-1} \pi^{-\frac{1}{2}} \Gamma(z) \Gamma\left(z + \frac{1}{2}\right) \tag{17.2.15}$$

有

$$2^{2x-1} \Gamma(x) \Gamma\left(x + \frac{1}{2}\right) = \pi^{\frac{1}{2}} \Gamma(2x)$$

令 $x = k+1$,可得

$$2^{2k+1} \Gamma(k+1) \Gamma\left(k + \frac{3}{2}\right) = \pi^{\frac{1}{2}} \Gamma(2k+2)$$

即

$$\Gamma\left(k + \frac{3}{2}\right) = \pi^{\frac{1}{2}} \Gamma(2k+2) 2^{-2k-1} \frac{1}{\Gamma(k+1)} = \pi^{\frac{1}{2}} (2k+1)! \, 2^{-2k-1} \frac{1}{k!}$$

将此式代入(17.2.14)式得

$$J_{\frac{1}{2}}(x) = \sqrt{\frac{2}{\pi x}} \sum_{k=0}^{\infty} \frac{(-1)^k}{(2k+1)!} x^{2k+1} = \sqrt{\frac{2}{\pi x}} \sin x \tag{17.2.16}$$

对于 $J_{-\frac{1}{2}}(x)$,由 $J_{-\nu}$ 的表达式(17.1.20),由同样的方法可得

$$J_{-\frac{1}{2}}(x) = \sqrt{\frac{2}{\pi x}} \cos x \tag{17.2.17}$$

由(17.2.12)式和(17.2.13)式即可得

$$J_{n+\frac{1}{2}}(x) = (-1)^n \sqrt{\frac{2}{\pi x}} x^{n+1} \left(\frac{\mathrm{d}}{x\mathrm{d}x}\right)^n \left(\frac{\sin x}{x}\right) \tag{17.2.18}$$

$$J_{-n-\frac{1}{2}}(x) = \sqrt{\frac{2}{\pi x}} x^{n+1} \left(\frac{\mathrm{d}}{x\mathrm{d}x}\right)^n \left(\frac{\cos x}{x}\right) \tag{17.2.19}$$

其中 $n = 0, 1, 2, \cdots$.

从上两式可知,半整数阶贝塞尔函数可由初等函数表示,且 $J_{n+\frac{1}{2}}$ 与 $J_{-\left(n+\frac{1}{2}\right)}$ 是线性独立的. 这也说明当 $n + \frac{1}{2}$ 与 $-\left(n + \frac{1}{2}\right)$ 之差为整数时,应由(15.3.5)式给出另一线性无关的特解,但在 $J_{-\left(n+\frac{1}{2}\right)}$ 的情况下所求的(15.3.5)式中的 $A = 0$.

§**17.3**__柱函数的定义

定义 17.3.1：柱函数

如果函数 $y_\nu(x)$ 满足以下的递推关系

$$y_{\nu-1} + y_{\nu+1} = \frac{2\nu}{x} y_\nu \tag{17.3.1}$$

$$y_{\nu-1} - y_{\nu+1} = 2y_\nu' \tag{17.3.2}$$

或满足与上两式等价的关系

$$\frac{\mathrm{d}}{\mathrm{d}x}(x^\nu y_\nu) = x^\nu y_{\nu-1} \tag{17.3.3}$$

$$\frac{\mathrm{d}}{\mathrm{d}x}(x^{-\nu} y_\nu) = -x^{-\nu} y_{\nu+1} \tag{17.3.4}$$

则把这类函数 $y_\nu(x)$ 统称为柱函数.

命题 **17.3.1**：柱函数必满足贝塞尔方程.

证：由（17.3.1）式和（17.3.2）式分别消去 $y_{\nu+1}$ 和 $y_{\nu-1}$，可得

$$y_\nu' + \frac{\nu}{x} y_\nu = y_{\nu-1} \tag{17.3.5}$$

$$y_{\nu+1} = \frac{\nu}{x} y_\nu - y_\nu' \tag{17.3.6}$$

把（17.3.5）式中的 ν 换成 $\nu+1$，即

$$y_{\nu+1}' + \frac{\nu+1}{x} y_{\nu+1} = y_\nu$$

并将此式代入（17.3.6）式，即得

$$y_{\nu+1} = \frac{\nu}{x}\left(y_{\nu+1}' + \frac{\nu+1}{x} y_{\nu+1} \right) - \left(y_{\nu+1}'' + \frac{\nu+1}{x} y_{\nu+1}' - \frac{\nu+1}{x^2} y_{\nu+1} \right)$$

即

$$y_{\nu+1}'' + \frac{1}{x} y_{\nu+1}' + \left(1 - \frac{(\nu+1)^2}{x^2} \right) y_{\nu+1} = 0 \tag{17.3.7}$$

此方程正是函数 $y_{\nu+1}$ 所满足的贝塞尔方程，命题得证.

注意：此命题的逆命题是不成立的，即满足贝塞尔方程的函数不一定是柱函数.

例如 J_ν 和 N_ν 都满足贝塞尔方程，它们的线性组合 $J_\nu + \nu N_\nu$ 亦满足贝塞尔方程，但 $J_\nu + \nu N_\nu$ 不满足递推关系（17.3.1）式和（17.3.2）式，故 $J_\nu + \nu N_\nu$ 不是柱函数.

§**17.4**__整数阶贝塞尔函数 $J_m(x)$ 的生成函数

一、整数阶贝塞尔函数的生成函数

考虑函数 $\mathrm{e}^{\frac{x}{2}\left(z - \frac{1}{z}\right)}$，其中 x 为实数，z 为复数.

在 $0<|z|<\infty$ 区域内,在 $z=0$ 点对此函数进行洛朗展开

$$e^{\frac{x}{2}\left(z-\frac{1}{z}\right)} = e^{\frac{x}{2}z} \cdot e^{-\frac{x}{2z}} = \left[\sum_{l=0}^{\infty} \frac{1}{l!}\left(\frac{x}{2}\right)^l z^l\right] \cdot \left[\sum_{m=0}^{\infty} \frac{1}{m!}\left(-\frac{x}{2}\right)^m z^{-m}\right]$$

$$= \sum_{l=0}^{\infty} \sum_{k=0}^{\infty} \frac{(-1)^k}{k!\,l!}\left(\frac{x}{2}\right)^{l+k} z^{l-k}$$

令 $m=l-k, l=m+k, k=l-m$,则

$$\sum_{m+k=0}^{\infty} \sum_{k=0}^{\infty} \frac{(-1)^k}{k!\,(m+k)!}\left(\frac{x}{2}\right)^{2k+m} z^m$$

$$= \sum_{m=-\infty}^{\infty} \left[\sum_{k=0}^{\infty} \frac{(-1)^k}{k!\,(m+k)!}\left(\frac{x}{2}\right)^{2k+m}\right] z^m$$

$$= \sum_{m=-\infty}^{\infty} J_m(x) z^m \tag{17.4.1}$$

由此得到此函数洛朗展开的系数为整数阶贝塞尔函数 $J_m(x)$,故称函数 $e^{\frac{x}{2}\left(z-\frac{1}{z}\right)}$ 为**整数阶贝塞尔函数 $J_m(x)$ 的生成函数**.

二、整数阶贝塞尔函数的积分表达式

由洛朗展开式的系数公式,可得

$$J_m(x) = \frac{1}{2\pi i} \oint_c \frac{e^{\frac{x}{2}\left(z-\frac{1}{z}\right)}}{z^{m+1}} dz \tag{17.4.2}$$

其中积分回路 c 为绕 $z=0$ 点沿逆时针方向的任一闭合回路.

若取 c 为复平面上的单位圆周,则 $z=e^{i\theta}, \frac{1}{z}=e^{-i\theta}, z-\frac{1}{z}=2i\sin\theta$,此时 $J_m(x)$ 的生成函数可写成

$$e^{\frac{x}{2}\left(z-\frac{1}{z}\right)} = e^{ix\sin\theta} \tag{17.4.3}$$

则生成函数的洛朗展开式(17.4.1)可写成

$$e^{ix\sin\theta} = \sum_{m=-\infty}^{\infty} J_m(x) e^{im\theta} \tag{17.4.4}$$

这一展开式为傅里叶级数的表达式. 由傅里叶级数的系数公式,$J_m(x)$ 可写为

$$J_m(x) = \frac{1}{2\pi} \int_{-\pi}^{\pi} e^{ix\sin\theta} e^{-im\theta} d\theta$$

$$= \frac{1}{2\pi} \int_{-\pi}^{\pi} e^{i(x\sin\theta - m\theta)} d\theta$$

$$= \frac{1}{2\pi} \int_{-\pi}^{\pi} \cos(x\sin\theta - m\theta) d\theta + \frac{i}{2\pi} \int_{-\pi}^{\pi} \sin(x\sin\theta - m\theta) d\theta$$

此表达式右边第二项的被积函数对变量 θ 为奇函数,故积分为零,由此可得

$$J_m(x) = \frac{1}{2\pi} \int_{-\pi}^{\pi} \cos(x\sin\theta - m\theta) d\theta \tag{17.4.5}$$

这就是**整数阶贝塞尔函数 $J_m(x)$ 的积分表达式**.

在物理学的波动(如光学中的菲涅耳衍射和量子物理)的某些问题中会遇到上式右边的这种积分,它正是整数阶贝塞尔函数,其积分数值可由贝塞尔函数表直接查出.

三、整数阶贝塞尔函数的加法公式

命题 17.4.1: $J_m(x)$ 的加法公式

$$J_m(x_1+x_2) = \sum_{k=-\infty}^{\infty} J_k(x_1) J_{m-k}(x_2) \tag{17.4.6}$$

证: 由 $J_m(x)$ 的生成函数的表达式(17.4.1)可得

$$e^{\frac{1}{2}(x_1+x_2)\left(z-\frac{1}{z}\right)} = \sum_{m=-\infty}^{\infty} J_m(x_1+x_2) z^m \tag{17.4.7}$$

另一方面

$$
\begin{aligned}
e^{\frac{1}{2}(x_1+x_2)\left(z-\frac{1}{z}\right)} &= e^{\frac{1}{2}x_1\left(z-\frac{1}{z}\right)} \cdot e^{\frac{1}{2}x_2\left(z-\frac{1}{z}\right)} \\
&= \sum_{k=-\infty}^{\infty} J_k(x_1) z^k \cdot \sum_{l=-\infty}^{\infty} J_l(x_2) z^l \\
&= \sum_{m=-\infty}^{\infty} z^m \left[\sum_{k=-\infty}^{\infty} J_k(x_1) J_{m-k}(x_2) \right]
\end{aligned}
\tag{17.4.8}
$$

其中 $m=l+k$.

比较上面两式,即可得到 $J_m(x)$ 的加法公式.

§17.5__贝塞尔方程的本征值问题

在讨论球函数中关于变量 θ 的勒让德方程本征值问题时,其本征值是由自然边界条件确定的. 但贝塞尔方程的本征值问题与勒让德方程的本征值问题完全不同. 贝塞尔方程是亥姆霍兹方程或拉普拉斯方程在柱坐标系下进行分离变量时,径向变量 ρ 所满足的方程.

贝塞尔方程的本征值问题是由 ρ 为特定值的柱面所满足的物理条件所决定的. 对柱内问题,涉及 $\rho=0$ 时仍要求解有限这一自然条件来决定解的形式. 在柱的外部,贝塞尔函数在 $\rho \to \infty$ 时,是不发散的,因此不必考虑 $\rho \to \infty$ 时的自然边界条件.

一、亥姆霍兹方程中贝塞尔方程的本征值问题

由于亥姆霍兹方程是波动方程和输运方程的空间变量满足的方程,当空间变量在柱坐标系下分离变量时,$R(\rho)$、$\Phi(\varphi)$、$Z(z)$ 及它们满足的边界条件分别构成三个 S-L 本征值问题,对于贝塞尔方程,要求 $k^2-\lambda>0$,k^2 是由空间部分 $u(r)$ 和时间部分 $T(t)$ 分离变量确定的本征参数,当 $Z(z)$ 的本征值 λ 取定后,由贝塞尔方程的 S-L 问题的本征值取值后,要求 $k^2-\lambda>0$ 来确定 k^2 的本征值. 积分常数由 $T(t)$ 方程满足的初始条件来定. 具体解法的步骤见应用举例和本节附录[*].

二、拉普拉斯方程中贝塞尔方程的本征值问题

由于拉普拉斯方程和亥姆霍兹方程的性质不同,由拉普拉斯方程讨论贝塞尔方程的 S-L 本征值问题相对比较简单,首先在这里讨论拉普拉斯方程的 S-L 本征值问题.

拉普拉斯方程在柱坐标系下进行分离变量后,对于 $R(\rho)$、$\varPhi(\varphi)$、$Z(z)$ 满足的方程中,只有两个 S-L 本征值问题. 另外一个方程和边界条件作为定积分常数用,因此要分别对 $R(\rho)$、$\varPhi(\varphi)$、$Z(z)$ 的方程及其边界条件满足的本征值问题来讨论:

情况一:对于 $\varPhi(\varphi)$ 的方程,要求 $\varPhi(\varphi)$ 满足周期性边界条件,构成 S-L 本征值问题;$R(\rho)$ 的方程和柱面的边界条件构成 S-L 本征值问题;再由 $Z(z)$ 的方程及其边界条件定积分常数.

情况二:如果选取 $\varPhi(\varphi)$ 的方程及其边界条件(可以是周期性边界条件,也可以是边界条件 $\varPhi(\varphi_0)=A_0$,$\varPhi(\varphi_1)=A_1$)构成 S-L 本征值问题;由 $Z(z)$ 的方程及其边界条件构成 S-L 本征值问题;则对于 $R(\rho)$ 的方程只能是虚宗量贝塞尔方程,和其柱面的边界条件不能构成 S-L 本征值问题,只能用来定积分常数,此问题将在下一节中进行讨论.

在本节中只讨论情况一中整数阶贝塞尔方程的本征值问题.

拉普拉斯方程在柱坐标系下分离变量后,得到如下方程:

$$\frac{1}{\rho}\frac{\partial}{\partial\rho}\left(\rho\frac{\partial R}{\partial\rho}\right)+\left(\lambda-\frac{m^2}{\rho^2}\right)R=0$$

$$\varPhi''+m^2\varPhi=0,\quad m\text{ 为整数}$$

$$Z''-\lambda Z=0,\quad \lambda>0 \tag{17.5.1}$$

设柱面的半径为 b,考虑柱内问题,则 $R(\rho)$ 方程的本征值问题为

$$\begin{cases} \dfrac{1}{\rho}\dfrac{\partial}{\partial\rho}\left(\rho\dfrac{\partial R(\rho)}{\partial\rho}\right)+\left(\lambda-\dfrac{m^2}{\rho^2}\right)R(\rho)=0,\quad \rho<b & (17.5.2) \\[3mm] \left[\alpha\dfrac{\mathrm{d}R(\rho)}{\mathrm{d}\rho}+\beta R(\rho)\right]_{\rho=b}=0 & (17.5.3) \\[3mm] \left|R(\rho)\right|_{\rho=0}<\infty & (17.5.4) \end{cases}$$

其中边界条件式(17.5.3)包括了第一、第二、第三类边界条件的情况,α,β 不能同时为零.

由于整数阶贝塞尔方程有两个线性无关的特解 $\mathrm{J}_m(\sqrt{\lambda}\rho)$ 和 $\mathrm{N}_m(\sqrt{\lambda}\rho)$,所以对同一 m 阶贝塞尔方程,有

$$R^{(m)}(\rho)=C_m\mathrm{J}_m(\sqrt{\lambda}\rho)+D_m\mathrm{N}_m(\sqrt{\lambda}\rho)$$

C_m,D_m 为常数. 但由于 $\mathrm{N}_m(\sqrt{\lambda}\rho)\xrightarrow{\rho\to0}\infty$,故对边界条件式(17.5.4)而言,$\mathrm{N}_m(\sqrt{\lambda}\rho)$ 必须舍去. 方程式(17.5.2)的解为

$$R^{(m)}(\rho)=C_m\mathrm{J}_m(\sqrt{\lambda}\rho) \tag{17.5.5}$$

因此贝塞尔方程的本征值 λ 将由边界条件式(17.5.3)给出,即 $\rho=b$ 时,有

$$\alpha\sqrt{\lambda}\,\mathrm{J}_m'(\sqrt{\lambda}\,b)+\beta\mathrm{J}_m(\sqrt{\lambda}\,b)=0 \tag{17.5.6}$$

此方程为超越方程,由数值解可解得此方程的根为 $\sqrt{\lambda_1},\sqrt{\lambda_2},\cdots,\sqrt{\lambda_n}\cdots$($\lambda$ 值由小到大排列). 即贝塞尔方程 S-L 本征值问题的本征值为 $\lambda_1,\lambda_2,\cdots,\lambda_n,\cdots$ 其相应的本征函数

$$R_n^{(m)}(\rho)=J_m(\sqrt{\lambda_n}\,\rho) \quad (n=1,2,\cdots) \tag{17.5.7}$$

1. 第一类齐次边界条件下的本征值问题

考虑经常遇到的第一类边界条件的定解问题,即在定解问题式(17.5.3)中 $\alpha=0$ 的情况,此时求解本征值的方程式(17.5.6)变为

$$J_m(\sqrt{\lambda}\,b)=0 \tag{17.5.8}$$

这就把本征值的求解方程转为求解贝塞尔函数 $J_m(x)$ 的零点问题.

(1)贝塞尔函数零点的性质

由 $J_m(x)$ 的表达式

$$J_m(x)=\sum_{k=0}^{\infty}\frac{(-1)^k}{k!\,(m+k)!}\left(\frac{x}{2}\right)^{m+2k}, \quad m=0,1,2,\cdots \tag{17.5.9}$$

可知,$J_m(x)$ 的零点有如下的性质:

① $J_0(0)=1,J_m(0)=0(m\neq 0)$.

② $J_m(x)$ 的零点在 x 轴上的分布是以原点为对称的.

这一性质由 $J_m(-x)=(-1)^m J_m(x)$ 即可得到,即如果 x_n 为 $J_m(x)$ 的零点:$J_m(x_n)=0$,则 $J_m(-x_n)=0$.

③ $J_m(x)$ 的零点有无穷多个.

当 x 很大时,$J_m(x)$ 是收敛的,它有渐进表达式

$$J_m(x)\sim\sqrt{\frac{2}{\pi x}}\cos\left(x-m\frac{\pi}{2}-\frac{\pi}{4}\right) \tag{17.5.10}$$

即 $x-m\dfrac{\pi}{2}-\dfrac{\pi}{4}=\left(k+\dfrac{1}{2}\right)\pi,k=0,\pm 1,\cdots,\pm\infty$,可看出 $J_m(x)$ 的零点有无穷多个.

④ $J_m(x)$ 与 $J_{m+1}(x)$ 的零点是两两相间的,即 $J_m(x)$ 的相邻两个零点间必有而且只有一个 $J_{m+1}(x)$ 的零点,而 $J_{m+1}(x)$ 的相邻两个零点之间也必有且只有一个 $J_m(x)$ 的零点. 如图 17.5.1 所示. 此性质可由微分学的中值定理和贝塞尔函数的递推关系加以证明.

⑤ $J_m(x)$ 的最小正零点小于 $J_{m+1}(x)$ 的最小正零点.

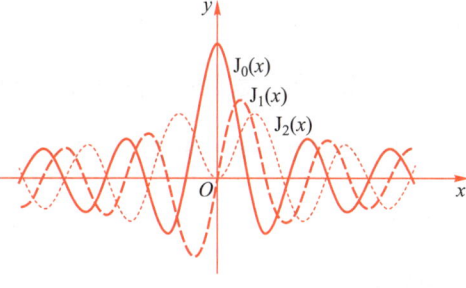

图 17.5.1

(2)第一类边界条件下本征函数的表达式

由于贝塞尔方程本征值问题的本征值都是正的,因此只考虑 m 阶贝塞尔函数 $J_m(x)$ 的正零点,则第一类齐次边界条件的贝塞尔方程的本征值满足的方程式(17.5.8)可写为

$$J_m(\sqrt{\lambda}\,b) = J_m(x_n^{(m)}) = 0 \tag{17.5.11}$$

其中 $x_n^{(m)}$ 表示 m 阶贝塞尔函数 $J_m(x)$ 的第 n 个正零点，$n=1,2,\cdots$，即第 n 个本征值为

$$\lambda_n^{(m)} = \left(\frac{x_n^{(m)}}{b}\right)^2, \quad n=1,2,\cdots \tag{17.5.12}$$

及相应的本征函数为

$$R_n^{(m)}(\rho) = J_m\left(\frac{x_n^{(m)}}{b}\rho\right), \quad n=1,2,\cdots \tag{17.5.13}$$

贝塞尔函数的零点值在工程技术上有着广泛的应用，例如在波导中往往要找出最小的本征频率，它是与最小零点值相联系的，在应用中一般直接查贝塞尔函数表中的零点值.

2. 第二类齐次边界条件下的本征值问题

对第二类齐次边界条件

$$R'(\rho)\big|_{\rho=b} = 0 \tag{17.5.14}$$

求解本征值的方程为

$$J_m'(\sqrt{\lambda}\,b) = 0 \tag{17.5.15}$$

此方程可由递推关系式

$$J_m'(x) = \frac{1}{2}\big[J_{m-1}(x) - J_{m+1}(x)\big]$$

利用 $J_{m-1}(x)$ 与 $J_{m+1}(x)$ 曲线的交点得到 $J_m'(x)\big|_{x=\sqrt{\lambda}\,b}$ 的零点 $x_n^{(m)}$，即可得到本征值

$$\lambda_n^{(m)} = \left(\frac{x_n^{(m)}}{b}\right)^2, \quad n=1,2,\cdots \tag{17.5.16}$$

及相应的本征函数

$$R_n^{(m)}(\rho) = J_m\left(\frac{x_n^{(m)}}{b}\rho\right), \quad n=1,2,\cdots \tag{17.5.17}$$

3. 第三类齐次边界条件下的本征值问题

对于第三类边界条件，通过解超越方程式（17.5.6）的数值解，得到本征值及相应的本征函数.

三、贝塞尔函数不同本征值所对应的本征函数的正交关系

对于每一个 m 阶贝塞尔方程都有 S-L 本征值问题，对同一 m 阶贝塞尔方程，有无穷多个本征值 $\lambda_n^{(m)}$ 和对应的本征函数 $R_n^{(m)}(\rho) = J_m\left(\dfrac{x_n^{(m)}}{b}\rho\right)$，我们只研究同一 m 阶的本征函数的正交关系.

1. 本征函数 $J_m\left(\dfrac{x_n^{(m)}}{b}\rho\right)$ 的正交关系

由 S-L 本征值问题中本征函数的正交性，贝塞尔方程本征值问题的本征函数 $J_m\left(\dfrac{x_n^{(m)}}{b}\rho\right)$ 在区间 $[0,b]$ 上以 ρ 为权重正交，即

$$\int_0^b J_m\left(\frac{x_n^{(m)}}{b}\rho\right) J_m\left(\frac{x_l^{(m)}}{b}\rho\right)\rho \mathrm{d}\rho = 0, \quad n \neq l \tag{17.5.18}$$

2. 本征函数 $J_m\left(\dfrac{x_n^{(m)}}{b}\rho\right)$ 的模

由于 $J_m\left(\dfrac{x_n^{(m)}}{b}\rho\right)$ 不是归一化的,因此定义归一化的本征函数 $\mathscr{R}_n^{(m)}(\rho)$:

$$\mathscr{R}_n^{(m)}(\rho) = \left(N_n^{(m)}\right)^{-1} J_m\left(\frac{x_n^{(m)}}{b}\rho\right) \tag{17.5.19}$$

其中 $N_n^{(m)}$ 为对应于 $J_m\left(\dfrac{x_n^{(m)}}{b}\rho\right)$ 的归一化常数,其表达式为

$$\left[N_n^{(m)}\right]^2 = \int_0^b J_m^2\left(\frac{x_n^{(m)}}{b}\rho\right)\rho \mathrm{d}\rho \tag{17.5.20}$$

则本征函数的正交关系可表示为

$$\int_0^b \mathscr{R}_n^{(m)}(\rho)\mathscr{R}_l^{(m)}(\rho)\rho \mathrm{d}\rho = \delta_{nl} \tag{17.5.21}$$

只有在同一边界条件下的 S-L 本征值问题的本征函数才能构成正交完备的函数系. 边界条件不同时,对应着不同的 S-L 本征值问题,是不能讨论正交等关系的.

四、三类齐次边界条件的归一化常数

下面具体计算在三类齐次边界条件下归一化常数 $N_n^{(m)}$ 的值,为计算方便,令

$$x = \frac{x_n^{(m)}}{b}\rho \tag{17.5.22}$$

(17.5.20)式变为

$$\left[N_n^{(m)}\right]^2 = \left(\frac{b}{x_n^{(m)}}\right)^2 \int_0^{x_n^{(m)}} J_m^2(x)x \mathrm{d}x \tag{17.5.23}$$

由于 $J_m(x)$ 满足贝塞尔方程

$$x^2 J_m(x) = m^2 J_m(x) - x\frac{\mathrm{d}}{\mathrm{d}x}\left[x\frac{\mathrm{d}}{\mathrm{d}x}J_m(x)\right] \tag{17.5.24}$$

由(17.5.23)式右边的积分利用(17.5.24)式可得

$$\int_0^{x_n^{(m)}} J_m^2(x)x \mathrm{d}x = \frac{1}{2}\int_0^{x_n^{(m)}} J_m^2(x)\mathrm{d}x^2$$

$$= \frac{1}{2}\left[x^2 J_m^2(x)\Big|_0^{x_n^{(m)}} - \int_0^{x_n^{(m)}} x^2 J_m(x)J_m'(x)\mathrm{d}x\right]$$

$$= \frac{1}{2}\left[x^2 J_m^2(x)\Big|_0^{x_n^{(m)}} - \int_0^{x_n^{(m)}} \left[m^2 J_m(x) - x\frac{\mathrm{d}}{\mathrm{d}x}(xJ_m'(x))\right]J_m'\mathrm{d}x\right]$$

$$= \frac{1}{2}\left[x^2 J_m^2(x)\Big|_0^{x_n^{(m)}} - \int_0^{x_n^{(m)}} m^2 J_m(x)\mathrm{d}J_m(x) + \int_0^{x_n^{(m)}} xJ_m'(x)\mathrm{d}(xJ_m'(x))\right]$$

$$= \frac{1}{2}\left[x^2 J_m^2(x)\right]\Big|_0^{x_n^{(m)}} - \frac{1}{2}m^2\left[J_m^2(x)\right]\Big|_0^{x_n^{(m)}} + \frac{1}{2}\left[xJ_m'(x)\right]^2\Big|_0^{x_n^{(m)}}$$

即可得

$$\int_0^{x_n^{(m)}} J_m^2(x) x \mathrm{d}x = \frac{1}{2}\left[x^2 J_m^2(x) - m^2 J_m^2(x) + x^2 J_m'^2(x) \right] \Big|_0^{x_n^{(m)}} \qquad (17.5.25)$$

故

$$\left[N_n^{(m)} \right]^2 = \frac{1}{2}\left(\frac{b}{x_n^{(m)}} \right)^2 \left[x^2 J_m^2(x) - m^2 J_m^2(x) + x^2 J_m'^2(x) \right] \Big|_0^{x_n^{(m)}} \qquad (17.5.26)$$

这是求归一化因子的基本表达式.

对于三类边界条件的表达式,其归一化因子是不同的.

(1) 第一类边界条件: $J_m(x) \big|_{x=x_n^{(m)}} = 0$

$$\left[N_n^{(m)} \right]^2 = \frac{1}{2}\left(\frac{b}{x_n^{(m)}} \right)^2 \left[x_n^{(m)2} J_m^2(x_n^{(m)}) - m^2 J_m^2(x_n^{(m)}) + (x_n^{(m)} J_m'(x_n^{(m)}))^2 \right] -$$

$$\frac{1}{2}\left(\frac{b}{x_n^{(m)}} \right)^2 \left[0 \cdot J_m^2(x) - m^2 \cdot J_m^2(0) + (0 \cdot J_m'(0))^2 \right]$$

$$= \frac{b^2}{2}\left[J_m'(x_n^{(m)}) \right]^2$$

由递推关系: $-\nu J_\nu + x J_\nu' = -x J_{\nu+1}$,可得

$$J_m'(x) = -J_{m+1}(x) + \frac{m}{x} J_m(x)$$

$$J_m'(x_n^{(m)}) = -J_{m+1}(x_n^{(m)}) + \frac{m}{x_n^{(m)}} J_m(x_n^{(m)})$$

$$J_m'(x_n^{(m)}) = \left[J_{m+1}(x_n^{(m)}) \right]^2$$

即

$$\left[N_n^{(m)} \right]^2 = \frac{b^2}{2}\left[J_{m+1}(x_n^{(m)}) \right]^2 \qquad (17.5.27)$$

这里的 $x_n^{(m)}$ 是 $J_m(x)$ 的第 n 个零点.

(2) 第二类边界条件: $J_m'(x) \big|_{x=x_n^{(m)}} = 0$

$$\left[N_n^{(m)} \right]^2 = \frac{1}{2}\left(\frac{b}{x_n^{(m)}} \right)^2 \left[x^2 J_m^2(x) - m^2 J_m^2(x) + (x J_m'(x))^2 \right] \Big|_0^{x_n^{(m)}}$$

$$= \frac{1}{2}\left(\frac{b}{x_n^{(m)}} \right)^2 \left[x_n^{(m)2} J_m^2(x_n^{(m)}) - m^2 J_m^2(x_n^{(m)}) + (x_n^{(m)} J_m'(x_n^{(m)}))^2 \right] -$$

$$\frac{1}{2}\left(\frac{b}{x_n^{(m)}} \right)^2 \left[0 \cdot J_m^2(x) - m^2 \cdot J_m^2(0) + (0 \cdot J_m'(0))^2 \right]$$

$$= \frac{b^2}{2}\left[J_m^2(x_n^{(m)}) - \frac{m^2}{(x_n^{(m)})^2} J_m^2(x_n^{(m)}) \right]$$

$$= \frac{b^2}{2}\left[1 - \frac{m^2}{(x_n^{(m)})^2} \right] J_m^2(x_n^{(m)}) \qquad (17.5.28)$$

(3) 第三类边界条件: $\alpha \sqrt{\lambda} J_m'(x) + \beta J_m(x) \big|_{\rho=b} = 0, x = \sqrt{\lambda} \rho$

$$\alpha\sqrt{\lambda}\,J_m'(\sqrt{\lambda}\,\rho)+\beta\,J_m(\sqrt{\lambda}\,\rho)=0$$

$$\lambda_n^{(m)}=\left(\frac{x_n^{(m)}}{b}\right)^2$$

得到

$$J_m'(x)=-\frac{\beta}{\alpha}\cdot\frac{b}{x_n^{(m)}}J_m(x)$$

由(17.5.26)式得

$$
\begin{aligned}
\left[N_n^{(m)}\right]^2 &=\frac{1}{2}\left(\frac{b}{x_n^{(m)}}\right)^2\left[x^2J_m^2(x)-m^2J_m^2(x)+(xJ_m'(x))^2\right]\Big|_0^{x_n^{(m)}}\\
&=\frac{1}{2}\left(\frac{b}{x_n^{(m)}}\right)^2\left[x^2J_m^2(x)-m^2J_m^2(x)+x^2\left(\frac{\beta}{\alpha}\cdot\frac{b}{x_n^{(m)}}\right)^2J_m^2(x)\right]\Big|_0^{x_n^{(m)}}\\
&=\frac{1}{2}\left(\frac{b}{x_n^{(m)}}\right)^2\left[x^2-m^2+x^2\left(\frac{\beta}{\alpha}\cdot\frac{b}{x_n^{(m)}}\right)^2\right]J_m^2(x)\Big|_0^{x_n^{(m)}}\\
&=\frac{b^2}{2}\left[1-\frac{m^2}{(x_n^{(m)})^2}+\left(\frac{\beta}{\alpha}\cdot\frac{b}{x_n^{(m)}}\right)^2\right]J_m^2(x_n^{(m)})+\frac{1}{2}\left(\frac{b}{x_n^{(m)}}\right)^2m^2J_m^2(0)\\
&=\frac{b^2}{2}\left[1-\frac{m^2}{(x_n^{(m)})^2}+\left(\frac{\beta}{\alpha}\cdot\frac{b}{x_n^{(m)}}\right)^2\right]J_m^2(x_n^{(m)})
\end{aligned}
\tag{17.5.29}
$$

五、在本征函数系上的广义傅里叶展开

由三类齐次边界条件所得到的贝塞尔函数 $J_m(x)$ 的本征值 $\lambda_n^{(m)}=\left(\dfrac{x_n^{(m)}}{b}\right)^2$ 及由

(17.5.19)式所定义的正交归一的本征函数系

$$\left\{\mathscr{R}_n^{(m)}(\rho),\quad n=1,2,\cdots\,\big|\,\rho\in[0,b]\right\}$$

以此函数系为基,可张成一个希尔伯特空间,此空间中的元素,即定义在 $[0,b]$ 上的连续函数 $f(\rho)$(可放宽到有有限个第一类间断点),并在此区间上 $f(\rho)$ 有分段连续的一阶导数,则函数 $f(\rho)$ 可在本征函数系 $\{\mathscr{R}_n^{(m)}\}$ 上展开,即 $f(\rho)$ 的广义傅里叶级数

$$f(\rho)=\sum_{n=1}^{\infty}f_n\mathscr{R}_n^{(m)}(\rho)\tag{17.5.30}$$

展开系数 f_n 为

$$f_n=\int_0^b f(\rho)\,\mathscr{R}_n^{(m)}(\rho)\rho\mathrm{d}\rho\tag{17.5.31}$$

可等价地写成

$$f(\rho)=\sum_{n=1}^{\infty}f_n J_m(\sqrt{\lambda_n^{(m)}}\,\rho)\tag{17.5.32}$$

此时的展开系数 $f(n)$ 为

$$f_n=\left[N_n^{(m)}\right]^{-2}\int_0^b f(\rho)\,J_m(\sqrt{\lambda_n^{(m)}}\,\rho)\rho\mathrm{d}\rho\tag{17.5.33}$$

注意:$f(\rho)$ 的广义傅里叶级数展开只能是在同一阶的贝塞尔本征函数系上展

开. 由于不同阶即不同 m 的本征函数系 $\{\mathscr{R}_n^{(m)}, n=0,1,2,\cdots\}$,$m$ 取两个不同的值,是构成不同的希尔伯特空间的,因此只能根据所考虑的物理问题选定某一个 m 的本征函数系即在某一个希尔伯特空间基上进行广义傅里叶级数展开.

六、应用举例

例 17.5.1 求边缘固定半径为 b 的圆形膜的本征振动频率(固有频率)及本征振动模式.

解:此问题是求解二维波动方程

$$u_{tt} - a^2 \nabla_{(2)}^2 u = 0 \qquad (17.5.34)$$

其中 $\nabla_{(2)}^2$ 是二维拉普拉斯算子,a 是振动在此二维膜上的传播速度,它与膜的物理性质相关. 此问题不同于前面讨论的波动的定解问题,它没给出初始条件和波动的源,只是研究膜本身在特定形状和特定边界条件下所固有的振动特性:即边缘固定的半径为 b 的圆形膜,取以圆心为坐标原点的极坐标 (ρ, φ) 时,由膜的对称性考虑其振动模式. 在 φ 角具有周期性自然边界条件下,膜上可能按照哪些频率(即本征频率)进行振动及其振动模式. 此问题正是欧拉在 18 世纪中叶,研究圆形鼓膜的振动在极坐标下进行分离变量时,得到了贝塞尔方程及贝塞尔函数,解决了圆形鼓膜的振动问题(此问题与鼓的声音的研究密切相关).

在极坐标 (ρ, φ) 下,对二维波动方程(17.5.34)进行空间和时间变量的分离,很容易得到 $u(\rho, \varphi, t)$ 的形式为

$$u(\rho, \varphi, t) = U(\rho, \varphi) e^{i\omega t} \qquad (17.5.35)$$

考虑到研究的问题与 t 无关,定解问题为

$$\begin{cases} \dfrac{1}{\rho} \dfrac{\partial}{\partial \rho}\left(\rho \dfrac{\partial U}{\partial \rho}\right) + \dfrac{1}{\rho^2} \dfrac{\partial^2 U}{\partial \varphi^2} + k^2 U = 0, \quad k = \dfrac{\omega}{a} & (17.5.36) \\[3mm] U(b, \varphi) = 0, U(\rho, \varphi)\big|_{\rho < b} \text{有限} & (17.5.37) \\[2mm] U(\rho, \varphi) = U(\rho, \varphi + 2\pi) & (17.5.38) \end{cases}$$

对 $U(\rho, \varphi)$ 进行分离变量,$U(\rho, \varphi) = R(\rho)\Phi(\varphi)$,可得 $\Phi(\varphi)$,$R(\rho)$ 分别要满足的 S-L 本征值问题. $\Phi(\varphi)$ 满足

$$\begin{cases} \dfrac{\mathrm{d}^2 \Phi}{\mathrm{d}\varphi^2} + m^2 \Phi(\varphi) = 0 & (17.5.39) \\[3mm] \Phi(\varphi) = \Phi(\varphi + 2\pi) & (17.5.40) \end{cases}$$

可得本征值 m^2,$m = 0,1,2,\cdots$,即相应的本征解

$$\Phi(\varphi) \sim e^{\pm im\varphi} \qquad (17.5.41)$$

$R(\rho)$ 满足

$$\begin{cases} \dfrac{1}{\rho} \dfrac{\mathrm{d}}{\mathrm{d}\rho}\left(\rho \dfrac{\mathrm{d}R(\rho)}{\mathrm{d}\rho}\right) + \left(k^2 - \dfrac{m^2}{\rho^2}\right) R(\rho) = 0 & (17.5.42) \\[3mm] R(b) = 0, R(0) \text{有限} & (17.5.43) \end{cases}$$

这是贝塞尔方程的第一类边界条件的 S-L 本征值问题,我们要求出在边界条件式(17.5.43)下本征值 k^2 的值,再由 $\omega = ka$,即可得本征频率.

由整数阶贝塞尔方程的解可知,方程式(17.5.42)解的形式为

$$R^{(m)}(\rho) = C_m J_m(k\rho) + D_m N_m(k\rho) \qquad (17.5.44)$$

因为边界条件式(17.5.43)中要求 $R(0)$ 有限,故弃掉解 $N_m(k\rho)$,即取 $D_m = 0$,则解变为

$$R^{(m)}(\rho) = C_m J_m(k\rho)$$

由边界条件 $R(b) = 0$,即得

$$J_m(kb) = 0 \tag{17.5.45}$$

这就是求贝塞尔函数零点问题. 设 $x = k\rho$,则对 m 阶贝塞尔函数 $J_m(x)$ 的零点 $x_n^{(m)}$,$n = 1, 2,$
$3, \cdots$ 由小到大排列,则 $x_n^{(m)} = k_n^{(m)} b$,即可得此定解问题的本征值

$$[k_n^{(m)}]^2 = \left[\frac{x_n^{(m)}}{b}\right]^2, \quad n = 1, 2, 3, \cdots \tag{17.5.46}$$

即可由 $\omega = ka$,得到该圆形膜的本征频率为

$$\omega_n^{(m)} = k_n^{(m)} a = \frac{x_n^{(m)}}{b} a, \quad n = 1, 2, 3, \cdots \tag{17.5.47}$$

相应的本征振动模式为

$$R_n^{(m)}(\rho) = J_m\left(\frac{x_n^{(m)}}{b}\rho\right), \quad n = 1, 2, 3, \cdots \tag{17.5.48}$$

圆形膜本征振动的基频为 $m = 0, n = 1$,

$$\omega_1^{(0)} = \frac{x_1^{(0)}}{b} a$$

而基频相应的振动模式为

$$R_1^{(0)}(\rho) = J_0\left(\frac{x_1^{(0)}}{b}\rho\right)$$

请思考:当 $m = 1$ 和 $m = 2$ 时,各基频代表的是什么样的模的本征振动?

例 17.5.2 由导体壁构成的中空的圆柱(图 17.5.2),高为 h,半径为 b,设上底面的电势为 U($U \neq 0$ 为常数),上底面与侧柱面绝缘,侧柱面与下底面相连且接地,其电势为零,求柱体腔内部的电势.

解:此问题为柱内电势 u 的稳定分布问题,取柱坐标系 (ρ, φ, z),原点在下底面中心,z 轴沿圆柱的中轴,此问题中电势 u 完全为轴对称的,定解问题为

$$\begin{cases} \nabla^2 u(\rho, \varphi, z) = 0, & \rho < b, 0 < z < h & (17.5.49) \\ u(\rho, \varphi, 0) = 0, & u(\rho, \varphi, h) = U & (17.5.50) \\ u(b, \varphi, z) = 0, & u(0, \varphi, z) \ \text{有限} & (17.5.51) \end{cases}$$

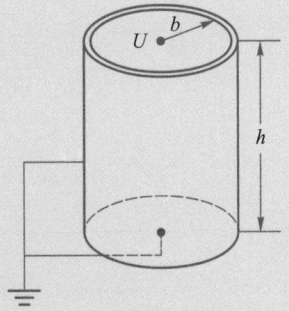

图 17.5.2

用分离变量法求解,设 $u(\rho, \varphi, z) = R(\rho)\Phi(\varphi)Z(z)$,可得关于 $R(\rho), \Phi(\varphi)$ 和 $Z(z)$ 所满足的方程及相应的定解问题.

先看关于 $\Phi(\varphi)$ 的方程

$$\Phi''(\varphi) + m^2 \Phi(\varphi) = 0 \tag{17.5.52}$$

由于问题为轴对称的,与 φ 无关,而方程的解的形式 $\Phi(\varphi) \sim e^{\pm im\varphi}$,只能取 $m = 0$,即取 $\Phi(\varphi) = 1$. 故 $u(\rho, \varphi, z) = R(\rho)Z(z)$. 而 $R(\rho)$ 和 $Z(z)$ 满足的方程分别为

$$R''(\rho) + \frac{1}{\rho}R'(\rho) + \lambda R(\rho) = 0 \tag{17.5.53}$$

$$Z''(z) - \lambda Z(z) = 0 \tag{17.5.54}$$

关于 $R(\rho)$ 的方程及其定解条件构成了 S-L 本征值问题

$$\begin{cases} R''(\rho) + \dfrac{1}{\rho}R'(\rho) + \lambda R(\rho) = 0 \\ R(b) = 0, \quad R(\rho < b) \text{ 有限} \end{cases} \tag{17.5.55}$$

本征参数 $\lambda > 0$，而方程中 $m = 0$，(17.5.55) 式为零阶贝塞尔方程，其解的形式为

$$R(\rho) = CJ_0(\sqrt{\lambda}\rho) + DN_0(\sqrt{\lambda}\rho) \tag{17.5.56}$$

考虑到 $R(0)$ 有限，必须弃掉 $N_0(\sqrt{\lambda}\rho)$ 的解，故取 $D = 0$. 解 $R(\rho)$ 的形式变为

$$R(\rho) = CJ_0(\sqrt{\lambda}\rho) \tag{17.5.57}$$

由边界条件 $R(b) = 0$ 可得

$$J_0(\sqrt{\lambda}b) = 0 \tag{17.5.58}$$

注意：在解 (17.5.57) 中，如果取 $\lambda = 0$，由 $J_0(0) = 1$，则导致整个问题的解为平庸解 $u(\rho, \varphi, z) = c$，将与边界条件 $u(\rho, \varphi, 0) = 0$ 及 $u(\rho, \varphi, h) = U(U \neq 0)$ 相矛盾，故 $\lambda \neq 0$.

由边界条件式 (17.5.58) 可得本征值 λ 为

$$\lambda_n = \left(\frac{x_n^{(0)}}{b}\right)^2, \quad n = 1, 2, \cdots \tag{17.5.59}$$

其中 $x_n^{(0)}$ 为零阶贝塞尔函数 $J_0(x)$ 的第 n 个零点. 其相应的本征函数为

$$R_n(\rho) = C_n J_0(\sqrt{\lambda_n}\rho) = C_n J_0\left(\frac{x_n^{(0)}}{b}\rho\right) \tag{17.5.60}$$

关于 $Z(z)$ 的方程式 (17.5.54) 与柱面上下底面的边界条件并不构成 S-L 本征值问题，方程式 (17.5.54) 解的形式为

$$Z(z) = Ae^{\sqrt{\lambda}z} + Be^{-\sqrt{\lambda}z} \tag{17.5.61}$$

而 λ 已由 $R(\rho)$ 的 S-L 问题定出，对于 (17.5.59) 式给出的 λ_n，相应 $Z(z)$ 的解为

$$Z_n(z) = A_n e^{\sqrt{\lambda_n}z} + B_n e^{-\sqrt{\lambda_n}z} \tag{17.5.62}$$

因此对应每个 λ_n，柱内电势 u 有相应的一个分量解 u_n，

$$u_n(\rho, z) = \left[A_n e^{\frac{x_n^{(0)}}{b}z} + B_n e^{-\frac{x_n^{(0)}}{b}z}\right] J_0\left(\frac{x_n^{(0)}}{b}\rho\right) \tag{17.5.63}$$

其中 $R_n(\rho)$ 中的系数 C_n 已归入 A_n 和 B_n 中，因此可以得到柱内电势 u 的形式为

$$u(\rho, z) = \sum_{n=1}^{\infty} u_n(\rho, z)$$

$$= \sum_{n=1}^{\infty} \left[A_n e^{\frac{x_n^{(0)}}{b}z} + B_n e^{-\frac{x_n^{(0)}}{b}z}\right] J_0\left(\frac{x_n^{(0)}}{b}\rho\right) \tag{17.5.64}$$

系数 A_n 和 B_n 将由上下底的边界条件式 (17.5.50) 确定.

由 $z = 0$，$u(\rho, 0) = 0$ 有

$$\sum_{n=1}^{\infty} \left[A_n + B_n\right] J_0\left(\frac{x_n^{(0)}}{b}\rho\right) = 0 \tag{17.5.65}$$

可得

$$A_n = -B_n \tag{17.5.66}$$

对 $z = h$，$u(\rho, h) = U$，有

$$\sum_{n=1}^{\infty} \left[A_n e^{\frac{x_n^{(0)}}{b}h} + B_n e^{-\frac{x_n^{(0)}}{b}h}\right] J_0\left(\frac{x_n^{(0)}}{b}\rho\right) = U \tag{17.5.67}$$

把 $A_n = -B_n$ 代入此式,再由零阶贝塞尔函数的正交关系可得

$$A_n\left(e^{\frac{x_n^{(0)}}{b}h} - e^{-\frac{x_n^{(0)}}{b}h}\right) = \frac{U}{(N_n)^2}\int_a^b J_0\left(\frac{x_n^{(0)}}{b}\rho\right)\rho\,d\rho \tag{17.5.68}$$

其中归一化常数 N_n 为

$$(N_n)^2 = \frac{b^2}{2}[J_0'(x_n^{(0)})]^2 = \frac{b^2}{2}[J_1(x_n^{(0)})]^2 \tag{17.5.69}$$

其中用到递推关系 $J_0' = -J_1$. 由递推关系

$$\frac{d}{x\,dx}(xJ_1) = x^0 J_0 = J_0, \quad 得 \frac{d}{dx}(xJ_1) = xJ_0$$

两边积分得

$$\int xJ_0(x)\,dx = xJ_1(x)$$

计算(15.5.68)式右边的积分

$$\int_0^b J_0\left(\frac{x_n^{(0)}}{b}\rho\right)\rho\,d\rho = \left(\frac{b}{X_n^{(0)}}\right)^2\int_0^{x_n^{(0)}} J_0\left(\frac{x_n^{(0)}}{b}\rho\right)\left(\frac{x_n^{(0)}}{b}\rho\right)d\left(\frac{x_n^{(0)}}{b}\rho\right)$$

$$= \left(\frac{b}{x_n^{(0)}}\right)^2\left(\frac{x_n^{(0)}}{b}\rho\right)J_1\left(\frac{x_n^{(0)}}{b}\rho\right)\Bigg|_{\frac{x_n^{(0)}}{b}\rho=0}^{\frac{x_n^{(0)}}{b}\rho=x_n^{(0)}}$$

$$= \frac{b^2}{x_n^{(0)}}J_1(x_n^{(0)})$$

将此计算结果及 N_n 的表达式代入(15.5.68)式,有

$$A_n\left(e^{\frac{x_n^{(0)}}{b}h} - e^{-\frac{x_n^{(0)}}{b}h}\right) = \frac{2U}{b^2}[J_1(x_n^{(0)})]^{-2}\frac{b^2}{x_n^{(0)}}J_1(x_n^{(0)})$$

即可得

$$A_n = \frac{U}{x_n^{(0)}\sinh\left(\frac{x_n^{(0)}}{b}h\right)J_1(x_n^{(0)})} \tag{17.5.70}$$

因此整个定解问题的解为

$$u(\rho,z) = 2U\sum_{n=1}^{\infty}\frac{1}{x_n^{(0)}\sinh\left(\frac{x_n^{(0)}}{b}h\right)J_1(x_n^{(0)})}\sinh\left(\frac{x_n^{(0)}}{b}z\right)J_0\left(\frac{x_n^{(0)}}{b}\rho\right) \tag{17.5.71}$$

注:上述解中,如果 $U=0$,则只能选取 $\lambda=0$,则只得到 $u(\rho,\varphi,z)=0$ 或 $u(\rho,\varphi,z)=c$ 的平凡解,这一情况即为静电屏蔽的情况.

例17.5.3 设有均匀的无穷长空心圆柱体,内外半径分别为 a 和 b,保持圆柱内外界面上的温度为零,柱体内初始温度为 $f(\rho)$,求柱体内各处的温度变化. 这是一个简单理想化的内套壁和外套壁系统可以同时进行冷却的物理模型.

解:此问题为柱内热传导问题,采用柱坐标 (ρ,φ,z),z 轴为圆柱的中心轴,由于 z 方向为无穷长,且边界条件和初始条件都与 φ,z 变量无关,是轴对称的问题,可化为与 z 轴垂直的圆环面上的问题. 故关于 $\Phi(\varphi)$ 方程的本征值为 $m=0$,柱内的温度分布函数只是 (ρ,t) 的函数 $u(\rho,t)$,在此坐标系下,定解问题为

$$\begin{cases} \dfrac{\partial u}{\partial t} - \gamma^2 \dfrac{1}{\rho} \dfrac{\partial}{\partial \rho}\left(\rho \dfrac{\partial u}{\partial \rho}\right) = 0, \quad t>0, a<\rho<b & (17.5.72) \\[2mm] u(a,t) = u(b,t) = 0 & (17.5.73) \\[2mm] u(\rho,0) = f(\rho), \quad a<\rho<b & (17.5.74) \end{cases}$$

其中 γ^2 为热传导系数.

用分离变量法求解,设 $u(\rho,t) = T(t)R(\rho)$,则可得

$$T' + \gamma^2 k^2 T = 0, \quad t>0 \tag{17.5.75}$$

$$R''(\rho) + \frac{1}{\rho}R'(\rho) + k^2 R(\rho) = 0, \quad a<\rho<b \tag{17.5.76}$$

故径向方程的定解问题为

$$\begin{cases} R''(\rho) + \dfrac{1}{\rho}R'(\rho) + k^2 R(\rho) = 0, \quad a<\rho<b \\[2mm] R(a) = R(b) = 0 \end{cases} \tag{17.5.77}$$

此问题为零阶贝塞尔方程的 S-L 本征值问题,由于 $a<\rho<b$,不存在 $\rho=0$ 时的自然边界条件,方程的解的形式为

$$R(\rho) = A J_0(k\rho) + B N_0(k\rho) \tag{17.5.78}$$

由边界条件式(17.5.77)可得

$$\begin{cases} A J_0(ka) + B N_0(ka) = 0 & (17.5.79) \\[2mm] A J_0(kb) + B N_0(kb) = 0 & (17.5.80) \end{cases}$$

上述方程组中未定常数 A、B 有非零解的条件为系数行列式不为零,即

$$J_0(ka) N_0(kb) - J_0(kb) N_0(ka) = 0 \tag{17.5.81}$$

可由计算机进行数值计算或是查贝塞尔函数表的方法求出这一方程的根 k_n, $n=1,2,\cdots$,即定解问题(17.5.77)式的本征值 k_n.

由方程组(17.5.79)式,(17.5.80)式可知,对于每一本征值 k_n,有

$$\frac{B_n}{A_n} = -\frac{J_0(k_n a)}{N_0(k_n a)} = -\frac{J_0(k_n b)}{N_0(k_n b)}$$

当取 $A_n = 1$ 时,有

$$B_n = -\frac{J_0(k_n a)}{N_0(k_n a)} = -\frac{J_0(k_n b)}{N_0(k_n b)} \tag{17.5.82}$$

其相应的本征函数为

$$R_n(\rho) = J_0(k_n \rho) - \frac{J_0(k_n a)}{N_0(k_n a)} N_0(k_n \rho) \tag{17.5.83}$$

而对 $T(t)$ 所满足的方程(17.5.75)式,对于每一个 k_n,有解为

$$T_n(t) = C_n e^{-\gamma^2 k_n^2 t} \tag{17.5.84}$$

因此整个定解问题的解的形式为

$$u(\rho,t) = \sum_{n=1}^{\infty} C_n \left[J_0(k_n \rho) - \frac{J_0(k_n a)}{N_0(k_n a)} N_0(k_n \rho) \right] e^{-r^2 k_n^2 t} \tag{17.5.85}$$

由初始条件(17.5.74)式和 $J_0(k_n \rho)$ 的正交关系及 $N_0(k_n \rho)$ 的正交关系,可求得系数 C_n,

$$C_n = \frac{1}{N_n^2} \int_a^b f(\rho) \left[J_0(k_n \rho) - \frac{J_0(k_n a)}{N_0(k_n a)} N_0(k_n \rho) \right] \rho \, \mathrm{d}\rho \tag{17.5.86}$$

其中归一化系数 N_n 为

$$N_n^2 = \int_a^b \left[J_0(k_n\rho) - \frac{J_0(k_na)}{N_0(k_na)}N_0(k_n\rho) \right]^2 \rho \mathrm{d}\rho \qquad (17.5.87)$$

*附录:

由波动方程和输运方程时间和空间分离变量后得到 $T(t)$ 的方程和 $u(r)$ 满足的亥姆霍兹方程,亥姆霍兹方程在柱坐标系下的分离变量,得到

$$\frac{1}{\rho}\frac{\partial}{\partial\rho}\left(\rho\frac{\partial R}{\partial\rho}\right) + \left(k^2 - \mu - \frac{m^2}{\rho^2}\right)R = 0 \qquad (17.5.88)$$

$$\Phi'' + m^2\Phi = 0, \quad m \text{ 为整数} \quad \Phi(\varphi+2\pi) = \Phi(\varphi) \qquad (17.5.89)$$

$$Z'' + \mu Z = 0, \quad \mu > 0 \qquad (17.5.90)$$

这三个方程的边界条件都要构成 S-L 本征值问题,首先要由关于 $\Phi(x)$ 的方程及周期边界条件定出本征值 m^2,再由关于 $Z(z)$ 方程式(17.5.90)的 S-L 本征值问题解出本征值 μ_l,再令 $\lambda = k^2 - \mu_l > 0$,径向方程式(17.5.88)变为

$$\frac{1}{\rho}\frac{\partial}{\partial\rho}\left(\rho\frac{\partial R}{\partial\rho}\right) + \left(\lambda - \frac{m^2}{\rho^2}\right)R = 0 \qquad (17.5.91)$$

在 $\rho = b$ 的三类齐次边界条件下,由本节上面解的结果得到 $J_m(x)$ 的本征值 $\lambda_n^{(m)} = \left(\dfrac{x_n^{(m)}}{b}\right)^2$,及相应的本征函数 $J_m\left(\dfrac{x_n^{(m)}}{b}\rho\right)$,$n = 1, 2, \cdots, \infty$.

由 $\lambda = k^2 - \mu$,和得到的 $Z(z)$ 的本征值 μ_l,可得出

$$(k_{l,n}^{(m)})^2 = \left(\frac{x_n^{(m)}}{b}\right)^2 + \mu_l^{(m)} \qquad (17.5.92)$$

得到了亥姆霍兹方程中 k 的本征值 $k_{l,n}^{(m)}$,$m = 0, 1, 2, \cdots, \infty$,$l, n = 1, 2, \cdots, \infty$. 由此可以代入 $T(t)$ 的方程,从而得到整个定解问题的解.

如果 $\Phi(\varphi)$ 不满足周期性边界条件,则 $\Phi(\varphi)$ 的方程为 $\Phi'' + \nu^2\Phi = 0$,有边界条件,$\Phi(\varphi_0) = A_0$,$\Phi(\varphi_1) = A_1$;则径向的贝塞尔方程为 $R'' + \dfrac{1}{\rho}R' + \left(\lambda - \dfrac{\nu^2}{\rho^2}\right)R = 0$,有柱面、柱心的边界条件;$Z(z)$ 方程 $Z'' + \mu Z = 0$,$\mu > 0$,其边界条件为圆柱体上、下底的边界条件. 这种 $\Phi(\varphi)$ 如果不满足周期性边界条件的情况,贝塞尔方程的 S-L 本征值问题比较复杂,一般没有解析表达式,要视具体情况而定.

因此在本章中只讨论整数阶贝塞尔方程的 S-L 本征值问题.

*§ 17.6 __虚宗量贝塞尔函数

虚宗量贝塞尔函数亦称为**变形贝塞尔函数**,或称为**修正贝塞尔函数**.

一般来讲贝塞尔方程和贝塞尔函数可以是复数的. 前面所介绍的一般物理问题中所遇到的都是实数的贝塞尔方程和实数的贝塞尔函数. 但在柱坐标系下用分离变

量法求解拉普拉斯方程 $\nabla^2 u = 0$,在某些特定的边界条件的选取下,会出现纯虚数变量的贝塞尔方程,其解为纯虚数变量的贝塞尔函数,称它们为虚宗量贝塞尔方程和虚宗量贝塞尔函数.

　注:"宗量"一词通常是指复数变量,复变量为纯虚数时通常称为"虚宗量".

一、虚宗量贝塞尔方程的求解

在讨论柱体内静态场的分布时,用分离变量法在柱坐标下求解拉普拉斯方程

$$\nabla^2 u(\rho, \varphi, z) = 0 \qquad (17.6.1)$$

令 $u(\rho, \varphi, z) = R(\rho) Z(z) \Phi(\varphi)$. 如果物理问题要求 φ 角分量的 $\Phi(\varphi)$ 满足周期性自然边界条件时,则 $\Phi(\varphi)$ 的方程所构成的 S-L 本征值问题,其本征值为 m^2,$m = 0, 1, 2, \cdots$. 为了方便后面的讨论,在分离变量的过程中,把原先设定的 λ 写成 $-\lambda$ 的形式,不影响对方程的讨论. 这样在分离变量后关于 $Z(z)$ 和 $R(\rho)$ 的方程分别为

$$Z''(z) + \lambda Z(z) = 0 \qquad (17.6.2)$$

$$\frac{1}{\rho} \frac{\mathrm{d}}{\mathrm{d}\rho} \left(\rho \frac{\mathrm{d}R}{\mathrm{d}\rho} \right) + \left(-\lambda - \frac{m^2}{\rho^2} \right) R = 0 \qquad (17.6.3)$$

先看 $Z(z)$ 满足的方程式(17.6.2),当 $Z(z)$ 满足的边界条件为齐次边界条件时(或是非齐次边界条件通过函数变换化为齐次边界条件),此时 $Z(z)$ 的定解问题就构成了 S-L 本征值问题,本征值 $\lambda \geqslant 0$.

对于 $R(\rho)$ 所满足的方程式(17.6.3),令 $x' = \sqrt{-\lambda}\, \rho = \mathrm{i}\sqrt{\lambda}\, \rho = \mathrm{i}x$,$x'$ 就变成虚宗量,而 $R(\rho) = y(x')$ 就变成虚宗量函数,则方程式(17.6.3)变成

$$\frac{\mathrm{d}^2 y}{\mathrm{d}x'^2} + \frac{1}{x'} \frac{\mathrm{d}y}{\mathrm{d}x'} + \left(1 - \frac{m^2}{x'^2} \right) y = 0 \qquad (17.6.4)$$

此方程称为**整数阶虚宗量贝塞尔方程**.

注:经常直接把虚宗量写成 $x = \sqrt{-\lambda}\, \rho = \mathrm{i}\sqrt{\lambda}\, \rho$,则上式方程中的 x' 都写成 x.

虚宗量贝塞尔方程的形式与贝塞尔方程形式相同,但是其宗量为纯虚数.

虚宗量贝塞尔方程不能构成 S-L 本征值问题,其解称为**整数阶虚宗量贝塞尔函数**,记为 $\mathrm{I}_m(x)$,有

$$\begin{aligned}
\mathrm{I}_m(x) &= \mathrm{i}^{-m} \mathrm{J}_m(\mathrm{i}x) \\
&= \mathrm{i}^{-m} \sum_{k=0}^{\infty} \frac{(-1)^k}{k!\, \Gamma(m+k+1)} \left(\frac{\mathrm{i}x}{2} \right)^{m+2k} \\
&= \sum_{k=0}^{\infty} \frac{1}{k!\, \Gamma(m+k+1)} \left(\frac{x}{2} \right)^{m+2k} \qquad (17.6.5)
\end{aligned}$$

由此表达式可得

$$\begin{aligned}
\mathrm{I}_{-m}(x) &= \sum_{k=0}^{\infty} \frac{1}{k!\, \Gamma(-m+k+1)} \left(\frac{x}{2} \right)^{-m+2k} \\
&= \sum_{k=m}^{\infty} \frac{1}{k!\, \Gamma(-m+k+1)} \left(\frac{x}{2} \right)^{-m+2k} \qquad (\,|\Gamma(0)| = |\Gamma(-1)| = \cdots = \infty\,)
\end{aligned}$$

令 $j=k-m$ 则

$$\mathrm{I}_{-m}(x) = \sum_{j=0}^{\infty} \frac{1}{(m+j)!\,\Gamma(j+1)}\left(\frac{x}{2}\right)^{m+2j}$$

$$= \sum_{j=0}^{\infty} \frac{1}{j!\,\Gamma(m+j+1)}\left(\frac{x}{2}\right)^{m+2j}$$

$$= \mathrm{I}_m(x) \tag{17.6.6}$$

即 $\mathrm{I}_{-m}(x)$ 与 $\mathrm{I}_m(x)$ 是同一个函数，$\mathrm{I}_m(x)$ 亦称为**第一类整数阶虚宗量贝塞尔函数**. 由 $\mathrm{I}_m(x)$ 的表达式很容易得到

$$\mathrm{I}_0(0) = 1, \quad \mathrm{I}_m(0) = 0 \quad (m = 1, 2, \cdots) \tag{17.6.7}$$

与整数阶贝塞尔方程的解类似，整数阶虚宗量贝塞尔方程的另一个特解为**整数阶麦克唐纳（Mocdonald）函数** $\mathrm{K}_m(x)$，其级数表达式为

$$\mathrm{K}_m(x) = \frac{1}{2}\sum_{k=0}^{m-1}(-1)^k\frac{(m-k-1)!}{k!}\left(\frac{x}{2}\right)^{2k-m} +$$

$$(-1)^{m+1}\sum_{k=0}^{\infty}\frac{1}{k!\,(m+k)!}\left[\ln\frac{x}{2}-\psi(m+k+1)-\frac{1}{2}\psi(k+1)\right]\left(\frac{x}{2}\right)^{2k+m} \tag{17.6.8}$$

其中 $m = 0, 1, 2, \cdots$，$\psi(k+1)$ 的意义与 $\mathrm{N}_m(x)$ 表达式中的一样，$\psi(1) = -\gamma$（γ 为欧拉常数），$\psi(k+1) = -\gamma + 1 + \dfrac{1}{2} + \cdots + \dfrac{1}{k}$.

整数阶麦克唐纳函数 $\mathrm{K}_m(x)$ 亦称为**第二类整数阶虚宗量贝塞尔函数**.

对于一般的虚宗量贝塞尔方程

$$\frac{\mathrm{d}^2 y}{\mathrm{d}x'^2} + \frac{1}{x'}\frac{\mathrm{d}y}{\mathrm{d}x'} + \left(1 - \frac{\nu^2}{x'^2}\right)y = 0 \tag{17.6.9}$$

其中 $x' = \mathrm{i}\sqrt{\lambda}\,\rho = \mathrm{i}x$，$y(x') = R(\rho)$. 当 ν 为非整数时，它有两个线性无关的特解 $\mathrm{J}_\nu(\mathrm{i}x)$ 与 $\mathrm{J}_{-\nu}(\mathrm{i}x)$，

$$\mathrm{J}_\nu(\mathrm{i}x) = \sum_{k=0}^{\infty}\frac{(-1)^k}{k!\,\Gamma(\nu+k+1)}\left(\frac{\mathrm{i}x}{2}\right)^{\nu+2k} \tag{17.6.10}$$

$$\mathrm{J}_{-\nu}(\mathrm{i}x) = \sum_{k=0}^{\infty}\frac{(-1)^k}{k!\,\Gamma(-\nu+k+1)}\left(\frac{\mathrm{i}x}{2}\right)^{-\nu+2k} \tag{17.6.11}$$

二、虚宗量贝塞尔函数的表示式

定义 17.6.1：虚宗量贝塞尔函数（亦称第一类虚宗量贝塞尔函数）$\mathrm{I}_\nu(x)$ 和 $\mathrm{I}_{-\nu}(x)$，

$$\mathrm{I}_\nu(x) = \mathrm{i}^{-\nu}\mathrm{J}_\nu(\mathrm{i}x) \tag{17.6.12}$$

$$\mathrm{I}_{-\nu}(x) = \mathrm{i}^\nu\mathrm{J}_{-\nu}(\mathrm{i}x) \tag{17.6.13}$$

定义 17.6.2：麦克唐纳函数（亦称第二类虚宗量贝塞尔函数）$\mathrm{K}_\nu(x)$，

$$\mathrm{K}_\nu(x) = \frac{\pi}{2}\frac{\mathrm{I}_{-\nu}(x) - \mathrm{I}_\nu(x)}{\sin\pi\nu} \tag{17.6.14}$$

则整数阶麦克唐纳函数 $\mathrm{K}_m(x)$ 为

$$\mathrm{K}_m(x) = \lim_{\nu \to m} \mathrm{K}_\nu(x)$$

$$= \frac{(-1)^m}{2}\left[\frac{\partial \mathrm{I}_{-\nu}(x)}{\partial \nu} - \frac{\partial \mathrm{I}_\nu(x)}{\partial \nu}\right]_{\nu=m} \tag{17.6.15}$$

其级数表达式为(17.6.8)式.

三、虚宗量贝塞尔函数的渐近行为

下面看虚宗量贝塞尔函数 $\mathrm{I}_\nu(x)$ 和 $\mathrm{K}_\nu(x)$ 在 $x \to 0$ 和 $x \to \infty$ 时的渐近行为:由 $\mathrm{I}_\nu(x)$ 和 $\mathrm{K}_\nu(x)$ 的定义式,很容易看出当 $x \to 0$ 时,对于 $\nu \geqslant 0$, $\mathrm{I}_\nu(x)$ 是有限的,而 $\mathrm{K}_\nu(x)$ 是发散的. 特别是当 ν 为整数 m 时, $\mathrm{I}_m(0)$ 的行为已由(17.6.7)式给出

$$\mathrm{I}_0(0) = 1, \quad \mathrm{I}_m(0) = 0 \quad (m = 1, 2, \cdots)$$

当 $x \to 0$ 时,其渐近行为与 $\mathrm{J}_m(x)$ 相同.

而 $\mathrm{K}_m(x)$ 当 $x \to 0$ 的发散行为

$$\begin{cases} \mathrm{K}_0(x) \sim -\ln\dfrac{x}{2} \\[2mm] \mathrm{K}_m(x) \sim \dfrac{(m-1)!}{2}\left(\dfrac{x}{2}\right)^{-m}, \quad m = 1, 2, \cdots \end{cases} \tag{17.6.16}$$

当 $x \to \infty$ 时, $\mathrm{I}_\nu(x)$ 和 $\mathrm{K}_\nu(x)$ 的渐近行为

$$\mathrm{I}_\nu(x) \sim \sqrt{\frac{1}{2\pi x}}\,\mathrm{e}^x \tag{17.6.17}$$

$$\mathrm{K}_\nu(x) \sim \sqrt{\frac{\pi}{2x}}\,\mathrm{e}^{-x} \tag{17.6.18}$$

四、虚宗量贝塞尔函数的应用

例17.6.1 一半径为 a,高为 h 的均匀圆柱体,其底边有均匀分布的热流垂直注入,热流强度为 q_0,上底保持恒温 u_1,侧面保持恒温 u_0,求柱内的温度分布.

解: 这是一个求柱内稳定温度分布的问题,以下底面中心为坐标原点,以圆柱中心轴为 z 轴建立柱坐标系 (ρ, φ, z). 由边界条件可知,柱内温度分布与 φ 变量无关,定解问题为

$$\begin{cases} \nabla^2 u(\rho, z) = 0, \quad \rho < a, 0 < z < h & (17.6.19) \\[2mm] u\big|_{\rho=a} = u_0 & (17.6.20) \\[2mm] u\big|_{z=h} = u_1, \quad \dfrac{\partial u}{\partial z}\bigg|_{z=0} = -\dfrac{q_0}{k} & (17.6.21) \end{cases}$$

其中 k 为热传导系数.

对此定解问题可用两种方法求解.

解法一: 作函数变换,将上下底边界条件齐次化,设 $u(\rho, z) = k(z) + w(\rho, z)$,辅助函数为 $k(z) = A + Bz$,关键是利用边界条件来定辅助函数中的系数 A 和 B.

对辅助函数 $u(\rho, z) = w(\rho, z) + A + Bz$,由(17.6.21)式,有 $\dfrac{\partial u}{\partial z}\bigg|_{z=0} = \dfrac{\partial w}{\partial z}\bigg|_{z=0} + B = -\dfrac{q_0}{k}$,要求

$\dfrac{\partial w}{\partial z}\bigg|_{z=0}=0$，所以 $B=-\dfrac{q_0}{k}$，得到 $k(z)=A-\dfrac{q_0}{k}Z$.

由 $u\big|_{z=h}=w\big|_{z=h}+A-\dfrac{q_0}{k}h=u_1$，要求 $w\big|_{z=h}=0$，可得 $A=u_1+\dfrac{q_0}{k}h$.

故辅助函数的形式为 $k(z)=u_1+\dfrac{q_0}{k}(h-z)$，即可得函数变换的形式为

$$u(\rho,z)=u_1+\dfrac{q_0}{k}(h-z)+w(\rho,z) \tag{17.6.22}$$

则 $w(\rho,z)$ 满足的定解条件为

$$\begin{cases} \nabla^2 w(\rho,z)=0, \quad \rho<a,0<z<h & (17.6.23)\\[2mm] \dfrac{\partial w}{\partial z}\bigg|_{z=0}=0, \quad w\big|_{z=h}=0 & (17.6.24)\\[2mm] w\big|_{\rho=a}=u_0-u_1-\dfrac{q_0}{k}(h-z) & (17.6.25) \end{cases}$$

令 $w(\rho,z)=R(\rho)Z(z)$，可得

$$\begin{cases} Z''(z)+\lambda Z(z)=0 & (17.6.26)\\[2mm] Z'(0)=0, \quad Z(h)=0 & (17.6.27) \end{cases}$$

此问题为 S-L 本征值问题，可解得本征值

$$\lambda_n=\left[\dfrac{(2n+1)\pi}{2h}\right]^2, \quad n=0,1,2,\cdots \tag{17.6.28}$$

相应的本征解

$$Z(z)=\cos\dfrac{(2n+1)\pi}{2h}z, \quad n=0,1,2,\cdots \tag{17.6.29}$$

$R(\rho)$ 满足的方程为

$$\dfrac{1}{\rho}\dfrac{\mathrm{d}}{\mathrm{d}\rho}\left(\rho\dfrac{\mathrm{d}R}{\mathrm{d}\rho}\right)-\lambda R=0 \tag{17.6.30}$$

这是零阶虚宗量贝塞尔方程，它不构成 S-L 本征值问题，其解为虚宗量贝塞尔函数 $I_0(\sqrt{\lambda}\rho)$ 和 $K_0(\sqrt{\lambda}\rho)$，在 $\rho=0$ 处由自然边界条件要求 $\big|w(\rho,z)\big|_{\rho=0}<\infty$，则需去掉 $K_0(\sqrt{\lambda}\rho)$，可得解为

$$R(\rho)=I_0\left(\dfrac{2n+1}{2h}\pi\rho\right), \quad n=0,1,2,\cdots \tag{17.6.31}$$

则此定解问题的解为

$$w(\rho,z)=\sum_{n=0}^{\infty}A_n\cos\dfrac{(2n+1)\pi}{2h}z\,I_0\left(\dfrac{2n+1}{2h}\pi\rho\right) \tag{17.6.32}$$

由边界条件式(17.6.25)定出系数 A_n，当 $\rho=a$ 时，(17.6.32)式为

$$u_0-u_1-\dfrac{q_0}{k}(h-z)=\sum_{n=0}^{\infty}A_n\cos\dfrac{(2n+1)\pi}{2h}z\,I_0\left(\dfrac{2n+1}{2h}\pi a\right) \tag{17.6.33}$$

由本征函数 $\cos\sqrt{\lambda_n}z$ 的正交性可得

$$A_n=\dfrac{4}{\pi I_0\dfrac{(2n+1)}{2h}\pi a}\left[\dfrac{(-1)^n(u_0-u_1)}{2n+1}-\dfrac{2hq_0}{\pi k(2n+1)^2}\right] \tag{17.6.34}$$

即可得柱内的温度分布为

$$u(\rho,z)=u_1+\frac{q_0}{k}(h-z)+\sum_{n=0}^{\infty}A_n I_0\left(\frac{2n+1}{2h}\pi\rho\right)\cos\frac{(2n+1)\pi}{2h}z \qquad (17.6.35)$$

其中 A_n 的表达式由(17.6.34)式给出.

解法二:作函数变换使柱面边界条件齐次化,设

$$u=u_0+w(\rho,z) \qquad (17.6.36)$$

则定解问题变为

$$\begin{cases} \nabla^2 w(\rho,z)=0 & (17.6.37) \\[2mm] w\big|_{\rho=a}=0 & (17.6.38) \\[2mm] w\big|_{z=h}=u_1-u_0, \quad \dfrac{\partial w}{\partial z}\Big|_{z=0}=-\dfrac{q_0}{k} & (17.6.39) \end{cases}$$

令 $w(\rho,z)=R(\rho)Z(z)$,可得 $R(\rho)$ 满足

$$\begin{cases} \dfrac{1}{\rho}\dfrac{\mathrm{d}}{\mathrm{d}\rho}\left(\rho\dfrac{\mathrm{d}R}{\mathrm{d}\rho}\right)+\lambda R=0 & (17.6.40) \\[3mm] R\big|_{\rho=a}=0, \quad R\big|_{\rho=0}\ \text{有限} & (17.6.41) \end{cases}$$

此为零阶贝塞尔函数满足的 S-L 本征值问题,其本征值为

$$\lambda_n=\left(\frac{x_n^{(0)}}{a}\right)^2, \quad n=1,2,\cdots \qquad (17.6.42)$$

其中 $x_n^{(0)}$ 为 $J_0(x)$ 的第 n 个零点,相应的本征函数为

$$R_n(\rho)=J_0\left(\frac{x_n^{(0)}}{a}\rho\right) \qquad (17.6.43)$$

而 $Z(z)$ 满足的方程为

$$Z''-\lambda Z=0 \qquad (17.6.44)$$

由于 $\lambda>0$,$Z(z)$ 满足的方程不构成本征值问题,把(17.6.42)式中的 λ_n 代入,可得 $Z_n(z)$ 的形式为

$$Z_n(z)=A_n\cosh\frac{x_n^{(0)}}{a}z+B_n\sinh\frac{x_n^{(0)}}{a}z \qquad (17.6.45)$$

$w(\rho,z)$ 解的形式为

$$w(\rho,z)=\sum_{n=1}^{\infty}\left(A_n\cosh\frac{x_n^{(0)}}{a}z+B_n\sinh\frac{x_n^{(0)}}{a}z\right)J_0\left(\frac{x_n^{(0)}}{a}\rho\right) \qquad (17.6.46)$$

把上下底的边界条件(17.6.39)式代入

$$\begin{cases} -\dfrac{q_0}{k}=\displaystyle\sum_{n=1}^{\infty}\dfrac{x_n^{(0)}}{a}B_n J_0\left(\dfrac{x_n^{(0)}}{a}\rho\right) \\[4mm] u_1-u_0=\displaystyle\sum_{n=1}^{\infty}\left[A_n\cosh\left(\dfrac{x_n^{(0)}}{a}h\right)+B_n\sinh\left(\dfrac{x_n^{(0)}}{a}h\right)\right]J_0\left(\dfrac{x_n^{(0)}}{a}\rho\right) \end{cases} \qquad (17.6.47)$$

再由 $J_0(\sqrt{\lambda_n}\rho)$ 的正交性,两边积分,利用贝塞尔函数 $J_m(x)$ 的递推关系,可得

$$\begin{cases} \dfrac{x_n^{(0)}}{a}B_n=-\dfrac{2q_0}{kx_n^{(0)}J_1(x_n^{(0)})} \\[4mm] A_n\cosh\left(\dfrac{x_n^{(0)}}{a}h\right)+B_n\sinh\left(\dfrac{x_n^{(0)}}{a}h\right)=\dfrac{2(u_1-u_0)}{x_n^{(0)}J_1(x_n^{(0)})} \end{cases}$$

可得

$$\begin{cases} A_n = \dfrac{1}{\cosh\left(\dfrac{x_n^{(0)}}{a}h\right)}\left[\dfrac{2(u_1-u_0)}{x_n^{(0)}J_1(x_n^{(0)})}+\dfrac{2q_0 a\sinh\left(\dfrac{x_n^{(0)}}{a}h\right)}{k(x_n^{(0)})^2 J_1(x_n^{(0)})}\right] \\[20pt] B_n = -\dfrac{2aq_0}{k(x_n^{(0)})^2 J_1(x_n^{(0)})} \end{cases} \qquad (17.6.48)$$

最终得到柱内的温度分布为

$$u(\rho,z)=u_0+\sum_{n=1}^{\infty}\left[A_n\cosh\left(\dfrac{X_n^{(0)}}{a}h\right)+B_n\sinh\left(\dfrac{X_n^{(0)}}{a}h\right)\right]J_0\left(\dfrac{X_n^{(0)}}{a}\rho\right) \qquad (17.6.49)$$

其中 A_n,B_n 的值由(17.6.48)式给出.

由解法二可看出,采用柱面齐次边界条件所构成的 S-L 本征值问题,可以不出现虚宗量贝塞尔函数解.

上面两种方法解的途径不一样,即边界条件齐次化的方案不一样,构成的 S-L 本征值问题也不同,得到的解的形式也不同,但**由微分方程解的存在唯一性定理,这两种解就是原方程定解问题的唯一的解**,它是描述同一个柱内温度的稳定分布,只是表示形式不同而已.

*§17.7__汉克尔函数

一、汉克尔函数的定义

前面讨论的多数是界面为圆柱形的柱内物理量的分布问题. 当讨论波动(例如电磁波、声波等)遇到柱面发生的散射问题,即求波动在圆柱外的行为时,需要用到贝塞尔函数 $J_\nu(x)$ 和诺伊曼函数 $N_\nu(x)$ 的线性组合,通常用**汉克尔(Hankel)函数**,其定义为

$$H_\nu^{(1)}=J_\nu(x)+iN_\nu(x) \qquad (17.7.1)$$

$$H_\nu^{(2)}=J_\nu(x)-iN_\nu(x) \qquad (17.7.2)$$

汉克尔函数亦称为**第三类贝塞尔函数**,它满足柱函数的递推关系,故**第一、第二、第三类贝塞尔函数都是柱函数**.

二、汉克尔函数的渐近行为

当观测点距离柱体很远,即观测点的距离远大于柱体的半径时,由 $J_\nu(x)$ 和 $N_\nu(x)$ 的渐近行为可知,当 $x\gg1$ 时,

$$J_\nu(x)=\sqrt{\dfrac{2}{\pi x}}\cos\left(x-\dfrac{\nu\pi}{2}-\dfrac{\pi}{4}\right)+o\left(x^{-\frac{3}{2}}\right) \qquad (17.7.3)$$

$$N_\nu(x)=\sqrt{\dfrac{2}{\pi x}}\sin\left(x-\dfrac{\nu\pi}{2}-\dfrac{\pi}{4}\right)+o\left(x^{-\frac{3}{2}}\right) \qquad (17.7.4)$$

可知汉克尔函数在 $x\gg1$ 时的渐近行为

$$H_\nu^{(1)}(x)=\sqrt{\dfrac{2}{\pi x}}e^{i\left(x-\frac{\nu\pi}{2}-\frac{\pi}{4}\right)}+o\left(x^{-\frac{3}{2}}\right) \qquad (17.7.5)$$

$$H_\nu^{(2)}(x) = \sqrt{\frac{2}{\pi x}} e^{-i\left(x - \frac{\nu\pi}{2} - \frac{\pi}{4}\right)} + o\left(x^{-\frac{3}{2}}\right) \qquad (17.7.6)$$

通过描述这一类波动的数学形式,对比平面波 $e^{\pm ikx}$ 和球面波 $\frac{1}{r}e^{\pm k \cdot r}$,上两式表示平面波被柱面散射后在远处看到的一种波动,是一种柱面波的波动,在 $H_\nu(x)$ 中变量 $x = \sqrt{\lambda}\rho$ 是沿径向 ρ 的. 因此研究柱坐标下波的散射问题时,经常要用到汉克尔函数.

当 ν 为整数 m 时,汉克尔函数在 $x=0$ 点具有奇异性,在 $x \to 0$ 时,有

$$H_0^{(1)}(x) \sim i\frac{2}{\pi}\ln\frac{x}{2}, \quad H_0^{(2)}(x) \sim -i\frac{2}{\pi}\ln\frac{x}{2} \qquad (17.7.7)$$

$$H_m^{(1)}(x) \sim -i\frac{(m-1)!}{\pi}\left(\frac{x}{2}\right)^{-m}, \quad H_m^{(2)}(x) \sim i\frac{(m-1)!}{\pi}\left(\frac{x}{2}\right)^{-m}, m = 1, 2, \cdots$$

$$(17.7.8)$$

因此一般用汉克尔函数描述柱外物理场的行为.

§17.8__球贝塞尔函数

一、球贝塞尔函数

上面讨论的是柱坐标系下三类方程用分离变量法求解时,其径向方程解的问题.

在第十五章中讨论了在球坐标系下波动方程和输运方程分离变量的解,其角度部分所满足的方程的定解问题,研究了勒让德函数和球函数. 而在球坐标系下的径向方程仅讨论了拉普拉斯方程的径向解的问题,本节主要讨论亥姆霍兹方程在球坐标系下径向方程即球贝赛尔方程的求解.

1. 球贝塞尔方程的求解

对亥姆霍兹方程

$$\nabla^2 u(\boldsymbol{r}) + k^2 u(\boldsymbol{r}) = 0 \qquad (17.8.1)$$

在球坐标 (r, θ, φ) 下进行分离变量,令 $u(\boldsymbol{r}) = R(r)Y(\theta, \varphi)$,得径向方程

$$\frac{d^2 R(r)}{dr^2} + \frac{2}{r}\frac{dR(r)}{dr} + \left[k^2 - \frac{l(l+1)}{r^2}\right]R(r) = 0 \qquad (17.8.2)$$

此方程称**球贝塞尔方程**,其中 $l(l+1)$ 为由球函数 $Y(\theta, \varphi)$ 所满足的方程的本征值问题所确定的本征值.

对球贝塞尔方程式(17.8.2),作变量代换. 令

$$x = kr, \quad R(r) = \sqrt{\frac{\pi}{2x}}y(x) \qquad (17.8.3)$$

则方程式(17.8.2)化为

$$\frac{d^2 y(x)}{dx^2} + \frac{1}{x}\frac{dy(x)}{dx} + \left[1 - \frac{\left(l + \frac{1}{2}\right)^2}{x^2}\right]y(x) = 0 \qquad (17.8.4)$$

这正是 $l+\dfrac{1}{2}$ 阶贝塞尔方程,其解为 $l+\dfrac{1}{2}$ 阶贝塞尔函数 $\mathrm{J}_{l+\frac{1}{2}}(x)$ 和 $l+\dfrac{1}{2}$ 阶诺伊曼函数 $\mathrm{N}_{l+\frac{1}{2}}(x)$. 与 $\mathrm{N}_{\nu}(x)$ 一样, $\mathrm{N}_{l+\frac{1}{2}}(x)$ 在 $x=0$ 点是奇异的.

定义 17.8.1:球贝塞尔函数和球诺伊曼函数

$$\mathrm{j}_l(x) = \sqrt{\frac{\pi}{2x}}\mathrm{J}_{l+\frac{1}{2}}(x), \quad \mathrm{n}_l(x) = \sqrt{\frac{\pi}{2x}}\mathrm{N}_{l+\frac{1}{2}}(x) \tag{17.8.5}$$

可以看出, $\mathrm{j}_l(x)$ 和 $\mathrm{n}_l(x)$ 满足球贝塞尔方程,它们是该方程的解,称 $\mathrm{j}_l(x)$ 为 **l 阶球贝塞尔函数**(亦称**第一类球贝塞尔函数**), $\mathrm{n}_l(x)$ 为 **l 阶球诺伊曼函数**(亦称**第二类球贝塞尔函数**).

2. 球贝塞尔函数的递推关系

由贝塞尔函数的递推关系,可以得到球贝塞尔函数和球诺伊曼函数的递推关系

$$\frac{\mathrm{j}_{l+1}(x)}{x^{l+1}} = -\frac{1}{x}\frac{\mathrm{d}}{\mathrm{d}x}\left[\frac{\mathrm{j}_l(x)}{x^l}\right] \tag{17.8.6}$$

$$\frac{\mathrm{n}_{l+1}(x)}{x^{l+1}} = -\frac{1}{x}\frac{\mathrm{d}}{\mathrm{d}x}\left[\frac{\mathrm{n}_l(x)}{x^l}\right] \tag{17.8.7}$$

这样,只要知道 j_0 和 n_0 的表达式就可以导出 j_l 和 n_l 的表达式.

3. 球贝塞尔函数和球诺伊曼函数的初等函数表达式

半整数阶贝塞尔函数 $\mathrm{J}_{l+\frac{1}{2}}$ 可由初等函数表示,并由 (17.2.16) 式可得到 $\mathrm{J}_{\frac{1}{2}}(x) = \sqrt{\dfrac{2}{\pi x}}\sin x$,则

$$\mathrm{j}_0(x) = \frac{\sin x}{x} \tag{17.8.8}$$

并由递推关系式 (17.8.6) 可得任意阶 $\mathrm{j}_l(x)$ 的初等函数表达式.

由 $\mathrm{N}_{\nu}(x)$ 的定义式 (17.1.24) 容易得到

$$\mathrm{n}_0(x) = -\frac{\cos x}{x} \tag{17.8.9}$$

同样由 n_l 的递推关系 (17.8.6) 式,可得任意阶 $\mathrm{n}_l(x)$ 的初等函数表达式. 注意,当 $x=0$ 时, n_l 是发散的.

二、平面波按球面波展开公式

1. 球汉克尔函数

由于球贝塞尔方程经常出现在球形边界的波的散射问题中,因此常常取与汉克尔函数相关的球汉克尔函数形式的解.

定义 17.8.2:球汉克尔函数(亦称第三类球贝塞尔函数)

$$\mathrm{h}_l^{(1)}(x) = \sqrt{\frac{\pi}{2x}}\mathrm{H}_{l+\frac{1}{2}}^{(1)}(x) = \mathrm{j}_l(x) + \mathrm{in}_l(x) \tag{17.8.10}$$

$$h_l^{(2)}(x) = \sqrt{\frac{\pi}{2x}} H_{l+\frac{1}{2}}^{(2)}(x) = j_l(x) - in_l(x) \tag{17.8.11}$$

容易写出零阶球汉克尔函数的表达式

$$h_0^{(1)}(x) = -i\frac{e^{ix}}{x} \tag{17.8.12}$$

$$h_0^{(2)}(x) = i\frac{e^{-ix}}{x} \tag{17.8.13}$$

这正是球面波的形式.

2. 平面波按球面波展开公式

下面介绍物理学中平面波在球形界面中散射常用到的公式,它在量子物理学的散射问题中经常遇到,这就是平面波按球面波展开的公式,

$$e^{ikr\cos\theta} = \sum_{l=0}^{\infty} (2l+1)i^l j_l(kr) P_l(\cos\theta) \tag{17.8.14}$$

证:把 $e^{ikr\cos\theta}$ 在 $\{P_l(\cos\theta)\}$ 中展开

$$e^{ikr\cos\theta} = \sum_{l=0}^{\infty} a_l(kr) P_l(\cos\theta) \tag{17.8.15}$$

令 $\cos\theta = x$,并由 $P_l(x)$ 正交性可得

$$a_l(kr) = \frac{2l+1}{2} \int_{-1}^{1} e^{ikrx} P_l(x) \, dx$$

$$= \frac{2l+1}{2} \sum_{n=0}^{\infty} \frac{(ikr)^n}{n!} \int_{-1}^{1} x^n P_l(x) \, dx \tag{17.8.16}$$

由 $P_l(x)$ 的微分表达式并连续使用分部积分可知,当 $n<l$ 时,$\int_{-1}^{1} x^n P_l(x) \, dx = 0$,当 $n \geq l$ 时,如果 $n-l$ 为奇数时,由于被积分函数为奇函数故积分 $\int_{-1}^{1} x^n P_l(x) \, dx = 0$. 因此把 $n \to l+2n$,则(17.8.16)式变为

$$a_l(kr) = \frac{2l+1}{2} \cdot i^l \sum_{n=0}^{\infty} \frac{(-1)^n (kr)^{l+2n}}{(l+2n)!} \int_{-1}^{1} x^{l+2n} P_l(x) \, dx$$

$$= \frac{2l+1}{2} \cdot i^l \sum_{n=0}^{\infty} \frac{(-1)^n (kr)^{l+2n}}{(l+2n)!} \cdot \frac{1}{2^l l!} \int_{-1}^{1} (-1)^l \frac{d^l x^{l+2n}}{dx^l} (x^2-1)^l \, dx$$

$$= \frac{2l+1}{2} \cdot i^l \sum_{n=0}^{\infty} \frac{(-1)^n (kr)^{l+2n}}{(l+2n)!} \cdot \frac{1}{2^l l!} \cdot \frac{(l+2n)!}{(2n)!} \int_{-1}^{1} x^{2n} (1-x^2)^l \, dx$$

$$= (2l+1) \cdot i^l \sum_{n=0}^{\infty} \frac{(-1)^n (kr)^{l+2n}}{(2n)!} \cdot \frac{1}{2^l l!} \int_{0}^{1} x^{2n} (1-x^2)^l \, dx$$

$$= (2l+1) \cdot i^l \sum_{n=0}^{\infty} \frac{(-1)^n (kr)^{l+2n}}{(2n)!} \cdot \frac{1}{2^{l+1} l!} \int_{0}^{1} (x^2)^{n-\frac{1}{2}} (1-x^2)^l \, dx^2$$

$$= (2l+1) \cdot \mathrm{i}^l \sum_{n=0}^{\infty} \frac{(-1)^n (kr)^{l+2n}}{(2n)!} \cdot \frac{1}{2^{l+1} l!} \frac{\Gamma\left(n+\frac{1}{2}\right)\Gamma(l+1)}{\Gamma\left(n+l+\frac{1}{2}\right)} \qquad (17.8.17)$$

其中用到 $\int_0^1 t^{p-1}(1-t)^{q-1}\mathrm{d}t = \dfrac{\Gamma(p)\Gamma(q)}{\Gamma(p+q)}$, $\mathrm{Re}\, p>0$, $\mathrm{Re}\, q>0$.

由 $\Gamma(n+1)=n!$ 和 $\Gamma(2n)=(\pi)^{-\frac{1}{2}} \cdot 2^{2n-1}\Gamma(n)\Gamma\left(n+\frac{1}{2}\right)$, 上式变为

$$a_l(kr) = (2l+1)\mathrm{i}^l \sum_{n=0}^{\infty} \frac{(-1)^n (kr)^{l+2n}}{(2n)!} \cdot \frac{1}{2^{l+1} l!} \cdot \frac{\sqrt{\pi}(2n-1)!}{2^{2n-1}(n-1)!} \cdot \frac{l!}{\Gamma\left(n+l+\frac{1}{2}\right)}$$

$$= (2l+1)\mathrm{i}^l \sum_{n=0}^{\infty} \frac{(-1)^n \sqrt{\pi}}{n!\,\Gamma\left(n+l+\frac{1}{2}\right)} \cdot \left(\frac{kr}{2}\right)^{l+2n}$$

$$= (2l+1)\mathrm{i}^l \mathrm{j}_l(kr) \qquad (17.8.18)$$

其中用到

$$\mathrm{j}_l(x) = \sqrt{\frac{\pi}{2x}} \mathrm{J}_{l+\frac{1}{2}}(x) = \frac{\sqrt{\pi}}{2} \sum_{n=0}^{\infty} \frac{(-1)^n}{n!\,\Gamma\left(n+l+\frac{1}{2}\right)} \cdot \left(\frac{x}{2}\right)^{l+2n} \qquad (17.8.19)$$

将 (17.8.18) 式的结果代入原式 (17.8.15), 则平面波按球面波展开公式得证.

三、球贝塞尔方程的 S-L 本征值问题

考虑以原点为球心, 半径为 a 的球面为界面的球内分布 $R(r)$ 的定解问题.

$$\begin{cases} \dfrac{\mathrm{d}^2 R(r)}{\mathrm{d}r^2} + \dfrac{2}{r}\dfrac{\mathrm{d}R(r)}{\mathrm{d}r} + \left[k^2 - \dfrac{l(l+1)}{r^2}\right]R(r) = 0 & (17.8.20) \\[3mm] \left[\alpha R(r) + \beta \dfrac{\mathrm{d}R(r)}{\mathrm{d}r}\right]\bigg|_{r=a} = 0, \quad \alpha, \beta \text{ 不同时为零} & (17.8.21) \\[3mm] |R(r)|_{r=0} < \infty, \quad \text{自然边界条件} & (17.8.22) \end{cases}$$

(17.8.21) 式表示第一、第二、第三类齐次边界条件, 方程式 (17.8.20) 有两个线性无关的特解 $\mathrm{j}_l(kr)$ 和 $\mathrm{n}_l(kr)$,

$$R(r) \sim C\mathrm{j}_l(kr) + D\mathrm{n}_l(kr)$$

由自然边界条件式 (17.8.22), 只能取 $D=0$ 舍弃 $\mathrm{n}_l(kr)$, 则

$$R(r) \sim \mathrm{j}_l(kr) \qquad (17.8.23)$$

由边界条件式 (17.8.21) 可以解出方程式 (17.8.20) 的 S-L 本征值问题的本征值 $k_n^{(l)}$, $n=1,2,\cdots$, 所对应的本征函数为 $\mathrm{j}_l(k_n^{(l)} r)$ 是以权重 r^2 正交的,

$$\int_0^a \mathrm{j}_l(k_n^{(l)} r) \mathrm{j}_l(k_m^{(l)} r) r^2 \mathrm{d}r = 0, \quad n \neq m \qquad (17.8.24)$$

可求出正交归一化常数 $N_n^{(l)}$,即本征函数 $j_l(k_n^{(l)}r)$ 的模

$$[N_n^{(l)}]^2 = \int_0^a [j_l(k_n^{(l)}r)]^2 r^2 \mathrm{d}r$$

$$= \frac{\pi}{2k_n^{(l)}} \int_0^a [J_{l+\frac{1}{2}}(k_n^{(l)}r)]^2 r \mathrm{d}r \qquad (17.8.25)$$

此积分可由贝塞尔函数的递推关系求出,或是直接查贝塞尔函数表计算.

若以本征函数系 $\{j_l(k_n^{(l)}r), n=1,2,\cdots\}$ 为基构成希尔伯特空间,则此空间中的任一元素 $f(r)$,即函数 $f(r)$ 定义在 $0 \leqslant r \leqslant a$ 上,并与 $j_l(kr)$ 满足相同的边界条件,则 $f(r)$ 可在此函数系上进行广义傅里叶展开

$$f(r) = \sum_{n=1}^{\infty} f_n j_l(k_n^{(l)}r) \qquad (17.8.26)$$

其中

$$f_n = \frac{1}{[N_n^{(l)}]^2} \int_0^a f(r) j_l(k_n^{(l)}r) r^2 \mathrm{d}r \qquad (17.8.27)$$

这一广义傅里叶展开,在解具有球对称源的非齐次方程中经常用到.

四、球贝塞尔函数的应用

例17.8.1 求球状铀块的临界半径.

解:在球状铀块中,以球心为坐标原点建立球坐标系,由于铀块是完全球对称的,铀块中的中子浓度分布 $u(r,\theta,\varphi,t)$ 只依赖于半径 r 和时间 t ,即在分离变量时, $l=0, m=0$,即 $P_l(x)=P_0(x)=1$, $\Phi(\varphi)=1$,故 $u=u(r,t)$.中子在铀块中的行为除满足扩散方程外,还进行核反应产生中子,存在中子的增殖过程,增殖的规律是:单位时间内在单位体积中产生的中子数,以 β 倍正比于该处的中子浓度 u ,相当于在铀块中存在中子源 βu , β 称为增殖系数.故中子的浓度 $u(r,t)$ 满足方程

$$u_t - a^2 \nabla^2 u = \beta u \qquad (17.8.28)$$

式中 a^2 为扩散系数.

其定解问题为

$$\begin{cases} u_t(r,t) - a^2 \nabla^2 u(r,t) = \beta u(r,t), & 0 < r < r_c \\ u \big|_{r=r_c} = 0 \\ u \big|_{r=0} < \infty \end{cases} \qquad (17.8.29)$$

边界条件要求界面的中子浓度为零.球内满足自然边界条件.此问题不附加初始条件.

令 $u(r,t) = R(r)T(t)$,由方程(17.8.28)得到

$$RT' - a^2 \frac{1}{r^2} \frac{\mathrm{d}}{\mathrm{d}r}\left(r^2 \frac{\mathrm{d}R}{\mathrm{d}r}\right) - \beta RT = 0$$

$$R'' - aR'' - a^2 \frac{2}{r} R' - \beta RT = 0$$

上式两边同乘以 $\frac{1}{a^2 RT}$ 得

$$\frac{T'}{a^2 T} - \frac{R''}{R} - \frac{2}{r} \frac{R'}{R} - \frac{\beta}{a^2} = 0, \quad \frac{T'}{a^2 T} = \frac{R''}{R} + \frac{2}{r} \frac{R'}{R} + \frac{\beta}{a^2} = k, \quad k>0$$

可得 $T(t)$ 的方程 $\qquad\qquad T' - a^2 kT = 0 \qquad\qquad$ (17.8.30)

其解的形式为: $T \sim e^{a^2 kt}$, 才能满足增殖反应, 如果取 $e^{-a^2 kt}$, 则是自然衰减, 不可能产生增殖反应. 上式方程中要求 $k>0$, 是因为如果 $k<0$ 就不可能描述增殖反应.

对于径向方程,

$$R'' + \frac{2}{r}R' + \left(\frac{\beta}{a^2} - k\right)R = 0 \qquad\qquad (17.8.31)$$

为零阶球贝塞尔方程, 其解为零阶球贝塞尔函数.

$$R(r) = \mathrm{j}_0\left(\sqrt{\frac{\beta}{a^2} - k}\, r\right) \qquad\qquad (17.8.32)$$

由边界条件, 有

$$\mathrm{j}_0\left(\sqrt{\frac{\beta}{a^2} - k}\, r\right)\Bigg|_{r=r_c} = 0 \qquad\qquad (17.8.33)$$

以及 $\mathrm{j}_0(x) = \dfrac{\sin x}{x}$, 得到

$$\frac{\sin\left(\sqrt{\dfrac{\beta}{a^2} - k}\, r\right)}{\sqrt{\dfrac{\beta}{a^2} - k}\, r}\Bigg|_{r=r_c} = 0 \qquad\qquad (17.8.34)$$

即为球贝塞尔函数的零点, 有

$$\sqrt{\frac{\beta}{a^2} - k_n}\, r_c = n\pi, \qquad \sqrt{\frac{\beta}{a^2} - k_n} = \frac{n\pi}{r_c}, \qquad k_n = \frac{\beta}{a^2} - \frac{n^2\pi^2}{r_c^2} \qquad (17.8.35)$$

考虑临界时的 k 值, $k \to 0$, 且考虑 r_c 最小, 因此取第一个零点, 即 $n=1$, 此时有 $k_1 = \dfrac{\beta}{a^2} - \dfrac{\pi^2}{r_c^2} = 0$, 得到

$$r_c^2 = \frac{\pi^2 a^2}{\beta}$$

即球状铀块的临界半径为

$$r_c = \frac{\pi a}{\sqrt{\beta}} \qquad\qquad (17.8.36)$$

第十七章习题

17.1 试证明

$$\cos x = \mathrm{J}_0(x) + 2\sum_{m=1}^{\infty}(-1)^m \mathrm{J}_{2m}(x)$$

$$\sin x = 2\sum_{m=0}^{\infty}(-1)^m \mathrm{J}_{2m+1}(x)$$

$\left(\text{提示: 对整数阶贝塞尔函数的生成函数 } e^{\frac{x}{2}\left(z - \frac{1}{z}\right)} \text{ 取 } z = \mathrm{i} \text{ 进行展开运算.}\right)$

17.2 试证明

$$\frac{1}{\pi}\int_0^{\pi}\cos(x\sin\theta)\cos m\theta\,\mathrm{d}\theta = \begin{cases} \mathrm{J}_m(x), & m \text{ 为偶数} \\ 0, & m \text{ 为奇数} \end{cases}$$

$$\frac{1}{\pi}\int_0^\pi \sin(x\sin\theta)\sin m\theta \mathrm{d}\theta = \begin{cases} 0, & m \text{ 为偶数} \\ \mathrm{J}_m(x), & m \text{ 为奇数} \end{cases}$$

并进一步证明

$$\mathrm{J}_m(x) = \frac{1}{\pi}\int_0^\pi \cos(m\theta - x\sin\theta)\mathrm{d}\theta, \quad m = 0,1,2,\cdots$$

$\left(\text{提示:对整数阶贝塞尔函数的生成函数 } \mathrm{e}^{\frac{x}{2}\left(z - \frac{1}{z}\right)} \text{ 取 } z = \mathrm{e}^{\mathrm{i}\theta} \text{ 进行展开运算.}\right)$

17.3 试证明

$$1 = [\mathrm{J}_0(x)]^2 + 2\sum_{m=1}^\infty [\mathrm{J}_m(x)]^2$$

因此有结论 $|\mathrm{J}_0(x)| \leqslant 1$，$|\mathrm{J}_m(x)| \leqslant \dfrac{1}{\sqrt{2}}$.

$\left(\text{提示:对整数阶贝塞尔函数的生成函数 } \mathrm{e}^{\frac{x}{2}\left(z-\frac{1}{z}\right)} \text{ 和 } \mathrm{e}^{\frac{x}{2}\left[(-z)-\frac{1}{-z}\right]} \text{ 相乘可证.}\right)$

17.4 用整数阶贝塞尔函数的生成函数证明

$$\mathrm{J}_m(x) = (-1)^m \mathrm{J}_m(-x)$$

这说明整数阶贝塞尔函数的对称性，当 m 为奇数时为奇对称，当 m 为偶数时为偶对称. 注意:此关系式由 $\mathrm{J}_m(x)$ 的级数表达式可直接得到.

17.5 计算下列积分

(1) $\displaystyle\int_0^b \mathrm{J}_0(x)\mathrm{d}x$ \qquad (2) $\displaystyle\int_0^b \mathrm{J}_1(x)\mathrm{d}x$

(3) $\displaystyle\int_0^b x\mathrm{J}_0(x)\mathrm{d}x$ \qquad (4) $\displaystyle\int_0^b x^3\mathrm{J}_0(x)\mathrm{d}x$

(5) $\displaystyle\int_0^b x^4\mathrm{J}_1(x)\mathrm{d}x$ \qquad (6) $\displaystyle\int_0^b \mathrm{J}_3(x)\mathrm{d}x$

17.6 在 $\rho \in (0,b)$ 的区间上，在第一类齐次边界条件下，在由零阶贝塞尔函数所构成的本征函数空间中$\left(\text{该空间的基向量为} \left\{\mathrm{J}_0\left[\dfrac{x_n^{(0)}}{b}\rho\right]\right\}, n = 1,2,\cdots, x_n^{(0)} \text{ 为 } \mathrm{J}_0 \text{ 的第 } n \text{ 个零点}\right)$，把函数 $f(\rho) = 1$ 展开.

17.7 在高为 h，半径为 b 的柱体内，取柱坐标的原点在下底的圆心，对于边界条件为

$$\begin{cases} Z(z)\big|_{z=0} = Z(z)\big|_{z=h} = 0 \\ R(\rho)\big|_{\rho=b} = 0 \end{cases}$$

(1) 求解稳定场 $u(\rho,\varphi,z)$ 满足泊松方程 $\nabla^2 u(\rho,\varphi,z) = f(\rho,\varphi,z)$ 的场的分布，并对解得结果说明其物理图像.

(2) 求解输运方程

$$\frac{\partial u}{\partial t} - a^2\nabla^2 u = f(\rho,\varphi,z,t)$$

且初始条件为 $u(\boldsymbol{r},t)\big|_{t=0} = \varphi(\boldsymbol{r})$，并对解得结果说明其物理图像.

17.8 边缘固定半径为 R 的圆形膜，初始形状为旋转抛物面

$$u\big|_{t=0} = \left(1 - \frac{\rho^2}{R^2}\right)H \quad (H \text{ 为常数})$$

且初速度为零，求此膜的振动.

17.9 高为 h,半径为 b,导热系数为 κ 的圆柱体,其下底面保持零度,上底面的温度为 ρ 的函数 $f(\rho)$,其侧面在零度的环境中自由冷却(满足牛顿冷却定律),冷却系数为 H,求柱内温度场的稳定分布.

17.10 半径为 b,介电常数为 ε 的长直匀质介质圆柱,放入均匀电场 $\boldsymbol{E}_0$ 中,圆柱的轴线与 $\boldsymbol{E}_0$ 垂直,求解柱体内外的电场.

17.11 由圆弧 $\rho=a$ 和 $\rho=b(b>a)$,和径矢角度 $\varphi=0$ 与 $\varphi=\alpha$ 围成的扇形区域内(如习题 17.11 图所示),求解拉普拉斯方程

$$\nabla^2 u=0$$

场 $u(\rho,\varphi)$ 的分布满足边界条件

$$\begin{cases} u\,\big|_{\rho=a}=0, \quad u\,\big|_{\rho=b}=u_0 \\ u\,\big|_{\varphi=0}=u\,\big|_{\varphi=\alpha}=0 \end{cases}$$

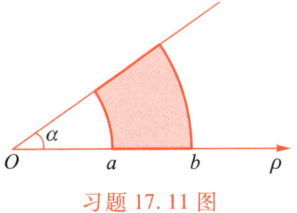

习题 17.11 图

分别以角度 φ 的方程的本征值问题和以径向 ρ 的方程的本征值问题进行求解,比较这两种解法的差异.

17.12 半径为 r_0 的均质球,球面始终保持零度,初始时刻球内温度分布为

(1) $u\,\big|_{t=0}=f(r)$

(2) $u\,\big|_{t=0}=f(r)\cos\theta$

分别求解这两种初始条件下球内温度分布的变化,当 $t\to\infty$ 时,这两种情况解得的结果进行比较,说明其物理图像.

*第十八章　格林函数方法

在物理学中常遇到带有源项的问题,这需要用非齐次线性偏微分方程来描述,例如讨论物理的场函数与产生这个场的源之间的关系. 在线性物理学中,连续分布的源可以看成由许多点源叠加而成,如果能求出点源的场,即可用积分的办法求出物理场的分布. 这种通过求点源函数再求一般定解问题的方法,就称为格林函数法.

大家熟悉点电荷产生的场,当空间中有一定的电荷分布时,由于电荷产生的电势场具有线性叠加性,因此可以用点电荷的场对电荷的分布进行积分,得到这一电荷分布产生的场.

对于满足一定边界条件的非齐次线性微分方程,当其源项即非齐次项具有一定的分布时,首先研究在这一边界条件下,非齐次方程的非齐次项为点源时的解. 这一点源解,就称为方程左边微分算子的格林函数,通常称格林函数为点源函数. 而同一点源的非齐次方程,在不同的边界条件下,其格林函数是不同的.

对于无边界点源的非齐次方程的解,称为方程左边微分算子的基本解.

对于非齐次线性方程,知道了非齐次项即源的分布,就可利用基本解的黎曼和求得非齐次线性方程的解.

在物理学中,习惯上把微分算子的基本解和格林函数统称为格林函数. 但在本章中把它们区分开. 这里仅介绍常用的三类方程,即三类算子的基本解与格林函数.

§ 18.1　微分算子的基本解和格林函数的定义

二阶偏微分方程的普遍形式为

$$Lu(x_0,x_1,x_2,x_3)=f(x_0,x_1,x_2,x_3) \tag{18.1.1}$$

其中 L 为二阶微分算子,其形式为

$$L=a_{ij}\frac{\partial^2}{\partial x_i x_j}+b_i\frac{\partial}{\partial x_i}+c, \quad i,j=0,1,2,3 \tag{18.1.2}$$

a_{ij},b_i,c 均为 (x_0,x_1,x_2,x_3) 的函数,为了书写方便我们把时间参数 t 记为 x_0,上式采用爱因斯坦求和规则. 当 a_{ij},b_i,c 为常数时,即算子 L 中的系数皆为常数时,方程式(18.1.1)为常系数二阶偏微分方程.

目前所研究的三类方程,即波动方程、输运方程和拉普拉斯方程都是常系数二阶偏微分方程. 对于这三类方程的定解问题,在本章中将利用算子 L 的格林函数来求解,而算子 L 的格林函数又与定解条件中的边界条件(B.C.)联系在一起.

一、线性微分算子 L 的基本解

1. 线性微分算子 L 基本解的定义

考虑无边界条件的情况,也就是在无穷空间中求解微分方程

$$Lu(x) = f(x), \quad x \in \mathbf{R}^{n+1}, \quad n \leqslant 3 \tag{18.1.3}$$

这里对自变量(x_0, x_1, x_2, x_3)用**压缩简记法**,即上述自变量统一记为x. 当讨论的物理问题空间为三维时,加上时间变量$t = x_0 \in \mathbf{R}^1$即$x \in \mathbf{R}^{3+1}$;当空间为二维时,加上时间变量,即$x \in \mathbf{R}^{2+1}$;当空间为一维时,加上时间变量,即$x \in \mathbf{R}^{1+1}$;若物理问题不随时间变化,则对应三维$x \in \mathbf{R}^3$、二维$x \in \mathbf{R}^2$和一维$x \in \mathbf{R}^1$空间. 这种压缩简记法,在抽象的讨论中书写方便,而对具体问题讨论时,需要把具体的时间和空间坐标写出.

定义 18.1.1:算子 L 的基本解

对方程(18.1.3)求解,首先定义函数$G_0(x, x')$,它满足方程

$$LG_0(x, x') = \delta(x - x'), \quad x, x' \in \mathbf{R}^{n+1}, \quad n \leqslant 3 \tag{18.1.4}$$

其中$\mathbf{R}^{n+1}$是n维欧氏空间和一维时间$t, x_0 = t, \delta(x - x')$表示在$x' = (x_0', x_1', x_2', x_3')$的点源. 称$G_0(x, x')$为算子$L$的**基本解**,在物理学中通常称$G_0(x, x')$为算子$L$的无界空间的格林函数,亦简称为格林函数.

当$x \in \mathbf{R}^{1+1}$时:

$$G_0(x, x') = G_0(x_1, t; x_1', t') \tag{18.1.5}$$

$$\delta(x - x') = \delta(x_1 - x_1') \delta(t - t') \tag{18.1.6}$$

当$x \in \mathbf{R}^{2+1}$时:

$$G_0(x, x') = G_0(x_1, x_2, t; x_1', x_2', t') \tag{18.1.7}$$

$$\delta(x - x') = \delta(x_1 - x_1') \delta(x_2 - x_2') \delta(t - t') \tag{18.1.8}$$

当$x \in \mathbf{R}^{3+1}$时:

$$G_0(x, x') = G_0(\boldsymbol{r}, t; \boldsymbol{r}', t') \tag{18.1.9}$$

$$\delta(x - x') = \delta(\boldsymbol{r} - \boldsymbol{r}') \delta(t - t') \tag{18.1.10}$$

以上给出了(18.1.4)式中G_0在不同维数空时中的表现形式.

如果算子和点源都与时间无关,则把上面式子中的时间坐标及含时间的项去掉即可.

注:对格林函数 G 的变量的表示,当坐标相对比较简单时,如(x, x'),$(\boldsymbol{r}, \boldsymbol{r}')$等,中间用逗号分隔;当相对复杂时,如$(x, t; x', t')$,$(\boldsymbol{r}, t; \boldsymbol{r}', t')$,不同组变量间用分号分隔.

算子 L 的基本解 G_0 可以写成

$$G_0(x, x') = L^{-1} \delta(x - x') + u_0(x) \tag{18.1.11}$$

其中$u_0(x)$是相应的齐次方程的解,即

$$Lu_0(x) = 0 \tag{18.1.12}$$

而 L^{-1} 是算子 L 的逆算子,其满足

$$L^{-1} \cdot L = I \tag{18.1.13}$$

I 为恒等算子,而 $L^{-1} \delta(x - x')$ 是方程(18.1.4)的特解.

在通常情况下,主要是求出特解,

$$G_0(x, x') = L^{-1} \delta(x - x') \tag{18.1.14}$$

下面在特解的意义下,看 G_0 所具有的形式.

由 δ 函数的傅里叶变换式

$$\delta(x-x') = \frac{1}{(2\pi)^{n+1}} \int e^{ik_\alpha(x_\alpha-x'_\alpha)} dk, \quad n \leqslant 3 \tag{18.1.15}$$

其中 $dk = dk_0 \cdots dk_n$,而 α 为重复指标求和:$\alpha_0, \alpha_1, \cdots, \alpha_n$,由 L 算子的具体形式 (18.1.2) 及算子 L 对指数函数上 x_α 的作用及其逆算子的形式可得

$$\begin{aligned} G_0(x,x') &= L^{-1}\delta(x-x') \\ &= \frac{1}{(2\pi)^{n+1}} \int L^{-1} e^{ik_\alpha(x_\alpha-x'_\alpha)} dk \\ &= \frac{1}{(2\pi)^{n+1}} \int \frac{e^{ik_\alpha(x_\alpha-x'_\alpha)} dk}{c+ik_0 b_0+\cdots+ik_n b_n+(ik_0)^2 a_{00}+(ik_0)(ik_1)a_{01}+\cdots+(ik_n)^2 a_{nn}} \end{aligned}$$
$$\tag{18.1.16}$$

注:由于 $e^{ik_\alpha(x_\alpha-x'_\alpha)}$ 是 L 中的偏微分算子 $\dfrac{\partial}{\partial x_j}$ 的本征函数,有 $\dfrac{\partial}{\partial x_j} e^{ik_\alpha(x_\alpha-x'_\alpha)} = (ik_j) e^{ik_\alpha(x_\alpha-x'_\alpha)}$,因此 $e^{ik_\alpha(x_\alpha-x'_\alpha)}$ 也是算子 L 的本征函数,有 $Le^{ik_\alpha(x_\alpha-x'_\alpha)} = [c+ik_0 b_0+\cdots+ik_n b_n + (ik_0)^2 a_{00}+(ik_0)(ik_1)a_{01}+\cdots+(ik_n)^2 a_{nn}] e^{ik_\alpha(x_\alpha-x'_\alpha)}$. 对于算子 L 的本征方程 $Lu = \lambda u$,而 $L^{-1}L = I$,$L^{-1}Lu = \lambda L^{-1} u = u$,故有 $L^{-1}u = \lambda^{-1}u$,所以有 (18.1.16) 式的结果.

在 (18.1.3) 式中,如果非齐次项是一般的函数 $f(x)$,不是算子 L 的本征函数,则一般 $L^{-1}f(x)$ 没有显式的表达式.

G_0 的具体计算应由 L 的具体形式,即其系数 a,b,c 的具体值代入上式,最后利用复变函数的积分,在无穷的 k-空间中把积分算出,后面将会对某些具体的算子给出此积分算法的例子.

2. 基本解的意义

为什么称 G_0 为算子 L 的基本解呢?观察方程式 (18.1.1) 即

$$Lu(x) = f(x) \tag{18.1.17}$$

由于 $G_0(x,x')$ 为在 x' 点的点源函数解,全空间的解 $u(x)$ 则可由对源的分布 $f(x)$ 的积分给出,即可写成解的形式

$$u(x) = u_0(x) + \int f(x') G_0(x,x') dx' \tag{18.1.18}$$

其中 $u_0(x)$ 为相应齐次方程的解即 $Lu_0(x) = 0$.

很容易验证由基本解 G_0 所构成的解式 (18.1.18) 是满足方程式 (18.1.17) 的:以算子 L 作用于解式 (18.1.18) 的两边,由于 L 只对变量 x 作用,有

$$\begin{aligned} Lu(x) &= Lu_0(x) + L\int f(x') G_0(x,x') dx' \\ &= \int f(x') LG_0(x,x') dx' \\ &= \int f(x') \delta(x-x') dx' \\ &= f(x) \end{aligned}$$

因此只要知道 $G_0(x,x')$ 的具体形式,则非齐次方程(18.1.17)式的解立即可以由(18.1.18)式得到. 当然要计算(18.1.18)式的积分是比较困难的,但(18.1.18)式就是解的形式,因此称 G_0 为方程(18.1.1)式的基本解. 在一些物理问题中,积分往往不能解析地求出,但可由数值计算得到.

二、算子 L 的格林函数

下面对格林函数给出的具体的定义.

定义 18.1.2:**算子 L 的格林函数**

函数 $G(x,x')$ 满足如下在一定边界条件(B.C.)下的点源方程

$$\begin{cases} LG(x,x') = \delta(x-x') \\ \text{B.C.} \end{cases} \tag{18.1.19}$$

则称 $G(x,x')$ 为在边界条件(B.C.)下,算子 L 的**格林函数**. 一般情况下 B.C. 为第一、第二、第三类边界条件.

注意:当 B.C. 为第二类齐次边界条件时,拉普拉斯算子的格林函数是不存在的,从物理上看很容易理解这一结果:

例如 $G(r,r')$ 代表一个在区域 Ω 内稳定分布的温度场,而在 Ω 内的 r' 处有一个点热源 $\delta(r-r')$,其强度不随时间变化. 如果边界条件是第二类齐次边界条件,即 $\frac{\partial}{\partial n}G(r,r')\big|_{\partial\Omega}=0$,($n$ 为边界 $\partial\Omega$ 的外法向),它表示边界是绝热的,此时 Ω 内的温度就会不断上升,它不可能是个稳定分布,因此这样的格林函数 $G(r,r')$ 是不可能存在的.

又如 $G(r,r')$ 表示区域 Ω 内 r' 处有一个负的点电荷产生的电势,其满足

$$\nabla^2 G(r,r') = -\frac{1}{\varepsilon}\delta(r-r') \tag{18.1.20}$$

则必定有很多电场线终止于该 r' 点,电场线应该由边界 $\partial\Omega$ 上发出. 但如果是第二类齐次边界条件 $\frac{\partial}{\partial n}G_0(r,r')\big|_{\partial\Omega}=0$,它表示不可能有电场线从边界上发出,因此这样的势场在 Ω 内是不可能存在的,即这样的格林函数是不存在的.

§18.2 拉普拉斯算子的基本解

一、三维拉普拉斯算子的基本解

三维拉普拉斯算子的基本解 $G_0(r,r')$ 满足方程

$$\nabla^2 G_0(r,r') = \delta(r-r') \tag{18.2.1}$$

在第十一章中曾介绍了三维 δ-函数的一个重要表达式

$$\delta(r) = -\frac{1}{4\pi}\nabla^2\frac{1}{r} \tag{18.2.2}$$

对比方程(18.2.1),立即可以得到 $G_0(\boldsymbol{r},\boldsymbol{r}')$ 的表达式

$$G_0(\boldsymbol{r},\boldsymbol{r}') = -\frac{1}{4\pi} \cdot \frac{1}{|\boldsymbol{r}-\boldsymbol{r}'|} \tag{18.2.3}$$

这一基本解当然可由上一节所介绍的,对 δ-函数进行傅里叶变换,再按求解方程的方式解得. 由于这一方程的解法后面会详细给出,这里不再重复.

方程(18.2.3)中的 $G_0(\boldsymbol{r},\boldsymbol{r}')$ 是在三维无界空间中,在 $\boldsymbol{r}'$ 处有一单位强度的点源所产生的场.

例18.2.1 在三维无界真空中电荷密度分布为 $\rho(\boldsymbol{r})$,求在此空间中的电势分布 $u(\boldsymbol{r})$.

解:在此空间中静电势 $u(\boldsymbol{r})$ 满足泊松方程

$$\nabla^2 u(\boldsymbol{r}) = -\frac{1}{\varepsilon_0}\rho(\boldsymbol{r}) \tag{18.2.4}$$

要解此方程,首先求解此空间中单位点电荷满足的方程

$$\nabla^2 G_0(\boldsymbol{r},\boldsymbol{r}') = -\frac{1}{\varepsilon_0}\delta(\boldsymbol{r}-\boldsymbol{r}') \tag{18.2.5}$$

这一方程的解为

$$G_0(\boldsymbol{r},\boldsymbol{r}') = \frac{1}{4\pi\varepsilon_0} \cdot \frac{1}{|\boldsymbol{r}-\boldsymbol{r}'|} \tag{18.2.6}$$

这是在 $\boldsymbol{r}$ 处观测由 $\boldsymbol{r}'$ 处单位电源产生的场,因此对源 $\rho(\boldsymbol{r})$ 所在的区域进行积分,即把每个点源产生的场进行总的叠加,可得方程式(18.2.4)的解为

$$u(\boldsymbol{r}) = u_0 + \frac{1}{4\pi\varepsilon_0}\int\frac{\rho(\boldsymbol{r}')}{|\boldsymbol{r}-\boldsymbol{r}'|}\mathrm{d}\boldsymbol{r}' \tag{18.2.7}$$

这就得到在整个空间中任一观测点 $\boldsymbol{r}$ 的电势,即在整个空间中电势场的分布,其中 u_0 是电势零点的选择.

二、二维拉普拉斯算子的基本解

二维拉普拉斯算子的基本解满足方程

$$\left(\frac{\partial^2}{\partial x^2}+\frac{\partial^2}{\partial y^2}\right)G_0(x,y,x',y') = \delta(x-x')\delta(y-y') \tag{18.2.8}$$

则

$$G_0(x,y;x',y') = -\frac{1}{2\pi}\ln\frac{1}{\rho} = \frac{1}{2\pi}\ln\rho \tag{18.2.9}$$

其中 $\rho = \sqrt{(x-x')^2+(y-y')^2}$.

这一基本解的求得,用前面介绍的 δ-函数的傅里叶变换的求解程序是较为复杂的,因此采取验证的方法,即验证(18.2.9)式的 $G_0(x,y;x',y')$ 的形式满足方程(18.2.8).

验证:由于 G_0 在 $\rho=0$ 点有奇异性,故考虑不包含 $\rho=0$ 即 (x',y') 点的环形区域:以 (x',y') 点为圆心,以 ε 为半径(ε 很小)的圆周 c_ε 为内边界,以 $\frac{1}{\varepsilon}$ 为半径的大圆周

$c_{\frac{1}{\varepsilon}}$ 为外边界所围成的环形 S. 则由方程式（18.2.8）可知，G_0 在区域 S 中为调和函数，即满足 $\left(\dfrac{\partial^2}{\partial x^2}+\dfrac{\partial^2}{\partial y^2}\right)G_0(x,y;x',y')=0$. 考虑定义在 $\mathbf{R}^2$ 上的无穷可微的（即光滑的）函数 $u(x,y)$，则当 $\rho\to\infty$ 时，$u(x,y)\to0$.

由格林公式

$$\int_S(u\nabla^2v-v\nabla^2u)\,\mathrm{d}x\mathrm{d}y=\int_{\partial S}\left(u\frac{\partial v}{\partial n}-v\frac{\partial u}{\partial n}\right)\mathrm{d}l \tag{18.2.10}$$

其中 ∇^2 为二维拉普拉斯算子，∂S 为 S 的边界，由 c_ε 与 $c_{\frac{1}{\varepsilon}}$ 组成，边界的走向即 $\mathrm{d}l$ 的正方向按通常约定使积分区域在自己的左边为正方向，即 $c_{\frac{1}{\varepsilon}}$ 的正方向为逆时针方向，而 c_ε 的正方向为顺时针方向，式中的 $\boldsymbol{n}$ 为 S 区域的外法向，对 $c_{\frac{1}{\varepsilon}}$ 是 ρ 的正向，对 c_ε 是 $-\rho$ 方向.

对上式取 $v=G_0$，并考虑到在 S 中 $\nabla^2G_0=0$，有

$$\int_S-G_0\nabla^2u\mathrm{d}x\mathrm{d}y=\oint_{c_\varepsilon}\left(u\frac{\partial G_0}{\partial\rho}-G_0\frac{\partial u}{\partial\rho}\right)\mathrm{d}l+\oint_{c_{\frac{1}{\varepsilon}}}\left(u\frac{\partial G_0}{\partial\rho}-G_0\frac{\partial u}{\partial\rho}\right)\mathrm{d}l \tag{18.2.11}$$

其中等式右边第一项积分中 $\dfrac{\partial}{\partial n}$ 和 $\dfrac{\partial}{\partial\rho}$ 差一个负号，故把对 c_ε 的环路积分由顺时针方向变为逆时针方向. 第二项积分，当 $\varepsilon\to0$ 时，$\rho\to\infty$，即 $u\to0$，且 u 为无穷可微，即有 $\rho\to\infty$ 时，$\dfrac{\partial u}{\partial\rho}\to0$，故第二项积分为零. 上式变为

$$\int_SG_0\nabla^2u\mathrm{d}x\mathrm{d}y=\oint_{c_\varepsilon}\left(G_0\frac{\partial u}{\partial\rho}-u\frac{\partial G_0}{\partial\rho}\right)\mathrm{d}l \tag{18.2.12}$$

上式等式右边为两积分项，先看第一积分项：

由 $G_0(x,y;x',y')=\dfrac{1}{2\pi}\ln\rho$，且在 c_ε 上积分即为 $\rho=\varepsilon$，当 $\varepsilon\to0$ 即 $\rho\to0$ 时有

$$\left|\oint_{c_\varepsilon}\left(G_0\frac{\partial u}{\partial\rho}\right)\mathrm{d}l\right|\leqslant\oint_{c_\varepsilon}|G_0|\left|\frac{\partial u}{\partial\rho}\right|\mathrm{d}l=\oint_{c_\varepsilon}\frac{1}{2\pi}\ln\frac{1}{\rho}\left|\frac{\partial u}{\partial\rho}\right|\mathrm{d}l$$

$$\leqslant\max|\nabla u|\;\varepsilon\ln\frac{1}{\varepsilon}\to0 \tag{18.2.13}$$

而当 $\varepsilon\to0$ 时，第二项积分为

$$-\oint_{c_\varepsilon}u\frac{\partial G_0}{\partial\rho}\mathrm{d}l=-\frac{1}{2\pi}\oint_{c_\varepsilon}\frac{1}{\rho}u(x,y)\,\mathrm{d}l=-\frac{1}{2\pi\varepsilon}\oint_{c_\varepsilon}u(x,y)\,\mathrm{d}l\to-u(x',y')$$

$$\tag{18.2.14}$$

故方程（18.2.12）为

$$\int_SG_0(x,y;x',y')\nabla^2u(x,y)\mathrm{d}x\mathrm{d}y=u(x',y') \tag{18.2.15}$$

此关系式与 G_0 所满足的方程式（18.2.8）是等价的. 因为用 ∇'^2（∇' 表示对 (x',y') 变量作用）作用上式两边，即可得

$$\int_S \nabla'^2 G_0(x,y;x',y') \nabla^2 u(x,y) \,\mathrm{d}x\mathrm{d}y = \nabla'^2 u(x',y') \qquad (18.2.16)$$

此等式说明了 $\nabla'^2 G_0$ 的作用为二维 δ-函数,即

$$\nabla'^2 G_0(x,y;x',y') = \delta(x-x')\delta(y-y') \qquad (18.2.17)$$

这就验证了二维拉普拉斯算子基本解的形式(18.2.9)的正确性.

三、一维拉普拉斯算子的基本解

一维拉普拉斯算子的基本解满足方程

$$\frac{\partial^2}{\partial x^2} G_0(x,x') = \delta(x-x') \qquad (18.2.18)$$

则基本解 G_0 的表达式为

$$G_0(x,x') = \frac{1}{2} |x-x'| \qquad (18.2.19)$$

证: 由 $G_0(x,x')$ 的形式容易得

$$\frac{\partial}{\partial x} G_0(x,x') = \theta(x,x') = \begin{cases} \dfrac{1}{2} & (x \geqslant x') \\[2mm] -\dfrac{1}{2} & (x < x') \end{cases}$$

即可得

$$\frac{\partial^2}{\partial x^2} G_0(x,x') = \delta(x-x')$$

故得证.

四、基本解的对称性

当 $n \geqslant 3$ 时,高维 $\mathbf{R}^n$ 中的拉普拉斯算子的基本解为

$$G_0(x,x') = \frac{1}{(n-2)S_n} \cdot \frac{1}{|x-x'|^{n-2}} \quad (x,x' \in \mathbf{R}^n) \qquad (18.2.20)$$

其中 $S_n = \dfrac{2\pi^{\frac{n}{2}}}{\Gamma\left(\dfrac{n}{2}\right)}$ 是 n 维单位球面的面积.

由一维、二维、三维及高维拉普拉斯算子基本解的表达式可看出,x 和 x' 是对称的,即

$$G_0(x,x') = G_0(x',x), \quad x,x' \in \mathbf{R}^n, \quad n=1,2,3,\cdots,n \qquad (18.2.21)$$

§18.3 拉普拉斯算子的格林函数

下面讨论 $\mathbf{R}^n(n \leqslant 3)$ 中某一区域 Ω 上的拉普拉斯算子的格林函数.

定义在 Ω 上满足齐次边界条件的拉普拉斯算子的格林函数 $G(x,x')$ 为

$$\begin{cases} \nabla^2 G(x,x') = \delta(x-x'), & x,x' \in \Omega & (18.3.1) \\ \left(G + \beta \dfrac{\partial G}{\partial n} \right) \bigg|_{\partial\Omega} = 0 & (18.3.2) \end{cases}$$

其中 n 为边界 $\partial\Omega$ 的外法向,而边界条件式(18.3.2)只表示第一、第三类齐次边界条件,因为第二类齐次边界条件下格林函数 G 是不存在的.

我们感兴趣的是如何由格林函数给出如下泊松方程定解问题的解,

$$\begin{cases} \nabla^2 u(x) = f(x), & x \in \Omega \in \mathbf{R}^2 & (18.3.3) \\ \left(u + \beta \dfrac{\partial u}{\partial n} \right) \bigg|_{\partial\Omega} = \varphi(x_0), & x_0 \in \partial\Omega & (18.3.4) \end{cases}$$

注意:格林函数定义中的 Ω 与 $\partial\Omega$ 均与定解问题一致.

下面以二维泊松方程定解问题为例,给出用格林函数表示解的具体方法.

例18.3.1 考虑二维泊松方程的定解问题

$$\begin{cases} \nabla^2 u(x,y) = f(x,y), & (x,y) \in \Omega \in \mathbf{R}^n & (18.3.5) \\ u(x,y) \big|_{\partial\Omega} = \varphi(x_0,y_0), & (x_0,y_0) \in \partial\Omega & (18.3.6) \end{cases}$$

解:设在 Ω 内的 (x',y') 点有一点源,则点源函数即基本解 $G_0(x,y;x',y')$ 满足

$$\nabla^2 G_0(x,y;x',y') = \delta(x-x')\delta(y-y')$$

取一个小正数 ε,以 (x',y') 为圆心,ε 为半径作圆周 c_ε,则在 $\partial\Omega$ 和 c_ε 围成的区域 S 中(图 18.3.1),应用格林公式:

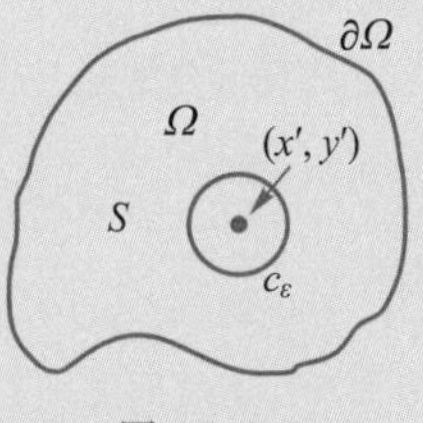

图 18.3.1

$$\int_S (u\nabla^2 G_0 - G_0\nabla^2 u)\,\mathrm{d}x\mathrm{d}y$$

$$= \oint_{\partial\Omega}\left(u\frac{\partial G_0}{\partial n} - G_0\frac{\partial u}{\partial n} \right)\mathrm{d}l + \oint_{c_\varepsilon}\left(u\frac{\partial G_0}{\partial n} - G_0\frac{\partial u}{\partial n} \right)\mathrm{d}l \quad (18.3.7)$$

注意到 (x',y') 不在区域 S 中,故有

$$\int_S u(x,y)\nabla^2 G_0(x,y;x',y')\,\mathrm{d}x\mathrm{d}y = \int_S u(x,y)\delta(x-x')\delta(y-y')\,\mathrm{d}x\mathrm{d}y = 0$$

且在 c_ε 上,$\dfrac{\partial}{\partial n} = -\dfrac{\partial}{\partial\rho}$,则(18.3.7)式变为

$$-\int_S G_0\nabla^2 u\,\mathrm{d}x\mathrm{d}y = \oint_{\partial\Omega}\left(u\frac{\partial G_0}{\partial n} - G_0\frac{\partial u}{\partial n} \right)\mathrm{d}l + \oint_{c_\varepsilon}\left(u\frac{\partial G_0}{\partial\rho} - G_0\frac{\partial u}{\partial\rho} \right)\mathrm{d}l \quad (18.3.8)$$

用上一节(18.2.13)式和(18.2.14)式的分析方法,可得上式中右边的第二项积分为

$$\lim_{\varepsilon\to 0}\oint_{c_\varepsilon}\left(u\frac{\partial G_0}{\partial\rho} - G_0\frac{\partial u}{\partial\rho} \right)\mathrm{d}l = u(x',y')$$

并注意到 $\nabla^2 u = f$ 这一关系,可得到解 u 用基本解 G_0 表示的表达式

$$u(x',y') = -\int_S G_0 f\,\mathrm{d}x\mathrm{d}y - \oint_{\partial\Omega}\left(u\frac{\partial G_0}{\partial n} - G_0\frac{\partial u}{\partial n} \right)\mathrm{d}l \quad (18.3.9)$$

但这一表达式中的右边仍有 $\dfrac{\partial u}{\partial n}$ 这一未知项,因此仍未得到真正的解.为解决这一问题必须构造一个格林函数 $G(x,y;x',y')$,使之可以用来表示泊松方程的解 u.

先取一光滑函数 $g(x,y;x',y')$,它在 Ω 内关于变量 (x,y) 满足拉普拉斯方程,

$$\nabla^2 g(x,y;x',y') = 0, \quad (x,y) \in \Omega \tag{18.3.10}$$

再次利用格林公式

$$\int_\Omega (u\nabla^2 g - g\nabla^2 u)\,\mathrm{d}x\mathrm{d}y = \oint_{\partial\Omega}\left(u\frac{\partial g}{\partial n} - g\frac{\partial u}{\partial n}\right)\mathrm{d}l \tag{18.3.11}$$

则可得

$$\int_\Omega g(x,y;x',y')f(x,y)\,\mathrm{d}x\mathrm{d}y = \oint_{\partial\Omega}\left(u\frac{\partial g}{\partial n} - g\frac{\partial u}{\partial n}\right)\mathrm{d}l = 0 \tag{18.3.12}$$

注意到当 $\varepsilon \to 0$ 时,Ω 与 S 为同一个区域,故把(18.3.9)式与(18.3.12)式相加,可得

$$u(x',y') = -\int_S (G_0 - g)f\mathrm{d}x\mathrm{d}y - \oint_{\partial\Omega}\left(u\frac{\partial(G_0-g)}{\partial n} - (G_0-g)\frac{\partial u}{\partial n}\right)\mathrm{d}l \tag{18.3.13}$$

定义:

$$G(x,y;x',y') = G_0(x,y;x',y') - g(x,y;x',y') \tag{18.3.14}$$

若选择 $g(x,y;x',y')$ 使之满足定解条件

$$\begin{cases} \nabla^2 g = 0 & \tag{18.3.15} \\ g\,\big|_{\partial\Omega} = G_0\,\big|_{\partial\Omega} & \tag{18.3.16} \end{cases}$$

在此定解问题中,G_0 为已知可求,即这一定解问题的解 g 是可求的,这样由(18.3.14)式定义的 G 也是可求出的,而且这样的 $G(x,y;x',y')$ 满足

$$\begin{cases} \nabla^2 G(x,y;x',y') = \delta(x-x')\delta(y-y') & \tag{18.3.17} \\ G\,\big|_{\partial\Omega} = 0 & \tag{18.3.18} \end{cases}$$

这正是要求得的格林函数 $G(x,y;x',y')$. 考虑到 $G\,\big|_{\partial\Omega} = 0$,因此(18.3.13)式变为

$$u(x',y') = -\int_\Omega G(x,y;x',y')f(x,y)\,\mathrm{d}x\mathrm{d}y - \oint_{\partial\Omega} u\frac{\partial G}{\partial n} \tag{18.3.19}$$

考虑到(18.3.6)式的 $u(x,y)$ 在边界 $\partial\Omega$ 上的值,同时把变量记号变换,即 $(x',y') \leftrightarrow (x,y)$,即可得泊松方程定解问题(18.3.3)式、(18.3.4)式的解的表达式

$$u(x,y) = -\int_\Omega G(x',y';x,y)f(x',y')\,\mathrm{d}x'\mathrm{d}y' - \oint_{\partial\Omega}\varphi(x',y')\frac{\partial G(x',y';x,y)}{\partial n}\mathrm{d}l' \tag{18.3.20}$$

这正是用格林函数表示泊松方程定解问题的结果.

同样对三维泊松方程的定解问题,仍考虑第一类边界条件

$$\begin{cases} \nabla^2 u(\boldsymbol{r}) = f(\boldsymbol{r}), & \boldsymbol{r} \in \Omega \in \mathbf{R}^n & \tag{18.3.21} \\ u(\boldsymbol{r})\,\big|_{\partial\Omega} = \varphi(\boldsymbol{r}_0), & \boldsymbol{r}_0 \in \partial\Omega & \tag{18.3.22} \end{cases}$$

同二维问题的方法相同,可以通过基本解 $G_0(\boldsymbol{r},\boldsymbol{r}')$,构造光滑函数 $g(\boldsymbol{r},\boldsymbol{r}')$ 满足

$$\begin{cases} \nabla^2 g(\boldsymbol{r},\boldsymbol{r}') = 0 & \tag{18.3.23} \\ g\,\big|_{\partial\Omega} = G_0\,\big|_{\partial\Omega} & \tag{18.3.24} \end{cases}$$

求解这一方程后,再构造格林函数 $G(\boldsymbol{r},\boldsymbol{r}')$,

$$G(\boldsymbol{r},\boldsymbol{r}') = G_0(\boldsymbol{r},\boldsymbol{r}') - g(\boldsymbol{r},\boldsymbol{r}') \tag{18.3.25}$$

格林函数 $G(\boldsymbol{r},\boldsymbol{r}')$ 满足

$$\begin{cases} \nabla^2 G(\boldsymbol{r},\boldsymbol{r}') = \delta(\boldsymbol{r}-\boldsymbol{r}') & \tag{18.3.26} \\ G(\boldsymbol{r},\boldsymbol{r}')\,\big|_{\partial\Omega} = 0 & \tag{18.3.27} \end{cases}$$

即可得定解问题解的表达式

$$u(\boldsymbol{r}) = -\int_{\Omega} G(\boldsymbol{r}',\boldsymbol{r}) f(\boldsymbol{r}') d\boldsymbol{r}' - \int_{\partial\Omega} \varphi(\boldsymbol{r}') \frac{\partial G(\boldsymbol{r}',\boldsymbol{r})}{\partial n} d\sigma' \qquad (18.3.28)$$

对于三维第三类边界条件下泊松方程的定解问题

$$\begin{cases} \nabla^2 u(\boldsymbol{r}) = f(\boldsymbol{r}), & \boldsymbol{r} \in \Omega & (18.3.29) \\ \left(u(\boldsymbol{r}) + \beta \dfrac{\partial u(\boldsymbol{r})}{\partial n} \right) \bigg|_{\partial\Omega} = 0 & (18.3.30) \end{cases}$$

此问题比第一类边界条件要复杂. 由于 $u\big|_{\partial\Omega}$ 和 $\dfrac{\partial u}{\partial n}\bigg|_{\partial\Omega}$ 都不能确定, 只能给出它们的线性组合, 因此要构造的格林函数 $G(\boldsymbol{r},\boldsymbol{r}')$, 满足

$$\begin{cases} \nabla^2 G(\boldsymbol{r},\boldsymbol{r}') = \delta(\boldsymbol{r}-\boldsymbol{r}') & (18.3.31) \\ \left(G + \beta \dfrac{\partial G}{\partial n} \right) \bigg|_{\partial\Omega} = 0 & (18.3.32) \end{cases}$$

得到表达式

$$u(\boldsymbol{r}') = -\int_{\Omega} Gf d\boldsymbol{r} - \int_{\partial\Omega} \left(u \frac{\partial G}{\partial n} - G \frac{\partial u}{\partial n} \right) d\sigma \qquad (18.3.33)$$

再利用 G 和 u 满足的边界条件(18.3.22)式和(18.3.32)式, 以 $G\times$(18.3.22)式与 $u\times$(18.3.32) 式相减, 得到

$$\left(u \frac{\partial G}{\partial n} - G \frac{\partial u}{\partial n} \right) \bigg|_{\partial\Omega} = -\frac{1}{\beta} G\varphi \qquad (18.3.34)$$

代入(18.3.33)式, 得到第三类边界条件下泊松方程的定解问题的解的表达式

$$u(\boldsymbol{r}) = -\int_{\Omega} G(\boldsymbol{r}',\boldsymbol{r}) f(\boldsymbol{r}') d\boldsymbol{r}' + \frac{1}{\beta} \int_{\partial\Omega} \varphi(\boldsymbol{r}') G(\boldsymbol{r}',\boldsymbol{r}) d\sigma' \qquad (18.3.35)$$

§18.4 拉普拉斯算子的镜像格林函数法

在许多物理问题中, 由于格林函数具有很明确的物理意义, 它表示物理点源产生的场, 而这些场在物理上是已知的. 如果这些场的边界形状是具有某种特殊几何对称性的且满足一定的边界条件, 则这类场可从物理的角度考虑, 利用边界的对称性直接写出格林函数. 最典型的方法就是镜像格林函数法, 简称镜像法. 下面用例子介绍这种方法.

例18.4.1 在半空间 $z>0$ 内求解泊松方程的第一类边值问题.

$$\begin{cases} \nabla^2 u(x,y,z) = f(x,y,z), & z>0 & (18.4.1) \\ u(x,y,z)\big|_{z=0} = \varphi(x,y), & z=0 & (18.4.2) \end{cases}$$

解: 要求解此问题, 先求解满足

$$\begin{cases} \nabla^2 G(x,y,z;x',y',z') = \delta(x-x')\delta(y-y')\delta(z-z'), z>0 & (18.4.3) \\ G\big|_{z=0} = 0 & (18.4.4) \end{cases}$$

的格林函数 G.

这个满足在 $z=0$ 的平面上场为零的点源函数,我们不妨拿单位点电荷的电势场来模拟,相当于在 $P'(x',y',z')$ 点放置一个单位负电荷,而 $z=0$ 的平面是接地的导体,故电势场在 $z=0$ 平面为零.由于导体表面有感应的正电荷,由对称性可知,被感应产生的正电荷所产生的场和在以 $z=0$ 的平面为镜面,P' 点的镜像 $P''(x',y',-z')$ 点上放一单位正电荷产生的电场场等效.而在上半空间内任一观察点 $P(x,y,z)$ 的电势场就是 P' 和 P'' 点的点电荷产生的电势之和,而且由于对称性,这两个点电荷在 $z=0$ 平面上的电势之和一定为零.因此满足(18.4.3)式、(18.4.4)式的格林函数就是这两个点电荷产生的势之和,即

$$G(x,y,z;x',y',z') = -\frac{1}{4\pi}\frac{1}{\sqrt{(x-x')^2+(y-y')^2+(z-z')^2}} +$$

$$\frac{1}{4\pi}\frac{1}{\sqrt{(x-x')^2+(y-y')^2+(z+z')^2}} \tag{18.4.5}$$

这就是所要求出的、在 $z>0$ 的区域中满足(18.4.3)式和(18.4.4)式的格林函数.

由三维泊松方程第一类边界条件的解(18.3.28)式

$$u(\boldsymbol{r}) = -\int_\Omega G(\boldsymbol{r}',\boldsymbol{r})f(\boldsymbol{r}')\mathrm{d}\boldsymbol{r}' - \int_{\partial\Omega}\varphi(\boldsymbol{r}')\frac{\partial G(\boldsymbol{r}',\boldsymbol{r})}{\partial n}\mathrm{d}\boldsymbol{\sigma}'$$

由于在 $z=0$ 的平面上的法向 $\boldsymbol{n}$ 就是 $-z$ 的方向,

$$\frac{\partial G}{\partial n'} = -\frac{\partial G}{\partial z'}\bigg|_{z'=0} = \frac{1}{2\pi}\frac{z}{[(x-x')^2+(y-y')^2+(z-z')^2]^{3/2}} \tag{18.4.6}$$

则可得

$$u(x,y,z) = \int_{-\infty}^\infty \mathrm{d}x' \int_{-\infty}^\infty \mathrm{d}y' \int_0^\infty \mathrm{d}z' \frac{f(x',y',z')}{4\pi}$$

$$\left[\frac{1}{\sqrt{(x-x')^2+(y-y')^2+(z-z')^2}} - \right.$$

$$\left. \frac{1}{\sqrt{(x-x')^2+(y-y')^2+(z+z')^2}}\right] -$$

$$\int_{-\infty}^\infty \mathrm{d}x' \int_{-\infty}^\infty \mathrm{d}y' \frac{z\varphi(x',y')}{2\pi}\frac{1}{[(x-x')^2+(y-y')^2+z^2]^{3/2}} \tag{18.4.7}$$

这就是定解问题(18.4.1)式、(18.4.2)式的解.

例18.4.2 圆上的泊松公式.

解: 这也是用镜像法构造格林函数的典型例子,其镜面是二维空间中的一维圆周.从物理上讲,在可求解的区域外,利用边界的对称性,虚设一个点源,使得虚点源产生的场和可考虑的区域内的点源产生的场在区域边界面上叠加起来为零,用这样的思想来构造圆上的格林函数.这一问题往往用在柱对称的问题上,即求柱内的场分布,要求这一物理问题对于无限长 z 轴是对称的,则问题与 z 轴无关,此时在 z 为常数的任一面上截得的圆形区域的二维问题.注意,这一方法也同样可以用来求解柱外场的分布问题.

考虑二维泊松方程的定解问题

$$\begin{cases} \nabla^2 u(x,y) = f(x,y), & x^2+y^2 \leqslant a^2 \tag{18.4.8} \\ u(x,y)\big|_C = \varphi(x_0,y_0), & (x_0,y_0)\in C, \quad C:x^2+y^2=a^2 \tag{18.4.9} \end{cases}$$

此问题的求解化为求解圆上的格林函数问题,即

$$\begin{cases} \nabla^2 G(x,y;x',y') = \delta(x-x')\delta(y-y') & (18.4.10) \\ G\big|_c = 0 & (18.4.11) \end{cases}$$

如图 18.4.1 所示,$p'(x',y')$ 点为圆 C 内的源点,假设在圆 C 外有一虚设源点为 $P''(x'',y'')$,且 P',P'' 和圆心 O 点在一直线上.

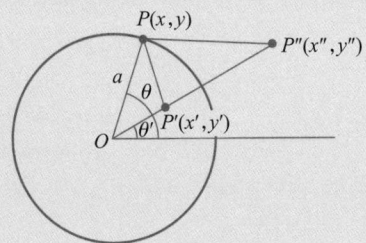

图 18.4.1

由二维算子拉普拉斯基本解的形式,可以直接写出 $G(x,y;x',y')$ 的形式

$$G(x,y;x',y') = -\frac{1}{2\pi}\ln\frac{1}{\sqrt{(x-x')^2+(y-y')^2}} +$$

$$\frac{1}{2\pi}\ln\frac{b}{\sqrt{(x-x'')^2+(y-y'')^2}} \qquad (18.4.12)$$

其中等式右边第二项虚设点源 P'' 的位置由几何关系式确定,但虚源的荷与 P' 的源反号,其荷的大小即参数 b 的数值将由边界条件(18.4.11)式确定.

设 $P(x,y)$ 点为圆周 C 上的任一点,并设 $|OP'| = \rho'$,$|OP''| = \rho''$,而 $|OP| = a$ 为圆周 C 的半径. 由于 P'' 为 P' 的镜像点(即 P'' 和 P' 为圆周 C 内外的共轭点或统称为反演点),在几何上要满足

$$\rho' \cdot \rho'' = a^2 \qquad (18.4.13)$$

由几何上可知 $\triangle OPP' \backsim \triangle OP''P$,可得

$$\frac{|PP'|}{|PP''|} = \frac{|OP'|}{|OP|} = \frac{\rho'}{a}$$

即

$$|PP''| = |PP'|\frac{a}{\rho'} \qquad (18.4.14)$$

则有

$$G(x,y;x',y')\big|_{P \in C} = -\frac{1}{2\pi}\ln\frac{1}{|PP'|} + \frac{1}{2\pi}\ln\frac{b}{|PP''|}$$

$$= -\frac{1}{2\pi}\ln\frac{1}{|PP'|} + \frac{1}{2\pi}\ln\left(\frac{b}{|PP'|} \cdot \frac{\rho'}{a}\right) \qquad (18.4.15)$$

要满足 $G\big|_c = 0$,则可得 $b = \dfrac{a}{\rho'}$. 这样格林函数 $G(x,y;x',y')$ 可表示为

$$G(x,y;x',y') = -\frac{1}{2\pi}\ln\frac{1}{|PP'|} + \frac{1}{2\pi}\ln\frac{1}{|PP''|} + \frac{1}{2\pi}\ln\frac{a}{\rho'} \qquad (18.4.16)$$

其中 $\rho' = |OP'| = \sqrt{x'^2+y'^2}$. 同时由几何关系可定出

$$\rho'' = |OP''| = \frac{a^2}{\rho'} \qquad (18.4.17)$$

为表述方便,下面选用极坐标(ρ,θ),极轴为x轴,则P'点的坐标为$P':(\rho',\theta')$,P''点的坐标为$P'':(\rho'',\theta')$.对于考虑的区域C内的任一点$P(x,y)=\boldsymbol{\rho}=(\rho,\theta)$,$(\mid\boldsymbol{\rho}\mid=\rho)$,则有

$$|PP'|=|\boldsymbol{\rho}-\boldsymbol{\rho}'|=\sqrt{\rho^2+\rho'^2-2\rho\rho'\cos(\theta-\theta')} \tag{18.4.18}$$

$$|PP''|=|\boldsymbol{\rho}-\boldsymbol{\rho}''|=\sqrt{\rho^2+\rho''^2-2\rho\rho''\cos(\theta-\theta')}$$

$$=\sqrt{\rho^2+\frac{a^4}{\rho'^2}-2\frac{\rho a^2}{\rho'}\cos(\theta-\theta')} \tag{18.4.19}$$

格林函数可写成

$$G(\rho,\theta;\rho',\theta')=\frac{1}{4\pi}\ln\frac{a^2[\rho^2+\rho'^2-2\rho\rho'\cos(\theta-\theta')]}{\rho^2\rho'^2+a^4-2\rho\rho'a^2\cos(\theta-\theta')} \tag{18.4.20}$$

回到圆上泊松方程的定解问题,在极坐标下,

$$\begin{cases}\nabla^2 u(\rho,\theta)=f(\rho,\theta), & \rho<a \tag{18.4.21}\\ u\mid_C=\varphi(a,\theta)=\varphi(\theta) \tag{18.4.22}\end{cases}$$

由上一节二维泊松方程第一类边界条件的定解问题的表达式,(18.3.29)式可得解为

$$u(\rho,\theta)=\frac{1}{4\pi}\int_0^a\mathrm{d}\rho'\int_0^{2\pi}\mathrm{d}\theta'\ln\frac{\rho^2\rho'^2+a^4-2\rho\rho'a^2\cos(\theta-\theta')}{a^2[\rho^2+\rho'^2-2\rho\rho'\cos(\theta-\theta')]}f(\rho',\theta')+$$

$$\frac{1}{2\pi}\int_0^{2\pi}\frac{(a^2-\rho^2)\varphi(\theta')}{a^2+\rho^2-2\rho a\cos(\theta-\theta')}\mathrm{d}\theta' \tag{18.4.23}$$

当$f(\rho,\theta)=0$时,是圆的拉普拉斯方程的第一类边界条件的定解问题,解为

$$u(\rho,\theta)=\frac{1}{2\pi}\int_0^{2\pi}\frac{(a^2-\rho^2)\varphi(\theta')}{a^2+\rho^2-2\rho a\cos(\theta-\theta')}\mathrm{d}\theta' \tag{18.4.24}$$

此解亦称为圆上泊松公式.

§18.5 亥姆霍兹算子的基本解

亥姆霍兹算子出现在亥姆霍兹方程中

$$(\nabla^2+k^2)u(\boldsymbol{r})=0 \tag{18.5.1}$$

在量子物理中,亥姆霍兹算子经常出现在形如

$$(\nabla^2+k^2)u(\boldsymbol{r})=V(\boldsymbol{r})u(\boldsymbol{r}) \tag{18.5.2}$$

的方程中,其中$V(\boldsymbol{r})$为已知的势函数.

在本节中,我们只讨论物理学中经常遇到的三维空间中的亥姆霍兹算子的基本解的求法,这一求解的方法在物理学中经常用到.

三维空间中亥姆霍兹算子的基本解G_0,满足

$$(\nabla^2+k^2)G_0(\boldsymbol{r},\boldsymbol{r}')=\delta(\boldsymbol{r}-\boldsymbol{r}') \tag{18.5.3}$$

则有

$$G_0(\boldsymbol{r},\boldsymbol{r}')=(\nabla^2+k^2)^{-1}\delta(\boldsymbol{r}-\boldsymbol{r}') \tag{18.5.4}$$

其中$(\nabla^2+k^2)^{-1}$为算子(∇^2+k^2)的逆算子.由δ-函数的傅里叶变换可得

$$G_0(\boldsymbol{r},\boldsymbol{r}')=\frac{1}{(2\pi)^3}\int(\nabla^2+k^2)^{-1}\mathrm{e}^{i\boldsymbol{q}\cdot(\boldsymbol{r}-\boldsymbol{r}')}\mathrm{d}\boldsymbol{q}=\frac{1}{(2\pi)^3}\int\frac{\mathrm{e}^{i\boldsymbol{q}\cdot(\boldsymbol{r}-\boldsymbol{r}')}}{k^2-q^2}\mathrm{d}\boldsymbol{q} \tag{18.5.5}$$

其中积分号表示三维 q 空间中的无界积分,而 $q=|q|$.

注:r 空间和 q 空间是两个同构的 $\mathbf{R}^3$ 空间,它们是傅里叶变换相联系的对偶空间.

令 $x=r-r'$,并选取它为 q 空间中 z 轴的方向,则 q 与 x 的夹角为 θ,在 q 空间中取球坐标,积分元为

$$d\boldsymbol{q}=q^2\sin\theta d\theta d\varphi dq \tag{18.5.6}$$

(18.5.5)式变成

$$
\begin{aligned}
G_0(\boldsymbol{r},\boldsymbol{r}') &= \frac{1}{(2\pi)^3}\int_0^\infty dq\int_0^{2\pi}d\varphi\int_0^\pi d\theta\frac{e^{iqx\cos\theta}}{k^2-q^2}q^2\sin\theta\\
&= \frac{1}{(2\pi)^3}\int_0^\infty dq\frac{q^2}{k^2-q^2}\int_0^{2\pi}d\varphi\int_0^\pi d\theta e^{iqx\cos\theta}\sin\theta\\
&= \frac{1}{4\pi^2 ix}\int_0^\infty dq\frac{q}{k^2-q^2}[e^{iqx}-e^{-iqx}]\\
&= \frac{1}{4\pi^2 ix}\left(\int_0^\infty dq\frac{q}{k^2-q^2}e^{iqx}+\int_{-\infty}^0 dq\frac{q}{k^2-q^2}e^{iqx}\right)\\
&= \frac{1}{4\pi^2 ix}\int_{-\infty}^\infty dq\frac{q}{k^2-q^2}e^{iqx} \tag{18.5.7}
\end{aligned}
$$

这是一个奇异积分,它在实轴上有两个单极点 $q=\pm k$,其柯西主值是存在的,可用求柯西主值作回路积分的方法来计算,取不同的回路计算的结果不同,即 G_0 的表达式也不同.

下面介绍一种常用的与前面计算柯西主值时用的回路积分等价的方法:为了避开奇点,采用把 k 变成 $k+i\varepsilon$(ε 为一小量)的做法,当 $\varepsilon\to 0$ 时,$k+i\varepsilon\to k$,因此把 q 变量延伸到复平面上半平面,如图 18.5.1 所示,同时把 $-k\to -k-i\varepsilon$,被积函数当 $q\to\infty$ 时为零. 取积分回路如图 18.5.1 所示,此回路积分利用留数定理进行计算,被积函数

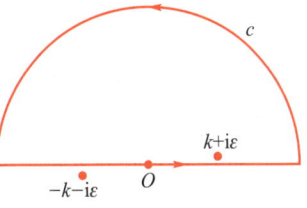

图 18.5.1

$$\frac{q}{k^2-q^2}e^{iqx}=\frac{-qe^{iqx}}{(q+k)(q-k)}=F(q) \tag{18.5.8}$$

在回路内 $k+i\varepsilon$ 点的留数为

$$\lim_{\varepsilon\to 0}\mathrm{Res}F(k+i\varepsilon)=-\frac{1}{2}e^{ikx} \tag{18.5.9}$$

计算可得

$$G_0^+(\boldsymbol{r},\boldsymbol{r}')=-\frac{e^{ikx}}{4\pi x}=-\frac{e^{ik|\boldsymbol{r}-\boldsymbol{r}'|}}{4\pi|\boldsymbol{r}-\boldsymbol{r}'|} \tag{18.5.10}$$

若选取如图 18.5.2 所示的回路积分,则 $-k\to -k-i\varepsilon$,在 $-k-i\varepsilon$ 点的留数为

$$\lim_{\varepsilon\to 0}\mathrm{Res}F(-k+i\varepsilon)=-\frac{1}{2}e^{-ikx} \tag{18.5.11}$$

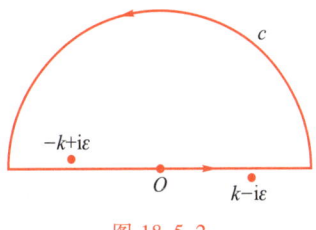

图 18.5.2

则计算可得

$$G_0^-(\boldsymbol{r},\boldsymbol{r}') = -\frac{e^{-ikx}}{4\pi x} = -\frac{e^{-ik|\boldsymbol{r}-\boldsymbol{r}'|}}{4\pi\,|\boldsymbol{r}-\boldsymbol{r}'|} \tag{18.5.12}$$

若选取如图 18.5.3 所示的回路,则计算可得

$$G_0^0(\boldsymbol{r},\boldsymbol{r}') = -\frac{\cos kx}{4\pi x} = -\frac{\cos k\,|\boldsymbol{r}-\boldsymbol{r}'|}{4\pi\,|\boldsymbol{r}-\boldsymbol{r}'|} \tag{18.5.13}$$

得到的这三种基本解 G_0^+、G_0^- 和 G_0^0,在物理上皆称为格林函数,分别代表不同的物理意义:$G_0^-(\boldsymbol{r},\boldsymbol{r}')$ 代表点源在 $\boldsymbol{r}'$ 点,并以此为中心向外发散的球面波的模式;$G_0^+(\boldsymbol{r},\boldsymbol{r}')$ 代表点源在 $\boldsymbol{r}'$ 点,并以此为中心向内汇聚的球面波的模式;G_0^0 则是 G_0^+、G_0^- 的线性叠加,即 $G_0^+ + G_0^- = G_0^0$ 的球面波模式.这三种不同的解可根据物理问题的要求来具体地选取.

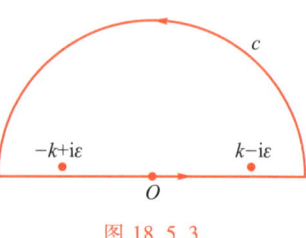

图 18.5.3

对于亥姆霍兹算子满足边界条件的格林函数 $G(\boldsymbol{r},\boldsymbol{r}')$,

$$(\nabla^2 + k^2)G(\boldsymbol{r},\boldsymbol{r}') = \delta(\boldsymbol{r}-\boldsymbol{r}'), \quad \boldsymbol{r},\boldsymbol{r}' \in \Omega \tag{18.5.14}$$

$$\left(\alpha G + \beta \frac{\partial G}{\partial n}\right)\Big|_{\partial\Omega} = 0 \tag{18.5.15}$$

其在相应的非齐次方程中的应用,具体的程序与前面介绍的相似,在这里不再加以讨论.

§18.6 输运算子的格林函数

讨论输运算子 $L = \partial_t - a^2 \nabla^2 (x \in \mathbf{R}^n, n \leqslant 3, t > 0)$ 的格林函数,由于算子中只包含对 t 的一次偏微商 ∂_t,当 $t \to -t$ 时,算子是不对称的,不能把 t 延拓到 $-\infty < t < \infty$ 的区域中,这也是输运过程的不可逆性,故对 t 变量的 δ-函数不能进行傅里叶变换.因此当讨论输运算子的基本解时,要对基本解做特殊的要求,即要求它满足特定的初始条件.

输运算子 $L = \partial_t - a^2 \nabla^2$ 的基本解:

定义 18.6.1: 算子 $L = \partial_t - a^2 \nabla^2$ 的基本解 $G_0(x,t;x',t')$,满足

$$\begin{cases} (\partial_t - a^2 \nabla^2)G_0(x,t;x',t') = \delta(x-x')\delta(t-t'), \\ \qquad\qquad\qquad\qquad x \in \mathbf{R}^n, n \leqslant 3, t > 0 \tag{18.6.1} \\ G_0\,|_{t=0} = 0 \tag{18.6.2} \end{cases}$$

从物理上看,相当于在 $t=t'$ 时刻在 $x=x'$ 处存在一点源,上述方程等价于

$$\begin{cases} (\partial_t - a^2 \nabla^2)G_0(x,t;x',t') = 0, \quad t > t' \tag{18.6.3} \\ G_0\,|_{t=t'} = \delta(x-x') \tag{18.6.4} \end{cases}$$

即对于这类初始条件为(18.6.4)式的问题,可变为(18.6.1)式和(18.6.2)式求基本解的问题.

一、算子 $L = \dfrac{\partial}{\partial t} - a^2 \dfrac{\partial^2}{\partial x^2}$, $-\infty < x < \infty$, $t > 0$ 的基本解 G_0, 满足

$$\begin{cases} (\partial_t - a^2 \nabla^2) G_0(x,t;x',t') = \delta(x-x')\delta(t-t'), \\ \qquad\qquad\qquad\qquad -\infty < x, x' < \infty, \ t > 0 & (18.6.5) \\ G_0 \big|_{t=0} = 0 & (18.6.6) \end{cases}$$

要求出满足上述方程的 G_0, 把 t 作为参数, 对 x 变量作傅里叶变换, 令

$$G_0(x,t;x',t') = \frac{1}{\sqrt{2\pi}} \int_{-\infty}^{\infty} g_0(k,t,t') e^{ik(x-x')} dk \qquad (18.6.7)$$

$$\delta(x-x') = \frac{1}{\sqrt{2\pi}} \int_{-\infty}^{\infty} e^{ik(x-x')} dk \qquad (18.6.8)$$

代入方程式(18.6.5), 得 $g_0(k,t,t')$ 满足的方程

$$\frac{\partial}{\partial t} g_0(k,t,t') + a^2 k^2 g_0(k,t,t') = \delta(t-t') \qquad (18.6.9)$$

两边同乘 $e^{a^2 k^2 t}$, 上式变为

$$\frac{\partial}{\partial t}\left[e^{a^2 k^2 t} g_0(k,t,t') \right] = e^{a^2 k^2 t}\delta(t-t') \qquad (18.6.10)$$

由 δ-函数的性质 $f(t)\delta(t-t') = f(t')\delta(t-t')$, 上式变为

$$\frac{\partial}{\partial t}\left[e^{a^2 k^2 t} g_0(k,t,t') \right] = e^{a^2 k^2 t'}\delta(t-t') \qquad (18.6.11)$$

此方程的特解为

$$e^{a^2 k^2 t} g_0(k,t,t') = e^{a^2 k^2 t'} H(t-t')$$

即

$$g_0(k,t,t') = e^{-a^2 k^2 (t-t')} H(t-t') \qquad (18.6.12)$$

其中 $H(t-t')$ 是赫维赛德阶跃函数.

求 $g_0(k,x',t')$ 的逆变换, 得

$$G_0(x,t;x',t') = \frac{1}{2a\sqrt{\pi(t-t')}} e^{-\frac{(x-x')^2}{4a^2(t-t')}} H(t-t') \qquad (18.6.13)$$

此基本解表示在一维输运问题中, $t = t'$ 时刻, 于 $x = x'$ 处的点源的场, 在 $t > t'$ 以后的分布.

用同样的方法, 可以求得二维和三维输运算子 $L = \partial_t - a^2 \nabla^2$ 的基本解.

二、二维输运算子的基本解为

$$G_0(x,y,t;x',y',t') = \left(\frac{1}{2a\sqrt{\pi(t-t')}} \right)^2 e^{-\frac{(x-x')^2+(y-y')^2}{4a^2(t-t')}} H(t-t') \qquad (18.6.14)$$

三、三维输运算子的基本解为

$$G_0(\boldsymbol{r},t,\boldsymbol{r}',t') = \left(\frac{1}{2a\sqrt{\pi(t-t')}}\right)^3 e^{-\frac{|\boldsymbol{r}-\boldsymbol{r}'|^2}{4a^2(t-t')}} H(t-t') \tag{18.6.15}$$

用输运算子的格林函数解输运方程的定解问题,我们仍以一维输运方程的定解问题为例,说明如何求出具有特定边界问题的格林函数,然后再由格林函数给出输运方程定解问题的解

四、用格林函数法求解输运方程定解问题的例题

例18.6.1 如下输运方程的定解问题,用格林函数法求解:

$$\begin{cases} \dfrac{\partial u(x,t)}{\partial t} - a^2 \dfrac{\partial^2 u(x,t)}{\partial x^2} = f(x,t), & 0 \leqslant x \leqslant l, t > 0 \tag{18.6.16} \\ u(0,t) = g_1(t), u(l,t) = g_2(t), & t \geqslant 0 \tag{18.6.17} \\ u(x,0) = \varphi(x), & 0 \leqslant x \leqslant l \tag{18.6.18} \end{cases}$$

解:首先求满足相应的齐次边界条件和初始条件的格林函数 $G(x,t;x',t')$,即 G 满足

$$\begin{cases} \dfrac{\partial G(x,t;x',t')}{\partial t} - a^2 \dfrac{\partial^2 G(x,t;x',t')}{\partial x^2} = \delta(x-x')\delta(t-t'), & 0 \leqslant x,x' \leqslant l, t > 0 \tag{18.6.19} \\ G\big|_{x=0} = G\big|_{x=l} = 0, & 0 \leqslant t \tag{18.6.20} \\ G\big|_{t=0} = 0, & 0 \leqslant x \leqslant l \tag{18.6.21} \end{cases}$$

注意到有限区间齐次边界条件的格林函数与基本解的形式是不同的,基本解是无界空间的,因此具有连续函数的形式,而有限区间齐次边界条件的格林函数是与相应的 S-L 问题的本征函数的级数求和形式联系在一起的.

要求解 G 满足的方程(18.6.19)式—(18.6.21)式,首先要求出 G 满足的齐次方程齐次边界条件的方程的解,即

$$\begin{cases} \left(\dfrac{\partial}{\partial t} - a^2 \dfrac{\partial^2}{\partial x^2}\right) G = 0 \\ G\big|_{x=0} = G\big|_{x=l} = 0 \end{cases} \tag{18.6.22}$$

采取分离变量法,设 $G(x,t;x',t') = X(x)T(t)$,则可得 $X(x)$ 满足的 S-L 本征值问题

$$\begin{cases} X''(x) + \lambda X(x) = 0 \\ X(0) = X(l) = 0 \end{cases} \tag{18.6.23}$$

即可解得

$$X_n = \sqrt{\frac{2}{l}} \sin\frac{n\pi}{l}x, \quad n = 1,2\cdots \tag{18.6.24}$$

则 G 具有形式为

$$G = \sum_{n=1}^{\infty} T_n(t) X_n(x) \tag{18.6.25}$$

由

$$\delta(x-x') = \frac{2}{l} \sum_{n=1}^{\infty} \sin \frac{n\pi x}{l} \sin \frac{n\pi x'}{l} \qquad (18.6.26)$$

由方程(18.6.19)可得 $T_n(t)$ 满足的方程

$$\frac{\mathrm{d}}{\mathrm{d}t} T_n(t) + \left(\frac{n\pi}{l}\right)^2 a^2 T_n(t) = X_n(x')\delta(t-t') \qquad (18.6.27)$$

解得 $T_n(t)$ 为

$$T_n(t) = X_n(x') \mathrm{e}^{-a^2 \left(\frac{n\pi}{l}\right)^2 (t-t')} \mathrm{H}(t-t') \qquad (18.6.28)$$

即可得格林函数 G 为

$$G(x,t;x',t') = \frac{2}{l} \sum_{n=1}^{\infty} \sin \frac{n\pi}{l} x \sin \frac{n\pi}{l} x' \mathrm{e}^{-a^2 \left(\frac{n\pi}{l}\right)^2 (t-t')} \mathrm{H}(t-t') \qquad (18.6.29)$$

如何用所求得的齐次边界条件(18.6.19)式—(18.6.21)式的格林函数(18.6.29)式的 $G(x,t;x',t')$ 来表示一维输运方程定解问题(18.6.16)式—(18.6.18)式的解.

第一步:先用格林函数 $G(x,t;x',t')$ 的表达式表示出如下非齐次方程齐次边界条件的解,

$$\begin{cases} \dfrac{\partial u}{\partial t} - a^2 \dfrac{\partial^2 u}{\partial x^2} = f(x,t) \\[2mm] u(0,t) = u(l,t) = 0 \\[2mm] u(x,0) = 0 \end{cases} \qquad (18.6.30)$$

此定解问题立即可用格林函数 G 写出,即

$$u(x,t) = \int_0^t \mathrm{d}t' \int_0^l \mathrm{d}x' G(x,t;x',t') f(x',t') \qquad (18.6.31)$$

很容易由 G 满足的方程和定解条件验证此解满足定解问题式(18.6.30).

第二步:对如下初始条件不为零的定解问题

$$\begin{cases} \dfrac{\partial u}{\partial t} - a^2 \dfrac{\partial^2 u}{\partial x^2} = 0 & (18.6.32) \\[2mm] u(0,t) = u(l,t) = 0 & (18.6.33) \\[2mm] u(x,0) = \varphi(x) & (18.6.34) \end{cases}$$

则由格林函数表示此定解问题的解为

$$u(x,t) = \int_0^l G(x,t;x',0)\varphi(x')\mathrm{d}x' \qquad (18.6.35)$$

很容易验证此解满足上述定解问题. 即把解(18.6.35)式代入方程(18.6.32)可得

$$\int_0^l \left(\frac{\partial G}{\partial t} - a^2 \frac{\partial^2 G}{\partial x^2}\right) \varphi(x')\mathrm{d}x' = 0$$

即

$$\frac{\partial G}{\partial t} - a^2 \frac{\partial^2 G}{\partial x^2} = 0 \qquad (18.6.36)$$

把解(18.6.35)式代入边界条件(18.6.33)式中,可得

$$\int_0^l G(0,t;x',0)\varphi(x')\mathrm{d}x' = \int_0^l G(l,t;x',0)\varphi(x')\mathrm{d}x' = 0$$

即

$$G(0,t;x',0) = G(l,t;x',0) = 0 \qquad (18.6.37)$$

把解(18.6.35)式代入初始条件(18.6.34)式中,可得

$$\int_0^l G(x,0;x',0)\varphi(x')\,dx = \varphi(x) = \int_0^l \delta(x-x')\varphi(x')\,dx$$

即

$$G(x,0;x',0) = \delta(x-x') \qquad\qquad (18.6.38)$$

因此由解(18.6.35)式的 $u(x,t)$ 的形式代入定解问题(18.6.32)式—(18.6.34)式中,可得到格林函数 G 满足的定解问题

$$\begin{cases} \dfrac{\partial G}{\partial t} - a^2 \dfrac{\partial^2 G}{\partial x^2} = 0 \\[2mm] G(0,t;x',0) = G(l,t;x',0) = 0 \\[2mm] G(x,0;x',0) = \delta(x-x') \end{cases}$$

与前面给出的 $G(x,t;x',t')$ 满足的定解问题(18.6.19)式—(18.6.21)式是等价的. 因此得到的解(18.6.35)式中 $u(x,t)$ 的表达式对定解问题(18.6.32)式—(18.6.34)式与格林函数的定义是相容的,因此该解 $u(x,t)$ 的表达式(18.6.35)式是定解问题(18.6.32)式—(19.6.34)式的解就得到了验证.

第三步:对定解问题

$$\begin{cases} \dfrac{\partial u}{\partial t} - a^2 \dfrac{\partial^2 u}{\partial x^2} = f(x,t) & (18.6.39) \\[2mm] u(0,t) = u(l,t) = 0 & (18.6.40) \\[2mm] u(x,0) = \varphi(x) & (18.6.41) \end{cases}$$

其解就是上面两个定解问题,即(18.6.30)式和(18.6.32)式—(18.6.34)式所得到的解的叠加,即得到了非齐次方程齐次边界条件的定解问题的解

$$u(x,t) = \int_0^t dt' \int_0^l dx'\, G(x,t;x',t')f(x',t') + \int_0^l dx'\, G(x,t;x',0)\varphi(x') \qquad (18.6.42)$$

其中格林函数 $G(x,t;x',t')$ 的表达式为(18.6.29)式,而 $G(x,t;x',0)$ 为该表达式在 $t'=0$ 时的情况.

第四步:对非齐次方程非齐次边界条件的定解问题(18.6.16)式—(18.6.18)式,将根据非齐次边界条件 $u(0,t) = g_1(t)$ 和 $u(l,t) = g_2(t)$,引入函数变换

$$w(x,t) = u(x,t) - g(x,t) \qquad\qquad (18.6.43)$$

其中

$$g(x,t) = g_1(t) + \frac{x}{l}\big[g_2(t) - g_1(t)\big] \qquad\qquad (18.6.44)$$

这样对于 $u(x,t)$ 满足的非齐次边界条件化为 $w(x,t)$ 函数满足的齐次边界条件:$w(0,t) = w(l,t) = 0$,再重复上述的步骤,最后得到定解问题的解为

$$u(x,t) = \int_0^t dt' \int_0^l dx'\, G(x,t;x',t')f(x',t') + \int_0^l G(x,t;x',0)\varphi(x')\,dx' +$$

$$a^2 \int_0^t \left[\frac{\partial G(x,t;x',t')}{\partial x'}\bigg|_{x'=0} g_1(t') - \frac{\partial G(x,t;x',t')}{\partial x'}\bigg|_{x'=l} g_2(t') \right] dt' \qquad (18.6.45)$$

其中 $G(x,t;x',t')$ 的表达式由(18.6.29)式给出. 这样我们就得到了最初给出的一维输运方程的定解问题,由相应齐次边界条件所定义的格林函数的解的表达式. 当然这一定解问题,完全可由一维的分离变量法求解,这一问题看似比用格林函数法求解要简单,但它毕竟给出了解此类方程的另一种途径,特别是到高维时,当分离变量法不能实施时,格林函数法给出了解决此类问题的一种可实施的方法.

§18.7 波动算子的基本解

本节主要讨论三维空间中波动算子 $L = \dfrac{\partial^2}{\partial t^2} - a^2 \nabla^2$ 的基本解问题,这是个无穷边界的格林函数问题,应用基本解给出三维空间中非齐次波动方程解的表达式.

定义 18.7.1 : 三维空间中波动算子 $L = \dfrac{\partial^2}{\partial t^2} - a^2 \nabla^2$ 的基本解 $G_0(\boldsymbol{r}, t; \boldsymbol{r}', t')$ 满足

$$\left(\frac{\partial^2}{\partial t^2} - a^2 \nabla^2 \right) G_0(\boldsymbol{r}, t; \boldsymbol{r}', t') = \delta(\boldsymbol{r} - \boldsymbol{r}') \delta(t - t') \tag{18.7.1}$$

由于波动算子对时间反演 $t \to -t$ 是对称的,因此可以将函数 $\delta(t - t')$ 在 $t : (-\infty, \infty)$ 区域中进行傅里叶变换,同时对 G_0 的 t 分量也进行傅里叶变换,

$$\delta(t - t') = \frac{1}{2\pi} \int_{-\infty}^{\infty} \mathrm{e}^{\mathrm{i}\omega(t - t')} \mathrm{d}\omega \tag{18.7.2}$$

对 G_0 中的变量 t 作傅里叶变换得

$$G_0(\boldsymbol{r}, t; \boldsymbol{r}', t') = \frac{1}{2\pi} \int_{-\infty}^{\infty} g(\boldsymbol{r}, \omega; \boldsymbol{r}', t') \mathrm{e}^{\mathrm{i}\omega t} \mathrm{d}\omega \tag{18.7.3}$$

把它们代入方程(18.7.1)中,方程的左边为

$$\frac{1}{2\pi} \int_{-\infty}^{\infty} \left(\frac{\partial^2}{\partial t^2} - a^2 \nabla^2 \right) (g(\boldsymbol{r}, \omega; \boldsymbol{r}', t') \mathrm{e}^{\mathrm{i}\omega t}) \mathrm{d}\omega$$

$$= \frac{1}{2\pi} \int_{-\infty}^{\infty} \left[-\omega^2 g(\boldsymbol{r}, \omega; \boldsymbol{r}', t') \mathrm{e}^{\mathrm{i}\omega t} - a^2 \nabla^2 g(\boldsymbol{r}, \omega; \boldsymbol{r}', t') \mathrm{e}^{\mathrm{i}\omega t} \right] \mathrm{d}\omega$$

$$= -\frac{1}{2\pi} \int_{-\infty}^{\infty} \left[\omega^2 g(\boldsymbol{r}, \omega; \boldsymbol{r}', t') + a^2 \nabla^2 g(\boldsymbol{r}, \omega; \boldsymbol{r}', t') \right] \mathrm{e}^{\mathrm{i}\omega t} \mathrm{d}\omega$$

$$= -\frac{1}{2\pi} \int_{-\infty}^{\infty} a^2 \left[\nabla^2 + k^2 \right] g(\boldsymbol{r}, \omega; \boldsymbol{r}', t') \mathrm{e}^{\mathrm{i}\omega t} \mathrm{d}\omega$$

可得方程

$$(\nabla^2 + k^2) g(\boldsymbol{r}, \omega; \boldsymbol{r}', t') = -\frac{1}{a^2} \delta(\boldsymbol{r} - \boldsymbol{r}') \mathrm{e}^{-\mathrm{i}\omega t'} \tag{18.7.4}$$

其中 $k = \dfrac{\omega}{a}$. 这是非齐次亥姆霍兹方程. 因此可由前面介绍的亥姆霍兹算子的基本解 (18.5.10)式和(18.5.12)式给出,

$$g_0^+ = -\frac{1}{4\pi a^2} \cdot \frac{\mathrm{e}^{\mathrm{i}k|\boldsymbol{r} - \boldsymbol{r}'|}}{|\boldsymbol{r} - \boldsymbol{r}'|} \tag{18.7.5}$$

和

$$g_0^- = -\frac{1}{4\pi a^2} \cdot \frac{\mathrm{e}^{-\mathrm{i}k|\boldsymbol{r} - \boldsymbol{r}'|}}{|\boldsymbol{r} - \boldsymbol{r}'|} \tag{18.7.6}$$

由于方程的非齐次项是 $\delta(\boldsymbol{r} - \boldsymbol{r}')$ 和与 $\boldsymbol{r}$ 无关的 $\mathrm{e}^{-\mathrm{i}\omega t'}$ 项,因此可以写出方程(18.7.4)的两个线性无关的解

$$g^+(\boldsymbol{r},\omega;\boldsymbol{r}',t') = \frac{1}{4\pi a^2} \cdot \frac{e^{ik|\boldsymbol{r}-\boldsymbol{r}'|}}{|\boldsymbol{r}-\boldsymbol{r}'|} \cdot e^{-i\omega t'} = \frac{1}{4\pi a^2 |\boldsymbol{r}-\boldsymbol{r}'|} \cdot e^{-i\omega\left(t'-\frac{|\boldsymbol{r}-\boldsymbol{r}'|}{a}\right)}$$

$$(18.7.7)$$

$$g^-(\boldsymbol{r},\omega;\boldsymbol{r}',t') = \frac{1}{4\pi a^2 |\boldsymbol{r}-\boldsymbol{r}'|} e^{-i\omega\left(t'+\frac{|\boldsymbol{r}-\boldsymbol{r}'|}{a}\right)} \qquad (18.7.8)$$

可由 G_0 的傅里叶变换式(18.7.3)得

$$\begin{aligned}
G_0^+(\boldsymbol{r},t;\boldsymbol{r}',t) &= \frac{1}{2\pi}\int_{-\infty}^{\infty} g^+(\boldsymbol{r},\omega;\boldsymbol{r}',t') e^{i\omega t}\mathrm{d}\omega \\
&= \frac{1}{4\pi a^2 |\boldsymbol{r}-\boldsymbol{r}'|} \cdot \frac{1}{2\pi}\int_{-\infty}^{\infty} e^{i\omega\left(t-t'+\frac{|\boldsymbol{r}-\boldsymbol{r}'|}{a}\right)}\mathrm{d}\omega \\
&= \frac{1}{4\pi a^2 |\boldsymbol{r}-\boldsymbol{r}'|} \cdot \delta\left(t-t'+\frac{|\boldsymbol{r}-\boldsymbol{r}'|}{a}\right) \qquad (18.7.9)
\end{aligned}$$

和

$$G_0^-(\boldsymbol{r},t;\boldsymbol{r}',t') = \frac{1}{4\pi a^2 |\boldsymbol{r}-\boldsymbol{r}'|} \cdot \delta\left(t-t'-\frac{|\boldsymbol{r}-\boldsymbol{r}'|}{a}\right) \qquad (18.7.10)$$

在物理上称基本解 G_0^+ 为超前格林函数,它只有在 $t-t' = -\dfrac{|\boldsymbol{r}-\boldsymbol{r}'|}{a}$($a$ 为波速)时

才不为零,表明如果在 t' 时刻在 $\boldsymbol{r}'$ 处有一点源,则在 t' 时刻之前的 $\dfrac{|\boldsymbol{r}-\boldsymbol{r}'|}{a}$ 时刻,在 $\boldsymbol{r}$ 点

处已感受到这个源的作用(一般这个源为汇聚源或为阱时就是这种情况).而 G_0^- 称为

推迟格林函数,它只有在 $t-t' = \dfrac{|\boldsymbol{r}-\boldsymbol{r}'|}{a}$ 时才不为零,表明在 t' 时刻在 $\boldsymbol{r}'$ 处有一点源,则

在 t' 时刻后的 $\dfrac{|\boldsymbol{r}-\boldsymbol{r}'|}{a}$ 时刻在 $\boldsymbol{r}$ 处能感受到此源的作用.

现在考虑在无穷边界的三维空间中有源分布 $f(\boldsymbol{r},t)$ 的波动方程的解.它没有边界条件,若假定在 $t=0$ 时刻之前不存在波动,从 $t=0^+$ 以后源 $f(\boldsymbol{r},t)$ 激发起波的传播.这一方程的定解问题为

$$\begin{cases}
\left(\dfrac{\partial^2}{\partial t^2} - a^2 \nabla^2\right) u(\boldsymbol{r},t) = f(\boldsymbol{r},t) & (18.7.11) \\[3mm]
u(\boldsymbol{r},0) = 0, \quad \left.\dfrac{\partial u}{\partial t}\right|_{t=0} = 0 & (18.7.12) \\[3mm]
f(\boldsymbol{r},t)\big|_{t\leqslant 0} = 0 & (18.7.13)
\end{cases}$$

这一定解问题的解,立即用推迟格林函数写出,即推迟解为

$$\begin{aligned}
u^-(\boldsymbol{r},t) &= \int_0^t \mathrm{d}t' \int G_0^-(\boldsymbol{r},t;\boldsymbol{r}',t') f(\boldsymbol{r}',t')\mathrm{d}\boldsymbol{r}' \\
&= \int \frac{f\left(\boldsymbol{r}',t-\dfrac{|\boldsymbol{r}-\boldsymbol{r}'|}{a}\right)}{4\pi a^2 |\boldsymbol{r}-\boldsymbol{r}'|}\mathrm{d}\boldsymbol{r}' \qquad (18.7.14)
\end{aligned}$$

由于 f 满足 (18.7.13) 式的条件,故保证了推迟解 u^- 满足初始条件 (18.7.12) 式. 如果取超前格林函数的超前解 u^+,它将不满足初始条件.

这一推迟解 $u^-(\boldsymbol{r},t)$ 在物理上通常称为推迟势. 它的意义表明在 $t-\dfrac{|\boldsymbol{r}-\boldsymbol{r}'|}{a}$ 时刻的源决定 t 时刻的场,这表明这个源产生了向外的波 u^-.

如果考虑的定解问题是

$$\begin{cases} \left(\dfrac{\partial^2}{\partial t^2}-a^2\,\nabla^2\right)u(\boldsymbol{r},t)=f(\boldsymbol{r},t) & (18.7.15) \\[3mm] u(\boldsymbol{r},0)=0,\quad \dfrac{\partial u}{\partial t}\bigg|_{t=0}=0 & (18.7.16) \\[3mm] f(\boldsymbol{r},t)\,\big|_{t\geqslant 0}=0 \end{cases}$$

它的解可以用超前格林函数写出

$$u^+(\boldsymbol{r},t)=\int_0^t \mathrm{d}t\int G_0^+(\boldsymbol{r},t;\boldsymbol{r}',t')f(\boldsymbol{r},t')\,\mathrm{d}\boldsymbol{r}'$$

$$=\int \frac{f\left(\boldsymbol{r},t+\dfrac{|\boldsymbol{r}-\boldsymbol{r}'|}{a}\right)}{4\pi a^2\,|\boldsymbol{r}-\boldsymbol{r}'|}\,\mathrm{d}\boldsymbol{r}' \qquad (18.7.17)$$

这一解被称为超前势,它表示在 $t=0$ 时刻以前存在着吸收波的汇聚源 (或称为阱),而在 $t=0$ 以后,此汇聚源不再存在. 它表示 $t+\dfrac{|\boldsymbol{r}-\boldsymbol{r}'|}{a}$ 时刻的汇聚源,决定了 t 时刻的场.

§18.8　格林函数在量子物理中的应用举例

1. 考虑一个受限量子系统,其哈密顿算符为 $\hat{H}$,本征问题为 $\hat{H}\varphi_j=E_j\varphi_j$ (**本节中重复指标不求和**). 假设本征能量不存在简并,则本征函数 $\{\varphi_j(\boldsymbol{r}),j=1,2,3,\cdots\}$ 构成一组完备、正交、归一的基矢,有

$$\langle\varphi_j,\varphi_i\rangle=\int \varphi_j^*(\boldsymbol{r})\varphi_i(\boldsymbol{r})\,\mathrm{d}\boldsymbol{r}=\delta_{ij}\quad (\text{正交归一性}) \qquad (18.8.1)$$

$$I=\sum_j |\varphi_j\rangle\langle\varphi_j|\quad (\text{完备性}) \qquad (18.8.2)$$

δ-函数可以在这组基上作广义傅里叶级数展开,

$$\delta(\boldsymbol{r}-\boldsymbol{r}')=\sum_j \varphi_j^*(\boldsymbol{r}')\varphi_j(\boldsymbol{r}) \qquad (18.8.3)$$

考虑方程,$(E-\hat{H})\psi=0$,其对应的格林函数满足

$$(E-\hat{H})G(\boldsymbol{r},\boldsymbol{r}')=\delta(\boldsymbol{r}-\boldsymbol{r}') \qquad (18.8.4)$$

一般在能量 E 上引入一个小的虚部 η,

$$(E+\mathrm{i}\eta-\hat{H})G^R(\boldsymbol{r},\boldsymbol{r}')=\delta(\boldsymbol{r}-\boldsymbol{r}') \qquad (18.8.5)$$

当 $\eta\to 0^+$ 时,G^R 对应为滞后 (retarded) 格林函数. 考虑到 (18.8.3) 式,其形式解为

$$G^R(\boldsymbol{r}, \boldsymbol{r}') = (E + i\eta - \hat{H})^{-1} \sum_j \varphi_j^*(\boldsymbol{r}') \varphi_j(\boldsymbol{r}) \qquad (18.8.6)$$

由于 $\hat{H}\varphi_j = E_j \varphi_j$，$\hat{H}^2 \varphi_j = \hat{H} \cdot \hat{H}\varphi_j = \hat{H}E_j\varphi_j = E_j\hat{H}\varphi_j = E_j^2\varphi_j$，有 $\hat{H}^n\varphi_j = E_j^n\varphi_j$，因此一般有

$$f(\hat{H})\varphi_j = \sum_{n=0}^{\infty} c_n \hat{H}^n \varphi_j = \left(\sum_{n=0}^{\infty} c_n E_j^n \right) \varphi_j = f(E_j)\varphi_j \qquad (18.8.7)$$

则

$$G^R(\boldsymbol{r}, \boldsymbol{r}') = \sum_j \varphi_j^*(\boldsymbol{r}')(E + i\eta - \hat{H})^{-1}\varphi_j(\boldsymbol{r}) = \sum_j \frac{\varphi_j^*(\boldsymbol{r}')\varphi_j(\boldsymbol{r})}{E + i\eta - E_j} \qquad (18.8.8)$$

由于

$$\lim_{\eta \to 0^+} \frac{1}{E + i\eta - E_j} = \lim_{\eta \to 0^+} \frac{(E - E_j) - i\eta}{(E - E_j)^2 + \eta^2} - i\pi \lim_{\eta \to 0^+} \frac{1}{\pi} \frac{\eta}{(E - E_j)^2 + \eta^2} \qquad (18.8.9)$$

由 δ-函数的性质

$$\lim_{a \to 0} \frac{1}{\pi} \frac{\alpha}{x^2 + \alpha^2} = \delta(x) \qquad (18.8.10)$$

所以

$$\mathrm{Im}\,G^R(\boldsymbol{r}, \boldsymbol{r}', E) = -\pi \sum_j \delta(E - E_j)\varphi_j^*(\boldsymbol{r}')\varphi_j(\boldsymbol{r}) \qquad (18.8.11)$$

可以据此定义态密度函数

$$\rho(\boldsymbol{r}, \boldsymbol{r}', E) = \sum_j \delta(E - E_j)\varphi_j^*(\boldsymbol{r}')\varphi_j(\boldsymbol{r}) = -\frac{1}{\pi}\mathrm{Im}\,G^R(\boldsymbol{r}, \boldsymbol{r}', E) \qquad (18.8.12)$$

2. 局域态密度(local density of states, LDS)

对上述函数, 当取 $\boldsymbol{r}' = \boldsymbol{r}$ 时, 有

$$\mathrm{LDS}(\boldsymbol{r}, E) = \rho(\boldsymbol{r}, \boldsymbol{r}, E) = -\frac{1}{\pi}\mathrm{Im}\,G^R(\boldsymbol{r}, \boldsymbol{r}, E)$$

$$= \sum_j \delta(E - E_j)\varphi_j^*(\boldsymbol{r})\varphi_j(\boldsymbol{r}) = \sum_j \delta(E - E_j)|\varphi_j(\boldsymbol{r})|^2 \qquad (18.8.13)$$

称为局域态密度.

对矩阵 A 求迹即为对其对角元的求和, $\mathrm{Tr}\,A = \sum_i A_{ii}$. 同理, 把 $\rho(\boldsymbol{r}, \boldsymbol{r}', E)$ 中的 $\boldsymbol{r}$ 和 $\boldsymbol{r}'$ 作为两个指标, 对其求迹即可得到用格林函数表示的态密度,

$$\mathrm{Tr}\,\rho(E) = \int \rho(\boldsymbol{r}, \boldsymbol{r}, E)\,\mathrm{d}\boldsymbol{r} = -\frac{1}{\pi}\int \mathrm{Im}\,G^R(\boldsymbol{r}, \boldsymbol{r}, E)\,\mathrm{d}\boldsymbol{r}$$

$$= \sum_j \delta(E - E_j)\int |\varphi_j(\boldsymbol{r})|^2 \mathrm{d}\boldsymbol{r} = \sum_j \delta(E - E_j) \qquad (18.8.14)$$

与泊松求和公式相比, 泊松求和公式是把等间距的 δ-函数求和展开成周期的振荡函数的求和, 这里能级一般不再等间距, 但这组 δ-函数求和仍然可以写为振荡函数的求和, 即为古兹维勒(Gutzwiller)迹公式, 其中每个振荡函数与经典周期轨道对应, 把量子能级与经典轨道联系了起来.

对某一个分立的能级 E_j, 在其附近把格林函数对能量作积分也可以得到波函数信息,

$$-\frac{1}{\pi}\int_{E_j-\frac{\Delta}{2}}^{E_j+\frac{\Delta}{2}}\mathrm{Im}G^R(\boldsymbol{r},\boldsymbol{r},E)\,\mathrm{d}r=\int_{E_j-\frac{\Delta}{2}}^{E_j+\frac{\Delta}{2}}\mathrm{LDS}(\boldsymbol{r},E)\,\mathrm{d}E=|\varphi_j(\boldsymbol{r})|^2\qquad(18.8.15)$$

对态密度作积分也可以得到能级计数函数,

$$N(E)=\int_{-\infty}^{E}\mathrm{Tr}\,\rho(E')\,\mathrm{d}E'\qquad(18.8.16)$$

相应地,有

$$\frac{\mathrm{d}N(E)}{\mathrm{d}E}=\mathrm{Tr}\,\rho(E)\qquad(18.8.17)$$

附注:格林函数法作为一种重要的理论处理方法,在量子力学、量子场论、固体物理等课程中有着广泛应用,且存在不同的定义形式,但本质上与本章介绍的数学定义都是等价的,例如:

(1) 由哈密顿量定义不含时格林函数

$$G(\xi)=(\xi-\hat{H})^{-1}=\frac{1}{\xi-\hat{H}}\qquad(18.8.18)$$

其中 ξ 为标量参数,$\hat{H}$ 为系统的哈密顿算符,在坐标表象中满足如下关系:

$$(\xi-\hat{H}(\boldsymbol{r}))G(\boldsymbol{r},\boldsymbol{r}';\xi)=\delta(\boldsymbol{r}-\boldsymbol{r}')\qquad(18.8.19)$$

(2) 含时格林函数

$$\left(\mathrm{i}\hbar\frac{\partial}{\partial t}-\hat{H}(\boldsymbol{r})\right)G(\boldsymbol{r},\boldsymbol{r}';t,t')=\delta(\boldsymbol{r}-\boldsymbol{r}')\delta(t-t')\qquad(18.8.20)$$

令 $\tau=t-t'$,那么 $G(\boldsymbol{r},\boldsymbol{r}';t,t')=G(\boldsymbol{r},\boldsymbol{r}';\tau)$,对时间作傅里叶变换可得

$$(\omega-\hat{H}(\boldsymbol{r}))G(\boldsymbol{r},\boldsymbol{r}';\omega)=\delta(\boldsymbol{r}-\boldsymbol{r}')\qquad(18.8.21)$$

与上述不含时格林函数满足的方程一致.

(3) 由单粒子关联函数定义格林函数

$$G(\boldsymbol{r},\boldsymbol{r}';t,t')=-\mathrm{i}\theta(t-t')\langle\varphi(\boldsymbol{r},t)\varphi^{\dagger}(\boldsymbol{r},t')\rangle\qquad(18.8.22)$$

其中,$\varphi(\boldsymbol{r},t)=\mathrm{e}^{\mathrm{i}\hat{H}t/\hbar}\varphi(\boldsymbol{r})\mathrm{e}^{-\mathrm{i}\hat{H}t/\hbar}$ 为海森伯绘景中的场算符,$\langle\cdot\rangle$ 表示对哈密顿量 $\hat{H}$ 的基态求期望值,那么 $\langle\varphi(\boldsymbol{r},t)\varphi^{\dagger}(\boldsymbol{r}',t')\rangle=\langle\boldsymbol{r}\,|\,\mathrm{e}^{-\mathrm{i}\hat{H}(t-t')/\hbar}\,|\,\boldsymbol{r}'\rangle$ 对应传播子,或称为两点关联函数,易证明该形式格林函数亦满足上述含时格林函数对应的点源偏微分方程.

上述不同形式的格林函数定义都是等价的,本质上都对应本章给出的基本数学定义形式,当然物理学中还存在诸多其他不同形式的定义,在此不再一一列举.

本章讨论了用格林函数法求解数学物理方程的问题. 这一方法的优点在于:

第一,用格林函数即点源的场函数给出了非齐次偏微分方程的解,具有很直观明确的物理图像,表达式也简单明确.

第二,给出了空间点的场与源点的关系,用物理学的语言来讲,即给出了源点与空间点的关联问题(包括时-空的关联),因此格林函数在某些场合下也称为关联函数.

第三,在很多情况下,因为边界条件的形状无法选取合适的坐标系进行分离变量,因此无法用分离变量法来求解. 但从数学上却能证明在这些边界条件下格林函数的存在,因此仍可以用格林函数法求解. 虽然在这些边界条件下很难具体求出格林函数的解析表达式,但毕竟给出了解此类数学物理方程的一条道路,特别在计算机普遍

使用的今天,可以通过数值计算给出格林函数及数学物理方程的数值解,并可以给出数值拟合的解的图像,从而达到求解的目的.

第十八章习题

18.1 两个相距为 a,均接地的理想导体平面,两平行导体平面间放置一电荷量为 q 的点电荷,电荷距离下平面为 b,$b < a$,求导体间的电势分布.(提示:用镜像法求解.)

18.2 一半径为 a 的导体球壳接地,在球外距球心为 b 处 $(b > a)$ 放置一点电荷 q,试用镜像法求电场的分布,并求出导体球壳表面感应电荷的分布,进而证明此电荷分布等价于球内的镜像电荷.

18.3 用格林函数法求解第一类边值问题的球内拉普拉斯方程的解,

$$\begin{cases} \nabla^2 u = 0, & r < a \\ u \big|_{r=a} = \cos \theta \end{cases}$$

18.4 半径为 b 的无穷长均匀圆柱体,初始温度为 U_0,外界空间的温度为零,用格林函数法求解 t 时刻柱内空间的温度 $u(\rho, t)$.

18.5 侧面为绝热的无穷长细杆,初始温度为零,在 $t = 0$ 时刻在 $x = x_0$ 点有一瞬时热源 Q,试构造该一维问题的格林函数.

第十九章　其他求解方法

前面讨论了求解数学物理方程定解问题的分离变量法和格林函数法.在这一章中主要介绍数学物理方程中经常用到的另外几种解法:积分变换法、行波法、冲量定理法、用函数变换求解量子谐振子以及谱方法.

§ 19.1　傅里叶变换法

在偏微分方程的定解问题中,首先把场量和方程的非齐次项同时进行傅里叶变换,其次求解场量的积分变换的像函数所满足的方程,把求得的像函数通过其逆变换和卷积定理,求出原方程定解问题的解.这样的求解法一方面可使求解的方程"降维",变成求解较简单的方程(常微分方程),另一方面方程的解可以直接由积分给出.

对于定义在无界空间中的场函数(如果是半无界空间,可延拓成无界空间)满足的偏微分方程的定解问题,由于没有边界条件,它不存在分立的本征值和相应的本征函数,因此场函数不是在离散的本征函数上展开,而是以傅里叶积分形式出现,这就导致了傅里叶变换法.

注:无界空间是相对于物理系统尺度而言,一般物理系统都是有界的,但在我们研究的系统内,如果边界的作用"来不及"影响到对所考察物理系统区域的研究,就可看成该区域的物理系统是无界空间的.

以一维无界空间中的波动方程的定解问题为例,来讨论傅里叶变换法.

例 19.1.1　一维无界空间中的波动方程的定解问题

$$\begin{cases} \dfrac{\partial^2 u(x,t)}{\partial t^2} - a^2 \dfrac{\partial^2 u(x,t)}{\partial x^2} = 0, & -\infty < x < \infty, \quad t > 0, \quad (19.1.1) \\[2mm] u(x,0) = \varphi(x) & (19.1.2) \\[2mm] u_t(x,0) = \nu(x) & (19.1.3) \end{cases}$$

解:把 t 作为参数,对场函数 $u(x,t)$ 及初始条件中的 x 变量作傅里叶变换

$$\begin{cases} u(x,t) = \dfrac{1}{2\pi}\displaystyle\int_{-\infty}^{\infty} U(k,t)\,\mathrm{e}^{\mathrm{i}kx}\,\mathrm{d}k \\[3mm] U(k,t) = \displaystyle\int_{-\infty}^{\infty} u(x,t)\,\mathrm{e}^{-\mathrm{i}kx}\,\mathrm{d}x. \end{cases} \quad (19.1.4)$$

$$\begin{cases} \varphi(x) = \dfrac{1}{2\pi}\displaystyle\int_{-\infty}^{\infty} \Phi(k)\,\mathrm{e}^{\mathrm{i}kx}\,\mathrm{d}k \\[3mm] \Phi(k) = \displaystyle\int_{-\infty}^{\infty} \varphi(x)\,\mathrm{e}^{-\mathrm{i}kx}\,\mathrm{d}x \end{cases} \quad (19.1.5)$$

$$\begin{cases} \nu(x) = \dfrac{1}{2\pi}\displaystyle\int_{-\infty}^{\infty} V(k)\,\mathrm{e}^{\mathrm{i}kx}\,\mathrm{d}k \\[4mm] V(k) = \displaystyle\int_{-\infty}^{\infty} \nu(x)\,\mathrm{e}^{-\mathrm{i}kx}\,\mathrm{d}x \end{cases} \tag{19.1.6}$$

代入定解问题(19.1.1)式—(19.1.3)式,因此偏微分方程的定解问题就化为像空间(即 k 空间)中的常微分方程的初值问题

$$\begin{cases} U_{tt}(k,t) + a^2 k^2 U(k,t) = 0 & (19.1.7) \\[2mm] U(k,0) = \Phi(k) & (19.1.8) \\[2mm] U_t(k,0) = V(k) & (19.1.9) \end{cases}$$

方程(19.1.7)的通解为

$$U(k,t) = A\mathrm{e}^{\mathrm{i}akt} + B\mathrm{e}^{-\mathrm{i}akt} = A\mathrm{e}^{\mathrm{i}\omega t} + B\mathrm{e}^{-\mathrm{i}\omega t} \tag{19.1.10}$$

式中 $\omega = ak$.

由初值条件(19.1.8)式和(19.1.9)式来定常数 A,B,有

$$U(k,0) = A + B = \Phi(k)$$

$$U_t(k,0) = \mathrm{i}\omega(A-B) = V(k) \tag{19.1.11}$$

可得

$$\begin{cases} A = \dfrac{1}{2}\left[\Phi(k) + \dfrac{1}{\mathrm{i}\omega}V(k) \right] \\[4mm] B = \dfrac{1}{2}\left[\Phi(k) - \dfrac{1}{\mathrm{i}\omega}V(k) \right] \end{cases} \tag{19.1.12}$$

代入(19.1.10)式,可得解 $U(k,t)$ 为

$$U(k,t) = \dfrac{1}{2}\left[\Phi(k) + \dfrac{1}{\mathrm{i}\omega}V(k) \right]\mathrm{e}^{\mathrm{i}\omega t} + \dfrac{1}{2}\left[\Phi(k) - \dfrac{1}{\mathrm{i}\omega}V(k) \right]\mathrm{e}^{-\mathrm{i}\omega t} \tag{19.1.13}$$

由傅里叶变换的反演,可得

$$\begin{aligned} u(x,t) &= \frac{1}{2\pi}\int_{-\infty}^{\infty} U(k,t)\,\mathrm{e}^{\mathrm{i}kx}\,\mathrm{d}k \\[2mm] &= \frac{1}{4\pi}\int_{-\infty}^{\infty} \Phi(k)\,\mathrm{e}^{\mathrm{i}k(x+at)}\,\mathrm{d}k + \frac{1}{4\pi a}\int_{-\infty}^{\infty} \frac{1}{\mathrm{i}k}V(k)\,\mathrm{e}^{\mathrm{i}k(x+at)}\,\mathrm{d}k + \\[2mm] &\quad \frac{1}{4\pi}\int_{-\infty}^{\infty} \Phi(k)\,\mathrm{e}^{\mathrm{i}k(x-at)}\,\mathrm{d}k - \frac{1}{4\pi a}\int_{-\infty}^{\infty} \frac{1}{\mathrm{i}k}V(k)\,\mathrm{e}^{\mathrm{i}k(x-at)}\,\mathrm{d}k \end{aligned} \tag{19.1.14}$$

由傅里叶变换的延迟定理,可求出逆变换

$$\frac{1}{4\pi}\int_{-\infty}^{\infty} \Phi(k)\,\mathrm{e}^{\mathrm{i}k(x+at)}\,\mathrm{d}k = \frac{1}{2}\varphi(x+at)$$

$$\frac{1}{4\pi}\int_{-\infty}^{\infty} \Phi(k)\,\mathrm{e}^{\mathrm{i}k(x-at)}\,\mathrm{d}k = \frac{1}{2}\varphi(x-at)$$

由傅里叶变换的微分定理,可得

$$\frac{1}{4\pi a}\int_{-\infty}^{\infty} \frac{1}{\mathrm{i}k}V(k)\,\mathrm{e}^{\mathrm{i}k(x+at)}\,\mathrm{d}k = \frac{1}{2a}\int_{-\infty}^{x+at}\nu(\xi)\,\mathrm{d}\xi \tag{19.1.15}$$

$$\frac{1}{4\pi a}\int_{-\infty}^{\infty} \frac{1}{\mathrm{i}k}V(k)\,\mathrm{e}^{\mathrm{i}k(x-at)}\,\mathrm{d}k = -\frac{1}{2a}\int_{-\infty}^{x-at}\nu(\xi)\,\mathrm{d}\xi = \frac{1}{2a}\int_{x-at}^{-\infty}\nu(\xi)\,\mathrm{d}\xi \tag{19.1.16}$$

最后得到一维齐次波动方程定解问题解的表达式

$$u(x,t) = \frac{1}{2}\left[\varphi(x-at) + \varphi(x+at) \right] + \frac{1}{2a}\int_{x-at}^{x+at}\nu(\xi)\,\mathrm{d}\xi \tag{19.1.17}$$

此解也称为达朗贝尔公式.

对高维问题,如三维无界空间中的波动方程、输运方程的定解问题,一般采取场函数 $u(\boldsymbol{r},t)$ 的空间变量进行傅里叶变换

$$u(\boldsymbol{r},t)=\frac{1}{(2\pi)^3}\int_{-\infty}^{\infty}U(\boldsymbol{k},t)\mathrm{e}^{\mathrm{i}\boldsymbol{k}\cdot\boldsymbol{r}}\mathrm{d}\boldsymbol{k} \tag{19.1.18}$$

$$U(\boldsymbol{k},t)=\int_{-\infty}^{\infty}u(\boldsymbol{r},t)\mathrm{e}^{-\mathrm{i}\boldsymbol{k}\cdot\boldsymbol{r}}\mathrm{d}\boldsymbol{r} \tag{19.1.19}$$

同时对非齐次方程的非齐次项和初始条件同样进行同一类型的傅里叶变换,这样把定解问题化为像函数 $U(\boldsymbol{k},t)$ 所满足的常微分方程的初值问题. 解出 $U(\boldsymbol{k},t)$,最后对像函数 $U(\boldsymbol{k},t)$ 进行逆变换,从而得到原定解问题的解 $u(\boldsymbol{r},t)$. 这就是求解无界空间定解问题采用的傅里叶变换法的基本思想.

对于半无界空间的波动方程和输运方程的定解问题,可根据定解条件进行解析延拓,变成无界空间的定解问题,再按上面所介绍的求解的基本方法进行求解.

例19.1.2 求一维半无界弦的振动的定解问题

$$\begin{cases} \dfrac{\partial^2 u(x,t)}{\partial t^2}-a^2\dfrac{\partial^2 u(x,t)}{\partial x^2}=f(x,t), & 0<x<\infty,\ t>0 \tag{19.1.20} \\[2mm] u(x,0)=\varphi(x), & 0\leqslant x<\infty \tag{19.1.21} \\[2mm] u_t(x,0)=\nu(x), & 0\leqslant x<\infty \tag{19.1.22} \\[2mm] u(0,t)=g(t) & \tag{19.1.23} \end{cases}$$

最后一式为边界点 $x=0$ 的边界条件.

解:(1) 讨论当 $g(t)=0$ 的情况,即 $u(0,t)=0$ 这一边界条件下,可以作奇延拓,因为对一个奇函数 $u(-x)=-u(x)$,必有 $u(0)=0$. 因此定义新的函数

$$\bar{u}(x,t)=\begin{cases} u(x,t), & x\geqslant 0 \\ -u(-x,t), & x<0 \end{cases} \tag{19.1.24}$$

$$\bar{f}(x,t)=\begin{cases} f(x,t), & x\geqslant 0 \\ -f(-x,t), & x<0 \end{cases} \tag{19.1.25}$$

$$\bar{\varphi}(x)=\begin{cases} \varphi(x), & x\geqslant 0 \\ -\varphi(-x), & x<0 \end{cases} \tag{19.1.26}$$

$$\bar{\nu}(x)=\begin{cases} \nu(x), & x\geqslant 0 \\ -\nu(-x), & x<0 \end{cases} \tag{19.1.27}$$

则场量为 $u(x,t)$ 的半无界空间的定解问题化为场量为 $\bar{u}(x,t)$ 的无界空间的定解问题

$$\begin{cases} \dfrac{\partial^2 \bar{u}(x,t)}{\partial t^2}-a^2\dfrac{\partial^2 \bar{u}(x,t)}{\partial x^2}=\bar{f}(x,t), & -\infty<x<\infty \tag{19.1.28} \\[2mm] \bar{u}(x,0)=\bar{\varphi}(x) & \tag{19.1.29} \\[2mm] \bar{u}_t(x,0)=\bar{\nu}(x) & \tag{19.1.30} \end{cases}$$

这一定解问题可用例题 19.1.1 的方法求解.

(2) 对于 $g(t)\neq 0$ 的情况,作函数代换

$$u(x,t)=\omega(x,t)+g(t) \tag{19.1.31}$$

把定解问题变成在边界点 $x=0$ 的边界条件为 $\omega(0,t)=0$ 的、场量为 $\omega(x,t)$ 的半无界空间的波动方程的定解问题,再对 $\omega(x,t)$ 进行奇延拓,得到无界空间的定解问题,即可解决.

若一维半无界弦振动的定解问题(19.1.20)式—(19.1.23)式中左边界 $x=0$ 上的条件不是(19.1.23)式,而是

$$u_x(0,t)=g(t) \tag{19.1.32}$$

在这一条件下,首先讨论 $g(t)=0$ 时的情况,考虑一个偶函数 $u(-x)=u(x)$,在 $x=0$ 点连续时,有 $u_x(0)=-u_x(0)$,即 $u_x(0)=0$. 因此对场函数 $u(x,t)$ 作偶延拓到无界空间,同时也把 $f(x,t)$ 作偶延拓到无界空间,即把半无界空间的定解问题化为无界空间的定解问题进行求解.

若 $g(t)\neq0$ 的情况,则作函数的代换

$$u(x,t)=x\cdot g(t)+\omega(x,t) \tag{19.1.33}$$

这就化为边界点 $x=0$ 上的

$$\omega_x(0,t)=0 \tag{19.1.34}$$

的问题,这样的问题就可按前面所讨论的程序对 $\omega(x,t)$ 满足的方程、初始条件及边界点 $x=0$ 上的边界条件进行求解了.

§ **19.2**__拉普拉斯变换法

拉普拉斯变换一般用于求解无界和半无界的定解问题.

一、以一维无界空间中波动方程的定解问题为例,用拉普拉斯变换来求解

例19.2.1 一维无界空间中波动方程的定解问题

$$\begin{cases} \dfrac{\partial^2 u(x,t)}{\partial t^2}-a^2\dfrac{\partial^2 u(x,t)}{\partial x^2}=0, & -\infty<x<\infty, \quad t>0 \\ u(x,0)=\varphi(x) \\ u_t(x,0)=\nu(x) \end{cases} \tag{19.2.1}$$

解:在该定解问题中,对场量 $u(x,t)$ 的时间变量 t 作拉普拉斯变换

$$U(x,p)=\int_0^\infty u(x,t)\mathrm{e}^{-pt}\mathrm{d}t \tag{19.2.2}$$

同样简记为

$$u(x,t)\risingdotseq U(x,p)$$

由拉普拉斯变换的微分定理可得

$$\frac{\partial^2 u(x,t)}{\partial t^2}\risingdotseq p^2 U(x,p)-pu(x,0)-\frac{\partial u(x,t)}{\partial t}\bigg|_{t=0}$$

可得像函数 $U(x,p)$ 满足的方程

$$p^2 U(x,p)-a^2\frac{\partial^2 U(x,p)}{\partial x^2}=p\varphi(x)+\nu(x) \tag{19.2.3}$$

这是个非齐次常微分方程. 在自然边界条件:当 $|x|\to\infty$,$U(x,p)$ 有限的要求下,用常数变异法,可求出上述方程的通解为

$$U(x,p)=-\frac{1}{2a}\int_\infty^x\left[p\varphi(x')+\nu(x')\right]\frac{1}{p}\mathrm{e}^{-\frac{p}{a}(x'-x)}\mathrm{d}x'+$$

$$\frac{1}{2a}\int_{-\infty}^x\left[p\varphi(x')+\nu(x')\right]\frac{1}{p}\mathrm{e}^{-\frac{p}{a}(x-x')}\mathrm{d}x'$$

$$=\frac{1}{2a}\int_{-\infty}^\infty\left[\varphi(x')+\frac{1}{p}\nu(x')\right]\mathrm{e}^{-\frac{p}{a}|x-x'|}\mathrm{d}x' \tag{19.2.4}$$

由

$$e^{-\alpha p} \rightleftharpoons \delta(t-a), \quad \frac{1}{p}e^{-\alpha p} \rightleftharpoons H(t-a)$$

其中 $H(t-a)$ 为阶跃函数,即

$$H(t-a) = \begin{cases} 1, & t>a \\ 0, & t<a \end{cases} \tag{19.2.5}$$

则由像函数 $U(x,p)$ 的表达式(19.2.4)可得定解问题的解为

$$u(x,t) = \frac{1}{2a} \int_{-\infty}^{\infty} \varphi(x') \delta\left(t - \frac{|x-x'|}{a}\right) dx' +$$

$$\frac{1}{2a} \int_{-\infty}^{\infty} \nu(x') H\left(t - \frac{|x-x'|}{a}\right) dx'$$

$$= \frac{1}{2} \int_{-\infty}^{\infty} \varphi(x') \delta(at - |x-x'|) dx' +$$

$$\frac{1}{2a} \int_{-\infty}^{\infty} \nu(x') H(at - |x-x'|) dx'$$

$$= \frac{1}{2}\left[\varphi(x-at) + \varphi(x+at)\right] + \frac{1}{2a} \int_{x-at}^{x+at} \nu(x') dx' \tag{19.2.6}$$

同样得到达朗贝尔公式.

二、用拉普拉斯变换求解半无界空间的定解问题

例19.2.2 半无限长的均匀杆,其端点温度按 $f(t)$ 的规律变化,已知杆的初始温度为零,求杆上的温度分布规律.

$$\begin{cases} u_t - a^2 u_{xx} = 0 & 0<x<\infty, t>0 & (19.2.7) \\ u(0,t) = f(t), & |u(x,t)| < M & (19.2.8) \\ u(x,0) = 0 & (19.2.9) \end{cases}$$

其中,M 为有限值.

解:此题方程中的 x 和 t 的变化范围都是 $(0,\infty)$,下面对时间变量 t 作拉普拉斯变换.

(1) 以空间变量 x 为参数,对定解问题中 $u(x,t)$、$f(t)$ 的时间变量 t 作拉普拉斯变换,

$$u(x,t) \rightleftharpoons U(x,p) = L[u(x,t)], \quad f(t) \rightleftharpoons F(p)$$

注:符号 $L[u(x,t)]$ 表示对 $u(x,t)$ 的拉普拉斯变换,$L^{-1}[U(x,p)] = u(x,t)$ 为拉普拉斯变换的逆变换.

利用拉普拉斯变换的微分定理,原定解问题(19.2.7)式—(19.2.9)式变换为

$$\begin{cases} \dfrac{d^2 U(x,p)}{dx^2} - \dfrac{p}{a^2} U(x,p) = 0 & (19.2.10) \\ U(0,p) = F(p), & |U(x,p)| < M & (19.2.11) \end{cases}$$

(2) 以 p 为变量,求像函数 $U(x,p)$.

方程(19.2.10)的通解 $U(x,p)$ 为

$$U(x,p) = Ce^{\frac{\sqrt{p}}{a}x} + De^{-\frac{\sqrt{p}}{a}x} \tag{19.2.12}$$

由(19.2.11)式中的第二式,得 $C=0$;由(19.2.11)式中的第一式,得 $D=F(p)$,则有

$$U(x,p) = F(p)\,\mathrm{e}^{-\frac{\sqrt{p}}{a}x} \tag{19.2.13}$$

（3）对像函数 $U(x,p)$ 作拉普拉斯变换的反演，可得

$$\frac{2}{\sqrt{\pi}} \int_{\frac{x}{2a\sqrt{t}}}^{\infty} \mathrm{e}^{-y^2}\mathrm{d}y \fallingdotseq \left[\frac{1}{p}\mathrm{e}^{-\frac{\sqrt{p}}{a}x}\right] \tag{19.2.14}$$

令 $g(t) = \dfrac{2}{\sqrt{\pi}} \displaystyle\int_{\frac{x}{2a\sqrt{t}}}^{\infty} \mathrm{e}^{-y^2}\mathrm{d}y$，则 $g(t) \fallingdotseq G(p) = \dfrac{1}{p}\mathrm{e}^{-\frac{\sqrt{p}}{a}x}$ 及 $\lim\limits_{x\to 0^+} g(0) = 0$，由微分定理，有

$$L[g'(t)] = pG(p) - g(0) = p\,\frac{1}{p}\mathrm{e}^{-\frac{\sqrt{p}}{a}x} - 0 = \mathrm{e}^{-\frac{\sqrt{p}}{a}x} \tag{19.2.15}$$

由拉普拉斯变换 L 的逆变换 L^{-1} 可得

$$L^{-1}\left[\mathrm{e}^{-\frac{\sqrt{p}}{a}x}\right] = g'(t) = \frac{\mathrm{d}}{\mathrm{d}t}\left[\frac{2}{\sqrt{\pi}}\int_{\frac{x}{2a\sqrt{t}}}^{\infty}\mathrm{e}^{-y^2}\mathrm{d}y\right] = \frac{x}{2a\sqrt{\pi}\cdot t^{\frac{3}{2}}}\mathrm{e}^{-\frac{x^2}{4a^2 t}} \tag{19.2.16}$$

由拉普拉斯变换的卷积定理，并考虑（19.2.13）式及（19.2.14）式，有

$$u(x,t) = L^{-1}\left[F(p)\mathrm{e}^{-\frac{\sqrt{p}}{a}x}\right] = L^{-1}[F(p)] * L^{-1}\left[\mathrm{e}^{-\frac{\sqrt{p}}{a}x}\right]$$

$$= f(t) * \frac{x}{2a\sqrt{\pi}\cdot t^{\frac{3}{2}}}\mathrm{e}^{-\frac{x^2}{4a^2 t}}$$

$$= \frac{x}{2a\sqrt{\pi}}\int_0^t f(\tau)(t-\tau)^{-\frac{3}{2}}\mathrm{e}^{-\frac{x^2}{4a^2(t-\tau)}}\mathrm{d}\tau \tag{19.2.17}$$

注：能否对坐标变量 x 进行拉普拉斯变换呢？考虑到边界点 $x=0$ 不可能同时给出 $u(0,t)$ 及 $u_x(0,t)$ 的值，因此不可能由微分定理给出方程中 $u_{xx}(x,t)$ 的像函数，所以本题不能对 x 坐标进行拉普拉斯变换.

对于无界区域的定解问题，傅里叶变换是一种普遍适用的求解方法. 拉普拉斯变换法的适用范围则更广，用于求解的定解问题，区域可以是有界的也可以是无界的，方程和边界条件可以是齐次的也可以是非齐次的，当然它一般仅适用于波动方程和输运方程（因为稳定场方程不含有时间变量）.

§19.3 __行波法

在物理学的波动问题中，常用行波法求解. 一个世纪以来，在求解非线性发展方程的方法中，常常假设方程的解有行波的形式来对方程进行求解，这是一个求解非线性发展方程的有效办法. 下面仅介绍线性方程中的行波解法.

仍以一维无界空间中波动方程定解问题为例，给出该问题的行波解法.

一、波动算符的分解、达朗贝尔公式

例19.3.1 一维无界空间中波动方程定解问题为

$$\begin{cases} \dfrac{\partial^2 u(x,t)}{\partial t^2} - a^2 \dfrac{\partial^2 u(x,t)}{\partial x^2} = 0, & -\infty < x < \infty, \quad t > 0 & (19.3.1) \\[2mm] u(x,0) = \varphi(x) & (19.3.2) \\[2mm] u_t(x,0) = \nu(x) & (19.3.3) \end{cases}$$

解:对于波动算子 $\dfrac{\partial^2}{\partial t^2}-a^2\dfrac{\partial^2}{\partial x^2}$,由于算子 $\dfrac{\partial}{\partial t}$ 与 $a\dfrac{\partial}{\partial x}$ 可对易,即

$$\left[\frac{\partial}{\partial t},a\frac{\partial}{\partial x}\right]=0,\quad a>0\text{ 为常数} \tag{19.3.4}$$

波动算子可分解为如下形式:

$$\frac{\partial^2}{\partial t^2}-a^2\frac{\partial^2}{\partial x^2}=\left(\frac{\partial}{\partial t}+a\frac{\partial}{\partial x}\right)\left(\frac{\partial}{\partial t}-a\frac{\partial}{\partial x}\right) \tag{19.3.5}$$

因此行波方程(19.3.1)可改写成

$$\left(\frac{\partial}{\partial t}+a\frac{\partial}{\partial x}\right)\left(\frac{\partial}{\partial t}-a\frac{\partial}{\partial x}\right)u(x,t)=0 \tag{19.3.6}$$

这种二阶算子的分解方法在量子理论中也会遇到.

方程(19.3.6)等价于下列两个一阶线性方程组

$$\begin{cases}\left(\dfrac{\partial}{\partial t}-a\dfrac{\partial}{\partial x}\right)u(x,t)=w(x,t) & (19.3.7)\\[2mm] \left(\dfrac{\partial}{\partial t}+a\dfrac{\partial}{\partial x}\right)w(x,t)=0 & (19.3.8)\end{cases}$$

此外可以看到另一个事实,如果 $u(x,t)$ 满足方程

$$\left(\frac{\partial}{\partial t}-a\frac{\partial}{\partial x}\right)u(x,t)=0 \tag{19.3.9}$$

或

$$\left(\frac{\partial}{\partial t}+a\frac{\partial}{\partial x}\right)u(x,t)=0 \tag{19.3.10}$$

则 $u(x,t)$ 一定满足方程(19.3.6),即(19.3.9)式和(19.3.10)式也是另一种形式的波动方程,它们是一阶的波动方程.

回到方程(19.3.6)的求解问题,可先求出该方程的通解形式,即得到二阶波动方程(19.3.1)的通解形式,再由定解条件给出定解问题具体解的表达式.

作变量代换,令

$$\begin{cases}\xi=x+at\\ \eta=x-at\end{cases}\quad\text{即}\quad\begin{cases}x=\dfrac{1}{2}(\xi+\eta)\\[2mm] t=\dfrac{1}{2a}(\xi-\eta)\end{cases} \tag{19.3.11}$$

函数 $u(x,t)$ 变为变量 (ξ,η) 的函数,即 $u(x,t)=u(x(\xi,\eta),t(\xi,\eta))$,则函数对变量 (ξ,η) 的偏微分为

$$\begin{cases}\dfrac{\partial}{\partial\xi}=\dfrac{\partial t}{\partial\xi}\cdot\dfrac{\partial}{\partial t}+\dfrac{\partial x}{\partial\xi}\cdot\dfrac{\partial}{\partial x}=\dfrac{1}{2a}\left(\dfrac{\partial}{\partial t}+a\dfrac{\partial}{\partial x}\right)\\[3mm] \dfrac{\partial}{\partial\eta}=\dfrac{\partial t}{\partial\eta}\cdot\dfrac{\partial}{\partial t}+\dfrac{\partial x}{\partial\eta}\cdot\dfrac{\partial}{\partial x}=-\dfrac{1}{2a}\left(\dfrac{\partial}{\partial t}-a\dfrac{\partial}{\partial x}\right)\end{cases} \tag{19.3.12}$$

通过这样的函数变换,方程(19.3.6)变为

$$\frac{\partial^2}{\partial\xi\partial\eta}\cdot u=0 \tag{19.3.13}$$

这一方程容易求解,先对 η 积分,可得

$$\frac{\partial u}{\partial \xi} = f(\xi) \tag{19.3.14}$$

其中 f 为 ξ 的任意函数,再对 ξ 积分,就得到 u 的通解形式

$$u = \int_0^\xi f(\xi') \mathrm{d}\xi' + f_2(\eta) = f_1(\xi) + f_2(\eta)$$

$$= f_1(x+at) + f_2(x-at) \tag{19.3.15}$$

这一通解的物理意义是:$f_2(x-at)$ 表示以速度 a 沿 x 轴正方向行进的波,即 x 轴的正向行波. 而 $f_1(x+at)$,表示以速度 a 沿 x 轴负方向的行波.

对行波解的理解是:对一行波解 $f(x-at)$,当 $t=0, x=0$ 时,其波形为 $f(0)$,则同样的波形要在 t' 时出现 $(t'>0)$,则有 $f(x-at') = f(0)$,即 $x-at'=0$,即 $t' = \frac{x}{a} (x>0)$,也就是说经过了 $\frac{x}{a}$ 时刻在 x 处出现 $f(0)$ 的波形,故 $f(x-at)$ 表示在 x 轴正方向的行波. 对于向 x 轴负方向的行波也有同样的理解.

对于解(19.3.15)式中的行波 f_1, f_2 的具体形式要由定解条件(19.3.2)式和(19.3.3)式确定. 由(19.3.2)式可得

$$u(x,0) = f_1(x) + f_2(x) = \varphi(x) \tag{19.3.16}$$

由(19.3.3)式有

$$u_t(x,0) = \left(\frac{\partial f_1}{\partial(x+at)} \cdot \frac{\partial(x+at)}{\partial t} + \frac{\partial f_2}{\partial(x-at)} \cdot \frac{\partial(x-at)}{\partial t} \right) \Bigg|_{t=0}$$

$$= a \frac{\partial f_1(x)}{\partial x} - a \frac{\partial f_2(x)}{\partial x} = \nu(x)$$

即

$$a \frac{\partial}{\partial x} [f_1(x) - f_2(x)] = \nu(x) \tag{19.3.17}$$

由此式可得

$$f_1(x) - f_2(x) = \frac{1}{a} \int_{x_0}^x \nu(x') \mathrm{d}x' + f_1(x_0) - f_2(x_0) \tag{19.3.18}$$

由(19.3.16)式和(19.3.18)式可解得

$$f_1(x) = \frac{1}{2}\varphi(x) + \frac{1}{2a} \int_{x_0}^x \nu(x') \mathrm{d}x' + \frac{1}{2}[f_1(x_0) - f_2(x_0)] \tag{19.3.19}$$

$$f_2(x) = \frac{1}{2}\varphi(x) - \frac{1}{2a} \int_{x_0}^x \nu(x') \mathrm{d}x' - \frac{1}{2}[f_1(x_0) - f_2(x_0)] \tag{19.3.20}$$

这样就得到了 f_1 和 f_2 具体的函数形式. 由通解 $u(x,t) = f_1(x+at) + f_2(x-at)$,把(19.3.19)式中 f_1 的变量由 $x \to x+at$,把(19.3.20)式中 f_2 的变量由 $x \to x-at$,最后可得定解问题(19.3.1)式,(19.3.2)式的解为

$$u(x,t) = \frac{1}{2}[\varphi(x+at) + \varphi(x-at)] + \frac{1}{2a} \int_{x-at}^{x+at} \nu(x') \mathrm{d}x' \tag{19.3.21}$$

这就是达朗贝尔公式,与前面用傅里叶变换方法得到的结果是完全一致的.

二、行波解中的反射波和透射波

为了加深对行波解的物理图像的理解,下面举例说明.

例19.3.2 在张力为 T 的无界弦的 $x=0$ 点处,悬挂一小质量为 m 的载荷(小质量是指其挂上后使悬线离开水平 x 轴的位移不大的理想情况). 如图 19.3.1 所示,有一行波 $u(x,t)=f\left(t-\dfrac{x}{a}\right)$ 从 $x<0$ 的区域向悬挂点行进. 试求此行波通过悬挂点时的反射波和透射波.

解:以悬挂点 $x=0$ 点为分界点. 由于载荷 m 的存在,行波在 $x=0$ 的左右两边是不一样的,把 $x<0$ 的左区域记为 I 区,其内的行波 u^{I} 为原行波 f 和反射波 R. 把 $x>0$ 的右边区域记为 II 区,其中的行波记为 u^{II},只有透射波 $\Im$.

设波 f 传到 $x=0$ 点处的时刻为 $t=0$,可分别写下两个区域中的定解问题.

I 区,$x<0$:

$$\begin{cases} u_{tt}^{\text{I}}-a^2 u_{xx}^{\text{I}}=0, & -\infty<x<0 & (19.3.22) \\ u^{\text{I}}\Big|_{t\leqslant 0}=f\left(t-\dfrac{x}{a}\right) & & (19.3.23) \end{cases}$$

II 区,$x>0$:

$$\begin{cases} u_{tt}^{\text{II}}-a^2 u_{xx}^{\text{II}}=0, & 0<x<\infty & (19.3.24) \\ u^{\text{II}}\Big|_{t\leqslant 0}=0 & & (19.3.25) \\ u_t^{\text{II}}\Big|_{t\leqslant 0}=0 & & (19.3.26) \end{cases}$$

由前面的分析可知

$$u^{\text{I}}(x,t)=f\left(t-\frac{x}{a}\right)+R\left(t+\frac{x}{a}\right) \tag{19.3.27}$$

其中 $R\left(t+\dfrac{x}{a}\right)$ 是沿 x 轴负方向的反射波.

$$u^{\text{II}}(x,t)=\Im\left(t-\frac{x}{a}\right) \tag{19.3.28}$$

是沿 x 轴正方向的透射波.

由物理上的规律,可以给出 u^{I} 和 u^{II} 在 $x=0$ 点即分界点的衔接条件

$$\begin{cases} u^{\text{I}}\Big|_{x=0}=u^{\text{II}}\Big|_{x=0}=u\Big|_{x=0} & (19.3.29) \\ u_t^{\text{I}}\Big|_{x=0}=u_t^{\text{II}}\Big|_{x=0}=u_t\Big|_{x=0} & (19.3.30) \\ u_{tt}^{\text{I}}\Big|_{x=0}=u_{tt}^{\text{II}}\Big|_{x=0}=u_{tt}\Big|_{x=0} & (19.3.31) \\ T\left(u_x^{\text{II}}-u_x^{\text{I}}\right)\Big|_{x=0}-mg=mu_{tt}\Big|_{x=0} & (19.3.32) \end{cases}$$

其中(19.3.29)式—(19.3.31)式给出 $x=0$ 点的位移及位移随时间变化的关系. 而 Tu_x^{II} 和 $-Tu_x^{\text{I}}$ 是 $x=0$ 点两边弦的张力 T 在 u 轴上的投影,u_{tt} 为载荷 m 的加速度,方程(19.3.32)是载荷运动所满足的牛顿第二定律.

由(19.3.29)式可得

$$f(t)+R(t)=\Im(t) \tag{19.3.33}$$

由(19.3.30)式可得

$$f'(t) + R'(t) = \mathfrak{J}'(t) \tag{19.3.34}$$

上式是由于

$$u_t^{\mathrm{I}}\bigg|_{x=0} = \frac{\mathrm{d}R\left(t+\dfrac{x}{a}\right)}{\mathrm{d}\left(t+\dfrac{x}{a}\right)} \cdot \frac{\partial\left(t+\dfrac{x}{a}\right)}{\partial t}\Bigg|_{x=0} + \frac{\mathrm{d}f\left(t-\dfrac{x}{a}\right)}{\mathrm{d}\left(t-\dfrac{x}{a}\right)} \cdot \frac{\partial\left(t-\dfrac{x}{a}\right)}{\partial t}\Bigg|_{x=0}$$

$$= R'\left(t+\frac{x}{a}\right)\bigg|_{x=0} + f'\left(t-\frac{x}{a}\right)\bigg|_{x=0}$$

$$= R'(t) + f'(t)$$

和 $u_t^{\mathrm{II}}\bigg|_{x=0} = \mathfrak{J}'(t)$,得解.

同理,由(19.3.31)式可得

$$f''(t) + R''(t) = \mathfrak{J}''(t) = u_{tt}\bigg|_{x=0} \tag{19.3.35}$$

由(19.3.32)式和上式 $u_{tt}\bigg|_{x=0} = \mathfrak{J}''(t)$,可得

$$-\frac{T}{a}\big[\mathfrak{J}'(t) + R'(t) - f'(t)\big] - m\mathfrak{J}''(t) = mg \tag{19.3.36}$$

再由(19.3.34)式可得

$$\mathfrak{J}''(t) + \frac{2T}{ma}\mathfrak{J}'(t) = \frac{2T}{ma}f'(t) - g \tag{19.3.37}$$

上式对 t 进行积分 $\int_0^t \mathrm{d}t$,并利用初始条件(19.3.25)式和(19.3.26)式,即 $\mathfrak{J}'(t)\bigg|_{t=0} = 0, \mathfrak{J}(t)\bigg|_{t=0} = 0$,可得

$$\mathfrak{J}'(t) + \frac{2T}{ma}\mathfrak{J}(t) = \frac{2T}{ma}f(t) - gt - \frac{2T}{ma}f(0) \tag{19.3.38}$$

由衔接条件(19.3.29)式可知,当 $t=0$,有 $R(0) = 0$,且 $f(0) = \mathfrak{J}(0) = 0$. 故此微分方程的解为

$$\mathfrak{J}(t) = \mathrm{e}^{-\frac{2T}{ma}t}\left[\frac{2T}{ma}\int_0^t f(\tau)\mathrm{e}^{\frac{2T}{ma}\tau}\mathrm{d}\tau - g\int_0^t \tau\mathrm{e}^{\frac{2T}{ma}\tau}\mathrm{d}\tau\right]$$

$$= \frac{2T}{ma}\mathrm{e}^{-\frac{2T}{ma}t}\int_0^t f(\tau)\mathrm{e}^{\frac{2T}{ma}\tau}\mathrm{d}\tau - \frac{ma}{2T}gt + \frac{m^2a^2}{4T^2}g\left[1 - \mathrm{e}^{-\frac{2T}{ma}t}\right] \tag{19.3.39}$$

因此可得透射波的表达式

$$\mathfrak{J}\left(t - \frac{x}{\alpha}\right) = \begin{cases} 0, & t < \dfrac{x}{a}, x > 0 \\[3mm] \dfrac{2T}{ma}\mathrm{e}^{-\frac{2T}{ma}\left(t-\frac{x}{a}\right)}\displaystyle\int_0^{t-\frac{x}{a}} f(\tau)\mathrm{e}^{\frac{2T}{ma}\tau}\mathrm{d}\tau - \dfrac{ma}{2T}g\cdot\left(t - \dfrac{x}{a}\right) + \\[3mm] \dfrac{m^2a^2}{4T^2}g\left[1 - \mathrm{e}^{-\frac{2T}{ma}\left(t-\frac{x}{a}\right)}\right], & x > 0, t > \dfrac{x}{a} \end{cases}$$

$$\tag{19.3.40}$$

由(19.3.33)式可知,$R(t) = \mathfrak{J}(t) - f(t)$,注意,此式只是在 $x=0$ 处所表示的三个衔接函数之间的关系,因此当考虑反射波时,自变量都应取沿 x 轴反向的行波变量,即

$$R\left(t + \frac{x}{a}\right) = \mathfrak{J}\left(t + \frac{x}{a}\right) - f\left(t + \frac{x}{a}\right)$$

故可得反射波的表达式

$$R\left(t+\frac{x}{a}\right) = \begin{cases} 0, & t+\dfrac{x}{a}<0, x<0 \\[3mm] \dfrac{2T}{ma}e^{-\frac{2T}{ma}\left(t+\frac{x}{a}\right)}\displaystyle\int_0^{t+\frac{x}{a}} f(\tau)e^{\frac{2T}{ma}\tau}d\tau - \dfrac{ma}{2T}g\cdot\left(t+\dfrac{x}{a}\right)+ \\[3mm] \dfrac{m^2a^2}{4T^2}g\left[1-e^{-\frac{2T}{ma}\left(t+\frac{x}{a}\right)}\right]-f\left(t+\dfrac{x}{a}\right), & x<0, t+\dfrac{x}{a}>0 \end{cases} \tag{19.3.41}$$

透射波和反射波的表达式,都说明在波到达 $x=0$ 点之前的区域中没有这两种波.

注:对无界弦的理解,无界弦是弦的一种理想的抽象. 实际的弦是有两个固定端的,在此问题中,当波向右传播到达中点产生透射与反射时,在观测的时间内,透射波和反射波尚未到达弦的两个端点,即两个端点的边界效应尚未对弦的振动产生影响,此时可以看成无界弦的波动问题.

此例题的求解方法在量子力学一维有限势垒的求解中,有类似的结果.

"行波法"在解一类线性偏微分方程中的应用,可得到方程的行波解. 它的好处在于把偏微分方程变为变量为 $\xi=x-at$ 或是 $\xi=x+at$ 的关于 ξ 的较为简单的微分方程进行求解. 此时它对空间变量和时间变量给了特定的约束关系. 在实际应用中,我们对偏微分方程经常给出这种约束关系的试探解,即令 $\xi=x-at$ 或 $\xi=x+at$ 的变量代换,从而把偏微分方程化为常微分方程来解出特解. 这种试探"行波解"的方法,在非线性偏微分方程的求解中,得到了广泛的应用.

§ 19.4 冲量定理法

在我们所研究的物理问题中,经常会遇到瞬时力或瞬时源的作用问题,此时可以把非齐次方程中的瞬时源项的定解问题变成相应的齐次方程的初值的定解问题来处理.

下面仍以一维的长为 l 两端固定的弦的振动问题为例.

例 19.4.1 考虑 τ 时刻有一瞬时力 $f(x,t)$ 作用在长 l 的两端固定的弦上,且初始时刻弦完全静止. 此定解问题为

$$\begin{cases} u_{tt}-a^2u_{xx}=f(x,t)\delta(t-\tau) & (19.4.1) \\ u(0,t)=u(l,t)=0 & (19.4.2) \\ u(x,0)=0 & (19.4.3) \\ u_t(x,0)=0 & (19.4.4) \end{cases}$$

解:考虑对方程 (19.4.1) 在 $\tau-\varepsilon$ 到 $\tau+\varepsilon$ (ε 为正小量) 的积分,有

$$\int_{\tau-\varepsilon}^{\tau+\varepsilon}\frac{\partial u_t}{\partial t}dt = a^2\int_{\tau-\varepsilon}^{\tau+\varepsilon}u_{xx}dt + \int_{\tau-\varepsilon}^{\tau+\varepsilon}f(x,t)\delta(t-\tau)dt \tag{19.4.5}$$

这一关系式是牛顿力学中的冲量定理的数学表达式,考虑到

$$\lim_{\varepsilon\to 0}\int_{\tau-\varepsilon}^{\tau+\varepsilon}\frac{\partial u_t}{\partial t}dt = \lim_{\varepsilon\to 0}\left[u_t\big|_{\tau+\varepsilon}-u_t\big|_{\tau-\varepsilon}\right] = u_t\big|_{t=\tau}$$

$$\lim_{\varepsilon \to 0} a^2 \int_{\tau-\varepsilon}^{\tau+\varepsilon} u_{xx} \mathrm{d}t = 0$$

$$\lim_{\varepsilon \to 0} \int_{\tau-\varepsilon}^{\tau+\varepsilon} f(x,t)\delta(t-\tau)\mathrm{d}t = f(x,\tau)$$

故可得

$$u_t \big|_{t=\tau} = f(x,\tau) \tag{19.4.6}$$

考虑到瞬时源在 τ 时刻作用后就不再存在,因此上述定解问题等价于

$$\begin{cases} u_{tt} - a^2 u_{xx} = 0 & (19.4.7) \\ u(0,t) = u(l,t) = 0 & (19.4.8) \\ u(x,0) = 0 & (19.4.9) \\ u_t(x,\tau) = f(x,\tau) & (19.4.10) \end{cases}$$

这一定解问题是十分容易求解的,这里不再重复.

冲量定理法的思想在用格林函数解物理问题中经常用到. 实际上在第十八章中,§18.6 节求输运算子的基本解时,对 G_0 满足的表达式(18.6.1),(18.6.2)式等价于(18.6.3)式和(18.6.4)式,就用到冲量定理法,只不过没有明确地提出.

当然对于非瞬时源问题,即方程(19.4.1)中的源为 $f(x,t)$ 的定解问题,可用在分离变量法中所介绍的一套完整的步骤进行求解. 但如果从冲量定理法的角度去考虑,从物理上容易理解,这样的源 $f(x,t)$ 可以看成是在源作用的时间段内的众多瞬时源的叠加,而方程是线性方程. 其解也可以看成是瞬时源的定解问题所得到的解的线性叠加,当然这种叠加是时间的积分,这对我们求解问题又给出了另一条思路.

*§19.5 薛定谔方程的谐振子解

物理学的规律,在不同的空间尺度下,物理体系所遵从的物理规律是不一样的. 在宏观尺度中,不考虑相对论效应时,物理体系的运动满足牛顿运动定律. 对原子尺度范围内的问题,牛顿运动定律已不适用,粒子的运动规律是由量子力学来描述的. 下面考虑最简单的非相对论粒子的一维量子系统的问题.

考虑一个质量为 m 的粒子在不随时间变化的一维势 $V(x)$ 的势场中运动. 粒子的运动状态是由波函数 $\psi(x,t)$ 来描述,$\psi(x,t)$ 并不像牛顿力学中是描述粒子确定的运动轨迹,而是一种概率波状态的描述,它是满足一种微观状态动力学的波动方程,即一维薛定谔方程

$$\mathrm{i}\hbar \frac{\partial}{\partial t}\psi(x,t) = \left[-\frac{\hbar^2}{2m}\frac{\partial^2}{\partial x^2} + V(x)\right]\psi(x,t) \tag{19.5.1}$$

其中 $\hbar$ 为普朗克常量,它是表征量子尺度的一个重要常量. 由于势函数 $V(x)$ 不随时间变化,此一维量子系统的能量恒定,则波函数 $\psi(x,t)$ 具有如下的形式:

$$\psi(x,t) = \varphi(x)\mathrm{e}^{-\frac{\mathrm{i}}{\hbar}Et} \tag{19.5.2}$$

其中 E 为系统的能量,为常数.此式说明波函数 $\psi(x,t)$ 是可分离变量的,$\varphi(x)$ 为粒子在 x 轴上的分布模式,称为定态波函数,而时间函数部分只表明了波函数的位相的变化关系.把解的分离变量形式(19.5.2)代入方程(19.5.1),可得 $\varphi(x)$ 满足的方程

$$\left[-\frac{\hbar^2}{2m}\frac{\partial^2}{\partial x^2}+V(x)\right]\varphi(x)=E\varphi(x) \tag{19.5.3}$$

此方程称为一维定态薛定谔方程,它是一维量子系统能量算子 $-\dfrac{\hbar^2}{2m}\dfrac{\partial^2}{\partial x^2}+V(x)$ 的本征方程,其本征值为 E.

下面以一维量子谐振子为例,由函数变换法给出薛定谔方程的具体求解方法.

例19.5.1 考虑粒子在谐振子势 $V(x)=\dfrac{1}{2}kx^2$ 的势场中作一维的谐振动,此时方程

(19.5.3)可写成如下一维量子谐振子方程

$$\frac{\mathrm{d}^2\varphi(x)}{\mathrm{d}x^2}+\frac{2m}{\hbar^2}\left(E-\frac{1}{2}kx^2\right)\varphi(x)=0 \tag{19.5.4}$$

解:令

$$\xi=\alpha x,\quad \alpha^4=\frac{mk}{\hbar^2} \tag{19.5.5}$$

则有 $\dfrac{\mathrm{d}^2}{\mathrm{d}x^2}=\alpha^2\dfrac{\mathrm{d}^2}{\mathrm{d}\xi^2}$,方程(19.5.4)变为

$$\frac{\mathrm{d}^2}{\mathrm{d}\xi^2}\varphi(\xi)+\frac{2m}{\alpha^2\hbar^2}\left(E-\frac{k\xi^2}{2\alpha^2}\right)\varphi(\xi)=0 \tag{19.5.6}$$

再令

$$\lambda=\frac{2E}{\hbar}\sqrt{\frac{m}{k}} \tag{19.5.7}$$

方程(19.5.6)变为

$$\frac{\mathrm{d}^2}{\mathrm{d}\xi^2}\varphi(\xi)+(\lambda-\xi^2)\varphi(\xi)=0 \tag{19.5.8}$$

此方程称为韦伯(Weber)方程,是 S-L 型方程,它有两个奇点 $\xi=\pm\infty$,都是本性奇点.

作函数变换

$$\varphi(\xi)=\mathrm{e}^{-\frac{1}{2}\xi^2}y(\xi) \tag{19.5.9}$$

韦伯方程变为

$$\frac{\mathrm{d}^2}{\mathrm{d}\xi^2}y(\xi)-2\xi\frac{\mathrm{d}}{\mathrm{d}\xi}y(\xi)+(\lambda-1)y(\xi)=0 \tag{19.5.10}$$

此方程为厄米方程,λ 为方程的本征参数.如果把变量 ξ 写成 x,把本征值 λ 写成

$$\lambda=2n+1,\quad n=0,1,2,\cdots \tag{19.5.11}$$

方程的形式变为

$$\frac{\mathrm{d}^2y(x)}{\mathrm{d}x^2}-2x\frac{\mathrm{d}y(x)}{\mathrm{d}x}+2ny(x)=0 \tag{19.5.12}$$

此方程仍称为厄米方程,在 $|x| < \infty$ 的区间内都是方程的正常点. 在 $x_0 = 0$ 点,方程的解具有级数解的形式

$$y(x) = \sum_{k=0}^{\infty} a_k x^k, \quad a_0 \neq 0 \tag{19.5.13}$$

代入方程得

$$\sum_{k=0}^{\infty} \left[(k+1)(k+2) a_{k+2} - 2k a_k + 2n a_k \right] x^k = 0 \tag{19.5.14}$$

即可得到系数的递推公式

$$a_{k+2} = \frac{2(k-n)}{(k+1)(k+2)} a_k, \quad k = 0, 1, 2, \cdots \tag{19.5.15}$$

因此,所有的系数都可由 a_0 和 a_1 表示出,由 a_0 表示出的 x 偶次幂级数和由 a_1 表示出的 x 的奇次幂级数的两个级数解,为两个线性独立的级数解. 这两个级数解的系数分别为

$$a_2 = -\frac{2n}{2!} a_0, \quad a_4 = \frac{2^2 n(n-2)}{4!} a_0, \cdots$$

$$a_{2j} = \frac{(-2)^j n(n-2) \cdots (n-2j+2)}{(2j)!} a_0, \quad j = 1, 2, 3 \cdots \tag{19.5.16}$$

和

$$a_3 = -\frac{2(n-1)}{3!} a_1, \quad a_5 = \frac{2^2 (n-1)(n-3)}{5!} a_1, \cdots$$

$$a_{2j+1} = \frac{(-2)^j (n-1)(n-3) \cdots (n-2j+1)}{(2j+1)!} a_1, \quad j = 1, 2, 3 \cdots \tag{19.5.17}$$

这两个线性独立的级数解,记为

$$y_1(x) = a_0 \left[1 + \sum_{j=1}^{\infty} \frac{(-2)^j n(n-2) \cdots (n-2j+2)}{(2j)!} x^{2j} \right] \tag{19.5.18}$$

和

$$y_2(x) = a_1 \left[x + \sum_{j=1}^{\infty} \frac{(-2)^j (n-1)(n-3) \cdots (n-2j+1)}{(2j+1)!} x^{2j+1} \right] \tag{19.5.19}$$

故厄米方程(19.5.12)的通解为

$$y(x) = c_1 y_1(x) + c_2 y_2(x) \tag{19.5.20}$$

c_1, c_2 为任意常数. 注意到在 $|x| > 1$ 时,此无穷级数函数中是发散的. 而我们的物理问题要求解在 $|x| < \infty$ 的区域中满足 $|y(x)| < \infty$ 的自然边界条件,不难看出,对于(19.5.16)式中给定的 n,当 n 为偶数时,只要取 $n = 2(j+1)$ 时,$y_1(x)$ 就截断为一个最高次项为 $x^{2(j-1)}$ 的多项式,即满足 $|y_1(x)| < \infty$,但 $y_2(x)$ 在 $|x| > 1$ 的区域中仍为发散级数,因此取 $c_2 = 0$,即当 n 为偶数时,自然边界条件只允许取 $y_1(x)$ 的截断多项式为厄米方程的解. 同理,当 n 为奇数时,取 $n = 2j+1$,$y_2(x)$ 截取为最高次为 x^{2j-1} 的多项式,取 $c_1 = 0$,即取 $y_2(x)$ 的截断多项式为厄米方程的解.

利用系数的递推公式,把系数表示为

$$a_{n-2} = \frac{n(n-1)}{2 \cdot 2} a_n$$

$$a_{n-2j} = \frac{(-1)^j n(n-1) \cdots (n-2j+1)}{2^j \cdot 2 \cdot 4 \cdots \cdot 2j} a_n \tag{19.5.21}$$

并利用

$$n(n-1)\cdots(n-2j+1) = \frac{n!}{(n-2j)!}$$

和

$$2 \cdot 4 \cdots (2j) = 2^j j!$$

把满足自然边界条件 $|y(x)| < \infty$ 所对应方程本征值 n 的解写成

$$y_n(x) = a_n \sum_{j=0}^{N} \frac{(-1)^j n!}{2^{2j} \cdot j!(n-2j)!} x^{n-2j} \tag{19.5.22}$$

其中

$$N = \begin{cases} \dfrac{n}{2}, & n \text{ 为偶数} \\[3mm] \dfrac{n-1}{2}, & n \text{ 为奇数} \end{cases} \tag{19.5.23}$$

若选特殊的 a_n，取 $a_n = 2^n$ 时，解 $y_n(x)$ 的形式记为 $y_n(x) = H_n(x)$，

$$H_n(x) = \sum_{j=0}^{N} \frac{(-1)^j n!}{j!(n-2j)!} (2x)^{n-2j} \tag{19.5.24}$$

$H_n(x)$ 称为 n 阶厄米多项式.

由函数变换式(19.5.9)及变量 ξ 的定义式(19.5.5)，可得到方程(19.5.12)所对应的每一个 n 的本征值 $\lambda_n = 2n+1$ 的原薛定谔方程(19.5.4)的本征函数解 $\varphi_n(x)$ 为

$$\varphi_n(x) = N_n e^{-\frac{1}{2}\alpha^2 x^2} H_n(\alpha x) \tag{19.5.25}$$

其中 N_n 为归一化系数，N_n 的值为

$$N_n = \left(\frac{\alpha}{\sqrt{\pi} 2^n n!} \right)^{\frac{1}{2}} \tag{19.5.26}$$

N_n 的计算详见本节附录.

由本征值 λ 的定义式(19.5.7)可得

$$\lambda_n = \frac{2E_n}{\hbar\omega} = 2n+1, \quad n = 0,1,2,\cdots \tag{19.5.27}$$

即

$$E_n = \hbar\omega\left(n + \frac{1}{2}\right), \quad n = 0,1,2,\cdots \tag{19.5.28}$$

其中 $\omega = \sqrt{\dfrac{k}{m}}$，$E_n$ 为相应于本征值 λ_n 的线性谐振子的本征能量.

特别要指出的是，当 $n = 0$ 时，$E_0 = \dfrac{1}{2}\hbar\omega$ 是量子谐振子的基态能量，或称为零点能. 它是对具有线性谐振子势的薛定谔方程的严格求解得到的，是量子谐振子系统所特有的基态能量，即这一基态能量不为零，是量子谐振子系统的重要特征，与经典力学中的谐振子的能量的性质有着根本的区别(经典谐振子的零点能为零)，因此量子谐振子没有经典力学的对应. 关于这方面的讨论，将在量子力学的学习中给出.

（1）厄米多项式的生成函数为

$$e^{-z^2+2xz} = \sum_{n=0}^{\infty} \frac{H_n(x)}{n!} z^n \qquad (19.5.29)$$

其证明可由生成函数 e^{-z^2+2xz} 在 $z=0$ 点作泰勒展开直接求证.

（2）厄米多项式的微分表达式——罗德里格兹公式.

由生成函数的表达式可知

$$H_n(x) = \frac{d^n}{dz^n} e^{-z^2+2xz} \bigg|_{z=0} = e^{x^2} \frac{d^n}{dz^n} e^{-(z-x)^2} \bigg|_{z=0}$$

$$= (-1)^n e^{x^2} \frac{d^n}{dx^n} e^{-(z-x)^2} \bigg|_{z=0} = (-1)^n e^{x^2} \frac{d^n}{dx^n} e^{-x^2} \qquad (19.5.30)$$

此式为 $H_n(x)$ 的微分表达式.

由此表达式,很容易得到

$$H_0(x) = 1, \quad H_1(x) = 2x, \quad H_2(x) = 4x^2 - 2, \quad H_3(x) = 8x^3 - 12x, \cdots$$

$H_n(x)$ 的最高次项为

$$(-1)^n e^{x^2} (-2x)^n e^{-x^2} = 2^n \cdot x^n \qquad (19.5.31)$$

（3）厄米多项式的正交关系.

$$\frac{1}{\sqrt{\pi} 2^n n!} \int_{-\infty}^{\infty} H_m(x) H_n(x) e^{-x^2} dx = \delta_{mn} \qquad (19.5.32)$$

这是归一化系数为 $(\sqrt{\pi} 2^n n!)^{-\frac{1}{2}}$,带权重 e^{-x^2} 的 $H_n(x)$ 的正交关系.

证:由 $H_n(x)$ 的生成函数可知

$$e^{-t^2+2xt} = \sum_{m=0}^{\infty} H_m(x) \frac{t^m}{m!} \qquad (19.5.33)$$

$$e^{-z^2+2xz} = \sum_{n=0}^{\infty} H_n(x) \frac{z^n}{n!} \qquad (19.5.34)$$

两式相乘

$$e^{-t^2+2xt-z^2-2xz} = \sum_{m,n=0}^{\infty} H_m(x) H_n(x) \frac{1}{m!n!} t^m z^n \qquad (19.5.35)$$

又

$$e^{-t^2+2xt-z^2-2xz} = e^{2tz+x^2-(z+t-x)^2} \qquad (19.5.36)$$

对(19.5.35)式两边同乘 e^{-x^2},并对 x 积分,有

$$e^{2tz} \int_{-\infty}^{\infty} e^{-(t+z-x)^2} dx = \sum_{m,n=0}^{\infty} \frac{t^m z^n}{m!n!} \int_{-\infty}^{\infty} H_m(x) H_n(x) e^{-x^2} dx \qquad (19.5.37)$$

此等式左边的积分为

$$e^{2tz} \int_{-\infty}^{\infty} e^{-(t+z-x)^2} dx = e^{2tz} \sqrt{\pi} = \sqrt{\pi} \sum_{n=0!}^{\infty} \frac{(2tz)^n}{n!} \qquad (19.5.38)$$

因此可得

$$\sqrt{\pi}\sum_{n=0}^{\infty}\frac{2^{n}t^{n}z^{n}}{n!}=\sum_{m,n=0}^{\infty}\frac{t^{m}z^{n}}{m!n!}\int_{-\infty}^{\infty}H_{m}(x)H_{n}(x)e^{-x^{2}}dx \qquad (19.5.39)$$

比较此等式两端，可得正交关系式(19.5.32)，即归一化的厄米多项式为

$$N_{n}H_{n}(x), \quad N_{n}=\left[\sqrt{\pi}2^{n}n!\right]^{-\frac{1}{2}} \qquad (19.5.40)$$

其中 N_n 为归一化因子.

（4）厄米多项式的递推关系.

由厄米多项式的生成函数(19.5.29)式，两边对 z 进行求导就得到 $H_n(x)$ 的基本递推关系

$$H_{n+1}(x)-2xH_{n}(x)+2nH_{n-1}(x)=0 \qquad (19.5.41)$$

$$H_{n}'(x)=2nH_{n-1}(x) \qquad (19.5.42)$$

§19.6 谱方法

本节我们考虑一种求解关于 $u(x)$ 的变系数微分方程的数值方法，即谱方法.

假设方程的定义域为 D，边条件为 B.C.，它的解所在的空间为 $\{f(x)$，其中 $f(x)$ 在边界 ∂D 上满足 B.C.$\}$，记为 $\mathcal{H}$. 这时，如果知道 $\mathcal{H}$ 中的一组完备正交基 $\{\varphi_n(x), n=1,2,\cdots\}$，则 $u(x)$ 可以在该组基矢上展开 $u(x)=\sum_{n}C_{n}\varphi_{n}(x)$，其中 C_n 为展开系数. 将该展开式代入原方程，并考虑基矢的正交性，可以得到一组关于系数的代数方程. 这样就把变系数微分方程转换为代数方程了，使得计算大为简化，同时因为不涉及坐标空间 x 的离散，解 $u(x)$ 具有较高的精度. 因此谱方法被广泛应用于物理、气象、力学等领域，是与有限差分、有限元等方法并行的一套方法. 当然除了上述优点，谱方法的限制主要在于它被用来求解边界比较规则、边条件也相对简单的情况，保证能够在其解所在的空间构造一组解析的基矢.

基矢的构造可以借助施图姆-刘维尔(S-L)本征问题. 先在相同的区域 D 和边条件(B.C.)下求解标准的常系数微分方程，构成 S-L 本征问题，得到本征值 λ_n 和本征函数 $\varphi_n(x)$，其中

$$\{\varphi_{n}(x), n=1,2,3,\cdots\} \qquad (19.6.1)$$

构成 $\mathcal{H}$ 上的一组完备、正交的基矢. $\forall f(x)\in\mathcal{H}$，有

$$f(x)=\sum_{n=1}^{\infty}C_{n}\varphi_{n}(x) \qquad (19.6.2)$$

其中

$$C_{n}=\frac{1}{\int_{a}^{b}\rho(x)\mid\varphi_{n}(x)\mid^{2}dx}\int_{a}^{b}\rho(x)\varphi_{n}^{*}(x)f(x)dx \qquad (19.6.3)$$

$\rho(x)$ 为 S-L 方程(14.2.1)中的权重函数.

下面我们考虑一个具体的例子. 在区域 $D=[a,b]$ 上求解方程

$$(f(x)\nabla^2 + k^2)u(x) = 0 \quad \text{或} \quad \left(\nabla^2 + \frac{1}{f(x)}k^2\right)u(x) = 0 \tag{19.6.4}$$

边条件为第一类齐次边条件. 方程的解所在的空间为

$$\mathcal{H} = \{f(x), x \in D = [a, b], f(a) = f(b) = 0\} \tag{19.6.5}$$

为构造空间 $\mathcal{H}$ 的基矢, 在相同区域 D 上考虑相应亥姆霍兹方程的 S-L 本征值问题

$$(\nabla^2 + k^2)u(x) = 0 \tag{19.6.6}$$

以及第一类齐次边条件, 可以得到本征值 $\tilde{k}_n^2$, 其中 $\tilde{k}_n$ 为 $\tilde{k}_n = \dfrac{n\pi}{b-a}$, 本征函数为

$$\left\{\sin\frac{n\pi}{b-a}(x-a) \equiv \varphi_n(x), n = 1, 2, 3\cdots\right\} \tag{19.6.7}$$

可以验证

$$-\nabla^2 \sin\frac{n\pi}{b-a}(x-a) = \left(\frac{n\pi}{b-a}\right)^2 \sin\frac{n\pi}{b-a}(x-a) \tag{19.6.8}$$

即

$$-\nabla^2 \varphi_n = \tilde{k}_n^2 \varphi_n \tag{19.6.9}$$

方程 (19.6.4) 的解 $u(x)$ 可以在基矢 (19.6.7) 上展开, 有

$$u(x) = \sum_n C_n \varphi_n(x) \tag{19.6.10}$$

代入方程

$$-f(x)\nabla^2 u(x) = k^2 u(x) \tag{19.6.11}$$

式子左侧等于

$$-f(x)\nabla^2 \sum_n C_n \varphi_n(x) = -f(x)\sum_n C_n \nabla^2 \varphi_n(x) = f(x)\sum_n C_n \tilde{k}_n^2 \varphi_n(x) \tag{19.6.12}$$

式子右侧等于

$$k^2 \sum_n C_n \varphi_n(x) \tag{19.6.13}$$

分别求上述两式与 $\varphi_m(x)$ 的内积,

$$\langle \varphi_m, \cdot \rangle = \int_a^b \varphi_m^*(x) \cdot \mathrm{d}x \tag{19.6.14}$$

右侧有

$$\langle \varphi_m, k^2 \sum_n C_n \varphi_n \rangle = k^2 \sum_n C_n \langle \varphi_m, \varphi_n \rangle = k^2 \sum_n C_n \delta_{mn} N_m = k^2 N_m C_m \tag{19.6.15}$$

其中 $N_m = \langle \varphi_m, \varphi_m \rangle$.

左侧有

$$\langle \varphi_m, f(x)\sum_n C_n \tilde{k}_n^2 \varphi_n \rangle = \sum_n C_n \tilde{k}_n^2 \langle \varphi_m, f(x)\varphi_n \rangle = \sum_n M_{mn} \tilde{k}_n^2 C_n \tag{19.6.16}$$

其中 $M_{mn} = \langle \varphi_m, f(x)\varphi_n \rangle = \int_a^b \varphi_m^*(x)f(x)\varphi_n(x)\mathrm{d}x$.

方程化为

$$\sum_n M_{mn} \widetilde{k}_n^2 C_n = k^2 N_m C_m \quad \text{或} \quad \sum_n \frac{M_{mn} \widetilde{k}_n^2}{N_m} C_n = k^2 C_m \qquad (19.6.17)$$

定义 $\widetilde{M}_{mn} = \dfrac{M_{mn} \widetilde{k}_n^2}{N_m}$，$(\widetilde{M}_{mn}) = \widetilde{M}$，$\begin{pmatrix} C_1 \\ \vdots \\ C_n \\ \vdots \end{pmatrix} = C$，上式可写为矩阵形式

$$\widetilde{M} \cdot C = k^2 \cdot C \qquad (19.6.18)$$

对矩阵 $\widetilde{M}$，根据实际问题对精度的要求取适当的截断，比如选取展开基矢前 N 个，则无穷阶矩阵 $\widetilde{M}$ 退化为 N 阶，有很多数值算法可以方便求解其本征问题：

$$\widetilde{M} \cdot C_\alpha = \lambda_\alpha C_\alpha, \quad \alpha = 1, 2, 3, \cdots \qquad (19.6.19)$$

λ_α 为第 α 个本征值，$C_\alpha = \begin{pmatrix} C_{\alpha 1} \\ \vdots \\ C_{\alpha N} \end{pmatrix}$ 为 λ_α 对应的本征向量，则原方程(19.6.4)的本征值的本征函数为

$$\begin{cases} k_\alpha = \sqrt{\lambda_\alpha} \\ u_\alpha(x) = \displaystyle\sum_n C_{\alpha n} \varphi_n(x) \end{cases} \qquad (19.6.20)$$

两点说明. 基矢的构造在本书第十三章到第十七章中(包括习题)已经在一维有限区域 $[a,b]$、二维矩形区域、圆形区域、三维长方体区域、球形区域、柱形区域等一些标准的区域上给出了一些常用的齐次边条件下亥姆霍兹方程的解，可以作为基矢，而不必再去计算.

虽然我们以一维问题为例，但这一过程可以很自然地扩展到其他维度和其他区域. 此外，还有一些情况需要求解亥姆霍兹方程在具有复杂边界的区域上的解，如果这个区域可以通过某个光滑变换变为上述某个简单的区域，同时亥姆霍兹方程变为另一个具有(19.6.4)式形式的方程，那么也可以按这个思路求解，之后再把解变换回原区域，得到原问题的解.

注：谱方法在求解一类非线性发展方程中也有应用.

第十九章习题

19.1 分别用傅里叶变换法和拉普拉斯变换法求解下面一维无界空间中的输运问题，

$$\begin{cases} u_t - a^2 u_{xx} = 0, \\ u \big|_{t=0} = \varphi(x), \end{cases} \quad -\infty < x < \infty$$

19.2 用傅里叶变换求解一维无界弦的受迫振动问题

$$\begin{cases} u_{tt} - a^2 u_{xx} = f(x,t) \\ u \big|_{t=0} = \varphi(x) \\ u_t \big|_{t=0} = \nu(x) \end{cases}$$

19.3 设有两根均匀且同质的半无界杆,侧面均绝热,温度分别为 0 和 u_0,在 $t=0$ 时刻,将两杆的端点相接,求 $t>0$ 时杆中各点的温度分布.

19.4 用拉普拉斯变换求解定解问题

$$\begin{cases} u_{tt}-a^2u_{xx}=f(x,t)=A(x)\sin\omega T, & 0<x<l,t>0 \\ u(0,t)=u(l,t)=0 \\ u(x,0)=u_t(x,0)=0 \end{cases}$$

19.5 用拉普拉斯变换求解定解问题

$$\begin{cases} u_{tt}+\beta u_t-a^2u_{xx}=f(x,t) \\ u(0,t)=u(l,t)=0 \\ u(x,0)=u_t(x,0)=0 \end{cases}$$

19.6 无界静止弦在 $t=0$ 时刻,在 $x=x_0$ 处受到冲量为 I 的冲击作用,试求解弦的振动.(提示:由 $t=0^-$ 到 $t=0$ 时刻动量的变化等于冲量,可得 $u_t\big|_{t=0}=\dfrac{I}{\rho}\delta(x-x_0)$,并可由达朗贝尔公式求解.)

19.7 场量 $u(x,t)$ 满足下列方程,可设方程有行波解 $u(\xi)$,其中 $\xi=x-at$,试把下列方程化为行波变量 ξ 的常微分方程.

(1) $\dfrac{\partial u}{\partial t}+u\dfrac{\partial u}{\partial x}+\beta\dfrac{\partial^3 u}{\partial x^3}=0$

(2) $\dfrac{\partial u}{\partial t}+u\dfrac{\partial u}{\partial x}+\alpha\dfrac{\partial^2 u}{\partial x^2}+\beta\dfrac{\partial^3 u}{\partial x^3}+\gamma\dfrac{\partial^4 u}{\partial x^4}=0$

(3) $\dfrac{\partial u}{\partial t}-\alpha\dfrac{\partial^2 u}{\partial x^2}-\gamma u(1-u)=0$

(4) $\dfrac{\partial^2 u}{\partial t^2}-a^2\dfrac{\partial^2 u}{\partial x^2}+\alpha u^2=0$

(5) $\dfrac{\partial^2 u}{\partial t^2}-a^2\dfrac{\partial^2 u}{\partial x^2}-\alpha\dfrac{\partial^4 u}{\partial x^4}-\beta\dfrac{\partial^2 u^2}{\partial x^2}=0$

19.8 (1) 请把 x^{2k},$k=0,1,2,\cdots$,展成厄米多项式的偶次项级数

$$x^{2k}=\frac{(2k)!}{2^{2k}}\sum_{n=0}^{k}\frac{H_{2n}(x)}{(2n)!(k-n)!}$$

(2) 请把 x^{2k+1},$k=0,1,2,\cdots$ 展成厄米多项式的奇次项级数

$$x^{2k+1}=\frac{(2k+1)!}{2^{2k+1}}\sum_{n=0}^{k}\frac{H_{2n+1}(x)}{(2n+1)!(k-n)!}$$

19.9 请证明:

(1) $\displaystyle\int_{-\infty}^{\infty}H_n(x)e^{-\frac{1}{2}x^2}dx=\begin{cases}\dfrac{\sqrt{2\pi}\,n!}{\left(\dfrac{n}{2}\right)!}, & n\text{ 为偶数} \\[4mm] 0, & n\text{ 为奇数}\end{cases}$

(2) $\displaystyle\int_{-\infty}^{\infty}xH_n(x)e^{-\frac{1}{2}x^2}dx=\begin{cases}0, & n\text{ 为偶数} \\[4mm] \dfrac{\sqrt{2\pi}\,(n+1)!}{\left(\dfrac{n+1}{2}\right)!}, & n\text{ 为奇数}\end{cases}$

19.10 请证明:

$$\int_{-\infty}^{\infty}x^2e^{-x^2}H_n(x)H_n(x)dx=\sqrt{\pi}\,2^n n!\left(n+\frac{1}{2}\right)$$

*第二十章 非线性数学物理方程初步

物理学发展至今,随着计算机的迅速发展,人们探索自然现象的手段已发展到用三大方法来研究物理规律,即物理实验的方法、理论物理的方法和计算机计算模拟的方法.而这三种方法都离不开数学物理方法,我们需要用物理学的观点通过数学的方法,从理论上研究自然界现象和物理实验中观测到的物理规律.由于观测到的自然现象和实验结果成因的复杂性,从本质上讲都是非线性现象.而前面介绍的线性空间和线性算子及线性数学物理方程,只是对这些现象和结果描述的一种线性近似.因此学习了解物理学中的非线性问题,对深入了解物理学的内容是十分必要和有益的.

用非线性数学物理方程描述非线性现象是一个非常广泛的领域.至今人们还在不断地探索研究中.而非线性数学物理方程涉及的面也非常广.通常我们遇到的有非线性常微分方程,非线性偏微分方程,非线性差分方程(通常又被称为非线性映射或非线性迭代方程),非线性函数方程等.

自然界中的非线性现象是丰富多彩的,用来描述这些现象的非线性数学物理方程的解也是复杂多样的.由于非线性方程存在着非线性项,这种非线性项的自相互作用使得非线性方程的解变得十分复杂多样,求解非线性方程比求解线性方程要困难得多.在非线性方程中,不存在线性微分方程理论中解的存在唯一性定理,而且线性微分方程中解的叠加性原理在非线性方程中也不存在.

举一个简单的非线性方程为例

$$u_t - au^2 = 0 \tag{20.0.1}$$

如果 u_1 和 u_2 都是该方程的解,即 u_1 和 u_2 都满足方程,则它们最简单的线性叠加 $u_1 + u_2$,就不满足方程.容易验证,把 $u_1 + u_2$ 代入方程左边

$$(u_1 + u_2)_t - a(u_1 + u_2)^2$$
$$= (u_1)_t - a(u_1)^2 + (u_2)_t - a(u_2)^2 - 2au_1u_2$$
$$= 2au_1u_2 \neq 0$$

即 $u_1 + u_2$ 不是方程的解.这正是非线性项 u^2 自相互作用的结果.

迄今为止,对非线性方程解空间的结构和性质仍知之甚少.不能像线性方程那样用一种统一的方法来求解非线性方程.而且在大多数情况下,求非线性方程的解析解是很困难的,多数只能依赖于计算机的数值求解.

半个多世纪以来,由于科学技术的迅速发展,要求人们探索的各种非线性现象逐渐增多,一大批科学工作者投入到非线性领域的研究中.因此对非线性数学物理方程的研究有了很大的进展.特别是用计算机研究非线性差分迭代方程和对非线性发展方程(一类随时间演变的非线性偏微分方程)的研究,有了丰硕的成果.在对非线性发展方程的研究中,找到了一些构造解析解的方法.这些解析解能够解释一些非线性的现

象,大大地推进了人们对非线性现象物理机理的理解.

在本章中,主要给出简单的非线性问题的概念,并介绍用齐次平衡法求解非线性方程中一类较为简单的非线性发展方程的方法.

§ **20.1**__惠更斯等时摆问题

大家所熟悉的重力摆,如图 20.1.1 所示,摆长为 l,摆锤质量为 m,摆运动轨迹 s 为圆周的一段弧,故此摆也称为圆周摆.可由牛顿定律写出摆的运动方程

$$m \frac{\mathrm{d}^2 s}{\mathrm{d}t^2} = -\frac{\partial V}{\partial s} \qquad (20.1.1)$$

其中势能 V 的形式为

$$V = mgy(s) \qquad (20.1.2)$$

势能零点选在 $y=e$ 处.

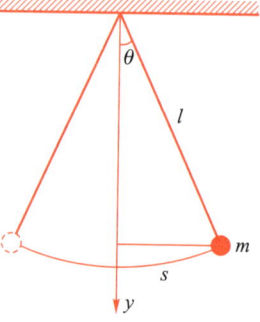

图 20.1.1

由于 $s = l \cdot \theta$,且 l 为一常数,故变量 s 可取为 θ,即

$$y(s) = y(\theta) = l(1-\cos\theta) \qquad (20.1.3)$$

得到以 θ 为 t 的函数 $\theta = \theta(t)$ 的运动方程——圆周摆方程

$$ml \frac{\mathrm{d}^2 \theta}{\mathrm{d}t^2} = -mg\sin\theta$$

即

$$\frac{\mathrm{d}^2 \theta}{\mathrm{d}t^2} + \omega^2 \sin\theta = 0 \qquad (20.1.4)$$

其中 $\omega^2 = \dfrac{g}{l}$.

这是一个非线性方程,当把 $\sin\theta$ 在 $\theta=0$ 点展开时,方程可改写为

$$\frac{\mathrm{d}^2 \theta}{\mathrm{d}t^2} + \omega^2 \left(\theta - \frac{1}{3!}\theta^3 + \frac{1}{5!}\theta^5 - \cdots \right) = 0 \qquad (20.1.5)$$

如果摆的最大摆角 $\theta = \theta_0$,当 $\theta_0 \ll 1$ 时,$\sin\theta \sim \theta$,此时可以把这一非线性方程近似的线性化,方程变为

$$\frac{\mathrm{d}^2 \theta}{\mathrm{d}t^2} + \omega^2 \theta = 0 \qquad (20.1.6)$$

这就是大家所熟悉的线性单摆方程.由此方程可得到单摆的周期

$$\omega = \frac{2\pi}{T} = \sqrt{\frac{g}{l}}, \quad T = 2\pi \sqrt{\frac{l}{g}} \qquad (20.1.7)$$

这一单摆的周期 T 与 θ_0 的位置无关,它只是近似等时性的周期.这种近似的误差将在后面的计算中给出. [见(20.1.15)式]

现在来求非线性方程(20.1.4)所表示的圆周摆准确的周期表达式.

由方程(20.1.4)两边乘 $\dfrac{\mathrm{d}\theta}{\mathrm{d}t}$,进行积分可得

$$\left(\frac{\mathrm{d}\theta}{\mathrm{d}t}\right)^2 = 2\omega^2\cos\theta + c \tag{20.1.8}$$

设方程(20.1.4)的初始条件为

$$\theta(t)\big|_{t=0} = 0 \tag{20.1.9}$$

且达到最大摆角 θ_0 时,

$$\frac{\mathrm{d}\theta}{\mathrm{d}t}\bigg|_{\theta=\theta_0} = 0 \tag{20.1.10}$$

此条件相当于当 $t:0 \to \dfrac{T}{4}$ 时, $\theta:0 \to \theta_0$. 即在 $\dfrac{1}{4}$ 周期时,

$$\frac{\mathrm{d}\theta}{\mathrm{d}t}\bigg|_{t=\frac{\pi}{4}} = 0 \tag{20.1.11}$$

因此由(20.1.10)式即可定出(20.1.8)式中的 c,

$$c = -2\omega^2\cos\theta_0$$

即可得

$$\left(\frac{\mathrm{d}\theta}{\mathrm{d}t}\right)^2 = 2\omega^2(\cos\theta - \cos\theta_0) \tag{20.1.12}$$

当 $t:0 \to \dfrac{T}{4}$ 时, $\theta:0 \to \theta_0$, $\theta_0 < \dfrac{\pi}{2}$,有

$$\frac{\mathrm{d}\theta}{\mathrm{d}t} = \sqrt{2}\,\omega\sqrt{\cos\theta - \cos\theta_0}\,, \quad \omega = \sqrt{\frac{g}{l}} \tag{20.1.13}$$

积分可得

$$T = 2\sqrt{2}\sqrt{\frac{g}{l}}\int_0^{\theta_0}\frac{1}{\sqrt{\cos\theta - \cos\theta_0}}\mathrm{d}\theta \tag{20.1.14}$$

这是圆周摆周期的解析表达式. 可看出 T 是不等时的,它依赖于最大摆角 θ_0. 此式可以化为第一类椭圆积分. T 的级数表达式为

$$T = 2\pi\sqrt{\frac{g}{l}}\left(1 + \frac{1}{4}\sin^2\frac{\theta_0}{2} + \frac{9}{64}\sin^4\frac{\theta_0}{2} + \cdots\right) \tag{20.1.15}$$

展开式的第一项即为线性单摆方程所给出的周期,而对 θ_0 依赖关系的误差可由后面的展开项进行估计. 考虑误差的首项 $\dfrac{1}{4}\sin^2\dfrac{\theta_0}{2}$, 当 $\theta_0 = 5°$ 时, T 的相对误差约为 0.5‰, 当 $\theta_0 = 10°$ 时, T 的相对误差约为 2‰. 因此,产生的误差与摆角的大小是相关的. 针对我们所研究的问题对误差的要求,可以给出相应最大摆角 θ_0 的范围.

注:许多教科书中,把摆角小于 5° 视为单摆作简谐运动的条件,其周期才能使用 (20.1.7)式计算,这种说法是不准确的. 摆角大小不同时,会产生相应的误差. 只是在多数单摆实验中,5° 是一个相对较容易观测且误差仍然较小的一种选择.

从上面圆周摆方程的严格解,得到了圆周摆不是等时摆的重要结论.

惠更斯(Huygens)在 1673 年提出了等时摆的问题:重力摆应走什么样的弧线轨

迹,才能使重力摆是严格的等周期的.惠更斯本人解决了此问题,给出了严格的等时摆的轨线是旋轮线即摆线.这是历史上第一个提出并完整解决的物理学的反问题.

考察线性圆周摆方程的形式,对重力摆方程(20.1.1)中的势 V 的形式(20.1.2)式取

$$y(s) = \frac{s^2}{2l} \tag{20.1.16}$$

则可以得到重力摆轨迹 s 的方程为

$$\frac{\mathrm{d}^2 s}{\mathrm{d}t^2} + \frac{g}{l}s = 0 \tag{20.1.17}$$

即谐振子方程.

这是一个严格的关于 $s(t)$ 的等周期的振动方程,其周期 T 为严格等时的,

$$T = 2\pi\sqrt{\frac{l}{g}} \tag{20.1.18}$$

什么样的轨线 s 才能满足方程(20.1.17)呢?

考虑一个半径为 $\frac{l}{4}$ 的圆周,沿 x 轴作无滑动的纯滚动. φ 为圆心角,圆周上一点(例如起始时刻与 x 轴相切的点)在 $x-y$ 平面上画出的轨迹,如图 20.1.2 所示,称为旋轮线,亦称摆线.

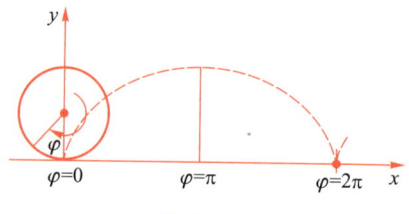

图 20.1.2

此旋轮线的轨线方程为

$$x = \frac{l}{4}(\varphi + \sin\varphi) \tag{20.1.19}$$

$$y = \frac{l}{4}(1 - \cos\varphi) \tag{20.1.20}$$

由

$$\mathrm{d}s^2 = \mathrm{d}x^2 + \mathrm{d}y^2 \tag{20.1.21}$$

可得

$$\mathrm{d}s^2 = \left(\frac{l}{4}\right)^2 (2 + 2\cos\varphi)\mathrm{d}\varphi^2$$

即

$$\mathrm{d}s = \frac{l}{2}\cos\frac{\varphi}{2}\mathrm{d}\varphi$$

积分可得

$$s = l\sin\frac{\varphi}{2} \tag{20.1.22}$$

由(20.1.20)式可得

$$y = \frac{l}{2}\left(\sin\frac{\varphi}{2}\right)^2 \tag{20.1.23}$$

则即可得到

$$y(s) = \frac{s^2}{2l}$$

此结果与(20.1.15)式自洽. 故旋轮线是严格的重力等时摆的轨线.

对单摆问题的研究说明了真实的物理过程是非线性的, 线性化的物理模型是真实物理过程的一种线性近似. 能够线性化的物理过程, 其线性化模型反映了物理过程的主要性质. 由于对线性空间的性质了解比较透彻, 这给研究带来了极大的方便.

§ **20.2**__ KdV 方程和孤立波

KdV 方程的孤立波解, 是用非线性方程描述自然界中非线性现象的典型范例.

1844 年, 在英国科学促进协会的会议上, 英国科学家、造船工程师卢舍(J. S. Russell)提交了题为"波的报导"(Report on Waves)的报告. 讲述了他在 1834 年观察到的一个奇特的波动现象. 他观察到船在一条狭窄平静的运河中行驶, 当船突然停止行驶时, 船头所推出的巨大水波浪快速的滚滚向前, 而且保持了轮廓分明的外形, 以不变的形状和速度沿着运河向前运动. 他骑马一直跟踪观察该奇特的水波, 在离产生水波处约 1~2 英里的运河拐弯处水波才消失. 卢舍把这一奇特的波的运动形式称为孤立波. 这是第一次对孤立波的描述.

1895 年, 瑞典的数学教授科特韦格(Korteweg)和他的博士生德伏瑞斯(de Vries)通过对浅水波方程的研究, 给出了浅水波单向传播的非线性方程即 KdV(Korteweg-deVries)方程

$$\frac{\partial u}{\partial t} = \frac{3}{2}\sqrt{\frac{g}{h}}\frac{\partial}{\partial x}\left(\frac{1}{2}u^2 + \frac{2}{3}\alpha u + \frac{1}{3}\sigma\frac{\partial^2 u}{\partial x^2}\right) \tag{20.2.1}$$

其中 $u = u(x,t)$ 为相对于静止水面的波峰的高度, h 是静水的深度, g 是重力加速度, α 和 σ 是与水的密度、表面张力等特性相关的常量. 由这一方程得到一维的孤立波的行波解. 这是第一个描写孤立波的数学模型.

作如下变换代入方程(20.2.1)

$$u \to \frac{1}{2}u - \frac{1}{3}\alpha, \quad x \to -\frac{x}{\sigma}, \quad t \to \frac{1}{2}\sqrt{\frac{g}{h\sigma}}t \tag{20.2.2}$$

就得到了大家熟悉的 KdV 方程的基本形式

$$\frac{\partial u}{\partial t} + 6u\frac{\partial u}{\partial x} + \frac{\partial^3 u}{\partial x^3} = 0 \tag{20.2.3}$$

下面就讨论 KdV 方程(20.2.3)的孤立波解.

解: 设方程具有行波解的形式

$$u(x,t) = w(\xi), \quad \xi = x - at \tag{20.2.4}$$

其中 a 为常数, 且要求 $w(\xi)$ 具有边界性质:

当 $\xi \to \pm \infty$ 时,w,$\dfrac{\mathrm{d}w}{\mathrm{d}\xi}$,$\dfrac{\mathrm{d}^2 w}{\mathrm{d}\xi^2}$均趋于零. 由

$$\frac{\partial u}{\partial t} = \frac{\mathrm{d}w}{\mathrm{d}\xi} \cdot \frac{\partial \xi}{\partial t} = -aw' \quad \left(w' = \frac{\mathrm{d}w}{\mathrm{d}\xi} \right)$$

$$\frac{\partial u}{\partial x} = \frac{\mathrm{d}w}{\mathrm{d}\xi} \cdot \frac{\partial \xi}{\partial x} = w'$$

$$\frac{\partial^3 u}{\partial x^3} = w'''$$

则方程式(20.2.3)变为

$$-aw' + 6ww' + w''' = 0 \tag{20.2.5}$$

对此式进行积分,得

$$-aw + 3w^2 + w'' = c_1 \tag{20.2.6}$$

c_1 为一积分常数,由 w 的边界性质可知,$c_1 = 0$,故得

$$-aw + 3w^2 + w'' = 0 \tag{20.2.7}$$

将此方程两边乘以 w',再积分一次,可得

$$-\frac{a}{2}w^2 + w^3 + \frac{1}{2}w'^2 = c_2 \tag{20.2.8}$$

由 w 的边界性质,可定出 $c_2 = 0$,即得方程

$$-\frac{a}{2}w^2 + w^3 + \frac{1}{2}w'^2 = 0 \tag{20.2.9}$$

即

$$w'^2 = w^2(a - 2w) \tag{20.2.10}$$

由此方程可知,当 $w = \dfrac{a}{2}$ 时,$w' = 0$,即 $w = \dfrac{a}{2}$ 为极值. 同时将 $w = \dfrac{a}{2}$ 代入(20.2.7)式,可知

$$w'' = -\frac{a^2}{4} < 0 \tag{20.2.11}$$

故可知,$w = \dfrac{a}{2}$ 为 w 的极大值. 由此可定性地知道:当 ξ 由 $-\infty$ 变到 ∞ 时,$w(\xi)$ 由零开始变到极大值 $w = \dfrac{a}{2}$,之后又下降变到零,这是一个孤立波的图像.

由于 $w = \dfrac{a}{2}$ 为极大值,故

$$a - 2w \geqslant 0 \tag{20.2.12}$$

由(20.2.10)式可得

$$\frac{\mathrm{d}w}{\mathrm{d}\xi} = w\sqrt{a - 2w} \tag{20.2.13}$$

即可求得

$$-\frac{2}{\sqrt{a}}\tanh^{-1}\left(\sqrt{1-\frac{2w}{a}}\right)=\xi+c$$

即

$$\sqrt{1-\frac{2w}{a}}=\tanh\left[-\frac{\sqrt{a}}{2}(\xi+c)\right]$$

最后得

$$w(\xi)=\frac{a}{2}\mathrm{sech}^2\left[\frac{1}{2}\sqrt{a}\,(\xi+c)\right] \qquad (20.2.14)$$

其中 c 为任意常数, 取 $c=-\xi_0$, 其图像如图 20.2.1
所示. ξ_0 为任一值时, 就得到此图像, 且 $w(\xi)$ 在
ξ_0 处有极大值为 $\frac{a}{2}$. 这就是孤立波解的图像. 这
一解为 KdV 方程的行波解.

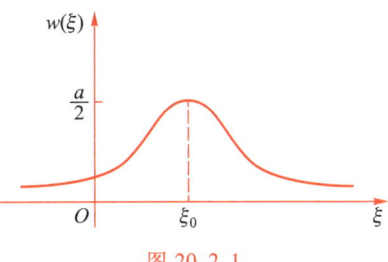

图 20.2.1

下面简单定性地从物理上分析孤立波的传
播. 一个孤立波的波形 (包括其他任何一个局域
的波形) 都可以通过傅里叶分析变成多个不同频率的正弦波 (或余弦波) 的叠加. 这些
不同频率的正弦波在介质中传播时, 会发生频散 (即色散), 即不同频率的波在介质中
是以不同速度传播的. 最终导致原来的波形的变化, KdV 方程中的频散项, 即方程
(20.2.3) 中的第三项, 正是这一现象的体现. 但由于有方程中的第二项即非线性项的
自相互作用, 把这些色散的波聚拢起来, 从数学上看即非线性项的自相互作用抵消了
色散项的作用, 因此能够使孤立波的波形保持不变地向前传播. 如何使色散的波又聚
拢起来, 是至今仍在探讨的问题, 也是人们对非线性现象继续深入研究的兴趣点之一.

§20.3 一类非线性发展方程的齐次平衡解法

由于描述非线性现象的非线性方程的领域太广, 方法繁多, 我们仅以一维的非线
性发展方程为例, 作一些初步的介绍.

一、部分物理学中常出现的一维非线性发展方程

1. KdV(Korteweg-de Vries)方程

$$\frac{\partial u}{\partial t}+u\frac{\partial u}{\partial x}+\beta\frac{\partial^3 u}{\partial x^3}=0 \qquad (20.3.1)$$

这是描述有色散 (也称频散) 的流体力学的方程, $\frac{\partial^3 u}{\partial x^3}$ 为色散项, β 称为色散系数.

2. 广义热传导方程

$$\frac{\partial u}{\partial t}-k\frac{\partial}{\partial x}\left(u^a\frac{\partial u}{\partial x}\right)=0 \qquad (20.3.2)$$

其中 k 为热传导系数, a 为一常数.

3. Burgers 方程

$$\frac{\partial u}{\partial t} + u\frac{\partial u}{\partial x} - \alpha\frac{\partial^2 u}{\partial x^2} = 0 \qquad (20.3.3)$$

其中 $\alpha > 0$ 为耗散系数, 这是描述有耗散的非线性输运方程.

4. KdV–Burgers 方程

$$\frac{\partial u}{\partial t} + u\frac{\partial u}{\partial x} - \alpha\frac{\partial^2 u}{\partial x^2} + \beta\frac{\partial^3 u}{\partial x^3} = 0 \qquad (20.3.4)$$

其中 α 为耗散系数, β 为色散系数. 这是描述既有耗散又有色散的非线性物理系统的方程.

5. KdV–Burgers–Kuramoto 方程（又称为 gKS 方程）

$$\frac{\partial u}{\partial t} + u\frac{\partial u}{\partial x} - \alpha\frac{\partial^2 u}{\partial x^2} + \beta\frac{\partial^3 u}{\partial x^3} + \gamma\frac{\partial^4 u}{\partial x^4} = 0 \qquad (20.3.5)$$

其中 α 为耗散系数, β 为色散系数, γ 为不稳定作用系数. 此方程用来描述带有耗散、色散和不稳定作用的系统, 可用来描述化学反应扩散系统.

6. Fisher 方程

$$\frac{\partial u}{\partial t} - \alpha\frac{\partial^2 u}{\partial x^2} - \gamma u(1-u) = 0 \qquad (20.3.6)$$

其中 α 为扩散系数、γ 为反应系数. 此方程又称为非线性反应扩散方程.

7. Boussinesq 方程

$$\frac{\partial^2 u}{\partial t^2} - a^2\frac{\partial^2 u}{\partial x^2} - \alpha\frac{\partial^4 u}{\partial x^4} - \beta\frac{\partial^2 u^2}{\partial x^2} = 0 \qquad (20.3.7)$$

其中 a^2、α、β 均为大于零的常数. 这是描述非线性波动的方程.

8. 激波方程

$$\frac{\partial u}{\partial t} + u\frac{\partial u}{\partial x} = 0 \qquad (20.3.8)$$

这一形式简单的方程, 是描述带有奇异性的一维冲击波或有断线的系统的非线性方程.

9. 非线性薛定谔方程（简称为 NLS 方程）

$$\mathrm{i}\frac{\partial u}{\partial t} + \frac{\partial^2 u}{\partial x^2} + |u|^2 u = 0 \qquad (20.3.9)$$

这是描述非线性量子系统的方程.

10. 金兹堡–朗道（Ginzburg-Landau）方程

$$\mathrm{i}\frac{\partial u}{\partial t} + \alpha\frac{\partial^2 u}{\partial x^2} + \beta|u|^2 u + \gamma u = 0 \qquad (20.3.10)$$

其中 α、β、γ 皆为复数, α、γ 由色散关系而定, β（Landau 系数）为自相互作用系数. 它是经常用来描述相变系统（如超导、起流系统）的非线性方程.

11. KP(Kadomtsev-Petviashvili）方程

$$\frac{\partial}{\partial x}\left(\frac{\partial u}{\partial t}-6u\frac{\partial u}{\partial x}+\frac{\partial^3 u}{\partial x^3}\right)+3\frac{\partial^2 u}{\partial y^2}=0 \tag{20.3.11}$$

这是二维的 KdV 方程. 它虽然不是一维的非线性发展方程, 是个二维的非线性发展方程, 但由于与 KdV 方程有密切的关系, 因此在此给予介绍.

12. Sin-Gordon 方程

$$\frac{\partial^2 u}{\partial t^2}-\frac{\partial^2 u}{\partial x^2}+\sin u=0 \tag{20.3.12}$$

此方程最早由研究微分几何的曲率给出. 它可用来研究具有周期性 $\sin u$ 的自相互作用的非线性波动.

二、一类非线性发展方程的齐次平衡解法

求解非线性方程是十分困难的, 人们在求解的过程中发展了多种方法和技巧. 大家常用的一种办法就是构造非线性函数变换进行求解. 如何构造非线性函数变换对非线性方程进行试探性求解, 也发展了许多方法. 在这里仅介绍一种对部分一维非线性方程、用齐次平衡法来构造变换函数进行试探性求解的方法.

以下是齐次平衡原则求解的具体做法.

1. 对特定的一类非线性发展方程

$$P(u,u_t,u_x,u_{tt},u_{tx},u_{xx},\cdots)=0 \tag{20.3.13}$$

P 代表由括号内的函数或它们的乘积组成的多项式. 齐次平衡法只适用于这类方程, 例如前面例举的 (20.3.1) 式—(20.3.11) 式都属此类方程, 而 (20.3.12) 式的 Sin-Gordon 方程不属于这一类非线性发展方程.

2. 设此类方程有解的形式为

$$u(x,t)=\sum_{m+n=1}^{N} a_{m+n}\frac{\partial^{(m+n)}}{\partial x^m \partial t^n}f(\varphi(x,t)) \tag{20.3.14}$$

其中 m,n 为非负整数, 式中出现的 $\varphi(x,t)$ 的最高偏微商的幂次项为 $f^{(N)}(\varphi)\varphi_x^m \varphi_t^n$, $n+m=N$. $f(\varphi)$ 和 $\varphi(x,t)$ 为要通过齐次平衡原则来求解的待求函数, N 为通过齐次平衡原则待定的非负整数. a_{m+n} 为系数, 为简单起见, 通常取最高偏导数项 $f^{(N)}(\varphi)$ 的系数 $a_N=1$.

3. 齐次平衡原则

将假设的解 $u(x,t)$ 的形式 (20.3.14) 代入方程式 (20.3.13) 中, 要求方程中的非线性项与偏微商的最高阶项要达到部分平衡. 即取 (20.3.14) 式中 $\varphi(x,t)$ 的最高偏微商幂次项 $f^{(N)}(\varphi)\varphi_x^m \varphi_t^n$ 项进行运算, 使非线性项中 φ_x 和 φ_t 的幂指数与 $u(x,t)$ 最高偏微商项中 φ_x 的幂指数和 φ_t 的幂指数分别相等, 确定 m 和 n 的数值, 从而确定 $N=m+n$ 的具体数值, 这就是部分平衡的原则.

下面以 Burgers 方程为例来说明这一平衡原则. 对 Burgers 方程

$$u_t+uu_x-au_{xx}=0 \tag{20.3.15}$$

设解 $u(x,t)$ 的形式中最高阶微商的指标数为 $N=m+n$，取 $a_{m+n}=1$，则最高阶微商项为 $f^{(N)}(\varphi)\varphi_x^m\varphi_t^n$，将其代入方程进行运算，则方程中的非线性项

$$uu_x=f^{(N)}f^{(N+1)}\varphi_x^{2m+1}\varphi_t^{2n}+\cdots \qquad (20.3.16)$$

方程中最高偏微商项为

$$u_{xx}=f^{(N+2)}\varphi_x^{m+2}\varphi_t^n+\cdots \qquad (20.3.17)$$

由部分平衡原则要求，φ_x 的幂次要平衡，φ_t 的幂次也要平衡，即

$$2m+1=m+2,\quad 2n=n$$

可得 $m=1,n=0$，从而得 $N=m+n=1$，因此得到 Burgers 方程的解 $u(x,t)$ 由 (20.3.14) 式表示的形式

$$u(x,t)=f'(\varphi)\varphi_x(x,t) \qquad (20.3.18)$$

4. 由上面所确定的 N 可得到的解的形式 (20.3.14)，代入方程式 (20.3.13) 中，可得方程

$$F(f',f'',\cdots,f^{(N)},\varphi_t,\varphi_{tt},\cdots,\varphi_x,\varphi_{xx},\cdots,\varphi_{xt},\cdots)=0 \qquad (20.3.19)$$

F 为括号内的函数或它们的乘积所组成的多项式.

在此方程中，合并 $\varphi(x,t)$ 的偏导数的最高幂次项，并令该幂次项的系数为零，即要求 $\varphi(x,t)$ 的偏导数的最高幂次项达到平衡，得到 $f(\varphi)$ 所满足的常微分方程. 解此常微分方程可得到特解 $f(\varphi)$ 的具体函数形式. 对多数非线性发展方程来说，得到的 $f(\varphi)$ 为 φ 的对数函数类的形式. 同时导出 $f^{(i)}\cdot f^{(j)}$ 与 $f^{(i+j)}$ 关系.

仍以 Burgers 方程为例，将上一步得到的 $N=1$ 的解的形式 (20.3.18) 式代入 Burgers 方程式 (20.3.15) 中，可得方程

$$(f'\cdot f''-af''')\varphi_x^3+f'^2\varphi_x\varphi_{xx}-3af''\varphi_x\varphi_{xx}+f''\varphi_x\varphi_t+f'(\varphi_{xt}-a\varphi_{xxx})=0 \qquad (20.3.20)$$

根据平衡原则，要求 φ_x 的最高幂次 φ_x^3 项要平衡，即令

$$f'\cdot f''-af'''=0 \qquad (20.3.21)$$

解此方程，首先把此方程变为

$$\left(\frac{1}{2}f'^2-af''\right)'=0 \qquad (20.3.22)$$

可得该非线性常微分方程的一个特解

$$f(\varphi)=-2a\ln\varphi \qquad (20.3.23)$$

同时可得 $f(\varphi)$ 满足关系

$$f'^2=2af'' \qquad (20.3.24)$$

5. 利用上面求得的 $f(\varphi)$ 的函数形式所导出的 $f^{(i)}\cdot f^{(j)}$ 与 $f^{(i+j)}$ 的关系，把方程式 (20.3.19) 中关于 $f(\varphi)$ 的导数组成非线性项化为 $f(\varphi)$ 的较高阶的导数项，即把 $f(\varphi)$ 的非线性项线性化. 分别合并 $f(\varphi)$ 的各阶导数项，并令 $f(\varphi)$ 的各阶导数项的系数为零，得到一组关于 $\varphi(x,t)$ 的偏微分方程组

$$H_i(\varphi_t,\varphi_{tt},\cdots,\varphi_x,\varphi_{xx},\cdots,\varphi_{tx},\cdots)=0,\quad i=1,\cdots,h \qquad (20.3.25)$$

h 为在方程式 (20.3.19) 中扣除了 $\varphi(x,t)$ 偏微商最高幂次后，余下的方程把关于 $f(\varphi)$ 的非线性项化为 $f(\varphi)$ 的高阶导数项后，所得的方程中关于 $f(\varphi)$ 的最高阶导数的

阶数.

若方程式(20.3.25)是已知可求解的线性偏微分方程组,对此情况很容易求得解 $\varphi(x,t)$ 的形式. 但一般情况下方程式(20.3.25)仍是关于 $\varphi(x,t)$ 的超定的齐次型的偏微分方程组,在这种情况下通常可设 $\varphi(x,t)$ 有如下试探解的形式

$$\varphi(x,t) = 1 + \mathrm{e}^{\alpha x + \beta t + \gamma} \tag{20.3.26}$$

代入方程式(20.3.25),以确定系数 a_i 和 α,β,γ,其中 a_i 为(20.3.14)式中的系数 a_{m+n}.

对于解出的 $\varphi(x,t)$,结合前面求出的 $f(\varphi)$ 的形式,代入最先假设的解式(20.3.14)中,即可得到非线性方程式(20.3.13)的特解. 一般说来,对试探解式(20.3.26),得到的是孤立波的行波解.

由于方程式(20.3.25)是超定的,因此对于系数 $a_i,b,\alpha,\beta,\gamma$ 的不同选择,得到的是不同形式的孤立波解.

当然,(20.3.26)式的试探解 $\varphi(x,t)$ 和(20.3.14)式的试探解 $u(x,t)$ 可以有不同的构造,即不限于这两种形式,不同的形式可以得到不同类型的非线性方程的解,有兴趣的读者可以参考这一方面众多的专著,在这就不再一一介绍.

我们仍回到 Burgers 方程解的表达式中,由上一步得到的方程式(20.3.20),当扣除掉 φ_x^3 已平衡(即系数取零)的项后,可得方程

$$f'^2 \varphi_x \varphi_{xx} + f'' \varphi_x (\varphi_t - 3a\varphi_{xx}) + f'(\varphi_{tx} - a\varphi_{xxx}) = 0 \tag{20.3.27}$$

利用 f' 与 f'' 的关系式(20.3.24),可把第一项中的 f'^2 化为 $f'^2 = 2af''$,代入上式方程,则方程可变为

$$f'' \varphi_x (\varphi_t - a\varphi_{xx}) + f' \frac{\partial}{\partial x}(\varphi_t - a\varphi_{xx}) = 0 \tag{20.3.28}$$

由 f'' 和 f' 的系数为零,即可得 φ 满足的方程

$$\varphi_t - a\varphi_{xx} = 0 \tag{20.3.29}$$

由于 Burgers 方程中 a 为耗散系数,$a>0$,故方程式(20.3.29)是线性输运方程. 这一方程的解是大家所熟知的,因此只要把求得的解 $\varphi(x,t)$ 代入到(20.3.23)式中

$$f(\varphi) = -2a\ln\varphi$$

再把 f 的形式代入(20.3.18)式,就得到 Burgers 方程的一个特解

$$u = -2a \frac{\varphi_x}{\varphi} \tag{20.3.30}$$

其中 $\varphi(x,t)$ 是方程式(20.3.29)的解. 这一解的形式

$$u(x,t) = -2a \frac{\partial}{\partial x}\ln\varphi(x,t) = -2a \frac{\varphi_x}{\varphi} \tag{20.3.31}$$

上式是著名的 Cole-Hopf 变换,这是 Hopf 在 1950 年和 Cole 在 1951 年研究 Burgers 方程时提出的变换,即对 Burgers 方程的解 $u(x,t)$,进行 Cole-Hopf 变换(非线性函数变换),把对 Burgers 方程的求解化为对线性输运方程的求解,这一变换当时被广泛地用在一类非线性方程的求解中.

齐次平衡法中的函数变换,在求解非线性发展方程中,已经大大地扩展了 Cole-Hopf 变换,是一类非线性偏微分方程式(20.3.13)寻求特解的较为有效的方法.但齐次平衡法并非对这类方程完全适用,例如激波方程式(20.3.8)用齐次平衡法解就失效.

例20.3.1 用齐次平衡法求解 KdV-Burgers 方程

$$u_t + uu_x - \alpha u_{xx} - \beta u_{xxx} = 0 \tag{20.3.32}$$

解:由于方程的非线性项 uu_x 和偏微分的最高阶项 u_{xxx} 都不含有对 t 的偏导数,因此设解的形式为

$$u(x,t) = \sum_{m=1}^{N} a_m \frac{\partial^m}{\partial x^m} f(\varphi(x,t)) \tag{20.3.33}$$

由平衡原则取解的最高偏微分项 $f^{(N)}(\varphi)\varphi_x^N$ 进行运算,

$$u_x = f^{(N+1)}\varphi_x^{N+1}$$
$$u_{xxx} = f^{(N+3)}\varphi_x^{N+3}$$

有非线性项 $u \cdot u_x = f^{(N)}f^{(N+1)}\varphi_x^{2N+1}$ 与 u_{xxx} 进行平衡,要求 φ_x 项的幂次相等,有

$$2N+1 = N+3 \Rightarrow N = 2$$

因此假设解的形式为

$$u(x,t) = f_{xx} + af_x + b = f''(\varphi)\varphi_x^2 + f'\varphi_{xx} + af'\varphi_x + b \tag{20.3.34}$$

把这一假设的试探解代入 KdV-Burgers 方程式(20.3.32),

$$u_t = f^{(3)}\varphi_x^2\varphi_t + f''(2\varphi_x\varphi_{xt} + \varphi_{xx}\varphi_t + a\varphi_x\varphi_t) + f'(\varphi_{xxt} + a\varphi_{xt}) \tag{20.3.35}$$

$$uu_x = f''f^{(3)}\varphi_x^5 + f''^2(3\varphi_x^3\varphi_{xx} + a\varphi_x^4) + f'f^{(3)}(\varphi_x^3\varphi_{xx} + a\varphi_x^4) +$$
$$bf^{(3)}\varphi_x^3 + f' \cdot f''(\varphi_x^2\varphi_{xxx} + 5a\varphi_x^2\varphi_{xx} + 3\varphi_x\varphi_{xx}^2 + a^2\varphi_x^3) +$$
$$f''(3b\varphi_x\varphi_{xx} + ab\varphi_x^2) + f'^2(\varphi_{xx}\varphi_{xxx} + a\varphi_{xx}^2 + a\varphi_x\varphi_{xxx} + a^2\varphi_x\varphi_{xx}) +$$
$$f'(b\varphi_{xxx} + ab\varphi_{xx}) \tag{20.3.36}$$

$$-\alpha u_{xx} = -\alpha[f^{(4)}\varphi_x^4 + f^{(3)}(6\varphi_x^2\varphi_{xx} + a\varphi_x^3) +$$
$$f''(3\varphi_{xx}^2 + 4\varphi_x\varphi_{xxx} + 3a\varphi_x\varphi_{xx}) + f'(\varphi_{xxxx} + a\varphi_{xxx})] \tag{20.3.37}$$

$$-\beta u_{xxx} = -\beta[f^{(5)}\varphi_x^5 + f^{(4)}(10\varphi_x^3\varphi_{xx} + a\varphi_x^4) +$$
$$f^{(3)}(15\varphi_x\varphi_{xx}^2 + 10\varphi_x^2\varphi_{xxx} + 6a\varphi_x^2\varphi_{xx}) +$$
$$f''(5\varphi_x\varphi_{xxxx} + 10\varphi_{xx}\varphi_{xxx} + 4a\varphi_x\varphi_{xxx} + 3a\varphi_{xx}^2) +$$
$$f'(\varphi_{xxxxx} + a\varphi_{xxxx})] \tag{20.3.38}$$

观察以上方程式(20.3.35)—式(20.3.38)右边的各项,找出 φ_x 的最高幂 φ_x^5 项,进行合并得

$$(f''f^{(3)} - \beta f^{(5)})\varphi_x^5$$

再一次用平衡原则,即要求其系数为零,即得关于 f 的非线性常微分方程

$$f''f^{(3)} - \beta f^{(5)} = 0 \tag{20.3.39}$$

这一方程有一特解为

$$f = -12\beta \ln \varphi \tag{20.3.40}$$

观察方程右边各项中所含有 f 导数的非线性项 f''^2, $f'f''$, $f'f^{(3)}$, f'^2,并由 f 的解式(20.3.40)可得

$$f''^2 = 2\beta f^{(4)}, \quad f'f'' = 6\beta f^{(3)}, \quad f'f^{(3)} = 4\beta f^{(4)}, \quad f'^2 = 12\beta f'' \tag{20.3.41}$$

把这些关系代入(20.3.35)式—(20.3.38)式中,并扣除满足(20.3.39)式的 ϕ_x^5 项,KdV–Burgers 方程变为

$$f^{(4)}(-\alpha+5\beta a)\varphi_x^4+f^{(3)}[\varphi_x^2\varphi_t+(b-\alpha a+6\beta a^2)\varphi_x^3-4\beta\varphi_x^2\varphi_{xxx}+$$
$$(24\beta a-6\alpha)\varphi_x^2\varphi_{xx}+3\beta\varphi_x\varphi_{xx}^2]+f''[2\varphi_x\varphi_{xt}+\varphi_{xx}\varphi_t+a\varphi_x\varphi_t+$$
$$(3b-3\alpha a+12\beta a^2)\varphi_x\varphi_{xx}+ab\varphi_x^2+2\beta\varphi_{xx}\varphi_{xxx}+(9\beta a-3\alpha)\varphi_x+$$
$$(8\beta a-4\alpha)\varphi_x\varphi_{xxx}-5\beta\varphi_x\varphi_{xxxx}]+f'[-\beta\varphi_{xxxxx}-(\alpha+\beta a)\varphi_{xxxx}+$$
$$(b-\alpha a)\varphi_{xxx}+\varphi_{xxt}+ab\varphi_{xx}+a\varphi_{xt}]=0 \qquad (20.3.42)$$

令上式中 $f^{(4)}$,$f^{(3)}$,f'',f' 各项系数为零. 首先在 $f^{(4)}$ 的系数中只要取

$$a=\frac{\alpha}{5\beta} \qquad (20.3.43)$$

则该项为零. 由于 α、β 为 KdV–Burgers 方程中的系数. 这样已定出 a 的值. 将 a 的值代入方程式(20.3.42)中,并假设 $\varphi(x,t)$ 有如下试探解的形式

$$\varphi(x,t)=1+\mathrm{e}^{kx+ct} \qquad (20.3.44)$$

代入(20.3.42)式中,由 $f^{(3)}$、f'' 和 f' 项的系数为零所得的三个方程,可以求得待定参数 b,k,c,即

$$\beta k^3+\frac{6}{5}\alpha k^2-\left(b+\frac{\alpha^2}{25\beta}\right)k-c=0 \qquad (20.3.45)$$

$$\beta k^4+\frac{6}{5}\alpha k^3-\left(b+\frac{\alpha^2}{25\beta}\right)k^2-\left(\frac{\alpha b}{15\beta}+c\right)k-\frac{\alpha}{15\beta}c=0 \qquad (20.3.46)$$

$$\beta k^4+\frac{6}{5}\alpha k^3-\left(b+\frac{\alpha^2}{5\beta}\right)k^2-\left(\frac{\alpha b}{5\beta}+c\right)k-\frac{\alpha}{5\beta}c=0 \qquad (20.3.47)$$

这三个方程并非独立,由这三个方程可化为

$$c+bk=\beta k^3+\frac{6}{5}\alpha k^2-\frac{\alpha^2}{25\beta}k \qquad (20.3.48)$$

$$c+bk=\frac{6}{5}\alpha k^2 \qquad (20.3.49)$$

由此两个方程可解得

$$k=\mp\frac{\alpha}{5\beta}, \qquad c=\frac{6}{125}\cdot\frac{\alpha^3}{\beta^2}\pm\frac{\alpha}{5\beta}b \qquad (20.3.50)$$

b 为任意常数.

将所求得的 k 和 c 代入(20.3.44)式,并将(20.3.44)式和 f 的形式(20.3.40)代入解 $u(x,t)$ (20.3.34)式中,可得到 KdV–Burgers 方程的两个精确的孤立波解

$$u(x,t)=-\frac{3\alpha^2}{25\beta}\mathrm{sech}^2\frac{1}{2}\left[\frac{\alpha}{5\beta}x-\left(\frac{\alpha b}{5\beta}\pm\frac{6\alpha^3}{125\beta^2}\right)t\right]+$$
$$\frac{6\alpha^2}{25\beta}\tanh\frac{1}{2}\left[\frac{\alpha}{5\beta}x-\left(\frac{\alpha b}{5\beta}\pm\frac{6\alpha^3}{125\beta^2}\right)t\right]\pm\frac{6\alpha^2}{25\beta}+b \qquad (20.3.51)$$

本节只讨论了用齐次平衡法解非线性发展方程的一般步骤. 对构造解的非线性函数变换,也只介绍了一种构造形式(20.3.14). 在此基础上,人们扩展了多种解的函数变换的形式,得到了这一类方程的多种多样的解. 同时齐次平衡原则也经常被用到非线性方程的双曲函数展开法和椭圆函数展开法中.

半个多世纪以来,人们通过各种方法求解非线性偏微分方程的精确解. 除了上

面介绍的构造特殊的函数变换来求解外,还有根据方程的某些对称性构造相似变换以求得方程的自相似解;利用量子力学中的散射反演方法来求解非线性方程,通常被称为反散射(或是逆散射)解法;通过不同方程之间的 Bäcklund 变换和同一方程不同解之间的 Bäcklund 变换,从方程的已知解中求得新解等.由于非线性偏微分方程在自然界和物理学中有着广泛的应用,它在数学物理领域中形成了一个多彩多姿的重要分支.

第五篇

变分法初步

我们在前一篇介绍数学物理方程时曾指出,一个物理系统的物理量或场量,其满足的方程不仅可由实验定律得到,还可以通过另一途径,即从理论中根据物理系统所必须满足的物理规则和对称性(如在相对论的系统中必须满足洛伦兹(Lorentz)不变性,在有规范变换的系统中要求满足规范不变性等)构造系统的拉格朗日量(简称拉氏量)或系统的哈密顿量,由变分原理导出物理系统满足的运动方程.并可由此出发,根据系统的某些对称性,研究与这些对称性相关的该物理系统的某些特性.这种研究方法在复杂的物理系统和量子理论的研究中尤为重要,它是物理理论研究最基本的方法之一.在本篇中,我们将介绍这一理论研究方法的数学基础——变分法.

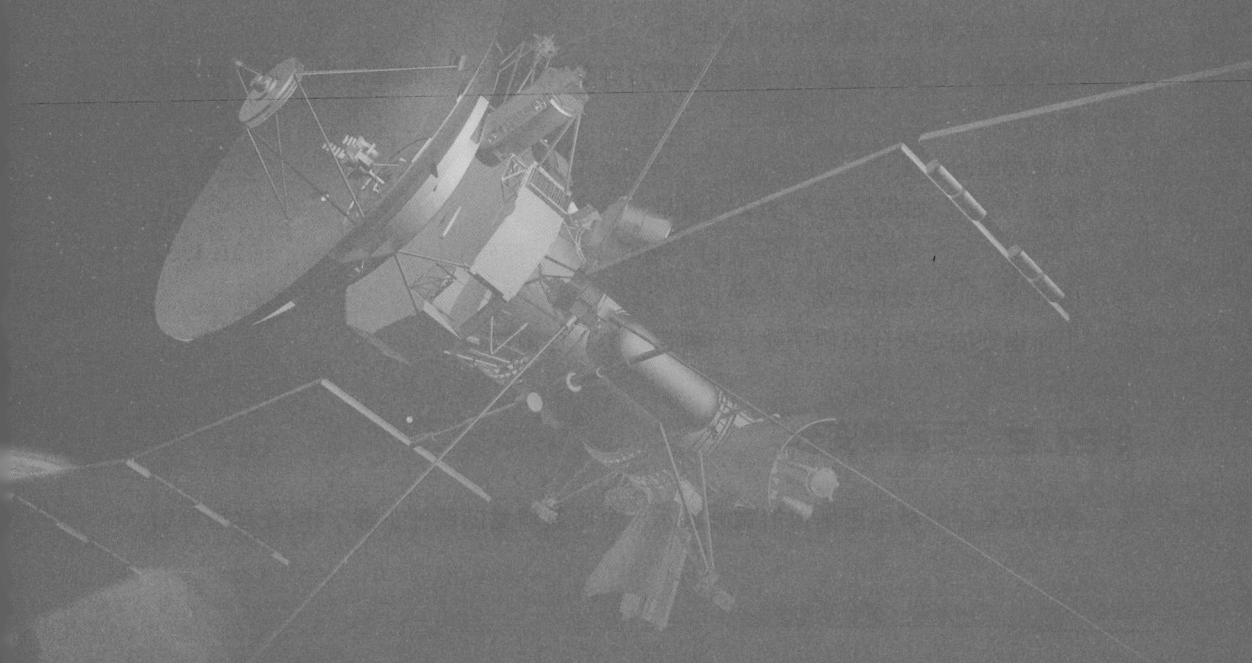

第二十一章　泛函的变分

§ 21.1　泛函的概念

"泛函"这一概念是"函数"概念的推广.函数(单变量或少变量函数)是指由数域 $\mathbf{K}$ 或 $\mathbf{K}^n$(通常是实数域 $\mathbf{R}$ 或 $\mathbf{R}^n$ 或是复数域 $\mathbf{C}$ 或 $\mathbf{C}^n$)到 $\mathbf{K}$ 的映射.泛函从较广的意义上可定义为从线性空间 L 到数域 $\mathbf{K}$ 的映射,记为 $F[L]$,

$$F[L]:\quad L \to \mathbf{K} \tag{21.1.1}$$

线性空间包含了 $\mathbf{R}^n$,$\mathbf{C}^n$ 和定义在它们上面的函数空间,例如希尔伯特空间.

在本书中所介绍的泛函是狭义的泛函而且是实泛函,它是指实函数的集合到实数域上的映射.设定义在 $\mathbf{R}^n$ 上 k 阶连续可微的实函数的集合记为 $C^k(\mathbf{R}^n)$,则此映射记为

$$C^k(\mathbf{R}^n) \to \mathbf{R} \tag{21.1.2}$$

若 $x \in \mathbf{R}^n$(x 为浓缩写法,即 $x=(x_1,x_2,\cdots,x_n)$),$y(x)$ 为定义在 n 维实空间中 k 阶连续可微的实函数,$y(x) \in C^k(\mathbf{R}^n)$,则泛函 $F[y(x)]$ 为

$$F[y(x)]:y(x) \mapsto a,\quad a \in \mathbf{R} \tag{21.1.3}$$

$y(x)$ 称为**泛函 $F[y(x)]$ 的宗量**,泛函的**定义域**称为**容许函数类**.上式表示,对于容许函数类中的每一个确定的函数 $y(x)$,泛函 $F[y(x)]$ 有一确定的实数值 a.

本书介绍的实泛函只是泛函中较为简单的一类.实际上我们对泛函并不陌生,在数学分析中所接触到的大量的定积分,就是泛函的例子,如一维空间中的函数 $y(x)$ 的定积分就是泛函 $F[y(x)]$:

$$F[y(x)] = \int_a^b y(x)\,\mathrm{d}x \tag{21.1.4}$$

对于不同的 $y(x)$,这一积分值不同,这一泛函 F 就是定积分这种映射,它把 $y(x)$ 具体地映射到一个实数值,即定积分值域上.

通俗地讲,"泛函"就是以一类函数作为自变量的函数,或简单地说泛函就是函数的函数.

线性泛函的定义:

定义 21.1.1:如果泛函 $F[y(x)]$ 满足

$$F[ay_1(x)+by_2(x)] = aF[y_1(x)]+bF[y_2(x)] \tag{21.1.5}$$

称泛函 $F[y(x)]$ 为线性泛函.

上面提到的定积分的例子就是一种简单的线性函数.

§ 21.2　泛函的变分

类似在数学分析中用函数的微分表示一个函数增量的线性主部一样,在这里要引

入泛函变分的概念.

一、泛函宗量的变分

1. 宗量接近度的概念

首先,要对泛函 $F[y(x)]$ 的宗量(或称自变量)$y(x)$,在容许函数类中引入"**接近度**"的概念. 设宗量 $y(x)$ 是定义在区域 $\Omega \in \mathbf{R}^n$ 上的函数,对于某一宗量 $y_0(x)$,若有另一个宗量 $y(x)$ 非常地接近它,即在它们的定义域 Ω 内,对于一切 $x \in \Omega$,存在着一个大于零的小量 δ,使得 $y(x)$ 与 $y_0(x)$ 之差的模

$$|y(x) - y_0(x)| < \delta \qquad (21.2.1)$$

则称宗量 $y(x)$ 与 $y_0(x)$ 有**零阶的接近度**.

同样地,对于 $y(x)$ 和 $y_0(x)$ 的一阶微商,若

$$|y'(x) - y_0'(x)| < \delta$$

称宗量 $y(x)$ 与 $y_0(x)$ 有**一阶的接近度**.

若对 $y(x)$ 与 $y_0(x)$ 的 k 阶微商,有

$$|y^{(k)}(x) - y_0^{(k)}(x)| < \delta$$

称 $y(x)$ 与 $y_0(x)$ 有 **k 阶的接近度**. 越高阶的接近度对宗量变化的约束越严格,即宗量 $y(x)$ 的图像越接近 $y_0(x)$ 的图像.

为什么要引入"接近度"的概念呢?回想数学分析中函数微分的概念,它要求一个定义在 $\mathbf{R}^n$ 上的函数 $f(x)$,$x \in \Omega \subset \mathbf{R}^n$,当 $f(x)$ 中的自变量 x 趋于 x_0 时,即 $|x - x_0| < \delta$(此处的 δ 是一个 n 维球的半径),只要自变量在这个小球内,就可对函数 $f(x)$ 进行分析. 但泛函 $F[y(x)]$ 比数学分析中的函数微分要复杂得多,它对泛函 F 的宗量 $y(x)$ 的要求也严格得多. 根据泛函分析的需要,不但要求宗量的变化 $|y(x) - y_0(x)| < \delta$,即 $y(x)$ 与 $y_0(x)$ 的比较,即他们相差的大小要落到 δ 的区间内,而且由于泛函的变分涉及对 $y(x)$ 的微商(指对所有坐标 x 的偏微商),即要求 $y(x)$ 的"形状"也要与 $y_0(x)$ 的"形状""差不多",才有一阶的接近度,否则 $y'(x)$ 的变化很大,与 $y_0'(x)$ 之差就超过 δ,这样就不能进行分析研究. 因此在泛函分析中对宗量的 $y(x)$ 变化的要求是较高的. 如果在运算中涉及高阶微商,就需要有高阶的接近度.

下面以一维 x 的宗量函数 $y(x)$ 为例,从图形看接近度的概念.

图 21.2.1 表示 $y(x)$ 与 $y_0(x)$ 为零阶接近度,图 21.2.2 表示 $y(x)$ 与 $y_0(x)$ 有一阶接近度.

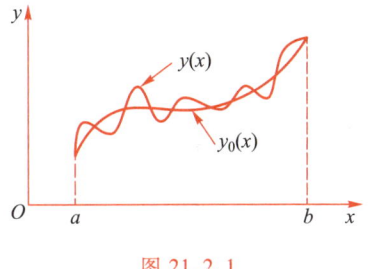

图 21.2.1

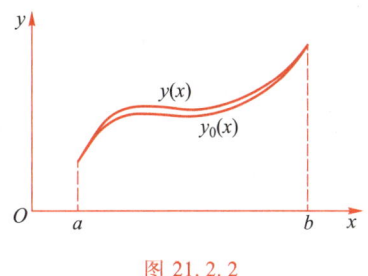

图 21.2.2

下面将给出泛函的连续性和泛函变分的概念. 为讨论方便, 下面仅讨论 $x \in \mathbf{R}$（一维实空间）的宗量 $y(x)$ 的情况.

2. 泛函的连续性

定义 21.2.1：**连续泛函**

如果对于一个任意给定的小正数 ε, 可以找到这样的 δ, 当

$$|y(x) - y_0(x)| < \delta$$
$$|y'(x) - y_0'(x)| < \delta$$
$$\cdots\cdots\cdots\cdots$$
$$|y^{(k)}(x) - y_0^{(k)}(x)| < \delta$$

时, 有

$$|F[y(x)] - F[y_0(x)]| < \varepsilon, \tag{21.2.3}$$

称泛函 $F[y(x)]$ 在 $y(x) = y_0(x)$ 处是 **k 阶接近的连续泛函**, 其中 $y(x) \in C^k(\Omega)$, $\Omega \subset \mathbf{R}$.

以下讨论全属于这一情况.

3. 泛函宗量的变分

定义 21.2.2：**泛函宗量的变分 δy**

泛函 $F[y(x)]$ 的宗量 $y(x)$ 的增量 $\Delta y(x)$ 是指两个函数之间的差

$$\Delta y = y(x) - y_0(x) \tag{21.2.4}$$

当 $y(x)$ 与 $y_0(x)$ 是零阶或 k 阶接近的, 则

$$\delta y = y(x) - y_0(x) \tag{21.2.5}$$

δy 称为泛函 $F[y(x)]$ 的**宗量 $y(x)$ 的变分**, 仍为 x 的函数.

由于容许函数类 $\{y(x)\}$ 构成无穷维的线性空间, 则 $\{\delta y\}$ 也构成了无穷维的线性空间.

若 $y(x)$ 与 $y_0(x)$ 是 k 阶接近的, 则有泛函宗量的高阶变分

$$(\delta y)^{(k)} = y^{(k)}(x) - y_0^{(k)} = \delta y^{(k)}(x), \quad k = 1, 2, \cdots \tag{21.2.6}$$

一般物理上对泛函变分宗量的要求只要有一阶或二阶接近度即可, 当然有时也会涉及高阶接近度. 但通常物理函数作为宗量, 都是很"光滑"的函数, 而且在允许函数类（即宗量的定义域）内, 也都可满足变分分析的要求, 因此就不再强调宗量变化的接近度问题. 通常认为这些宗量的变分都存在, 泛函对其宗量的连续偏微商也都存在.

二、泛函的变分

在定义了泛函的连续性和泛函宗量的变分后就可以定义泛函的变分.

定义 21.2.3：**泛函的变分**

对于线性泛函 $F[y(x)]$,

$$\Delta F[y(x)] = F[y(x) + \Delta y] - F[y(x)] \tag{21.2.7}$$

称为**泛函的增量**.

若泛函的增量可表示为

$$\Delta F[y(x)] = L[y(x), \Delta y] + \beta(y(x), \Delta y) \cdot \max|\Delta y| \tag{21.2.8}$$

其中 $L[y(x),\Delta y]$ 对于 Δy 是线性泛函,且

$$\lim_{\max|\Delta y|\to 0}\beta(y(x),\Delta y)\to 0 \qquad (21.2.9)$$

当(21.2.4)式中的 Δy 为泛函宗量零阶接近度(21.2.5)式中的 δy 时,(21.2.8)式变为

$$\delta F[y(x)][\delta y]=L[y(x),\delta y] \qquad (21.2.10)$$

$\delta F[y(x)]$ 为泛函 $F[y(x)]$ 在函数 $y(x)$ 处的变分,也记为 $\delta F_{y(x)}$,是作用在所有 δy 张成的线性空间上的线性算符. $L[y(x),\delta y]$ 称为 $\delta F[y(x)]$ 对于 δy 的泛函增量的线性主部, $\delta F[y(x)][\delta y]$ 是关于 δy 的线性泛函.

三、泛函变分与函数微商的关系

上面给出了泛函变分的定义,但如何来计算泛函的变分,就要考虑泛函的变分与函数微商之间的关系.

1. 数学分析中函数的微分和带参数 α 的函数对 α 微商的关系

首先考虑数学分析中函数 $y(x)$ 的微分,以单变量函数 $y(x)$ 为例,当自变量 x 与其小增量 Δx 固定时,引入参量 $\alpha\in[0,1]$. 考虑带参数 α 的函数 $y(x+\alpha\Delta x)$,有

$$y(x+\alpha\Delta x)\big|_{\alpha=1}=y(x+\Delta x),\quad y(x+\alpha\Delta x)\big|_{\alpha=0}=y(x) \qquad (21.2.11)$$

则

$$\lim_{\Delta x\to 0}\frac{\partial}{\partial\alpha}y(x+\alpha\Delta x)\Big|_{\alpha=0}=\lim_{\Delta x\to 0}\left[y'(x+\alpha\Delta x)\cdot\frac{\partial}{\partial\alpha}(x+\alpha\Delta x)\right]_{\alpha=0} \qquad (21.2.12)$$

$$=y'(x)\,\mathrm{d}x=\mathrm{d}y$$

这说明函数 $y(x)$ 的微分可看成带参数 α 的函数 $y(x+\alpha\Delta x)$ 对 α 的微商在 $\alpha=0$ 点的运算.

2. 泛函的变分与带参数 α 的泛函对 α 微商的关系

根据这一思路,可以把泛函 $F[y(x)]$ 的变分 δF 看成带参数 α 的泛函 $F[y(x)+\alpha\delta y]$ 对 α 的微商在 $\alpha=0$ 点的取值, $\alpha\in[0,1]$.

命题 21.2.1:对于带参数 $\alpha(\alpha\in[0,1])$ 的泛函 $F[y(x)+\alpha\delta y]$,对 α 的微商在 $\alpha=0$ 点的值,即为泛函 $F[y(x)]$ 的变分 $\delta F[y(x)]$ 作用在 δy 上的运算,

$$\delta F[y(x)][\delta y]=\frac{\partial}{\partial\alpha}F[y(x)+\alpha\delta y]_{\alpha=0} \qquad (21.2.13)$$

证: $\dfrac{\partial}{\partial\alpha}F[y(x)+\alpha\delta y]_{\alpha=0}=\lim\limits_{\alpha\to 0}\dfrac{F[y(x)+\alpha\delta y]-F[y(x)]}{\alpha}$

$$=\lim_{\alpha\to 0}\frac{1}{\alpha}\{L[y(x),\alpha\delta y]+\beta(y(x),\alpha\delta y)\alpha\,|\delta y|\}$$

$$=\lim_{\alpha\to 0}\frac{1}{\alpha}\{\alpha L[y(x),\delta y]+\alpha\beta(y(x),\alpha\delta y)\,|\delta y|\}$$

$$=L[y(x),\delta y]$$

$$=\delta F[y(x)][\delta y]$$

其中用到线性泛函 $L[y(x),\alpha\delta y]=\alpha L[y(x),\delta y]$,且 $\lim\limits_{|\delta y|\to 0}\beta(y(x),\alpha\delta y)\to 0$ 等性质.

考虑如下定积分形式的泛函

$$F[y(x)] = \int_a^b f(y(x)) \, \mathrm{d}x \qquad (21.2.14)$$

泛函变分可写为

$$\delta F[y(x)][\delta y] = \frac{\partial}{\partial \alpha} F[y(x) + \alpha \delta y]_{\alpha=0} = \int_a^b \frac{\partial f(y(x) + \alpha \delta y)}{\partial(y(x) + \alpha \delta y)} \cdot \frac{\partial(y(x) + \alpha \delta y)}{\partial \alpha}\bigg|_{\alpha=0} \mathrm{d}x$$

$$= \int_a^b \frac{\partial f(y(x))}{\partial(y(x))} \cdot \delta y \mathrm{d}x = \left\langle \frac{\partial f(y(x))}{\partial(y(x))}, \delta y \right\rangle \qquad (21.2.15)$$

其中 $\langle , \rangle$ 表示线性函数空间的内积. 这是泛函变分 $\delta F[y(x)][\delta y]$ 的线性主部 $L[y(x), \delta y]$ 的表达式, 是泛函变分最基本的运算法则. 这里以 $f(y(x))$ 为例来进行说明, 如果 $f(y(x))$ 还是 x 和 $y'(x)$ 的函数, $f(x, y(x), y'(x))$ 则需要做相应扩展.

注: 可以认为 $\dfrac{\partial f(y(x))}{\partial(y(x))}$ 是泛函 $F[y(x)]$ 在函数空间的 $y(x)$ 处的切空间的向量, 而 δy 是在 $y(x)$ 处的余切空间的向量, 而 (21.2.15) 式最后的等号为这两个向量的内积. 此处内积是微分几何中的概念, 与前面向量空间中的内积的概念不同, 此处有两组基矢(切空间的基矢与余切空间基矢), 相互之间才有正交归一关系, 可类比向量空间中基的正交关系.

3. 泛函变分的表达式

选取函数空间 $\{y(x), x \in (a,b)\}$ 中的一组自然的基矢 $\{\delta(x-x'), x, x' \in (a,b)\}$, 考察在 x 处基矢上的投影, 先考虑只让 δy 在 x 处有变化, 在其他地方不变, 有

$$\frac{\delta F[y]}{\delta y(x)} = \int_a^b \frac{\partial f(y(x'))}{\partial(y(x'))} \cdot \frac{\delta y(x')}{\delta y(x)} \mathrm{d}x' = \int_a^b \frac{\partial f(y(x'))}{\partial(y(x'))} \cdot \delta(x-x') \mathrm{d}x' = \frac{\partial f(y(x))}{\partial(y(x))}$$

$$(21.2.16)$$

此式对任意 x 都成立. 因此

$$\delta F[y(x)][\delta y] = \left\langle \frac{\partial f(y(x))}{\partial(y(x))}, \delta y \right\rangle = \left\langle \frac{\delta F[y(x)]}{\delta y}, \delta y \right\rangle \qquad (21.2.17)$$

4. 泛函变分为 0 的条件

由于 $\{\delta y\}$ 是一个无穷维空间, 对于泛函 $F[y(x)]$ 的变分一般形式上可写为

$$\delta F[y(x)] = \sum_{\delta y} \frac{\delta F[y(x)]}{\delta y} \delta y \qquad (21.2.18)$$

其中 $\sum\limits_{\delta y}$ 是对 $\{\delta y\}$ 空间中所有 δy 的求和. 如果泛函是定积分的形式, 则上式右端为

$$\frac{\delta F[y(x)]}{\delta y} \delta y = \left\langle \frac{\delta F[y(x)]}{\delta y}, \delta y \right\rangle$$

对于 (21.2.18) 式, 如果对任给的 δy, 均要求 $\delta F[y(x)][\delta y] = 0$, 则

$$\frac{\delta F[y(x)]}{\delta y} \delta y = 0 \qquad (21.2.19)$$

则由 (21.2.17) 式, 对于 (21.2.14) 式类型的定积分泛函有

$$\frac{\delta F[y(x)]}{\delta y} = \frac{\partial f(y(x))}{\partial y(x)} = 0 \qquad (21.2.20)$$

第二十二章　变分原理

§22.1 泛函的极值

定义 22.1.1：泛函的极值

若泛函 $F[y(x)]$ 对与 $y=y_0(x)$ 具有零阶接近度的任意宗量 $y(x)$，都有

$$\Delta F=F[y(x)]-F[y_0(x)]\geqslant 0 \tag{22.1.1}$$

则称泛函 $F[y(x)]$ 在 $y=y_0(x)$ 上达到极小值.

同样，若都有

$$\Delta F=F[y(x)]-F[y_0(x)]\leqslant 0 \tag{22.1.2}$$

则称泛函 $F[y(x)]$ 在 $y=y_0(x)$ 上达到极大值.

定理 22.1.1：如果泛函 $F[y(x)]$ 在 $y=y_0(x)$ 达到极值（极大值或极小值），则在 $y=y_0(x)$ 上，对于任意的 $\delta y(x)$，有

$$\delta F[y_0(x)][\delta y(x)]=0 \tag{22.1.3}$$

即

$$\left.\frac{\delta F[y]}{\delta y(x)}\right|_{y_0(x)}=0 \tag{22.1.4}$$

证：取带参数 $\alpha(\alpha\in[0,1])$ 的宗量

$$
\begin{aligned}
y(x,\alpha)&=y_0(x)+\alpha\delta y(x)\\
&=y_0(x)+\alpha[y(x)-y_0(x)]
\end{aligned} \tag{22.1.5}
$$

即 $y(x,\alpha)$ 为由 $\alpha\in[0,1]$ 所确定的与 $y_0(x)$ 有零阶接近度的一族函数. 且有

$$y(x,\alpha)\big|_{\alpha=0}=y_0(x),\quad y(x,\alpha)\big|_{\alpha=1}=y(x) \tag{22.1.6}$$

因此，可以把泛函 $F[y(x,\alpha)]$ 看成泛函宗量的变分 δy 带参数 α 的泛函. 当给定 $y_0(x)$ 和 $\delta y(x)$ 时，从参数 α 的角度可以把此泛函看成 α 的函数 $\varphi(\alpha)$，

$$
\begin{aligned}
F[y(x,\alpha)]&=F[y_0(x)+\alpha\delta y(x)]\\
&=\varphi(\alpha)
\end{aligned} \tag{22.1.7}
$$

对这一 α 的函数（即泛函 $F[y(x,\alpha)]$）要取极值，必须有 $\varphi'(\alpha)=0$，即

$$\frac{\partial}{\partial\alpha}F[y_0(x)+\alpha\delta y(x)]=0 \tag{22.1.8}$$

由假定，泛函 $F[y(x)]$ 在 $y=y_0(x)$ 上达到极值，即 $\alpha=0$ 时，$y(x,\alpha)=y_0$，故有

$$\frac{\partial}{\partial\alpha}F[y_0(x)+\alpha\delta y(x)]\bigg|_{\alpha=0}=\delta F[y_0(x)][\delta y(x)]=0 \tag{22.1.9}$$

由于上式对于任意的 $\delta y(x)$ 均成立，由(21.2.16)式可知，

$$\left.\frac{\delta F[y]}{\delta y}\right|_{y_0(x)}=0 \tag{22.1.10}$$

即

$$\delta F[y_0(x)] = 0 \qquad (22.1.11)$$

注：在该定理中我们假定泛函 $F[y(x)]$ 在 $y = y_0(x)$ 达到极值，在实际的问题中 $y_0(x)$ 是未知的，只能是泛函 $F[y(x)]$ 宗量函数类中的某个 $y(x)$，而这个极值的 $y(x)$，要由下一节中的变分原理得到的欧拉-拉格朗日方程的求解来确定.

§ **22.2** 变分原理、欧拉-拉格朗日方程

在本节中，利用上节中的定理，来研究一类简单泛函的极值问题.

一、变分原理、欧拉-拉格朗日方程

仅考虑如下以定积分形式出现的一类简单泛函 $I[y(x)]$，

$$I[y(x)] = \int_{x_A}^{x_B} f(x, y, y') \, dx \qquad (22.2.1)$$

其中 $f(x, y, y')$ 的函数形式为已知的，且 $f(x, y, y')$ 对其宗量 $x, y(x), y'(x)$ 具有二阶连续的偏导数，同时对 x_A, x_B，有 $y(x_A) = y_A$ 和 $y(x_B) = y_B$ 都是已知的，即在 $x-y$ 平面上 (x_A, y_A) 和 (x_B, y_B) 两点是固定的（图 22.2.1）. 我们要研究，当泛函 $I[y]$ 取极值时，$y(x)$ 要满足的微分方程.

引入单参数比较函数族 $\bar{y}(x, \alpha)$，且 $\bar{y}(x, \alpha)$ 满足下列三个条件：

（1）$\bar{y}(x_A, \alpha) = y(x_A) = y_A$，$\bar{y}(x_B, \alpha) = y(x_B) = y_B$，对所有 α 都成立.

（2）$\bar{y}(x, 0) = y(x)$ 为所期望的极值函数.

（3）$\bar{y}(x, \alpha)$ 及其对 x, α 的一、二阶偏微商都是连续函数.

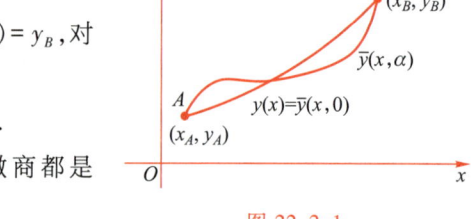

图 22.2.1

因此，泛函可写成由比较函数所构成的带参数 α 形式的泛函

$$I[\alpha] = \int_{x_A}^{x_B} f\left[x, \bar{y}(x, \alpha), \frac{\partial}{\partial x}\bar{y}(x, \alpha)\right] dx \qquad (22.2.2)$$

由定理 22.1.1 可知，泛函 $I(\alpha)$ 在 $\bar{y} = y$ 时取极值的必要条件为

$$\frac{d}{d\alpha}I(\alpha)\bigg|_{\alpha=0} = 0 \qquad (22.2.3)$$

这一条件便是对 (22.2.1) 式的泛函 $I[y(x)]$ 的变分为零.

在此条件下导出泛函 $I[y(x)]$ 的宗量 $y(x)$ 满足的运动方程. 由

$$\begin{aligned}
\frac{dI(\alpha)}{d\alpha} &= \int_{x_A}^{x_B} \left[\frac{\partial f}{\partial \bar{y}} \cdot \frac{d\bar{y}}{d\alpha} + \frac{\partial f}{\partial \bar{y}'} \cdot \frac{d\bar{y}'}{d\alpha}\right] dx \\
&= \int_{x_A}^{x_B} \left[\frac{\partial f}{\partial \bar{y}} \cdot \frac{d\bar{y}}{d\alpha} + \frac{\partial f}{\partial \bar{y}'} \cdot \frac{d}{dx}\left(\frac{d\bar{y}}{d\alpha}\right)\right] dx
\end{aligned} \qquad (22.2.4)$$

对上式右端积分的第二项进行分部积分

$$\int_{x_A}^{x_B} \frac{\partial f}{\partial \overline{y}'} \cdot \frac{d}{dx}\left(\frac{d\overline{y}}{d\alpha}\right) dx = \frac{\partial f}{\partial \overline{y}'} \cdot \frac{d\overline{y}}{d\alpha}\bigg|_{x_A}^{x_B} - \int_{x_A}^{x_B} \frac{d\overline{y}}{d\alpha} \cdot \frac{d}{dx}\left(\frac{\partial f}{\partial \overline{y}'}\right) dx$$

由于 $\overline{y}(x_A,\alpha)=y_A$，$\overline{y}(x_B,\alpha)=y_B$，即在 $x=x_A$ 和 $x=x_B$ 处，$\overline{y}(x_A,\alpha)$ 对于 α 而言都是常数，故它们的微商为零，即 $\frac{d\overline{y}}{d\alpha}\bigg|_{x_A}=\frac{d\overline{y}}{d\alpha}\bigg|_{x_B}=0$，故上式右端的第一项为零．因此可得

$$\frac{dI(\alpha)}{d\alpha}=\int_{x_A}^{x_B}\left[\frac{\partial f}{\partial \overline{y}}-\frac{d}{dx}\left(\frac{\partial f}{\partial \overline{y}'}\right)\right]\frac{d\overline{y}}{d\alpha}dx \tag{22.2.5}$$

由(22.2.3)式和(22.2.5)式可知

$$\frac{d}{d\alpha}I(\alpha)\bigg|_{\alpha=0}=\int_{x_A}^{x_B}\left[\frac{\partial f}{\partial \overline{y}}-\frac{d}{dx}\left(\frac{\partial f}{\partial \overline{y}'}\right)\right]_{\alpha=0}\left[\frac{d\overline{y}}{d\alpha}\right]_{\alpha=0}dx=0 \tag{22.2.6}$$

由 $\overline{y}(x,\alpha)$ 所满足的条件可知，$\overline{y}(x,\alpha)\big|_{\alpha=0}=y(x)$，$\overline{y}'(x,\alpha)\big|_{\alpha=0}=y'(x)$，且令 $\frac{d\overline{y}}{d\alpha}\bigg|_{\alpha=0}=\eta(x)$，$\eta(x)$ 的性质由 $\overline{y}(x,\alpha)$ 满足的条件可知，除在 $x=x_A$ 和 $x=x_B$ 处为零外，在其自变量 x 区域中为 x 的连续可微函数，是不均为零的函数．

因此对于(22.2.6)式，由(22.1.7)式—(22.1.11)式可知，$\frac{d}{d\alpha}I(\alpha)\bigg|_{\alpha=0}=$

$\delta I[y(x)][\eta(x)]=0$，即对于任意 $\eta(x)=\left[\frac{dy}{dx}\right]\bigg|_{\alpha=0}$，均有 $\delta I[y(x)][\eta(x)]=0$ 时，则

要求 $\int_{x_A}^{x_B}\left[\frac{\partial f}{\partial y}-\frac{d}{dx}\left(\frac{\partial f}{\partial y'}\right)\right]_{\alpha=0}\eta(x)dx=0$，即可导出 $y(x)$ 所满足的方程

$$\frac{\partial f}{\partial y}-\frac{d}{dx}\left(\frac{\partial f}{\partial y'}\right)=0 \tag{22.2.7}$$

这一方程称为**欧拉-拉格朗日方程**，它是欧拉在 1744 年首先导出的，拉格朗日也做出了独立的贡献．一般情况下方程式(22.2.7)是一个二阶常微分方程．

通常把泛函取极值时，由泛函的变分为零可导出泛函宗量函数所满足的方程，这一原理称为**变分原理**．

通过解欧拉-拉格朗日方程，可得到具体的 $y(x)$ 的形式，它是(22.2.1)式的泛函 $I[y(x)]$ 取得极值时的 $y(x)$ 的具体函数形式．

二、最速降线问题

例22.2.1 对泛函极值问题的研究，一个著名的问题就是 1696 年伯努利(J. Bernoulli)所提出的最速降线问题．下面介绍此问题：

在垂直平面内给定两点 A 和 B，一质量为 m 的物体在重力作用下，由 A 沿轨道无摩擦地下滑至 B．求由 A 滑至 B 所用时间最少的轨道．

解：如图 22.2.2 所示，A 为坐标原点，取定 x 轴和 y 轴，假设物体 m 的初始速度为零，设所求的轨道为 $y=y(x)$，m 沿轨道的速率为 $v=\frac{ds}{dt}$，ds 为轨道 $y(x)$ 的弧元．

由几何的关系可得

$$ds^2 = dx^2 + (dy(x))^2 = (1 + y'^2) dx^2$$

$$ds = \sqrt{1 + y'^2} \, dx \qquad (22.2.8)$$

由牛顿力学可知

$$\frac{1}{2} m v^2 = mgy$$

$$v = \sqrt{2gy} \qquad (22.2.9)$$

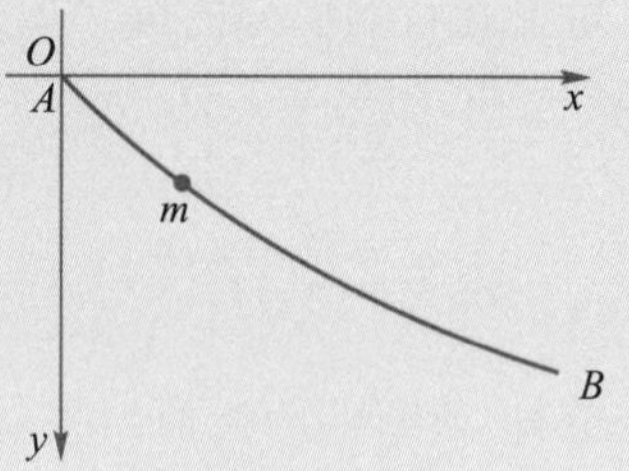

图 22.2.2

则可得物体 m 由 $A \to B$ 下滑的时间为

$$T = \int_A^B \frac{ds}{v} = \frac{1}{\sqrt{2g}} \int_{x_A = 0}^{x_B} \sqrt{\frac{1 + y'^2}{y}} \, dx \qquad (22.2.10)$$

这就变成求上式泛函 $T[y(x)]$ 的极小值问题.

用变分原理来求这一极值问题,由泛函式(22.2.1)的形式可知,此问题中的 $f(x, y, y')$ 为

$$f = \sqrt{\frac{1 + y'^2}{y}} \qquad (22.2.11)$$

函数 f 中不显含 x. 对于不显含 x 的 f,可采取如下的方法,观察 $y' \dfrac{\partial f}{\partial y'} - f$ 这个量,对 x 求微商

$$\frac{d}{dx} \left(y' \frac{\partial f}{\partial y'} - f \right)$$

$$= y'' \frac{\partial f}{\partial y'} + y' \frac{d}{dx} \left(\frac{\partial f}{\partial y'} \right) - \frac{\partial f}{\partial x} - \frac{\partial f}{\partial y} y' - \frac{\partial f}{\partial y'} y''$$

$$= -y' \left[\frac{\partial f}{\partial y} - \frac{d}{dx} \left(\frac{\partial f}{\partial y'} \right) \right] \qquad (22.2.12)$$

其中 $\dfrac{\partial f}{\partial x} = 0$,由欧拉-拉格朗日方程,等式右端的方括号内的项为零,故方程的左端为零.

因此由方程式(22.2.12)可看出,对于不显含 x 的函数 f,有方程

$$\frac{d}{dx} \left(y' \frac{\partial f}{\partial y'} - f \right) = 0 \qquad (22.2.13)$$

与欧拉-拉格朗日方程等价. 可得

$$y' \frac{\partial f}{\partial y'} - f = C, \quad C \text{ 为常数} \qquad (22.2.14)$$

这一方程对所有 f 不显含 x 的泛函式(22.2.1)的求极值问题都是满足的.

对最速降线问题,把 f 的形式(22.2.11)式代入方程式(22.2.13),有

$$\frac{y'^2}{\sqrt{(1 + y'^2)}} - \sqrt{\frac{1 + y'^2}{y}} = C \qquad (22.2.15)$$

令 $C^2 = \dfrac{1}{2a}$,$a > 0$,由上式方程可得

$$y' = \sqrt{\frac{2a - y}{y}} \qquad (22.2.16)$$

积分可得

$$x - x_0 = \int \sqrt{\frac{y}{2a - y}} \, dy \qquad (22.2.17)$$

其中 x_0 为积分常数. 取变量代换

$$y = a(1 - \cos\theta) \tag{22.2.18}$$

则有

$$x - x_0 = 2a \int \sin^2 \frac{\theta}{2} \mathrm{d}\theta = a(\theta - \sin\theta)$$

即

$$x = a(\theta - \sin\theta) + x_0 \tag{22.2.19}$$

以参数 θ 表示的 y 和 x 的 (22.2.18) 式、(22.2.19) 式, 是最速降线问题所满足的轨道, 它是一个旋轮线 (即摆线) 的方程, 是由半径为 a 的圆周上一固定点运动而生成的, 该圆周在 x 轴的下方沿 x 轴作纯滚动. 只存在一条旋轮线通过原点即 (x_A, y_A) 点和另一固定点 (x_B, y_B) 点. 由这两点的值, 即边值条件来定出常数 a 和 x_0, 就可定出此摆线. 因此伯努利所提出的最速降线问题的轨道是一条旋轮线.

三、多个一元函数的变分

下面讨论具有多个一元函数的泛函的变分.

若泛函 $I[y]$ 具有如下的形式

$$I = \int_{x_A}^{x_B} f(x, y_1, y_2, \cdots, y_n; y_1', y_2', \cdots, y_n') \mathrm{d}x \tag{22.2.20}$$

泛函 $I[y]$ 依赖于 n 个一元函数 $y_1(x), y_2(x), \cdots, y_n(x)$ 及其微商 $y_1'(x), y_2'(x), \cdots, y_n'(x)$.

当泛函 $I[y]$ 取得极值时, 要求确定函数 $y_1(x), y_2(x), \cdots, y_n(x)$ 的具体形式并满足

$$y_i(x_A) = y_{iA}, \quad y_i(x_B) = y_{iB}, \quad i = 1, 2, \cdots, n \tag{22.2.21}$$

这就是要对 $\delta I = 0$, 并满足上述条件时, 求出 $y_1(x), \cdots, y_n(x)$ 所满足的方程.

可同样采取本节前面导出欧拉-拉格朗日方程的方法, 引入 n 个比较函数 $\bar{y}_i(x, \alpha_i)$, $i = 1, 2, \cdots, n$, 然后先假设 $n-1$ 个 $y_j(x)$ 已给出了使泛函达到极值的形式, 对 $n-1$ 个之外的第 $y_i(x)$ 的泛函, 采取进行变分使泛函取极值的方法, 得到 $y_i(x)$ 满足的欧拉-拉格朗日方程, 按这样的程序进行, 可得到一组 n 个的欧拉-拉格朗日方程组

$$\frac{\partial f}{\partial y_i} - \frac{\mathrm{d}}{\mathrm{d}x}\left(\frac{\partial f}{\partial y_i'}\right) = 0, \quad i = 1, 2, \cdots, n \tag{22.2.22}$$

即求得了泛函式 (22.2.20) 取极值时, $y_1(x), y_2(x), \cdots, y_n(x)$ 所满足的微分方程组.

这一方程组同样也称为**欧拉-拉格朗日方程** (或欧拉-拉格朗日方程组). 欧拉-拉格朗日方程 (有时只称欧拉方程) 是整个分析力学的基础.

§22.3 哈密顿原理

在分析力学 (亦称拉格朗日力学) 中, 一个经典力学体系, 由广义坐标 $q_1(t)$, $q_2(t), \cdots, q_n(t)$ 来描述, 这一系统具有动能 $T(q_i, \dot{q}_i)$ 和势能 $V(q_i, t)$, 其中 $\dot{q}_i = \frac{\mathrm{d}}{\mathrm{d}t} q_i(t)$, $i = 1, 2, \cdots, n$. 则这一体系的**拉氏量** (**拉格朗日量**) 定义为

$$L(q_i, \dot{q}_i, t) = T(q_i, \dot{q}_i) - V(q_i, t), \quad i = 1, 2, \cdots, n \tag{22.3.1}$$

考虑体系在任意的固定时间 t_A 和 $t_B (t_A < t_B)$ 这段时间内运动,当 $q_i(t_A)$ 和 $q_i(t_B), i = 1, 2, \cdots, n$ 给定,则可由体系的拉氏量构造该条件下力学体系的泛函,亦称为力学体系的作用量,记为 I,

$$I = \int_{t_A}^{t_B} L(q_i, \dot{q}_i, t) \mathrm{d}t, \quad i = 1, 2, \cdots, n \tag{22.3.2}$$

哈密顿原理指出:这一力学体系的运动应使得该力学体系的作用量式(22.3.2)取极值. 因此,在物理学中,通常把哈密顿原理称为最小作用量原理.

按照哈密顿原理,由上一节变分原理的讨论,力学体系的运动所满足的微分方程,应由(22.3.2)式的作用量变分为零给出,即由 $\delta I = 0$ 和(22.2.22)式,可得力学体系满足的运动方程

$$\frac{\partial L}{\partial q_i} - \frac{\mathrm{d}}{\mathrm{d}t}\left(\frac{\partial L}{\partial \dot{q}_i}\right) = 0, \quad i = 1, 2, \cdots, n \tag{22.3.3}$$

这组运动方程称为拉格朗日方程,它是 n 个联立的二阶微分方程组. 由它可得出具体的 $q_i(t), i = 1, 2, \cdots, n$,其中 $2n$ 个积分常数由所给定的 $q_i(t_A)$ 和 $q_i(t_B)$ 来确定. 这就给出了描述这一力学体系的 n 个广义坐标随时间的变化关系和整个力学体系的具体运动形式.

当力学体系的拉氏量 L 不显含 t 时,即(22.3.1)式中的 $V = V(q_i)$ 时,由上一节中讨论的(22.2.13)式(由对应关系 $L \leftrightarrow f, q(t) \leftrightarrow y(x), t \leftrightarrow x$)可得

$$\frac{\partial L}{\partial \dot{q}_i} \dot{q}_i - L = E, \quad i \text{ 求和}, \quad i: 1 \to n \tag{22.3.4}$$

E 为常数.

由于 $V = V(q_i, t)$ 与 $\dot{q}_i$ 无关,故对(22.3.1)式所定义的 L,有

$$\frac{\partial L}{\partial \dot{q}_i} \dot{q}_i = \frac{\partial T}{\partial \dot{q}_i} \dot{q}_i$$

一般情况下,动能 $T(q_i, \dot{q}_i)$ 具有如下形式

$$T = \alpha_{ij} \dot{q}_i \dot{q}_j, \quad \alpha_{ij} = \alpha_{ji}, \quad i, j = 1, 2, \cdots, n \text{ 求和} \tag{22.3.5}$$

α_{ij} 为系数,一般是与坐标无关的常数,但在特定情况下,如曲线坐标下,也可能是坐标的函数,即可得

$$\frac{\partial T}{\partial \dot{q}_i} \dot{q}_i = 2T \tag{22.3.6}$$

因此,由(22.3.4)式和 $L = T - V$ 可得

$$2T - L = T + V = E \tag{22.3.7}$$

当 L 不显含时间 t 时,常数 E 为这一力学体系的总能量,是一个守恒量,也就是在保守力场中力学体系的机械能是守恒的.

例22.3.1 一质量为 m 的质点,在 $V(x) = \frac{1}{2}kx^2 (k>0)$ 的势场中运动,在 $t_A = 0$ 和 $t_B = t_1$ 这一时间段内运动,已知 $x_A = x(t_A) = x_0, x_B = x(t_1) = x_1$,求此质点的运动.

解:这是一个典型的一维谐振子的运动,动能 T 和势能 V 如下

$$T = \frac{1}{2}m\dot{x}, \quad V = \frac{1}{2}kx^2 \tag{22.3.8}$$

这一体系的拉氏量为

$$L = \frac{1}{2}m\dot{x}^2 - \frac{1}{2}kx^2 \tag{22.3.9}$$

在已知条件下的泛函为

$$I = \int_0^{t_1} L \mathrm{d}t = \int_0^{t_1} \left(\frac{1}{2}m\dot{x} - \frac{1}{2}kx \right) \mathrm{d}t \tag{22.3.10}$$

由 $\delta I = 0$,得到体系的运动方程

$$\frac{\partial L}{\partial x} - \frac{\mathrm{d}}{\mathrm{d}t}\frac{\partial L}{\partial \dot{x}} = 0$$

可得

$$-kx - m\ddot{x} = 0$$

即

$$\ddot{x} + \omega^2 x = 0, \quad \omega^2 = \frac{k}{m} \tag{22.3.11}$$

这就是线性谐振子的运动方程,可得解

$$x = A\cos(\omega t + \delta) \tag{22.3.12}$$

其中 A 和 δ 为积分常数,由 $x(0) = x_0$ 和 $x(t_1) = x_1$ 而定. 把 x_0 和 x_1 这已知数值代入解式(22.3.12)中,有

$$x_0 = A\cos\delta \tag{22.3.13}$$

$$x_1 = A\cos(\omega t_1 + \delta) = A(\cos\omega t_1 \cos\delta - \sin\omega t_1 \sin\delta) \tag{22.3.14}$$

两式相除,消去 A 可得

$$\frac{x_1}{x_0} = \cos\omega t_1 - \sin\omega t_1 \tan\delta$$

可得

$$\delta = \tan^{-1}\left(\cot\omega t_1 - \frac{1}{\sin\omega t_1} \cdot \frac{x_1}{x_0} \right) \tag{22.3.15}$$

$$A = \frac{x_0}{\cos\delta} = x_0 \cdot \frac{1}{\cos\left[\arctan\left(\cot\omega t_1 - \frac{1}{\sin\omega t_1} \cdot \frac{x_1}{x_0} \right) \right]} \tag{22.3.16}$$

同时可知,总能量 E 守恒,

$$E = \frac{1}{2}m\dot{x}^2 + \frac{1}{2}kx^2 \tag{22.3.17}$$

把 δ 和 A 的值代入 x 的表达式(22.3.12)和上式中即可得 E.

§ **22.4** 哈密顿泛函和正则方程

上一节的哈密顿原理,在分析力学和量子物理中有着广泛的应用,在本书只介绍基本原理,而不过多涉及应用举例.在本节中我们介绍与由哈密顿原理所得的拉格朗日方程并行的另一种力学体系的描述形式,即哈密顿力学的正则形式.虽然它并不出于变分原理,但它与泛函的变分有密切的关系,同时它在量子物理中也有广泛的应用.因此我们在此简单介绍哈密顿力学中正则方程的导出.

一、哈密顿泛函的定义

上一节定义了一个经典力学体系的拉氏量(22.3.1)、作用量(22.3.2)和由哈密顿原理所导出的运动方程(22.3.3).由此可以定义与这一力学体系的广义坐标 $q_i(t)$ 相对应的广义动量 $p_i(t)$,

$$p_i(t) = \frac{\partial L}{\partial \dot{q}_i(t)} \tag{22.4.1}$$

则 $(p_i(t), q_i(t); i=1,2,\cdots,n)$ 可构成这一力学体系的广义相空间,在这个 $2n$ 维相空间上,可以定义这一体系的哈密顿泛函 H(通常称为力学体系的哈密顿函数,或简称**哈密顿量**)

$$H = p_i \dot{q}_i - L \tag{22.4.2}$$

其中 L 为(22.3.1)式所定义的拉氏量.

二、哈密顿正则方程

当对泛函 H 进行变分时,

$$\begin{aligned}
\delta H &= \delta(p_i \dot{q}_i - L) \\
&= \delta p_i \cdot \dot{q}_i + p_i \delta \dot{q}_i - \left(\frac{\partial L}{\partial q_i}\right)\delta q_i - \left(\frac{\partial L}{\partial \dot{q}_i}\right)\delta \dot{q}_i \\
&= \dot{q}_i \delta p_i - \left(\frac{\partial L}{\partial q_i}\right)\delta q_i
\end{aligned} \tag{22.4.3}$$

其中用到(22.4.1)式(右边的第二项与第四项相消).因此可以看出,对 H 的变分,只含有对 p_i 和 q_i 的变分,而不含有对 $\dot{q}_i$ 的变分,也就是说系统的哈密顿量 H 只是 p_i 和 q_i 的泛函,这也说明哈密顿泛函是定义在相空间 (p_i, q_i) 上的泛函,

$$H = H(p_i, q_i) \tag{22.4.4}$$

故一般对 $H = H(p_i, q_i)$ 的变分应该为

$$\delta H(p_i, q_i) = \frac{\partial H}{\partial p_i}\delta p_i + \frac{\partial H}{\partial q_i}\delta q_i \tag{22.4.5}$$

比较(22.4.3)式和(22.4.5)式,可得

$$\frac{\partial H}{\partial p_i} = \dot{q}_i, \quad \frac{\partial H}{\partial q_i} = -\frac{\partial L}{\partial \dot{q}_i} \tag{22.4.6}$$

而借助于方程式(22.3.3),有

$$\frac{\partial L}{\partial q_i} = \frac{\mathrm{d}}{\mathrm{d}t}\left(\frac{\partial L}{\partial \dot{q}_i}\right) = \frac{\mathrm{d}}{\mathrm{d}t}p_i = \dot{p}_i \qquad (22.4.7)$$

故可得

$$\begin{cases} \dfrac{\partial H}{\partial p_i} = \dot{q}_i \\[2mm] \dfrac{\partial H}{\partial q_i} = -\dot{p}_i \end{cases} \qquad (22.4.8)$$

这就是**哈密顿正则方程**,它是一个力学体系运动的另一种描述形式.

上式第二个方程可写为

$$\dot{p}_i = -\frac{\partial H}{\partial q_i} = -\frac{\partial T}{\partial q_i} - \frac{\partial V}{\partial q_i} \qquad (22.4.9)$$

右侧给出第 i 个坐标方向上的受力,其中 $T = \sum_{ij} \alpha_{ij} \dot{q}_i \dot{q}_j$, $\alpha_{ij} = \alpha_{ji} = \alpha_{ij}(\boldsymbol{q})$. 如果系数 α_{ij} 与坐标无关,是常数,则 $-\dfrac{\partial T}{\partial q_i} = 0$. 下面考虑一个系数 α_{ij} 与坐标有关的情况.

在二维极坐标系 (ρ, φ) 下,

$$T = \frac{1}{2}m(\dot{\rho}^2 + (\rho\dot{\varphi})^2), \quad V = V(\rho, \varphi) \qquad (22.4.10)$$

其中 $\alpha_{\rho\rho} = \dfrac{1}{2}m$, $\alpha_{\varphi\varphi} = \dfrac{1}{2}m\rho^2$, $\alpha_{\rho\varphi} = \alpha_{\varphi\rho} = 0$. 则

$$\dot{p}_\rho = -\frac{\partial T}{\partial \rho} - \frac{\partial V}{\partial \rho} = -m(\rho\dot{\varphi}) \cdot \dot{\varphi} - \frac{\partial V}{\partial \rho} = -m\rho\dot{\varphi}^2 - \frac{\partial V}{\partial \rho} \qquad (22.4.11)$$

$$\dot{p}_\varphi = -\frac{\partial H}{\partial \varphi} = -\frac{\partial V}{\partial \varphi} \qquad (22.4.12)$$

可以看到,$\dot{p}_\rho$ 中除了第二项的广义力,还出现了第一项的离心力.

注意:通常大家所接触到的力学问题,很多都能由拉格朗日力学给出哈密顿的正则表述. 但在有约束的情况下,问题就复杂很多,由 H 的定义式

$$H = p_i\dot{q}_i - L(q_i, \dot{q}_i, t) = H(p_i, q_i) \qquad (22.4.13)$$

必须由拉格朗日方程中把 $\dot{q}_i$ 用 (p_i, q_i) 表示出,但在某些有约束的体系中,$\dot{q}_i$ 是不能用 (p_i, q_i) 唯一确定的,即在 $2n$ 个变量的相空间 (p_i, q_i) 中由于约束的存在,力学体系真正的物理相空间的维数是小于 $2n$ 维的,即对 $2n$ 维的相空间来说有了多余的非物理的自由度. 在这种情况下,要去掉多余的自由度,而得到真正描述体系运动的哈密顿正则方程要困难和复杂得多.

在有约束存在的情况下,用拉格朗日力学的体系来处理,显得要简单和容易一些,因此一般都要用带约束的分析力学的方法来处理.

§ 22.5 带约束条件的泛函变分

为了更好地理解用**拉格朗日乘子法**求带约束条件的泛函极值问题,我们首先回顾一下数学分析中多元函数带约束条件的求极值问题,即条件极值问题.

一、数学分析中多元函数带约束条件的求极值问题

以定义在 (x, y) 平面上的二元函数

$$z = F(x, y) \tag{22.5.1}$$

为例,求其在定义域范围内的极值,如果没有约束,这是个无条件的极值问题,很容易求得. 但如果要求函数 $F(x, y)$ 在约束条件

$$G(x, y) = 0 \tag{22.5.2}$$

下来求得极值,也就是把原来函数的定义域约束到满足方程式(22.5.2)的区域中来求极值(一般来说,约束条件是把原来函数的变量约束在满足方程的原来函数定义域的超曲面——即比原定义域低一维的曲面上. 在此二维问题中,是由方程式(22.5.2)所定义的曲线上). 由隐函数存在性定理,约束方程式(22.5.2)可确定函数

$$y = g(x) \tag{22.5.3}$$

将其代入(22.5.1)式,可得在约束条件下的函数关系式

$$z = F(x, y) = F(x, g(x)) \tag{22.5.4}$$

将此式对 x 求导

$$\frac{\mathrm{d}z}{\mathrm{d}x} = F_x(x, y) + F_y(x, y) \frac{\mathrm{d}g(x)}{\mathrm{d}x} \tag{22.5.5}$$

由隐函数求导规则,对(22.5.2)式求导,有

$$G_x(x, y) + G_y(x, y) \frac{\mathrm{d}g(x)}{\mathrm{d}x} = 0 \tag{22.5.6}$$

可得

$$\frac{\mathrm{d}z}{\mathrm{d}x} = F_x(x, y) - F_y(x, y) \frac{G_x(x, y)}{G_y(x, y)} \tag{22.5.7}$$

若假设 (x_0, y_0) 点为 $z = F(x, y = g(x))$ 的极值点,必有 $\left. \dfrac{\mathrm{d}z}{\mathrm{d}x} \right|_{(x_0, y_0)} = 0$,可得

$$F_x(x_0, y_0) - F_y(x_0, y_0) \frac{G_x(x_0, y_0)}{G_y(x_0, y_0)} = 0$$

即

$$\frac{F_x(x_0, y_0)}{G_x(x_0, y_0)} = \frac{F_y(x_0, y_0)}{G_y(x_0, y_0)} \tag{22.5.8}$$

此式表明,在 (x_0, y_0) 点,$F(x, y)$ 的梯度 $\nabla F(x_0, y_0)$ 与 $G(x, y)$ 的梯度 $\nabla G(x_0, y_0)$ 平行,它们可相差一个常数 λ,即

$$\nabla F(x_0, y_0) = \lambda \nabla G(x_0, y_0) \tag{22.5.9}$$

这说明函数 $F(x, y)$ 和 $G(x, y)$ 在 (x_0, y_0) 点应满足如下方程组

$$\begin{cases} F_x(x_0,y_0) - \lambda G_x(x_0,y_0) = 0 \\ F_y(x_0,y_0) - \lambda G_y(x_0,y_0) = 0 \\ G(x_0,y_0) = 0 \end{cases} \qquad (22.5.10)$$

若构造一个带参数的辅助函数

$$E(x,y,\lambda) = F(x,y) - \lambda G(x,y) \qquad (22.5.11)$$

则方程组

$$\begin{cases} E_x(x_0,y_0,\lambda) = 0 \\ E_y(x_0,y_0,\lambda) = 0 \\ E_\lambda(x_0,y_0,\lambda) = G(x,y) = 0 \end{cases} \qquad (22.5.12)$$

的解 (x_0,y_0)（可以不必求出 λ 的具体值），满足方程组（22.5.10），即函数 $z = F(x,y)$ 在约束条件式（22.5.20）下的极值. 一般情况下，辅助函数的构造系数的形式为

$$E(x,y,\lambda) = F(x,y) + \lambda G(x,y) \qquad (22.5.13)$$

它与（22.5.11）式的 λ 差一"负号"，这并不影响对极值的求解，通常称"λ"为**拉格朗日不定乘子**，或简称为**拉格朗日乘子**.

这种用拉格朗日乘子"λ"乘以约束条件函数来构造辅助函数，并通过辅助函数求极值来求解条件极值问题的方法称为**拉格朗日乘子法**.

对于一般 n 元函数 $F(x_1,x_2,\cdots,x_n)$，在 $r(r \leqslant n-1)$ 个约束条件

$$\begin{cases} G^1(x_1,x_2,\cdots,x_n) = 0 \\ G^2(x_1,x_2,\cdots,x_n) = 0 \\ \qquad \cdots \\ G^r(x_1,x_2,\cdots,x_n) = 0 \end{cases} \qquad (22.5.14)$$

下求极值点的拉格朗日乘子法，其基本解步骤如下：

第一，加入 r 个拉格朗日乘子构造辅助函数

$$\begin{aligned} &E(x_1,x_2,\cdots,x_n,\lambda_1,\lambda_2,\cdots,\lambda_r) \\ &= F(x_1,x_2,\cdots,x_n) + \lambda_1 G^1 + \lambda_2 G^2 + \cdots + \lambda_r G^r \end{aligned} \qquad (22.5.15)$$

第二，求出 E 的所有自变量和 r 个参数 λ 的一阶偏导数，并令其为零（这是辅助函数 E 取得极值的必要条件），构成 $n+r$ 个方程的方程组

$$\begin{cases} E_{x_1} = F_{x_1} + \lambda_1 G^1_{x_1} + \lambda_2 G^2_{x_1} + \cdots + \lambda_r G^r_{x_1} = 0 \\ E_{x_2} = F_{x_2} + \lambda_1 G^1_{x_2} + \lambda_2 G^2_{x_2} + \cdots + \lambda_r G^r_{x_2} = 0 \\ \qquad \cdots \\ E_{x_n} = F_{x_n} + \lambda_1 G^1_{x_n} + \lambda_2 G^2_{x_n} + \cdots + \lambda_r G^r_{x_n} = 0 \\ E_{\lambda_1} = G^1(x_1,x_2,\cdots,x_n) = 0 \\ E_{\lambda_2} = G^2(x_1,x_2,\cdots,x_n) = 0 \\ \qquad \cdots \\ E_{\lambda_r} = G^r(x_1,x_2,\cdots,x_n) = 0 \end{cases} \qquad (22.5.16)$$

第三，解此方程组，求得自变量 $(x_1, x_2, \cdots, x_n)$ 的解（可不必求出 $\lambda_1, \lambda_2, \cdots, \lambda_r$ 的具体数值），这组解为有 r 个约束条件的 n 元函数 F 的极值点.

以上介绍的是用拉格朗日乘子法，求带约束条件的函数的极值问题. 我们把这一思想和方法直接推广到带约束条件的泛函变分的求泛函极值的问题中.

二、带约束条件的泛函求解极值的问题

下面给出求解带约束条件的泛函极值的拉格朗日乘子法. 考虑泛函

$$I[y] = \int_{x_A}^{x_B} F(x, y, y') \, dx \tag{22.5.17}$$

其中 $y(x_A) = y_A, y(x_B) = y_B$ 为定值. 求在约束条件

$$J[y] = \int_{x_A}^{x_B} G(x, y, y') \, dx = C \tag{22.5.18}$$

（C 为常数）下，泛函 $I(y)$ 的极值问题.

下面仍然用变分原理来求泛函的极值. 引入拉格朗日乘子 λ，构造辅助泛函

$$E[y] = I[y] + \lambda J[y]$$
$$= \int_{x_A}^{x_B} [F(x, y, y') + \lambda G(x, y, y')] \, dx \tag{22.5.19}$$

对辅助泛函用变分原理求其极值，由

$$\delta E = 0$$

可得欧拉方程

$$\frac{\partial (F + \lambda G)}{\partial y} - \frac{d}{dx} \frac{\partial (F + \lambda G)}{\partial y'} = 0 \tag{22.5.20}$$

解此方程，所得的 $y(x)$ 就是满足约束条件 $J[y] = 0$ 的泛函 $I[y]$ 的极值. 对于所得的解 $y(x)$ 中的积分常数及不定乘子 λ，由边界条件 $y(x_A) = y_A, y(x_B) = y_B$ 及约束条件 $J[y] = C$ 确定. 这就是带约束条件的泛函求极值的**拉格朗日乘子法**.

例 22.5.1 在平面上，对给定周长 l 的封闭曲线，求 l 为何种曲线时可围成的面积最大. 这就是著名的等周长问题，是典型的常用约束条件的泛函求极值问题.

解：如图 22.5.1 所示，封闭曲线 l 所围成的面积为 Ω，有

$$\Omega = \int_\Omega dx dy \tag{22.5.21}$$

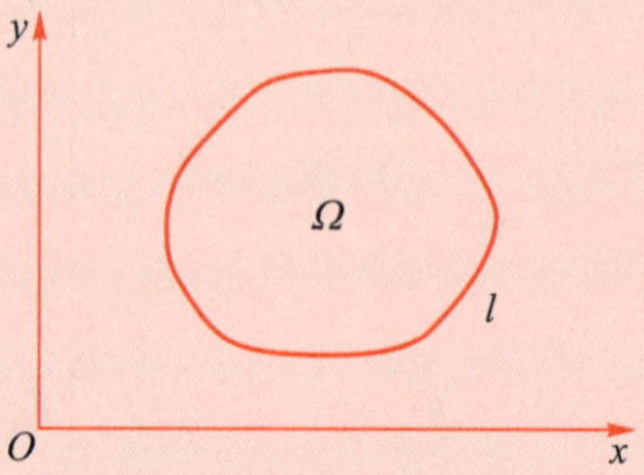

由二维平面上的斯托克斯定理

$$\int_\Omega \left[\frac{\partial Q(x, y)}{\partial x} - \frac{\partial P(x, y)}{\partial y} \right] dx dy = \oint_l p(x, y) \, dx + Q(x, y) \, dy \tag{22.5.22}$$

可知，当取 $P(x, y) = -y, Q(x, y) = x$ 时，上式左边的积分为 2Ω，故 l 可围的面积 Ω 的积分表达式为

图 22.5.1

$$\Omega = \frac{1}{2} \oint_l x dy - y dx \tag{22.5.23}$$

这是面积依赖于曲线 l 表达式的泛函.

为了便于计算,把封闭曲线 l 以参数 t 的形式给出

$$\begin{cases} x = x(t) \\ y = y(t) \end{cases} \quad (t_A \leqslant t \leqslant t_B) \tag{22.5.24}$$

则面积 Ω 依赖于 $x(t)$ 和 $y(t)$ 的泛函形式为

$$\Omega[x, y] = \frac{1}{2} \int_{t_A}^{t_B} (x\dot{y} - \dot{x}y) \, dt \tag{22.5.25}$$

其中 $\dot{x} = \dfrac{dx}{dt}, \dot{y} = \dfrac{dy}{dt}$.

封闭曲线 l 的长度的表达式为

$$G[x, y] = \int_{t_A}^{t_B} \sqrt{\dot{x}^2 + \dot{y}^2} \, dt = l \tag{22.5.26}$$

l 为定值,这是一个约束泛函,是约束条件. (22.5.25) 式及 (22.5.26) 式构成了带约束条件求泛函变分的极值问题,即在闭曲线长度为定值 l 的条件下,求当 $\delta\Omega = 0$ 时 Ω 达到最大值的曲线 l 所满足的方程,即可求出 l 的形状.

采用拉格朗日乘子法,引入拉格朗日乘子 λ,构造辅助泛函 E,

$$E[x, y, \lambda] = \Omega[x, y] + \lambda G[x, y]$$

$$= \int_{t_A}^{t_B} \left\{ \frac{1}{2}(x\dot{y} - \dot{x}y) + \lambda \sqrt{\dot{x}^2 + \dot{y}^2} \right\} dt \tag{22.5.27}$$

对带 λ 的二元泛函 E 进行变分,并令 $\delta E = 0$,得欧拉-拉格朗日方程组

$$\begin{cases} \dfrac{1}{2}\dot{y} - \dfrac{d}{dt}\left[-\dfrac{1}{2}y + \dfrac{\lambda\dot{x}}{\sqrt{\dot{x}^2 + \dot{y}^2}} \right] = 0 \\[4mm] -\dfrac{1}{2}\dot{x} - \dfrac{d}{dt}\left[\dfrac{1}{2} + \dfrac{\lambda\dot{y}}{\sqrt{\dot{x}^2 + \dot{y}^2}} \right] = 0 \end{cases} \tag{22.5.28}$$

两式分别积分可得

$$\begin{cases} y - \dfrac{\lambda\dot{x}}{\sqrt{\dot{x}^2 + \dot{y}^2}} = c_1 \\[4mm] x + \dfrac{\lambda\dot{y}}{\sqrt{\dot{x}^2 + \dot{y}^2}} = c_2 \end{cases} \tag{22.5.29}$$

c_1、c_2 为积分常数,由上式可得

$$(x - c_2)^2 + (y - c_1)^2 = \lambda^2 \tag{22.5.30}$$

这是以 (c_2, c_1) 为圆心,半径为 λ 的圆的方程. 圆心位置 (c_2, c_1) 由边界条件 $x(t_A), x(t_B), y(t_A)$ 和 $y(t_B)$ 定,而半径 λ 的值由约束条件 $2\pi\lambda = l$,即可得 $\lambda = \dfrac{l}{2\pi}$.

§ 22.6 __ 诺特定理

前面介绍的变分原理要求比较函数要满足固定端点 $y(x_A) = y_A, y(x_B) = y_B$ 即固定边界值的情况,这是一种较简单的泛函类型. 但在许多物理问题中,并不满足这种固定

端点的条件,因此必须考虑更为普遍的情形.

一、无穷小变换

考虑一种变换

$$y(x) \rightarrow \bar{y}(x) = y(x) + \varepsilon \eta(x) \tag{22.6.1}$$

如果对两个端点 x_A, x_B,取消了对 $\bar{y}(x)$ 具有固定端点的限制,即取消了对 $\eta(x_A) = \eta(x_B) = 0$ 的限制,例如一个经典粒子轨道的平移 $x(t) \rightarrow x(t) + \varepsilon$ 就属于这一类问题,则以前研究的固定端点的情况只是(22.6.1)式的特例,而实际的物理问题比变换式(22.6.1)更复杂,它要求比较函数的变换式具有更加复杂的泛函形式

$$y(x) \rightarrow \bar{y}(x, y, y') = y(x) + \varepsilon \eta(x, y, y') \tag{22.6.2}$$

它并不要求端点固定.

关于这类变端点的问题,在自由边界条件下,其泛函的变分与前面的讨论相类似,当泛函变分为零泛函取极值时,$y(x)$ 仍满足欧拉-拉格朗日方程.本节不讨论这一问题.我们要讨论的是这类系统的对称性与系统守恒量的关系.

考虑经典的力学系统,物理量依赖空间或时间自变量,为讨论简单起见,自变量取一维 x(对三维空间或 3+1 维时空问题可以用同样的方法进行讨论,只不过物理量对时空的偏微商复杂一点,最后的求和关系式复杂一些).考虑空间坐标 x 的变换为

$$x \rightarrow \bar{x} = x + \varepsilon \xi(x, y, y') \tag{22.6.3}$$

即空间点的变换不仅取决于 x 点本身,而且还与泛函中的函数即物理量 $y(x)$ 和 y' 有关,而物理量 $y(x)$ 的变换满足(22.6.2)式,而且考虑的这两个变换都是无穷小变换,即(22.6.2)式和变换式(22.6.3)中的 ε 为无穷小量.在这种变换下,对物理体系的作用量泛函进行变分时,如果要求此变分为零,即体系的作用量在此变换下保持不变,则能够获得关于这个物理体系守恒量的信息,即得到了这个物理体系的重要特征,或称为对称性.

二、诺特(Noether)定理

对物理体系的作用量在无穷小变换下与这个物理体系守恒量的关系,这一问题的讨论是诺特提出的诺特定理.

定理 22.6.1:**诺特定理**

若一个物理体系的作用量 I 的泛函形式为

$$I = \int_{x_A}^{x_B} L(x, y_1, \cdots, y_n; y_1', \cdots, y_n') \, dx \tag{22.6.4}$$

在由

$$\bar{x} = x + \varepsilon \xi(x, y_1, \cdots, y_n; y_1', \cdots, y_n') \tag{22.6.5}$$

和

$$\bar{y}_i(x) = y_i(x) + \varepsilon \eta_i(x, y_1, \cdots, y_n; y_1', \cdots, y_n'), \quad i = 1, \cdots, n \tag{22.6.6}$$

所产生的无穷小变换(即 ε 是小量)下,作用量 I 变为

$$\overline{I}(\varepsilon) = \int_{\overline{x}_A}^{\overline{x}_B} L(\overline{x}, \overline{y}_1(\overline{x}), \cdots, \overline{y}_n(\overline{x}); \overline{y}_1'(\overline{x}), \cdots, \overline{y}_n'(\overline{x})) \mathrm{d}x \qquad (22.6.7)$$

若

$$\delta I = \overline{I}(\varepsilon) - I = 0$$

即在无穷小变换式(22.6.5)和(22.6.6)式下，物理体系的作用量是不变的，则这一物理体系存在一个与这一变换相关的守恒量，它由下式给出

$$\sum_{i=1}^{n} \frac{\partial L}{\partial y_i'} \eta_i + \left(L - \sum_{i=1}^{n} y_i' \frac{\partial L}{\partial y_i'} \right) \xi = C \qquad (22.6.8)$$

C 为常数.

证：为了方便，首先考虑单一函数为单变量的简单情况，即物理体系的作用量为

$$I = \int_{x_A}^{x_B} L(x, y, y') \mathrm{d}x \qquad (22.6.9)$$

在无穷小变换下

$$x \rightarrow \overline{x} = x + \varepsilon \xi(x, y, y') \qquad (22.6.10)$$

$$y(x) \rightarrow \overline{y}(x) = y(x) + \varepsilon \eta(x, y, y') \qquad (22.6.11)$$

泛函 I 变为

$$\overline{I}(\varepsilon) = \int_{\overline{x}_A}^{\overline{x}_B} L(\overline{x}, \overline{y}(\overline{x}), \overline{y}'(\overline{x})) \mathrm{d}\overline{x} \qquad (22.6.12)$$

注意，由于 ε 为小量，我们关心 $\overline{I}(\varepsilon)$ 中关于 ε 的一阶量的计算，对 ε^2 项都可略去，因此在变换中的 $\varepsilon\eta$ 和 $\varepsilon\xi$ 项中的 $x \rightarrow \overline{x}$ 时只能取其零阶项，即在 $\varepsilon\eta$ 和 $\varepsilon\xi$ 项中的 x 与 $\overline{x}$ 等同.

为了便于计算，由(22.6.10)式，把(22.6.11)式写成

$$\overline{y}(x) = y[\overline{x} - \varepsilon\xi(\overline{x}, y, y')] + \varepsilon\eta(\overline{x}, y, y')$$

$$= y(\overline{x}) - \varepsilon \frac{\partial y}{\partial \overline{x}} \xi(\overline{x}, y, y') + \varepsilon\eta(\overline{x}, y, y')$$

即等式右边全依赖于 $\overline{x}$，故写成

$$\overline{y}(\overline{x}) = y(\overline{x}) + \varepsilon\rho(\overline{x}, y, y') \qquad (22.6.13)$$

其中

$$\rho(\overline{x}, y, y') = \eta(\overline{x}, y, y') - \frac{\partial y}{\partial \overline{x}} \xi(\overline{x}, y, y') \qquad (22.6.14)$$

同时可得

$$\overline{y}'(\overline{x}) = y'(\overline{x}) + \varepsilon\rho'(\overline{x}, y, y') \qquad (22.6.15)$$

其中

$$\rho'(\overline{x}, y, y') = \frac{\partial}{\partial \overline{x}} \rho(\overline{x}, y, y')$$

则泛函 $\overline{I}(\varepsilon)$ 可写为

$$\overline{I}(\varepsilon) = \int_{\overline{x}_A}^{\overline{x}_B} L[\overline{x}, y(\overline{x}) + \varepsilon\rho(\overline{x}, y, y'), y'(\overline{x}) + \varepsilon\rho'(\overline{x}, y, y')] \mathrm{d}\overline{x} \qquad (22.6.16)$$

由变换式(22.6.10),两个端点的变化为

$$\begin{cases} \bar{x}_A = x_A + \varepsilon\xi(x,y,y') \mid_{x=x_A} = x_A + \delta_A \\ \bar{x}_B = x_B + \varepsilon\xi(x,y,y') \mid_{x=x_B} = x_B + \delta_B \end{cases} \quad (22.6.17)$$

其中 $\delta_A = \varepsilon\xi(x,y,y') \mid_{x=x_A}$, $\delta_B = \varepsilon\xi(x,y,y') \mid_{x=x_B}$ 为小量.

由于泛函 $\bar{I}(\varepsilon)$ 的积分限的变化,对于 $\delta I = \bar{I}(\varepsilon) - I$,不能采用前面固定端点(固定积分限)的泛函变分的计算,而要直接先计算 $\bar{I}(\varepsilon)$,并考虑积分限变化的影响.因此首先对 $\bar{I}(\varepsilon)$ 的表达式(22.6.16)的积分限作一个分析.

$$\int_{\bar{x}_A}^{\bar{x}_B} = \int_{x_A+\delta_A}^{x_B+\delta_B}$$
$$= \int_{x_A}^{x_B} + \int_{x_B}^{x_B+\delta_B} - \int_{x_A}^{x_A+\delta_A} \quad (22.6.18)$$

在最后两项积分的积分限中,由于 δ_A 和 δ_B 是关于 ε 的一阶小量,故可略去这两项积分被积函数中有关 ε 的项.

接下来计算 $\bar{I}(\varepsilon)$ 中的被积函数 L,展开至 ε 的一次项

$$L[\bar{x},y(\bar{x})+\varepsilon\rho(\bar{x},y,y'),y'(\bar{x})+\varepsilon\rho'(\bar{x},y,y')]$$

$$= L(\bar{x},y,y') + \varepsilon\rho(\bar{x},y,y')\frac{\partial}{\partial y}L(\bar{x},y,y') +$$

$$\varepsilon\rho'(\bar{x},y,y')\frac{\partial}{\partial y'}L(\bar{x},y,y') \quad (22.6.19)$$

代入泛函 $\bar{I}(\varepsilon)$ 中,并略去 $o(\varepsilon^2)$ 项,得

$$\bar{I}(\varepsilon) = \int_{x_A}^{x_B} L(\bar{x},y(\bar{x}),y'(\bar{x}))\,\mathrm{d}\bar{x} +$$

$$\varepsilon\int_{x_A}^{x_B}\left[\rho(\bar{x},y,y')\frac{\partial}{\partial y}L(\bar{x},y,y')+\rho'(\bar{x},y,y')\frac{\partial}{\partial y'}L(\bar{x},y,y')\right]\mathrm{d}\bar{x} +$$

$$\delta_B[L(\bar{x},y,y')]_{\bar{x}=x_B} - \delta_A[L(\bar{x},y,y')]_{\bar{x}=x_A} \quad (22.6.20)$$

最后两项由积分的中值定理给出.

上式右边的第一项积分,把积分元由 $\bar{x}$ 换成 x,该积分即是(22.6.9)式的作用量 I.上式右边第二积分为

$$\varepsilon\int_{x_A}^{x_B}\left[\rho(\bar{x},y,y')\frac{\partial}{\partial y}L(\bar{x},y,y')+\rho'(\bar{x},y,y')\frac{\partial}{\partial y'}L(\bar{x},y,y')\right]\mathrm{d}\bar{x}$$

$$= \varepsilon\int_{x_A}^{x_B}\rho(\bar{x},y,y')\frac{\partial}{\partial y}L(\bar{x},y,y')\,\mathrm{d}\bar{x} + \left[\rho'(\bar{x},y,y')\frac{\partial}{\partial y'}L(\bar{x},y,y')\right]_{x_B}^{x_A} -$$

$$\varepsilon\int_{x_A}^{x_B}\rho(\bar{x},y,y')\frac{\mathrm{d}}{\mathrm{d}\bar{x}}\frac{\partial}{\partial y'}L(\bar{x},y,y')\,\mathrm{d}\bar{x}$$

$$= \varepsilon\left[\rho'(\bar{x},y,y')\frac{\partial}{\partial y'}L(\bar{x},y,y')\right]_{x_B}^{x_A} +$$

$$\varepsilon\int_{x_A}^{x_B}\left[\frac{\partial}{\partial y'}L(\bar{x},y,y')-\frac{\mathrm{d}}{\mathrm{d}\bar{x}}\frac{\partial}{\partial y'}L(\bar{x},y,y')\right]\rho(\bar{x},y,\bar{y})\,\mathrm{d}\bar{x}$$

再由 $\delta_A = \varepsilon \xi(x, y, y') \big|_{x=x_A}$, $\delta_B = \varepsilon \xi(x, y, y') \big|_{x=x_B}$, 有

$$\delta_B \big[L(x, y, y') \big]_{\bar{x}=x_B} - \delta_A \big[L(x, y, y') \big]_{\bar{x}=x_A}$$

$$= \varepsilon \rho(x, y, y') L(x, y, y) \big|_{x_A}^{x_B}$$

考虑到 $(22.6.14)$ 式 $\rho(\bar{x}, y, y') = \eta(\bar{x}, y, y') - y' \xi(\bar{x}, y, y')$, 同时把积分式中的变元 $\bar{x}$ 都换成变元 x (积分与积分变元的写法无关), 则泛函式 $(22.6.20)$ $\bar{I}(\varepsilon)$ 可写为

$$\bar{I}(\varepsilon) = I + \varepsilon \int_{x_A}^{x_B} \left(\frac{\partial L}{\partial y} - \frac{\mathrm{d}}{\mathrm{d}x} \frac{\partial L}{\partial y'} \right) \big[\eta(x, y, y') - y' \xi(\bar{x}, y, y') \big] \mathrm{d}x +$$

$$\varepsilon \left[\frac{\partial L}{\partial y'} \eta(x, y, y') + \left(L - y' \frac{\partial L}{\partial y'} \right) \xi(\bar{x}, y, y') \right] \bigg|_{x_A}^{x_B} \qquad (22.6.21)$$

由欧拉-拉格朗日方程可知, 上式右边第二项的积分中被积函数的第一个因子正是欧拉-拉格朗日方程的左端, 故此项为零. 由定理给的条件, 要求

$$\delta I = \bar{I}(\varepsilon) - I = 0$$

故可得 $(22.6.21)$ 式中的最后一项为零, 即

$$\left[\frac{\partial L}{\partial y'} \eta(\bar{x}, y, y') + \left(L - y' \frac{\partial L}{\partial y'} \right) \xi(x, y, y') \right]_{x_A}^{x_B} = 0$$

即

$$\left[\frac{\partial L}{\partial y'} \eta(\bar{x}, y, y') + \left(L - y' \frac{\partial L}{\partial y'} \right) \xi(x, y, y') \right] \bigg|_{x_A}$$

$$= \left[\frac{\partial L}{\partial y'} \eta(\bar{x}, y, y') + \left(L - y' \frac{\partial L}{\partial y'} \right) \xi(x, y, y') \right] \bigg|_{x_B} \qquad (22.6.22)$$

由于 x_A, x_B 为任意给定的, 因此有

$$\frac{\partial L}{\partial y'} \eta(x, y, y') + \left(L - y' \frac{\partial L}{\partial y'} \right) \xi(x, y, y') = C \qquad (22.6.23)$$

C 为常数. 至此我们证明了在简单情况下, 即作用量为 $L = L(x, y, y')$ 这一形式时的诺特定理.

用同样的方法可以证明, 当

$$L = L(x, y_1, \cdots, y_n; y_1', \cdots, y_n')$$

时, 若在无穷小变换 $(22.6.5)$ 式和 $(22.6.6)$ 式下, 要求

$$\delta I = \bar{I}(\varepsilon) - I = 0$$

则存在

$$\sum_{i=1}^{n} \frac{\partial L}{\partial y_i'} \eta_i(x, y_1, \cdots, y_n; y_1', \cdots, y_n') +$$

$$\left(L - \sum_{i=1}^{n} y_i' \frac{\partial L}{\partial y_i'} \right) \xi(x, y_1, \cdots, y_n; y_1', \cdots, y_n') = C \qquad (22.6.24)$$

C 为常数. 这一式子表明, 其左边的表达式就是这一物理系统 (以 L 的形式表征) 在无穷小变换 $(22.6.5)$ 式和 $(22.6.6)$ 式下的守恒量.

下面给出两个例子来加深对经典力学中的诺特定理的理解.

三、无穷小空间平移变换与动量守恒

例 22.6.1 两个点粒子组成的体系,体系的势能只由两个粒子间的距离决定. 设第一粒子的质量为 m_1,其坐标为 $\boldsymbol{r}_1 = (x_1, y_1, z_1)$;第二粒子的质量为 m_2,其坐标为 $\boldsymbol{r}_2 = (x_2, y_2, z_2)$. 体系的势能为 $V(|\boldsymbol{r}_1 - \boldsymbol{r}_2|)$,则体系的拉氏量为

$$L = \frac{m_1}{2}(\dot{x}_1^2 + \dot{y}_1^2 + \dot{z}_1^2) + \frac{m_2}{2}(\dot{x}_2^2 + \dot{y}_2^2 + \dot{z}_2^2) - V(|\boldsymbol{r}_1 - \boldsymbol{r}_2|) \tag{22.6.25}$$

其中 $\dot{x} = \dfrac{\mathrm{d}x}{\mathrm{d}t}$. 体系的作用量为

$$I = \int_{t_A}^{t_B} L\mathrm{d}t, \quad t_A < t_B \tag{22.6.26}$$

这一作用量在如下的无穷小平移变换下不变,

$$\begin{cases} \bar{t} = t + \varepsilon\xi \\ \bar{x}_1 = x_1 + \varepsilon\eta_x, \ \bar{y}_1 = y_1 + \varepsilon\eta_y, \ \bar{z}_1 = z_1 + \varepsilon\eta_z \\ \bar{x}_2 = x_2 + \varepsilon\eta_x, \ \bar{y}_2 = y_2 + \varepsilon\eta_y, \ \bar{z}_2 = z_2 + \varepsilon\eta_z \end{cases} \tag{22.6.27}$$

其中 ξ 表示在时间轴 t 上的位移量,η_x 表示在 x 轴上的位移量,其他的 η 都具有相应的意义.

考虑一种简单的情况,即体系只有在 x 轴方向上有一个整体的无穷小平移变换,即在上式的变换中取 $\eta_x = 1$,而 $\xi = 0, \eta_y = \eta_z = 0$,则由诺特定理可得

$$\frac{\partial L}{\partial \dot{x}_1} + \frac{\partial L}{\partial \dot{x}_2} = C$$

即

$$m_1\dot{x}_1 + m_2\dot{x}_2 = C \tag{22.6.28}$$

这就是说,当系统的作用量对 x 轴的无穷小平移变换不变时,系统在 x 轴方向上的总动量是个守恒量.

同样,可以得到系统的作用量在 y 轴方向和 z 轴方向上对于相应的无穷小平移变换不变时,系统在 y 轴方向和 z 轴方向上的动量是守恒量.

因此我们看到一个物理系统的动量守恒是这个物理系统的作用量具有平移变换(无穷小平移变换)不变性的结果. 这一平移不变性是由系统的作用量来定义的,这是物理上一个很重要的结论. 由于作用量一般写为拉氏量的积分,因此守恒量也常由对拉氏量在某一操作下的不变性分析来得出.

四、无穷小转动变换与角动量守恒

例 22.6.2 考虑一质量为 m 的质点在中心势场(即球对称势场)中运动的物理系统. 该体系的拉氏量为

$$L = \frac{m}{2}(\dot{x}^2 + \dot{y}^2 + \dot{z}^2) - V(r) \tag{22.6.29}$$

其中 $r = \sqrt{x^2 + y^2 + z^2}$,体系的作用量为

$$I = \int_{t_A}^{t_B} L\mathrm{d}t, \quad t_A < t_B \tag{22.6.30}$$

首先考虑质点绕 z 轴的一个无穷小转动, 这对应于如下变换

$$\begin{cases} \bar{t}=t \\ \bar{x}=x\cos\varepsilon+y\sin\varepsilon, \bar{y}=-x\sin\varepsilon+y\cos\varepsilon \\ \bar{z}=z \end{cases} \tag{22.6.31}$$

由于 ε 为小量, 此变换可写成

$$\begin{cases} \bar{t}=t \\ \bar{x}=x+\varepsilon y, \bar{y}=-\varepsilon x+y \\ \bar{z}=z \end{cases} \tag{22.6.32}$$

即对应于 (22.6.27) 式中 $\xi=0, \eta_x=y, \eta_y=-x, \eta_z=0$.

若体系的作用量在此无穷小变换下不变, 由诺德定理, 可得

$$\frac{\partial L}{\partial\dot{x}}\eta_x+\frac{\partial L}{\partial\dot{y}}\eta_y=C$$

即

$$x\frac{\partial L}{\partial\dot{y}}-y\frac{\partial L}{\partial\dot{x}}=C \tag{22.6.33}$$

由于

$$\frac{\partial L}{\partial\dot{x}}=p_x, \quad \frac{\partial L}{\partial\dot{y}}=p_y \tag{22.6.34}$$

故有

$$xp_y-yp_x=(\boldsymbol{r}\times\boldsymbol{p})_z=(\boldsymbol{L})_z=L_z=C \tag{22.6.35}$$

这说明, 当系统的作用量对绕 z 轴转动的无穷小变换不变时, 系统绕 z 轴的角动量 L_z 为守恒量. 同样也可证明, 系统在绕 x 轴和 y 轴转动的无穷小变换下, 若系统的作用量不变, 则系统的 L_x 和 L_y 为守恒量. 也就是说, 系统的势为球对称势时, 粒子在此势下运动, 则此系统的总角动量是守恒的. 这一守恒量是与系统作用量在空间无穷小转动下的不变性联系在一起的.

通过以上讨论可以看出, 把守恒律与系统的对称性联系起来, 这是用变分原理表述经典力学的优点之一, 也是人们对微观世界进行理论探讨的重要基石.

第二十一、第二十二章习题

22.1 对于 $y'=\dfrac{\mathrm{d}y}{\mathrm{d}x}\neq 0$, 请证明以下两种形式的欧拉-拉格朗日方程

$$\frac{\partial f}{\partial x}-\frac{\mathrm{d}}{\mathrm{d}x}\frac{\partial f}{\partial y'}=0$$

和

$$\frac{\partial f}{\partial y}-\frac{\mathrm{d}}{\mathrm{d}x}\left(f-y'\frac{\partial f}{\partial y'}\right)=0$$

是等价的. (欧拉-拉格朗日方程具有多种形式.)

22.2 对带参数 α 的泛函

$$I(\alpha)=\int_{x_0}^{x_1} f[y(x,\alpha), y_x(x,\alpha), x]\mathrm{d}x$$

把被积函数 f 在 $\alpha = 0$ 点展成参数 α 的泰勒级数,请由泛函取极值的条件 $\dfrac{\partial I(\alpha)}{\partial \alpha} = 0$,导出欧拉-拉格朗日方程.

22.3 求下列泛函取极值的欧拉-拉格朗日方程,并对方程进行求解.

(1) $I = \displaystyle\int_{x_0}^{x_1} \dfrac{x}{x+y'} \mathrm{d}x$ 　　　　　　(2) $I = \displaystyle\int_{x_0}^{x_1} \sqrt{1+x}\,\sqrt{1+y'^2}\,\mathrm{d}x$

22.4 求下列不显含 x 的泛函取极值时的欧拉-拉格朗日方程,并对方程进行求解.

(1) $I = \displaystyle\int_{x_0}^{x_1} \sqrt{1+y^2 y'^2}\,\mathrm{d}x$ 　　　　(2) $I = \displaystyle\int_{x_0}^{x_1} (y^2 + y'^2)\,\mathrm{d}x$

22.5 请写出粒子作自由落体下落的哈密顿量,并给出这一系统的正则方程,说明这一正则方程与牛顿力学中自由落体运动方程的等价性.

22.6 请写出线性谐振子的哈密顿量,并求出这一系统的哈密顿正则方程.进一步说明这一正则方程与牛顿力学中得到的线性谐振子的运动方程的等价性.

22.7 对于广义动能

$$T = \alpha_{ij}\,\dot{q}_i\,\dot{q}_j, \quad \alpha_{ij} = \alpha_{ji}$$

请证明:

$$\frac{\partial T}{\partial \dot{q}_i}\,\dot{q}_i = 2T$$

22.8 试构造一个简单的物理系统的作用量,当该系统对时间 t 进行无穷小平移变换时,若系统的作用量保持不变,请证明这一系统的能量是个守恒量.

附录　分离变量法图表

一、三类场方程的分量 $v(t, r) = T(t)u(r)$

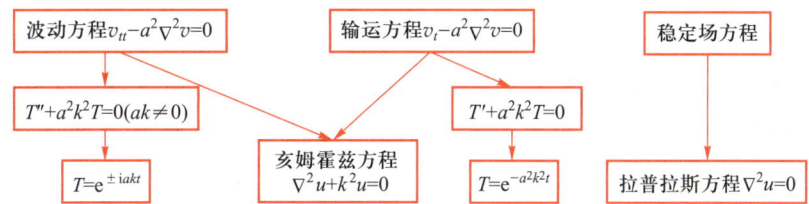

二、在直角坐标中空间方程的变量分离

1. 一维空间问题 $u = X(x)$

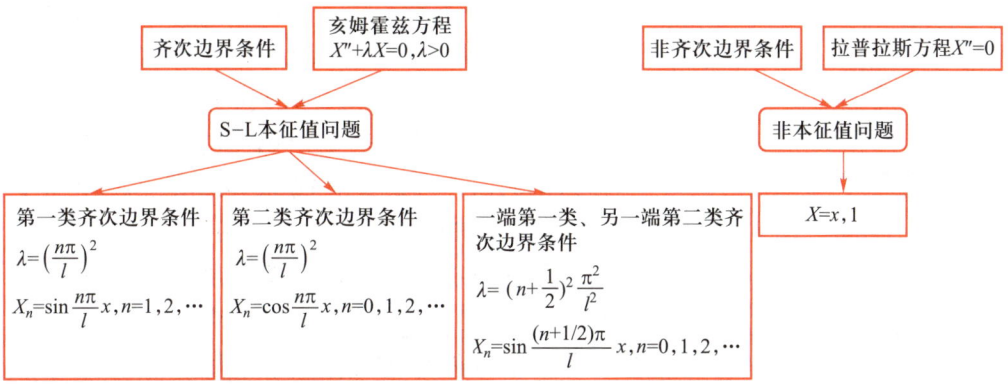

2. 二维空间问题 $u = X(x)Y(y)$

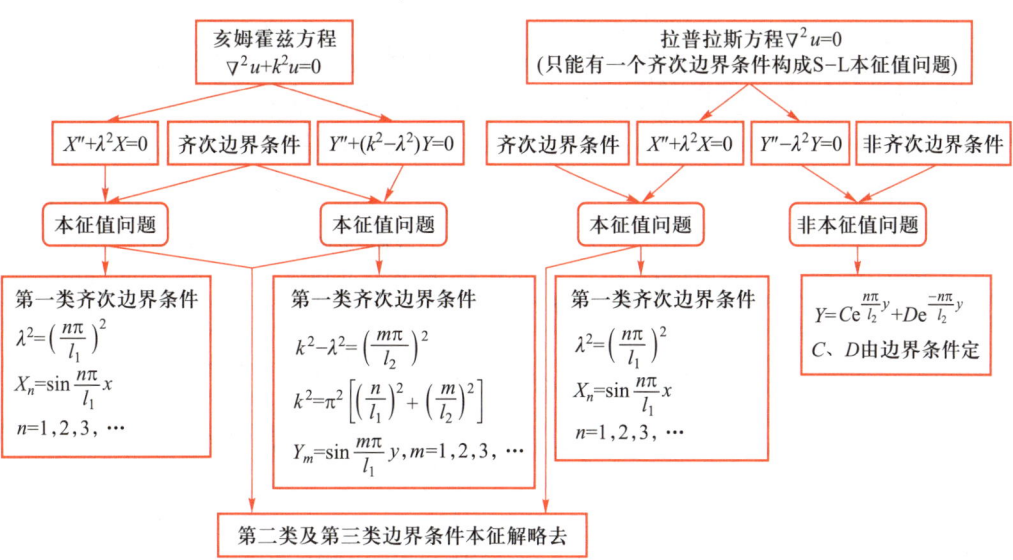

3. 三维空间问题与上面类似

三、空间方程在球坐标系中的变量分离 $u = R(r)\Theta(\theta)\Phi(\varphi)$

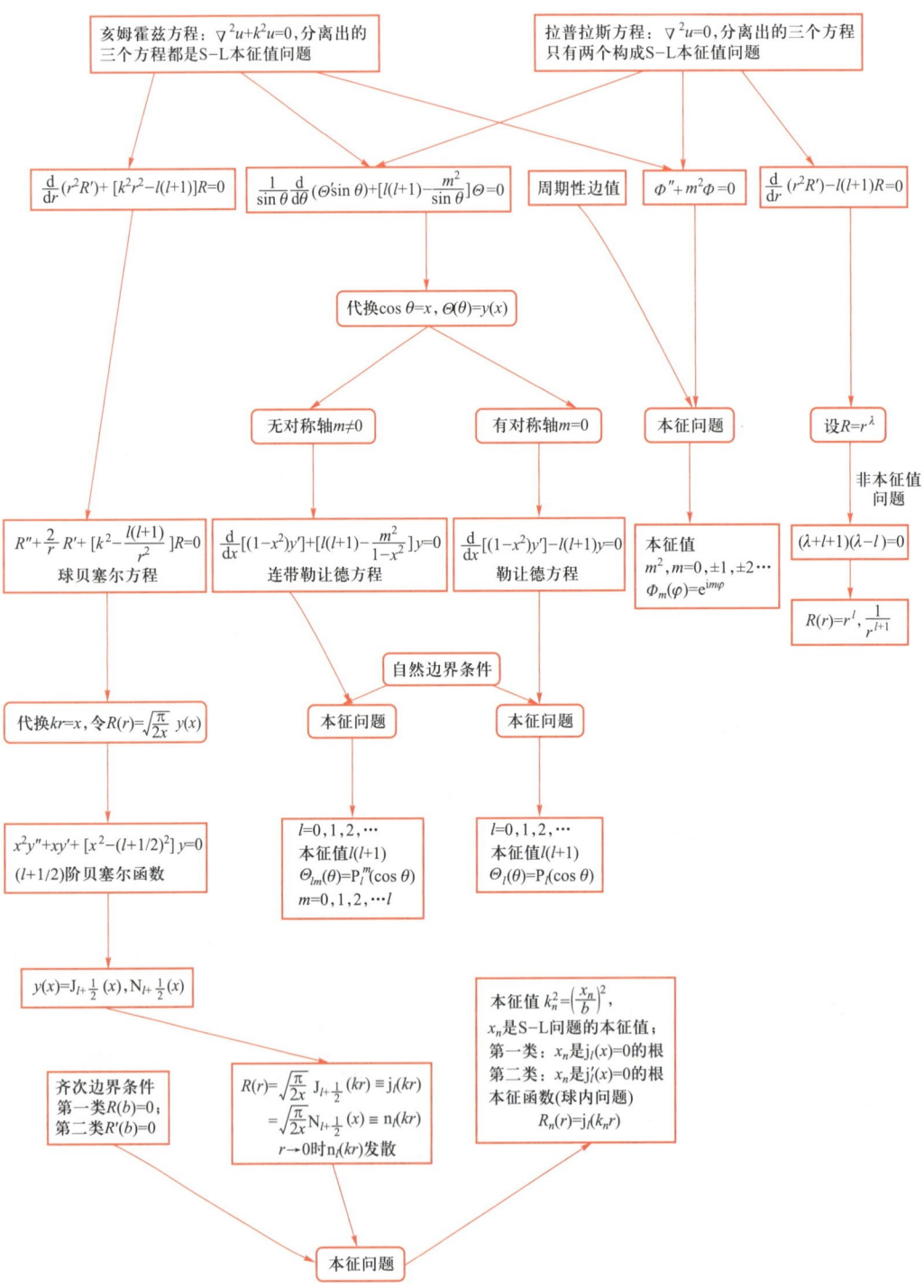

四、拉普拉斯方程在柱坐标系中的变量分离 $u = R(\rho)\Phi(\varphi)Z(z)$

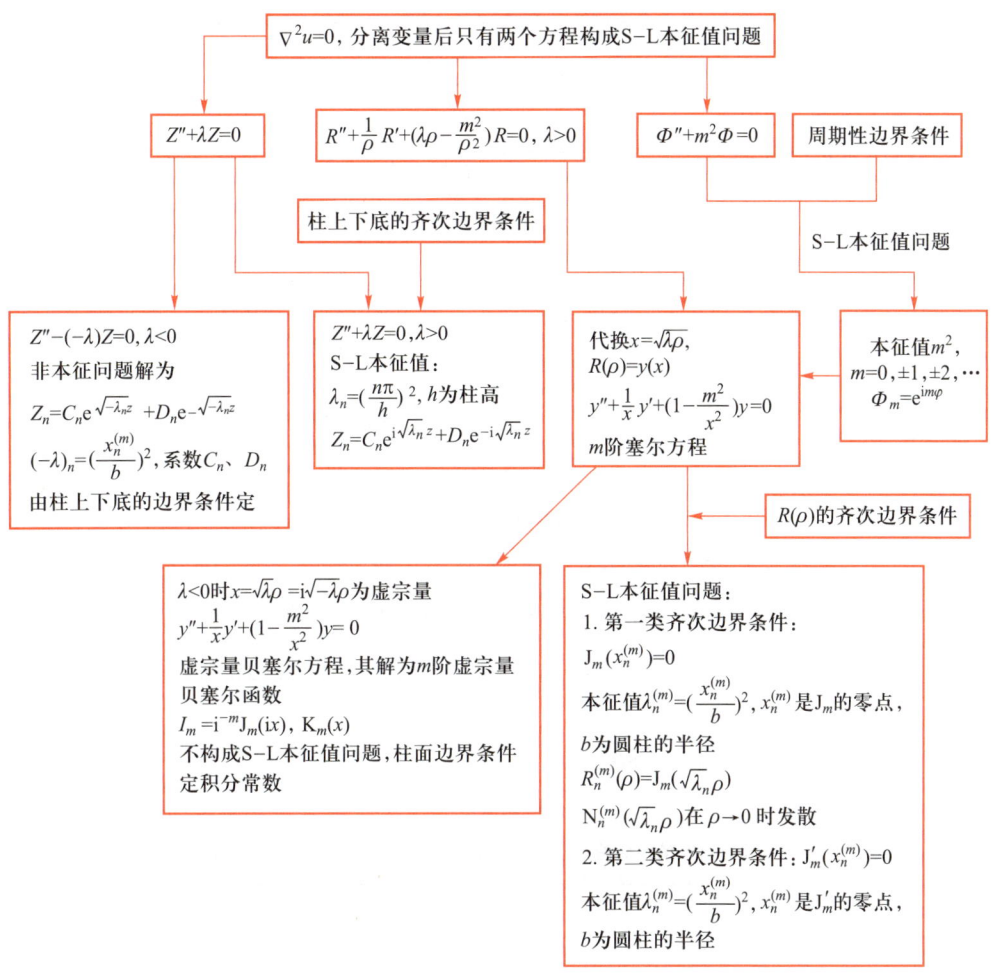

注:1. 当 $R(\rho)$、$\Phi(\varphi)$(周期性边界条件)这两个方程构成 S-L 本征值问题,$Z(z)$ 的方程不构成本征值问题,其上、下底边界条件定积分常数;

2. 当 $Z(z)$、$\Phi(\varphi)$(周期性边界条件)这两个方程构成 S-L 本征值问题,$R(\rho)$ 为虚宗量贝塞尔方程,不构成本征值问题,由柱面边界条件定积分常数;

3. 当问题为扇形柱体时,$\Phi(\varphi)$ 不满足周期边界条件,则 $\Phi(\varphi)$ 的两个边界用来定积分常数,此时 $R(\rho)$、$Z(z)$ 这两个方程要构成 S-L 本征值问题;如果选 $\Phi(\varphi)$ 的方程和 $\Phi(\varphi)$ 的边界条件构成 S-L 本征值问题,则 $R(\rho)$、$Z(z)$ 中有一个构成本征值问题,另一个用来定积分常数.

五、亥姆霍兹方程在柱坐标系中的变量分离 $u=R(\rho)\Phi(\varphi)Z(z)$

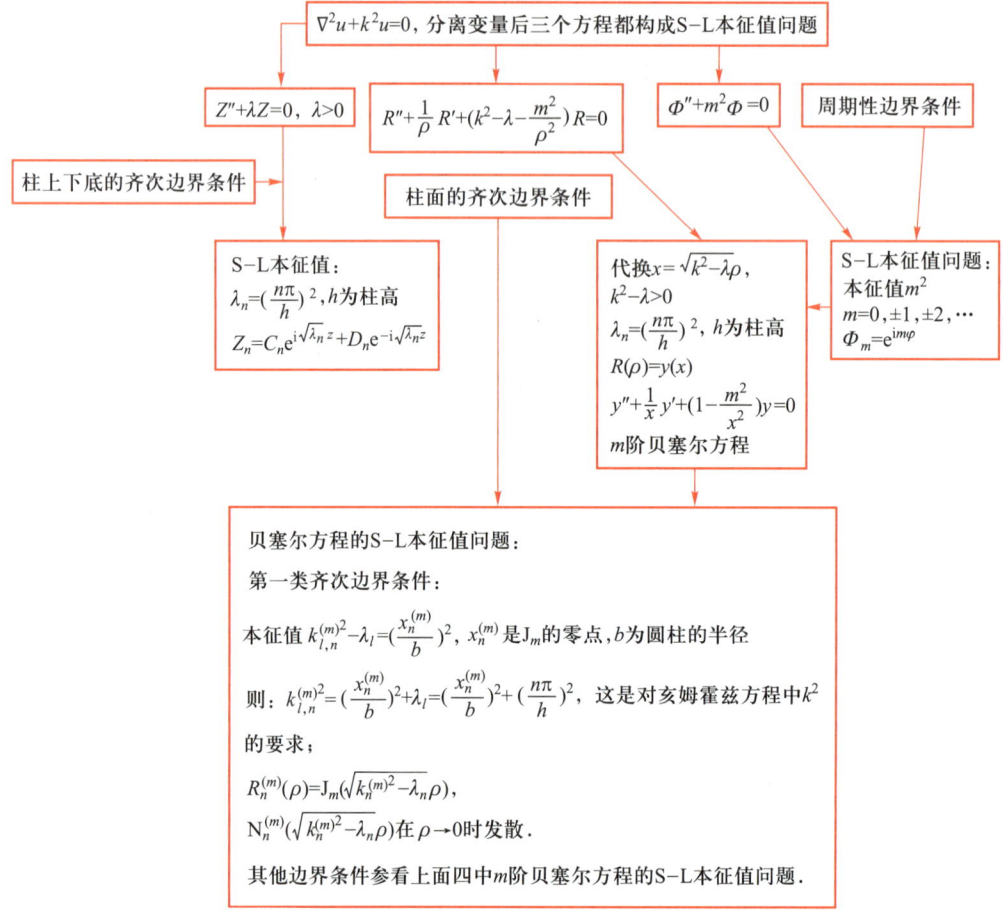

注:波动方程或输运方程分离变量后的 $T(t)$ 方程的积分常数由初始条件定.

六、各种 S-L 本征函数族的正交性及模方

1. 直角坐标系中的本征函数 $\left\{\cos\dfrac{n\pi}{l}x,\sin\dfrac{n\pi}{l}x\right\}$

$$\text{正交性}\quad \left.\begin{array}{l}\displaystyle\int_0^l \sin\dfrac{n\pi}{l}x\cos\dfrac{k\pi}{l}x\,\mathrm{d}x=0\\[3mm]\displaystyle\int_0^l \cos\dfrac{n\pi}{l}x\cos\dfrac{k\pi}{l}x\,\mathrm{d}x=0\end{array}\right\}n\neq k$$

$$\int_0^l \cos\dfrac{n\pi}{l}x\cdot\sin\dfrac{k\pi}{l}x\,\mathrm{d}x=0,\quad n=k\ \text{或}\ n\neq k$$

$$\text{模方}\ [N_n]^2=\int_0^l\left[\cos\dfrac{n\pi}{l}x\right]^2\mathrm{d}x=\begin{cases}l, & n=0\\[2mm]\dfrac{l}{2}, & n\geqslant 1\end{cases}$$

$$[N_n]^2 = \int_0^l \left[\sin \frac{n\pi}{l} x \right]^2 dx = \frac{l}{2}, \quad n \geq 1$$

2. 球坐标柱坐标系中 $\Phi(\varphi)$ 的本征函数 $\cos m\varphi, \sin m\varphi$

正交性 $\left. \begin{array}{l} \int_0^{2\pi} \sin k\varphi \sin m\varphi d\varphi = 0 \\ \int_0^{2\pi} \cos k\varphi \cos m\varphi d\varphi = 0 \end{array} \right\} m \neq k$

$$\int_0^{2\pi} \cos m\varphi \sin m\varphi d\varphi = 0, m = k \text{ 或 } m \neq k$$

模方 $[N_m]^2 = \int_0^{2\pi} [\cos m\varphi]^2 d\varphi = \begin{cases} 2\pi, & m = 0 \\ \pi, & m \geq 1 \end{cases}$

$$[N_m]^2 = \int_0^{2\pi} [\sin m\varphi]^2 d\varphi = \pi, \quad m \geq 1$$

3. 球坐标中 $\Theta(\theta)$ 的本征函数 $P_l^m(\cos\theta)$

正交性 $\int_{-1}^1 P_l^m(x) P_k^m(x) dx = 0, l \neq k, x = \cos\theta$

$$\int_{-1}^1 P_l(x) P_k(x) dx = 0, \quad l \neq k, m = 0$$

模方 $[N_l^m]^2 = \int_{-1}^1 [P_l^m(x)]^2 dx = \frac{(l+m)!}{(l-m)!} \frac{2}{2l+1}$

$$[N_l]^2 = \int_{-1}^1 [P_l(x)]^2 dx = \frac{2}{2l+1}$$

4. 柱坐标 $R(\rho)$ 的本征函数 $J_m(\sqrt{\lambda}\rho)$

正交性 $\int_0^b J_m(\sqrt{\lambda_n}\rho) J_m(\sqrt{\lambda_k}\rho) \rho d\rho = 0, n \neq k$

模方 $[N_m^n]^2 = \int [J_m(\sqrt{\lambda_n}\rho)]^2 \rho d\rho = \frac{b^2}{2} [J'\sqrt{\lambda_n}\rho]^2 + \frac{b^2}{2} \left(1 - \frac{m^2}{(\sqrt{\lambda_n}\rho)^2} \right) [J_m(\sqrt{\lambda_n}\rho)]^2$

5. 球坐标系中 $R(r)$ 的本征函数 $j_l(k_n^{(l)}r)$

正交性 $\int_0^b j_l(k_n^{(l)}r) j_l(k_m^{(l)}r) r^2 dr = 0, n \neq m$

模方 $[N_l^n]^2 = \int_0^b [j_l(k_n^{(l)}r)]^2 r^2 dr = \frac{\pi}{2k_n^{(l)}} \int_0^b [j_{l+\frac{1}{2}}(k_n^{(l)}r)]^2 r dr$

七、分离变量法运用的条件

1. 用于线性偏微分方程, 如波动方程 $u_{tt} = a^2 \nabla^2 u$, 扩散方程 $u_t = a^2 \nabla^2 u$, 稳定场方程 $\nabla^2 u = 0$, 薛定谔方程 $i\hbar \frac{\partial \varphi}{\partial t} = \left[-\frac{\hbar^2}{2m} \nabla^2 + V(r) \right] \varphi$, 亥姆霍兹方程 $\nabla^2 u + k^2 u = 0$ 均可以在直角坐标系、球坐标系、柱坐标系中分离变量.

2. 边界条件也能分离变量, 这就要求问题的边界面具有对称性, 并与坐标面相吻合.

八、分离变量法的解的特点

偏微分方程和边界条件分离变量后,各个空间变量所满足的常微分方程(S-L 型方程)及齐次边界条件(非齐次边界条件要化为齐次边界条件)构成的 S-L 本征值问题本征值 λ 为大于或等于零的实数构成的无穷序列,每个本征值 λ 对应一个本征函数,所有的本征函数构成一个完备正交的函数族,以这个正交完备的函数族为基矢张成一个希尔伯特空间,所有希尔伯特空间向量都可以在这组基上进行广义傅里叶展开.

偏微分方程的定解问题的解是所有本征函数的线性叠加.

译名对照表

主要参考文献

郑重声明

高等教育出版社依法对本书享有专有出版权。任何未经许可的复制、销售行为均违反《中华人民共和国著作权法》,其行为人将承担相应的民事责任和行政责任;构成犯罪的,将被依法追究刑事责任。为了维护市场秩序,保护读者的合法权益,避免读者误用盗版书造成不良后果,我社将配合行政执法部门和司法机关对违法犯罪的单位和个人进行严厉打击。社会各界人士如发现上述侵权行为,希望及时举报,我社将奖励举报有功人员。

反盗版举报电话　(010)58581999　58582371

反盗版举报邮箱　dd@hep.com.cn

通信地址　北京市西城区德外大街 4 号

　　　　　高等教育出版社知识产权与法律事务部

邮政编码　100120

读者意见反馈

为收集对教材的意见建议,进一步完善教材编写并做好服务工作,读者可将对本教材的意见建议通过如下渠道反馈至我社。

咨询电话　400-810-0598

反馈邮箱　hepsci@pub.hep.cn

通信地址　北京市朝阳区惠新东街 4 号富盛大厦 1 座

　　　　　高等教育出版社理科事业部

邮政编码　100029

防伪查询说明

用户购书后刮开封底防伪涂层,使用手机微信等软件扫描二维码,会跳转至防伪查询网页,获得所购图书详细信息。

防伪客服电话　(010)58582300